李宏亮 孟凡满 吴庆波 编著

中国教育出版传媒集团
高等教育出版社 · 北京

内容简介

机器学习希望机器能够模拟人类学习的过程，使机器在没有明确人工指导的情况下通过分析数据不断获得经验和知识，再调整自身行为进行学习，从而改善性能。因此，机器学习融合了人工智能、信息科学、计算机科学、类脑科学等相关领域知识，被广泛应用于国防安全、智能制造、智慧医疗、智慧城市、数字娱乐等。本书共包含9章内容：1~4章主要介绍机器学习的基本方法，包括基本概念、无监督聚类分析、有监督统计学习和有监督判别学习；5~7章主要介绍深度学习基础知识、经典网络、前沿进展；8~9章分别介绍机器学习在目标检测和图像分割方面的具体应用。本书在介绍核心算法时给出了相应例题，方便读者通过例题更好地理解和掌握相关知识。此外，所有章节都附有习题以及部分创新思考题。

本教材适用于信息工程、通信工程、计算机科学与技术、人工智能及相关专业的高年级本科生和研究生教学，也可供与机器学习相关的工程技术人员参考。

图书在版编目（CIP）数据

机器学习基础／李宏亮，孟凡满，吴庆波编著. --北京：高等教育出版社，2023.12

ISBN 978-7-04-059592-5

Ⅰ.①机… Ⅱ.①李… ②孟… ③吴… Ⅲ.①机器学习-高等学校-教材 Ⅳ.①TP181

中国国家版本馆CIP数据核字（2023）第011063号

Jiqi Xuexi Jichu

策划编辑 张江漫　　责任编辑 王耀锋　　封面设计 李小璐　　版式设计 李彩丽
责任绘图 李沛蓉　　责任校对 马鑫蕊　　责任印制 耿 轩

出版发行	高等教育出版社	咨询电话	400-810-0598
社　　址	北京市西城区德外大街4号	网　　址	http://www.hep.edu.cn
邮政编码	100120		http://www.hep.com.cn
印　　刷	山东临沂新华印刷物流集团有限责任公司	网上订购	http://www.hepmall.com.cn
			http://www.hepmall.com
开　　本	787mm×1092mm　1/16		http://www.hepmall.cn
印　　张	25	版　　次	2023年12月第1版
字　　数	540千字	印　　次	2023年12月第1次印刷
购书热线	010-58581118	定　　价	54.00元

本书如有缺页、倒页、脱页等质量问题，请到所购图书销售部门联系调换

物 料 号　59592-00

新一代人工智能系列教材编委会

序　一

人工智能是引领这一轮科技革命、产业变革和社会发展的战略性技术，具有溢出带动性很强的"头雁效应"。当前，新一代人工智能正在全球范围内蓬勃发展，促进人类社会生活、生产和消费模式的巨大变革，为经济社会发展提供新动能，推动经济社会高质量发展，加速新一轮科技革命和产业变革。

2017年7月，国务院发布了《新一代人工智能发展规划》，指出人工智能正走向新一代。新一代人工智能(AI 2.0)的概念除了继续用计算机模拟人的智能行为外，还纳入了更综合的信息系统，如互联网、大数据、云计算等去探索由人、物、信息交织的更大、更复杂的系统行为，如制造系统、城市系统、生态系统等的智能化运行和发展。这就为人工智能打开了一扇新的大门和一个新的发展空间。人工智能将从各个角度与层次，宏观、中观和微观地，去发挥"头雁效应"，去渗透我们的学习、工作与生活，去改变我们的发展方式。

要发挥人工智能赋能产业、赋能社会，真正成为推动国家和社会高质量发展的强大引擎，需要大批掌握这一技术的优秀人才。因此，中国人工智能的发展十分需要重视人工智能技术及产业的人才培养。

高校是科技第一生产力、人才第一资源、创新第一动力的结合点。因此，高校有责任把人工智能人才的培养置于核心的基础地位，把人工智能协同创新摆在重要位置。国务院《新一代人工智能发展规划》和教育部《高等学校人工智能创新行动计划》发布后，为切实应对经济社会对人工智能人才的需求，我国一流高校陆续成立协同创新中心、人工智能学院、人工智能研究院等机构，为人工智能高层次人才、专业人才、交叉人才及产业应用人才培养搭建平台。我们正处于一个百年未遇、大有可为的历史机遇期，要紧紧抓住新一代人工智能发展的机遇，勇立潮头、砥砺前行，通过凝练教学成果及把握科学研究前沿方向的高质量教材来"传道、授业、解惑"，提高教学质量，投身人工智能人才培养主战场，为我国构筑人工智能发展先发优势和贯彻教育强国、科技强国、创新驱动战略贡献力量。

为促进人工智能人才培养，推动人工智能重要方向教材和在线开放课程建设，国家新一代人工智能战略咨询委员会和高等教育出版社于2018年3月成立了"新一代人工智能系列教材"编委会，聘请我担任编委会主任，吴澄院士、郑南宁院士、高文院士、陈纯院士和高等教育出版社林金安副总编辑担任编委会副主任。

根据新一代人工智能发展特点和教学要求，编委会陆续组织编写和出版有关人工智能基础理论、算法模型、技术系统、硬件芯片、伦理安全、“智能+”学科交叉和实践应用等方面内容的系列教材，形成了理论技术和应用实践两个互相协同的系列。为了推动高质量教材资源的共享共用，同时发布了与教材内容相匹配的在线开放课程、研制了新一代人工智能科教平台“智海”和建设了体现人工智能学科交叉特点的“AI+X”微专业，以形成各具优势、衔接前沿、涵盖完整、交叉融合具有中国特色的人工智能一流教材体系、支撑平台和育人生态，促进教育链、人才链、产业链和创新链的有效衔接。

“AI赋能、教育先行、产学协同、创新引领”，人工智能于1956年从达特茅斯学院出发，踏上了人类发展历史舞台，今天正发挥“头雁效应”，推动人类变革大潮，“其作始也简，其将毕也必巨”。我希望“新一代人工智能教材”的出版能够为人工智能各类型人才培养做出应有贡献。

衷心的感谢编委会委员、教材作者、高等教育出版社编辑等为“新一代人工智能系列教材”出版所付出的时间和精力。

序　二

1956年，人工智能(AI)在达特茅斯学院诞生，到今天已走过半个多世纪历程，并成为引领新一轮科技革命和产业变革的重要驱动力。人工智能通过重塑生产方式、优化产业结构、提升生产效率、赋能千行百业，推动经济社会各领域向着智能化方向加速跃升，已成为数字经济发展新引擎。

在向通用人工智能发展进程中，AI能够理解时间、空间和逻辑关系，具备知识推理能力，能够从零开始无监督式学习，自动适应新任务、学习新技能，甚至是发现新知识。人工智能系统将拥有可解释、运行透明、错误可控的基础能力，为尚未预期和不确定的业务环境提供决策保障。AI结合基础科学循环创新，成为推动科学、数学进步的源动力，从而带动解决一批有挑战性的难题，反过来也促进AI实现自我演进。例如，用AI方法求解量子化学领域薛定谔方程的基态，突破传统方法在精确度和计算效率上两难全的困境，这将会对量子化学的未来产生重大影响；又如，通过AI算法加快药物分子和新材料的设计，将加速发现新药物和新型材料；再如，AI已证明超过1 200个数学定理，未来或许不再需要人脑来解决数学难题，人工智能便能写出关于数学定理严谨的论证。

华为GIV(全球ICT产业愿景)预测：到2025年，97%的大公司将采用人工智能技术，14%的家庭将拥有“机器人管家”。可以预见的是，如何构建通用的人工智能系统、如何将人工智能与科学计算交汇、如何构建可信赖的人工智能环境，将成为未来人工智能领域需重点关注和解决的问题，而解决这些问题需要大量的数据科学家、算法工程师等人工智能专业人才。

2017年，国务院发布《新一代人工智能发展规划》，提出加快培养聚集人工智能高端人才的要求；2018年，教育部印发了《高等学校人工智能创新行动计划》，将完善人工智能领域人才培养体系作为三大任务之一，并积极加大人工智能专业建设力度，截至目前已批准300多所高校开设人工智能专业。

人工智能专业人才不仅需要具备专业理论知识，而且还需要具有面向未来产业发展的实践能力、批判性思维和创新思维。我们认为“产学合作、协同育人”是人工智能人才培养的一条有效可行的途径：高校教师有扎实的专业理论基础和丰富的教学资源，而企业拥有应用场景和技术实践，产学合作将有助于构筑高质量人才培养体系，培养面向未来的人工智能人才。

在人工智能领域，华为制定了包括投资基础研究、打造全栈全场景人工智能解决方案、投资开放生态和人才培养等在内的一系列发展战略。面对高校人工智能人才培养的迫切需求，华为积极参与校企合作，通过定制人才培养方案、更新实践教学内容、共建实训教学平台、共育双师教学团队、共同科研创新等方式，助力人工智能专业建设和人才培养再上新台阶。

教材是知识传播的主要载体、教学的根本依据。华为愿意在“新一代人工智能系列教材”编委会的指导下，提供先进的实验环境和丰富的行业应用案例，支持优秀教师编写新一代人工智能实践系列教材，将具有自主知识产权的技术资源融入教材，为高校人工智能专业教学改革和课程体系建设发挥积极的促进作用。在此，对编委会认真细致的审稿把关，对各位教材作者的辛勤撰写以及高等教育出版社的大力支持表示衷心的感谢！

智能世界离不开人工智能，人工智能产业深入发展离不开人才培养。新一代人工智能迎来新的“大航海时代”，正在呼唤中国的“哥伦布”。让我们聚力人才培养新局面，推动“智变”更上层楼，让人工智能这一“头雁”的羽翼更加丰满，不断为经济发展添动力、为产业繁荣增活力！

徐文伟
华为董事、战略研究院院长

前　言

本教材主要面向大学高年级本科生及研究生，以系统讲授机器学习的基本方法为核心目标，并结合深度学习研究的前沿进展，帮助读者了解机器学习的内涵与外延。全书共分9章，主要包括三个部分：第一部分（1~4章）介绍机器学习的基本概念与方法；第二部分（5~7章）介绍深度学习的基础理论和前沿进展；第三部分（8~9章）介绍机器学习在目标检测和图像分割方面的应用。

目前国内外也出版了许多机器学习相关的优秀教材和著作，但更多的是关注传统的机器学习方法或者机器学习的工程应用实践，同时兼顾经典与前沿的机器学习方法的教材仍然比较匮乏。为了让学生能够系统深入地了解机器学习的基础概念、经典方法、最新的理论进展，特编写了此书。本书是在参考国内外经典教材以及大量相关文献的基础上，结合编者在智能信息处理领域十余年的教研心得编写而成的。为了便于读者理解机器学习的基本概念和方法，本书结合生活中的实际情况，列举了相应的例题，并围绕核心知识点，给出了大量的习题，以方便学生检查知识点的掌握情况，同时本书各章节提供了丰富的参考文献，可以为感兴趣的读者的进阶学习提供指引。

参加本书编写的有李宏亮、孟凡满、吴庆波三位同志。感谢电子科技大学智能视觉信息处理实验室王岚晓、邱荷茜、宋子辰、阳隆荣、尚超、程浩洋、戴禹、赵泰锦、张敏健、闫海涛、陈帅、马睿、魏浩冉、刘明宇、吴晨豪、张闰童、胡文喆、梅鹤飞、王雷等同学在教材编写过程中的辛勤付出。本书适用于信息工程、通信工程、计算机科学与技术、人工智能及相关专业的高年级本科生和研究生教学。编者经过反复核对、讨论，希望尽最大努力保障编写质量，但由于水平有限，书中仍难免有不妥和错漏之处，希望各位读者和专家批评指正！编者邮箱：hlli@uestc.edu.cn。

编　者

2023年10月

符号对照表

x	标量
$\boldsymbol{x}$	向量(默认列向量)
$\boldsymbol{x}^{\mathrm{T}}$	向量转置
$\boldsymbol{A}$	矩阵
$f(\cdot)$	函数
exp	指数函数
max	最大函数
sign	符号函数
S	集合
$\boldsymbol{w}$	权重向量
$\mathcal{C}=\{\mathcal{C}_1,\cdots\}$	类别
$\mathbb{E}$	期望
J	代价函数
{集合}	集合括号
(函数)	函数括号
[矩阵]	矩阵括号
[向量]	向量括号
$\mathcal{K}$	核函数
$\mathcal{X}$	样本空间
$\mathcal{H}$	希尔伯特空间
d	维度
C	通道数
$const$	常数
$\mathcal{L}$	损失

续表

n	样本个数
y	样本标签
$\hat{y}$	预测标签
$\mathcal{D}_s$	源域
$\mathcal{D}_T$	目标域
$<\boldsymbol{a},\boldsymbol{b}>=\boldsymbol{a}^{\mathrm{T}}\boldsymbol{b}$	向量内积
$\lvert x \rvert$	标量模长//集合元素数目
$\lVert \boldsymbol{x} \rVert$	向量模长
$\lVert \cdot \rVert_p$	p-范数
$\boldsymbol{S}_w$	类内离散矩阵
$\boldsymbol{S}_b$	类间离散矩阵
ϵ	极小的正数
$g(V,E)$	带权无向图
$p(x)$	概率密度函数
$P(E)$	离散事件概率
$\lfloor \cdot \rfloor$	向下取整
$\boldsymbol{X}$	随机变量序列
∇	梯度算子

目　录

第 1 章

绪　论

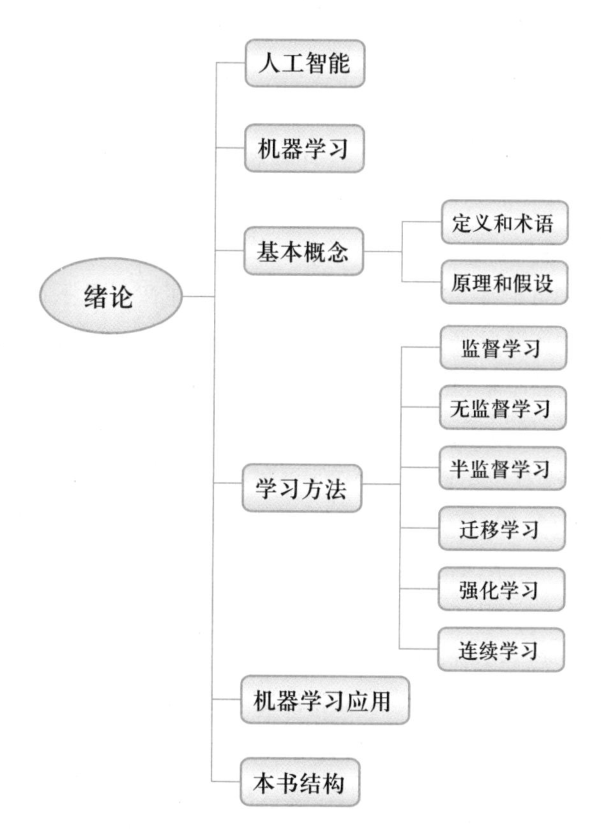

第 1 章课件

本书的主题是机器学习基础与应用，主要探讨如何让机器像人一样从数据中学习知识模型，不断实现自身行为或活动的预测和调整，并做出相应的判断和决策，从而改善和提升系统的性能。本书共分九章，系统讲解机器学习中的基本原理、方法、模型以及最新研究进展，并结合具体的应用场景来帮助读者深入地理解机器学习的基础知识，提升解决实际问题的分析能力。

机器学习与人工智能息息相关，它是人工智能与计算机科学融合发展的一个重要分支。本章首先介绍人工智能与机器学习的发展历程，然后介绍机器学习的基本概念与学习方法，最后介绍一些与机器学习相关的应用领域,如国防与公共安全、智能制造、智能医疗、智慧城市、数字娱乐等。

1.1 人工智能

人工智能是漫长的科技发展历史中,在人类自我认知探索方面最吸引人并且最具挑战性的领域;是模拟人类智慧与思想,重建自身镜像的勇敢探索。目前人工智能技术已广泛应用于人们的日常活动中。例如,能够代替人类进行危险场景作业的智能机器人;应用于众多公共区域进出通道的人脸识别系统;应用于智能导航、智能音箱以及可穿戴设备的语音识别交互系统;应用于疾病预测、诊断、康复的智能诊疗系统;应用于道路避障、路径规划的辅助自动驾驶系统等。随着智能技术的不断发展,更多的人工智能应用场景将不断涌现,人工智能也将为提高人类生活质量发挥越来越重要的作用。那么如何定义和理解人工智能呢?

早在1950年,英国数学家艾伦·图灵在《计算机器和智能》中提出了人工智能的一个基础问题:机器能够思考吗?自此以后,人工智能的定义以及如何理解人工智能经历了不断地发展与完善。1956年,人工智能领域的先驱之一约翰·麦卡锡定义"人工智能是研制智能机器,尤其是智能计算机程序的科学与工程"[1],然而该定义被认为存在明显不足。神经科学与控制论专家瓦伦蒂诺·布雷滕贝格在其发表的专著中设计了经典的"布雷滕贝格生物"实验。该实验在有限封闭空间内模拟复杂的车辆行为模式,如:一些车辆形成运动相对较少的小团体;一些车辆则安全地行驶,从容地避免任何碰撞;另外一些车辆则不断冲撞其他车辆[2]。根据麦卡锡的定义,上述机器车辆可以被视为人工智能。然而,布雷滕贝格认为上述看似复杂的行为可以通过非常简单的电路与安装在车辆上的光学传感器来实现。显然,麦卡锡的定义并不完善。1995年,斯图尔特·罗素与彼得·诺维格在其联合编写的经典著作《人工智能:一种现代方法》[89]中将人工智能定义为"接收环境感知并执行动作的智能体研究。每个智能体均实现一种将感知序列映射到动作的功能。"虽然人工智能在此后二十余年的发展过程中始终缺少一个统一的定义,但是人工智能的目标却趋于一致,即人工智能既不是把机器变为人,也不是把人变成机器,而是"研究、开发用于模拟、延伸和扩展人类智慧能力的理论、方法、技术及应用系统,从而解决复杂问题并服务于人类的技术科学。"[3]

为了实现人工智能的预期目标,需要解决一些关键核心问题,包括问题求解、知识表示与推理以及机器学习等。其中,问题求解是关于算法、启发和根因求解的技术,如基于搜索的问题求解法以及对抗搜索与博弈的方法等。知识表示与推理的目的是建立便于机器计算与求解的信息表达形式,其融合了从逻辑到不同准则的推理。机器学习的目的是构建基于样本数据的模型,从而在新环境中进行预测与决策,是人工智能一个非常重要的分支。中国科学院院士张钹教授曾在2018年全球人工智能与机器人峰会上指出:"人的智能没法通过单纯的大数据学习把它学出来,那怎么办?很简单,引入知识,让它有推理的能力,做决策的能力,这样就能解决突发事件。”这充分说明了知识表示与推理能使人工智能像人一样对复杂情况进行处理。图灵奖得主 Pearl 教授曾就机器学习问题表示:“机器学习技术有望利用现有的大量科学知识,将其与可以收集的任何数据相结合,解决健康、教育、生态和经济等领域的关键社会问题。”[4]

1.2 机器学习

什么是机器学习?机器学习类似于人类的学习过程。以小提琴和钢琴为例,人们能够区分它们发出的声音主要经过以下过程:① 乐器振动经空气传播到人耳,经外耳道、鼓膜、内耳道、耳蜗、毛细胞的放大过滤转化为神经电信号,再经听觉神经系统的复杂处理映射到听觉皮层;② 根据声音要素(响度、音调、音色)在听觉神经系统的表征,寻找不同乐器声音的关联与差异;③ 当再次听到小提琴或钢琴的声音时,根据第二步学习得到的关联与差异,判别当前乐器声音的类别。上述过程对应着学习与推理的过程,可分为三个阶段:第一个阶段是听小提琴和钢琴的声音,我们将这一阶段定义为“观察”;第二个阶段是将小提琴或钢琴的声音与小提琴或钢琴联系在一起,这是将观察得到的经验转化为自身知识的过程,我们将这一阶段定义为“转化”;第三个阶段是使用已有的知识分类不同乐器发出的声音,我们将这一阶段定义为“使用”。

“学习”,广义地说,就是在生活过程中,人与动物在相对长且连续的时间里为了适应生活环境而不断产生经验、积累知识和改善行为的过程。知识由经验产生,知识会对行为产生影响,这就是人类学习过程的基本模式。而机器学习,就是希望机器能够模拟人类学习的过程,通过分析数据不断获得经验,再利用经验调整自身系统或行为,从而改善性能。机器可以是计算机或其他的一些机械或嵌入式设备,但目前看来,计算机是最常见的模拟人类智能的机器。所以,一般意义上传统机器学习的定义为[5]:“使计算机在没有明确人工编程指导的情况下进行自我学习。”

从人类行为的角度来说,机器学习定义的目标与人工智能所要达到的目标高度一致。所以,一般认为,机器学习是最能体现人工智能中“智能”这一词含义的领域,这也是机器学习被寄予厚望的重要原因。通常,机器学习希望借助人类大脑学习模式来提升性能。比如,研究结果揭示大脑视觉皮层对复杂刺激的表达方式类似于稀疏编码。《Nature》杂志中发表的论文指出:自然图像经过稀疏编码后得到的基函数类似于大脑视觉皮层 V1 区简单细胞感受野的反应特性[90]。目前稀疏编码机制被广泛应用于机器学习的视觉信息编码中。因此,从这个角度来看,机器学习不仅仅是一门信息学科,也有类脑学科的色彩。

对于机器学习来说,第一个阶段“观察”是数据的载入,将自然界信号表示成机器能够读取的数据。第二个阶段“转化”是特征的提取和分类模型的构建,即实现对数据的学习。第三个阶段“使用”是对新数据的测试,即给出预测与决策。这也是机器学习的常规流程,即数据输入、特征提取与系统建模以及新数据预测。三个阶段中每一个阶段的性能表现都将影响到机器学习的最终性能。比如,当第一个阶段“观察”时出现样本有限的情况,则会存在小样本学习问题。当第二个阶段“转化”时出现特征表达能力不足或模型难以优化的情况,则将导致错误的学习结果。当第三个阶段“使用”时出现新数据与“观察”数据不一致的情况,则将导致学习的模型难以适用。

本章作为绪论,将首先对机器学习所涉及的一些定义、术语、原理和假设进行简要阐述,然后介绍几种经典的机器学习方法、机器学习发展历程及其应用,最后展示全书的逻辑结构。

1.3 基本概念

1.3.1 定义和术语

首先介绍相关定义和术语。为了方便理解,我们以银杏叶和枫叶的分类为例来进行说明。

(1) 样本(sample):用于学习或评估的数据实例,如图像数据、文本数据、音频数据等。在我们的例子中,一个样本指的是一幅树叶图像。

(2) 样本空间(sample space):所有样本张成的空间,如所有树叶样本组成的空间。实际中,数据集是在样本空间中的一个子集。通常假设样本空间中的样本符合独立同分布。

(3) 训练样本(training sample):用于训练学习模型的样本。如训练样本包括一组树叶图像样本及其对应的树叶类别标签。训练样本通常因为不同的学习场景而有所差异。训练样本组成的集合称为训练集(training set)。

(4) 验证样本(validation sample):用于验证学习性能的样本,与训练集无交集。验证样本被用于训练过程,但不参与训练,在训练过程中承担着检验模型当前训练性能的作用。验证样本组成的集合称为验证集(validation set)。

(5) 测试样本(test sample):用于评价训练模型性能的样本。测试样本与训练和验证数据是分开的,仅在测试时使用。例如,在树叶的分类问题中,测试样本包括不同类型的树叶的集合,用于在模型学习后,对这些不同的测试树叶进行预测。然后对比预测标签与真实标签的差异,进而衡量模型的优劣。测试样本的集合称为测试集(test set)。

(6) 特征(feature):从样本中提取的与样本相关联的一组属性,用于表示该样本。通常特征表示为向量。对于树叶的图像来说,相关特征可以表示为一个包括树叶的颜色、形状等不同属性的向量。

(7) 特征空间(feature space):特征张成的空间被称为特征空间。通常来说,特征空间与特征的维度相关,特征空间一般是超高维空间。假设一个特征的维度是1 024维,那么这个特征张成的特征空间就是一个1 024维的空间。每一个1 024维特征在这个特征空间中均可以表示为一个点。

(8) 标签(label):分配给样本的值或类别,可以理解为“样本的名字”。在分类问题中,每一个样本将分配对应的类别标签。例如,在我们的树叶分类问题中,“银杏叶”“枫叶”即为不同的类别标签。在检测任务中,因为标记不仅含有类别信息,还含有目标位置信息,所以,标签也可能是不同类型信息的组合,通常将其称为真值(ground truth,GT)。

（9）标签空间（label space）：类似于特征空间，标签空间是标签张成的空间。如所有树叶品种类别所张成的空间。

（10）参数（parameter）：从样本到标签可以理解为映射过程，对应于映射函数。映射函数中的参数决定了将样本点从样本空间映射至标签空间的方式，也被称为权值。映射模型学习的过程即是获取映射函数参数的过程。

（11）模型（model）：映射函数及其对应参数的集合被称为模型，在机器学习中也被称为学习器（learner）或网络（network），模型用来进行学习或者预测。特别地，把将特征向量映射到标签的一组函数称为假设集（hypothesis set）。

（12）泛化（generalization）：在训练集上学习的模型适用于新样本的能力。例如，假设银杏叶分类模型是从春天采集的训练集上学习的，如果该模型也能够识别出秋天场景中的银杏叶，那么称该模型具有较好的泛化能力。

（13）分类（classification）、回归（regression）：若预测器的输出值是离散值，则将其称为分类。若预测的值是连续值，则将其称为回归。比如预测树叶的类别为分类，预测树叶的面积大小为回归。

（14）过拟合（overfitting）：如果训练得到的模型仅在训练数据上达到了精确的性能，但是对训练数据以外的测试数据性能较差，则称该模型存在过拟合。

（15）欠拟合（underfitting）：如果模型在训练数据上没有达到很好的效果，同样在训练数据以外的数据上也无法达到好的性能，则称该模型欠拟合。其原因常见于对数据特征的捕捉不足、训练模型过于简单等。

（16）损失函数（loss function）：在训练的过程中，损失函数用于求取学习模型的预测与真实标签之间的差异，评估预测结果和真实标签之间的“代价”，并用于更新模型参数，有时也被称为“代价函数”。

1.3.2 原理和假设

经过几十年的发展，机器学习领域不断总结出一些基本的原理和假设，这些原理和假设在实际的研究中具有普遍的指导意义。

我们知道，从具体到一般的“概括”或“泛化”的过程被称为归纳（induction），即从具体事实中概括总结获得的一般规律。而从一般到特殊的“具体化”（specialization）过程被称为演绎（deduction），即从一般规律推演出具体事实。归纳与演绎是科学推理方法论的两大基石。机器学习是从样本中获取经验，进而优化系统的行为，显然是一个从具体到一般的“归纳”过程，所以，机器学习是一种归纳学习。其中，归纳偏置（inductive bias）是机器学习在进行归纳的过程中存在的某些特定假设，这些假设通常被称为偏置（bias）。比如，奥卡姆剃刀假设在同等学习能力的不同模型中，应该选择最简单的模型，这其实就是一种归纳偏置。又比如在最近邻分类问题中，常常会假设特征空间的局部区域中的绝大多数样本归属于同一类。归纳偏置也常常被称为先验（prior），先验是人类对于自然现象规律的总结。可以说，任何机器学习模型都存在一定的归纳偏置或者说先验。在机器学习中,有一些最为基本的定理以及假设(归纳偏置),能够帮助读者进一步地理解机器学习研究的基础和局限。

没有免费午餐:1995年,Wolpert等人[6]在研究优化问题时提出,在任何性能评价指标下,优化算法针对某些目标函数而得出的最优解,在所有可能的目标函数上有着完全一样的平均性能。具体来说,如果算法1在某些目标函数上优于算法2,必定存在算法2在其他的目标函数上优于算法1。对于机器学习问题来说,该定理指出了不可能存在适用于所有场景的算法。当一个算法在某个特定问题上表现得越优秀,那么在另一个问题上,表现往往会越差,甚至比随机参数化后的效果还要差。

没有免费午餐定理表明要让算法更好地解决一个问题,就必须让算法贴近这个问题的内在特性。此外,不存在一个万能的算法能够完美地解决所有问题。最后,该定理中特定问题的范围是可以人为设定的。比如,分类可以视为一个特定问题,而银杏叶和枫叶的分类可以视为一个更小的特定问题。如果针对分类这个大问题来设计算法,往往不如针对银杏叶和枫叶的分类小问题来设计算法取得的效果更好。但是,不可能针对每一个小问题都来定制和设计算法,否则就称不上人工智能,而是人工的智能。所以,机器学习所追寻的是达到算法泛化程度(generalization)和精度(accuracy)之间的一种平衡。一方面,机器学习致力于在不同任务、不同设置、不同数据库下的鲁棒学习。也就是说,在不同的数据库下,该机器学习算法是否都有效,比如银杏叶和枫叶的分类问题扩展到所有树叶品种的分类问题。另一方面,精度是该机器学习算法解决某个特定问题的能力,解决得越好,算法的精度越高。机器学习的最终目的是设计一种泛化程度尽可能好,同时精度又尽可能高的算法。

奥卡姆剃刀:是归纳偏置的一种,最初是一种逻辑学原则,意思是"如无必要,勿增实体"。在现代的科学研究中,它常用于两种假说的取舍,即如果对于同一现象有两种不同的假说,应该采取其中比较简单的一种。在机器学习中,1998年,Domingos首次提到了奥卡姆剃刀的两种形式[7]:奥卡姆第一剃刀和奥卡姆第二剃刀。奥卡姆第一剃刀指的是给定两个模型,这两个模型有相同的泛化误差时,则应选择更简单的模型。奥卡姆第二剃刀指的是给定两个模型,两个模型有相同的训练集误差,同样应选择更简单的模型,因为更简单的那个模型可能有更低的泛化误差。实际应用中经常使用奥卡姆第二剃刀。2001年,NeurIPS① 会议上召开了一个关于奥卡姆剃刀的研讨会[8],与会专家认为奥卡姆剃刀(主要指奥卡姆第二剃刀)是贝叶斯理论的一种表现,并系统地讨论了这一原理如何指导模型参数的选择。其中,维度诅咒(curse of dimensionality)[9]是奥卡姆剃刀的一种表现,也就是说,在训练样本数目相同的情况下,随着特征维度升高,许多算法的性能反而越来越差。

独立同分布(independent and identically distributed,也称独立同分配,缩写为i.i.d.或IID):指在一组随机变量中,每个随机变量服从同一个概率分布,且这些随机变量之间两两独立[10]。在机器学习中,经常对数据做出独立同分布的假设,即观测结果是独立的且服从相同的分布。

① Advances in Neural Information Processing Systems 为神经信息处理领域的重要国际会议。

例如,在计算损失时假设所有的样本独立,且都服从均匀分布。具体来说,给定一组观测数据 $\{x_i\}$,首先计算每个样本的损失 $\mathcal{L}(x_i)$,然后给出所有 n 个观测样本的平均损失 $\sum_{i=1}^{n}\mathcal{L}(x_i)/n$。然而,自然界中的数据并不总是服从独立同分布的假设,因此,在不满足独立同分布假设的前提下,如何合理且有效地处理数据依旧是一个问题。

1.4 学习方法

本节重点在于梳理不同机器学习方法的特点和发展历程,从而让大家对机器学习这一领域有宏观的理解。通常来说,学习方法是指在学习过程中总结归纳出的学习效率更高的方法。在机器学习中,学习方法特指机器利用数据样本学习并更新自身系统或行为的方式。学习方法是机器学习的核心,选择何种学习方法将决定机器如何从数据中有效挖掘信息、获得自身性能的提升。目前,研究者提出了许多机器学习的方法,这些方法可简要归纳为几种典型的学习方式,包括监督学习、无监督学习、半监督学习、强化学习、迁移学习和连续学习等。下面将介绍机器学习中几种主要的学习模式。

(1) 监督学习:监督是根据最终任务要求对学习过程进行监视、推进和约束的过程。在机器学习中,监督特指用带有人工标记数据的监督训练。在监督学习模式下,学习器会收到一组带有目标标签的样本作为训练数据,并对样本进行预测,使得输出结果与目标标签一致,如图 1.1(a)中监督学习所示,其中训练样本标签已知,并用于模型训练。

(2) 无监督学习:在无监督学习模式下,学习器仅给了未标记的训练数据,而没有类别标签,并要求对所有未知样本进行预测,如图 1.1(b)中无监督学习所示。由于没有可用的标记样本,相对于监督学习,无监督学习过程中更难直接评估学习器的性能,因此需要使用其他方法来评估模型的精度,比如数据之间的相似性等。聚类和降维是无监督学习问题的典型例子。

(3) 半监督学习:在半监督学习模式下,学习器会收到包含部分标记和未标记数据的训练样本,并对所有未知的样本进行预测,如图 1.1(c)中半监督学习所示。半监督学习介于监督学习和无监督学习之间,是给定了部分不完整的目标标签,学习器利用已知的不完整信息和大量的未标记数据来获得相关信息。

(4) 强化学习:是对物体或过程的属性进行增强的学习方式。在机器学习中,强化学习特指利用系统自身行为的结果来反馈影响系统下一步的行为,如图 1.1(d)中强化学习所示。学习器会主动与环境互动去收集信息,并评估每个动作造成的后果。学习器的目标是在与环境有关的一系列动作和迭代中最大限度地提高它的反馈。但是,由于学习器必须在未知行为探索中获取的信息与已经收集的信息之间进行选择,因此,强化学习是一个更加困难的学习任务。

(5) 迁移学习:迁移指的是根据在一种场景下获得的经验去推理另一种未遇到过场景的知识。在机器学习中,迁移学习特指借助学习器已经学到的知识来帮助学习器学习新知识。Tzeng

等人[11]给出的迁移学习的定义如下：给定一个源域 $\mathcal{D}_s$、学习任务 T_s、一个目标域 $\mathcal{D}_T$ 和学习任务 T_T，迁移学习旨在使用 $\mathcal{D}_s$ 和 T_s 中的知识学习 $\mathcal{D}_T$ 中的目标函数 f_T，并且 $\mathcal{D}_s \neq \mathcal{D}_T$、$T_s \neq T_T$。迁移学习中的域实际上指的是服从不同数据分布的数据集合。如图 1.1（e）中迁移学习所示，迁移学习致力于将一个域的知识迁移到另一个域上。

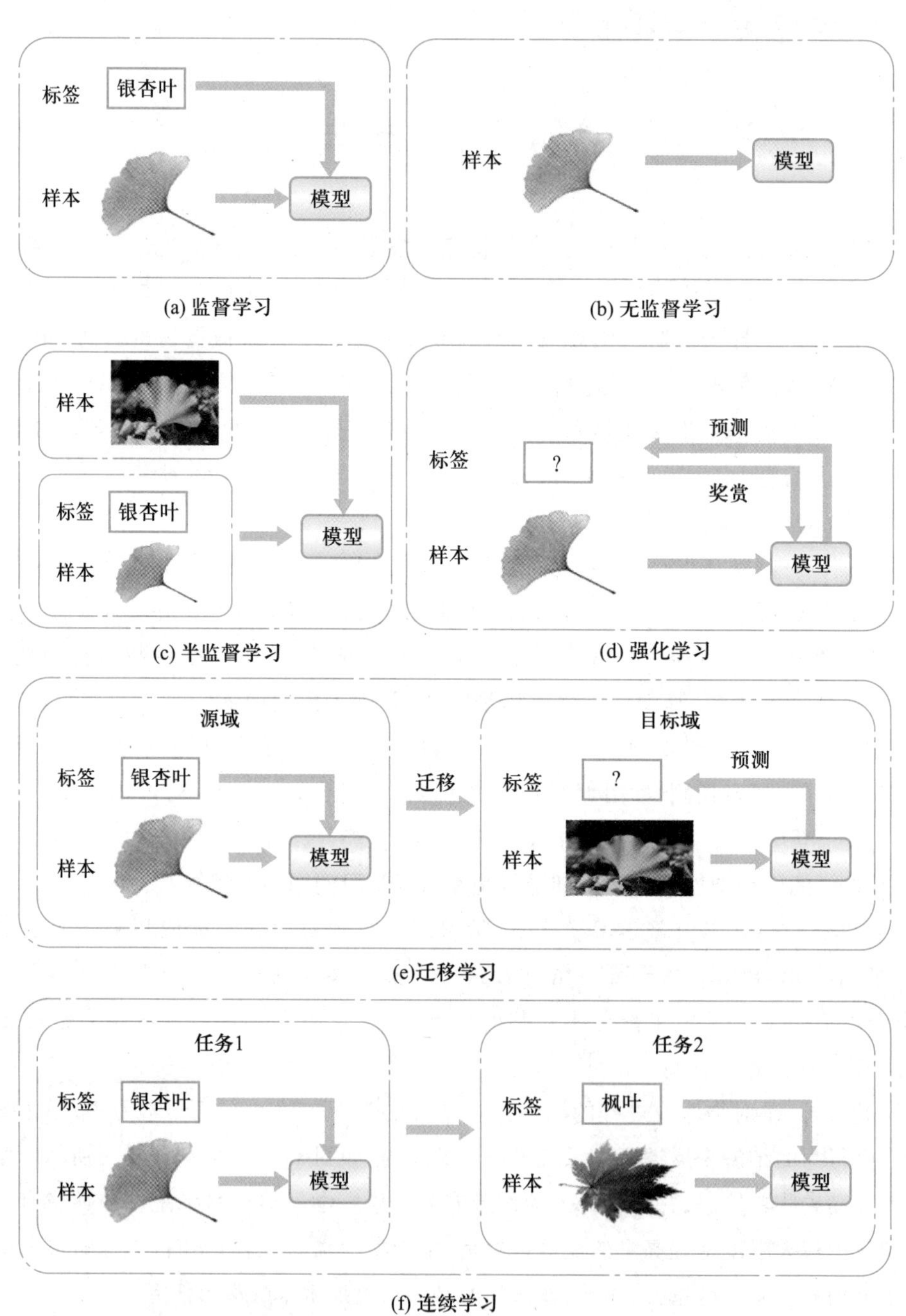

图 1.1 不同的学习方法图示

(6) 连续学习:在持续的基础上从一系列新数据中不断学习新知识和新技能并避免对旧知识的遗忘,逐步扩充学习器的学习能力,如图 1.1(f)中连续学习所示。连续学习有很多类型,包括任务连续学习、域连续学习和类连续学习。解决思路则涵盖数据重放、正则化和参数隔离等。连续学习起步较晚,也是目前机器学习的热点和难点。

1.4.1 监督学习

监督学习(supervised learning)又称为监督训练或有教师学习,是当前机器学习中最常见的一种学习方式,其思想是利用一组类别已知的训练样本学习模型的参数。根据没有免费午餐定理可知,监督学习采用充足的标签数据实现监督学习,相比于其他几种机器学习的方法,能够获取更优的学习性能。监督学习流程可以分为三个阶段:观察、转化和使用。观察阶段准备和统计已标记的样本,包括训练样本、验证样本和测试样本。转化阶段则从训练样本和验证样本中学习数据的特征表示,以及特征到标签的映射。使用阶段进行新样本的预测,包括基于预测样本的模型性能评估和对未知样本的预测。

监督学习的发展历史如图 1.2 所示,可以分为三个阶段。第一阶段是 20 世纪 80 年代前,监督学习主要关注线性学习问题,比如 Fisher 分类器[12]、贝叶斯分类器[108]、感知器模型[13]等;第二阶段是从 20 世纪 80 年代到 21 世纪初,监督学习向核学习、集成学习等非线性学习发展,出现了诸如决策树[16-17]、支持向量机(support vector machine,SVM)[20]、随机森林[18]、集成学习[21]等代表性方法;第三阶段是从 21 世纪初到现在,表现为以深层人工神经网络为核心的深度学习方法,如 AlexNet[23]、ResNet[91]等。

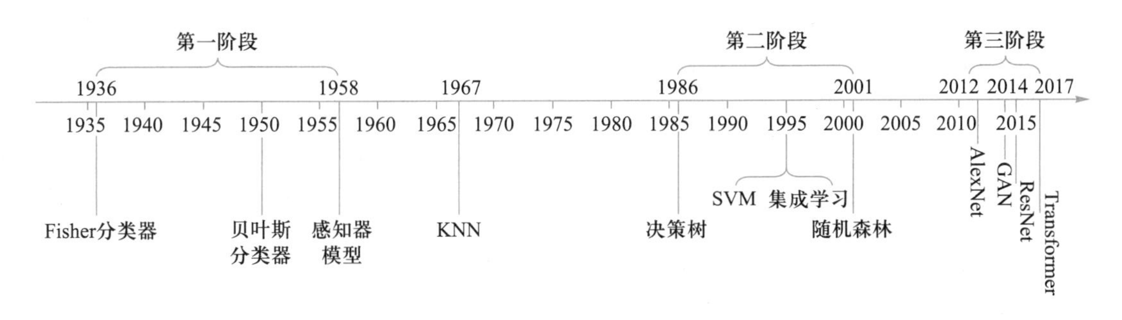

图 1.2 监督学习的发展历史

早期,罗纳德·费雪在 1936 年发明了线性判别分析方法——Fisher 分类器,其基本思想是对样本进行有监督的线性投影降维,保证投影后同类样本间的差异尽可能小,不同类样本间的差异尽可能大,并在投影空间实现线性分类。在 20 世纪中期,研究者提出了贝叶斯分类器,其基本思想是从训练样本中学习各类数据的似然概率,然后利用贝叶斯决策理论(贝叶斯公式)计算各测试数据的后验分布,最后使用最大后验原则,将样本判定为后验概率最大的类别。1958 年,Rosenblatt 等人提出了感知器模型[14]。感知器模型模拟单个神经元的信息处理机制,是当前人工神经网络的基本单元。1967 年,Cover 提出了最近邻(K-nearest neighbor,KNN)算法[15],将未知样本点分类为与其最相似的 K 个样本点中出现频次最高的类别。

在第二阶段的早期，监督学习从线性分类向非线性分类发展，例如，Breiman[16] 和 Quinlan[17] 在 20 世纪 80 年代初提出了决策树算法，通过分层决策解决非线性分类问题。1986 年，Rumelhart 和 Hinton 提出了针对神经网络参数学习的反向传播算法[92]，为多层神经网络的非线性训练奠定了基础。1988 年，LeCun 基于反向传播算法，设计出了著名的卷积神经网络[93]。从 20 世纪 90 年代开始，一方面监督学习向集成学习发展，其基本思想是将一系列简单的弱分类器集成起来，得到更高精度的强分类器[21]，代表性工作包括统计学家 Breiman 提出的随机森林[18]，以及 Freund 提出的 AdaBoost[19]。另一方面监督学习向核学习发展，即将输入向量隐式地映射到高维的特征空间中，更好地解决非线性分类问题，代表性工作是 Cortes 和 Vapnik 提出的 SVM[20]。

在第三阶段，监督学习向着更大规模数据集和深度学习的方向发展。在数据集方面，2005 年，斯坦福大学李飞飞教授构建了 ImageNet[22]，共包括 1 000 种类别的百万级图片。2009 年开始，研究者使用 ImageNet 数据集举办了 ImageNet 国际比赛，涵盖图像分类、目标检测、图像分割等基础任务。在 2012 年的 ImageNet 比赛中，Krizhevsky 提出了含有 8 个网络层的深度卷积网络 AlexNet[23]，以较大优势获得了冠军，从此开启了深度学习研究的热潮。之后，监督学习向深度学习方向逐步发展。2015 年，Simonyan、Szegedy 等研究者进一步加深卷积层数，提出了 20 层左右的 VGG 网络[24] 和 GoogLeNet 网络[25]。2016 年，ResNet[91] 利用残差连接，解决了困扰网络模型训练中的梯度消失和爆炸等问题，进一步地将深度学习网络的深度增加至百层。除了卷积神经网络，于 1997 年提出的长短期记忆网络（long short-term memory networks，LSTM）[26] 在该阶段也向更深层次的网络设计发展，在语音、文本等时间关联信号处理领域取得了较优的性能。近期，谷歌研究院的 Vaswani 等人提出了 Transformer 结构[27]，使用了一种多头自注意力机制刻画输入与输出之间的全局关系，在自然语言处理和计算机视觉等领域取得了显著的进展。伴随网络设计，一些新的网络学习方法也涌现出来，代表性工作是于 2014 年提出的生成对抗网络（generative adversarial networks，GAN）[28]，利用二元博弈的思想设计相互对抗的生成网络和判别网络，并最终获取足够逼真的生成数据，代表性方法有 StyleGAN[29] 以及 Deepfake[30]。

1.4.2 无监督学习

无监督学习（unsupervised learning）是依据未知标签的训练样本来解决机器学习问题的学习模式。如上文所述，监督学习需要大量带标记的样本，而生成样本标注需要消耗大量的人力与物力。同时，监督学习得到的模型局限于训练数据分布，难以广泛地应用于其他分布的场景中。因此，研究者希望能够从无标记的数据中挖掘信息，实现模型的学习。

如图 1.3 所示，无监督学习的发展历史也可以大致分为三个阶段。20 世纪 60 年代前，研究者将自己的经验延伸转化到机器学习的系统之中，提出了一系列的无监督学习方法，如主成分分析（principal component analysis，PCA）[103] 和自动定理证明器等。20 世纪 60 年代到 21 世纪初，无监督学习得到了飞速发展，出现了层次聚类[31]、K-均值聚类[32]、均值漂移[33]、谱聚类[36]

以及去噪自编码器[42]等经典的无监督学习方法。21世纪初到现在，随着深度学习的发展，自监督学习成为无监督学习发展的主流方向，出现了Jigsaw[46]、旋转预测网络[47]以及SimCLR[49]等方法。

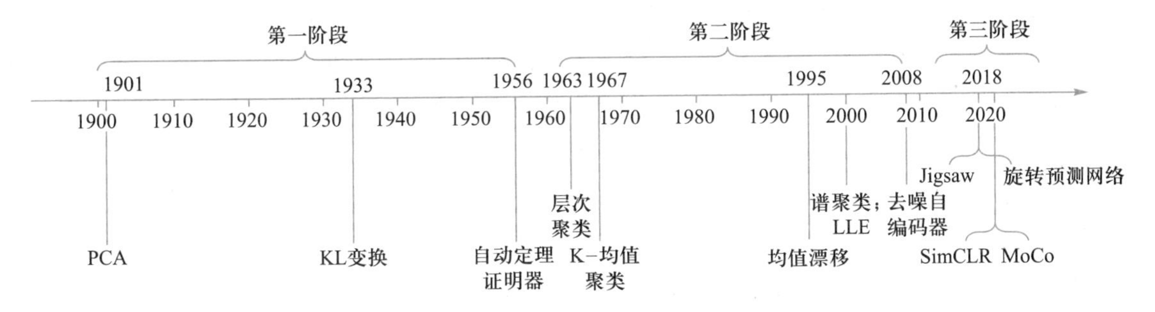

图 1.3 无监督学习的发展历史

早在1901年，Pearson首次提出了PCA的概念[103]，用于近似力学中的主轴定理。1933年，Hotelling将PCA进一步扩展至信号处理领域的卡洛南-洛尹(Karhunen-Loeve，KL)变换[105]，通过正交线性变换将原始数据转换为一组线性无关的变量，将该组变量作为数据的主要特征分量以实现无监督学习。1956年，Allen Newell等人设计了第一个可以用于自动定理证明的电脑程序Logic Theorist，它也被认为是第一个“人工智能程序”[109]。此后，研究人员进一步将核方法与PCA结合起来，用于处理非线性降维问题[104]。

1963年，Ward[31]提出了层次聚类，这是一种类似人类直观思维的聚类算法，即在达到某种终止条件前，在给定的数据集上不断地进行层次分解。此后，出现了大量的改进算法。1967年，MacQueen提出了K-均值聚类[32]方法，其基本思想是根据样本之间的距离或相似性，将相似的样本聚成一类，最后获得多个聚类簇，使同一个簇内部的样本相似度高，不同簇样本之间的差异性大。此后，为了更加准确描述数据的分布特性，基于密度的聚类算法相继提出，如于1995年提出的均值漂移(mean shift)算法[33]，于1996年提出的DBSCAN算法[34]，以及于1999年提出的OPTICS[35]算法。它们的主要思想是根据样本的密度分布进行聚类。2000年，Shi提出了谱聚类算法[36]，通过将聚类中样本的关系表述为图，巧妙地将聚类问题转化为图的割边问题。之后，针对谱聚类算法，也出现了大量的改进算法，例如AP(affinity propagation)算法[37]。此后，一些基于投影、映射的无监督降维算法相继被提出，如局部线性嵌入(LLE)[38]、拉普拉斯特征映射(LE)[39]、局部保持投影(LPP)[40]、等距映射(ISOMAP)[41]。

人工神经网络在无监督学习中也有重要的应用。其中，自编码器使用一个编码器和一个解码器将输入重构，再利用编码器得到的特征完成其他任务。2006年，Hinton提出了DBN[43]；2008年，Vincent提出了去噪自编码器[42]；2009年，Salakhutdinov提出了DBM[44]；2011年，Rifai提出了收缩自编码器[45]。这些都是非常经典的自编码器的方法，在无监督学习领域起到了重要的作用。

最近，涌现出了一种新的无监督学习方法：自监督学习。自监督学习(self-supervised learning)一词最初起源于机器人技术，通过查找和利用不同输入传感器信号之间的关系，能够自动标记训练数据。在被引入机器学习领域后，自监督学习以出色的泛化能力吸引了广泛关注。这种学习模式旨在挖掘数据本身所蕴含的信息，通过不同方式的对比进行学习，因此，这种机器学习方法相比于其他学习模式更接近于人类的学习模式。目前，自监督学习方法分为生成式和对比式两种。生成式主要利用生成对抗网络或自编码模型进行自监督学习；对比式主要利用网络挖掘图像中的上下文结构。自监督学习方法中的代表性方法包括 Jigsaw[46]、旋转预测网络[47]、MoCo[48]、SimCLR[49]、BYOL[50]等。

1.4.3 半监督学习

半监督学习(semi-supervised learning)介于有监督学习与无监督学习之间，能够同时利用有标签数据与无标签数据，并借助两类数据之间的关联，提升特定机器学习任务的性能。一方面，在人工标注有限的情况下，大量额外的无标签数据能够辅助诸如分类与识别任务的学习过程；另一方面，当有标签数据可获得时，类别标签同样能够为聚类算法的学习提供额外信息。

如图1.4所示，半监督学习的发展历史主要经历了三个阶段。20世纪末，归纳式方法是半监督学习的主流，包括混合生成模型法、自训练法、共训练法等。21世纪初，直推式方法开始获得关注。最近，结合上述传统思想与深度神经网络的方法则成为半监督学习研究的焦点。

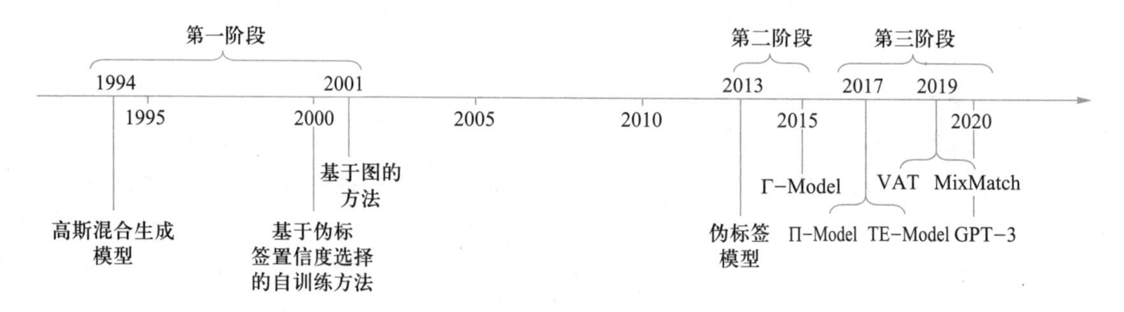

图1.4 半监督学习的发展历史

归纳式方法的目标是建立输入空间的通用分类器，无标签数据可通过分类器预测得到的伪标签参与迭代训练。1994年，Shahshahani 提出了基于高斯混合生成模型的图像分类方法[100]。2000年，Nigam 提出了基于伪标签置信度选择的自训练方法[101]。此后，通过将单分类器扩展至多分类器，共训练法被提出。区别于归纳式方法构建通用分类器的思想，直推式方法是基于有标签与无标签样本间的相关性进行类别推断。2001年，Blum 提出了首个基于图的半监督学习方法[102]，其中，有标签样本与无标签样本表示为图节点，而图的最小割所连接的节点即赋予相同标签。

进入21世纪，将传统无监督学习思想与深度神经网络结合已成为半监督学习关注的焦点。2013年，研究者提出了伪标签(pseudo-label)模型[51]，使用训练的模型对无标签数据进行预测。这些预测结果被作为伪标签，进而用监督学习的方法进行学习。同时，由于模型预测效果不佳，训练过程早期所生成的伪标签准确率低，所以早期无标签数据对应损失的权值比较小。之后，随着训练时间的增加,无标签数据对应损失的权值会增长,并达到某个饱和值。Γ-Model[52]是2015年提出的一类半监督学习框架。该框架认为无监督学习和监督学习在信息保留方面存在显著的差异。无监督学习尽可能保留原始信息,监督学习则倾向于保留与监督任务相关的信息。而半监督学习由于同时用到了真实标签和无标签数据,因此应该同时考虑这两方面的要求。2017年提出的Π-Model[98]和TE-Model[53]都可以认为是Γ-Model的简化版。其思路是在消除Γ-Model中的各种复杂设计后,根据近邻一致性原则,从标签数据中获取有效信息。2019年,从对抗学习的角度,Miyato等人提出了虚拟对抗训练VAT算法[54],该方法是一种基于虚拟对抗损失的正则化方法,该损失定义为每一个输入数据点周围的标签分布对抗局部抖动的鲁棒程度。通过把VAT应用于监督学习和半监督学习数据中,采用简单的熵最小化原则增强算法,就能够在半监督学习任务中取得显著效果。之后的一些改进多基于一致性正则的原则,如MixMatch[55]。

基于伪标签的方法和基于正则化的方法都能取得一定的效果,但是在自然语言处理任务中,常用的一种方法是先利用大量未标记的数据来预训练模型,然后在少量有标签的数据上微调。利用这种方法,GPT-3[56]能够同时完成阅读理解、翻译、前端网页设计等多项任务。受此启发,Chen等人初始采用大量的无标签数据以自监督的模式预训练模型[99],然后在1%~10%的有标签数据上微调模型,从而在给定实验中获得与全部有标签数据训练相近甚至更优的性能。

1.4.4 迁移学习

传统机器学习方法假设训练集与测试集的数据满足独立同分布,且学习任务相同。这些条件一方面增加了数据收集的难度与成本,另一方面严重限制了学习模型的泛化能力与应用场景。与之相反,人类则能够将先前学习过的知识,快速应用于新问题的求解。迁移学习(transfer learning)便是希望通过模拟人类知识迁移机制,着重对现有知识模型进行转换处理的机器学习方法。迁移学习可针对测试集的分布特性自适应调整学习模型,无须大量标注样本与参数计算,计算复杂度较低。

如图1.5所示,迁移学习的发展历史大致经历了三个阶段。20世纪末,迁移学习的概念被提出,经过十余年的发展与讨论确定了具体研究目标。2005年到2012年,迁移学习进入快速发展阶段,形成了以实例迁移、特征迁移、模型迁移与关系迁移为主要框架的迁移学习方法。2012年至今,代表性的迁移学习思想开始加速与深度学习技术进行融合,推动了两者的共同发展。

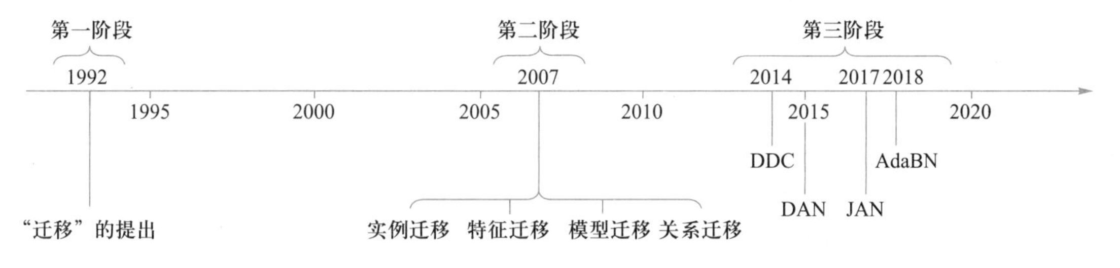

图1.5 迁移学习的发展历史

1992年,Pratt提出了基于可判别性的迁移算法,“迁移”概念开始在机器学习领域获得关注[94]。1995年,NeurIPS组织“learning to learn”专题研讨会,着重探讨了智能归纳系统如何进行知识巩固与迁移。此后,迁移学习研究逐渐受到越来越多研究者的关注,根据迁移场景的不同,逐渐确定了具体的研究目标。归纳式迁移学习是指在源域和目标域不一定相同、源任务和目标任务不同时,目标域标记可得,源域标记可能可得也可能不可得的迁移学习,其代表性方法有多任务学习法[95]等。直推式迁移学习则是指源域和目标域不同、源任务和目标任务相同时,只有源域数据有标记的迁移学习,其代表性方法有域自适应法[97]等。无监督迁移学习指源域和目标域不同,源任务和目标任务也不同时,源域和目标域数据都不可得的迁移学习,其代表性方法有自学习聚类法[96]等。

具体来说,基于实例的迁移学习侧重比较测试样本与训练样本的相似性,通过对原始训练样本的损失重新进行加权,从而保证学习模型对测试样本的泛化性能得到提升[110]。基于特征的迁移学习将测试样本与训练样本投影到同一特征空间,通过比较特征间的相似性自适应地传递样本标签[111]。而基于模型的迁移学习则将原训练样本预训练得到的模型参数传递给测试样本,然后利用少量标注数据,在不改变模型结构的前提下更新模型参数[112]。关系迁移学习则首先建立训练样本间的相互关系(如大小关系、位置关系等),然后通过比较多组测试样本与训练样本间的联合相似性进行关系推断模型的传递[113]。这些模型已被成功应用于行为分析、对象识别、情感分析和语言文本分析等多个智能分析与识别领域,推动了迁移学习的发展。

近年来,迁移学习的主要思想与当前的深度学习技术加速融合,并被Andrew Ng评价为机器学习在工业应用领域取得成功的关键引擎。2014年,Tzeng等人提出了DDC[57],以解决深度网络的自适应问题。该方法提出了一个新的CNN结构,采用一个自适应层以及一个基于最大平均差异(MMD)的域混淆损失,学习一个同时具有语义和域不变的表征。进一步,该方法展示了域混淆测度能够用于模型选择,包括确定自适应层的维度和CNN结构中层的最佳位置。于2015年提出的DAN[58],扩展了更多的自适应层,并使用性能更优的多核MMD度量方法。Tzeng也扩展了DDC,提出了领域和任务同时迁移的方法[59]。同年,Ganin[60]利用分类器在源域和目标域的相似性,通过目标域的反向传播,同时计算源域和目标域的梯度,并将两者结合起来以更新特征提取器。2017年,Long等人[61]提出了联合自适应网络(JAN),该网络通过采用联合最大均值差异(JMMD),实现域间多个域特定层联合分布的对齐。于2018年提出的AdaBN[62]在归一化层通过加入统计特征的适配来实现迁移学习。

1.4.5 强化学习

强化学习(reinforcement learning)是一种经验驱动的自主学习方式,通过机器与环境的不断互动,逐渐增强算法性能,比如围棋算法AlphaGo[77]就是强化学习的例子,其通过下棋不断提升自身的性能。

与监督学习从标注数据中学习数据分布不同,强化学习的学习目标是令机器与环境互动,执行动作以获得最大的累计奖励。如图1.6所示,强化学习有60多年的发展历史(1954年至今),其发展大致分为两个时间段。1954 年至 2013 年为缓慢发展阶段,早期的强化学习与控制理论和马尔可夫决策过程紧密相关[63-64]。2013 年以来为快速发展期,主要集中于深度学习和强化学习高效结合。强化学习通常分为两种:无模型(model-free)方法和基于模型的(model-based)方法,无模型方法又可以分为价值学习(value-based)和策略学习(policy-based)两种。

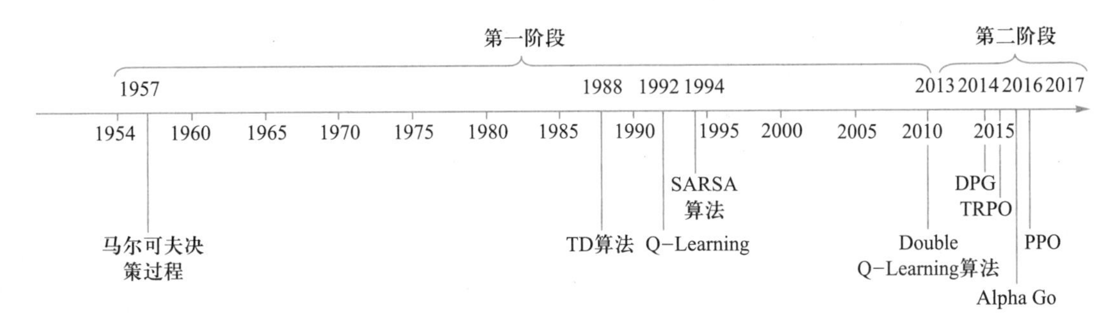

图 1.6 强化学习的发展历史

价值学习指的是学习最优价值函数,智能体以学习到的价值函数为指导进行动作选择。价值学习的典型方法包括时序差分 TD(temporal difference)算法[65]、Q-Learning 算法[66]、SARSA 算法[67-68]、Double Q-Learning 算法[69]、DQN 算法[70]。TD 算法[65]是一种用于预测的增量学习过程,即使用不完整的状态序列来预测其未来行为。目前,多数强化学习都是采用了时序差分的思想。最常见的时序差分的离线控制算法是 Q-Learning 算法[66],最初出现的 Q-Learning 是表格形式,其核心在于从当前的状态下选择对应的动作,并不断更新 Q 值表(Q-Table),选择依据是奖赏表(R-Table)。时序差分的在线控制算法是 SARSA 算法[67-68],其学习更新函数依赖 5 个状态和动作,相比于 Q-Learning 直接学习最优策略,SARSA 是在探索时学会了逼近最优的策略。Double Q-Learning 算法[69]同时使用两个学习器来估计价值函数,以避免动作值过估计的现象。DQN 算法[70]结合了深度学习技术,使用强化学习执行 Atari 游戏任务,利用经验回放策略来处理转移样本,并使独立神经网络产生 Q 值。

策略学习指的是学习策略函数,用策略函数计算所有动作的概率值,并执行一个选定的动作。策略学习的基础在于策略梯度定理[71],典型算法包括确定策略梯度(deterministic policy gradient,DPG)算法[72]、深度确定策略梯度(deep deterministic policy gradient,DDPG)算法[73]、置信域策略优化(trust region policy optimization,TRPO)算法[74]、近端策略优化(proximal policy optimization,PPO)算法[75]以及分布式近端策略优化(distributed proximal policy optimization,DPPO)算法[76]。DPG[72]用策略网络控制智能体的动作,用价值网络进行指导,能够避免连续变量存储 GPU 内存不足的问题。DDPG[73]集成了 DPG 方法和 DQN 的优点,缓解了强化学习难收敛的问题。TRPO[74]是基于置信域优化的强化学习方法,针对策略梯度算法更新步长难以确定的问题,给出了一个单调的策略改善方法。PPO 算法[75]也是针对更新步长难以确定的问题,提出了限制新策略更新幅度的思路来解决这个问题。DPPO[76]则采用了多线程策略以避免系统落入局部最优点。

蒙特卡罗树搜索是一种基于模型的强化学习方法,Silver 等人提出的 AlphaGo[77]就是依靠蒙特卡罗树搜索进行决策，并使用价值网络和策略网络进行辅助决策，在围棋项目上打败了诸多世界冠军。AlphaZero[78]应用自对弈强化学习进行训练，摒弃所有人类专家数据，并简化了树搜索算法，在国际象棋、将棋以及围棋上取得了更优异的性能。

1.4.6 连续学习

传统机器学习方法普遍面临着灾难性遗忘(catastrophic forgetting)问题[79]，即在学习完新的任务后会迅速遗忘之前的知识。例如，让精通围棋的AlphaGo转去学习象棋，当它达到象棋巅峰的水准后，它可能遗忘围棋的相关知识。灾难性遗忘是现有深度学习更深层次矛盾的体现：模型的可塑性和稳定性之间的矛盾。可塑性是指模型获取新知识的能力，稳定性是指获取新知识时保持旧有知识的能力。连续学习(continual learning)就是为了解决机器学习灾难性遗忘问题而提出的，致力于从一系列新数据中不断学习新知识和新技能，逐步扩充神经网络连续学习能力的过程，也被称为终身学习(lifelong learning)、序列学习(sequential learning)以及增量学习(incremental learning)。其特点是像人一样基于以前学习过的知识学习新的任务，并且在学习完新的任务后，能够不忘记以前的知识。

连续学习是比较新的一个机器学习任务。从2016年开始，研究者提出了一系列的连续学习方法，如图1.7所示。根据任务设定的不同，连续学习可分为不同的几种类型。(1) 任务连续学习 (task continual learning)：模型在不同时间连续学习不同任务，如分类、检测任务等。模型对于不同的任务具有不同的输出层。(2) 域连续学习(domain continual learning)：针对一个任务，模型在不同时间学习不同数据域的知识，如先学习红外图像，再学习遥感图像等。模型对于不同的域具有相同的输出层。(3) 类连续学习(class continual learning)：在不同时间学习不同类的数据，如先学习银杏叶的知识，再学习枫叶的知识。模型的分类输出层随着类别增加而增加。

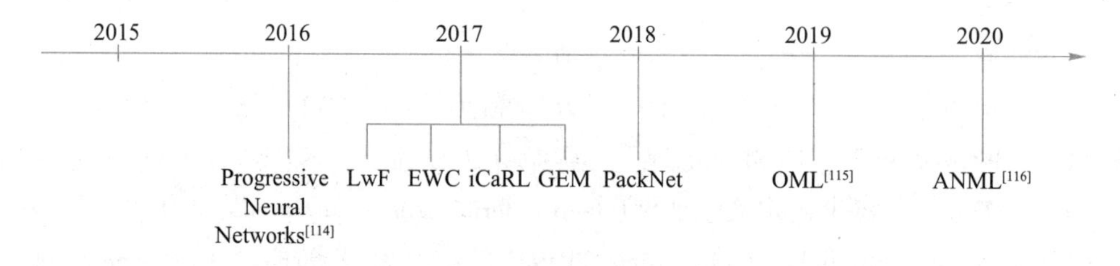

图1.7 连续学习的发展历史

连续学习的方法主要分为三类。(1) 重放方法(replay-based methods)，其主要思路是在训练时重放之前训练过的数据来减轻灾难性遗忘。常用的重放策略有重复彩排和优化约束。重复彩排即是直接在学习新的任务时重新在一些保存下来的历史数据子集上进行训练，代表方法为iCaRL[80]；重复彩排会更新旧任务的参数，导致对保留下来的旧数据过拟合。而优化约束方法是将当前任务计算的梯度投影到旧任务梯度的可行区间内，以不等式约束的方式修正新任务的梯度更新方向，避免新任务学习影响旧的任务，代表性方法为GEM算法[81]。(2) 正则化方法

(regularization-based methods)则是通过对神经网络权重的更新施加约束来缓解灾难性遗忘。运用这一策略的代表性方法包括 LwF[82] 和 EWC[83] 等。LwF 通过使用蒸馏损失来保留模型的旧任务知识，而 EWC 则试图运用 Fisher 信息矩阵来估计网络参数对之前任务的重要性，并在更新时最大限度地保持重要参数的数值。(3) 参数隔离方法(parameter isolation methods)。这类方法基于一个先验假设：模型参数的不同子集会在不同的任务上起主要作用。因此，该方法通过在学习每项任务后冻结一部分参数，并针对新的任务更新其他参数来防止灾难性遗忘，代表性方法有 PackNet[84] 等。

1.5 机器学习应用

国务院于 2017 年 7 月印发《新一代人工智能发展规划》[85]，该规划分析了人工智能的战略态势及我国在该领域面临的挑战，提出了面向 2030 年我国人工智能发展的总体要求、重点任务、资源配置、保障措施及组织实施，以便紧抓人工智能飞速发展的重大历史机遇，坚守我国在人工智能领域的独特优势，加快建设社会主义现代化科技强国和创新型国家。

《新一代人工智能发展规划》中指出，到 2030 年人工智能发展的战略目标应分三步走。第一步，到 2020 年人工智能总体技术和应用与世界先进水平同步，人工智能产业成为新的重要经济增长点，人工智能技术应用成为改善民生的新途径，有力支撑进入创新型国家行列和实现全面建成小康社会的奋斗目标。第二步，到 2025 年人工智能基础理论实现重大突破，部分技术与应用达到世界领先水平，人工智能成为带动我国产业升级和经济转型的主要动力，智能社会建设取得积极进展。第三步，到 2030 年人工智能理论、技术与应用总体达到世界领先水平，成为世界主要人工智能创新中心，智能经济、智能社会取得明显成效，为跻身创新型国家前列和经济强国奠定重要基础。

2020 年 10 月 29 日中国共产党第十九届中央委员会第五次全体会议通过《中共中央关于制定国民经济和社会发展第十四个五年规划和二〇三五年远景目标的建议》[87]（以下简称《十四五规划和 2035 年远景目标》），确定了“十四五”时期经济社会发展指导方针和主要目标，并指明了“十四五”时期十二项需重点发展的领域。《新一代人工智能发展规划》与《十四五规划和 2035 年远景目标》同时指出，人工智能是目前科技发展的前沿领域，在推进产业智能化、建设和谐便捷的智能社会方面意义重大，并部署了如下若干个重点应用领域。

国防与公共安全：国家《十四五规划和 2035 年远景目标》中指出，要聚力国防科技自主创新、原始创新，加速战略性前沿性颠覆性技术发展，加速智能化装备发展；要统筹传统安全和非传统安全，把安全发展贯穿国家发展各领域和全过程，要全面提高公共安全保障能力。人工智能技术可以广泛应用于上述两方面，如利用人工智能技术实现无人机自主巡航，减少人为带来的不稳定因素的影响，实现智能监控，利用目标检测、目标跟踪技术从海量的监控视频中检测并追踪到犯罪嫌疑人或违法车辆。

智能制造：国务院于2015年印发的《中国制造2025》[88]指出，要大力发展智能制造行业，实现制造业升级和提升制造业创新能力，加强人工智能在制造业的重要应用，如：智能终端与芯片制造、智能家居制造和智能机器人制造等；研发更加智能的计算芯片和系统，推动新一代智能终端的发展；利用物联网、语音控制、传感控制等技术实现家居产品的互联互通，发展智能监控、智能照明、智能家居机器人等；生产服务于制造业和服务业的智能机器人，提高生产和服务效率。

智慧医疗：2017年国务院印发的《新一代人工智能发展规划》[85]指出要推广应用人工智能治疗新模式和新手段，建立快速精准的智能医疗体系。人工智能技术在该领域具有广泛的应用场景，例如，可以执行挂号、科室分布以及就医流程引导、身份识别、医学知识普及等功能的智能医疗导诊机器人；能进行检查、诊断、康复以及其他用于治疗的医疗机器人。同时，人工智能技术也可用于医学影像分析，用计算机视觉技术实现病灶识别与标注、靶区自动勾画与自适应放疗，以及三维影像重建等任务。

智慧城市：《十四五规划和2035年远景目标》指出，推进新型城市建设，重点之一为大力发展智能交通和智能基础设施建设[87]，其中人工智能的重要应用包括了智能交通网络系统、自动驾驶系统、智能安防系统和智能物流系统等。智能交通网络系统能够智能监管地区人口与车辆流动、道路状况及布局，为交通网络的安全运行提供保障。自动驾驶系统能够自主优化出行线路，减少疲劳与酒驾带来的风险，从而可以极大地提高出行效率，降低驾驶员失误引发的安全隐患。智能安防与监控系统具备全方位、全天候、立体化的安防、监管及执法管理能力。智能物流系统包括智能化装载搬卸、分拣归纳、仓储管理、指挥配货等功能。

数字娱乐：2019年国务院印发的《国务院办公厅关于进一步激发文化和旅游消费潜力的意见》[86]指出，要大力发展基于5G、超高清、增强现实、虚拟现实、人工智能等技术的新一代沉浸式体验型文化和旅游消费内容，可以让人沉浸式地体验到纯虚拟创建的环境，可以将虚拟环境投射到现实世界中，实现真实和虚拟环境的有机结合。同时要积极丰富网络多媒体、艺术展示等数字内容相关的产品。

1.6 本书结构

本节将展示逻辑结构图和本书概要。

1.6.1 逻辑结构图

本书是面向《新一代人工智能发展规划》《十四五规划和2035年远景目标》以及《高等学校人工智能创新行动计划》等国家人工智能发展规划而编制的教材，是适用于信息与通信工程学科本科和教育部最新设置的人工智能类本科课程——“人工智能基础”和“机器学习基础”的教学教材，也可作为与机器学习相关的信息与通信工程、计算机科学与技术等学科的研究生课程的教学教材。本书共包含九章内容，一方面涵盖了经典的机器学习理论与方法，另一方面重点介绍了前沿的深度学习理论基础和方法,以及机器学习的典型应用。第 1 章为绪论,介绍机器学习的概念、基础,以及不同机器学习方法的思路。第 2 至第 4 章介绍经典的机器学习理论与方法,包括常见的无监督聚类分析、有监督统计学习以及有监督判别学习。第 5 至第 7 章介绍前沿的深度学习理论基础和方法,包括深度学习基础、网络优化与经典的深度卷积神经网络以及深度学习前沿。第 8 至第 9 章介绍机器学习的应用,包括常见的目标检测和图像分割任务。本书的目标是通过讲解机器学习的历史、经典方法思路以及深度学习基础知识,编织本科生和研究生在机器学习领域的知识图谱。本书可与目前人工智能领域的许多优秀教材[106-107]互为补充,可为学生们将来从事人工智能相关的科学研究奠定坚实基础。

1.6.2 本书概要

第 1 章绪论主要介绍机器学习的基本概念、定义、发展历史和应用。引言中,通过例子先点出“学习”的概念,再从人的学习过渡到机器的学习,介绍机器学习的概念及其与人工智能的联系、机器学习的目标等。接下来介绍了机器学习需要用到的基本概念,包括一些基本的定义和术语,以及一些基本的定理和机器学习的基本流程。在学习方法部分重点介绍了本书相关的六种学习模式:监督学习、无监督学习、半监督学习、迁移学习、强化学习以及连续学习,并介绍了它们的发展历史。在应用场景部分则简单地介绍了机器学习在重点领域的应用。本章意在让读者对机器学习有整体的把握和了解,为后续知识的学习奠定基础。

第 2 章无监督聚类分析将介绍聚类的相关算法。通过对无标签样本进行分类的任务引出聚类分析,然后在第一小节分别介绍聚类的含义以及聚类中样本距离的度量方法等基础知识来建立聚类分析任务的总体认识。最后将聚类算法分为四小节,包括层次聚类算法、K-均值聚类算法、基于密度的聚类算法以及谱聚类算法等。每一小节介绍一类算法的总体流程、优缺点以及典型算法。

第 3 章有监督统计学习,主要从三个方面进行阐述:贝叶斯分类器、概率密度估计和采样方法。首先介绍贝叶斯定理、最小错误率判别准则、最小风险判别准则等统计判别知识。然后,在概率密度估计中介绍了最大似然估计和最大后验估计这两种基本的估计准则,以及非参数的直方图估计、Parzen 窗函数估计与 K 近邻估计。最后,在采样方法部分,分别介绍了马尔可夫链蒙特卡罗采样法、Metropolis-Hastings 采样法和吉布斯采样法。

第 4 章有监督判别学习。首先介绍线性判别函数,如何利用两类分类器解决多类别分类问题。接下来分别介绍了 Fisher 线性判别分析和 SVM 算法。最后介绍了 AdaBoost 算法、决策树以及随机森林算法。

第 5 章深度学习基础。这一章从传统机器学习存在的问题出发,引出深度学习特点以及优势。在介绍了一些基本概念后,将介绍神经网络的基本结构和卷积神经网络的基本层。然后依次介绍注意力机制、循环神经网络、图神经网络以及参数的计算。

第 6 章介绍网络优化与经典的深度卷积神经网络模型。在网络优化部分,首先介绍常见的基于梯度下降的参数优化算法,然后介绍常见的参数初始化方法以及一些归一化算法,最后介绍正则化算法以及参数设置方法。在经典的深度卷积神经网络部分,介绍一些经典的深度卷积神经网络,包括 AlexNet、ResNet 等。

第7章深度学习前沿。重点介绍近年来深度学习的前沿方向,包括自监督学习、迁移学习、连续学习、强化学习、噪声标签学习以及小样本学习。通过本章学习,读者将更加全面和深入地了解当前深度学习的研究热点和方向。

第8章目标检测。首先介绍目标检测的任务定义,分析了目标检测面临的难点,然后介绍了常用的目标检测数据集以及相关的评价指标。在传统目标检测部分,介绍了三种经典检测算法:Viola-Jones、DPM、图像显著性检测算法。在深度学习目标检测部分,从 Anchor-Based(Two-Stage 和 One-Stage)、Anchor-Free 以及视觉-文本的多模态检测框架出发,分别介绍了代表性的检测网络模型。

第9章图像分割。全面介绍图像分割方法。首先,简述了图像分割任务以及图像分割的定义和发展,随后介绍了分割任务中的关键问题和一些常用的分割数据集。然后,将图像分割方法分为传统方法和深度学习方法进行介绍。本章着重介绍深度学习图像分割方法,并将其分为图像语义分割、图像实例分割、图像全景分割和多模态图像分割四个小节。

习题

1. 如何理解人工智能技术在人类历史发展中的作用?思考未来人工智能技术可能的发展方向。

2. 什么是机器学习?简述人工智能、机器学习和深度学习之间的关系。

3. 机器学习包括哪些经典方法?各有什么特点?

4. 请简述一下奥卡姆剃刀的两种形式。

5. 请简要说明训练样本、验证样本、测试样本各自的作用以及彼此之间的区别。

6. 请举例说明什么是机器学习模型的泛化能力,如何增强模型的泛化能力?

7. 如果一个机器学习模型在训练过程中出现过拟合或者欠拟合,应该分别采用什么样的方法解决?

8. 以银杏叶、枫叶和竹叶为数据样本,阐述有监督、无监督和半监督学习三种情形下的学习模式。

9. 请结合日常生活实例,举例说明什么是迁移学习、强化学习和连续学习。

10. 机器学习中的灾难性遗忘是指什么?请结合人的学习过程阐述自己对解决灾难性遗忘的可能思路。

11. 如果训练样本中存在一些错误标签的样本,则应如何解决模型学习中的错误标签干扰问题?

12. 结合一个具体应用场景阐述一下机器学习在其中的应用。

第1章习题解答

参考文献

[1] MCCARTHY J. What is artificial intelligence? [R]. Stanford:Computer Science Department of Stanford University,2007.

[2] BRAITENBERG V. Vehicles: experiments in synthetic psychology[M]. Cambridge: MIT Press, 1984.

[3] 孙富春，吴飞，李宏亮，等．中国人工智能学会系列研究报告：人工智能未来趋势，安全，教育与人类关系[M]．北京：中国科学技术出版社，2021.

[4] PEARL J. Radical empiricism and machine learning research [J]. Journal of causal inference, 2021, 9(1): 78-82.

[5] SAMUEL A L. Some studies in machine learning using the game of checkers[J]. IBM journal of research and development, 1959, 3(3): 210-229.

[6] WOLPERT D H, MACREADY W G. No free lunch theorems for search: SFI-TR-05-010 [R]. Santa Fe: Santa Fe Institute, 1995.

[7] DOMINGOS P. Occam's two razors: the sharp and the blunt[C]//International Conference on Knowledge Discovery and Data Mining, 1998: 37-43.

[8] RASMUSSEN C E, GHAHRAMANI Z. Occam's razor[C]//Advances in Neural Information Processing Systems, 2001: 294-300.

[9] INDYK P, MOTWANI R. Approximate nearest neighbors: towards removing the curse of dimensionality[C]//ACM Symposium on Theory of Computing, 1998: 604-613.

[10] HADSELL R, RAO D, RUSU A A, et al. Embracing change: continual learning in deep neural networks[J]. Trends in cognitive sciences, 2020, 24(12): 1028-1040.

[11] TZENG E, HOFFMAN J, SAENKO K, et al. Adversarial discriminative domain adaptation [C]//IEEE Conference on Computer Vision and Pattern Recognition, 2017: 2962-2971.

[12] FISHER R A. The use of multiple measurements in taxonomic problems[J]. Annals of eugenics, 1936, 7(2): 179-188.

[13] ROSENBLATT F. Principles of neurodynamics: perceptrons and the theory of brain mechanisms[R]. Buffalo: Cornell Aeronautical Lab Inc Buffalo NY, 1962.

[14] ROSENBLATT F. The perceptron: a probabilistic model for information storage and organization in the brain[J]. Psychological review, 1958, 65(6): 386-408.

[15] COVER T, HART P. Nearest neighbor pattern classification[J]. IEEE transactions on information theory, 1967, 13(1): 21-27.

[16] BREIMAN L, FRIEDMAN J, OLSHEN R, et al. Classification and regression trees[M]. Belmont: Wadsworth International Group, 1984.

[17] QUINLAN J R. Induction of decision trees[J]. Machine learning, 1986, 1(1): 81-106.

[18] BREIMAN L. Random forests[J]. Machine learning, 2001, 45(1): 5-32.

[19] FREUND Y, SCHAPIRE R E. A decision-theoretic generalization of on-line learning and an application to boosting[J]. Journal of computer and system sciences, 1997, 55(1): 119-139.

[20] CORTES C, VAPNIK V. Support-vector networks[J]. Machine learning, 1995, 20(3): 273-297.

[21] FREUND Y. Boosting a weak learning algorithm by majority[J]. Information and computation, 1995, 121(2): 256-285.

[22] DENG J, DONG W, SOCHER R, et al. Imagenet: a large-scale hierarchical image database[C]//IEEE Conference on Computer Vision and Pattern Recognition, 2009: 248-255.

[23] KRIZHEVSKY A, SUTSKEVER I, HINTON G E. Imagenet classification with deep convolutional neural networks[C]//Advances in Neural Information Processing Systems, 2012, 25: 1097-1105.

[24] SIMONYAN K, ZISSERMAN A. Very deep convolutional networks for large-scale image recognition[C]//International Conference on Learning Representations, 2015: 1-14.

[25] SZEGEDY C, LIU W, JIA Y, et al. Going deeper with convolutions[C]//IEEE Conference on Computer Vision and Pattern Recognition, 2015: 1-9.

[26] HOCHREITER S, SCHMIDHUBER J. Long short-term memory[J]. Neural computation, 1997, 9(8): 1735-1780.

[27] VASWANI A, SHAZEER N, PARMAR N, et al. Attention is all you need[C]//Advances in Neural Information Processing Systems, 2017: 5998-6008.

[28] GOODFELLOW I, POUGET-ABADIE J, MIRZA M, et al. Generative adversarial nets[C]//Advances in Neural Information Processing Systems, 2014, 27: 2672-2680.

[29] KARRAS T, LAINE S, AILA T. A style-based generator architecture for generative adversarial networks[C]//IEEE Conference on Computer Vision and Pattern Recognition, 2019: 4396-4405.

[30] KORSHUNOVA I, SHI W, DAMBRE J, et al. Fast face-swap using convolutional neural networks[C]//IEEE International Conference on Computer Vision, 2017: 3697-3705.

[31] WARD J H. Hierarchical grouping to optimize an objective function[J]. Journal of the American statistical association, 1963, 58(301): 236-244.

[32] MACQUEEN J. Some methods for classification and analysis of multivariate observations[C]//Berkeley Symposium on Mathematical Statistics and Probability, 1967, 1: 281-297.

[33] CHENG Y. Mean shift, mode seeking, and clustering[J]. IEEE transactions on pattern analysis and machine intelligence, 1995, 17(8): 790-799.

[34] ESTER M, KRIEGEL H P, SANDER J, et al. A density-based algorithm for discovering clusters in large spatial databases with noise[C]//International Conference on Knowledge Discovery

and Data Mining, 1996, 96(34): 226-231.

[35] ANKERST M, BREUNIG M M, KRIEGEL H P, et al. Optics: ordering points to identify the clustering structure[C]//The ACM Special Interest Group on Management of Data Record, 1999, 28(2): 49-60.

[36] SHI J, MALIK J. Normalized cuts and image segmentation[J]. IEEE transactions on pattern analysis and machine intelligence, 2000, 22(8): 888-905.

[37] BODENHOFER U, KOTHMEIER A, HOCHREITER S. Apcluster: an r package for affinity propagation clustering[J]. Bioinformatics, 2011, 27(17): 2463-2464.

[38] ROWEIS S T, SAUL L K. Nonlinear dimensionality reduction by locally linear embedding [J]. Science, 2000, 290(5500): 2323-2326.

[39] BELKIN M, NIYOGI P. Laplacian eigenmaps for dimensionality reduction and data representation[J]. Neural computation, 2003, 15(6): 1373-1396.

[40] HE X, NIYOGI P. Locality preserving projections[C]//Advances in Neural Information Processing Systems, 2004, 16: 153-160.

[41] TENENBAUM J B, SILVA V D, LANGFORD J C. A global geometric framework for nonlinear dimensionality reduction[J]. Science, 2000, 290(5500): 2319-2323.

[42] VINCENT P, LAROCHELLE H, BENGIO Y, et al. Extracting and composing robust features with denoising autoencoders[C]//International Conference on Machine Learning, 2008: 1096-1103.

[43] HINTON G E, OSINDERO S, TEH Y W. A fast learning algorithm for deep belief nets[J]. Neural computation, 2006, 18(7): 1527-1554.

[44] SALAKHUTDINOV R, HINTON G. Deep boltzmann machines[C]//International Conference on Artificial Intelligence and Statistics, 2009, 5: 448-455.

[45] RIFAI S, VINCENT P, MULLER X, et al. Contractive auto-encoders: explicit invariance during feature extraction[C]//International Conference on Machine Learning, 2011: 833-840.

[46] KIM D, CHO D, YOO D, et al. Learning image representations by completing damaged jigsaw puzzles[C]//IEEE Winter Conference on Applications of Computer Vision, 2018: 793-802.

[47] KOMODAKIS N, GIDARIS S. Unsupervised representation learning by predicting image rotations[C]//International Conference on Learning Representations, 2018: 1-16.

[48] HE K, FAN H, WU Y, et al. Momentum contrast for unsupervised visual representation learning[C]//IEEE Conference on Computer Vision and Pattern Recognition, 2020: 9726-9735.

[49] CHEN T, KORNBLITH S, NOROUZI M, et al. A simple framework for contrastive learning of visual representations[C]//International Conference on Machine Learning, 2020, 119: 1597-1607.

[50] GRILL J B, STRUB F, ALTCHÉ F, et al. Bootstrap your own latent: a new approach to self-supervised learning[C]//Advances in Neural Information Processing Systems, 2020, 33: 21271-21284.

[51] LEE D H. Pseudo-label: the simple and efficient semi-supervised learning method for deep neural networks[C]//Workshop on Challenges in Representation Learning, 2013, 3(2).

[52] RASMUS A, VALPOLA H, HONKALA M, et al. Semi-supervised learning with ladder networks[C]//Advances in Neural Information Processing Systems, 2015, 2: 3546-3554.

[53] LAINE S, AILA T. Temporal ensembling for semi-supervised learning[C]//International Conference on Learning Representations, 2017, 1-13.

[54] MIYATO T, MAEDA S, KOYAMA M, et al. Virtual adversarial training: a regularization method for supervised and semi-supervised learning[J]. IEEE transactions on pattern analysis and machine intelligence, 2019, 41(8): 1979-1993.

[55] BERTHELOT D, CARLINI N, GOODFELLOW I, et al. Mixmatch: A holistic approach to semi-supervised learning[C]//Advances in Neural Information Processing Systems, 2019, 32: 5049-5059.

[56] BROWN T B, MANN B, RYDER N, et al. Language models are few-shot learners[C]//Advances in Neural Information Processing Systems, 2020, 33: 1877-1901.

[57] TZENG E, HOFFMAN J, ZHANG N, et al. Deep domain confusion: maximizing for domain invariance[EB/OL]. arXiv preprint arXiv:1412.3474.

[58] LONG M, CAO Y, WANG J, et al. Learning transferable features with deep adaptation networks[C]//International Conference on Machine Learning, 2015, 37: 97-105.

[59] TZENG E, HOFFMAN J, DARRELL T, et al. Simultaneous deep transfer across domains and tasks[C]//IEEE International Conference on Computer Vision, 2015: 4068-4076.

[60] GANIN Y, LEMPITSKY V. Unsupervised domain adaptation by backpropagation[C]//International Conference on Machine Learning, 2015, 37: 1180-1189.

[61] LONG M, ZHU H, WANG J, et al. Deep transfer learning with joint adaptation networks[C]//International Conference on Machine Learning, 2017, 70: 2208-2217.

[62] LI Y, WANG N, SHI J, et al. Adaptive batch normalization for practical domain adaptation[J]. Pattern recognition, 2018, 80: 109-117.

[63] BELLMAN R. A markovian decision process[J]. Journal of mathematics and mechanics, 1957, 6(5): 679-684.

[64] HOWARD R A. Dynamic programming and Markov processes[M]. Cambridge: MIT Press, 1960.

[65] SUTTON R S. Learning to predict by the methods of temporal differences[J]. Machine learning, 1988, 3(1): 9-44.

[66] WATKINS C J, DAYAN P. Q-learning[J]. Machine learning, 1992, 8(3-4): 279-292.

[67] RUMMERY G A, NIRANJAN M. On-line Q-learning using connectionist systems[M]. Cambridge: University of Cambridge, Department of Engineering, 1994.

[68] SUTTON R S. Generalization in reinforcement learning: successful examples using sparse coarse coding[C]//Advances in Neural Information Processing Systems, 1996: 1038-1044.

[69] HASSELT H. Double q - learning [C]//Advances in Neural Information Processing Systems, 2010, 23: 2613-2621.

[70] MNIH V, KAVUKCUOGLU K, SILVER D, et al. Playing atari with deep reinforcement learning[C]//Neural Information Processing Systems Workshop on Deep Learning, 2013.

[71] SUTTON R S, MCALLESTER D, SINGH S, et al. Policy gradient methods for reinforcement learning with function approximation[C]//Advances in Neural Information Processing Systems, 2000: 1057-1063.

[72] SILVER D, LEVER G, HEESS N, et al. Deterministic policy gradient algorithms[C]//International Conference on Machine Learning, 2014: 387-395.

[73] LILLICRAP T P, HUNT J J, PRITZEL A, et al. Continuous control with deep reinforcement learning[C]//International Conference on Learning Representations, 2016.

[74] SCHULMAN J, LEVINE S, ABBEEL P, et al. Trust region policy optimization[C]//International Conference on Machine Learning, 2015: 1889-1897.

[75] SCHULMAN J, WOLSKI F, DHARIWAL P, et al. Proximal policy optimization algorithms [EB/OL]. arXiv preprint arXiv:1707. 06347.

[76] HEESS N, TB D, SRIRAM S, et al. Emergence of locomotion behaviours in rich environments [EB/OL]. arXiv preprint arXiv:1707. 02286.

[77] SILVER D, HUANG A, MADDISON C J, et al. Mastering the game of Go with deep neural networks and tree search[J]. Nature, 2016, 529(7587): 484-489.

[78] SILVER D, HUBERT T, SCHRITTWIESER J, et al. A general reinforcement learning algorithm that masters chess, shogi, and Go through self-play[J]. Science, 2018, 362(6419): 1140-1144.

[79] McCloskey M, Cohen N J. Catastrophic interference in connectionist networks: the sequential learning problem[J]. Psychology of learning and motivation, 1989, 24: 109-165.

[80] REBUFFI S A, KOLESNIKOV A, SPERL G, et al. Icarl: incremental classifier and representation learning[C]//IEEE Conference on Computer Vision and Pattern Recognition, 2017: 2001-2010.

[81] LOPEZ-PAZ D, RANZATO M A. Gradient episodic memory for continual learning[C]//Advances in Neural Information Processing Systems, 2017, 30: 6467-6476.

[82] LI Z, HOIEM D. Learning without forgetting[J]. IEEE transactions on pattern analysis and machine intelligence, 2017, 40(12): 2935-2947.

[83] KIRKPATRICK J, PASCANU R, RABINOWITZ N, et al. Overcoming catastrophic forgetting in neural networks[J]. Proceedings of the national academy of sciences, 2017, 114(13): 3521-3526.

[84] MALLYA A, LAZEBNIK S. Packnet: adding multiple tasks to a single network by iterative pruning[C]//IEEE Conference on Computer Vision and Pattern Recognition, 2018: 7765-7773.

[85] 国务院．新一代人工智能发展规划[Z]. 国发(2017)35号，2017.

[86] 国务院办公厅．关于进一步激发文化和旅游消费潜力的意见[Z]. 国办发(2019)41号，2019.

[87] 中华人民共和国国民经济和社会发展第十四个五年规划和2035年远景目标纲要[Z].人民出版社，2020.

[88] 国务院．中国制造2025[Z]. 国发(2015)28号，2015.

[89] RUSSELL S, NORVIG P. Artificial intelligence: a modern approach[M]. New Jersey: Prentice Hall, 1995.

[90] OLSHAUSEN B A, FIELD D J. Emergence of simple-cell receptive field properties by learning a sparse code for natural images[J]. Nature, 1996, 381(6583): 607-609.

[91] HE K, ZHANG X, REN S, et al. Deep residual learning for image recognition[C]//IEEE Conference on Computer Vision and Pattern Recognition, 2016: 770-778.

[92] RUMELHART D E, HINTON G E, WILLIAMS R J. Learning representations by back-propagating errors[J]. Nature, 1986, 323(6088): 533-536.

[93] LECUN Y. A theoretical framework for back-propagation[C]//Proceedings of the 1988 Connectionist Models Summer School, 1988, 1: 21-28.

[94] PRATT L Y. Discriminability based transfer between neural networks[C]//Advances in Neural Information Processing Systems, 1992: 204-211.

[95] CARUANA R. Multitask learning[J]. Machine learning, 1997, 28(1): 41-75.

[96] DAI W, YANG Q, XUE G R, et al. Self-taught clustering[C]//International Conference on Machine Learning, 2008: 200-207.

[97] DAUME H, MARCU D. Domain adaptation for statistical classifiers[J]. Journal of artificial intelligence research, 2006, 26(1): 101-126.

[98] CHEN T, KORNBLITH S, SWERSKY K, et al. Big self-supervised models are strong semi-supervised learners[C]//Advances in Neural Information Processing Systems, 2020: 22243-22255.

[99] SHAHSHAHANI B M, LANDGREBE D A. The effect of unlabeled samples in reducing the small sample size problem and mitigating the hughes phenomenon[J]. IEEE transactions on geoscience and remote sensing, 1994, 32(5): 1087-1095.

[100] NIGAM K, MCCALLUM A K, THRUN S, et al. Text classification from labeled and unlabeled documents using EM[J]. Machine learning, 2000, 39(2-3): 103-134.

[101] BLUM A, CHAWLA S. Learning from labeled and unlabeled data using graph mincuts[C]//International Conference on Machine Learning, 2001: 19-26.

[102] PEARSON K. On lines and planes of closest fit to systems of points in space[J]. Philosophical magazine, 1901, 2(6): 559-572.

[103] MIKA S, SCHÖLKOPF B, SMOLA A, et al. Kernel PCA and de-noising in feature

spaces[C]//Advances in Neural Information Processing Systems, 1998, 11: 536-542.

[104] HOTELLING H. Analysis of a complex of statistical variables into principal components [J]. Journal of educational psychology, 1933, 24(6): 417.

[105] 吴飞. 人工智能导论:模型与算法[M]. 北京: 高等教育出版社, 2020.

[106] 周志华. 机器学习[M]. 北京: 清华大学出版社, 2016.

[107] WALD A, WOLFOWITZ J. Bayes solutions of sequential decision problems[J]. The Annals of Mathematical Statistics, 1950, 21(1): 82-99.

[108] MCCORDUCK P, CFE C. Machines who think: a personal inquiry into the history and prospects of artificial intelligence[M]. CRC Press, 2004.

[109] LONG M, WANG J, DING G, et al. Transfer feature learning with joint distribution adaptation[C]//IEEE International Conference on Computer Vision, 2013: 2200-2207.

[110] DUAN L, TSANG I W, XU D, et al. Domain transfer svm for video concept detection [C]//IEEE International Conference on Computer Vision, 2009: 1375-1381.

[111] SHAN X, LU Y, LI Q, et al. Model-based transfer learning and sparse coding for partial face recognition[J]. IEEE Transactions on Circuits and Systems for Video Technology, 2020, 31 (11): 4347-4356.

[112] SUNG F, YANG Y, ZHANG L, et al. Learning to compare: Relation network for few-shot learning[C]// IEEE Conference on Computer Vision and Pattern Recognition. 2018: 1199-1208.

[113] RUSU A A, RABINOWITZ N C, DESJARDINS G, et al. Progressive neural networks [EB/OL]. [2016-06-15]. arXiv:1606.04671

[114] LIU B. Lifelong machine learning: a paradigm for continuous learning[J]. Frontiers of Computer Science 11, 2017, 359-361.

[115] BEAULIEU S, FRATI L, MICONI T, et al. Learning to continually learn[C]//European Conference on Artificial Intelligence, 2020:992-1001.

第 2 章

无监督聚类分析

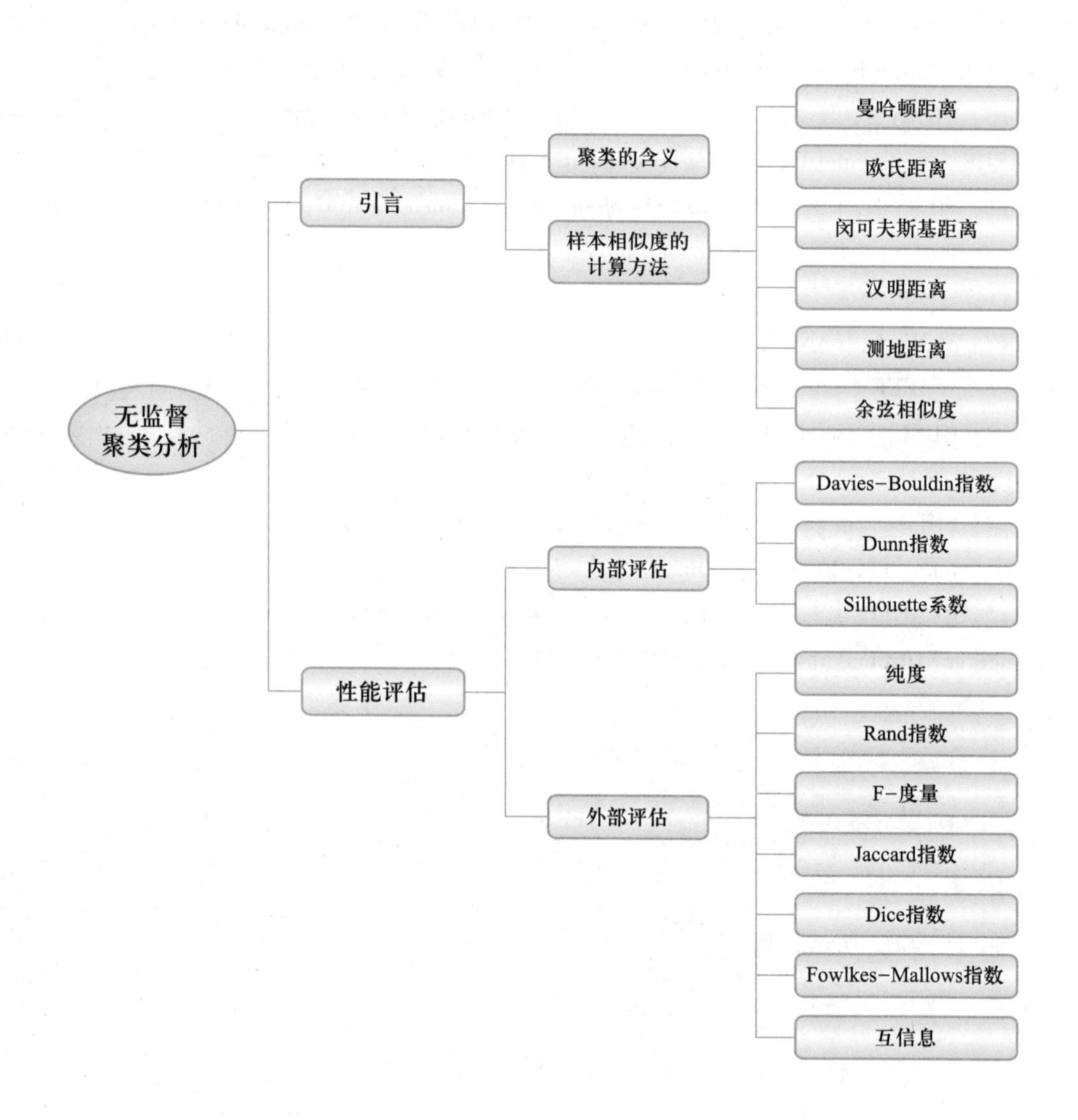

无监督聚类分析
引言
聚类的含义
样本相似度的计算方法
曼哈顿距离
欧氏距离
闵可夫斯基距离
汉明距离
测地距离
余弦相似度
性能评估
内部评估
Davies-Bouldin指数
Dunn指数
Silhouette系数
外部评估
纯度
Rand指数
F-度量
Jaccard指数
Dice指数
Fowlkes-Mallows指数
互信息

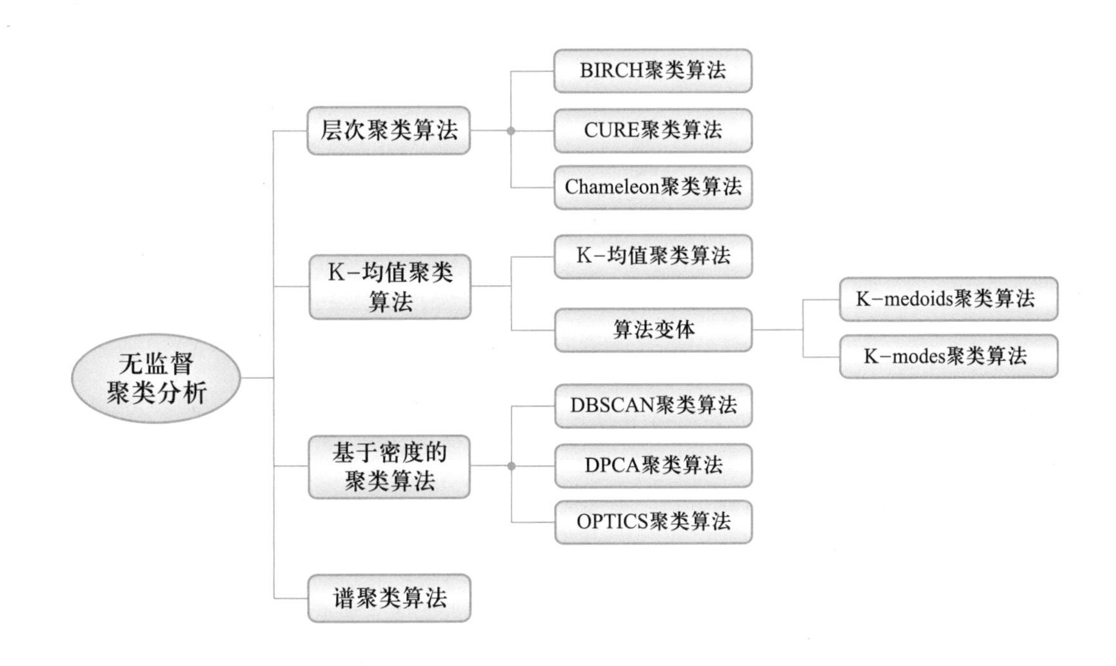

2.1 引 言

第 2 章课件

聚类是指给定一组无标签样本,按照一定的准则将其划分为不同的样本簇,其中每个簇内的样本具有相似的属性或特征,而簇间的样本具有明显的差异。现实生活中存在大量利用无标签样本的特征对其进行聚类的应用。例如,日常听到的乐器演奏,可以根据音色和音域聚类出不同种类的音乐,比如音色悠扬、富有旋律的“小提琴”音乐,或者层次丰富、音域宽广的“钢琴”音乐。根据演奏方式又可以划分为“管乐”“弦乐”“打击乐”等。聚类分析[1]是机器学习领域一个重要的研究方向,适合于类别标签缺失条件下的样本分析。聚类分析的方法有很多,这些方法大都利用样本的属性或特征实现样本的划分,而不同的划分准则可以得到不同的结果,如上面提到的对音乐聚类的例子。聚类分析在实际中有诸多应用,包括图像分割、图像检索和数据降维等。

2.1.1 聚类的含义

给定一组无标签样本,聚类分析致力于寻找样本特征中是否存在自然的分簇。聚类也通常被定义为将样本聚为不同的簇或类。在给定样本的相似性度量后,聚类准则的原则是使得类内的样本之间距离最小,类间的距离最大,即相似的样本聚在一起,而不相似的样本尽可能分离开。例如,依据空间关系可以将图 2.1 中的左右样本分别聚成三类和两类。

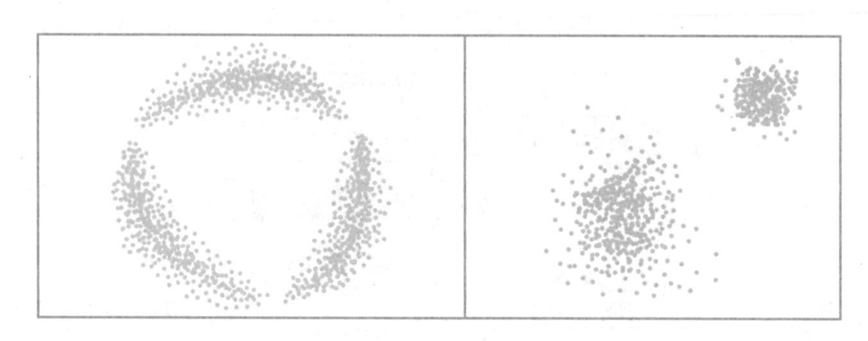

图 2.1 不同数据分布下的聚类示意图

在绪论章节中,我们已经了解到机器学习常见的监督和无监督学习方法。聚类分析本质上是一种无监督的学习方法。除了聚类,实际应用中经常出现分类问题。如图 2.2 所示,分类和聚类的目的都是将样本准确地划分为某一个类别,如 R_1—R_4。它们之间的差别在于聚类无须标签数据,是无监督的。其处理思路是寻找数据特性之间的关联,将相近的样本聚为一类,不相近的样本进行分离。如图 2.2(b)所示,每个圆形区域内的样本比较聚集,不同圆形区域的样本之间尽可能远离。而分类都是在给定数据和标签的前提下寻找分类界面,使得分类界面能够对给定的数据进行有效分类。其处理思路是学习分类模型,使分类误差最小,如图 2.2(a)所示。因此聚类是一种无监督的方法,适合于人工标签缺失的情况下的样本归类问题,是人工参与程度极低的一种分析方法。而分类则是一种有监督的方法,需要给定人工标签。聚类和分类可以理解为两种适用于不同场景的样本归类方法。

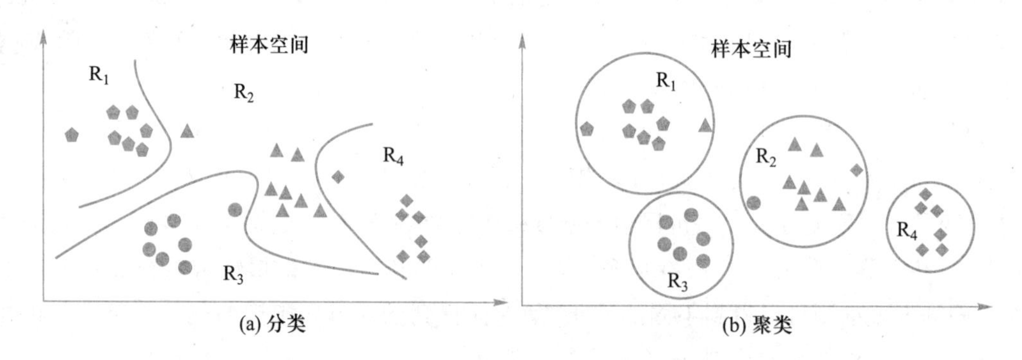

图 2.2 分类与聚类的区别

2.1.2 样本相似度的计算方法

聚类需要衡量两个样本的相似程度,而衡量两个样本的相似程度就需要用到样本间的“距离”这一概念。样本 $\boldsymbol{x}$ 和 $\boldsymbol{y}$ 之间的距离 $d(\boldsymbol{x},\boldsymbol{y})$ 一般满足以下四项基本性质。

(1) 非负性:$d(\boldsymbol{x},\boldsymbol{y})\geqslant 0$。

(2) 同一性:$d(\boldsymbol{x},\boldsymbol{y})=0$,当且仅当 $\boldsymbol{x}=\boldsymbol{y}$。

(3) 对称性:$d(\boldsymbol{x},\boldsymbol{y})=d(\boldsymbol{y},\boldsymbol{x})$。

（4）三角不等式：$d(\boldsymbol{x},\boldsymbol{y}) \leqslant d(\boldsymbol{x},\boldsymbol{z})+d(\boldsymbol{z},\boldsymbol{y})$。

下面对一些常用的距离计算方法进行介绍。

（1）曼哈顿距离（Manhattan distance）[2]

曼哈顿距离也被称为城市街区距离，即在不穿越建筑物的情况下，从城市中一个十字路口走到另一个指定的十字路口所经过的最短距离，在二维空间中表示为

$$d(\boldsymbol{x},\boldsymbol{y})=|x_1-y_1|+|x_2-y_2| \tag{2.1}$$

而在一般的应用场景中，样本一般是以高维向量的形式呈现的，这里给定两个高维样本：$\boldsymbol{x}=[x_1,x_2,\cdots,x_n]^{\mathrm{T}}$和 $\boldsymbol{y}=[y_1,y_2,\cdots,y_n]^{\mathrm{T}}$，则曼哈顿距离表示为

$$d(\boldsymbol{x},\boldsymbol{y})=\sum_{i=1}^{n}|x_i-y_i| \tag{2.2}$$

其中，曼哈顿距离越小，表示两个样本越相似。

（2）欧氏距离（Euclidean distance）[3]

对于二维空间中给定的两个点(x_1,x_2)和(y_1,y_2)，它们之间的欧氏距离为

$$d(\boldsymbol{x},\boldsymbol{y})=\sqrt{(x_1-y_1)^2+(x_2-y_2)^2} \tag{2.3}$$

而对于两个高维样本 $\boldsymbol{x}$ 和 $\boldsymbol{y}$ 的欧氏距离为

$$d(\boldsymbol{x},\boldsymbol{y})=\sqrt{\sum_{i=1}^{n}(x_i-y_i)^2} \tag{2.4}$$

其中，欧氏距离越小，表示两个样本越相似。

（3）闵可夫斯基距离（Minkowski distance）[4]

闵可夫斯基距离是曼哈顿距离和欧氏距离的扩展，定义为

$$d(\boldsymbol{x},\boldsymbol{y})=\left(\sum_{i=1}^{n}|x_i-y_i|^p\right)^{\frac{1}{p}} \tag{2.5}$$

其中，p 是一个可变参数。可以发现，当 $p=2$ 时，闵可夫斯基距离即为欧氏距离；当 $p=1$ 时，闵可夫斯基距离则为曼哈顿距离。

（4）汉明距离（Hamming distance）[5]

汉明距离用于度量离散字符串之间的相似程度，计算具有离散属性的样本之间的距离。给定两个相同长度的字符串，汉明距离定义为两个字符串中对应位置数值不同的字符的个数，也即两个字符串经过**异或**运算后 **1** 的个数。如字符串 **101101** 和 **100110** 之间的汉明距离为 3。汉明距离越小，两个样本特征越相似。

（5）测地距离（geodesic distance）[6]

在三维空间中，两个点之间的最短距离为两点连线的线段长度，这个距离就是前面提到的欧氏距离。然而在实际应用中，空间两点并不是处处直线可达的，空间可能存在一些障碍使得从一个点出发无法沿直线到达目标点，这时就需要用到测地距离。

测地距离表示为：在一个连通的空间中，两个点之间至少存在一条路径将两点相连，其中路径最短的一条称为测地弧，而测地弧的长度称为两点间的测地距离。显然，测地距离仍然满足

距离的四项基本性质。此外，对于空间中的两个样本点 $\boldsymbol{x}$ 和 $\boldsymbol{y}$，它们之间的测地距离 $d(\boldsymbol{x},\boldsymbol{y})$ 还有以下几点性质。

① 如果 $\boldsymbol{x}$ 和 $\boldsymbol{y}$ 所处的区域不连通，则测地距离不存在。

② 两点之间，欧氏距离小于等于测地距离。

③ 如果欧氏距离小于测地距离，以图 2.3 为例，则有。

a. 测地距离的路径至少经过 X 和 Y 所处的区域边界上的一个点，如果区域边界为多边形，则至少经过一个顶点。如图 2.3 (a) 中虚线所示，测地弧 XAY 经过了区域边界的顶点 A。

b. 在测地弧与 X 和 Y 的连线所组成的区域内，只有 X 和 Y 可以是凹点，其他顶点必然是凸点。如图 2.3 (b) 中虚线所示，在测地弧与 X 和 Y 的连线所组成的区域 $ABCDYX$ 内，只有 X 和 Y 为凹点，其余顶点 $ABCD$ 均为凸点。

c. 在单连通区域内测地距离和测地弧是唯一的，而在多连通区域内测地距离唯一而测地弧不唯一。如图 2.3 (c) 中虚线所示，在该多连通区域内，有两条测地距离相同的测地弧 $\widehat{XAY}$ 与 $\widehat{XBY}$。

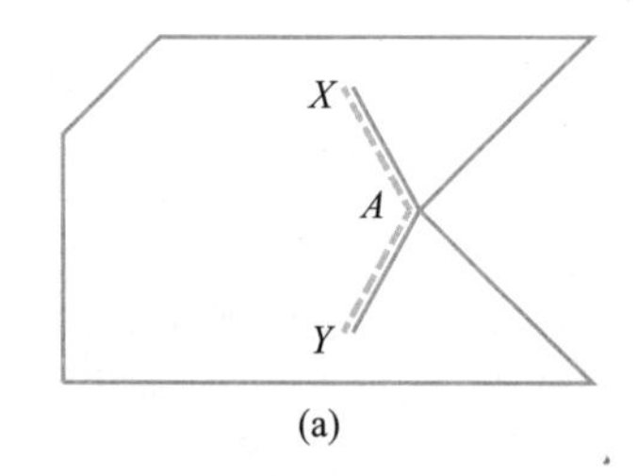

(a)

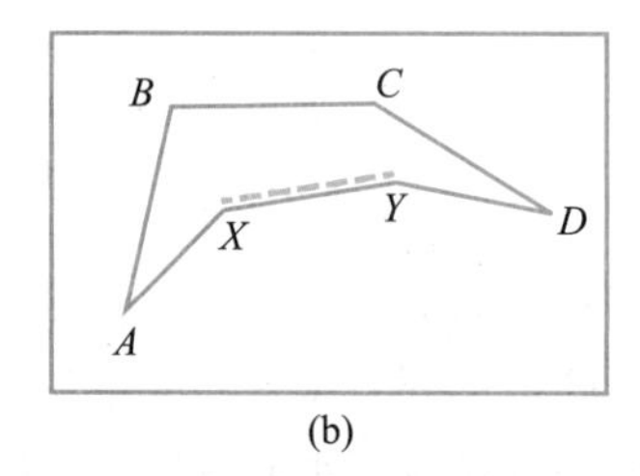

(b)

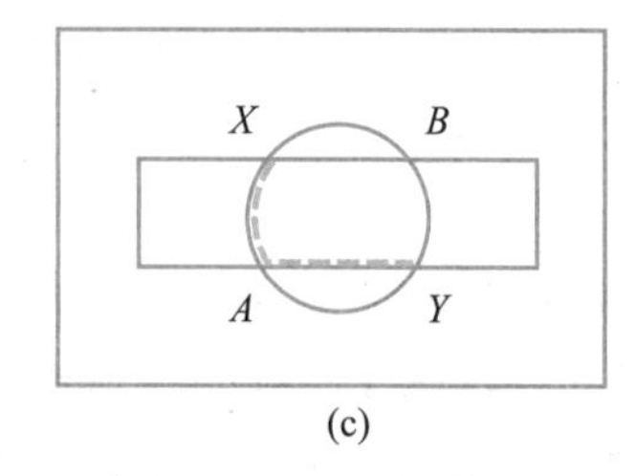

(c)

图 2.3 测地距离性质的实例展示

(6) 余弦相似度(cosine similarity)[7]

余弦相似度虽然不满足距离的定义，但它依然是最常用的衡量样本之间相似度的方法之一。对于两个高维样本向量，我们可以通过测量它们之间的夹角来计算样本向量间的相似度，即为余弦相似度。首先将样本向量映射到一个半径为 1 的高维超球面上，然后计算它们的夹角。这样的方式避免了因向量模长的差异导致的距离偏大，从而让夹角较小的数据聚集在一起。对于二维空间中的点 (x_1,x_2) 和 (y_1,y_2)，余弦相似度的计算为

$$\cos(\boldsymbol{x},\boldsymbol{y})=\frac{x_1 y_1+x_2 y_2}{\sqrt{x_1^2+x_2^2}\sqrt{y_1^2+y_2^2}} \tag{2.6}$$

高维向量 $\boldsymbol{x}=[x_1,x_2,\cdots,x_n]^{\mathrm{T}}$，$\boldsymbol{y}=[y_1,y_2,\cdots,y_n]^{\mathrm{T}}$，余弦相似度为

$$d(\boldsymbol{x},\boldsymbol{y})=\cos(\boldsymbol{x},\boldsymbol{y})=\frac{\sum_{i=1}^{n} x_i y_i}{\sqrt{\sum_{i=1}^{n} x_i^2}\sqrt{\sum_{i=1}^{n} y_i^2}} \tag{2.7}$$

向量的形式为

$$d(\boldsymbol{x},\boldsymbol{y})=\cos(\boldsymbol{x},\boldsymbol{y})=\frac{\langle \boldsymbol{x},\boldsymbol{y}\rangle}{\|\boldsymbol{x}\|\|\boldsymbol{y}\|} \tag{2.8}$$

其中$\langle \boldsymbol{x},\boldsymbol{y}\rangle$为向量内积,$\|\boldsymbol{x}\|$为向量$\boldsymbol{x}$的模长。与欧氏距离、汉明距离等不同,当两个样本的余弦相似度值越大,两个样本越相似。

2.2 性能评估

如何评价聚类结果质量也是聚类分析的一个重要内容[8]。主流的聚类评估方法可以分为内部评估、外部评估、人工评估和间接评估等。内部评估是通过汇总单个类的聚类质量进行聚类评估;外部评估通过观察聚类与现有的真实值(ground truth,GT)的差异,得到聚类质量;人工评估则由人类专家进行评估;间接评估通过评价聚类在其预期应用中的效果来进行评估。

内部评估措施面临的问题是评估本身可以被视为聚类操作。例如,可以根据轮廓系数对数据集进行聚类。同时我们也可以根据内部评估来指导聚类。因此,内部评估存在一个问题:如果定义了内部评估,我们可以根据内部评估去寻找使得内部评估最优的聚类算法,从而使得针对聚类算法的内部评估失去意义,可以形象理解为内部评估指标本身是一个“裁判员”,又同时具有“运动员”的身份。

外部评估相对较容易理解,即与真正的结果进行比较来评估聚类算法的好坏。但外部评估面临着三个问题:① 如果有这样的 ground truth,就可以不需要聚类;② 在实际应用中,通常没有这样的标签,从而使得外部评估失效;③ 标签只反映了数据集一种可能的划分,并不意味着不存在其他的、甚至更好的聚类。

综上所述,这两种评估方法都存在一定的缺点,难以最终适用于所有聚类的实际质量评估,这时人工评估就会变得更加重要,因此,我们也应该同样重视人的主观评价。

2.2.1 内部评估

内部评估依据不同类别的类内聚合程度和类间离散程度来评估聚类结果的好坏。因此考虑两个评估项:一个是类内聚合程度,其通常由各个样本到类中心的距离表示;另一个是类间离散程度,其通常由不同类的中心距离求取。一个好的聚类通常具有较好类内聚合和类间离散程度,根据类内聚合和类间离散程度的不同组合,研究者提出了多种内部评估指标。

一、Davies-Bouldin 指数

Davies-Bouldin 指数(DBI)[9]首先定义类内聚合程度s_i为

$$s_i=\left(\frac{1}{n_i}\sum_{k=1}^{n_i}\|\boldsymbol{x}_k-\overline{\boldsymbol{x}}_i\|_2^p\right)^{\frac{1}{p}} \tag{2.9}$$

其中,$\boldsymbol{x}_k$为第i类的第k个样本点,$\overline{\boldsymbol{x}}_i$为第$i$类的中心,$n_i$为第$i$类的样本数量,$p\geqslant 1$。$\|\cdot\|_2$表

示 2-范数。s_i 的数值越小,说明第 i 类的聚合程度越高。其次,类间离散程度m_{ij}定义为

$$m_{ij}=d(\bar{\boldsymbol{x}}_i,\bar{\boldsymbol{x}}_j) \tag{2.10}$$

这里 $d(\bar{\boldsymbol{x}}_i,\bar{\boldsymbol{x}}_j)$表示第 i 类与第 j 类中心向量间的闵可夫斯基距离,m_{ij}的数值越大,说明第 i 类与第 j 类的离散程度越高。那么,两个类簇的聚类质量r_{ij}可定义为

$$r_{ij}=\frac{s_i+s_j}{m_{ij}} \tag{2.11}$$

因此,一个良好的聚类结果应具有较小的r_{ij}。DBI 考虑了类簇之间最差的情况,令$r_i=\max\limits_{i\neq j} r_{ij}$,可定义为

$$DBI=\frac{1}{c}\sum_{i=1}^{c} r_i \tag{2.12}$$

其中,c 为聚类簇的数量。当 DBI 越小时,聚类的质量就越好。

二、Dunn 指数

Dunn 指数(DVI)[10]也是基于类内离散程度和类间离散程度的一个指标。最小类间距离e_b定义如下

$$e_b=\min_{1\leqslant i\neq j\leqslant c}\left\{\min_{\substack{\forall \boldsymbol{x}\in\Omega_i,\\ \forall \boldsymbol{y}\in\Omega_j}}\{\|\boldsymbol{x}-\boldsymbol{y}\|\}\right\} \tag{2.13}$$

其中,Ω_i 为第 i 类簇的样本空间。最大类内距离e_w定义为

$$e_w=\max_{1\leqslant i\leqslant c}\left\{\max_{\substack{\forall \boldsymbol{x}\in\Omega_i,\\ \forall \boldsymbol{y}\in\Omega_i}}\{\|\boldsymbol{x}-\boldsymbol{y}\|\}\right\} \tag{2.14}$$

DVI 为最小类间距离与最大类内距离的比值

$$DVI=\frac{e_b}{e_w} \tag{2.15}$$

因此,e_b越大,不同类簇间的离散程度越高;e_w越小,簇内的聚合程度越高;而 DVI 越大,聚类的质量就越好。

三、Silhouette 系数

Silhouette 系数[11]对比的是类内元素的平均距离和这些元素与其他类元素的平均距离。具有高的 Silhouette 值表明类内元素聚集,类间元素分离,因此是好的聚类。具有低 Silhouette 值的聚类表明聚类结果不理想。这个指数可以与 K-均值聚类很好地组合起来,用来确定最佳聚类数量。

2.2.2 外部评估

在外部评估中,聚类算法首先对已知类标签的数据进行聚类,然后通过聚类结果与标签的一致程度评估聚类算法的性能。通常,数据的标签是人工标定的。因此,相对于内部评估,外部评估较准确。然而,由于聚类的标签和真实标签可能不一致,因此外部评估方法通常考虑来自同一类中的两个元素是否具有相同的真实标签。如果具有相同的真实标签,则说明聚类结果正

确，反之则不正确。

一、纯度

纯度[12]是一种针对每一个类中类内元素分布的统计指标，计算公式为

$$purity(\mathcal{C}) = \frac{1}{n}\sum_{k}\max_{m}|W_k \cap \mathcal{C}_m| \tag{2.16}$$

其中，n 代表样本总数，W_k 代表聚类结果中的第 k 个类样本集合，$\mathcal{C}_m$ 代表人工标签中第 m 个类集合，$\mathcal{C}$ 为所有类的集合。$|W_k \cap \mathcal{C}_m|$ 表示两个集合交集的元素数量。由于聚类结果没有对应的唯一类标签信息，max 表示当前类别中来自某一个类别的元素数量的最大值，即最多的元素类别。而纯度 *purity* 表示聚类结果中每一个类的最大相似元素的数量与整体样本数量的比值。

另一方面，纯度也存在两个缺陷：一是当聚类的类别较多时，内部的一致性也会相应增加，因此纯度往往更高；二是当不同类样本数量不平衡时，纯度也往往较大。因此，在聚类数量较大、类样本数量不平衡时，纯度通常难以准确刻画聚类的性能。

二、Rand 指数

Rand 指数[13]计算聚类结果与真实聚类结果之间的吻合程度，包括度量如下四个部分：*TP* 是聚类结果中正确的正样本数量，*TN* 是聚类结果中正确的负样本数量，*FP* 是聚类结果中错误的正样本数量，*FN* 是聚类结果中错误的负样本的数量。Rand 指数（*RI*）可通过下式求解

$$RI = \frac{TP+TN}{TP+FP+FN+TN} \tag{2.17}$$

其中，*TP* 是同时在预测部分和 ground truth 部分聚类簇中点对的数量，*FP* 是在预测部分但不在 ground truth 中的点对。如果数据集大小是 n，那么有

$$TP+TN+FP+FN = \mathrm{C}_n^2 \tag{2.18}$$

其中，$\mathrm{C}_n^2 = \frac{n(n-1)}{2}$。Rand 指数的一个问题是错误的正样本和错误的负样本二者权重相等，这对某些聚类应用是不适合的，下面的 F-度量解决了这一问题。

三、F-度量

F-度量[14]可以通过加权系数 $\beta \geqslant 0$ 来平衡错误负样本带来的影响，准确率和召回率（它们自身的外部评估指标）定义为

$$P = \frac{TP}{TP+FP} \tag{2.19}$$

$$R = \frac{TP}{TP+FN} \tag{2.20}$$

其中，P 表示准确率，R 表示召回率，我们可以用以下公式计算 F-度量

$$F_\beta = \frac{(\beta^2+1)\cdot P\cdot R}{\beta^2\cdot P+R} \tag{2.21}$$

可以看出，当 $\beta=0$ 时，召回率对 F-度量没有影响，增加 β 会给准确率 P 在最终的 F-度量中

分配一个不断增加的权重。另外,在式(2.19)和式(2.20)中,TN 完全没有被考虑到,它的权重可以在 0 到任意值中变化。

四、Jaccard 指数

Jaccard 指数[15]通过两个数据集合的并集与交集的比例刻画两个数据集合之间的相似性,定义为

$$J(A,B)=\frac{|A\cap B|}{|A\cup B|}=\frac{TP}{TP+FP+FN} \tag{2.22}$$

即,两个数据集中共有元素的数量除以两个数据集中所有元素数量的总和。可以看出,Jaccard 指数的值介于 0 到 1 之间,值为 1 表示两个数据集完全相同,值为 0 表示两个数据集没有共同元素。

五、Dice 指数

Dice 对称度量[16]与 Jaccard 指数相似,但增加了 TP 所占的比例,即

$$DSC=\frac{2TP}{2TP+FP+FN} \tag{2.23}$$

其中,TP 前面的权重变为 2。

六、Fowlkes-Mallows 指数

Fowlkes-Mallows 指数[17]计算聚类结果和人工标签之间的相似性,计算公式为

$$FM=\sqrt{\frac{TP}{TP+FP}\cdot\frac{TP}{TP+FN}} \tag{2.24}$$

其中,FM 指数是准确率 P 和召回率 R 之间的几何平均值。FM 指数的值越大,聚类簇和基准分类就越相似。

七、互信息

互信息是一种信息论度量,用于度量两个随机变量之间的依赖程度。当把聚类结果和人工标签看成两个随机变量时,互信息可以用于衡量聚类和真实值之间共享多少信息,并且该度量是非线性的。归一化互信息是一个修正的结果,减少因为簇数增长导致的偏差,具体定义可参见本章参考文献[35]。

依据不同的聚类准则,研究者提出了多种聚类策略,大体可以分为层次聚类、K-均值聚类、基于密度的聚类、谱聚类等。下面依次介绍这几种聚类算法。

2.3 层次聚类算法

2.3.1 算法介绍

层次聚类算法[18]是一种基于距离搜索的经典算法,通过计算不同样本点之间的相似度来构建具有多个层级关系的树状图,其中每个样本可以看作树的叶节点,相似的样本可以聚集成一

个类别作为中间节点，而相似的类别可以进一步地聚集在一起形成范围更大的聚类，以作为更高级的中间节点。所有样本的集合是最终树的根节点。从这样的层次结构可以看出，分层聚类并不产生单一的聚类结果，而是一个嵌套的聚类结果，范围较小的聚类簇嵌套在范围较大的聚类簇之内。在实际生活中也有很多这样的例子，如可以将不同款式的“T 恤”聚为一类，将不同款式的“裙子”聚为一类，而“T 恤”和“裙子”又可以聚类到“夏装”这一更大的类别中。对于 n 个样本 $x_1, \cdots, x_n$，图 2.4 给出了一个层次聚类结构示例。

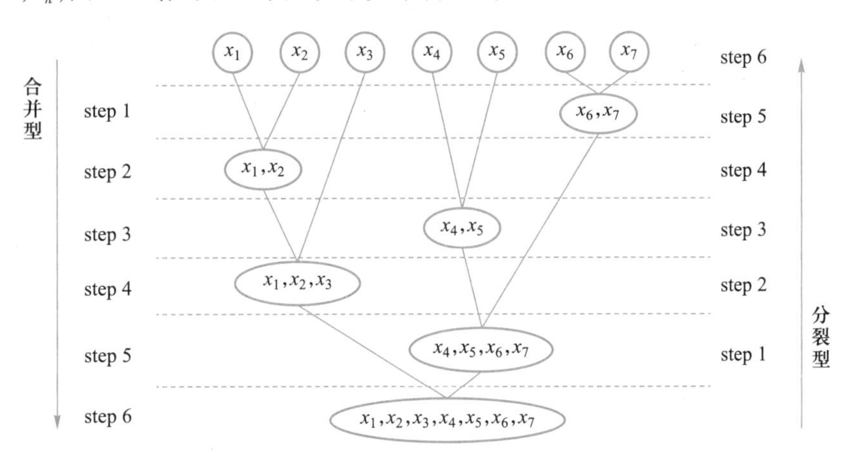

图 2.4 树状结构图（左边为合并型，右边为分裂型）

从图 2.4 中可以看出，层次聚类又可分为合并型和分裂型两种聚类方式。合并型从叶子节点（即每一个样本）开始，假设每一个样本为一个子集，每一次合并最相似两个子集为一个新的子集，直到达到某个终止条件完成聚类。相反，分裂型的方法通过逐层分解实现聚类，即首先将所有的样本看成一个类，通过不断地分裂，最终得到只包含一个样本的子类层。两种方法最终都生成了一棵有层次的聚类树。根据不同的要求，该聚类树可以划分出程度不同的聚类结果。如图 2.5 所示，根据自上而下的分裂型聚类模式，图中数据根据相似性先分为两

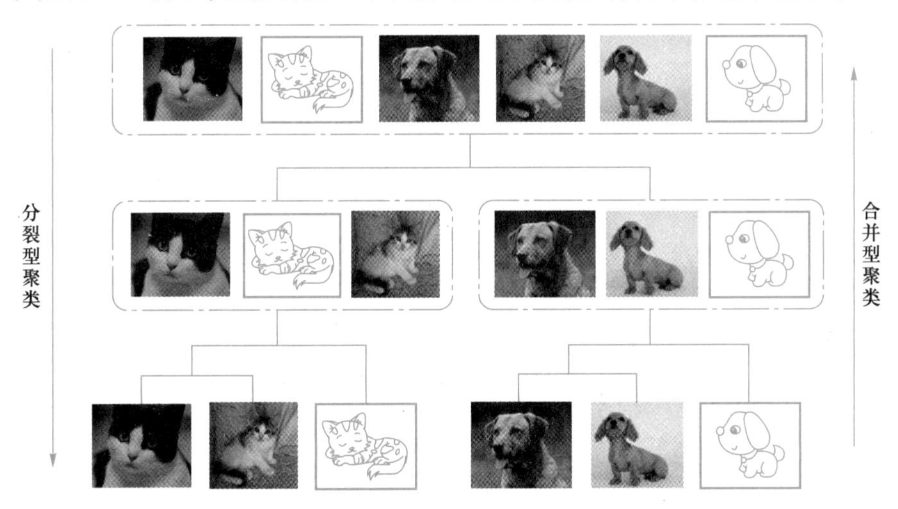

图 2.5 层次聚类示意图

类,然后可以依照一定标准继续往下分;而根据自下而上的合并型聚类模式,图中一部分样本最先聚类,合并生成一个新的类别,新的类别将替换原有的类别作为新的类进行下一步的合并,直至收敛。

2.3.2 类别间的相似性度量及停止条件

在分级聚类时,通常需要考虑两个问题:① 如何计算不同聚类样本之间的距离?② 如何确定停止条件以停止聚类?对于第一个问题,当两个类别都是单个样本的时候,可以直接使用它们特征的距离作为两个聚类的距离,而当度量包含多个样本的两个类的距离的时候,令$\mathcal{C}_i$和$\mathcal{C}_j$表示第i类和第j类样本集合,可以有如下几种计算方式:

(1) 最近邻距离:即将两个类之间的距离定义为它们中的任意两个样本点之间的距离的最小值,即

$$d_{\min}(\mathcal{C}_i,\mathcal{C}_j)=\min_{\boldsymbol{x}\in\mathcal{C}_i,\boldsymbol{y}\in\mathcal{C}_j} d(\boldsymbol{x},\boldsymbol{y}) \tag{2.25}$$

如图2.6中,虚线代表图中两个聚类的最近邻距离。

(2) 最远邻距离:定义为两个类间的最远距离,即将两个聚类中任意的两个样本之间距离的最大值定义为两个聚类之间的距离,即

$$d_{\max}(\mathcal{C}_i,\mathcal{C}_j)=\max_{\boldsymbol{x}\in\mathcal{C}_i,\boldsymbol{y}\in\mathcal{C}_j} d(\boldsymbol{x},\boldsymbol{y}) \tag{2.26}$$

如图2.6中,细实线代表图中两个聚类的最远邻距离。

(3) 平均邻域距离:将两聚类中任意的样本对之间的距离的平均值作为两类的距离,n代表样本数量,定义如下

$$d_{\text{avg}}(\mathcal{C}_i,\mathcal{C}_j)=\frac{1}{n_i\ n_j}\sum_{\boldsymbol{x}\in\mathcal{C}_i}\sum_{\boldsymbol{y}\in\mathcal{C}_j} d(\boldsymbol{x},\boldsymbol{y}) \tag{2.27}$$

如图2.6中,粗实线代表平均邻域的类间距离。

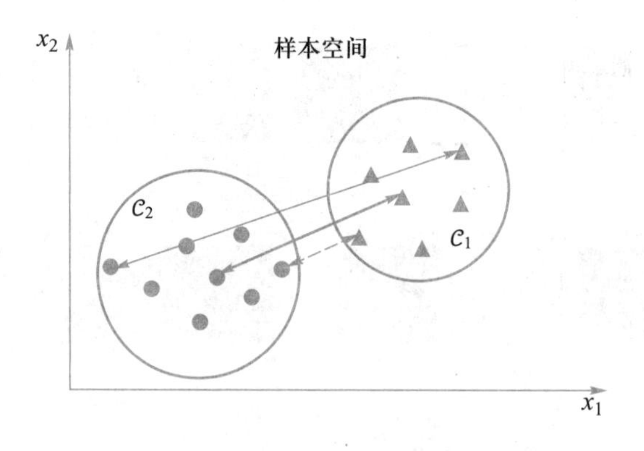

图2.6 不同聚类簇之间相似性度量方式

可以看出,最近邻距离和最远邻距离对噪声样本比较敏感,而平均邻域距离能够有效减少噪声样本的干扰,因此通常建议采用平均邻域距离。实际上,最近邻距离、最远邻距离和平

均邻域距离都需要计算所有两对样本之间的距离，当样本的数量较大时，计算距离的代价会显著增加，速度也会较慢。因此，为了减少计算代价常采用两个类的中心的距离作为两个类的距离。

关于停止条件，可以根据实际情况参考设置，例如可以设定当相似度达到一个阈值的时候算法停止。同时也可以设置当聚类数目达到了某一个数量的时候，算法停止。还有一种方法是设置相对的门限，即某一层后，类内的距离突然增加，就可以设置为停止条件。

2.3.3 算法特点

层次聚类算法流程(合并型)

输入：聚类样本 $X=\{\boldsymbol{x}_1,\boldsymbol{x}_2,\cdots,\boldsymbol{x}_n\}$

输出：聚类结果 $\mathcal{C}=\{\mathcal{C}_1,\mathcal{C}_2,\cdots,\mathcal{C}_k\}$

(1) 令 $k=n$，初始化：$\mathcal{C}_i=\boldsymbol{x}_i,(i=1,2,\cdots,k)$。

(2) 若未满足停止条件，则循环执行：

① $\min\limits_{\mathcal{C}_i,\mathcal{C}_j} d(\mathcal{C}_i,\mathcal{C}_j),(\mathcal{C}_i,\mathcal{C}_j\in\mathcal{C})\rightarrow\mathcal{C}_i'=\mathcal{C}_i\cup\mathcal{C}_j$。

② $\mathcal{C}\leftarrow\mathcal{C}-\{\mathcal{C}_i,\mathcal{C}_j\},\mathcal{C}\leftarrow\mathcal{C}\cup\{\mathcal{C}_i'\},k=k-1$。

层次聚类算法的思路比较直观，拥有多个显著优点：

(1) 可聚类任意形状样本簇，只需给定样本距离测度，即可实现数据层次聚类；

(2) 不需要指定聚类的数目，算法会自动分层，逐级进行聚类；

(3) 通过给定不同的参数可以得到不同层次的聚类结果，而且可以得到样本数据集的层级结构。

层次聚类算法也存在一些缺点，主要包括：

(1) 对给定的停止条件比较敏感，也就是说，在给定的停止条件下，并非输出最优的聚类结果；

(2) 由于需要计算聚类样本点之间的距离，所以计算复杂度较高。

例 2.1 设有如下六个四维模式样本，类间相似度请按照最近邻距离准则，采用层次聚类方法将上述样本聚类为两类，其中距离计算函数采用欧氏距离函数。

$$\boldsymbol{x}_1=\begin{bmatrix}1\\0\\1\\3\end{bmatrix},\boldsymbol{x}_2=\begin{bmatrix}-2\\3\\-3\\0\end{bmatrix},\boldsymbol{x}_3=\begin{bmatrix}0\\1\\1\\4\end{bmatrix},\boldsymbol{x}_4=\begin{bmatrix}2\\0\\2\\2\end{bmatrix},\boldsymbol{x}_5=\begin{bmatrix}-1\\4\\-2\\1\end{bmatrix},\boldsymbol{x}_6=\begin{bmatrix}-2\\2\\-4\\0\end{bmatrix}$$

解：初始类别为：$\mathcal{C}_1^0=\{\boldsymbol{x}_1\},\mathcal{C}_2^0=\{\boldsymbol{x}_2\},\mathcal{C}_3^0=\{\boldsymbol{x}_3\},\mathcal{C}_4^0=\{\boldsymbol{x}_4\},\mathcal{C}_5^0=\{\boldsymbol{x}_5\},\mathcal{C}_6^0=\{\boldsymbol{x}_6\}$。这里，$\mathcal{C}_i^k$ 表示第 k 次聚类中的第 i 类样本集合。六个样本距离关系矩阵为

	$\mathcal{C}_1^0$	$\mathcal{C}_2^0$	$\mathcal{C}_3^0$	$\mathcal{C}_4^0$	$\mathcal{C}_5^0$	$\mathcal{C}_6^0$
$\mathcal{C}_1^0$	0	6.56	1.73	1.73	5.74	6.86
$\mathcal{C}_2^0$	6.56	0	6.32	7.35	2	1.41
$\mathcal{C}_3^0$	1.73	6.32	0	3.16	5.29	6.78
$\mathcal{C}_4^0$	1.73	7.35	3.16	0	6.48	7.75
$\mathcal{C}_5^0$	5.74	2	5.29	6.48	0	3.16
$\mathcal{C}_6^0$	6.86	1.41	6.78	7.75	3.16	0

其中,最小值为1.41,对应于合并$\mathcal{C}_2^0$、$\mathcal{C}_6^0$,新的聚类结果为

$$\mathcal{C}_1^1=\{\boldsymbol{x}_1\},\mathcal{C}_2^1=\{\boldsymbol{x}_2,\boldsymbol{x}_6\},\mathcal{C}_3^1=\{\boldsymbol{x}_3\},\mathcal{C}_4^1=\{\boldsymbol{x}_4\},\mathcal{C}_5^1=\{\boldsymbol{x}_5\}$$

依据最近邻距离准则,该四类的距离关系矩阵为

	$\mathcal{C}_1^1$	$\mathcal{C}_2^1$	$\mathcal{C}_3^1$	$\mathcal{C}_4^1$	$\mathcal{C}_5^1$
$\mathcal{C}_1^1$	0	6.56	1.73	1.73	5.74
$\mathcal{C}_2^1$	6.56	0	6.32	7.35	2
$\mathcal{C}_3^1$	1.73	6.32	0	3.16	5.29
$\mathcal{C}_4^1$	1.73	7.35	3.16	0	6.48
$\mathcal{C}_5^1$	5.74	2	5.29	6.48	0

其中,最小值为1.73,对应于合并$\mathcal{C}_1^1$、$\mathcal{C}_3^1$和$\mathcal{C}_4^1$,新的聚类结果为

$$\mathcal{C}_1^2=\{\boldsymbol{x}_1,\boldsymbol{x}_3,\boldsymbol{x}_4\},\mathcal{C}_2^2=\{\boldsymbol{x}_2,\boldsymbol{x}_6\},\mathcal{C}_3^2=\{\boldsymbol{x}_5\}$$

依据最近邻距离准则,该三类的距离关系矩阵为

	$\mathcal{C}_1^2$	$\mathcal{C}_2^2$	$\mathcal{C}_3^2$
$\mathcal{C}_1^2$	0	6.32	5.29
$\mathcal{C}_2^2$	6.32	0	2
$\mathcal{C}_3^2$	5.29	2	0

其中,最小值为2,对应于合并$\mathcal{C}_2^2$、$\mathcal{C}_3^2$,新的聚类结果为

$$\mathcal{C}_1^3=\{\boldsymbol{x}_1,\boldsymbol{x}_3,\boldsymbol{x}_4\},\mathcal{C}_2^3=\{\boldsymbol{x}_2,\boldsymbol{x}_5,\boldsymbol{x}_6\}$$

一共聚类两类,聚类结束,如图2.7所示。

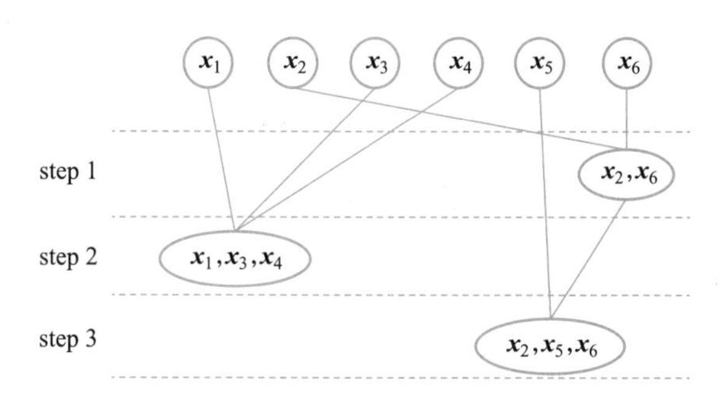

图 2.7 层次聚类树状结构示意图

2.3.4 其他算法

一、BIRCH 聚类算法

BIRCH(balanced iterative reducing and clustering using hierarchies)[19]聚类算法,一般应用于较大的数据集,通过树结构实现对样本的快速聚类。下面首先介绍 BIRCH 聚类算法的两个基本概念。

(1) 聚类特征(clustering feature,CF):表示在树状结构中的某个层级的某个聚类的特征。此处的聚类可以是一个样本类,也可以是一个样本点。具体地说,对于一组由 n 个样本点组成的聚类簇$\{\boldsymbol{x}_1,\boldsymbol{x}_2,\ldots,\boldsymbol{x}_n\}$,其中每个样本点为 d 维向量$\boldsymbol{x}_i=[x_{i1},x_{i2},\cdots,x_{id}]^{\mathrm{T}}$,其对应的聚类特征由三个变量刻画,即 $CF=(n,\boldsymbol{LS},SS)$,其中 n 表示当前类中样本的数量,$\boldsymbol{LS}$ 表示样本向量的和向量

$$\boldsymbol{LS}=\sum_{i=1}^{n}\boldsymbol{x}_i=\left[\sum_{i=1}^{n}x_{i1},\sum_{i=1}^{n}x_{i2},\cdots,\sum_{i=1}^{n}x_{id}\right]^{\mathrm{T}} \tag{2.28}$$

SS 由将簇内各样本的各维分量进行平方求和而得

$$SS=\sum_{i=1}^{n}\|\boldsymbol{x}_i\|^2=\sum_{i=1}^{n}\boldsymbol{x}_i^{\mathrm{T}}\boldsymbol{x}_i=\sum_{i=1}^{n}\sum_{j=1}^{d}(x_{ij})^2 \tag{2.29}$$

聚类特征 CF 满足线性关系,即 $CF_i+CF_j=(n_i+n_j,\boldsymbol{LS}_i+\boldsymbol{LS}_j,SS_i+SS_j)$。因此可以根据这个性质计算聚类簇的以下参数。

a. 簇中心:$\boldsymbol{x}_m=\dfrac{\sum_{i=1}^{n}\boldsymbol{x}_i}{n}=\dfrac{\boldsymbol{LS}}{n}$

b. 簇半径:$r=\sqrt{\dfrac{\sum_{i=1}^{n}\|\boldsymbol{x}_i-\boldsymbol{x}_m\|^2}{n}}=\sqrt{\dfrac{n\cdot SS-\|\boldsymbol{LS}\|^2}{n^2}}$

c. 簇直径:$d=\sqrt{\dfrac{\sum_{i=1}^{n}\sum_{j=1}^{n}(\boldsymbol{x}_i-\boldsymbol{x}_j)^2}{n(n-1)}}=\sqrt{\dfrac{2n\cdot SS-2\|\boldsymbol{LS}\|^2}{n(n-1)}}$

d. 簇间距离：$d(i,j)=\sqrt{\frac{\sum_{i=1}^{n_i}\sum_{j=n_i+1}^{n_i+n_j}\|\boldsymbol{x}_i-\boldsymbol{x}_j\|^2}{n_i n_j}}=\sqrt{\frac{SS_i}{n_i}+\frac{SS_j}{n_j}-\frac{2\boldsymbol{LS}_i^{\mathrm{T}}\boldsymbol{LS}_j}{n_i n_j}}$

（2）聚类特征树（CF tree）：表示由不同层次的聚类特征组成的树，根据聚类特征的性质，父节点的聚类特征可以由它的子节点的聚类特征相加得到。主要有三个参数：中间节点最大数量β，叶节点最大数λ，以及节点样本半径阈值τ。

基于以上三个参数，进一步完成对聚类特征树的构建。首先读入一个样本点，该样本点作为一个聚类计算它的聚类特征CF_1，即一个节点。接着读入第二个样本点，如果第二个样本点在第一个样本点的τ半径内，则两个点聚为一类从而生成父节点（Root）并得到父节点的特征，否则第二个点形成一个新的聚类且聚类特征为CF_2。以此类推，便可以将整个样本组成一棵聚类特征树。参数β和λ的作用是控制子节点的数量，如果某一父节点的子节点SN数量超过设定值，则将该父节点按预定规则分裂为两个节点。分裂的流程是先将簇间距离最远的两个样本作为两个初始类，其他样本则按照最近邻关系分到最远的这两个样本类中。如图2.8所示，λ设置为3，可以看出，节点SN3包含了4个子聚类{sc5，sc6，sc7，sc8}，则将该节点分为两个，即SN31和SN32。

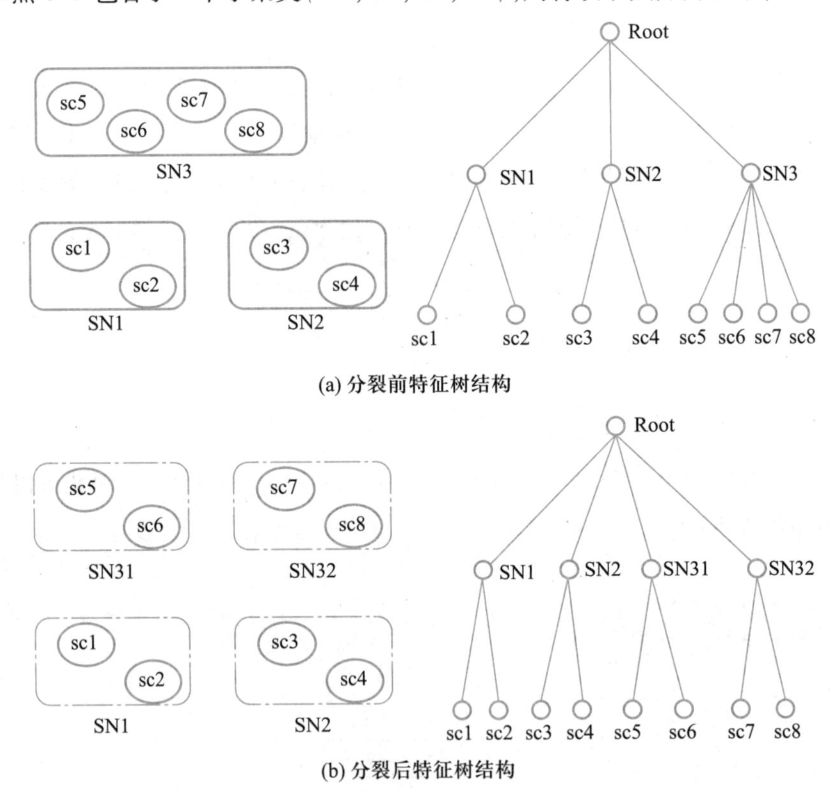

图2.8 在构建聚类特征树时，节点的分裂过程示意图

在建立完聚类特征树后，BIRCH聚类算法进行一系列的树压缩和剔除，生成聚类簇的质心，最终实现聚类。具体算法流程如算法1所示。

算法 1 BIRCH 聚类算法流程

输入:聚类样本 $X=\{\boldsymbol{x}_1,\boldsymbol{x}_2,\cdots,\boldsymbol{x}_n\}$

聚类特征树参数 β,λ,τ

输出:聚类结果 $\mathcal{C}=\{\mathcal{C}_1,\cdots,\mathcal{C}_k\}$

(1) 初始化聚类特征树:通过给定的样本和给定的参数构建聚类特征树。

(2) 将聚类特征树进行压缩,去掉一些离群样本点,同时将距离相近的簇进行压缩。

(3) 通过其他聚类算法对样本点进行聚类,剔除掉一些离群点,使得生成的聚类特征树更加合理。

(4) 在经过上述方法对样本进行筛选后得到新的聚类簇的质心,并以此作为初始的聚类中心进行聚类,生成更加优化的聚类结果。

二、CURE 聚类算法

CURE(clustering using representative)[1]聚类算法是一种自底向上的聚类方法,其特点是用多个点来描述给定层的聚类簇,从而能克服单一中心点难以刻画非圆形分布样本簇的问题。具体来讲,很多聚类算法都需要预先找到一个聚类中心,再通过计算其他样本点到聚类中心之间的距离对样本进行聚类。而对于一些非球形分布或者聚类簇大小差距较大的样本集,单一的聚类中心往往很难实现对样本进行准确地聚类,而且一些误差较大的异常值也会在很大程度上对聚类中心产生影响。CURE 聚类算法采用了一种新的思路,该算法没有采用聚类簇的均值或质心作为聚类中心,也没有选择某一个样本作为聚类中心,而是在聚类簇选择了一定数量的样本作为该簇的代表点。上述聚类中心的生成过程为代表点中心生成算法。通过这种多点共同表示聚类簇的方式,CURE 聚类算法可以更好地处理非球形分布或聚类簇大小不一的样本集,而且对于数据量较大的样本集也能够实现高效地聚类。

对于一个聚类簇的代表点的选取,通常有以下步骤:① 计算簇的质心(样本点的均值或加权均值);② 将簇内离质心最远的样本点设定为第一个代表点;③ 找出离选出的代表点最远的未被选出的样本点作为下一个代表点,并以此类推。选出规定数量的所有代表点后,这些分散的代表点就可以表示当前聚类簇的范围和形状。而在每个代表点与质心的连接线上乘一个收缩因子,就可以实现对代表点范围的控制,从而减少异常样本点对聚类簇范围的影响。在获取了聚类簇的代表点后,两个簇的距离变为两个簇中代表点间最近的距离,从而通过层次聚类完成聚类。

由于要计算两两样本点之间的距离,如果用 CURE 聚类算法直接聚类数据量较大的样本集,通常需要极大的计算量。因此,CURE 聚类算法首先在数据集中进行随机采样,然后将采样的样本进一步划分成不同的组。之后对组内的样本通过 CURE 聚类算法进行聚类,并在对聚类后的不同组的簇进行下一层的 CURE 聚类。最后再将未采样的样本进行聚类,而聚类的标准是将未采样的样本点聚类到与它最近的代表点所在的聚类簇当中。

根据以上介绍,具体算法流程如算法 2 所示。

算法 2 CURE 聚类算法流程

输入： 聚类样本 $X=\{\boldsymbol{x}_1,\boldsymbol{x}_2,\cdots,\boldsymbol{x}_n\}$

输出： 聚类结果 $\mathcal{C}=\{\mathcal{C}_1,\mathcal{C}_2,\cdots,\mathcal{C}_k\}$

(1) 对样本数据进行随机采样得到子样本集。

(2) 将子样本集进一步划分成不同的组。

(3) 对每一个组 $S=\{s_1,s_2,\cdots,s_n\}$ 分别进行聚类：

① 计算样本间距离 $d(s_i,s_j),(s_i,s_j\in S)$。

② 如果 $n>k$，则循环执行：

a. $\min\limits_{s_i,s_j} d(s_i,s_j),(s_i,s_j\in S)\rightarrow N=s_i\cup s_j, S\leftarrow S-\{s_i,s_j\}, S\leftarrow S\cup\{N\}$。

b. 计算新类 N 的聚类中心：N_{mean}，初始化代表点集 $\max\limits_{N_i} d(N_i,N_{mean})\rightarrow R=\{N_i\}$。

c. 迭代获取规定数量的代表点：$\max\limits_{N_i}\sum_{N_j} d(N_i,N_j), N_i\notin R, N_j\in R\rightarrow R=R\cup\{N_i\}$。

d. 对代表点进行收缩：$N_i=N_i+\alpha\times(N_{mean}-N_i), N_i\in R$。

e. 用代表点计算新类与其他类别之间的相似度。

(4) 对异常样本进行剔除。

(5) 将聚类后的不同组的样本放在同一个空间，合并距离近的聚类簇并生成每个簇的代表点。

(6) 对未采样的样本点进行聚类，每个样本点被分配到与它距离最近的代表点所表示的聚类簇中。

三、Chameleon 聚类算法

层次聚类算法的另一种代表性方法是 Chameleon 聚类算法[20]，该算法并没有构建样本的层次树状结构，而是将聚类的过程分成了两个阶段：首先将样本划分为多个子簇，然后再将相似度高的子簇合并起来。

对于第一阶段，算法首先构建样本集的稀疏 K-近邻图 $\mathcal{G}_k$，具体步骤如下：对于数据集中的样本点，可以构建一张带权无向图，样本点对应图中的顶点，而样本点间的权重作为图的边。其中权重与两点间的距离成反比，距离越大，权重越小。而 K-近邻图就是为每个点选取 K 个距离最近的点并连接而生成的带权无向图。在得到 K-近邻图后，使用图割算法（可参见 9.2.1 节相关算法描述）将图划分为多个子簇，其中算法划分的原则为使被截断的边的权重和最小，即样本距离较远的样本对的边。

第二阶段是根据簇之间的相似程度对子簇进行合并，对于两个聚类簇 $\mathcal{C}_i$ 和 $\mathcal{C}_j$，Chameleon 算法提出了新的衡量簇之间的相似度方法。

(1) 互联性（relative interconnectivity）：

$$RI(\mathcal{C}_i,\mathcal{C}_j)=\frac{2\times|EC(\mathcal{C}_i,\mathcal{C}_j)|}{|EC(\mathcal{C}_i)|+|EC(\mathcal{C}_j)|} \tag{2.30}$$

其中，$EC(\mathcal{C}_i,\mathcal{C}_j)$是连接簇$\mathcal{C}_i$和$\mathcal{C}_j$的所有边的权重之和，$EC(\mathcal{C}_i)$是表示将簇$\mathcal{C}_i$划分为两个大致相等的子簇的最少边的权重之和。互联性用于描述两个簇边界点的邻接程度，其值越大说明两个簇越邻接。

（2）近似性（relative closeness）：

$$RC(\mathcal{C}_i,\mathcal{C}_j)=\frac{(|\mathcal{C}_i|+|\mathcal{C}_j|)\bar{S}EC(\mathcal{C}_i,\mathcal{C}_j)}{|\mathcal{C}_i|\bar{S}EC(\mathcal{C}_i)+|\mathcal{C}_j|\bar{S}EC(\mathcal{C}_j)} \tag{2.31}$$

其中，$\bar{S}EC(\mathcal{C}_i,\mathcal{C}_j)$是连接簇$\mathcal{C}_i$和$\mathcal{C}_j$的所有边的平均权重，而$\bar{S}EC(\mathcal{C}_i)$是表示将簇$\mathcal{C}_i$划分为两个大致相等的子簇的最少边的平均权重，其值越大说明两个簇越近似。这里$|\mathcal{C}_j|$表示第j聚类簇的样本数量。

最终 Chameleon 聚类算法采用的相似度综合考虑了两个相似度，计算公式为：$RI(\mathcal{C}_i,\mathcal{C}_j)\times RC(\mathcal{C}_i,\mathcal{C}_j)^{\alpha}$。图 2.9（a）列出了基于互联性的例子，虽然簇 c 和 d 拥有更小的最近邻连接，但两个簇的邻接区域很小，并不应该归为同一类，而最近邻连接更大的簇 a 和 b 有着更大邻接区域，因此 a 和 b 更倾向于聚为一簇。基于近似性的例子列于图 2.9（b），虽然簇 a 和 c 互联性更高，但是考虑簇 a 和 c 的分布差异较大，因此 a 和 b 更倾向于聚为一簇。

Chameleon 聚类算法示意图如图 2.10 所示。

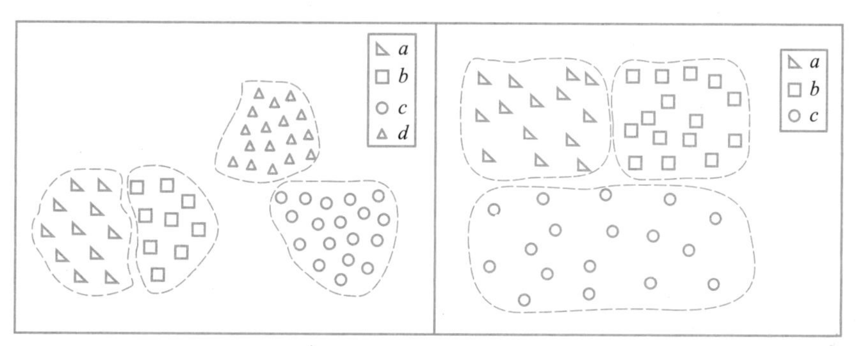

(a) 基于互联性的聚类簇的合并　　(b) 基于近似性的聚类簇的合并

图 2.9　聚类簇的合并

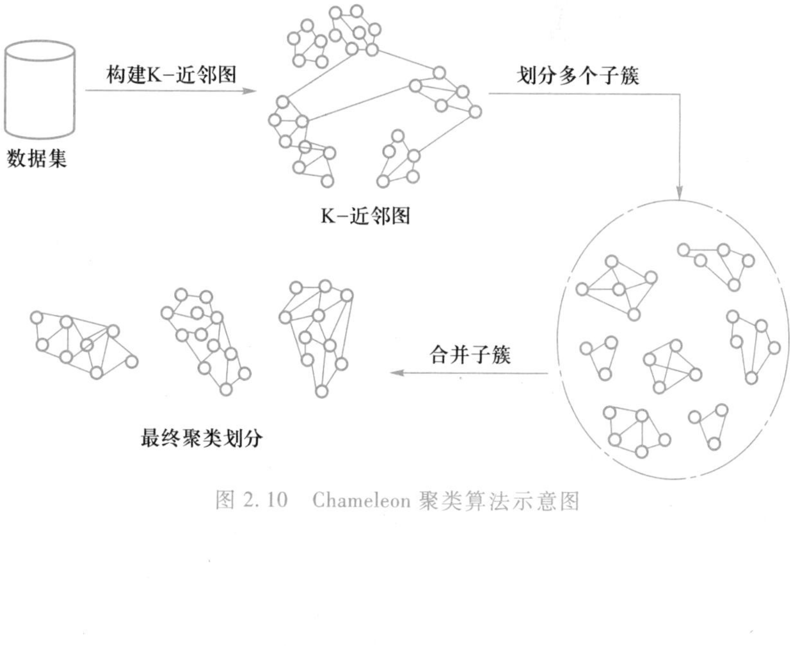

构建K-近邻图
数据集
K-近邻图
划分多个子簇
合并子簇
最终聚类划分

图 2.10　Chameleon 聚类算法示意图

Chameleon 聚类算法流程如算法 3 所示。

算法 3 Chameleon 聚类算法流程

输入：聚类样本 $X=\{\boldsymbol{x}_1,\boldsymbol{x}_2,\cdots,\boldsymbol{x}_n\}$

输出：聚类结果 $\mathcal{C}=\{\mathcal{C}_1,\cdots,\mathcal{C}_k\}$

（1）根据样本数据构建 K-近邻图。

（2）运用图割算法划分出多个子簇。

（3）计算不同子簇之间的互联性 RI 和近似性 RC。

（4）根据不同子簇之间的互联性和近似性合并相似性高的子簇。

2.4 K-均值聚类算法

2.4.1 算法介绍

K-均值（K-means）聚类算法[21]是一种经典的聚类方法，适用于解决类别数量给定的前提下的聚类问题。算法通过迭代的方式实现聚类性能的最优化，对应的聚类准则是聚类簇中每一个样本点到该类聚类中心的均方误差和最小，即最小化如下的聚类准则函数

$$J=\sum_{i=1}^{k}\sum_{\boldsymbol{x}\in X_i}\|\boldsymbol{x}-\boldsymbol{m}_i\|_2^2 \tag{2.32}$$

其中，k 表示聚类簇数目，X_i 假定为第 i 个簇的样本集合，$\boldsymbol{x}$ 是 X_i 中的样本，$\boldsymbol{m}_i$ 是对应的第 i 个簇的所有样本的中心，J 是样本到其聚类中心的欧氏距离的平方和，该值越小对应的聚类结果越好。而使得 J 最小的聚类即为我们要寻找的结果。可以看出，当所有的类别样本都接近于它的聚类中心的时候，对应的距离和最小。因此，K-均值聚类算法将聚类问题转化为寻找使样本到对应的聚类中心距离和最小的类别标签。

注意到上述问题有两个变量：X_i 和 $\boldsymbol{m}_i$，由于并不知道具体的类别标签，所以 $\boldsymbol{m}_i$ 是未知量，也称为潜在变量。于是聚类问题变为同时优化 X_i 和 $\boldsymbol{m}_i$，使得 J 最小的优化问题。

2.4.2 算法流程

在存在潜在变量的最优化问题中，通常采用 EM 算法进行优化[22]，即迭代地优化聚类簇和中心 $\boldsymbol{m}_i$，直到不再改变，具体的算法流程如算法 4 所示。

算法 4 K-均值聚类算法流程

输入：聚类样本 $\boldsymbol{x}_1,\boldsymbol{x}_2,\cdots,\boldsymbol{x}_n$，聚类簇数目 k

输出：聚类结果 $\mathcal{C}=\{\mathcal{C}_1,\cdots,\mathcal{C}_k\}$

(1) 初始化:随机选择 k 个样本点作为聚类中心:$\boldsymbol{m}_1,\cdots,\boldsymbol{m}_k$,令 $M=\{\boldsymbol{m}_1,\cdots,\boldsymbol{m}_k\}$ 为聚类中心的集合,$M'=\phi$。

(2) 设最大迭代次数为 T,初始化迭代次数 $t=0$。

(3) **while** $M'\neq M$ and $t<T$ **do**。

(4) $M'=M$。

(5) 计算每一个样本点与各聚类中心的距离 d,把样本点分配给距离最近的聚类,即通过公式:$\boldsymbol{x}\in\mathcal{C}_i$, if $d(\boldsymbol{x},\boldsymbol{m}_i)<d(\boldsymbol{x},\boldsymbol{m}_j)$,$j\neq i$,得到聚类结果$\mathcal{C}=\{\mathcal{C}_1,\cdots,\mathcal{C}_k\}$。

(6) 进一步依据聚类的结果更新聚类中心$\boldsymbol{m}_i$,即 $\boldsymbol{m}_i=\frac{1}{|\mathcal{C}_i|}\sum_{x\in\mathcal{C}_i}\boldsymbol{x}$。

(7) $t=t+1$。

(8) **end while**。

可以看出上述过程是不断迭代的过程,直到聚类中心不再改变或达到最大迭代次数,因此,上述过程也称为动态聚类方法。直观上可以理解为,K-均值聚类算法是设置初始的中心之后,依据这个中心进行聚类,然后通过聚类的结果更新中心,这两个过程不停迭代直至收敛。K-均值聚类算法中更新中心和更新标签的步骤分别对应 EM 算法中的 E 步和 M 步,因此,K-均值聚类算法是对准则函数的一个基于 EM 框架的优化方法,可以证明其一定收敛到一个局部最优解。

2.4.3 算法特点

K-均值聚类算法的优点是方法比较简单,一旦给定聚类数量后,该算法具有数据可分性好、聚类结果较优的特点。然而,K-均值聚类算法也存在一些问题,主要缺点表现在以下几个方面:

(1) 对噪声样本较敏感;

(2) 实际中的聚类数 k 难以确定,需要对样本分布非常熟悉才能确定合适的 k 值;

(3) 通过 EM 算法得到的解是局部最优解,而非全局最优解,因此结果不唯一,即在不同条件设置下的聚类结果会出现差异;

(4) 基于(3),K-均值聚类算法对初始聚类中心较敏感,不同的初始值经常会产生不一样的聚类效果。如图 2.11(b)和(c)所示,给定不同的初始聚类中心,聚类结果出现了显著不同。

同一样本的聚类结果不同,原因是初始聚类中心选择的差异。通常可以采用多次运行 K-均值聚类算法的方式得到多个聚类结果,并通过聚类结果的合并生成更鲁棒的聚类。

例 2.2 假设给定如下六个三维模式样本,请采用 K-均值聚类算法将这些样本聚类为 2 类,其中距离度量采用欧氏距离,初始聚类中心分别采用$\boldsymbol{m}_1=[0,0,0]^{\mathrm{T}}$和$\boldsymbol{m}_2=[3,0,5]^{\mathrm{T}}$。

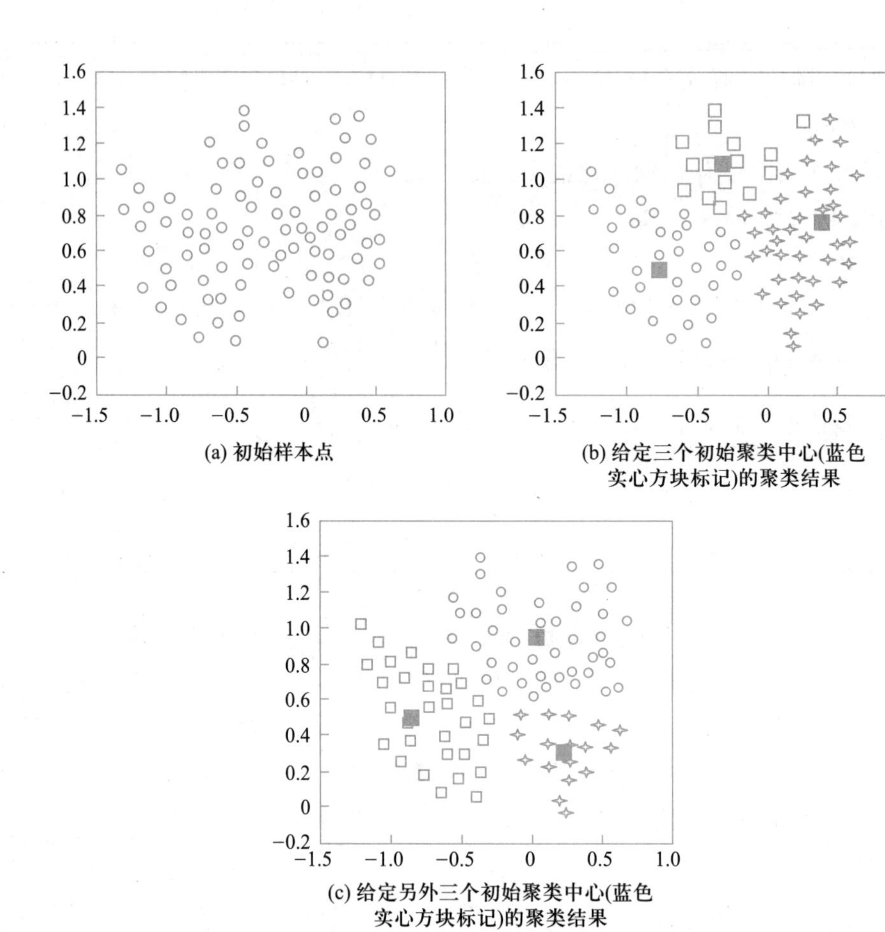

图 2.11 不同初始聚类中心下 K-均值聚类算法的聚类结果

$$\boldsymbol{x}_1=\begin{bmatrix}0\\1\\0\end{bmatrix},\boldsymbol{x}_2=\begin{bmatrix}3\\1\\5\end{bmatrix},\boldsymbol{x}_3=\begin{bmatrix}-1\\0\\1\end{bmatrix},\boldsymbol{x}_4=\begin{bmatrix}4\\1\\6\end{bmatrix},\boldsymbol{x}_5=\begin{bmatrix}3\\-1\\6\end{bmatrix},\boldsymbol{x}_6=\begin{bmatrix}-1\\1\\1\end{bmatrix}$$

解： 令$\mathcal{C}_1$和$\mathcal{C}_2$分别为第 1 类和第 2 类样本集合，$\boldsymbol{m}_1=[0,0,0]^{\mathrm{T}}$，$\boldsymbol{m}_2=[3,0,5]^{\mathrm{T}}$，有

$$d(\boldsymbol{x}_1,\boldsymbol{m}_1)=1<d(\boldsymbol{x}_1,\boldsymbol{m}_2)=\sqrt{35}$$

$$d(\boldsymbol{x}_2,\boldsymbol{m}_1)=\sqrt{35}>d(\boldsymbol{x}_2,\boldsymbol{m}_2)=1$$

$$d(\boldsymbol{x}_3,\boldsymbol{m}_1)=\sqrt{2}<d(\boldsymbol{x}_3,\boldsymbol{m}_2)=\sqrt{32}$$

$$d(\boldsymbol{x}_4,\boldsymbol{m}_1)=\sqrt{53}>d(\boldsymbol{x}_4,\boldsymbol{m}_2)=\sqrt{3}$$

$$d(\boldsymbol{x}_5,\boldsymbol{m}_1)=\sqrt{46}>d(\boldsymbol{x}_5,\boldsymbol{m}_2)=\sqrt{2}$$

$$d(\boldsymbol{x}_6,\boldsymbol{m}_1)=\sqrt{3}<d(\boldsymbol{x}_6,\boldsymbol{m}_2)=\sqrt{33}$$

故，$\mathcal{C}_1=\{\boldsymbol{x}_1,\boldsymbol{x}_3,\boldsymbol{x}_6\}$，$\mathcal{C}_2=\{\boldsymbol{x}_2,\boldsymbol{x}_4,\boldsymbol{x}_5\}$。

计算新的聚类中心为

$$m_1=[-0.67,0.67,0.67]^T, m_2=[3.33,0.33,5.67]^T$$

根据新的聚类中心,重新遍历所有样本与新聚类中心的距离

$$d(x_1,m_1)=1<d(x_1,m_2)=\sqrt{43.67}$$

$$d(x_2,m_1)=\sqrt{32.33}>d(x_2,m_2)=1$$

$$d(x_3,m_1)=\sqrt{0.67}<d(x_3,m_2)=\sqrt{40.67}$$

$$d(x_4,m_1)=\sqrt{50.33}>d(x_4,m_2)=1$$

$$d(x_5,m_1)=\sqrt{44.67}>d(x_5,m_2)=\sqrt{2}$$

$$d(x_6,m_1)=\sqrt{0.33}<d(x_6,m_2)=\sqrt{41}$$

故,$\mathcal{C}_1=\{x_1,x_3,x_6\}$,$\mathcal{C}_2=\{x_2,x_4,x_5\}$

类别未变化,最终结果为$\mathcal{C}_1=\{x_1,x_3,x_6\}$,$\mathcal{C}_2=\{x_2,x_4,x_5\}$。

2.4.4 算法变体

一、K-medoids 聚类算法

在 K-均值聚类算法中,聚类中心是通过计算当前聚类簇中所有样本点的均值得到的,这种方法计算简单,但是却会受到噪声样本的影响。一些异常样本会严重影响样本的分布情况,从而影响到聚类中心的位置,导致聚类结果出现偏差。

K-medoids 聚类算法[23]针对上述问题进行了改进,不再以簇内样本的均值作为聚类中心,而是选取簇内处于最中心的样本点作为聚类中心,这样的方法可以避免因异常样本的存在而导致的均值偏移。相比 K-均值聚类算法,其改进之处在于聚类中心的选取,我们可以理解为将选取样本均值改为选取样本的中位数。通常情况下,样本的均值会随着样本分布的变化而改变,因此,当存在严重影响样本分布的异常样本时,均值也会出现明显偏移,而中位数对异常样本并不敏感,从而提高了算法的鲁棒性。

K-medoids 聚类算法依然可以通过求样本与对应的聚类中心之间的最小均方误差来进行优化,所以可以用 K-均值聚类算法的准则函数作为优化函数。而具体的算法流程与 K-均值聚类算法类似,只是将以均值作为聚类中心变成用中心样本点做聚类中心。

具体的算法流程如算法 5 所示。

算法 5 K-medoids 聚类算法流程

输入:聚类样本 $X=\{x_1,x_2,\cdots,x_n\}$,聚类簇数目 k

输出:聚类结果$\mathcal{C}=\{\mathcal{C}_1,\cdots,\mathcal{C}_k\}$

(1) 初始化:随机选择 k 个样本点作为聚类中心:$m_1,\cdots,m_k$,令 $M=\{m_1,\cdots,m_k\}$ 为聚类中心的集合,$M'=\phi$。

(2) 设最大迭代次数为 T,初始化迭代次数 $t=0$。

(3) **while** $M'\neq M$ and $t<T$ **do**。

(4) $M'=M$。

(5) 计算每一个样本点与各聚类中心的欧氏距离,把样本点分配给欧氏距离最近的聚类,即通过公式:$\boldsymbol{x}\in\mathcal{C}_i$ if $d(\boldsymbol{x},\boldsymbol{m}_i)<d(\boldsymbol{x},\boldsymbol{m}_j)$,$j\neq i$,得到聚类结果$\mathcal{C}=\{\mathcal{C}_1,\cdots,\mathcal{C}_k\}$。

(6) 对每一类$\mathcal{C}_i$中的样本 $\boldsymbol{x}$,计算该类中其他样本到 $\boldsymbol{x}$ 的均方误差和,选取均方误差和最小的 $\boldsymbol{x}$ 作为该类新的聚类中心$\boldsymbol{m}_i$。

(7) $t=t+1$。

(8) **end while**。

二、K-modes 聚类算法

具有离散属性的样本(例如围棋的颜色以及琴弦的数目等)均是整数值,而采用 K-均值聚类算法求得的聚类中心值可能是小数值,这样就不再具有实际意义。因此,之前在 K-均值聚类算法中运用到的计算样本均值以及样本均方误差的方法就不再适合了。

一个样本簇中每个属性的“均值”可以通过众数来体现,可以理解为该簇内大多数样本拥有的属性。因此针对上述问题,研究者提出了 K-modes 聚类算法[24],通过使用汉明距离,实现对具有离散属性的样本进行聚类。具体的算法流程如算法 6 所示。

算法 6 K-modes 聚类算法流程

输入:聚类样本 $X=\{\boldsymbol{x}_1,\boldsymbol{x}_2,\cdots,\boldsymbol{x}_n\}$,聚类簇数目 k

输出:聚类结果$\mathcal{C}=\{\mathcal{C}_1,\cdots,\mathcal{C}_k\}$

(1) 初始化:随机选择 k 个样本点作为聚类中心:$\boldsymbol{m}_1,\cdots,\boldsymbol{m}_k$,令 $M=\{\boldsymbol{m}_1,\cdots,\boldsymbol{m}_k\}$ 为聚类中心的集合,$M'=\phi$。

(2) 设最大迭代次数为 T,初始化迭代次数 $t=0$。

(3) **while** $M'\neq M$ and $t<T$ **do**。

(4) $M'=M$。

(5) 计算每一个样本点与各聚类中心的汉明距离,把样本点分配给汉明距离最近的聚类簇,即通过公式:$\boldsymbol{x}\in\mathcal{C}_i$ if $d(\boldsymbol{x},\boldsymbol{m}_i)<d(\boldsymbol{x},\boldsymbol{m}_j)$,$j\neq i$,得到聚类结果$\mathcal{C}=\{\mathcal{C}_1,\cdots,\mathcal{C}_k\}$。

(6) 依据聚类的结果更新聚类中心$\boldsymbol{m}_i$,即:$\boldsymbol{m}_i$ 的每一维都更新为聚类簇$\mathcal{C}_i$中所有样本对应维度值的众数,得到新的聚类中心$\boldsymbol{m}_i$。

(7) $t=t+1$。

(8) **end while**。

2.5 基于密度的聚类算法

2.5.1 算法介绍

前面介绍的K-均值聚类算法虽然简单,但也存在两个局限性。一方面,聚类准则使得它只适用于理想的球形分布的数据,无法解决广泛存在的非球形分布数据的聚类问题。图2.12展示了非球形数据分布实例,两个类别呈现树叶状分布而非球形分布。对于此类数据分布,K-均值聚类算法难以准确地对其进行聚类。另一方面,K-均值聚类算法需要给定初始聚类中心的数量k,但实际中k值往往难以确定,需要根据样本数据的情况自适应生成。

图2.12 非球形数据分布实例

针对K-均值聚类算法在解决非球形分布样本时存在的缺陷,研究者提出了基于密度的聚类算法[25-30]。这里的密度就是指某一个样本点周围样本点的密集程度。该方法的基本思想是按照样本点的密度进行迭代聚类,如果已标记样本点的密度大于预设的阈值,则将该标记样本点临近区域内的样本点添加到该标记样本点相应的样本簇中。这样,从已标记的样本逐步向未标记的样本延伸,而密度高的样本点逐步聚为一簇,从而解决了非球形数据的聚类问题。

可以看出,基于密度的聚类算法能够实现不同数据分布下的聚类,同时能够自动确定数据中心。算法的思想是基于数据点间的距离,比如欧氏距离,刻画局部区域的关系,捕捉局部数据紧密程度和延伸趋势,并依据局部的密度串联局部小区域,从而发现非球形簇,如图2.12中所示的树叶状分布及增长方式。

2.5.2 算法特点

相比于K-均值聚类算法,基于密度的聚类算法具有明显的优点,包括:

(1) 对非球形分布的样本具有很好的鲁棒性;

(2) 不需要聚类数目,可以避免预定数目可能导致的不准确聚类;

(3) 只需要对所有样本点遍历一次就可以完成聚类,而且不同的遍历顺序产生的结果相同。

同时,由于需要计算每个样本点的密度以及进行相似性判决,此类算法也有相应的缺点,包括:

(1) 依赖给定的参数,当样本分布的密度变化较大时,使用固定的阈值参数(对应于局部区域的大小)会导致聚类结果出现偏差;

(2) 由于需要计算所有成对样本的距离,当样本数据量较大时,计算量和计算复杂度较高。

2.5.3 主要算法

一、DBSCAN 聚类算法

DBSCAN(density-based spatial clustering of applications with noise)[27]聚类算法是基于密度的聚类算法中最具代表性的算法之一。该算法通过不断将高密度样本点邻接区域内的样本点组成簇,实现对任意分布形状的样本进行聚类。

对于给定一组样本 $X=\{\boldsymbol{x}_1,\boldsymbol{x}_2,\cdots,\boldsymbol{x}_n\}$,算法需要设定下面两个参数。

(1) 邻域 U:对样本点$\boldsymbol{x}_i$,它的邻域 U 为以 ϵ 为半径的空间区域。

(2) 阈值 τ:邻域 U 内样本个数的阈值,用于判断当前样本点是否属于高密度点。

依据上述两个参数,定义 $N_\epsilon(\boldsymbol{x}_i)=\{\boldsymbol{x}_j\in X:d(\boldsymbol{x}_i,\boldsymbol{x}_j)\leqslant\epsilon\}$ 表示样本点 $\boldsymbol{x}_i$ 的邻域 U 内的样本点,即与样本点 $\boldsymbol{x}_i$ 距离小于等于 ϵ 的点的集合。如果 $|N_\epsilon(\boldsymbol{x}_i)|$ 大于等于阈值 τ,则认为样本点 $\boldsymbol{x}_i$ 为高密度点,也称为核心点(core point),否则为低密度点。如果核心点 $\boldsymbol{x}_i$ 的邻域 U 内存在另一个核心点 $\boldsymbol{x}_j$,那么就可以将 $\boldsymbol{x}_i$ 和 $\boldsymbol{x}_j$ 连接起来聚为一簇;如果核心点 $\boldsymbol{x}_i$ 的邻域 U 内的 $\boldsymbol{x}_j$ 为低密度点,则 $\boldsymbol{x}_j$ 可以作为当前样本簇的边界点(border point)。通过这样的方式不断延伸,将样本空间中高密度区域的样本点逐渐聚集起来,直到所有的样本都被分配到相应的样本簇中。而那些不在任何核心点邻域内的低密度点称为噪声点(noise)。如图 2.13 所示,白色圆点并没有在给定的邻域半径内被聚集在一起。接下来介绍 DBSCAN 聚类算法中的一些基本概念。

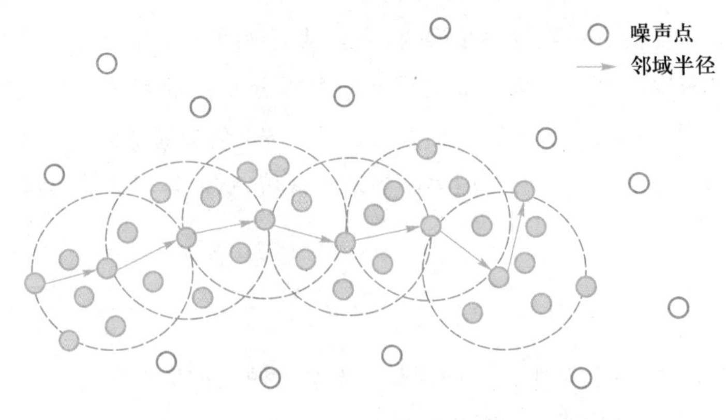

图 2.13 DBSCAN 聚类算法的邻域示意图

(1) 直接密度可达(directly density-reachable):如果 $\boldsymbol{x}_i$ 为核心点($|N_\varepsilon(\boldsymbol{x}_i)| \geqslant \tau$),且 $\boldsymbol{x}_j$ 在 $\boldsymbol{x}_i$ 的邻域 U 内[$\boldsymbol{x}_j \in N_\epsilon(\boldsymbol{x}_i)$],则称 $\boldsymbol{x}_j$ 可以从 $\boldsymbol{x}_i$ 直接密度可达。

(2) 密度可达(density-reachable):如果在样本集 X 中存在样本序列 $\{\boldsymbol{x}_1,\boldsymbol{x}_2,\cdots,\boldsymbol{x}_n\}$,对于任意两个连续样本点 $\boldsymbol{x}_i$ 与 $\boldsymbol{x}_{i+1}$ 都满足 $\boldsymbol{x}_{i+1}$ 从 $\boldsymbol{x}_i$ 出发直接密度可达,则称 $\boldsymbol{x}_n$ 从 $\boldsymbol{x}_1$ 出发密度可达,密度可达不满足对称性。

(3) 密度相连(density-connected):对于样本点 $\boldsymbol{x}_i$ 与 $\boldsymbol{x}_j$,如果存在 $\boldsymbol{x}_k$ 使得 $\boldsymbol{x}_i$ 与 $\boldsymbol{x}_j$ 都是从 $\boldsymbol{x}_k$ 出发密度可达,则称 $\boldsymbol{x}_i$ 与 $\boldsymbol{x}_j$ 密度相连,且密度相连满足对称性。

(4) 最大性(maximality):对于样本簇 $\mathcal{C}$,如果样本点 $\boldsymbol{x}_i \in \mathcal{C}$,而且样本点 $\boldsymbol{x}_j$ 从 $\boldsymbol{x}_i$ 出发密度可达,则 $\boldsymbol{x}_j \in \mathcal{C}$。

(5) 连通性(connectivity):如果样本点 $\boldsymbol{x}_i \in \mathcal{C}$ 且 $\boldsymbol{x}_j \in \mathcal{C}$,则 $\boldsymbol{x}_i$ 与 $\boldsymbol{x}_j$ 密度相连。表明连通的样本点同属于一个聚类内。

DBSCAN 聚类算法的具体流程如算法 7 所示。

算法 7 DBSCAN 聚类算法流程

输入:聚类样本 $X=\{\boldsymbol{x}_1,\boldsymbol{x}_2,\cdots,\boldsymbol{x}_n\}$,邻域参数 $\boldsymbol{\epsilon},\tau$

输出:聚类结果 $\mathcal{C}=\{\mathcal{C}_1,\cdots,\mathcal{C}_k\}$,$k$ 不为定值

(1) 初始化:通过计算每个样本点的邻域样本数 $|N_\epsilon(x)|$ 与阈值 τ 进行比较,得到核心点集 Z。

(2) 初始化已被访问的核心点集:$W=\phi$。

(3) 初始化已被访问的样本点集: $V=\phi$。

(4) 初始化聚类簇数量为:$k=0$。

(5) **while** $W \neq Z$ **do**。

(6) 从 Z 中随机选择一个未被访问的核心样本点 $\boldsymbol{x}_i$。

(7) $W=W\cup\{\boldsymbol{x}_i\}$,$V=V\cup\{\boldsymbol{x}_i\}$。

(8) 找到从 $\boldsymbol{x}_i$ 出发所有密度可达的未被访问的样本点集 Y,聚成一个新的聚类簇 $\mathcal{C}_k$。

(9) $V=V\cup Y$。

(10) $k=k+1$。

(11) **end while**。

(12) 得到未被访问的样本点集 $U=X\backslash V$。

(13) 将 U 中的样本点标记为噪声点。

二、DPCA 聚类算法

上面讲到的 DBSCAN 聚类算法虽然可以实现对非球形分布的数据的聚类,但是该算法仍然需要人工指定邻域半径和密度阈值。而对于不同分布的样本数据,选择出合适的参数仍然是相对困难的。此外,DBSCAN 聚类算法也忽略了密度低的噪声样本点。针对上述问题,研究者于

2014年提出了一种新型的基于密度峰值的聚类算法(density peaks clustering algorithms, DPCA)[29],该算法计算样本点之间的距离并自适应地生成聚类中心,适用于聚类非球形分布的样本数据。

DPCA聚类算法对于给定样本点 $\boldsymbol{x}_i$ 需要计算两个基本参数。

(1) 局部密度(ρ_i):

$$\rho_i=\sum_j f(d_{ij}-d_c) \tag{2.33}$$

其中,d_{ij}是数据对$(\boldsymbol{x}_i,\boldsymbol{x}_j)$的距离,$d_c$ 为截断距离,是一个给定值。$f(z)$定义为:如果 $z\leqslant 0$, $f(z)=1$,否则$f(z)=0$。因此可以把$f(z)$视为一个计数器。选定 d_c,并设当前数据点为 $\boldsymbol{x}_i$,当另一个点 $\boldsymbol{x}_j$ 到当前点 $\boldsymbol{x}_i$ 的距离在 d_c 之内的时候,计数器加1。因此,可以用 ρ_i 表示在以当前点 $\boldsymbol{x}_i$ 为中心,d_c 为半径的圆内样本点的数量。数值越大,代表密度越高。

图2.14为局部密度 ρ_i 计算示意图。可以看出左图的点,在圆内的点数量为4,故 $\rho_i=4$;右图的点,在圆内的点数量为6,于是 $\rho_i=6$。

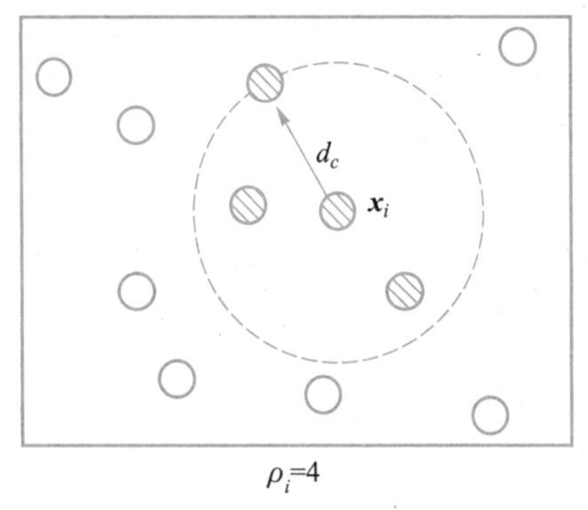

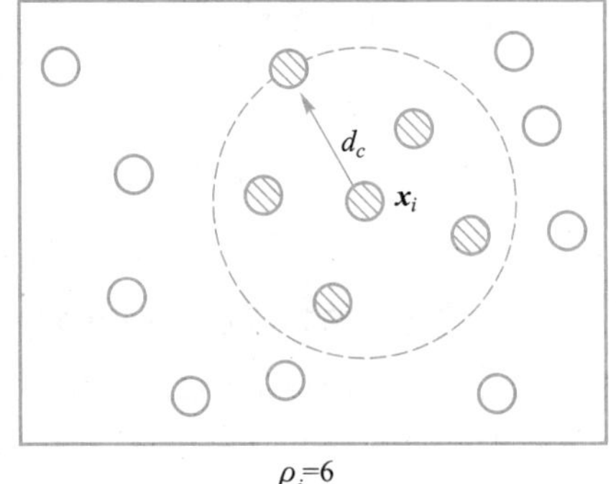

图2.14 局部密度 ρ_i 计算示意图

(2) 聚类中心距离(δ_i):距离 δ_i 通过计算点 $\boldsymbol{x}_i$ 与其他具有更高密度值的点之间的最小距离来得到,定义为

$$\delta_i=\min_{j\in\{k|\rho_k>\rho_i\}} d_{ij} \tag{2.34}$$

其中,$\rho_k>\rho_i$ 代表所有样本点中比点 $\boldsymbol{x}_i$ 的密度更大的点的集合。min代表求最小距离。因此,δ_i 是比点 $\boldsymbol{x}_i$ 密度更大的点中与点 $\boldsymbol{x}_i$ 最小的距离值。

考虑非局部密度最大样本点,它们的更高密度点在附近的中心点,因此 δ_i 较小。考虑类中心点,它是局部最高密度点,更高的密度点应为其他类的样本点,距离较远,因此,δ_i 较大。于是通过 δ_i 可区分类中心和类内较大的密度点,从而确定类中心,即 δ_i 越大,越倾向于是类中心。

注意到一定存在全局密度最高的样本点,而没有更高密度值的点,因此无法用公式(2.34)求解 δ_i。为此定义该点的 δ_i 为

$$\delta_i=\max_j d_{ij} \tag{2.35}$$

也就是该样本与剩余所有样本的最大距离定义为该点的 δ_i,该点具有较大的 δ_i,从而被选为中心

样本点之一。根据以上参数,该算法针对聚类中心提出了两点假设:

(1) 聚类中心的密度是局部极大值。由于密度可视为某一个样本点周围点的数量,因此围绕聚类中心的样本点应该尽可能多。对一个聚类簇,簇边界的密度相对较小,簇中心的密度相对较大。故某一个点的密度越大,越可能是类中心。对于每个点,用 ρ 表示其密度值;

(2) 一个聚类中心周围的样本点的密度也较大,且可能比其他类中心的密度大,因此,单纯使用 ρ 难以确定类中心。为了区分出类中心,算法引入了 δ 值,用于刻画某个数据点与比其密度更高的数据点之间的最小距离。非类中心的密度更高的数据点一定在类内,而类中心的密度更高的数据点一定在其他类,因此可以很容易区分类中心和其他高密度点。

如图 2.15 所示,图(a)的二维平面中存在按密度降序排列的 24 个点。图(b)中,将计算得到的每个点的 ρ 和 δ 进行排序,其中横坐标为样本点的密度值 ρ,纵坐标为 δ 值。浅蓝色和白色代表不同聚类簇,深蓝色是未被聚类的点。显然,根据基于密度峰值聚类方法的算法思想,以及 ρ 和 δ 的计算方法可知,横坐标和纵坐标的值越大的数据点越有可能是类中心。表现为图 2.15(b)右上角的点代表类中心,即编号 4 和 14 的样本点都为类中心,其与图中样本的聚类吻合。

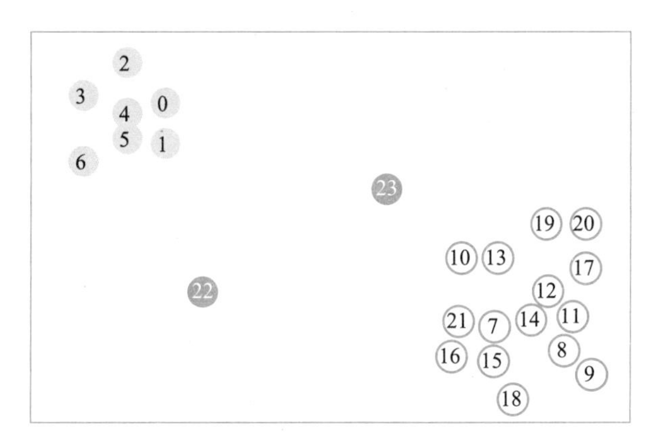

(a) 原样本分布图

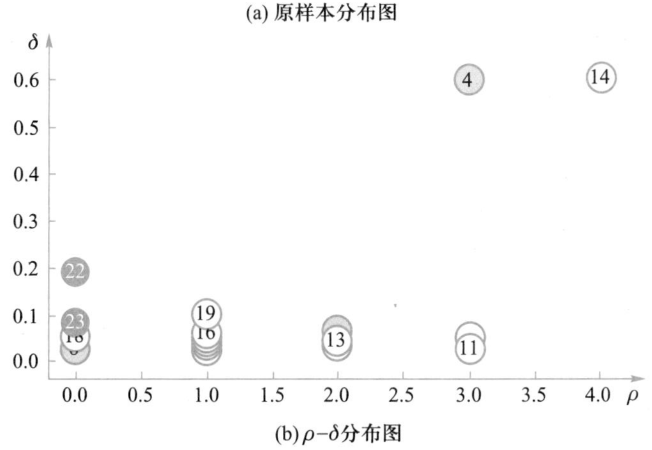

(b) ρ–δ 分布图

图 2.15　在二维平面中的算法结果示例

可以看出只考虑ρ并不能完全确定类中心,因为中心点周围样本的ρ值也较大。为此,进一步考虑类间距δ。于是,第二个假设有效去除类中心附近的干扰样本,从而准确确定簇中心。而相对地,编号为22的点虽然δ值较大,但是ρ值很小,因此可以判定为噪声样本点。

在我们了解了基本参数ρ和δ后,接下来的问题是如何确定聚类中心的数量。从图2.15(b)中可以看到ρ-δ分布图可以帮助我们决定聚类中心的数量,也就是我们可以很容易地从图中判断出聚类中心有两个。但是这样的判断方式依然有很强的主观因素,并不能通过客观量化计算出具体数量。因此对于更加复杂的数据,只根据ρ-δ分布图判断聚类中心的数量就会变得困难。基于上述问题,算法引入了一个同时考虑了ρ和δ的参数:$\gamma_i=\rho_i\delta_i$,并将其降序排列。当ρ_i高,δ_i高时,γ_i值也越高。因此,聚类中心的γ_i值也会很高。进一步可绘制如图2.16所示的n-γ决策图,其中纵坐标代表γ值,横坐标n表示γ值为某一值的样本的数量。

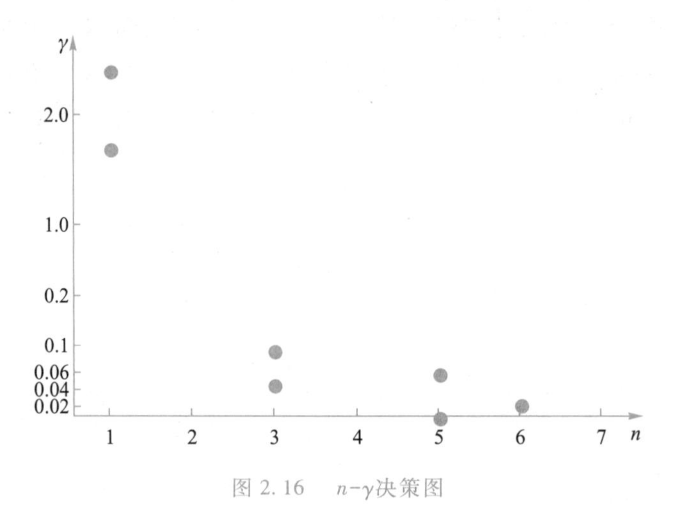

图2.16 n-γ决策图

在图2.16中,可以看出从第3个高质点以后γ_i值趋于连续变化,说明相应的样本点的数量增加,更有可能为类内非中心点。基于这一现象,可以通过γ_i值的变化趋势确定数据集中应该存在2个聚类簇。但是这种确定类中心的方法还是相对主观。到目前为止,如何客观地确定类中心数量,依然是一个研究问题。目前存在一些可以客观确定类中心点的方法,如可以设置阈值τ,当$\gamma_i>\tau$时,可以视为类中心。或者,像上面γ值的策略,可以通过频次的方法客观地确定类中心,即设定一个频次阈值τ,如果某一个γ值第一次出现重复的次数大于频次阈值τ,那么就将它及其后面的样本点设为非类中心。类中心一旦确定,即可根据密度生长策略进行聚类,并合并生长中重叠的类中心。

通过上面对基于密度峰值的聚类算法的描述,可以总结出算法具体流程如算法8所示。

算法8 DPCA聚类算法流程

输入:聚类样本$X=\{\boldsymbol{x}_1,\boldsymbol{x}_2,\cdots,\boldsymbol{x}_n\}$,截断距离$d_c$

输出:聚类结果$\mathcal{C}=\{\mathcal{C}_1,\cdots,\mathcal{C}_k\}$

---

(1) 依据 $\rho_i = \sum_j f(d_{ij} - d_c)$ 计算每一个数据点 $\boldsymbol{x}_i$ 的局部密度值 ρ_i,也就是计算以 $\boldsymbol{x}_i$ 为圆心,半径为 d_c 的球形空间内的数据点数目。

(2) 计算每个数据 $\boldsymbol{x}_i$ 与其他更高密度值的数据之间的最小距离

$$\delta_i = \min_{j \in \{k|\rho_k > \rho_i\}} d_{ij}$$

如果 $\boldsymbol{x}_i$ 为全局密度最高的样本点,则

$$\delta_i = \max_{j \in \{1,\cdots,n\}} d_{ij}$$

(3) 对每一个数据计算 $\gamma_i = \rho_i \delta_i$,并且进行降序排列。

(4) 由 γ 值从高到低的方向,根据 γ_i 出现的频次数和阈值,确定类中心。

(5) 根据密度生长策略进行聚类,并合并生长中重叠的类中心。

例 2.3 给定一组数据:{4, 5, 6, 7, 9, 12, 13, 14, 15, 20},采用欧氏距离,设距离阈值为 1.5,分别求取各数据点的局部密度值 ρ_i 及各点与更高密度值数据的距离 δ_i,利用基于密度峰值的聚类方法确定这些数据的聚类中心数量并实现聚类,其中设定 γ 的数量阈值 $n=2$。

解: 步骤 1: 分别求取每一个样本与其他样本的欧氏距离,并计算 ρ 值。

对于第一个样本 $x_1 = 4$:

$$\|x_1 - x_1\| = \|4-4\| = \sqrt{0^2} = 0 < d_c = 1.5 \Rightarrow f(0-1.5) = 1$$

$$\|x_1 - x_2\| = \|4-5\| = \sqrt{1^2} = 1 < d_c = 1.5 \Rightarrow f(1-1.5) = 1$$

$$\|x_1 - x_3\| = \|4-6\| = \sqrt{2^2} = 2 > d_c = 1.5 \Rightarrow f(2-1.5) = 0$$

$$\|x_1 - x_4\| = \|4-7\| = \sqrt{3^2} = 3 > d_c = 1.5 \Rightarrow f(3-1.5) = 0$$

$$\vdots$$

$$\|x_1 - x_{10}\| = \|4-20\| = 16 > d_c = 1.5 \Rightarrow f(16-1.5) = 0$$

于是有

$$\rho_1 = 1+1+0+0+\cdots+0 = 2$$

类似地求取剩余样本的 ρ 值,得

$$\rho = \{2,3,3,2,1,2,3,3,2,1\}$$

其中,样本点之间对应距离如表 2.1 所示。

表 2.1 样本点之间对应距离

	x_1	x_2	x_3	x_4	x_5	x_6	x_7	x_8	x_9	x_{10}
x_1	0	1	2	3	5	8	9	10	11	16
x_2	1	0	1	2	4	7	8	9	10	15
x_3	2	1	0	1	3	6	7	8	9	14

续表

	x_1	x_2	x_3	x_4	x_5	x_6	x_7	x_8	x_9	x_{10}
x_4	3	2	1	0	2	5	6	7	8	13
x_5	5	4	3	2	0	3	4	5	6	11
x_6	8	7	6	5	3	0	1	2	3	8
x_7	9	8	7	6	4	1	0	1	2	7
x_8	10	9	8	7	5	2	1	0	1	6
x_9	11	10	9	8	6	3	2	1	0	5
x_{10}	16	15	14	13	11	8	7	6	5	0

步骤2：根据ρ值计算δ值。

$$\rho=\{2,3,3,2,1,2,3,3,2,1\}$$

对于第一个样本，$\rho_1=2$，密度大于2的样本有

$$\{x_2,x_3,x_7,x_8\}$$

从表2.1查得对应的距离为：{1,2,9,10}，最小距离为1，于是：$\delta_1=1$。类似地求取每一个样本的δ值，有

$$\delta_i=\{1,15,14,1,2,1,9,10,1,5\}$$

步骤3：基于$\gamma_i=\rho_i\delta_i$得到

$$\gamma=\{2,45,42,2,2,2,27,30,2,5\}$$

排序后观察变化情况，45、42、27、30、5的数量都为1。2的数量为5(≥2)。因此，$\gamma\leqslant2$对应的样本是非类别中心点，类别中心对应于$\gamma>2$的样本，即45,42,27,30,5，共5类，对应的类中心分别是

$$\{x_2,x_3,x_7,x_8,x_{10}\}=\{5,6,13,14,20\}$$

根据它们的距离，使用距离阈值对类中心进行合并，得到

$$\{\{5,6\},\{13,14\},20\}$$

从而确定聚类中心为

$$\{\{5,6\},\{13,14\},20\}$$

步骤4：根据阈值对剩余样本进行最近邻聚类，对应的聚类结果为

$$\{4,5,6,7\},\{12,13,14,15\},\{20\}$$

未被聚类的样本为

$$\{9\}$$

三、OPTICS聚类算法

DBSCAN聚类算法需要人工设定邻域半径ϵ和最小数量阈值τ这两个参数，然而不同的参数设置会明显影响聚类结果。同时，通常实际应用中大多数样本数据的分布不均匀，一组参数

并不能适应数据集中所有的样本,如图 2.17 所示,一组参数无法准确对分布不均匀的样本进行聚类,可能会将相邻的高密度区域错误地聚集为一类,例如图 2.17 中的簇 A 和簇 B 能被正确聚类,但相邻的高密度簇 C_1、C_2 和 C_3 却被错误地聚类为簇 C,相邻的高密度簇 D_1 和D_2 被错误地聚类为簇 D。

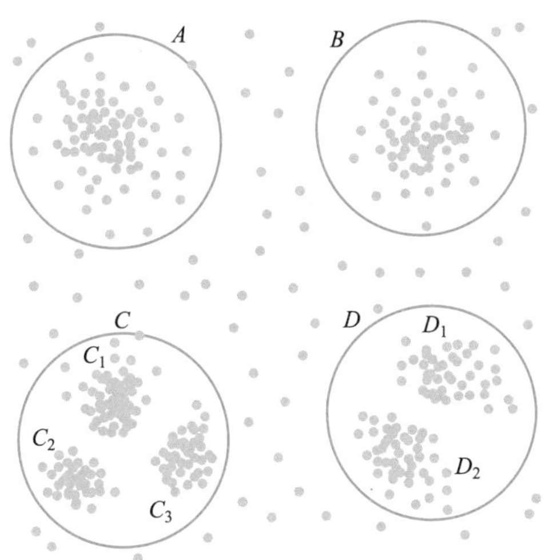

图 2.17 DBSCAN 聚类算法无法准确地对分布不均的样本进行聚类

针对 DBSCAN 聚类算法对输入参数过于敏感的缺点,研究者提出了 OPTICS(ordering points to identify the clustering structure)[30] 聚类算法。OPTICS 聚类算法的输入参数同样是邻域半径 ϵ 和最小数量阈值 τ。OPTICS 聚类算法不会显式地得出聚类结果,而是通过排序得到一个有序队列,最后从该有序队列中以不同的邻域半径 ϵ 生成不同密度的聚类,从而弱化了参数对算法结果的影响。

由于 OPTICS 聚类算法是 DBSCAN 聚类算法的改进,所以在 DBSCAN 聚类算法所包含的基本概念的基础上,本节进一步介绍 OPTICS 聚类算法的一些概念。对于一组样本 $X=\{\boldsymbol{x}_1,\boldsymbol{x}_2,\cdots,\boldsymbol{x}_n\}$:

(1) 核心距离(core-distance):给定邻域半径 ϵ 和最小数量阈值 τ 的情况下,使得 $\boldsymbol{x}$ 成为核心点的最小邻域半径,数学表达式为

$$d_{\text{core}}(\boldsymbol{x})=\begin{cases}\text{undefined} & |N_\epsilon(\boldsymbol{x})|<\tau \\ \tau_{\text{distance}}(\boldsymbol{x}) & |N_\epsilon(\boldsymbol{x})|\geqslant\tau\end{cases} \tag{2.36}$$

其中,$|N_\epsilon(\boldsymbol{x})|$是样本 $\boldsymbol{x}$ 的邻域半径 ϵ 内的样本数量,当$|N_\epsilon(\boldsymbol{x})|<\tau$ 时,说明邻域半径 ϵ 内没有足够多的点,核心距离 $d_{\text{core}}(\boldsymbol{x})$不存在(undefined);只有$|N_\epsilon(\boldsymbol{x})|\geqslant\tau$ 时,说明邻域半径 ϵ 内包含足够多的点,核心距离 $d_{\text{core}}(\boldsymbol{x})$才有意义。$\tau_{\text{distance}}(\boldsymbol{x})$表示将样本点 $\boldsymbol{x}$ 的 ϵ 邻域内的所有样本点根据其到 $\boldsymbol{x}$ 的距离由近到远排序,其中第 τ 个样本点到 $\boldsymbol{x}$ 的距离,也就是满足核心点的最小距离。如图 2.18 所示,当 $\tau=4$ 时,对于样本点 $\boldsymbol{x}_1$, 在 ϵ 邻域内,有 7 个邻域样本,满足核心距离存在的条件,第 1 近邻点是其本身,第 4 近邻点为样本 $\boldsymbol{x}_4$,因此核心距离 $d_{\text{core}}(\boldsymbol{x}_1)$是样本点 $\boldsymbol{x}_1$ 到样本点 $\boldsymbol{x}_4$ 的距离。

(2) 可达距离(reachability-distance):对于样本点 $\boldsymbol{x}_i$ 与 $\boldsymbol{x}_j$,$\boldsymbol{x}_j$ 关于 $\boldsymbol{x}_i$ 的可达距离定义为

$$d_{\text{reach}}(\boldsymbol{x}_j,\boldsymbol{x}_i)=\begin{cases}\text{undefined} & |N_\epsilon(\boldsymbol{x}_i)|<\tau\\ \max\{d_{\text{core}}(\boldsymbol{x}),d(\boldsymbol{x}_i,\boldsymbol{x}_j)\} & |N_\epsilon(\boldsymbol{x}_i)|\geqslant\tau\end{cases}\tag{2.37}$$

根据上面两个概念可以得出,若 $\boldsymbol{x}_i$ 的邻域样本数量 $|N_\epsilon(\boldsymbol{x}_i)|<\tau$,即 $\boldsymbol{x}_i$ 不是核心点时,$d_{\text{reach}}(\boldsymbol{x}_j,\boldsymbol{x}_i)$ 不存在(undefined);当 $\boldsymbol{x}_i$ 为核心点时,$d_{\text{reach}}(\boldsymbol{x}_j,\boldsymbol{x}_i)$ 是样本 $\boldsymbol{x}_i$ 的核心距离和两个样本点距离的最大值。如图 2.18 所示,样本点 $\boldsymbol{x}_3$ 关于样本点 $\boldsymbol{x}_1$ 的可达距离 $d_{\text{reach}}(\boldsymbol{x}_3,\boldsymbol{x}_1)=\max[d_{\text{core}}(\boldsymbol{x}_1),d(\boldsymbol{x}_3,\boldsymbol{x}_1)]=d_{\text{core}}(\boldsymbol{x}_1)$,对于样本点 $\boldsymbol{x}_5$,$d_{\text{reach}}(\boldsymbol{x}_5,\boldsymbol{x}_1)=\max[d_{\text{core}}(\boldsymbol{x}_1),d(\boldsymbol{x}_5,\boldsymbol{x}_1)]=d(\boldsymbol{x}_5,\boldsymbol{x}_1)$。当样本点 $\boldsymbol{x}_i$ 是核心点,且样本点 $\boldsymbol{x}_j$ 到样本点 $\boldsymbol{x}_i$ 的距离 $d(\boldsymbol{x}_i,\boldsymbol{x}_j)$ 满足 $d(\boldsymbol{x}_i,\boldsymbol{x}_j)<d_{\text{core}}(\boldsymbol{x}_i)$ 时,称样本点 $\boldsymbol{x}_j$ 到样本点 $\boldsymbol{x}_i$ 直接密度可达。

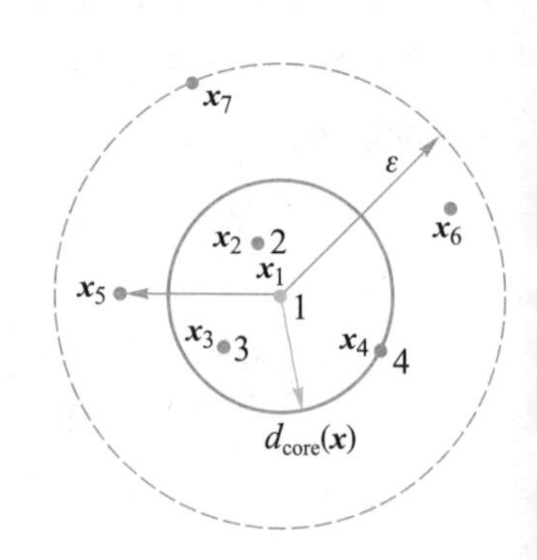

图 2.18 核心距离、可达距离示意图

OPTICS 聚类算法的具体流程如算法 9 所示。

算法 9 OPTICS 聚类算法流程

输入:聚类样本 $X=\{\boldsymbol{x}_1,\boldsymbol{x}_2,\cdots,\boldsymbol{x}_n\}$,邻域半径 ϵ,最小阈值 τ

输出:有序队列 P 和结果队列 Q

(1) 初始化:初始化每个样本点的邻域样本数 $|N_\epsilon(\boldsymbol{x})|$,与阈值 τ 进行比较得到核心点集 Z;初始化已被访问的核心点集 $W=\phi$;初始化有序队列 P(用来存储核心点及该核心点的直接密度可达点)和结果队列 Q(用来存储样本点的输出次序)。

(2) **while** $W\neq Z$ **do**。

(3) 从 Z 中随机选择一个未被访问的核心样本点 $\boldsymbol{x}$,并将样本 $\boldsymbol{x}$ 标记为已访问,$W=W\cup\{\boldsymbol{x}\}$。

(4) 将样本 $\boldsymbol{x}$ 放入结果队列 Q,找出样本 $\boldsymbol{x}$ 的所有直接密度可达点,放入队列 P 中。

(5) **if** $P\neq\phi$ **then**。

(6) **while** $W\neq Z$ **do**。

(7) 取出队列 P 中可达距离最小的样本点 $\boldsymbol{y}$;$P=P-\{y\}$。

(8) **if** $\boldsymbol{y}\in Z$ **then**。

(9) 将 $\boldsymbol{y}$ 放入结果队列 Q,$\boldsymbol{y}$ 的直接密度可达点放入有序队列 P,并将 P 内的样本点按照可达距离升序排列,更新 $\boldsymbol{y}$ 的可达距离。

(10) **end if**。

(11) **end while**。

(12) **end if**。

(13) **end while**。

(14) 输出有序队列 P 和结果队列 Q。

2.6 谱聚类算法

2.6.1 算法思路

谱聚类(spectral clustering)[31]算法是一种经典的聚类算法。它采用加权无向图刻画样本之间的关系,其中图中的每一个顶点$\boldsymbol{v}_i$代表一个样本$\boldsymbol{x}_i$,边e_{ij}则刻画了两个样本$(\boldsymbol{x}_i,\boldsymbol{x}_j)$的相似关系,权重$w_{ij}$代表了样本$\boldsymbol{x}_i$和$\boldsymbol{x}_j$的相似程度。一般来说,两点之间距离越远,权重越低,反之,距离越近,权重越高。

当将样本关系刻画为图时,聚类问题转化为图的分割问题,期望切割的边的权值较小。因此,谱聚类算法的核心思想是找到一种图的切割方式,使得切割后生成的结果满足子图间的边权重低,而子图内的边权重高,即割断的边的权重和尽可能小。

2.6.2 基本概念

为了更好地建模谱聚类,首先介绍一些有关的基本概念。

(1) 带权无向图:对于一个样本集中的样本点$X=\{\boldsymbol{x}_1,\boldsymbol{x}_2,\cdots,\boldsymbol{x}_n\}$,构建一个图$\mathcal{G}(V,E)$,其中$V$表示图的顶点集$\{\boldsymbol{v}_1,\boldsymbol{v}_2,\cdots,\boldsymbol{v}_n\}$,每一个顶点对应一个样本。$E$表示边集,每一条边$e_{ij}$对应两个样本点$\boldsymbol{x}_i$和$\boldsymbol{x}_j$的关系,其权重$w_{ij}$则刻画$\boldsymbol{x}_i$和$\boldsymbol{x}_j$的相似程度。假设图的任意两个点之间都有边连接,两点对应样本间特征距离越远,权重越低;反之则权重越高(如果权重为0,则可以看作两点之间没有边)。由于权重只与两点间的距离有关,有$w_{ij}=w_{ji}$,因此,顶点$\boldsymbol{v}_i$和$\boldsymbol{v}_j$之间不存在方向,所以是无向图。根据顶点对之间的权重值,可以得到图的邻接矩阵$\boldsymbol{A}\in\mathbf{R}^{n\times n}$,表示为

$$\boldsymbol{A}=\begin{pmatrix} w_{11} & w_{12} & \cdots & w_{1n} \\ w_{21} & w_{22} & \cdots & w_{2n} \\ \vdots & \vdots & & \vdots \\ w_{n1} & w_{n2} & \cdots & w_{nn} \end{pmatrix} \tag{2.38}$$

其中,w_{ij}代表样本点$\boldsymbol{x}_i$和$\boldsymbol{x}_j$之间的相似程度。此处的邻接矩阵为全连接图的邻接矩阵,即任意两个点之间都有边相连。而在实际的聚类过程中,一些边会由于权重较低而被忽略掉,这时的图即为非全连接图。在上面章节所介绍的K-近邻图即为非全连接图,表示为

$$w_{ij}=w_{ji}=\begin{cases} 0 & \boldsymbol{x}_i\notin N_{\mathrm{KNN}}(\boldsymbol{x}_j)\text{且}\ \boldsymbol{x}_j\notin N_{\mathrm{KNN}}(\boldsymbol{x}_i) \\ \exp\left(-\dfrac{\|\boldsymbol{x}_i-\boldsymbol{x}_j\|_2^2}{2\sigma^2}\right) & \boldsymbol{x}_i\in N_{\mathrm{KNN}}(\boldsymbol{x}_j)\text{或}\ \boldsymbol{x}_j\in N_{\mathrm{KNN}}(\boldsymbol{x}_i) \end{cases} \tag{2.39}$$

其中,当$\boldsymbol{x}_i$和$\boldsymbol{x}_j$之间的特征距离$\|\boldsymbol{x}_i-\boldsymbol{x}_j\|_2^2$越小时,权值$\exp\left(-\dfrac{\|\boldsymbol{x}_i-\boldsymbol{x}_j\|_2^2}{2\sigma^2}\right)$就越大,这里$N_{\mathrm{KNN}}(\boldsymbol{x}_j)$表示样本点$\boldsymbol{x}_j$的$K$近邻点。

图2.19展示了采用图描述样本关系的示例,图中对应的邻接矩阵为

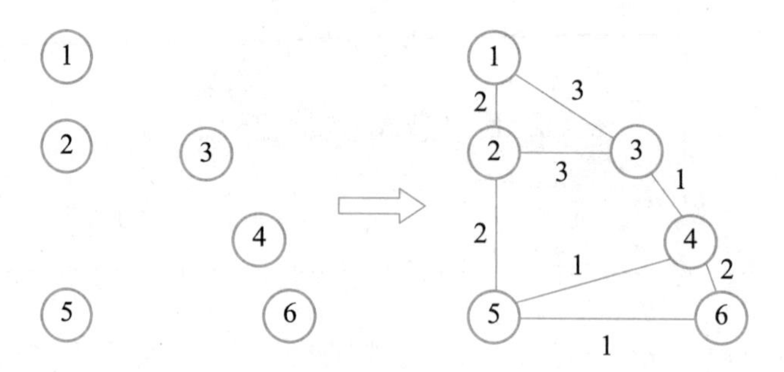

图 2.19 采用图描述样本关系的示例

$$A=\begin{pmatrix}0&2&3&0&0&0\\2&0&3&0&2&0\\3&3&0&1&0&0\\0&0&1&0&1&2\\0&2&0&1&0&1\\0&0&0&2&1&0\end{pmatrix}$$

（2）度矩阵：对于顶点$\boldsymbol{v}_i$，定义该点的度 d_i 为与它相连的所有边的权重之和，表示为

$$d_i=\sum_{j=1}^{n}w_{ij} \tag{2.40}$$

因此，可以进一步得到一个对角矩阵 $\boldsymbol{D}\in\mathbf{R}^{n\times n}$，称为度矩阵

$$\boldsymbol{D}=\begin{pmatrix}d_1&&&\\&d_2&&\\&&\ddots&\\&&&d_n\end{pmatrix} \tag{2.41}$$

图 2.19 所示例子的度矩阵为

$$\boldsymbol{D}=\begin{pmatrix}5&0&0&0&0&0\\0&7&0&0&0&0\\0&0&7&0&0&0\\0&0&0&4&0&0\\0&0&0&0&4&0\\0&0&0&0&0&3\end{pmatrix}$$

（3）拉普拉斯矩阵：基于上面计算出来的邻接矩阵 $\boldsymbol{A}$ 和度矩阵 $\boldsymbol{D}$，可以得到拉普拉斯矩阵的计算公式：$\boldsymbol{L}=\boldsymbol{D}-\boldsymbol{A}$。图 2.19 所示例子的拉普拉斯矩阵可表示为

$$\boldsymbol{L}=\begin{pmatrix}5&-2&-3&0&0&0\\-2&7&-3&0&-2&0\\-3&-3&7&-1&0&0\\0&0&-1&4&-1&-2\\0&-2&0&-1&4&-1\\0&0&0&-2&-1&3\end{pmatrix}$$

拉普拉斯矩阵具有如下性质：

① 拉普拉斯矩阵为对称矩阵，其特征值为实数；

② 对于 n 维向量 $\boldsymbol{v}=[v_1,v_2,\cdots,v_n]^{\mathrm{T}}$ 且 $v_1,v_2,\cdots,v_n\in\mathbf{R}$，可以得到

$$\begin{aligned}\boldsymbol{v}^{\mathrm{T}}\boldsymbol{L}\boldsymbol{v}&=\boldsymbol{v}^{\mathrm{T}}\boldsymbol{D}\boldsymbol{v}-\boldsymbol{v}^{\mathrm{T}}\boldsymbol{A}\boldsymbol{v}\\&=\sum_{i=1}^{n}d_i v_i^2-\sum_{i=1}^{n}\sum_{j=1}^{n}v_i v_j w_{ij}\\&=\frac{1}{2}\left(\sum_{i=1}^{n}d_i v_i^2-2\sum_{i=1}^{n}\sum_{j=1}^{n}v_i v_j w_{ij}+\sum_{j=1}^{n}d_j v_j^2\right)\\&=\frac{1}{2}\sum_{i=1}^{n}\sum_{j=1}^{n}w_{ij}(v_i-v_j)^2\end{aligned}\tag{2.42}$$

③ 拉普拉斯矩阵满足半正定矩阵，存在 n 个特征值满足 $\forall k\in n,\lambda_k\geqslant 0$ 且 $\lambda_1,\lambda_2,\cdots,\lambda_n\in\mathbf{R}$。

④ 拉普拉斯矩阵中特征值等于 0 的数量与其对应的图 $\mathcal{G}(V,E)$ 中包含的最大连通子图的个数相同。

2.6.3 算法建模

基于上述概念，接下来介绍谱聚类的算法建模，首先讲解二类聚类问题，然后扩展到多类聚类问题。

一、二类聚类问题

设此处考虑最简单的二类聚类问题，即将关系图分割为两个不相交的子图，其中顶点集分别为 A 和 B，且满足 $A\cup B=V$，使得 A 和 B 间割边权重最小。设

$$f_i=\begin{cases}1, & \text{如果 } \boldsymbol{x}_i\in A\\-1, & \text{如果 } \boldsymbol{x}_i\in B\end{cases}$$

某一次分割的割边权重总和可描述为

$$J(\boldsymbol{f})=\frac{1}{2}\sum_{i=1}^{n}\sum_{j=1}^{n}w_{ij}(f_i-f_j)^2=\boldsymbol{f}^{\mathrm{T}}(\boldsymbol{D}-\boldsymbol{A})\boldsymbol{f}=\boldsymbol{f}^{\mathrm{T}}\boldsymbol{L}\boldsymbol{f}\tag{2.43}$$

其中，f_i 表示第 i 个顶点（样本）的类标签。可以看出，当 f_i 和 f_j 相同时，它们的差为零，因此并不被计算到割边权重总和中。而当他们的标签不一样时，就会计算它们的权重，即割边的权重。$\boldsymbol{A}$、$\boldsymbol{D}$ 和 $\boldsymbol{L}$ 分别为图的邻接矩阵、度矩阵和拉普拉斯矩阵。因此，谱聚类的问题就变成寻找 $\boldsymbol{f}$，使得 $J(\boldsymbol{f})$ 最小的问题，即

$$\min_{f}\frac{1}{2}\boldsymbol{f}^{\mathrm{T}}\boldsymbol{L}\boldsymbol{f}\tag{2.44}$$

可以看出，上述建模存在的问题是倾向于切割独立的点为一类，即类不均衡。为此，有些研究通过引入约束来得到样本数量均衡的两类。第一种为 RatioCut[32]，其引入类内样本的数量，以达到类平衡的目的。具体地，设最优化问题为

$$\min_{A\subset V}\frac{1}{2}\left(\frac{W(A,B)}{|A|}+\frac{W(B,A)}{|B|}\right)\tag{2.45}$$

其中 $W(A,B)=\sum_{i\in A,j\in B} w_{ij}$ 对应的约束为

$$f_i=\begin{cases}\sqrt{\dfrac{|B|}{|A|}} & \text{如果 } \boldsymbol{v}_i\in A\\ -\sqrt{\dfrac{|A|}{|B|}} & \text{如果 } \boldsymbol{v}_i\in B\end{cases} \tag{2.46}$$

其中,$|A|$为 A 中样本的数量,可得出$\boldsymbol{f}^{\mathrm{T}}\boldsymbol{L}\boldsymbol{f}=|V|RatioCut(A,B)$,对应的约束为 $\sum_{i=1}^{n} f_i=0\Rightarrow \boldsymbol{f}\perp\boldsymbol{\pi}$,其中 $\boldsymbol{\pi}$ 与 $\boldsymbol{f}$ 均为元素全为 1 的向量以及$\|\boldsymbol{f}\|_2^2=n$,于是 RatioCut 问题转化为

$$\min \boldsymbol{f}^{\mathrm{T}}\boldsymbol{L}\boldsymbol{f} \quad \text{s. t. } \boldsymbol{f}\perp\boldsymbol{\pi},\|\boldsymbol{f}\|_2^2=n \tag{2.47}$$

由于f_i 有两种可能取值,在其所有可能的取值组合中找到最优解是一个 NP 难问题。这里考虑通过松弛约束条件,将离散变量优化问题转化为连续变量的优化问题。利用瑞利熵的性质,可以将上述优化问题简化为 $\boldsymbol{L}$ 的特征分解问题,分解得到的特征值即为瑞利熵的值,所得到的特征向量即为 $\boldsymbol{f}$ 的值,从而在不遍历所有结果的情况下得到优化结果。

根据拉普拉斯矩阵的性质,其最小的特征值为 0,对应的特征向量的元素全为 1,即 $\boldsymbol{f}$ 的值全为 1,聚类时会将所有的样本聚类为一类,与二分类矛盾。因此选择第二小的特征值对应的特征向量,便可得到聚类的标签结果。回顾之前约束被松弛,为了得到最终的聚类结果,只需要采用一个阈值对特征向量中的元素进行阈值处理。

第二种则是 Ncut[33],定义为

$$Ncut(A,B)\overset{\text{def}}{=\!=}cut(A,B)\left(\frac{1}{vol(A)}+\frac{1}{vol(B)}\right)$$
$$vol(A)=\sum_{i\in A} d_i \tag{2.48}$$

与 RatioCut 相比,此处采用度的和来衡量集合的大小。对应地,令

$$\boldsymbol{f}=[f_1,f_2,\cdots,f_n]^{\mathrm{T}} \text{ 且 } f_i=\begin{cases}\dfrac{1}{vol(A)} & i\in A\\ -\dfrac{1}{vol(B)} & i\in B\end{cases} \tag{2.49}$$

$$\boldsymbol{f}^{\mathrm{T}}\boldsymbol{L}\boldsymbol{f}=\frac{1}{2}\sum_{ij} w_{ij}(f_i-f_j)^2=\frac{1}{2}\sum_{i\in A,j\in B} w_{ij}\left(\frac{1}{vol(A)}+\frac{1}{vol(B)}\right)^2 \tag{2.50}$$

$$\boldsymbol{f}^{\mathrm{T}}\boldsymbol{D}\boldsymbol{f}=\sum_i d_i f_i^2=\sum_{i\in A}\frac{d_i}{vol(A)^2}+\sum_{i\in B}\frac{d_i}{vol(B)^2}=\frac{1}{vol(A)}+\frac{1}{vol(B)} \tag{2.51}$$

$$Ncut(A,B)=\frac{\boldsymbol{f}^{\mathrm{T}}\boldsymbol{L}\boldsymbol{f}}{\boldsymbol{f}^{\mathrm{T}}\boldsymbol{D}\boldsymbol{f}} \tag{2.52}$$

于是,聚类问题转化为

$$\min Ncut(A,B)=\min\frac{\boldsymbol{f}^{\mathrm{T}}\boldsymbol{L}\boldsymbol{f}}{\boldsymbol{f}^{\mathrm{T}}\boldsymbol{D}\boldsymbol{f}} \tag{2.53}$$

为了便于优化，对 $\boldsymbol{f}$ 进行松弛，得到约束 $\boldsymbol{f}^{\mathrm{T}}\boldsymbol{D}^{-1}=0$。于是，聚类问题转化为

$$\min \frac{\boldsymbol{f}^{\mathrm{T}}\boldsymbol{L}\boldsymbol{f}}{\boldsymbol{f}^{\mathrm{T}}\boldsymbol{D}\boldsymbol{f}} \quad \text{s. t.} \quad \boldsymbol{f}^{\mathrm{T}}\boldsymbol{D}^{-1}=0 \tag{2.54}$$

根据瑞利熵定理，解为归一化拉普拉斯矩阵 $\boldsymbol{L}'=\boldsymbol{D}^{-1}\boldsymbol{L}=\boldsymbol{I}-\boldsymbol{D}^{-1}\boldsymbol{A}$ 的第二个最小特征向量，并用0作为阈值进行阈值化。图2.19所示例子的拉普拉斯矩阵的第二小特征值为1.455 9，其特征向量为

$$[0.478\,8, 0.312\,7, 0.357\,2, -0.394\,5, -0.147\,6, -0.606\,6]^{\mathrm{T}}$$

如图2.20所示，阈值设为0，将上述特征向量的值与阈值进行对比可知：第1、2、3个样本在阈值以上，划分为第一类，第4、5、6个样本在阈值以下，划分为第二类。

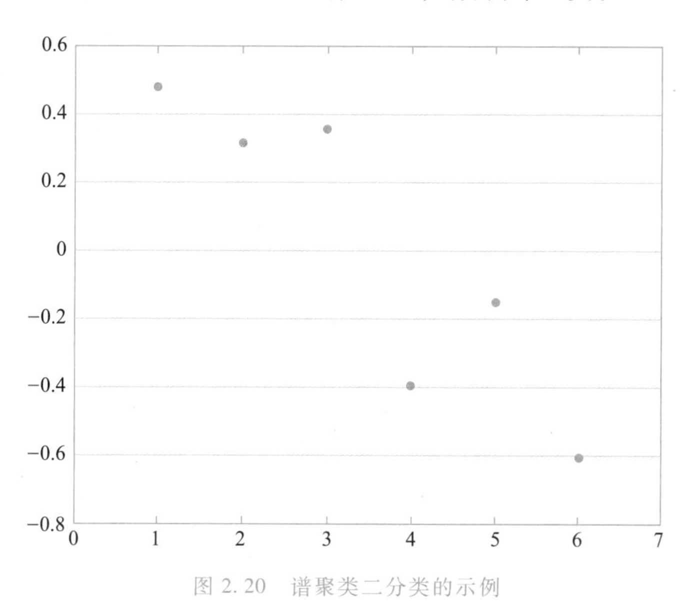

图2.20　谱聚类二分类的示例

二、多类聚类问题

将上述的二类聚类问题扩展为多类聚类问题。一种最简单的扩展方式是依次迭代进行两类聚类，得到等级聚类结果。该方法的缺点是效率低下，算法不稳定。第二种是采用多特征向量聚类方法，即基于多个特征值对应的特征向量建立降维空间，并在降维空间中进行聚类，如K-均值聚类。具体流程如算法10所示。

算法10　谱聚类多类聚类算法流程

输入：聚类样本 $X=\{\boldsymbol{x}_1,\boldsymbol{x}_2,\cdots,\boldsymbol{x}_n\}$

输出：聚类结果 $\mathcal{C}=\{\mathcal{C}_1,\cdots,\mathcal{C}_k\}$

(1) 构建图(归一化)拉普拉斯矩阵 $\boldsymbol{L}=\boldsymbol{D}-\boldsymbol{A}$ ($\hat{\boldsymbol{L}}=\boldsymbol{D}^{-1/2}\boldsymbol{L}\boldsymbol{D}^{-1/2}$)。

(2) 计算拉普拉斯矩阵 $\boldsymbol{L}$ 的最小的 k 个特征值对应的特征向量。

(3) 设 $\boldsymbol{U}$ 为 $n\times k$ 矩阵，每一列对应一个特征向量。

(4) 设定 $\boldsymbol{U}$ 的第 i 行为第 i 个样本的特征，采用K-均值聚类将 n 个样本聚类为 k 类。

三、AP 聚类算法

AP 聚类算法(affinity propagation clustering algorithm)[31,34]同样基于样本点所构成的图进行聚类,该算法的目的是通过考查每个样本点所有边的聚合,迭代获得全局状态信息,从而在样本点中找到最适合作为聚类中心的点。在 AP 聚类算法中,图的边不再仅仅表示两个点之间的相似度,同时也代表了相连的顶点上其他边的聚合信息,包括了候选聚类中心对样本点的“吸引度”以及样本点对候选聚类中心的“归属度”。通过不断地迭代更新这些聚合表示,产生多个高质量聚类中心,从而实现对样本的聚类。

对于样本集 $X=\{\boldsymbol{x}_1,\boldsymbol{x}_2,\cdots,\boldsymbol{x}_n\}$,首先定义以下概念:

(1) 相似度(similarity):样本点 $\boldsymbol{x}_i$ 和 $\boldsymbol{x}_j$ 之间的相似度用欧氏距离的负值来表示,即

$$s(i,j)=-\|\boldsymbol{x}_i-\boldsymbol{x}_j\|_2 \tag{2.55}$$

$s(i,j)$越大表示相似度越高,而相应的,相似度矩阵为 $\boldsymbol{S}\in\mathbf{R}^{n\times n}$。

(2) 参考度(preference):AP 聚类算法中不会对聚类中心的个数进行规定,而是利用相似度矩阵 $\boldsymbol{S}$ 中对角线上的数值表示样本点成为聚类中心的可能程度,这些数值被称为参考度。参考度越大表示该样本点更有可能被选中为聚类中心。对于均等可能性的样本点,参考度通常设置为相同的值。最终的聚类中心同时受到参考度和迭代过程的影响。参考度一般设置为样本点之间相似度的均值或最小值,更大的参考度设置将会得到更多的聚类簇。

(3) 吸引度(responsibility):$r(i,k)$ 是样本点 i 在图中所有边的聚合结果,表示 k 作为 i 的聚类中心的合适程度。这种合适程度通过同时考查 i 与所有其他候选聚类中心 k'之间的关系,并将其与 i 和 k 之间的相似度相比较得到。

(4) 归属度(availability):$a(i,k)$是候选聚类中心 k 在图中除了边e_{ik}外所有边的聚合结果,表示 i 选择 k 作为聚类中心的合适程度。这种合适程度通过考查 k 对所有其他点的吸引度得到。

AP 聚类算法的更新规则如下,首先吸引度 $r(i,k)$ 表示顶点 k 作为 i 的聚类中心的程度,$r(i,k)$越大,表明 k 作为 i 的聚类中心的概率越高,其更新规则为

$$r(i,k)\leftarrow s(i,k)-\max_{k'\text{s. t. }k'\neq k}[a(i,k')+s(i,k')] \tag{2.56}$$

如图 2.21 所示,在迭代过程中,一方面要比较 i 与 k 顶点的相似度 $s(i,k)$,即 $s(i,k)$越大,k 对 i 的吸引度 $r(i,k)$越大。同时,在计算 $r(i,k)$的时候,除了考虑顶点 k 和 i 的相似度之外,还要考虑除 k 之外的其他顶点 k'对顶点 i 的影响。这个影响主要从两方面展开:一方面需要考虑除 k 之外的任意其他顶点 k'和 i 的相似度 $s(i,k')$;另一方面需要考虑顶点 i 对任意其他顶点 k'的归属度 $a(i,k')$。$s(i,k')$与 $a(i,k')$的和越小,说明除 k 之外的任意其他顶点 k'成为 i 的聚类中心的程度越低,进一步增大了当前顶点 k 对 i 的吸引度 $r(i,k)$。这里用和的最大值 $\max_{k'\text{s. t. }k'\neq k}[a(i,k')+s(i,k')]$来表示。在第一次迭代的时候,$a(i,k')$的初始值为 0。

归属度是一个小于等于 0 的值,其与相似度求和进而影响吸引度。归属度 $a(i,k)$的更新规则为

$$a(i,k)\leftarrow\min\left\{0,r(k,k)+\sum_{i'\text{s. t. }i'\notin\{i,k\}}\max[0,r(i',k)]\right\} \tag{2.57}$$

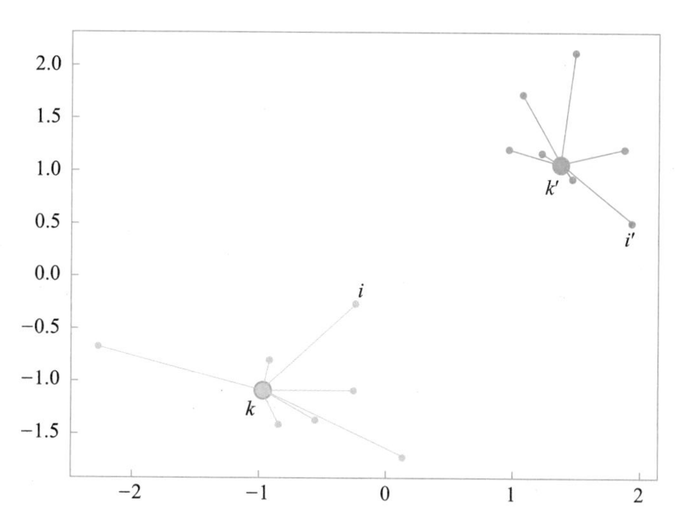

图 2.21 AP 聚类算法示意图(k 和 k' 为聚类中心,i 和 i' 为样本点)

k 自身吸引度加上除去 i 以外的正向吸引度求和小于 0,那么 k 对 i 的归属度等于这个值,由于是负值,故会在下次迭代中对吸引度有影响;如果大于 0,归属度就取 0,直观表示 k 的吸引度足够,那么下次迭代中就不会对吸引度有影响。

自归属度 $a(k,k)$ 为

$$a(k,k) \leftarrow \sum_{i' \text{s.t.} i' \neq k} \max[0, r(i',k)] \tag{2.58}$$

表示通过累计其他点对点 k 的正向吸引度来评价点 k 是否适合作为聚类中心。图 2.22 展示了 AP 聚类算法的聚类结果。

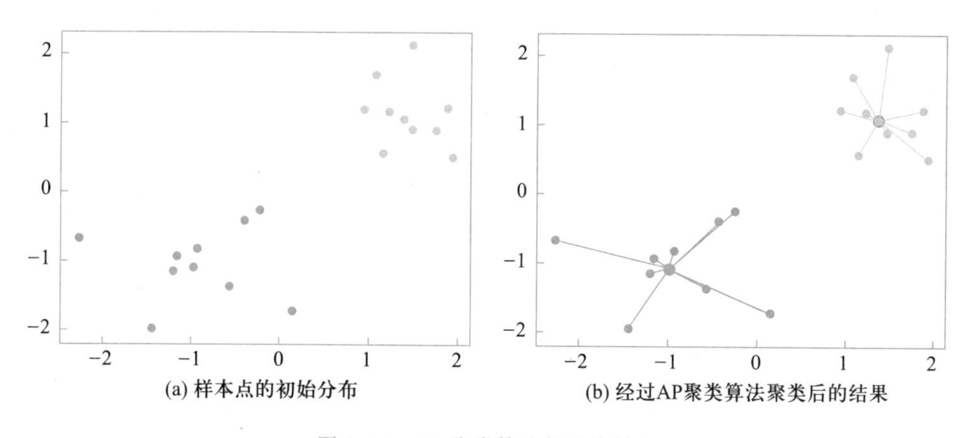

图 2.22 AP 聚类算法的聚类结果

2.6.4 算法特点

谱聚类算法在实际中有着广泛的应用,其具备的优点有:

(1) 谱聚类对于分布不规则的样本或者分布稀疏的样本有着很好的鲁棒性;

（2）谱聚类处理类别较少的样本数据时会有很好的聚类效果；

（3）谱聚类更容易得到全局最优解；

（4）由于谱聚类会对高维数据降维，因此对高维数据的聚类更加有效。

谱聚类算法的缺点表现在：

（1）对相似度矩阵比较敏感，选择不同的相似度矩阵计算方式会得到不同的聚类结果；

（2）如果不同聚类簇中样本点的个数相差较大，则使用谱聚类不能得到很好的聚类结果。

例 2.4 给定一组数据 $\boldsymbol{x}_1=[5,8]^{\mathrm{T}}$，$\boldsymbol{x}_2=[9,5]^{\mathrm{T}}$，$\boldsymbol{x}_3=[0,0]^{\mathrm{T}}$，$\boldsymbol{x}_4=[1,7]^{\mathrm{T}}$，$\boldsymbol{x}_5=[6,9]^{\mathrm{T}}$，用谱聚类把上述数据聚成 3 类。

解：（1）通过欧氏距离获取相似度矩阵 $\boldsymbol{S}\in\mathbf{R}^{5\times5}$，$\boldsymbol{S}$ 中的元素 s_{ij}：$s_{ij}=\exp\left(\dfrac{-\|\boldsymbol{x}_i-\boldsymbol{x}_j\|_2^2}{2\sigma}\right)$，$\{\boldsymbol{x}_i\}_{1\leqslant i\leqslant5}$，$\{\boldsymbol{x}_j\}_{1\leqslant j\leqslant5}$表示坐标值，这里取 $\sigma=1$。

由此求得

$$\boldsymbol{S}=\begin{bmatrix}1 & 0.082 & 0.009 & 0.127 & 0.493\\ 0.082 & 1 & 0.006 & 0.016 & 0.082\\ 0.009 & 0.006 & 1 & 0.029 & 0.004\\ 0.127 & 0.016 & 0.029 & 1 & 0.068\\ 0.493 & 0.082 & 0.004 & 0.068 & 1\end{bmatrix}$$

（2）将 $\boldsymbol{S}$ 的对角线值设为 0，即$s_{ii}=0$，排除自身的相似度求得相应的邻接矩阵 $\boldsymbol{A}$ 为

$$\boldsymbol{A}=\begin{bmatrix}0 & 0.082 & 0.009 & 0.127 & 0.493\\ 0.082 & 0 & 0.006 & 0.016 & 0.082\\ 0.009 & 0.006 & 0 & 0.029 & 0.004\\ 0.127 & 0.016 & 0.029 & 0 & 0.068\\ 0.493 & 0.082 & 0.004 & 0.068 & 0\end{bmatrix}$$

（3）在邻接矩阵 $\boldsymbol{A}$ 的基础上求得相应的度矩阵 $\boldsymbol{D}$ 和拉普拉斯矩阵 $\boldsymbol{L}$

$$\boldsymbol{D}=\begin{bmatrix}0.711 & 0 & 0 & 0 & 0\\ 0 & 0.186 & 0 & 0 & 0\\ 0 & 0 & 0.048 & 0 & 0\\ 0 & 0 & 0 & 0.240 & 0\\ 0 & 0 & 0 & 0 & 0.647\end{bmatrix}$$

$$\boldsymbol{L}=\boldsymbol{D}-\boldsymbol{A}=\begin{bmatrix}0.711 & -0.082 & -0.009 & -0.127 & -0.493\\ -0.082 & 0.186 & -0.006 & -0.016 & -0.082\\ -0.009 & -0.006 & 0.048 & -0.029 & -0.004\\ -0.127 & -0.016 & -0.029 & 0.240 & -0.068\\ -0.493 & -0.082 & -0.004 & -0.068 & 0.647\end{bmatrix}$$

(4) 对拉普拉斯矩阵进行归一化操作

$$\hat{\boldsymbol{L}}=\boldsymbol{D}^{-1/2}\boldsymbol{L}\,\boldsymbol{D}^{-1/2}=\begin{bmatrix}1 & -0.226 & -0.048 & -0.308 & -0.727\\ -0.226 & 1 & -0.061 & -0.077 & -0.236\\ -0.048 & -0.061 & 1 & -0.27 & -0.025\\ -0.308 & -0.077 & -0.27 & 1 & -0.172\\ -0.727 & -0.236 & -0.025 & -0.172 & 1\end{bmatrix}$$

(5) 计算拉普拉斯矩阵 $\hat{\boldsymbol{L}}$ 的特征值和特征向量,然后依据特征值进行排序,选出前 k 个最小的特征值,将这 k 个特征值对应的特征向量按列放置成一个矩阵 $\boldsymbol{U}$,这里 k 选 4。

特征值:$\lambda_1=0,\lambda_2=1.741,\lambda_3=0.835,\lambda_4=1.105,\lambda_5=1.318$

$\lambda_1<\lambda_3<\lambda_4<\lambda_5<\lambda_2$,排除$\lambda_2$ 特征值对应的特征向量。

$$\boldsymbol{U}=\begin{bmatrix}0.623 & 0.181 & -0.226 & 0.093\\ 0.319 & 0.122 & 0.912 & -0.226\\ 0.162 & -0.756 & 0.193 & 0.603\\ 0.362 & -0.548 & -0.226 & -0.703\\ 0.594 & 0.285 & -0.168 & 0.287\end{bmatrix}$$

(6) 将 $\boldsymbol{F}$ 中的每一行作为一个 4 维的样本,共 5 个样本,用 K-均值聚类方法进行聚类,聚类数量为 3,最终得到簇划分$(\boldsymbol{x}_2)$,$(\boldsymbol{x}_3)$,$(\boldsymbol{x}_1,\boldsymbol{x}_4,\boldsymbol{x}_5)$。

习题

1. 聚类方法属于无监督学习方法,而分类方法属于有监督学习方法,请阐述二者的区别以及各自的特点,并分别列举生活场景中属于聚类和分类的例子。

2. 假设已知 A、B、C 三个样本的特征表示为$[0,0]^{\mathrm{T}}$、$[0,1]^{\mathrm{T}}$和$[5,5]^{\mathrm{T}}$,请计算 A、B 以及 A、C 之间的欧氏距离,并从距离的角度阐述 A 与 B、C 中的哪一个更相似。

3. 给定三个样本 $\boldsymbol{x}_1=[1,2,1]^{\mathrm{T}}$,$\boldsymbol{x}_2=[0,1,0]^{\mathrm{T}}$和 $\boldsymbol{x}_3=[-1,0,-2]^{\mathrm{T}}$,分别求取两两之间的欧氏距离和余弦相似度。

4. 设有 6 个 5 维数据样本如下:

$$\boldsymbol{x}_1=[1,3,1,2,0]^{\mathrm{T}},\boldsymbol{x}_2=[3,3,0,1,0]^{\mathrm{T}},\boldsymbol{x}_3=[4,1,1,2,1]^{\mathrm{T}}$$

$$\boldsymbol{x}_4=[0,3,1,1,0]^{\mathrm{T}},\boldsymbol{x}_5=[0,3,0,0,1]^{\mathrm{T}},\boldsymbol{x}_6=[3,2,0,2,0]^{\mathrm{T}}$$

请采用欧氏距离,并按最远邻距离准则合并,完成层次聚类分析,并画出聚类分级树。

5. 已知 5 个样本,每个样本 5 个特征,数据如下:

$$\boldsymbol{x}_1=[0,2,1,2,1]^{\mathrm{T}},\ \boldsymbol{x}_2=[1,3,0,1,2]^{\mathrm{T}},\ \boldsymbol{x}_3=[3,2,1,0,1]^{\mathrm{T}}$$

$$\boldsymbol{x}_4=[1,2,1,3,2]^{\mathrm{T}},\ \boldsymbol{x}_5=[3,3,1,1,1]^{\mathrm{T}}$$

对其进行层次聚类,样本相似度采用欧氏距离,合并采用最近邻距离准则,最终分为3类,并画出聚类分级树。

6. 给定如图2.23所示样本,图中的形状标记设定为:正方形为1,圆形为2,三角形为3。

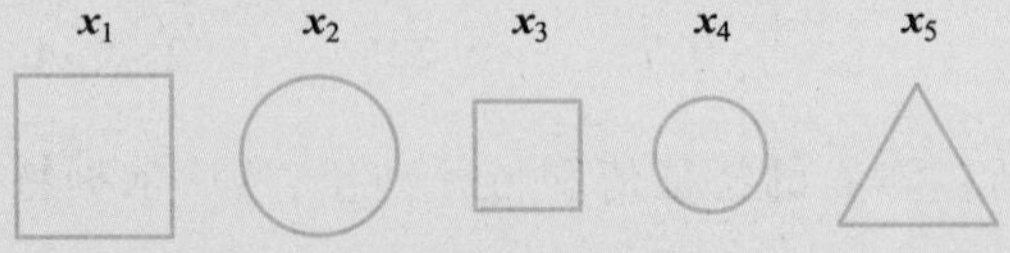

	x_1	x_2	x_3	x_4	x_5
面积	4	4	1	1	3
形状	1	2	1	2	3
边数	4	0	4	0	3

图2.23 习题6不同样本形状标记示意图

(1) 当选择面积作为样本特征时,样本相似度采用欧氏距离,合并采用最近邻距离准则,采用层次聚类法进行聚类,请写出聚类过程;

(2) 相同条件下,当选择形状作为样本特征时,请写出聚类过程;

(3) 相同条件下,当选择面积、形状和边数作为样本特征时,请写出聚类过程。试分析三种不同选择的聚类差异及原因。

7. 给定样本集 X 和 Y

$$X=\{\boldsymbol{x}_1,\boldsymbol{x}_2,\boldsymbol{x}_3\}=\{[1,2,1]^{\mathrm{T}},[0,0,0]^{\mathrm{T}},[-1,0,1]^{\mathrm{T}}\}$$

$$Y=\{\boldsymbol{y}_1,\boldsymbol{y}_2,\boldsymbol{y}_3\}=\{[-3,-2,-3]^{\mathrm{T}},[-2,-3,-5]^{\mathrm{T}},[-4,-3,-3]^{\mathrm{T}}\}$$

采用欧氏距离,试通过最近邻、最远邻和平均邻域计算两个集合的距离。

8. 设有5个四维模式,按最近邻距离准则和汉明距离进行层次聚类分析,并画出聚类分级树。

$$\boldsymbol{x}_1=[1,0,1,0]^{\mathrm{T}}$$

$$\boldsymbol{x}_2=[0,1,0,1]^{\mathrm{T}}$$

$$\boldsymbol{x}_3=[0,1,1,0]^{\mathrm{T}}$$

$$\boldsymbol{x}_4=[0,0,0,0]^{\mathrm{T}}$$

$$\boldsymbol{x}_5=[1,0,0,0]^{\mathrm{T}}$$

9. 给定如下样本:

$$\boldsymbol{x}_1=[0,0]^{\mathrm{T}},\boldsymbol{x}_2=[-1,0]^{\mathrm{T}},\boldsymbol{x}_3=[1,-1]^{\mathrm{T}}$$

$$\boldsymbol{x}_4=[0,-1]^{\mathrm{T}},\boldsymbol{x}_5=[-2,0]^{\mathrm{T}},\boldsymbol{x}_6=[4,-5]^{\mathrm{T}}$$

$$\boldsymbol{x}_7=[3,-5]^{\mathrm{T}},\boldsymbol{x}_8=[4,-4]^{\mathrm{T}},\boldsymbol{x}_9=[3,-4]^{\mathrm{T}},\boldsymbol{x}_{10}=[4,5]^{\mathrm{T}}$$

采用欧氏距离，边权值取为样本间距离的倒数，若 $\boldsymbol{x}_1$、$\boldsymbol{x}_2$、$\boldsymbol{x}_3$、$\boldsymbol{x}_4$、$\boldsymbol{x}_5$ 为聚类簇 $\mathcal{C}_1$，$\boldsymbol{x}_6$、$\boldsymbol{x}_7$、$\boldsymbol{x}_8$、$\boldsymbol{x}_9$ 为聚类簇 $\mathcal{C}_2$，$\boldsymbol{x}_{10}$ 为聚类簇 $\mathcal{C}_3$，试计算在 Chameleon 聚类算法中上面簇两两间的互联性和近似性。

10. 给定如下一组数据：

$$\boldsymbol{x}_1=[0,0]^{\mathrm{T}},\boldsymbol{x}_2=[-1,0]^{\mathrm{T}},\boldsymbol{x}_3=[1,-1]^{\mathrm{T}}$$

$$\boldsymbol{x}_4=[0,-1]^{\mathrm{T}},\boldsymbol{x}_5=[-2,0]^{\mathrm{T}},\boldsymbol{x}_6=[4,-5]^{\mathrm{T}}$$

$$\boldsymbol{x}_7=[3,-5]^{\mathrm{T}},\boldsymbol{x}_8=[4,-4]^{\mathrm{T}},\boldsymbol{x}_9=[3,-4]^{\mathrm{T}}$$

若有一算法把上述样本划分为多个聚类簇，其中 $\{\boldsymbol{x}_1,\boldsymbol{x}_3,\boldsymbol{x}_4\}$ 为聚类簇 $\mathcal{C}_1$，$\{\boldsymbol{x}_2,\boldsymbol{x}_5\}$ 为聚类簇 $\mathcal{C}_2$，$\{\boldsymbol{x}_6,\boldsymbol{x}_7\}$ 为聚类簇 $\mathcal{C}_3$，$\{\boldsymbol{x}_8,\boldsymbol{x}_9\}$ 为聚类簇 $\mathcal{C}_4$，试将上述各个子簇根据 Chameleon 聚类算法中的互联性和近似性的综合指标合并成相似度高的子簇（$\alpha=1$）。

11. 现有以下 6 个样本数据：

$$\boldsymbol{x}_1=[0,3,1]^{\mathrm{T}},\boldsymbol{x}_2=[1,3,0]^{\mathrm{T}},\boldsymbol{x}_3=[3,3,0]^{\mathrm{T}}$$

$$\boldsymbol{x}_4=[1,1,0]^{\mathrm{T}},\boldsymbol{x}_5=[3,2,1]^{\mathrm{T}},\boldsymbol{x}_6=[4,1,1]^{\mathrm{T}}$$

用 BIRCH 聚类算法构建聚类特征树。设中间节点最大数量 $\boldsymbol{\beta}=3$，叶节点最大数 $\boldsymbol{\lambda}=3$，节点样本半径阈值 $\boldsymbol{\tau}=2$。

12. 在层次聚类中，某层聚类簇包含以下 4 个样本：

$$\boldsymbol{x}_1=[0,3,1]^{\mathrm{T}},\boldsymbol{x}_2=[1,3,0]^{\mathrm{T}},\boldsymbol{x}_3=[3,3,0]^{\mathrm{T}},\boldsymbol{x}_4=[1,1,0]^{\mathrm{T}}$$

试用 BIRCH 聚类算法将此簇分裂为两个子簇。可采用欧氏距离。（提示：分裂的条件是使分成的两个类的差别最大。）

13. 设有数据集 S 包含样本 $[1,2]^{\mathrm{T}}$、$[5,3]^{\mathrm{T}}$、$[2,5]^{\mathrm{T}}$、$[1,9]^{\mathrm{T}}$、$[4,7]^{\mathrm{T}}$、$[5,6]^{\mathrm{T}}$、$[3,3]^{\mathrm{T}}$、$[9,8]^{\mathrm{T}}$、$[8,7]^{\mathrm{T}}$、$[6,9]^{\mathrm{T}}$、$[5,9]^{\mathrm{T}}$、$[9,6]^{\mathrm{T}}$，试用 CURE 聚类算法对其进行聚类，此处不考虑样本采样和分组，每一类代表点个数设置为 2，距离采用欧氏距离。

14. 给定样本集合 $\{2,5,7,19,20,13,26,4,6,8,3,22,17,15,17,14\}$，不考虑样本采样和分组，请用 CURE 聚类算法对数据集 S 进行聚类，每一类选取三个代表点。

15. 给定一组数据：

$$\boldsymbol{x}_1=[0,0]^{\mathrm{T}},\ \boldsymbol{x}_2=[-1,0]^{\mathrm{T}},\ \boldsymbol{x}_3=[1,-1]^{\mathrm{T}}$$

$$\boldsymbol{x}_4=[0,-1]^{\mathrm{T}},\ \boldsymbol{x}_5=[-2,0]^{\mathrm{T}},\ \boldsymbol{x}_6=[4,-5]^{\mathrm{T}}$$

$$\boldsymbol{x}_7=[3,-5]^{\mathrm{T}},\ \boldsymbol{x}_8=[4,-4]^{\mathrm{T}},\ \boldsymbol{x}_9=[3,-4]^{\mathrm{T}},\ \boldsymbol{x}_{10}=[4,5]^{\mathrm{T}}$$

采用欧氏距离，用 K-均值聚类算法完成聚类，此处 k 值选为 2，初始值可随机设定。

16. 有如下样本点：

$$\boldsymbol{x}_1=[1,3,2]^{\mathrm{T}},\boldsymbol{x}_2=[3,1,1]^{\mathrm{T}},\boldsymbol{x}_3=[4,2,1]^{\mathrm{T}}$$

$$\boldsymbol{x}_4=[5,1,2]^{\mathrm{T}},\boldsymbol{x}_5=[2,1,3]^{\mathrm{T}},\boldsymbol{x}_6=[3,4,5]^{\mathrm{T}},\boldsymbol{x}_7=[1,5,0]^{\mathrm{T}}$$

设 $k=2$，采用欧氏距离，选取 $\boldsymbol{x}_1$、$\boldsymbol{x}_2$ 分别为两类的初始聚类中心，写出用K-均值聚类算法聚类的计算过程及最终结果。

17. 设有样本点：

$$\boldsymbol{x}_1=[1,2]^{\mathrm{T}},\boldsymbol{x}_2=[2,6]^{\mathrm{T}},\boldsymbol{x}_3=[3,2]^{\mathrm{T}}$$

$$\boldsymbol{x}_4=[5,5]^{\mathrm{T}},\boldsymbol{x}_5=[6,6]^{\mathrm{T}},\boldsymbol{x}_6=[7,1]^{\mathrm{T}}$$

设 $k=2$，采用欧氏距离，根据下面要求进行聚类：

(1) 选取 $\boldsymbol{x}_1$、$\boldsymbol{x}_2$ 分别为初始聚类中心，计算用K-均值聚类算法聚类的结果；

(2) 选取 $\boldsymbol{x}_1$、$\boldsymbol{x}_6$ 分别为初始聚类中心，计算用K-均值聚类算法聚类的结果；

(3) 比较(1)(2)的结果，简述二者有何不同，并计算Davies-Bouldin指数，进而进行上述结果的定量分析，其中 p 设置为2。

18. 对于如下样本：

$$\boldsymbol{x}_1=\begin{bmatrix}-2\\-5\\3\\0\end{bmatrix},\boldsymbol{x}_2=\begin{bmatrix}4\\-1\\0\\0\end{bmatrix},\boldsymbol{x}_3=\begin{bmatrix}5\\0\\-1\\1\end{bmatrix},\boldsymbol{x}_4=\begin{bmatrix}-3\\-4\\2\\1\end{bmatrix},\boldsymbol{x}_5=\begin{bmatrix}-2\\-4\\3\\0\end{bmatrix},\boldsymbol{x}_6=\begin{bmatrix}2\\-2\\-1\\0\end{bmatrix}$$

采用 $k=2$，距离为欧氏距离，初始聚类中心为：$\boldsymbol{m}_1=\boldsymbol{x}_1,\boldsymbol{m}_2=\boldsymbol{x}_2$，试采用K-均值聚类算法进行聚类。

19. 给定下面的样本：

$$\boldsymbol{x}_1=\begin{bmatrix}8\\7\\1\end{bmatrix},\boldsymbol{x}_2=\begin{bmatrix}3\\1\\8\end{bmatrix},\boldsymbol{x}_3=\begin{bmatrix}9\\6\\3\end{bmatrix},\boldsymbol{x}_4=\begin{bmatrix}2\\0\\9\end{bmatrix},\boldsymbol{x}_5=\begin{bmatrix}1\\2\\10\end{bmatrix},\boldsymbol{x}_6=\begin{bmatrix}7\\5\\2\end{bmatrix}$$

设聚类数量 $k=2$，采用欧氏距离，且第一类聚类初始中心为 $[7,7,1]^{\mathrm{T}}$，第二类聚类初始中心为 $[1,1,7]^{\mathrm{T}}$，采用K-均值聚类算法将上述样本聚类为两类。

20. 已知8个样本点：

$$\boldsymbol{x}_1=[0,0]^{\mathrm{T}},\boldsymbol{x}_2=[2,0]^{\mathrm{T}},\boldsymbol{x}_3=[0,2]^{\mathrm{T}},\boldsymbol{x}_4=[2,2]^{\mathrm{T}}$$

$$\boldsymbol{x}_5=[6,6]^{\mathrm{T}},\boldsymbol{x}_6=[8,6]^{\mathrm{T}},\boldsymbol{x}_7=[6,8]^{\mathrm{T}},\boldsymbol{x}_8=[8,8]^{\mathrm{T}}$$

利用K-均值聚类算法将上述样本聚为两类，要求选用样本点 $\boldsymbol{x}_1$ 和 $\boldsymbol{x}_5$ 分别作为两类中心的初始值，距离采用欧氏距离。

21. 计算机编程作业：

给出图2.24所示样本点分布图，编写K-均值聚类算法程序，采用表2.2所示的数据进行聚类分析(编程语言不限)。

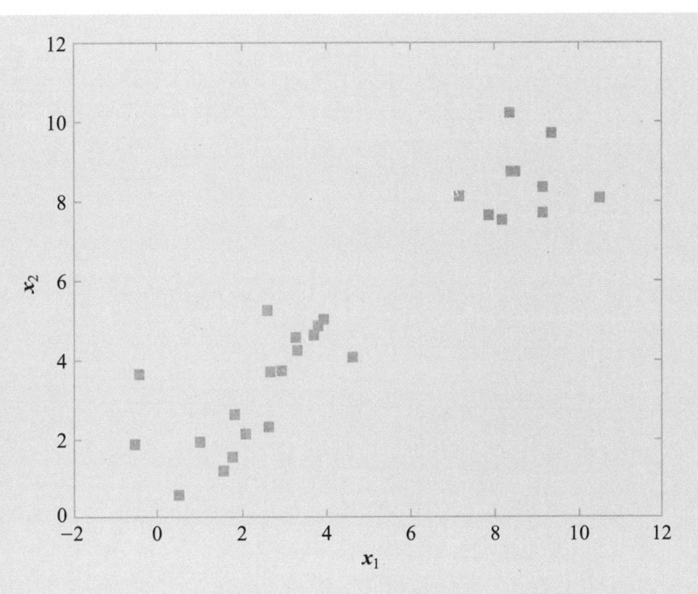

图 2.24 样本点分布图

表 2.2 聚类样本数据

x_1	x_2	x_1	x_2
-0.520 0	1.853 9	10.537 4	8.065 0
2.584 9	2.248 1	9.140 1	7.707 2
0.991 9	1.923 4	7.137 2	8.082 8
2.944 3	3.738 2	8.545 8	8.766 2
-0.424 0	3.622 0	8.347 9	10.236 8
1.776 2	2.626 4	9.103 3	8.326 9
2.058 1	2.091 8	3.779 4	4.863 3
1.575 4	1.192 4	3.721 0	4.679 4
1.797 1	1.538 7	3.266 3	4.554 8
0.486 9	0.594 0	3.935 5	5.001 6
7.873 6	7.625 5	2.556 0	5.259 4
8.185 0	7.529 1	4.612 3	4.044 2
9.366 6	9.751 3	2.676 5	3.685 9
8.413 9	8.753 2	3.338 4	4.226 7

22. 给定下面的 10 个样本：

$$\boldsymbol{x}_1=[1,0]^{\mathrm{T}},\boldsymbol{x}_2=[1,2]^{\mathrm{T}},\boldsymbol{x}_3=[0,1]^{\mathrm{T}}$$

$$x_4=[1,3]^T, x_5=[2,3]^T, x_6=[3,1]^T$$

$$x_7=[3,3]^T, x_8=[3,4]^T, x_9=[4,4]^T, x_{10}=[4,3]^T$$

采用 $k=2$,距离为欧氏距离。两类别的聚类中心分别为 x_5 和 x_7,请使用 K-medoids 聚类算法给出下一次迭代的详细步骤。

23. 给定具有离散属性的样本如下:

$$x_1=[1,1,1,1]^T, x_2=[1,0,1,1]^T, x_3=[1,1,0,1]^T$$

$$x_4=[0,0,0,0]^T, x_5=[1,0,0,0]^T, x_6=[0,0,1,0]^T, x_7=[0,1,0,0]^T$$

采用 $k=2$,距离为汉明距离。假设当前两类别的聚类中心分别为 $[0,0,0,0]^T$ 和 $[1,1,1,1]^T$,请使用 K-modes 聚类算法给出下一次迭代的详细步骤。

24. 已知:存在样本序列 $y_1, y_2, \cdots, y_m, m \geqslant 3$,使得从 y_1 出发密度可达 y_m。求证:从 y_{m-1} 出发密度可达 y_1。

25. 给定一组数据:

$$x_1=[0,0]^T, x_2=[0,1]^T, x_3=[1,0]^T, x_4=[2,1]^T$$

$$x_5=[0,-2]^T, x_6=[3,-2]^T, x_7=[4,0]^T, x_8=[4,-1]^T$$

采用欧氏距离,设置距离阈值为 1.5,分别求取各数据点的局部密度值 ρ_i,以及各点与更高密度值数据的距离 δ_i。

26. 判断图 2.25 中 P 点是否为核心点,若是,说出图中其核心距离与其余点 1 至点 6 的可达距离。(假设 $\tau=3$, ϵ 为邻域半径,采用欧氏距离计算。)

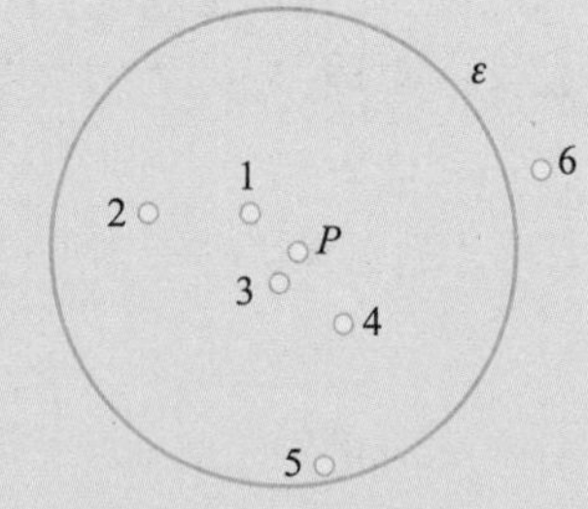

图 2.25 习题 26 核心点与其他样本点分布图

27. 假设邻域半径 $\epsilon=2$, $\tau=4$,已知存在点:

$$x_1=[2,3]^T, x_2=[2,4]^T, x_3=[1,4]^T, x_4=[1,3]^T$$

$$x_5=[2,2]^T, x_6=[3,2]^T, x_7=[8,7]^T, x_8=[8,6]^T$$

$$x_9=[7,7]^T, x_{10}=[7,6]^T, x_{11}=[8,5]^T, x_{12}=[100,2]^T$$

$$x_{13}=[8,20]^T, x_{14}=[8,19]^T, x_{15}=[7,18]^T, x_{16}=[7,17]^T, x_{17}=[8,21]^T$$

试用 OPTICS 聚类算法逐步分析,得到结果序列,并判断当 $\epsilon=1.5$、$\tau=4$ 时,聚类的结果。(可采用计算机编程实现。)

28. 已知样本数据集为:$S=\{[1,2]^T, [2,5]^T, [8,7]^T, [3,6]^T, [8,8]^T, [7,3]^T, [4,5]^T\}$,假设 $\epsilon=inf$, $\tau=2$,请使用 OPTICS 聚类算法绘制可达距离图。(可达距离为纵轴,样本点输出次序为横轴。可采用计算机编程实现。)

29. 在谱聚类中,将关系图 $\mathcal{G}$ 分割成两个子图 A 和 B,令 $\mathcal{C}_i$ 表示第 i 个顶点(样本)的类标签,且

$$\mathcal{C}_i=\begin{cases}1, \text{如果 } \boldsymbol{x}_i\in A\\ -1, \text{如果 } \boldsymbol{x}_i\in B\end{cases}$$

假设 $1,2,3\in A$,$4,5\in B$,求图 2.26 中带权无向图的切割边权重 $J(f)$。

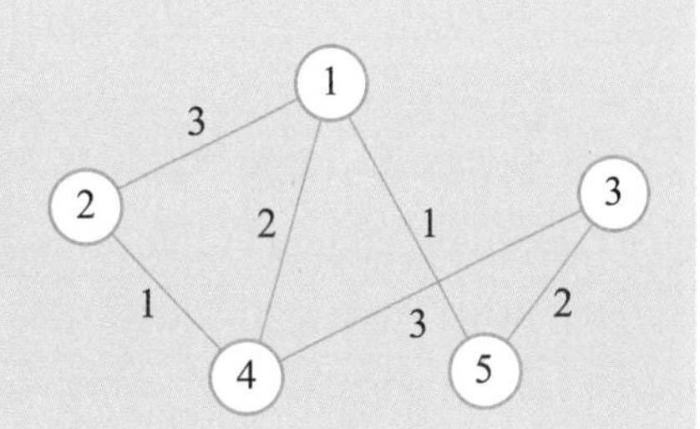

图 2.26 五个顶点的带权无向图

30. 在谱聚类中,某带权无向图对应的矩阵为

$$\boldsymbol{A}=\begin{pmatrix}0&1&3&0&0\\1&0&0&1&0\\3&0&0&2&0\\0&1&2&0&1\\0&0&0&1&0\end{pmatrix}$$

(1) 求其度矩阵和拉普拉斯矩阵;

(2) 根据 Ncut 聚类算法,求其二分类结果。

31. 给定如下 8 个样本点

$$\boldsymbol{x}_1=\begin{bmatrix}-2\\0\end{bmatrix},\quad \boldsymbol{x}_2=\begin{bmatrix}-1\\0\end{bmatrix},\quad \boldsymbol{x}_3=\begin{bmatrix}0\\0\end{bmatrix},\quad \boldsymbol{x}_4=\begin{bmatrix}-2\\-1\end{bmatrix}$$

$$\boldsymbol{x}_5=\begin{bmatrix}-1\\-1\end{bmatrix},\quad \boldsymbol{x}_6=\begin{bmatrix}3\\1\end{bmatrix},\quad \boldsymbol{x}_7=\begin{bmatrix}3\\2\end{bmatrix},\quad \boldsymbol{x}_8=\begin{bmatrix}4\\1\end{bmatrix}$$

用 AP 聚类算法(参考度采用相似性的最小值)求出聚类中心点。

32. 假设有如下数据集:(1, 2), (1, 3), (2, 2), (2, 3), (3, 2), (2, 1), (3, 4), (4, 3), (4, 4), (5, 3), (5, 4), (5, 5),截断距离为 1.5,使用密度峰值聚类算法 DPCA 将其聚类,请给出簇的中心和样本点属于哪个簇的信息。

第 2 章习题解答

参考文献

[1] GUHA S,RASTOGI R,SHIM K. CURE: an efficient clustering algorithm for large databases [C]//The ACM Special Interest Group on Management of Data Record,1998,27(2):73-84.

[2] CRAW S. Manhattan distance[M]//Encyclopedia of machine learning and data mining. 2nd ed. Boston: Springer,2017: 790-791.

[3] DANIELSSON P E. Euclidean distance mapping[J]. Computer graphics and image processing,1980,14(3): 227-248.

[4] ICHINO M, YAGUCHI H. Generalized Minkowski metrics for mixed feature-type data analysis[J]. IEEE transactions on systems, man, and cybernetics, 1994, 24(4): 698-708.

[5] HAMMING R W. Error detecting and error correcting codes[J]. The bell system technical journal, 1950, 29(2): 147-160.

[6] BOUTTIER J, DI FRANCESCO P, GUITTER E. Geodesic distance in planar graphs[J]. Nuclear physics B, 2003, 663(3): 535-567.

[7] SALTON G, MCGILL M J. Introduction to modern information retrieval[M]. London: Facet Publishing, 2010.

[8] HALKIDI M, BATISTAKIS Y, VAZIRGIANNIS M. On clustering validation techniques[J]. Journal of intelligent information systems, 2001, 17(2): 107-145.

[9] DAVIES D L, BOULDIN D W. A cluster separation measure[J]. IEEE transactions on pattern analysis and machine intelligence, 1979, PAMI-1(2): 224-227.

[10] DUNN J C. Well-separated clusters and optimal fuzzy partitions[J]. Journal of cybernetics, 1974, 4(1): 95-104.

[11] ROUSSEEUW P J. Silhouettes: a graphical aid to the interpretation and validation of cluster analysis[J]. Journal of computational and applied mathematics, 1987, 20: 53-65.

[12] MANNING C D, RAGHAVAN P, SCHÜTZE H. Introduction to information retrieval[M]. Cambridge: Cambridge University Press, 2008.

[13] RAND W M. Objective criteria for the evaluation of clustering methods[J]. Journal of the American statistical association, 1971, 66(336): 846-850.

[14] ZHANG E, ZHANG Y. F-Measure[M]//Encyclopedia of database systems. Boston: Springer, 2009: 1147-1147.

[15] JACCARD P. The distribution of the flora in the alpine zone[J]. New phytologist, 1912, 11(2): 37-50.

[16] DICE L R. Measures of the amount of ecologic association between species[J]. Ecology, 1945, 26(3): 297-302.

[17] FOWLKES E B, MALLOWS C L. A method for comparing two hierarchical clusterings[J]. Journal of the American statistical association, 1983, 78(383): 553-569.

[18] ROKACH L, MAIMON O. Clustering methods[M]//Data mining and knowledge discovery handbook. Boston: Springer, 2005: 321-352.

[19] ZHANG T, RAMAKRISHNAN R, LIVNY M. BIRCH: an efficient data clustering method for very large databases[C]//The ACM Special Interest Group on Management of Data Record, 1996, 25(2): 103-114.

[20] KARYPIS G, HAN E H, KUMAR V. Chameleon: hierarchical clustering using dynamic modeling[J]. Computer, 1999, 32(8): 68-75.

[21] MACQUEEN J. Some methods for classification and analysis of multivariate observations [C]//Berkeley Symposium on Mathematical Statistics and Probability, 1967, 1(14): 281-297.

[22] DEMPSTER A P, LAIRD N M, RUBIN D B. Maximum likelihood from incomplete data via the EM algorithm[J]. Journal of the royal statistical society: series B (methodological), 1977, 39(1): 1-22.

[23] CHEN X, PENG H, HU J. K-medoids substitution clustering method and a new clustering validity index method[C]//IEEE World Congress on Intelligent Control and Automation, 2006: 5896-5900.

[24] HUANG Z. Extensions to the k-means algorithm for clustering large data sets with categorical values[J]. Data mining and knowledge discovery, 1998, 2(3): 283-304.

[25] FUKUNAGA K, HOSTETLER L. The estimation of the gradient of a density function, with applications in pattern recognition[J]. IEEE transactions on information theory, 1975, 21(1): 32-40.

[26] CHENG Y. Mean shift, mode seeking, and clustering[J]. IEEE transactions on pattern analysis and machine intelligence, 1995, 17(8): 790-799.

[27] ESTER M, KRIEGEL H P, SANDER J, et al. A density-based algorithm for discovering clusters in large spatial databases with noise[C]//International Conference on Knowledge Discovery and Data Mining, 1996, 96(34): 226-231.

[28] CAO F, ESTER M, QIAN W, et al. Density-based clustering over an evolving data stream with noise[C]//SIAM International Conference on Data Mining, 2006: 328-339.

[29] RODRIGUEZ A, LAIO A. Clustering by fast search and find of density peaks[J]. Science, 2014, 344(6191): 1492-1496.

[30] ANKERST M, BREUNIG M M, KRIEGEL H P, et al. OPTICS: ordering points to identify the clustering structure[C]//The ACM Special Interest Group on Management of Data Record, 1999, 28(2): 49-60.

[31] LIU J, HAN J. Spectral clustering[M]//Data clustering. Boca Raton: Chapman and Hall/CRC, 2018: 177-200.

[32] HAGEN L, KAHNG A B. New spectral methods for ratio cut partitioning and clustering[J]. IEEE transactions on computer aided design of integrated circuits and systems, 1992, 11(9): 1074-1085.

[33] SHI J, MALIK J. Normalized cuts and image segmentation[J]. IEEE transactions on pattern analysis and machine intelligence, 2000, 22(8): 888-905.

[34] FREY B J, DUECK D. Clustering by passing messages between data points[J]. Science, 2007, 315(5814): 972-976.

[35] ESTÉVEZ P A, TESMER M, PEREZ C A, et al. Normalized mutual information feature selection[J]. IEEE transactions on neural networks, 2009, 20(2): 189-201.

第3章

有监督统计学习

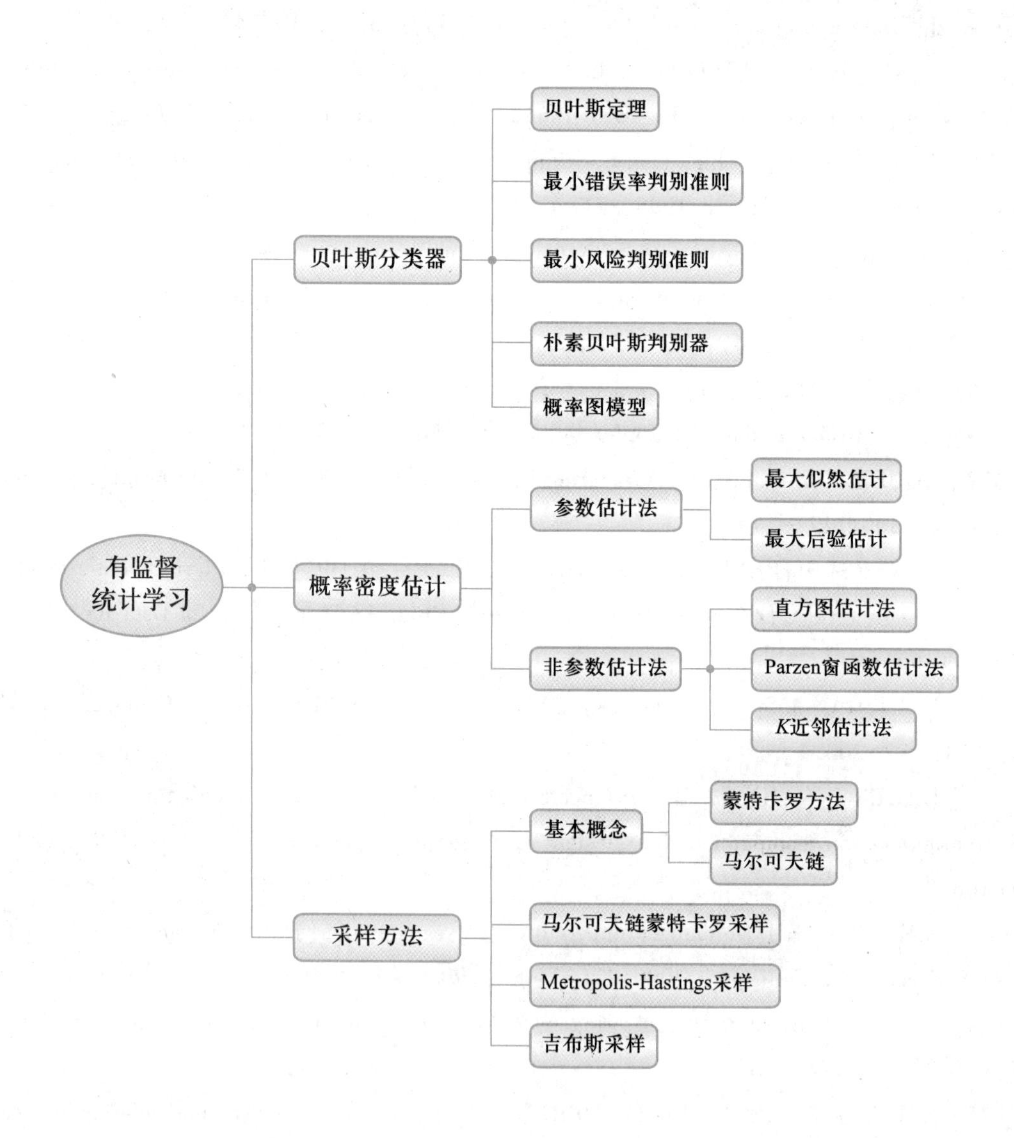

有监督统计学习
贝叶斯分类器
贝叶斯定理
最小错误率判别准则
最小风险判别准则
朴素贝叶斯判别器
概率图模型
概率密度估计
参数估计法
最大似然估计
最大后验估计
非参数估计法
直方图估计法
Parzen窗函数估计法
K近邻估计法
采样方法
基本概念
蒙特卡罗方法
马尔可夫链
马尔可夫链蒙特卡罗采样
Metropolis-Hastings采样
吉布斯采样

3.1 引　言

上一章讲解了如何在样本类别未知的情况下,通过聚类分析自动将数据划分为不同的簇。需要指出的是,这些方法仅能判断数据之间的相似度,无法给出每个簇具体的语义类别信息。然而,在实际生活中,常常希望机器学习能执行更加明确的判别任务。例如,给定部分标注好的“银杏叶”和“枫叶”图像,可以将这些树叶的颜色和形状作为观测特征,并结合树叶的标签训练判别模型,从而判断给定新的树叶样本是属于“银杏叶”还是“枫叶”。统计学习是处理此类问题的基本方法之一,即研究如何在样本类别已知的情况下,利用概率论及数理统计方法[1],分析样本特征与类别的概率分布特点,并学习判别模型。

第3章课件

3.2 贝叶斯分类器

3.2.1 贝叶斯定理

令 x 表示样本可观测的特征,令$\mathcal{C}_i$表示样本所属的第 i 个类别。贝叶斯定理[2]描述了上述两个随机变量中,任一变量已知的条件下,另一变量出现的条件概率,即

$$P(\mathcal{C}_i|x)=\frac{P(\mathcal{C}_i)p(x|\mathcal{C}_i)}{p(x)}=\frac{P(\mathcal{C}_i)p(x|\mathcal{C}_i)}{\sum_{i=1}^{n}p(x|\mathcal{C}_i)P(\mathcal{C}_i)} \tag{3.1}$$

其中,$P(\mathcal{C}_i)$表示全体样本中$\mathcal{C}_i$类出现的可能性,称为先验概率。$p(x|\mathcal{C}_i)$表示$\mathcal{C}_i$类的样本中,出现 x 的可能性,称为类条件概率密度(也称为似然)。$P(\mathcal{C}_i|x)$表示特征为 x 样本属于$\mathcal{C}_i$类的可能性,称为后验概率。$p(x)$表示全体样本中特征 x 出现的可能性,称为证据因子。n 表示类别的总数。

实际生活中,样本可观测的特征 x 容易获得,而其类别信息$\mathcal{C}_i$则难以收集。如体检人员的心率、血氧含量等数据可通过各种检测设备得到,但体检人员的健康状况必须由专业的医务人员进行诊断。在此情景下,可通过贝叶斯定理计算特定检测指标条件下,人员患病与否的后验概率,从而推断其患病或健康的可能性。需要指出的是,根据判别准则的不同,可能会从相同的后验概率推导出不同的判别结果。

例 3.1　已知在秋天的某校园中,银杏叶和枫叶的比例为 7 : 3,银杏叶为绿色的概率是

10%,枫叶为绿色的概率为5%,在校园中随机捡起一个树叶发现其颜色是绿色,问该树叶为银杏叶的概率是多少?

解:该问题可以表示为求解 $P(\mathcal{C}_i \mid x)$ 的问题。

设 $\mathcal{C}_1$ 为银杏叶,$\mathcal{C}_2$ 为枫叶,x 为绿色树叶。则由题可知 $P(\mathcal{C}_1)=0.7$,$P(\mathcal{C}_2)=0.3$,$P(x \mid \mathcal{C}_1)=0.1$,$P(x \mid \mathcal{C}_2)=0.05$,由贝叶斯公式可知,绿色树叶为银杏叶的概率 $P(\mathcal{C}_1 \mid x)$ 为

$$\begin{aligned}P(\mathcal{C}_1 \mid x) &= \frac{P(\mathcal{C}_1)p(x \mid \mathcal{C}_1)}{P(\mathcal{C}_1)p(x \mid \mathcal{C}_1)+P(\mathcal{C}_2)p(x \mid \mathcal{C}_2)} \\ &= \frac{0.7\times 0.1}{0.7\times 0.1+0.3\times 0.05} \\ &\approx 82.35\%\end{aligned}$$

3.2.2 最小错误率判别准则

最小错误率贝叶斯决策[3]的目标是令分类结果的后验概率最大化。以典型的二分类问题为例,给定任一个样本特征 x,当其关于不同类别的后验概率 $P(\mathcal{C}_1 \mid x)$ 和 $P(\mathcal{C}_2 \mid x)$ 已知时,对应的最小错误率贝叶斯决策[3]判别准则可表示为

(1) 当 $P(\mathcal{C}_1 \mid x)>P(\mathcal{C}_2 \mid x)$ $\quad x\in\mathcal{C}_1$

(2) 当 $P(\mathcal{C}_1 \mid x)<P(\mathcal{C}_2 \mid x)$ $\quad x\in\mathcal{C}_2$

然而,实际应用中,后验概率往往难以直接获得。此时,可通过贝叶斯定理,获得如下等价的最小错误率判别准则,即

(1) 若 $P(\mathcal{C}_i \mid x)=\max\limits_{j=1,2} P(\mathcal{C}_j \mid x)$,则 $x\in\mathcal{C}_i$。

(2) 若 $p(x \mid \mathcal{C}_i)P(\mathcal{C}_i)=\max\limits_{j=1,2} p(x \mid \mathcal{C}_j)P(\mathcal{C}_j)$,则 $x\in\mathcal{C}_i$。

(3) 若 $l(x)=\dfrac{p(x \mid \mathcal{C}_1)}{p(x \mid \mathcal{C}_2)}>\dfrac{P(\mathcal{C}_2)}{P(\mathcal{C}_1)}=\tau$,则 $x\in\mathcal{C}_1$。反之亦然。

(4) 设 $h(x)=-\ln l(x)=-\ln p(x \mid \mathcal{C}_1)+\ln p(x \mid \mathcal{C}_2)$,若 $h(x)<\ln\dfrac{P(\mathcal{C}_1)}{P(\mathcal{C}_2)}$,则 $x\in\mathcal{C}_1$,若 $h(x)>\ln\dfrac{P(\mathcal{C}_1)}{P(\mathcal{C}_2)}$,则 $x\in\mathcal{C}_2$。其中,$l(x)$ 被称为似然函数比,τ 被称为阈值或似然比,$h(x)$ 为似然函数比的负对数形式。

下面通过一个应用实例来讲解基于最小错误率判别准则的贝叶斯决策。

例 3.2 设在某地区老年人正常 $\mathcal{C}_1$ 和患阿尔兹海默病 $\mathcal{C}_2$ 的先验概率分别为:正常 $P(\mathcal{C}_1)=0.95$,患病 $P(\mathcal{C}_2)=0.05$。现有一待诊断的老年人,某诊断指标 x 已知,且是否患病的似然为

$$p(x \mid \mathcal{C}_1)=0.1 \quad p(x \mid \mathcal{C}_2)=0.8$$

试对该老年人是否患病进行分类。

解:利用贝叶斯公式,分别计算出 $\mathcal{C}_1$ 和 $\mathcal{C}_2$ 的后验概率

$$P(\mathcal{C}_1 \mid x) = \frac{p(x \mid \mathcal{C}_1)P(\mathcal{C}_1)}{\sum_{j=1}^{2} p(x \mid \mathcal{C}_j)P(\mathcal{C}_j)} = \frac{0.1 \times 0.95}{0.1 \times 0.95 + 0.8 \times 0.05} \approx 0.704$$

$$P(\mathcal{C}_2 \mid x) = 1 - P(\mathcal{C}_1 \mid x) \approx 0.296$$

根据贝叶斯最小错误率判别准则，因为

$$P(\mathcal{C}_1 \mid x) > P(\mathcal{C}_2 \mid x)$$

所以合理的决策是把老人归类为正常。

在图 3.1 中横坐标表示样本特征，纵坐标表示特征已知条件下类别出现的后验概率。图(a)中间的虚线表示最小错误率判别准则确定的决策界面。图(a) 左侧浅色阴影区域表示把$\mathcal{C}_2$类样本错分为$\mathcal{C}_1$的决策区域，右侧深色阴影区域表示把$\mathcal{C}_1$类样本决策为$\mathcal{C}_2$的决策区域。图(b)中间的虚线表示任意给定的决策界面。图(b) 相比图(a)，其阴影区域表示错误判别的区域有所不同。

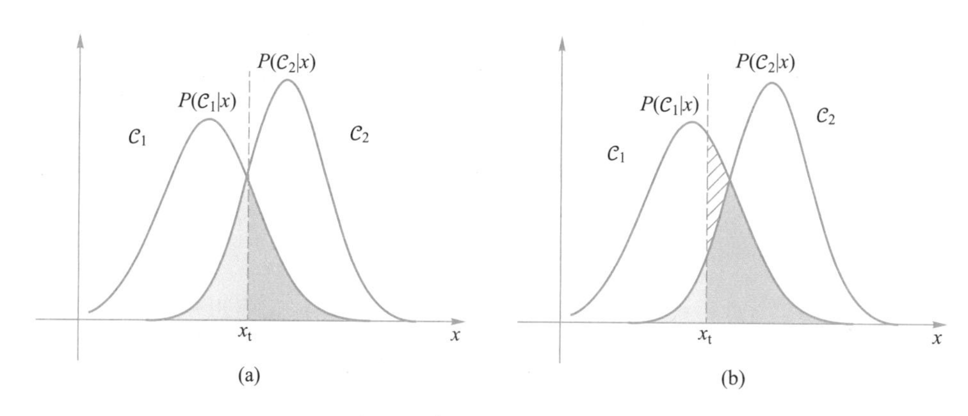

图 3.1 条件错误概率示意图

根据上述判别准则，可进一步分析其相应的误判概率。首先，将误判事件 e 表示为

$$e \overset{\text{def}}{=\!=} y \neq \mathcal{C}_i \tag{3.2}$$

其中，y 表示样本 x 真实的类别，$\mathcal{C}_i$表示基于最小错误率判别准则推断的类别。然后，误判事件 e 的全概率可表示为

$$P(e) = \int_{-\infty}^{\infty} p(e,x)\,\mathrm{d}x = \int_{-\infty}^{\infty} P(e \mid x) \cdot p(x)\,\mathrm{d}x \tag{3.3}$$

其中，$P(e \mid x)$为样本特征 x 已知条件下的条件错误率。$P(e \mid x)$与 $P(x)$均为 x 的函数，$P(e)$即为 $P(e \mid x)$的数学期望。

令 x_t 表示最小错误率判别准则的决策界面，且有 $P(\mathcal{C}_1 \mid x=x_t) = P(\mathcal{C}_2 \mid x=x_t)$。如图 3.1 (a)所示，其中左侧和右侧曲线分别表示 $P(\mathcal{C}_1 \mid x)$和 $P(\mathcal{C}_2 \mid x)$。当 $x<x_t$ 时，样本将被判定为$\mathcal{C}_1$类。而当$x>x_t$时，样本将被判定为$\mathcal{C}_2$类。易见，决策界面左侧的浅色阴影区域会将$\mathcal{C}_2$类的样本误判为$\mathcal{C}_1$类。同时，决策界面右侧的深色阴影区域会将$\mathcal{C}_1$类的样本误判为$\mathcal{C}_2$类。综上，在二分类问题中，x 的条件错误概率即可表示为

$$p(e \mid x)=\begin{cases}P(\mathcal{C}_1 \mid x) & 当\ P(\mathcal{C}_2 \mid x)>P(\mathcal{C}_1 \mid x)时 \\ P(\mathcal{C}_2 \mid x) & 当\ P(\mathcal{C}_1 \mid x)>P(\mathcal{C}_2 \mid x)时\end{cases} \tag{3.4}$$

此时,我们发现误判事件的全概率与图 3.1 (a)中决策界面左侧浅色区域和右侧深色区域有关,即 $P(e)$可进行如下展开

$$\begin{aligned} P(e) &= \int_{-\infty}^{\infty} P(e \mid x)p(x)\mathrm{d}x \\ &= \int_{-\infty}^{x_t} P(\mathcal{C}_2 \mid x)p(x)\mathrm{d}x + \int_{x_t}^{\infty} P(\mathcal{C}_1 \mid x)p(x)\mathrm{d}x \\ &= \int_{-\infty}^{x_t} p(x \mid \mathcal{C}_2)P(\mathcal{C}_2)\mathrm{d}x + \int_{x_t}^{\infty} p(x \mid \mathcal{C}_1)P(\mathcal{C}_1)\mathrm{d}x \\ &= P(\mathcal{C}_2)\int_{-\infty}^{x_t} p(x \mid \mathcal{C}_2)\mathrm{d}x + P(\mathcal{C}_1)\int_{x_t}^{\infty} p(x \mid \mathcal{C}_1)\mathrm{d}x \\ &= P(\mathcal{C}_2)\ P_2(e) + P(\mathcal{C}_1)\ P_1(e) \end{aligned} \tag{3.5}$$

此外,图 3.1(b)进一步展示了任意给定决策界面情况下误判区域的变化。可以看到,当 $P(\mathcal{C}_1 \mid x_t) \neq P(\mathcal{C}_2 \mid x_t)$时,$P(e)$将包含决策界面左侧浅色阴影区域、右侧深色阴影区域,以及右侧条纹区域。其误判区域面积之和显然将大于图 3.1 (a)中所示的误判区域面积。也就是说,任意非最小错误率判别准则确定的决策界面都会增加误判概率。大家可以尝试推导一下错误率 $P(e)$。

3.2.3 最小风险判别准则

首先举一个例子。当进行疾病早期筛查时,将健康受试者判定为患病的损失较小,因为受试者还可通过更详细地复查来修正错误,而如果将患病受试者判定为健康,则极有可能使病人错过最佳治疗时机,因此,这类误判带来的损失更高[3]。故判别中不仅需要考虑错分问题,还要考虑错分所带来的风险(或损失)。很多实际问题中的损失并不是一个简单的是与非的问题,而是某些误判的风险高,但另一些误判的风险却低。

假设模式空间中存在 n 个类别$\{\mathcal{C}_i\}_{1\leqslant i\leqslant n}$,决策空间有 m 个决策$\{\alpha_j\}_{1\leqslant j\leqslant m}$。通常情况下,决策空间不仅包括 n 个类别的决策,还包括对无法判别区域以及属于多类空间的决策。为了方便理解,本章采用决策空间和类别空间一致的简化模式,即决策α_i 指定为将样本判定为$\mathcal{C}_i$。对一个实属$\mathcal{C}_i$类的模式采用了决策α_j 所造成的损失记为:$\rho_{ij} \xlongequal{\text{def}} \rho(\alpha_j \mid \mathcal{C}_i)$。于是可获得定义在$\{\mathcal{C}_i\}_{1\leqslant i\leqslant n}\times\{\alpha_j\}_{1\leqslant j\leqslant m}$上的二元损失函数,如表 3.1 所示。

表 3.1 二元损失函数表

	$\mathcal{C}_1$	$\mathcal{C}_2$	…	$\mathcal{C}_n$
α_1	ρ_{11}	ρ_{21}	…	ρ_{n1}
α_2	ρ_{12}	ρ_{22}	…	ρ_{n2}
…				
α_n	ρ_{1n}	ρ_{2n}	…	ρ_{nn}

某一个测试样本 x 在决策α_j 的判别条件下,损失的期望可表示为

$$R_j(x) = R(\alpha_j \mid x) = \sum_{i=1}^{n} \rho_{ij} P(\mathcal{C}_i \mid x) \xlongequal{\text{def}} \mathbb{E}[\rho_{ij} \mid x] \quad (j = 1,2,\cdots,m) \tag{3.6}$$

可以看出,当 x 属于第 i 类的概率较大,且将第 i 类判别为第 j 类的损失也很大时,该损失的期望也较大。此处称该损失为条件平均损失或条件平均风险。根据贝叶斯公式,上式可进一步写为

$$\begin{aligned} R_j(x) &= \frac{\sum_{i=1}^{n} \rho_{ij}\, p(x \mid \mathcal{C}_i) P(\mathcal{C}_i)}{p(x)} \\ &= \frac{\sum_{i=1}^{n} \rho_{ij}\, p(x \mid \mathcal{C}_i) P(\mathcal{C}_i)}{\sum_{i=1}^{n} p(x \mid \mathcal{C}_i) P(\mathcal{C}_i)} \end{aligned} \tag{3.7}$$

上述为单个样本的条件平均损失。进一步考虑所有样本的平均损失,也就是$R_j(x)$关于 x 的期望

$$\begin{aligned} R &= \int_\Omega R_j(x) p(x) \mathrm{d}x \\ &= \int_\Omega \sum_{i=1}^{n} \rho_{ij}\, p(x \mid \mathcal{C}_i) P(\mathcal{C}_i) \mathrm{d}x \\ &= \sum_{i=1}^{n} \int_\Omega \rho_{ij}\, p(x \mid \mathcal{C}_i) P(\mathcal{C}_i) \mathrm{d}x \\ &= \sum_{i=1}^{n} P(\mathcal{C}_i)\ \mathbb{E}_i\{\rho[\alpha_j(x) \mid \mathcal{C}_i]\} = \mathbb{E}\{\rho[\alpha_j(x)]\} \end{aligned} \tag{3.8}$$

根据上述定义,基于最小风险判别准则的贝叶斯决策[3]即可表示为

$$x \in \mathcal{C}_j, \text{如果} R_j(x) = \min_i [R_i(x)] \tag{3.9}$$

以二分类问题为例,第一类和第二类的误判损失可表示为

$$\begin{aligned} R_1(x) &= \frac{\rho_{11} p(x \mid \mathcal{C}_1) P(\mathcal{C}_1) + \rho_{21} p(x \mid \mathcal{C}_2) P(\mathcal{C}_2)}{p(x)} \\ R_2(x) &= \frac{\rho_{12} p(x \mid \mathcal{C}_1) P(\mathcal{C}_1) + \rho_{22} p(x \mid \mathcal{C}_2) P(\mathcal{C}_2)}{p(x)} \end{aligned} \tag{3.10}$$

相应的判别准则如下

$$\text{如果 } R_2(x) \gtreqless R_1(x),\ \text{则 } x \in \begin{cases} \mathcal{C}_1 \\ \mathcal{C}_2 \end{cases}$$

即

$$\frac{\rho_{12} p(x \mid \mathcal{C}_1) P(\mathcal{C}_1) + \rho_{22} p(x \mid \mathcal{C}_2) P(\mathcal{C}_2)}{\rho_{11} p(x \mid \mathcal{C}_1) P(\mathcal{C}_1) + \rho_{21} p(x \mid \mathcal{C}_2) P(\mathcal{C}_2)} \gtreqless 1 \tag{3.11}$$

经整理得

$$(\rho_{12}-\rho_{11})p(x\mid\mathcal{C}_1)P(\mathcal{C}_1)\gtrless(\rho_{21}-\rho_{22})p(x\mid\mathcal{C}_2)P(\mathcal{C}_2) \tag{3.12}$$

进一步考虑似然比形式,最小风险判别准则下的似然比形式为

$$\text{如果}\quad \frac{p(x\mid\mathcal{C}_1)}{p(x\mid\mathcal{C}_2)}\gtrless\frac{P(\mathcal{C}_2)(\rho_{21}-\rho_{22})}{P(\mathcal{C}_1)(\rho_{12}-\rho_{11})},\quad \text{则判 } x\in\begin{cases}\mathcal{C}_1\\ \mathcal{C}_2\end{cases}$$

设$l_{12}(x)=\dfrac{p(x\mid\mathcal{C}_1)}{p(x\mid\mathcal{C}_2)}$,阈值为$\tau_{12}=\dfrac{P(\mathcal{C}_2)(\rho_{21}-\rho_{22})}{P(\mathcal{C}_1)(\rho_{12}-\rho_{11})}$,判别准则变为

$$\text{如果}l_{12}(x)\gtrless\tau_{12},\text{则判 } x\in\begin{cases}\mathcal{C}_1\\ \mathcal{C}_2\end{cases}$$

与最小错误率判别准则进行对比发现,最小风险判别准则似然比形式不变,阈值则由$\tau_{12}=\dfrac{P(\mathcal{C}_2)}{P(\mathcal{C}_1)}$变为$\tau_{12}=\dfrac{P(\mathcal{C}_2)(\rho_{21}-\rho_{22})}{P(\mathcal{C}_1)(\rho_{12}-\rho_{11})}$。因此,最小风险判别准则是对最小错误率判别准则阈值的尺度放缩,放缩尺度由误判损失决定。注意到,当设置误判损失为0-1损失时,即

$$\rho_{ij}=\begin{cases}0 & i=j\\ 1 & i\neq j\end{cases} \tag{3.13}$$

此时的最小风险判别准则与最小错误率判别准则等价。

同样地,下面通过一个应用实例来展示不同判别准则下贝叶斯决策的异同。

例 3.3 同例 3.2,设在某地区老年人正常$\mathcal{C}_1$和患阿尔兹海默病$\mathcal{C}_2$的先验概率分别为:正常$P(\mathcal{C}_1)=0.95$,患病$P(\mathcal{C}_2)=0.05$。现有一待诊断的老年人,某诊断指标x已知,且是否患病的似然为

$$p(x\mid\mathcal{C}_1)=0.1\quad p(x\mid\mathcal{C}_2)=0.8$$

如果将是否误判的损失取为$\rho_{11}=0,\rho_{12}=1,\rho_{21}=10,\rho_{22}=0$,试用最小风险判别准则判断该老年人是否患病。

解: 首先,由贝叶斯定理,可以分别计算该指标下正常$\mathcal{C}_1$和患病$\mathcal{C}_2$的后验概率,即

$$P(\mathcal{C}_1\mid x)=\frac{p(x\mid\mathcal{C}_1)P(\mathcal{C}_1)}{\sum_{i=1}^{2}p(x\mid\mathcal{C}_i)P(\mathcal{C}_i)}=\frac{0.1\times0.95}{0.1\times0.95+0.8\times0.05}\approx0.704$$

$$P(\mathcal{C}_2\mid x)=1-P(\mathcal{C}_1\mid x)\approx0.296$$

根据最小错误率判别准则,可判决当前患者属于正常类别,即$x\in\mathcal{C}_1$。如果考虑不同类别的损失差异时,需要计算每个类别的条件风险,即

$$R(\alpha_1\mid x)=\sum_{i=1}^{2}\rho_{i1}P(\mathcal{C}_i\mid x)=\rho_{21}P(\mathcal{C}_2\mid x)\approx2.96$$

$$R(\alpha_2\mid x)=\sum_{i=1}^{2}\rho_{i2}P(\mathcal{C}_i\mid x)=\rho_{12}P(\mathcal{C}_1\mid x)\approx0.704$$

此时可得$R(\alpha_1\mid x)>R(\alpha_2\mid x)$。故$x\in\mathcal{C}_2$。另外,当采用似然比形式时可得

$$l_{12}=\frac{p(x\mid \mathcal{C}_1)}{p(x\mid \mathcal{C}_2)}=\frac{0.1}{0.8}=0.125$$

$$\tau_{12}=\frac{P(\mathcal{C}_2)(\rho_{21}-\rho_{22})}{P(\mathcal{C}_1)(\rho_{12}-\rho_{11})}=\frac{0.05\times 10}{0.95\times 1}\approx 0.526$$

$$l_{12}<\tau_{12}$$

根据最小风险判别准则,可判决当前患者属于患病类别,即 $x\in\mathcal{C}_2$。可以看出,当根据最小风险判别准则判决时,ρ_{21}取值较大,因此判决结果与采用最小错误率判别准则时判决出的结果相反。

3.2.4 朴素贝叶斯判别器

实际应用中,难以依赖单一的观测变量实现精准判别。因此,样本特征往往是多重观测变量构成的高维向量。下面,以 $\boldsymbol{x}=[x_1,\cdots,x_d]^{\mathrm{T}}$表示 d 维的观测特征。此时,贝叶斯定理中的似然 $P(\boldsymbol{x}\mid \mathcal{C}_i)$即表示 d 维观测变量的联合条件概率。显然,$P(\boldsymbol{x}\mid \mathcal{C}_i)$难以从有限训练样本中,通过统计 d 维观测变量所有组合的出现频率获得(高维变量取值的所有组合数远高于训练样本数)。为了简化该联合条件概率的估计,朴素贝叶斯分类器[4]对不同维度的观测变量采用了条件独立性假设,从而将多维观测变量下的贝叶斯定理简化为如下形式

$$P(y\mid x_1,\cdots,x_d)=\frac{P(y)P(x_1,\cdots,x_d\mid y)}{P(x_1,\cdots,x_d)} \tag{3.14}$$

使用朴素的条件独立性假设

$$P(x_i\mid y,x_1,\cdots,x_{i-1},x_{i+1},\cdots,x_d)=P(x_i\mid y) \tag{3.15}$$

对所有的 i,这种关系可以简化为

$$P(y\mid x_1,\cdots,x_d)=\frac{P(y)\prod_{i=1}^{d}P(x_i\mid y)}{P(x_1,\cdots,x_d)} \tag{3.16}$$

由于 $P(x_1,\cdots,x_d)$是给定输入的常数,可以使用以下分类规则

$$P(y\mid x_1,\cdots,x_d)\propto P(y)\prod_{i=1}^{d}P(x_i\mid y)$$

$$\Rightarrow \hat{y}=\underset{y}{\operatorname{argmax}}\,P(y)\prod_{i=1}^{d}P(x_i\mid y) \tag{3.17}$$

其中,$P(y)$以及 $P(x_i\mid y)$均可通过训练样本中$\mathcal{C}_i$类别样本的出现频率,及$\mathcal{C}_i$类别样本中第 i 维观测变量 x_i 的出现频率进行估计。

需要指出的是,若 x_i 可能取值较多,则有限的训练样本中极易出现 x_i 的某个取值从未出现的情况,并将其概率估计为 0。这将会导致将所有观测变量联合概率错误地估计为 0,即 $\prod_{i=1}^{n}P(x_i\mid y)=0$。通常情况下,在样本出现频率统计时引入平滑项可有效避免上述情况,具体方法如下

$$P(x_i \mid y)=\frac{N_i+\alpha}{n+\alpha d} \tag{3.18}$$

其中,n 表示类别为 y 的样本个数,N_i 为特征取值为 x_i 的样本数量,d 表示特征维度,$\alpha(>0)$是平滑参数,当 $0<\alpha<1$ 时,平滑度低,此时称为 Lidstone 平滑;当$\alpha\geqslant 1$时,平滑度高,此时称为 Laplace 平滑。

3.2.5 概率图模型

在实际应用中,多维变量之间难以满足朴素贝叶斯判别器所要求的条件独立性假设,此时对变量之间的依赖关系进行建模更有利于从数据中挖掘关键信息。直接相关的两个变量之间的依赖关系一般通过条件概率来表示,多个变量之间的概率关系可以分解为条件概率的相加或相乘。因此,复杂的概率模型可以用各变量的概率和变量间的一系列代数操作来表示。一种有效的表达方式就是“图”。图模型在表示变量之间的关系方面有优势,将其与概率模型相结合能够有效表示各变量之间的概率关系,也就是本节所要介绍的概率图模型[3]。

概率图模型的优势是表达清晰,能够针对复杂的概率模型提供简单直观的可视化结构,有利于分析模型内部的相互关系,判断条件独立性,便于针对特定目标设计新模型。同时,概率图模型中各个变量节点之间的计算过程通过图形操作来表示。通常情况下,一个概率图模型包含节点和边两种成分,节点代表一个或一组随机变量,边将各个节点连接在一起,代表变量之间的概率关系。通过概率图模型可以将所有变量组成的联合分布分解到相关的子集上,从而得到具体变量对最终分布的影响方式。例如,在图 3.2 中,三个变量 A、B、C 之间的关系为 $P(C)=P(C\mid B)P(B)=P(C\mid B)P(B\mid A)P(A)$,其中 $P(B\mid A)=0.5$,$P(C\mid B)=0.6$。

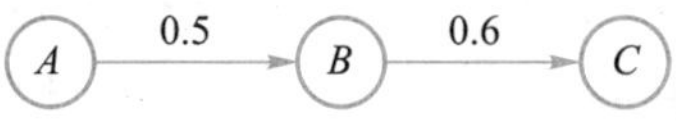

图 3.2 概率图模型简单示例

本节重点介绍两种概率图模型,分别为有向图模型的贝叶斯网络和无向图模型的马尔可夫网络。贝叶斯网络所对应的有向图模型中,节点之间的边具有特定的指向性,有利于表达随机变量之间的因果关系。马尔可夫网络所对应的无向图模型中,节点之间的边是没有方向的,通常表示随机变量之间的相互依赖关系。

一、有向图模型——贝叶斯网络

贝叶斯网络[14]是概率图模型的其中一种,主要针对的是有向无环图,简单来说,就是将一系列随机变量之间的关系通过图的结构表示出来。具体地,图中的每一个节点表示一个随机变量,而随机变量之间的条件概率关系用图模型的边来表示。若存在一条节点 A 指向节点 B 的边,则称 A 为 B 的父节点,B 为 A 的子节点。A 可以影响 B 的取值。例如,如图 3.3 所示,现在有一组随机变量$\{A,B,C,D\}$。A 是 B、C、D 的父节点,给定父节点的值,任何无直接连接的两节点都是条件独立的。例如给定 A,那么 B 和 C 是条件独立的,B 和 D 也是条件独立的。因此,可以用一系列的条件概率的乘积表示变量整体的联合分布 $P(A,B,C,D)$,即

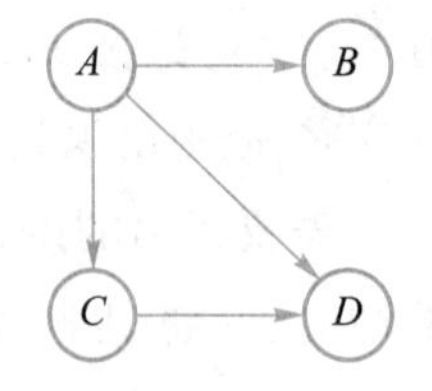

图 3.3 四个节点的有向无环图示例

$$P(A,B,C,D)=P(A)\cdot P(B|A)\cdot P(C|A)\cdot P(D|A,C) \tag{3.19}$$

总的来说,贝叶斯网络可以表示为一组相互作用的随机变量的联合概率的分解形式。具体来说,对于一组事件$\{X_1,...,X_n\}$,其联合概率满足

$$P(X_1,\cdots,X_n)=\prod_{i=1}^{n}P[pa(X_i)]P[X_i|pa(X_i)] \tag{3.20}$$

其中,$pa(X_i)$是节点X_i的父节点集(即指向X_i的所有其他节点,例如图3.3中D的父节点为A和C)。

为了更直观地说明情况,下面用例子介绍一个简单的贝叶斯网络结构。例如,如图3.4所示,有向概率图共有5个节点和5条边。暴雨A_1是初始原因节点,即父节点,在暴雨A_1发生的时候,会提高农田毁坏A_2和道路堵塞A_3的发生概率,然后农田毁坏A_2和道路堵塞A_3都会导致蔬菜涨价A_4的发生,并且如果道路堵塞A_3严重的话会同时导致出行困难A_5的发生。

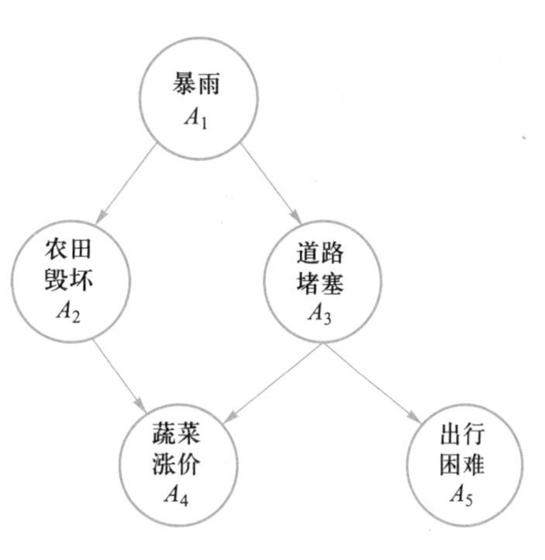

图3.4 简单的贝叶斯网络模型

贝叶斯网络的边可以用来表示节点间的依赖关系。如果两个节点之间有边连接则表示它们之间有依赖关系;反之,若两个节点之间没有直接的连接或者间接的有向连通路径,则表示它们之间没有依赖关系或者说相互独立。节点之间的相互独立可以大幅简化贝叶斯网络的结构,进而显著降低网络的计算复杂度。由图3.4可以看出,节点之间的连通路径可以不止一条。比如,我们认为暴雨A_1可能会导致蔬菜涨价A_4,而导致蔬菜涨价A_4的直接原因可能是农田毁坏A_2或者是道路堵塞A_3。值得一提的是,我们说一个父节点对子节点的影响都是采用概率表述,而不认为是必然事件。因此,图中边强度的描述可以采用条件概率表。子节点在多个父节点不同组合取值条件下,取不同值的概率就构成了该节点的条件概率表。

下面举例说明这里的条件概率表,如果将暴雨A_1当作一个原因节点,那么农田毁坏A_2的条件概率该如何表示呢?例如,当暴雨A_1的概率等于1时,即已知暴雨一定发生,那么农田毁坏A_2发生的概率是0.8,农田毁坏A_2不会发生的概率是0.2。当暴雨不发生的时候,农田毁坏A_2发生的概率是0.1,农田毁坏A_2不会发生的概率是0.9。如果有不止一个父节点的话,例如A_2、A_3都是A_4的父节点,当农田毁坏A_2和道路堵塞A_3取不同的值的组合时,得到的蔬菜涨价A_4发生的概率是不同的。上述各种可能的条件概率可以汇总成表,也就是概率表。在贝叶斯网络的应用中,可以根据A_1推出A_3、A_4的取值,也可以根据A_3、A_4推出A_1的取值。

可以看出,贝叶斯网络融合了图理论和贝叶斯原理,利用网络的节点关系,能够实现信息补全和因果推断,可以较好地处理不完整或噪声数据。因此,贝叶斯网络越来越多地受到研究者的关注。

二、无向图模型——马尔可夫网络

马尔可夫网络[12]，也被称为马尔可夫随机场，是一种无向图模型，包含图节点和边。每一个节点代表一个变量或一组变量，而边则用于连接不同的节点，代表因果关系，且该边为无方向边。马尔可夫随机场的底层图形可能是有限的或无限的。

与有向图的联合分布求解不同，马尔可夫网络由于是无向的，所以需要寻找无向图的一个分解规则。类似于有向图的联合分布，我们最终也是希望将联合概率分布 $P(\boldsymbol{x})$ 表示为在图的局部范围内的变量集合上定义的函数的乘积。比如

$$P(\boldsymbol{x})=\prod_{\boldsymbol{x}_M\in S}P_M(\boldsymbol{x}_M) \tag{3.21}$$

其中，S 为划分的 m 个局部变量集合，P_M为对应的概率相关的函数。这里将P_M看成一种人为设定的度量，表示实际应用中第 M 个划分因子的相应局部变量 $\boldsymbol{x}_M$出现的概率。

那么如何获取各项因子的乘积就成了关键。这里引入图的一个概念——团(clique)。马尔可夫网络中节点的一个子集定义为团，团中任意两个节点之间都是相互连接的。当一个团在加入一个新节点后，相互连接的条件不再成立，则称该团为极大团。显然，最简单的团就是两个节点以及连接它们的边。图 3.5 给出了团和极大团的示意图，上面的方框为其中一个最简单的团，而右下角的方框为一个极大团。

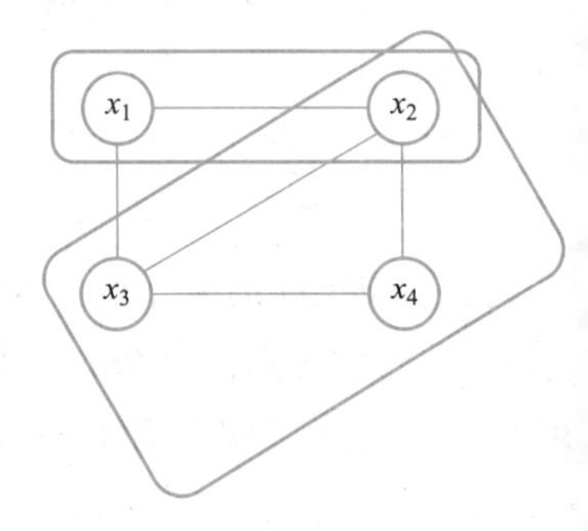

图 3.5 团和极大团的示意图

马尔可夫网络的联合概率分布如果要分解为乘积形式，则必须要将所有节点划分为互相独立的子集。因此，马尔可夫网络中多个变量的联合概率的各项因子为各个极大团的势函数。当各项因子为极大团时，因子项数最少，在实际应用中易于计算。另外，极大团可以更好地阻断其他团的路径，从而导致条件独立，更好地接近联合分布。

按照 $P(\boldsymbol{x})$的定义，要求$P_M(\boldsymbol{x}_M)$范围为 0 到 1，引入一个显式的归一化因子 z 和势函数ψ_M(potential function)。

$$P(\boldsymbol{x})=\frac{1}{z}\prod_{\boldsymbol{x}_M\in S}\psi_M(\boldsymbol{x}_M) \tag{3.22}$$

其中

$$z=\sum_{\boldsymbol{x}}\prod_{\boldsymbol{x}_M\in S}\psi_M(\boldsymbol{x}_M) \tag{3.23}$$

这里，z 被称为划分函数(partition function)，它是一个归一化常数，确保了给出的概率分布$P(\boldsymbol{x})$被正确地归一化。通过只考虑满足$\psi_M(\boldsymbol{x}_M)\geqslant 0$ 的势函数，使得 $P(\boldsymbol{x})\geqslant 0$。

由于势函数被限制为大于零，因此，可以进一步将势函数表示为指数形式，即

$$\psi_M(\boldsymbol{x}_M)=\exp\left[-E(\boldsymbol{x}_M)\right] \tag{3.24}$$

其中，$E(\boldsymbol{x}_M)$被称为能量函数(energy function)，指数表示被称作玻耳兹曼分布(Boltzmann distribution)。从式(3.22)可以看出联合概率分布可以表示为势函数的乘积,因此,考虑式(3.24),则对应于能量函数的求和,即总的能量函数对应于各极大团的能量之和。

不同于有向图,无向图中两个相连节点之间的边没有方向性,所以,节点之间没有明确的条件概率含义。因此,无向图的联合分布是通过团及其势函数表示,而势函数的设计具有很大的灵活性。现在通过一个具体的例子来说明马尔可夫网络。

可以使用二值的手写数字图像中去噪的例子来说明马尔可夫网络的应用。无噪声手写数字图像 $\boldsymbol{x}$ 与对应的带噪声手写数字图像 $\boldsymbol{y}$ 共同组成了一个马尔可夫网络,如图 3.6 所示。

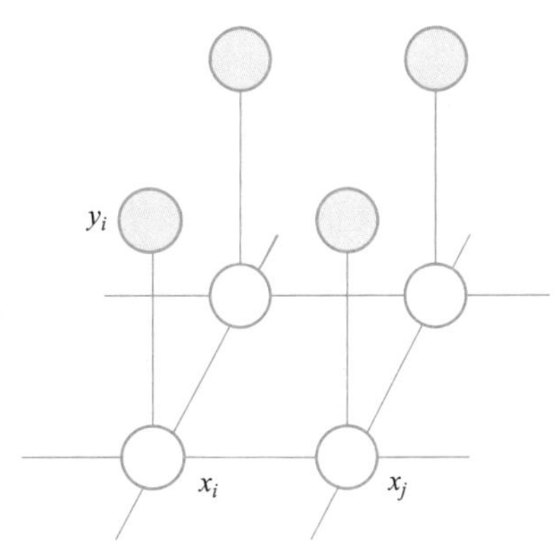

图 3.6 手写数字图像的去噪网络模型

图 3.6 所示的团块只有两种类型:形如 $\{x_i, y_i\}$ 和 $\{x_i, x_j\}$,其中 i 与 j 表示相邻像素的坐标。前者描述了两幅图像对应像素之间的关系,后者表示图像自身相邻像素的关系。回顾之前的内容,能量函数反映了局部配置的优劣。因此,这里将图像之间的团块能量函数设为 $-\alpha x_i y_i$ 和 $-\beta x_i x_j$,表示像素越一致,局部能量越低,也就是局部配置越好(这样的像素配置有较高的概率出现)。能量函数为

$$E(\boldsymbol{x},\boldsymbol{y}) = h\sum_i x_i - \beta\sum_i \sum_j x_i x_j - \alpha\sum_i x_i y_i \tag{3.25}$$

实际去噪过程中,已知噪声图像 $\boldsymbol{y}$,同时优化能量函数求解 $\boldsymbol{x}$。能量函数第三项在优化过程中倾向于对噪声图像 $\boldsymbol{y}$ 像素的重构,而第二项又需要维持相邻像素一致。通过超参数的设置可以达到去噪的效果。

3.3 概率密度估计

上一节主要介绍了基于离散值观测变量的贝叶斯分类器及其变体。然而,实际应用中,观测变量 x 往往为连续值。对于连续值观测变量 x,其可能的取值数量远大于训练样本数目。如通过样本 x 的出现频率来估计概率密度,容易错误地将未出现 x 值的概率密度估计为 0。为解决这一问题,本节将介绍两类代表性的概率密度估计方法。其中,第一类方法假设连续值变量 x 的概率分布形式 $p(x \mid \theta)$ 已知,但其参数 θ 未知。此时,只要正确估计出概率分布参数就可以唯一确定连续值变量的概率密度函数,如最大似然估计法[5]、最大后验估计法[6]。第二类方法假设连续值变量 x 的概率分布形式未知,并通过渐近逼近的 x 值频率统计估计其概率密度函数,如 Parzen 窗函数估计法[7]、K 近邻估计法[8]。

3.3.1 最大似然估计

一、概率密度函数

在概率论中，概率密度函数 $p(x)$ 描述了连续型随机变量 X 取得样本空间内特定值 x 的可能性。令 $F_X(x)=P(X\leqslant x)$ 表示随机变量 X 小于等于 x 的累积概率分布，则有

$$F_X(x)=\int_{-\infty}^{x}p(u)\,\mathrm{d}u \tag{3.26}$$

同时，概率密度函数在样本空间内的积分满足

$$\int_{-\infty}^{\infty}p(x)\,\mathrm{d}x=1 \tag{3.27}$$

当 X 的概率分布形式已知时，往往可以利用参数化的形式表示概率密度函数。假设 X 服从高斯分布，其均值 μ 和标准差 σ 构成分布的参数向量，即 $\theta=\{\mu,\sigma\}$。在 θ 给定的条件下，x 的概率密度函数可表示为

$$p(x\mid\theta)=\frac{1}{\sigma\sqrt{2\pi}}\exp\left[-\frac{(x-\mu)^2}{2\sigma^2}\right] \tag{3.28}$$

图 3.7 展示了 x 在不同参数 θ 下取值可能性的变化。当 $\theta=\{0,1\}$ 时，$x=0$ 的可能性高于 $x=1$。当 $\theta=\{1,0.5\}$ 时，$x=0$ 的可能性小于 $x=1$。

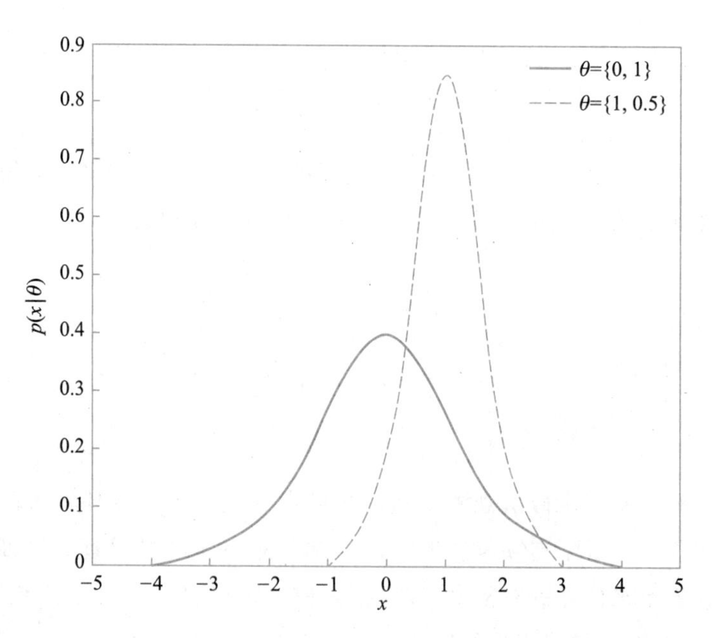

图 3.7 x 在不同参数 θ 下取值可能性的变化

二、似然函数

在分布参数已知的条件下，概率密度函数可以描述变量 x 在不同取值位置出现的可能性，但参数估计法面临的问题恰恰相反，即从观测或训练数据中可以统计出 x 在有限取值位置上的

出现频率，并据此推断其分布参数 θ，保证该参数生成的概率密度函数，最可能采样到前述的观测或训练数据。通过交换 x 与 θ 作为已知和未知变量的角色，将似然函数 $L(\theta \mid x)$ 定义如下

$$L(\theta \mid x)=p(x \mid \theta) \tag{3.29}$$

其中，θ 是未知变量，x 为已知变量。

图 3.8 展示了在 $x=0$ 处高斯分布的似然函数。由于高斯分布包含两个参数 μ 和 σ，其似然函数由曲面表示。

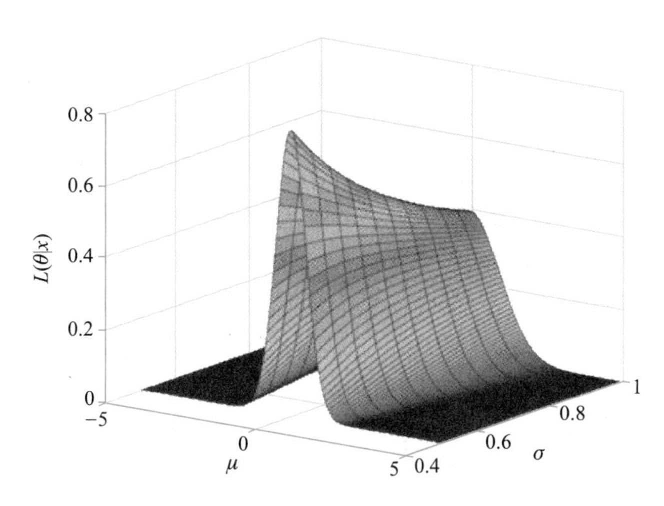

图 3.8 在 $x=0$ 处高斯分布的似然函数

三、似然函数最大化

通过最大化该似然函数，即可获得需要的分布参数 θ，即

$$\hat{\theta}=\underset{\theta \in \Omega}{\operatorname{argmax}} L(\theta \mid x) \tag{3.30}$$

其中，Ω 表示参数的解空间。需要注意的是，似然函数 $L(\theta \mid x)$ 的形式往往较复杂。考虑到对数似然函数 $\ln L(\theta \mid x)$ 与似然函数 $L(\theta \mid x)$ 一样满足单调性，且其计算更为简便，故将上述最大似然估计问题，转化为如下的对数似然函数最大化问题，即

$$\hat{\theta}=\underset{\theta \in \Omega}{\operatorname{argmax}} \ln L(\theta \mid x) \tag{3.31}$$

假设 $\hat{\theta}$ 存在且 $\ln L(\theta \mid x)$ 可微，则最优参数必然满足如下似然方程，即

$$\frac{\partial \ln L(\hat{\theta} \mid x)}{\partial \theta}=0 \tag{3.32}$$

为了保证上式求得的 $\hat{\theta}$ 使对数似然最大化，而非最小化，我们可进一步计算对数似然函数的二阶导数，并保证其在 $\hat{\theta}$ 处的取值小于 0，即

$$\frac{\partial^{2} \ln L(\hat{\theta} \mid x)}{\partial \theta^{2}}<0 \tag{3.33}$$

本节以高斯分布为例来解释其参数的最大似然估计[5]。令 $X=\{x_1,\cdots,x_n\}$ 表示 n 个训练样本组成的集合。假设上述样本满足独立同分布条件,则分布参数 θ 对 X 的似然可表示如下

$$p(X\mid\theta)=\prod_{i=1}^{n}p(x_i\mid\theta) \tag{3.34}$$

相应地,可获得其对数似然函数为

$$\begin{aligned}\ln L(\theta\mid X)&=\ln p(X\mid\theta)\\&=\sum_{i=1}^{n}\ln p(x_i\mid\theta)\\&=-\sum_{i=1}^{n}\left[\ln\sigma+\frac{1}{2}\ln 2\pi+\frac{(x_i-\mu)^2}{2\sigma^2}\right]\end{aligned} \tag{3.35}$$

由于式(3.35)连续可微,故可通过求导获得其参数的最大似然估计,即

$$\begin{aligned}\frac{\partial\ln L(\theta\mid x)}{\partial\mu}=0\\\frac{\partial\ln L(\theta\mid x)}{\partial\sigma}=0\end{aligned} \tag{3.36}$$

可得

$$\hat{\theta}=\{\hat{\mu},\hat{\sigma}\}=\left\{\frac{1}{n}\sum_{i=1}^{n}x_i,\sqrt{\frac{1}{n}\sum_{i=1}^{n}(x_i-\hat{\mu})^2}\right\} \tag{3.37}$$

同样,如果随机变量不服从正态分布,也可采用上面的估计法计算参数,举例如下。

例 3.4 随机变量 x 服从 Erlang 概率密度函数

$$p(x\mid\theta)=\theta^2x\exp(-\theta x)\mathrm{u}(x)$$

其中,$\mathrm{u}(x)$ 是单位阶跃函数

$$\mathrm{u}(x)=\begin{cases}1, & x>0\\0, & x<0\end{cases}$$

给定 n 个测量值 $X=\{x_1,x_2,\cdots x_n\}$,计算 θ 最大似然估计。

解:测量值的联合概率密度为

$$p(X\mid\theta)=\prod_{i=1}^{n}\theta^2x_i\exp(-\theta x_i)\mathrm{u}(x_i)$$

其对数似然为

$$\ln p(X\mid\theta)=\sum_{i=1}^{n}[2\ln\theta+\ln x_i-\theta x_i+\ln\mathrm{u}(x_i)]$$

在变量正值区域,对 θ 求导,并令其等于0得

$$\frac{\partial\ln p(X\mid\theta)}{\partial\theta}=\sum_{i=1}^{n}\left(\frac{2}{\theta}-x_i\right)=0$$

即

$$\frac{2n}{\theta}=\sum_{i=1}^{n}x_i$$

得

$$\hat{\theta} = \frac{2n}{\sum_{i=1}^{n} x_i}$$

3.3.2 最大后验估计

最大后验估计[6]是概率密度估计中另一种主要的参数估计方法。前面提到的最大似然估计是将待估计的参数当作一个不变但是未知的量，需要依据观测数据对参数本身的取值进行估计。而最大后验估计则是将待估计的参数也当成随机变量，需要依据观测数据来对这个参数的分布进行估计。在最大后验估计中，除了需要考虑观测数据外，还需要对参数的先验分布进行考虑。

上节中的最大似然估计的目的是求一组能够使似然函数最大的参数，即

$$\hat{\theta}(X) = \underset{\theta}{\operatorname{argmax}} p(X \mid \theta) \tag{3.38}$$

进一步，如果在参数估计中存在一个 θ 的先验知识，即 $p(\theta)$，则需要在考虑该先验条件下对 θ 的值进行估计。这时就可以采用最大后验概率估计。最大后验概率估计的基础是贝叶斯公式

$$p(\theta \mid X) = \frac{p(X \mid \theta) p(\theta)}{p(X)} \tag{3.39}$$

其中，$p(X \mid \theta)$ 是似然函数，$p(\theta)$ 是先验概率，是指在没有任何实验数据时对参数 θ 的经验判断。例如，对于一个硬币，其正面出现的概率为 0.5 的可能性最大。

给定观测数据 X，θ 的最大后验概率估计即为最大化下式

$$\begin{aligned}\hat{\theta} &= \underset{\theta}{\operatorname{argmax}} p(\theta \mid X) \\ &= \underset{\theta}{\operatorname{argmax}} \frac{p(X \mid \theta) p(\theta)}{p(X)} \\ &= \underset{\theta}{\operatorname{argmax}} p(X \mid \theta) p(\theta)\end{aligned} \tag{3.40}$$

其中，$p(X \mid \theta)$ 是似然函数，而 $p(\theta)$ 是先验概率。可以发现，取对数后最大后验估计实质上是在最大似然估计的基础上加上 θ 的先验，即

$$\begin{aligned}\underset{\theta}{\operatorname{argmax}} p(X \mid \theta) p(\theta) &= \underset{\theta}{\operatorname{argmax}} \ln \left[\prod_{i=0}^{n} p(x_i \mid \theta) \right] p(\theta) \\ &= \underset{\theta}{\operatorname{argmax}} \left\{ \sum_{i} \ln[p(x_i \mid \theta)] + \ln[p(\theta)] \right\}\end{aligned} \tag{3.41}$$

3.3.3 非参数的概率密度估计

上面介绍的两种估计方法都是参数化的估计方法，需要已知待估计的概率密度函数形式，并且函数中的某些参数是基于样本估计得到的。然而，在一些情况下，我们很有可能无法了解样本的分布，因此无法预先获得密度函数的数学形式。另外，简单的函数通常也很难描述某些

样本的分布。为此，我们可以采用非参数的概率密度估计方法。在非参数问题中，参数空间被视为给定样本空间上的一组概率分布，而不是某种特定的概率分布。因此放弃对概率密度函数的形式进行提前假设，直接通过所有的已知样本，从估计样本空间具体点的概率角度来实现。

一、直方图估计法

首先回顾概率密度函数的定义

$$p(x)=\frac{\mathrm{d}F_X(x)}{\mathrm{d}x} \tag{3.42}$$

其中，$F_X(x)$表示累积分布函数。假定$P(x)$表示随机变量X落入区间$R\overset{\text{def}}{=\!=}[x,x+\mathrm{d}x]$的概率，不同区间的样本概率可以通过落在该区域样本数量占比估计。因此，当采样区间逐渐减小，即可用$P(x)=\int_R p(z)\,\mathrm{d}z$去逼近概率密度函数。

接下来只探讨针对$\mathcal{C}_i$类的概率密度和样本，为简化描述，下面不再标记类别。$x\in\mathcal{C}_i$的总体概率密度记为

$$p(x\mid\mathcal{C}_i)\overset{\text{def}}{=\!=}p(x) \tag{3.43}$$

给定n个样本$x_1,x_2,\cdots,x_n$，这些样本是从上述概率密度为$p(x)$的总体中独立抽取的，每一个样本落入区域R中的概率为P。n个样本中有k个严格落入区域R中，则k个样本落入该区域的概率P_k服从离散随机变量的二项分布

$$P_k=\mathrm{C}_n^k P^k(1-P)^{n-k} \tag{3.44}$$

基于最大似然估计，容易得到每个样本落入区域R的概率P的估计为如下优化问题

$$\max_P P_k(x\mid P)$$

等价于似然函数导数为0的解，即

$$\frac{\partial\ln[P_k(x\mid P)]}{\partial P}=0\Rightarrow\hat{P}=\frac{k}{n} \tag{3.45}$$

设区域R的体积为V，取V足够小，则

$$P=\int_R p(x)\,\mathrm{d}x=p(x)V \tag{3.46}$$

设$\hat{p}(x)$是$p(x)$的估计，由式(3.45)和式(3.46)可得

$$\frac{k}{n}=\hat{P}=\int_R\hat{p}(x)\,\mathrm{d}x=\hat{p}(x)V \tag{3.47}$$

于是可得

$$\hat{p}(x)=\frac{k/n}{V} \tag{3.48}$$

由图3.9可以看到，估计的概率密度是对真实概率密度平滑后的结果。这也就是直方图估计法，它是最简单直观的非参数概率密度估计方法。在R_1区域中，20个样本中共有8个样本点落入该区域，即$k=8$。可求得$\hat{p}(x)=\frac{k/n}{V}=\frac{8/20}{2}=0.2$。

这里 $\hat{p}(x)=\frac{k/n}{V}$是 $p(x)$的基本估计式,它与 n、V、k 有关,显然 $\hat{p}(x)$和 $p(x)$有一定的误差。理论上,要使 $\hat{p}(x)\to p(x)$,则 $V\to 0$,同时 $k\to\infty$,$n\to\infty$ 。而实际估计时体积 V 不是任意小,且仅有有限的样本总数,所以 $\hat{p}(x)$的误差总是存在。

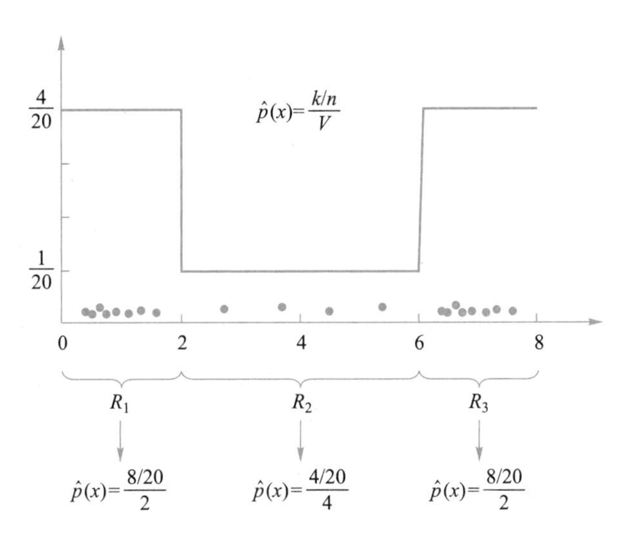

图 3.9 直方图估计示例

通过减小体积 V,并增加采样频率,以求得改进 $p(x)$的估计与理论性能的差距。① 构建一个包含样本 x 的区域序列,即$R_1,R_2,\cdots$,其中各个区域R_i 的体积V_i 满足$\lim\limits_{n\to\infty}V_i=0$;② 在区域序列 R_i 上随机取 n 个样本进行估计,设有k_i 个样本落入R_i 中,样本数目应当满足$\lim\limits_{n\to\infty}k_i=\infty$,$\lim\limits_{n\to\infty}k_i/n=0$,则估计值 $\hat{p}(x)$能够处处收敛于 $p(x)$。

在区域平稳变小的情况下,$p(x)$在 x 处连续,则有$\lim\limits_{n\to\infty}V_i=0$,从而使空间平均密度$\frac{P}{V}$收敛于真实的密度 $p(x)$。$\lim\limits_{n\to\infty}k_i=\infty$ 仅对 $p(x)\neq 0$ 的点才有意义。$\lim\limits_{n\to\infty}\frac{k_i}{n}=0$ 是 $\hat{p}(x)=\frac{k/n}{V}$收敛的必要条件,它描述了 n 的增长速度要大于k_i 的增长速度,使$\frac{k_i}{n}$为无穷小,而$\frac{k_i}{n}$和V_i 为同阶的无穷小,使$\frac{k_i/n}{V_i}$为非无穷大的有界数,避免了 $\hat{p}(x)\to\infty$ 。

满足上述条件的区域序列和样本选取的方法有两种,由此形成了两种总体概率密度估计方法:

(1) Parzen 窗函数估计法:将区域序列的体积V_i 表示为 n 的某个递减函数,该递减函数随 n 的增加而逐渐减小,例如:$V_i=\frac{1}{\sqrt{n}}$。此时应对k_i 和$\frac{k_i}{n}$都加以限制以使 $\hat{p}(x)$收敛于 $p(x)$。(如图 3.10第一行所示。)

(2) K 近邻估计法:将k_i 表示为 n 的某个递增函数,该递增函数随 n 的增加而逐渐增大,例如:$k_i=\sqrt{n}$。给定 x,寻找能覆盖 k 个近邻点的最紧致区域R_i,则该区域的体积 V_i 即用于 x 处的概率密度估计。(如图 3.10 第二行所示。)

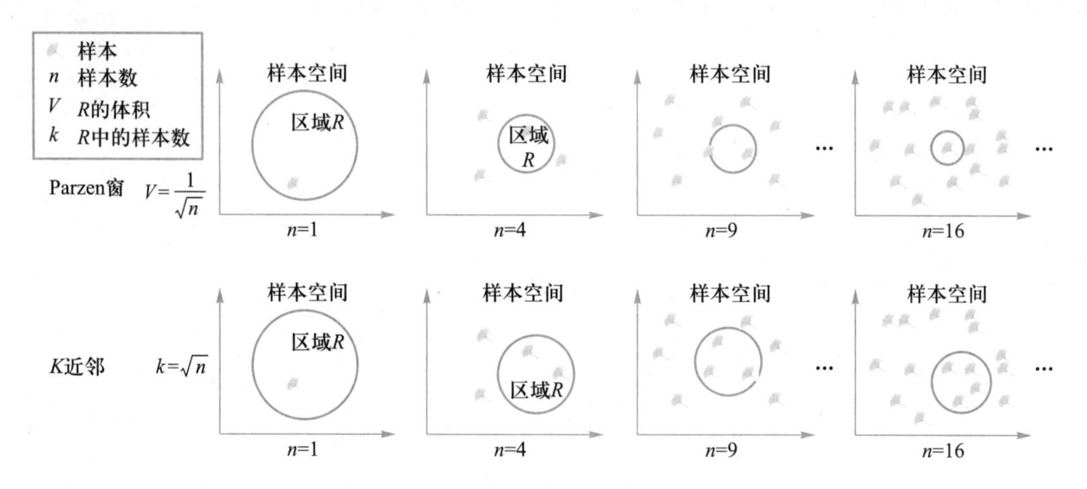

图 3.10 Parzen 窗法与 K 近邻估计法示例

二、Parzen 窗函数估计法

首先介绍 Parzen 窗函数估计法[7]。在 d 维特征空间中,设区域 R 是一个 d 维超立方体,h 为棱长,则其体积 $V=h^d$。为使用函数描述区域 R 和对落入的样本计数,定义 $\boldsymbol{u}=[u_1,u_2,\cdots,u_d]^{\mathrm{T}}$及窗函数

$$\varphi(\boldsymbol{u})=\begin{cases}1, 当 |u_i| \leqslant \dfrac{1}{2}, i=1,2,\cdots,d \\ 0, 其他\end{cases} \tag{3.49}$$

这样,$\varphi(\boldsymbol{u})$以函数值 1 界定了一个以原点为中心、棱长为 1 的 d 维超立方体,如图 3.11 所示。

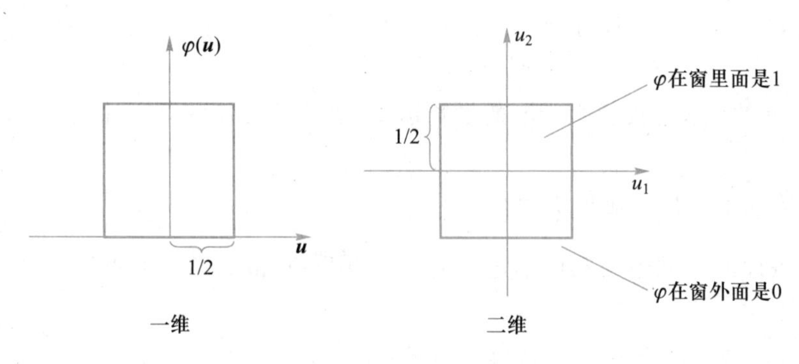

图 3.11 一维与二维的窗函数示意图

如果一个样本 $\boldsymbol{x}_i$ 落入以 $\boldsymbol{x}$ 为中心、以 h 为棱长的超立方体 R 内时,计数为 1,否则计数为 0,这样就可以利用窗函数 $\varphi(\boldsymbol{x})$实现这个计数,即

$$\varphi(\boldsymbol{x})=\varphi\left(\frac{\boldsymbol{x}-\boldsymbol{x}_i}{h}\right) \tag{3.50}$$

落入该立方体 R 的样本数

$$k=\sum_{i=1}^{n}\varphi\left(\frac{\boldsymbol{x}-\boldsymbol{x}_i}{h}\right) \tag{3.51}$$

可得到 $\boldsymbol{x}$ 点处的概率密度估计

$$\hat{p}(\boldsymbol{x})=\frac{1}{n}\sum_{i=1}^{n}\frac{1}{V}\varphi\left(\frac{\boldsymbol{x}-\boldsymbol{x}_i}{h}\right) \tag{3.52}$$

可以看出,式(3.52)是在多个样本点 x_i 为中心的窗函数响应求和。显然,在样本密集的区域上概率密度估计(窗函数响应之和)值必然较大。这就是 Parzen 窗函数估计法。

除了上面的方窗函数,根据实际情况还可以采用其他类型的窗函数。具体地,满足下式两个条件的 $\varphi(\boldsymbol{u})$ 均可以作为窗函数

$$\varphi(\boldsymbol{u})\geqslant 0,\int\varphi(\boldsymbol{u})\mathrm{d}\boldsymbol{u}=1 \tag{3.53}$$

如图 3.12 所示,下面列出的例子均是一维窗函数,一维窗函数可以通过乘积的方法构造 d 维的窗函数。

(1) 方窗函数

$$\varphi(x)=\begin{cases}1, & |x|\leqslant 1/2\\ 0, & \text{其他}\end{cases} \tag{3.54}$$

(2) 正态窗函数

$$\varphi(x)=\frac{1}{\sqrt{2\pi}}\exp\left(-\frac{1}{2}x^2\right) \tag{3.55}$$

(3) 指数窗函数

$$\varphi(x)=\exp(-2|x|) \tag{3.56}$$

(4) 三角窗函数

$$\varphi(x)=\begin{cases}1-|x|, & |x|\leqslant 1\\ 0, & |x|>1\end{cases} \tag{3.57}$$

下面分析窗宽 h 对估计的影响,首先进行如下定义

$$f(x)=\frac{1}{V}\varphi\left(\frac{x}{h}\right) \tag{3.58}$$

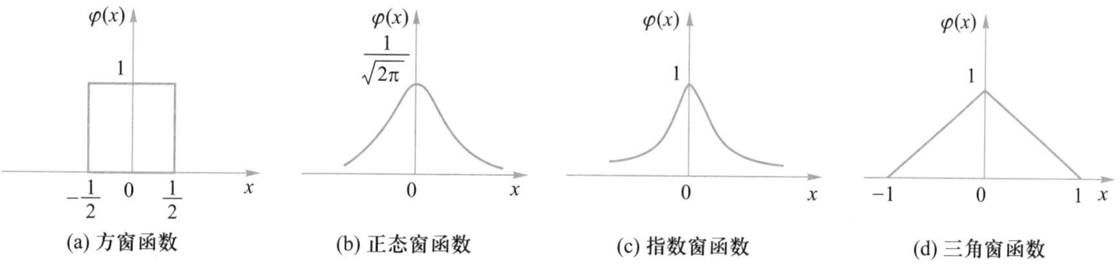

(a) 方窗函数 (b) 正态窗函数 (c) 指数窗函数 (d) 三角窗函数

图 3.12 各类窗函数图

通过式(3.58)可以将估计式表示为

$$\hat{p}(x)=\frac{1}{n}\sum_{i=1}^{n}f(x-x_i) \tag{3.59}$$

由 $V=h^d$ 能够得出，$f(x-x_i)$ 的宽度和幅度均会被 h 所影响。

随着 h 增大，$f(x-x_i)$ 的宽度增加，幅值降低，在估计 $\hat{p}(x)$ 时表现为 n 个平缓窗函数的叠加，从而得到波动较小的估计结果，难以准确刻画 $p(x)$ 的变化。

随着 h 减小，$f(x-x_i)$ 的宽度减少，幅值增大，在估计 $\hat{p}(x)$ 时表现为 n 个尖锐窗函数的叠加，从而得到波动较大、可能不连续的估计结果。窄窗示意图和宽窗示意图分别如图 3.13 和图 3.14所示。

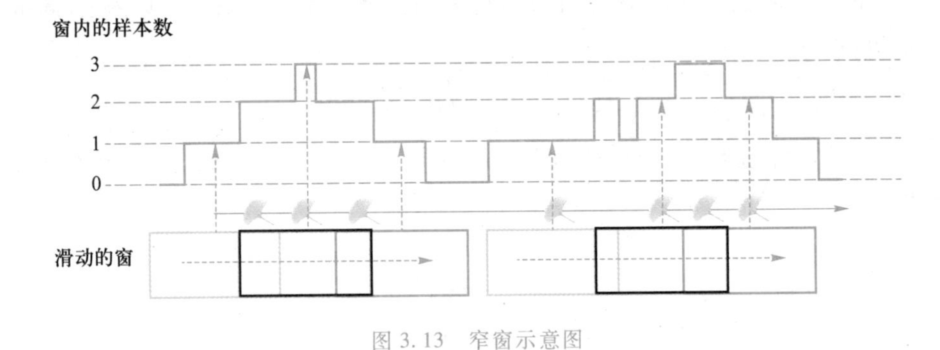

图 3.13 窄窗示意图

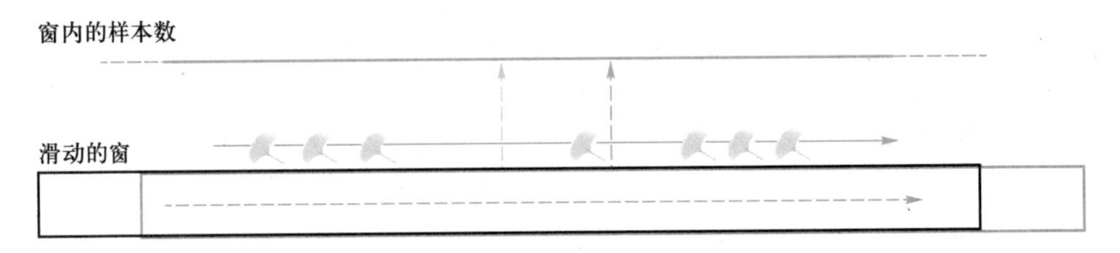

图 3.14 宽窗示意图

估计量 $\hat{p}(x)$ 是随机变量，对独立采样的训练样本有依赖性，所以只能用统计特性表示估计量的性能。在满足以下条件时，$\hat{p}(x)$ 是 $p(x)$ 的渐近无偏估计[13]：

（1）概率密度函数 $p(x)$ 在 x 处连续；

（2）窗函数 $\varphi(u)$ 满足

$$\sup_{-\infty<u<\infty}|\varphi(u)|<\infty$$

$$\int_{-\infty}^{\infty}|\varphi(u)|\mathrm{d}u<\infty$$

$$\lim_{u\to\infty}|u\varphi(u)|=0$$

$$\int_{-\infty}^{\infty}\varphi(u)\mathrm{d}u=1$$

(3) h 可以视作 n 的函数，满足 $\lim\limits_{n\to\infty} h(n)=0$。

Parzen 窗函数估计法的特点为：无论概率密度函数是规则的还是非规则的、是单峰的还是多峰的，Parzen 窗函数估计法均可适用。Parzen 窗函数估计法尽管可以做到对样本估计的渐近收敛，但是对于样本数量有限的情况，难以达到理想的估计，所以进行样本选取的过程本身也增加了算法的复杂性。对于窗函数的数量进行选择时，合适的数值能够做到减少对样本数量的依赖，同时能提升估计的精度。

如图 3.15 所示，$p(x)$ 是均值为零、方差为 1 的一维正态分布，窗函数选择为正态窗函数

$$\varphi(u)=\frac{1}{\sqrt{2\pi}}\exp\left(-\frac{1}{2}u^2\right) \tag{3.60}$$

$h=h_1/\sqrt{n}$，h_1 为可调节参量。于是

$$\hat{p}(x)=\frac{1}{n}\sum_{i=1}^{n}\frac{1}{h}\varphi\left(\frac{x-x_i}{h}\right) \tag{3.61}$$

由图 3.15 中曲线可以看出，估计的精度随样本量的提升而提升，并且选择合适的窗口数量能够让估计结果更好地逼近数据样本的真实分布。无论 h 等于 0.25、1 或 4，当样本总数逐渐增大的时候，估计的概率密度函数越来越逼近原始的概率密度函数。当样本总数趋于无穷大时，估计的概率密度函数与原始的概率密度函数趋于一致。从图中也可以看出，当 h 取值较小且样本点 n 有限时，如 $h=0.25$、$n=16$ 时，估计的概率密度函数容易出现抖动现象。

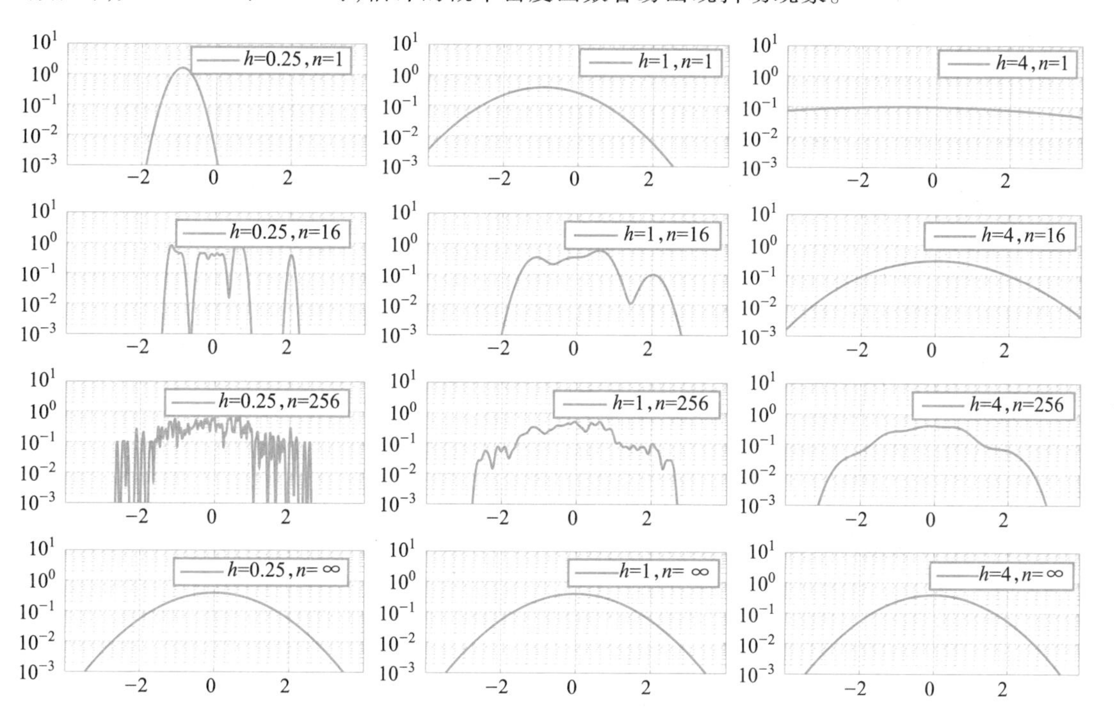

图 3.15 在不同参数设置情况下采用正态窗函数估计的 $p(x)$ 概率密度函数曲线

图 3.16 中

$$p(x)=\begin{cases}1, & -2.5<x<-2\\ 0.25, & 0<x<2\\ 0, & 其他\end{cases} \tag{3.62}$$

$\varphi(u)$和 h 的设置同式(3.60)。由图 3.16 中曲线可以看出,当 n 设置得过小时,窗函数的估计结果与真实分布差距很大;当 n 逐渐增加后,窗函数的估计结果变得与真实分布较为一致。下面举一个例子。

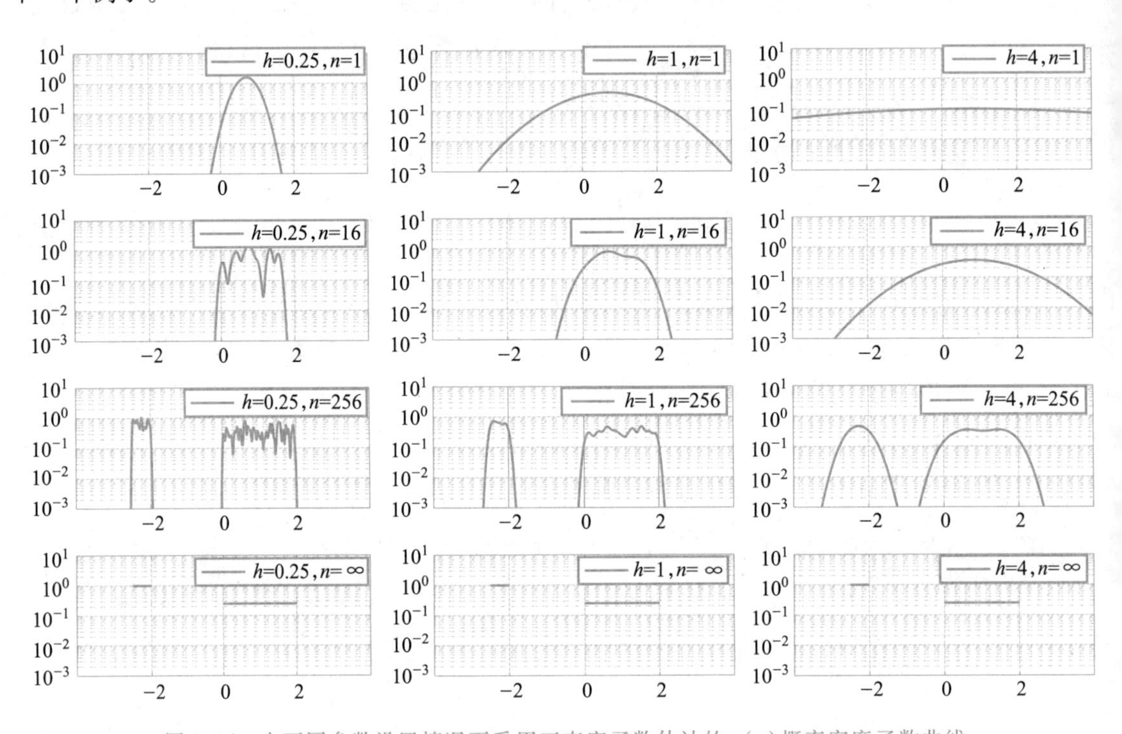

图 3.16 在不同参数设置情况下采用正态窗函数估计的 $p(x)$ 概率密度函数曲线

例 3.5 已知患阿尔兹海默病和正常两类人群的样本数量分别为 5 个和 10 个,同期生理评分指标如下。

患病人群:0.9, 1.1, 1.7, 1.2, 1.5

正常人群:0.3, 0.3, 0.5, 0.4, 0.5, 0.6, 0.7, 0.7, 0.8, 0.9

对于目前生理评分指标为 1.7 和 0.8 的两个样本,请计算两类人群下的样本条件概率密度,采用宽度为 1 的方窗函数。

解:计算类条件概率密度

$$p(x\mid\mathcal{C}_1)=\frac{1}{5}[\varphi(x-0.9)+\varphi(x-1.1)+\varphi(x-1.7)+\varphi(x-1.2)+\varphi(x-1.5)]$$

$$p(x\mid\mathcal{C}_2)=\frac{1}{10}[2\varphi(x-0.3)+\varphi(x-0.4)+2\varphi(x-0.5)+\varphi(x-0.6)+$$

$$2\varphi(x-0.7)+\varphi(x-0.8)+\varphi(x-0.9)]$$

因此，当 $x=1.7$ 时，$p(x=1.7 \mid \mathcal{C}_1)=3/5$，$p(x=1.7 \mid \mathcal{C}_2)=0$；当 $x=0.8$ 时，$p(x=0.8 \mid \mathcal{C}_1)=3/5$，$p(x=0.8 \mid \mathcal{C}_2)=1$。

三、K 近邻估计法

针对上述 Parzen 窗函数估计法中存在的最佳窗函数难以选择的问题，K 近邻估计法[8]使用总样本 n 确定一个参数 k（k 为总样本数量是 n 时每个区域包含的样本数量）。这种方法下的体积 V 并不是直接作为样本 n 的函数，而是作为落入到 R 中样本数量 k 的函数，所以 x 处对应的窗口大小不再是一个固定的大小，可以通过调整 x 附近的半径，使得该区域内部恰好包含 k 个邻近的样本。

具体来说，在 d 维特征空间中，取区域 R 为覆盖 k 个样本的 d 维超球体，r 表示该超球体的半径，体积表示为 $V=\frac{\pi^{d/2}}{\Gamma(d/2+1)}$，其中 Γ 表示伽马函数。下面，以 1~3 维特征空间为例，展示该超球体的体积，即：

(1) $d=1, V=2r$；

(2) $d=2, V=\pi r^2$；

(3) $d=3, V=\frac{4}{3}\pi r^3$。

此处，$r(x)$ 由观测点 x 的位置与 n 个样本点中距离最近的第 k 个样本的距离决定。下面，以一维特征空间为例，讲解 K 近邻估计法的计算步骤。

例 3.6 给定如下数据集，试利用 K 近邻估计法估计 $p(x)$ 在 $x=2$ 和 $x=20$ 处的概率密度。其中，样本点间的距离采用欧氏距离度量。

$$X=[x_1,x_2,\cdots,x_9]=[1,3,6,12,15,22,24,30,31]$$

解： 首先计算 x 与所有样本点间的距离，其中 $d_{i,x}=\|x_i-x\|$

$$d_{i,2}=[d_{1,2},d_{2,2},\cdots,d_{9,2}]=[1,1,4,10,13,20,22,28,29]$$

$$d_{i,20}=[d_{1,20},d_{2,20},\cdots,d_{9,20}]=[19,17,14,8,5,2,4,10,11]$$

然后，对上述距离按照从小到大排序

$$d'_{i,2}=[1,1,4,10,13,20,22,28,29]$$

$$d'_{i,20}=[2,4,5,8,10,11,14,17,19]$$

根据 K 近邻估计法估计的参数设置 $k=\sqrt{n}=3$，故取 $d'_{i,2}$ 与 $d'_{i,20}$ 的第 3 项，可得

$$r(2)=4, r(20)=5$$

$$p(x)=\frac{k}{n\times V(x)}=\frac{k}{n\times 2r(x)}$$

易得

$$p(2)=\frac{1}{24},\quad p(20)=\frac{1}{30}$$

如果 x 点处的样本密度较大，落入 k 个样本的所需区域体积会较小；反之，如果 x 点处的样本密度较小，则需要较大的区域才能正好包含 k 个样本。为了取得更好的效果，k 和 n 的函数可以选择为 $k=a\times\sqrt{n}$，其中 a 是超参数。如果满足条件：

（1）$\lim\limits_{n\to\infty} V=0$；

（2）$\lim\limits_{n\to\infty} k=\infty$；

（3）$\lim\limits_{n\to\infty} k/n=0$。

则 $\hat{p}(x)=\dfrac{k/n}{V}$ 收敛于真实的概密密度函数 $p(x)$。

K 近邻估计法在分类任务下的最简单情况是最近邻分类法，无须训练过程，直接把测试样本以选定的度量距离分配到最近的样本。在样本量足够的情况下，最近邻方法的性能是可以理论推导的，其误差不会超过贝叶斯误差的两倍。

由于实际情况中的样本数据并不是无穷大的，在样本数量有限的情况下，k 的选择势必会对概率密度估计的结果造成影响，但是，K 近邻估计法不会造成空的区域出现，避免了空区域造成的估计稳定性较差的结果。由于 R 的体积 V 依赖于 k 的变化而不是 n 的变化，故避免了出现由于 V 过大造成估计结果过于平坦，无法满足实际分布的变化，进而产生严重失真的情况。

相较于 Parzen 窗函数估计法先确定区域大小，再确定落入样本数 k 的做法，K 近邻估计法是先确定 k 值，然后再扩大区域大小。此外，相比于 Parzen 窗函数估计法，K 近邻估计法虽然也需要较大的样本数量，但是其稳定性和敏锐程度都相对较好，图 3.17 中所展示的是不同参数设

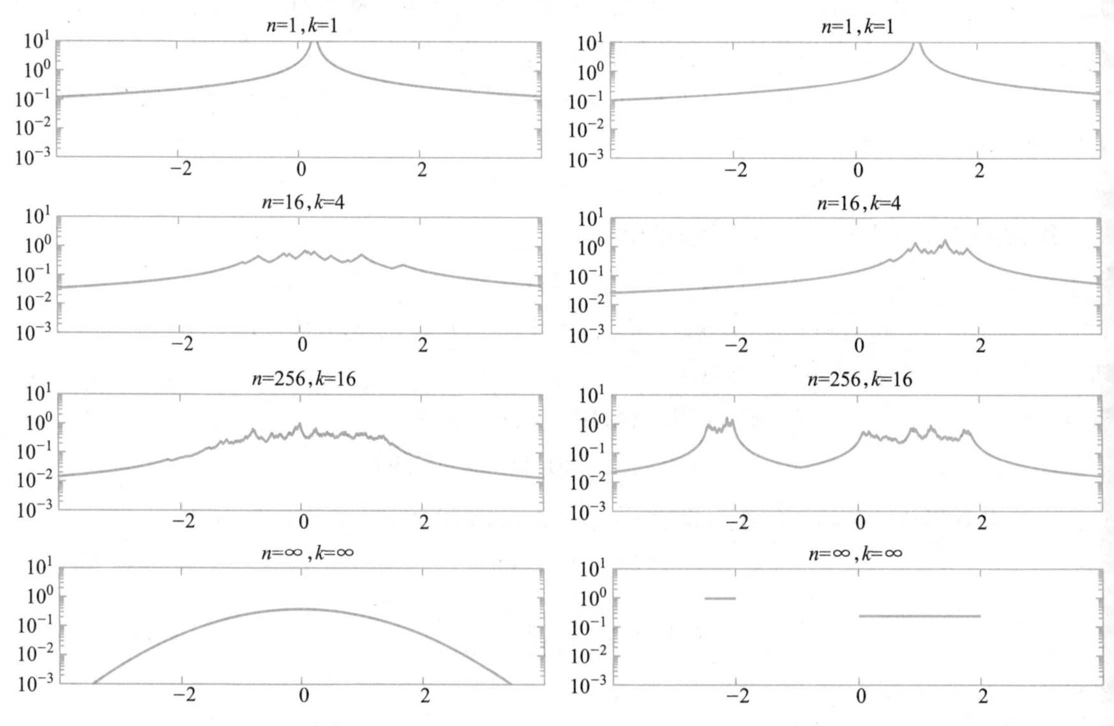

图 3.17 不同参数设定下，利用 K 近邻估计法对于样本概率密度的估计结果

定下，利用 K 近邻估计法对于样本概率密度的估计结果。从图中可以看出，当样本总数 n 趋于无穷大时，估计的概率密度与原始的概率密度趋于一致。也可以看出，当 k 取值较小且样本点 n 有限时，仍可取得有效的估计。

3.4 采样方法

上一节介绍了概率密度估计方法，但在实际的机器学习应用中，一些复杂分布的期望难以直接通过积分求取。为了解决该问题，通常考虑样本采样的方法，即给定一个特定的概率分布的表达式 $p(x)$，生成一批符合这个概率分布的样本点，从而计算出关于此概率分布的期望数值，进而帮助我们进行统计判别。

3.4.1 基本概念

常见的采样方法有马尔可夫链蒙特卡罗采样、Metropolis-Hasting 采样、吉布斯采样等，本节首先介绍一些基本概念：蒙特卡罗方法、马尔可夫链。

一、蒙特卡罗方法

让我们先看一个例子。金秋时节，银杏树的叶子纷纷扬扬地落下，而银杏落叶的形状并不规整，那么如何求出银杏叶的大小呢？

假设银杏叶形状如图 3.18 所示，银杏叶形状对应范围可用下式表达

$$f(x,y)=\begin{cases}x^2+y^2<2\\(x+1)^2+y^2>1\\(x-1)^2+y^2>1\\y>0\end{cases}\tag{3.63}$$

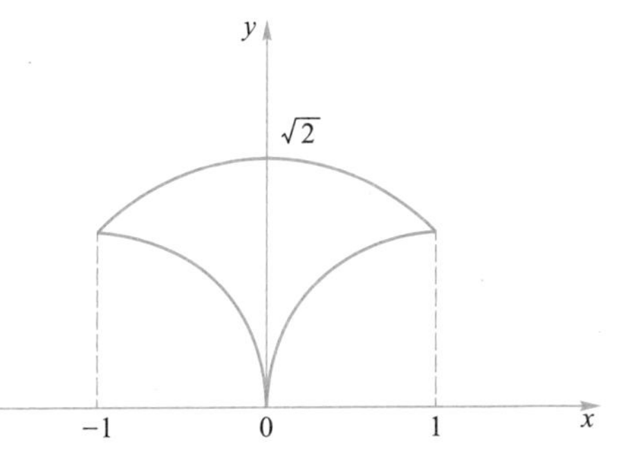

图 3.18 银杏叶形状（蒙特卡罗示例 1）

那该如何求解银杏叶的面积呢？如果根据公式进行积分，可求解得银杏叶的面积为 1。但是积分相对较为复杂，那么能不能近似求解银杏叶的面积呢？这时便可以使用蒙特卡罗方法来进行近似计算。

蒙特卡罗方法的核心思想是，用采样得到的样本点的均值来近似估计分布的数学期望。假设现在从某个概率分布 P 中采样得到 n 个样本点 $x_1,\cdots,x_n$，概率分布 P 的概率密度函数为 $p(x)$，则该概率分布的函数期望为

$$\mathbb{E}_{p(x)}[f(x)]=\int_a^b f(x)p(x)\mathrm{d}x\tag{3.64}$$

蒙特卡罗方法就是通过求所有样本点的函数均值来估计分布的函数期望

$$\mathbb{E}_{p(x)}[f(x)]\approx\frac{1}{n}\sum_{i=1}^{n}f(x_i)\tag{3.65}$$

由微积分知识可知，当样本数量 n 趋于无穷大时，分布的函数期望就转化为式(3.64)。在了解蒙特卡罗方法后，便可以使用该方法对银杏叶面积进行近似求解，过程如下。

在银杏叶的最大外接矩形中，进行 n 次随机落点，其中 m 次落入银杏叶范围，设最大外接矩形面积为S_l，银杏叶面积为S_e，则银杏叶面积分布 $p(x,y)$ 可用下式进行表示

$$p(x,y)=\frac{S_e}{S_l}=\mathbb{E}_{p(x)}[f(x,y)]\approx\frac{1}{n}\sum_{i=1}^{n}f(x_i,y_i)=\frac{m}{n} \tag{3.66}$$

故银杏叶面积S_e的近似表示为

$$S_e\approx\frac{m\cdot S_l}{n} \tag{3.67}$$

n 选取为 20 的一次随机落点结果如图 3.19 所示，从图中可知 m 为 7，我们可以根据式(3.67)得到银杏叶面积S_e的近似值为 0.99。

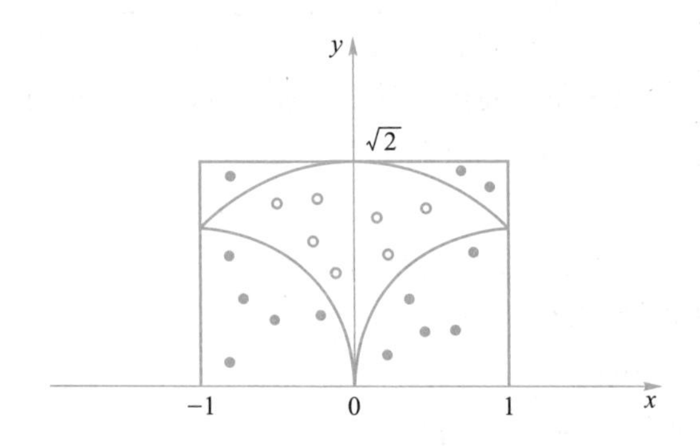

图 3.19 n 选取为 20 的一次随机落点结果(蒙特卡罗示例 2)

二、马尔可夫链

当我们走在秋季的校园里，漫天纷飞的银杏叶引人驻足。那么在空中飞舞的银杏叶有没有规律可循呢？是否可以刻画并预测这个过程呢？假设，银杏叶从树上脱离到落地存在 3 种状态：正面、反面、竖直，且在飘落的小时间段内周围风速恒定。一般而言，当前时刻下的银杏叶会受到重力与风力的影响，从当前的状态转变为另一种状态。因此，下一时刻银杏叶的状态只与当前时刻的状态有关，而与前面所有时刻的状态都无关。在看似随机的背后，该过程却遵循着一定的规律。由于这种情况在自然界中广泛存在，俄国数学家马尔可夫于 1907 年对该过程进行了理论分析与建模，并将该模型称为：马尔可夫链。下面从数学的角度描述马尔可夫链。给定序列状态$\cdots,X_{t-2},X_{t-1},X_t,X_{t+1},\cdots$，则$X_t$时刻的状态决定$X_{t+1}$时刻的状态的条件概率，即：对于一个随机变量序列 $X=\{X_t:t>0\}$，t 时刻的条件概率为 $P(X_t\mid X_{t-1},\cdots,X_1)$，当序列 X 满足马尔可夫性质时，条件概率可以简化成

$$P(X_t\mid X_{t-1},\cdots,X_1)=P(X_t\mid X_{t-1}) \tag{3.68}$$

下面的例子分析银杏叶飘落的马尔可夫链并预测最终落地的状态。

例 3.7 假设银杏叶在空中的状态随机变量 X 间的转化概率如图 3.20 所示,试分析 $t=5$ 以及 $t\to\infty$ 时银杏叶的状态?

解:每种状态转化为另一种状态对应着一个状态转移概率矩阵 $\boldsymbol{Q}$

$$\boldsymbol{Q}=\begin{pmatrix}0.7 & 0.1 & 0.2\\ 0.5 & 0.1 & 0.4\\ 0.3 & 0.1 & 0.6\end{pmatrix}$$

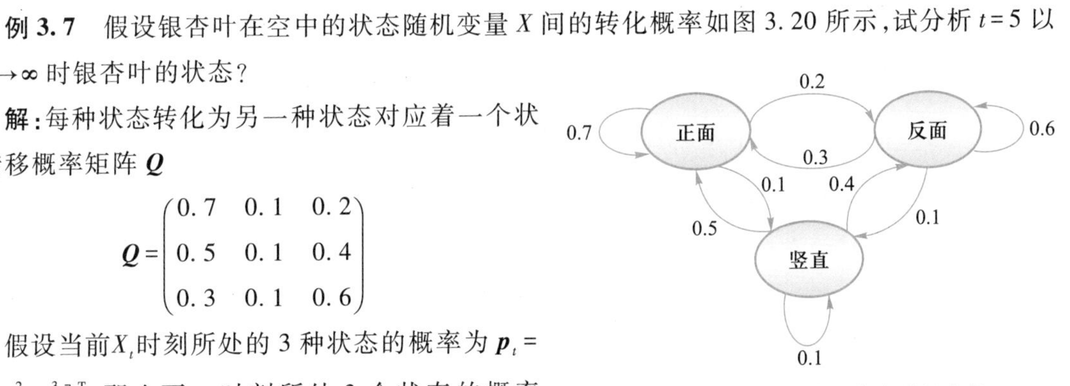

图 3.20 银杏叶在空中的状态随机变量 X 间的转化概率

假设当前X_t时刻所处的 3 种状态的概率为 $\boldsymbol{p}_t=[p_t^1,p_t^2,p_t^3]^{\mathrm{T}}$,那么下一时刻所处 3 个状态的概率为:$\boldsymbol{p}_{t+1}^{\mathrm{T}}=\boldsymbol{p}_t^{\mathrm{T}}\boldsymbol{Q}$,即

$$\boldsymbol{p}_{t+1}^{\mathrm{T}}=(p_t^1\ p_t^2\ p_t^3)\begin{pmatrix}0.7 & 0.1 & 0.2\\ 0.5 & 0.1 & 0.4\\ 0.3 & 0.1 & 0.6\end{pmatrix}$$

$$\boldsymbol{p}_{t+1}=\begin{pmatrix}0.7\,p_t^1+0.5\,p_t^2+0.3\,p_t^3\\ 0.1\,p_t^1+0.1\,p_t^2+0.1\,p_t^3\\ 0.2\,p_t^1+0.4\,p_t^2+0.6\,p_t^3\end{pmatrix}$$

因而,银杏叶状态序列$\{X_t\}_{t=1}^{\infty}$对应着一个状态概率序列$\{P_t\}_{t=1}^{\infty}$,假设初始X_0时刻的 3 个状态概率为$\boldsymbol{p}_0=[p_0^1,\ \ p_0^2,\ \ p_0^3]^{\mathrm{T}}$,在经过 t 个时刻后,每个状态的概率为

$$\boldsymbol{p}_t^{\mathrm{T}}=\boldsymbol{p}_0^{\mathrm{T}}\boldsymbol{Q}^t$$

在有限的漂浮时间内,比如 $t=5$,就可以求出相应的状态概率,但有时会要求分析稳定的状态,也即 $t\to\infty$ 时,随机变量的状态。由于矩阵幂的直接求解相对困难,这里首先对矩阵 $\boldsymbol{Q}$ 进行相似对角化处理,即转化成 $\boldsymbol{Q}=\boldsymbol{U}^{-1}\boldsymbol{\Lambda}\boldsymbol{U}$ 的形式,对银杏叶的状态转移概率矩阵来说

$$\boldsymbol{U}=\begin{pmatrix}0.9238 & 0.1732 & 0.6351\\ 0.7217 & 0 & -0.7217\\ 0.4555 & -0.9110 & 0.4555\end{pmatrix},\quad \boldsymbol{\Lambda}=\begin{pmatrix}1.0 & 0 & 0\\ 0 & 0.4 & 0\\ 0 & 0 & 0\end{pmatrix}$$

因此,t 时刻的状态概率为

$$\boldsymbol{p}_t^{\mathrm{T}}=\boldsymbol{p}_0^{\mathrm{T}}\boldsymbol{U}^{-1}\boldsymbol{\Lambda}^t\boldsymbol{U}$$

令 $t\to\infty$,可得

$$\lim_{t\to\infty}\boldsymbol{p}_t^{\mathrm{T}}=\boldsymbol{p}_0^{\mathrm{T}}\boldsymbol{U}^{-1}\begin{pmatrix}1.0^{\infty} & 0 & 0\\ 0 & 0.4^{\infty} & 0\\ 0 & 0 & 0\end{pmatrix}\boldsymbol{U}$$

$$\lim_{t\to\infty}\boldsymbol{p}_t=\begin{pmatrix}0.53\,p_0^1+0.53\,p_0^2+0.53\,p_0^3\\ 0.1\,p_0^1+0.1\,p_0^2+0.1\,p_0^3\\ 0.37\,p_0^1+0.37\,p_0^2+0.37\,p_0^3\end{pmatrix}$$

根据上式即可得到最终的稳定状态的概率。可以看出，如果银杏叶漂浮时间足够长，那么它会倾向于正面朝上。

3.4.2 马尔可夫链蒙特卡罗采样（MCMC）

直观上，马尔可夫链蒙特卡罗采样是上述马尔可夫链和蒙特卡罗采样的结合，即通过采样生成满足分布 $p(z)$ 的样本，进而完成后验概率估计等任务。同时，采样的方式满足马尔可夫链性质，也就是第 $i+1$ 次的样本 z_{i+1} 和第 i 次迭代的样本 z_i 相关。在采样收敛后，可以得到一系列符合目标概率分布 $p(z)$ 的采样样本。

假设有一个马尔可夫链，初始状态为 z_0，z_i 表示第 i 次迭代的状态，将其设为当前状态，第 $i+1$ 次的状态 z_{i+1} 和第 i 次迭代的状态 z_i 相关，$z_0,\cdots,z_i,\cdots,z_n$ 构成马尔可夫链。马尔可夫蒙特卡罗采样是利用马尔可夫链的方式得到采样点，具体来说，它分两步交替执行：

第一步，有当前状态的采样点 z_i，根据转移矩阵 $\boldsymbol{Q}$ 得到下一时刻的可能采样点 z_{i+1}^*，$z_{i+1}^* = z_i\boldsymbol{Q}(\cdot \mid z_i)$；

第二步，从标准均匀分布中采样 u，当满足 $u<\alpha(z_{i+1}^*, z_i)$，状态转移成功，$z_{i+1}=z_{i+1}^*$。否则，$z_{i+1}=z_i$。式中 α 为由 z_{i+1}^*、z_i 计算得到的接收率。

最后，从得到的一系列采样点中，选取第 n（状态转移次数阈值）次之后的样本作为采样样本，进而估计真实分布。这里有两个重要的参数：转移矩阵 $\boldsymbol{Q}$ 和接收率 α。因为使用马尔可夫蒙特卡罗采样时，会假设 $p(z)$ 为状态转移矩阵 $\boldsymbol{P}$ 的平稳分布，但 $\boldsymbol{P}$ 是不可知的，因此，需要设定一个转移矩阵 $\boldsymbol{Q}$。但随机设定 $\boldsymbol{Q}$ 后，不满足细致平稳条件，也就是 $p(z_i)\boldsymbol{Q}(i,j) \neq p(z_j)\boldsymbol{Q}(j,i)$。故需要设置一个值 α 使其满足细致平稳条件，也就是 $p(z_i)\boldsymbol{Q}(i,j)\alpha(i,j) = p(z_j)\boldsymbol{Q}(j,i)\alpha(j,i)$。因此，当 $\alpha(i,j)=p(z_j)\boldsymbol{Q}(j,i)$ 以及 $\alpha(j,i)=p(z_i)\boldsymbol{Q}(i,j)$ 时，等式成立。所以，当随机采样的 z_i 和 z_{i+1}^* 计算出的接收率满足条件时，可以认为对状态 z_{i+1}^* 而言，$\boldsymbol{Q}$ 能近似表示 $\boldsymbol{P}$。

$\boldsymbol{Q}$ 的选择极其关键，它直接决定了多少次迭代能够达到稳定分布，故目前仍然是研究界的一个关注热点。实际上，$\boldsymbol{Q}$ 可以设置得足够简单，比如均匀分布、高斯分布等，这样能很容易地进行样本生成。同时，还需考虑设置合适的接收率，满足细致平稳条件，否则大量采样的样本也难以实现收敛。

例 3.8 假设需估计银杏树上叶子的颜色深浅 x 的概率分布 $f(x)$，如果将一片银杏叶的颜色与其邻接的银杏叶的颜色变化关系视为状态转移，在随机给定状态转移矩阵 $\boldsymbol{Q}$ 的前提下，若我们的目标是期望 $f(x)$ 收敛到某个平稳分布 $\pi(x)$（假设为一个正态分布），应该如何操作获取采样样本 X 呢？

解：首先要设定状态转移次数为 n_1，需要的银杏叶样本数为 n_2，接着从任意简单概率分布采样得到初始化银杏叶颜色 x_0，然后就是在树上循环采样 n_2 个银杏叶的过程：

（1）初始设定 $t=0$；

(2) 从条件概率分布 $Q(x \mid x_t)$(从转移矩阵 $\boldsymbol{Q}$ 获得)抽样银杏叶颜色 x^*;

(3) 从标准均匀分布中采样 u,如果 $u<\alpha(x_t, x^*)=\pi(x^*)Q(x^*, x_t)$,则接受 $x_t \to x^*$,即 $X_{t+1}=x^*$,否则不接受转移,$X_{t+1}=x_t$;

(4) 若 $t<n_1+n_2-1$,则返回第(1)步继续循环,否则结束循环,将 $X_{n_1}, X_{n_1+1}, \cdots, X_{n_1+n_2-1}$ 作为采样的样本值计算银杏叶颜色概率分布 $f(x)$。

3.4.3 Metropolis-Hastings 采样

在马尔可夫链蒙特卡罗采样算法中,随机选取的状态转移矩阵 $\boldsymbol{Q}$ 往往会导致采样分布与目标分布差异较大,故在使用采样分布模拟目标分布时会选取较小的接收率,从而使得采样次数增多,进而造成收敛缓慢。为解决这一问题,Metropolis[9] 提出了 Metropolis 采样算法,随后 Hastings[10] 进一步改进了该算法,形成了完整的 Metropolis-Hastings 采样算法。

Metropolis-Hastings 采样算法在保持细致平稳条件成立的情况下,对接收率进行了更改,可得

$$\alpha(i,j)=\min\left\{\frac{p(z_j)Q(j,i)}{p(z_i)Q(i,j)},1\right\} \tag{3.69}$$

此时,采样过程就拥有了更大的接收率,提升了收敛速度。

Metropolis-Hastings 采样算法将 MCMC 算法中的接收率改为如式(3.69)所示,具体流程如算法 1 所示。

算法 1 Metropolis-Hastings 采样算法流程

输入: 初始状态 z_0,状态转移矩阵 $\boldsymbol{Q}$,最大转移次数 n_{tran},采样数量 n_{samp} 和计数器 i,均匀分布 $U[0,1]$

输出: 采样样本集合 $S=\{S_1, S_2, \cdots, S_{n_{\text{samp}}}\}$

(1) 初始化计数器 $i=0$ 与采样样本集合 $S=\varnothing$。

(2) 判断 S 中样本数量是否达到采样数量,即 $|S|=n_{\text{samp}}$,若满足,则输出结果,停止算法;否则进入步骤(3)。

(3) 输入当前样本 z_i,根据转移矩阵 $\boldsymbol{Q}$ 得到下一时刻的可能采样点 z_{i+1}^*,$z_{i+1}^*=z_i\boldsymbol{Q}(\cdot \mid z_i)$,进入步骤(4)。

(4) 从标准均匀分布中采样 u,当满足 $u<\min\left\{\frac{p(z_j)Q(j,i)}{p(z_i)Q(i,j)},1\right\}$ 时,状态转移成功,$z_{i+1}=z_{i+1}^*$,否则,$z_{i+1}=z_i$;若满足 $i \leqslant n_{\text{tran}}$,则将当前样本加入采样样本集合 S;进入步骤(5)。

(5) 计数器 $i=i+1$,转到步骤(2)。

Metropolis-Hastings 采样算法仍然难以处理高维度数据。这是因为:首先,特征接收率计算式$\frac{p(z_j)Q(j,i)}{p(z_i)Q(i,j)}$带来了庞大的计算量,并且其计算结果仍然存在被拒绝的可能性;其次,高维度数据存在各维度联合分布难以求解的情况。而吉布斯采样[11]则有效避免了这两个问题,并在实际中得到了更为广泛的应用。

3.4.4 吉布斯采样

给定高维随机变量的情况,吉布斯采样从维度分解的角度简化样本的生成,也就是每一次只考虑一个维度进行采样,并固定其他维度。之后依次迭代处理不同的维度,生成采样结果。

具体来说,给定 k 维随机变量 $Z=\{x_i\}, i=1,\cdots,k$,首先考虑第一个维度 x_1,并按照条件概率分布 $p(x_1 \mid x_2,x_3,\cdots,x_k)$采样第一个维度数值。之后在第一个维度采样数值的基础上,按照条件概率分布 $p(x_2 \mid x_1,x_3,\cdots,x_k)$采样第二个维度数值。上述过程依次对所有维度实现采样。之后,再从第一个维度开始,循环采样,生成足够数量的样本。二维吉布斯采样算法流程如算法 2 所示。

算法 2 二维吉布斯采样算法流程

输入:样本空间 Ω

输出:样本集 $Z=\{(x^m,y^m),(x^{m+1},y^{m+1}),\cdots,(x^{m+n-1},y^{m+n-1})\}$

(1) 初始化:初始状态值$z^0=\{x^0,y^0\}$,状态转移次数阈值 m,需要的样本个数 n,初始迭代次数$t=0$。

(2) **while** $t<m+n$ **do**。

(3) $z'=\{x^{t+1},y^t\}, x^{t+1}\sim p(x \mid y^t)$。

(4) $z''=\{x^{t+1},y^{t+1}\}, y^{t+1}\sim p(y \mid x^{t+1})$。

(5) if $t\geqslant m$ then。

(6) 将 z''加入样本集 Z。

(7) $t=t+1$。

(8) **end while**。

下面考虑一个二维随机变量 $z=\{x,y\}$,概率分布函数 $p(z)=p(x,y)$如下所示

$$p(x,y)=\frac{n!}{(n-x)!\ x!}y^{(x+\alpha-1)}(1-y)^{(n-x+\beta-1)}, x\in\{0,\cdots,n\}, y\in[0,1] \tag{3.70}$$

显然,直接从 $p(z)$模拟整个分布很困难,但是可以利用吉布斯采样从条件分布 $p(x \mid y)$和 $p(y \mid x)$中获得联合分布的模拟情况,其中

$$p(x \mid y)\sim Bi(n,y) \tag{3.71}$$

$$p(y \mid x)\sim Beta(x+\alpha,n-x+\beta-1) \tag{3.72}$$

具体的吉布斯采样过程如下所示:

(1) 首先随机初始化初始状态值$z^0=\{x^0,y^0\}$,并且设定状态转移次数阈值 m 和需要的样本个数 n;

(2) 接下来从 $t=0$ 到 $m+n-1$ 开始迭代,即

$$\begin{aligned} z^1&=\{x^1,y^0\}, \quad x^1\sim p(x\mid y^0)\\ z^2&=\{x^1,y^1\}, \quad y^1\sim p(y\mid x^1)\\ z^3&=\{x^2,y^1\}, \quad x^2\sim p(x\mid y^1)\\ &\cdots \end{aligned} \tag{3.73}$$

其中,从条件概率分布 $p(x\mid y^t)$ 中采样得到样本x^{t+1},从条件概率分布 $p(y\mid x^{t+1})$ 中采样得到样本y^{t+1};

(3) 取最终迭代得到的超过阈值 m 的样本集 Z

$$Z=\{(x^m,y^m),(x^{m+1},y^{m+1}),\cdots,(x^{m+n-1},y^{m+n-1})\} \tag{3.74}$$

通过样本集 Z 便可模拟得到分布 $p(z)$。

为了简化分析,上面给出的是一个二维情况下的吉布斯采样的例子。通常高维数据的联合分布难以获得,积分、期望难以计算,但是条件概率很容易获得,因此利用了条件概率分布的吉布斯采样更加适用于高维数据的采样。除此之外,吉布斯采样也被应用于其他许多领域,包括贝叶斯网络、支持向量机、图像分割等。

习题

1. 阐述贝叶斯最小风险判决准则与贝叶斯最小错误概率判别准则的基本原理,试分析它们之间的区别与联系。

2. 假设某工厂生产某种零部件是合格(y_1)和不合格(y_2)两类的概率分别为

$$P(y_1)=0.9, P(y_2)=0.1$$

现有一个零部件,其特征为 x,且已知条件概率 $P(x\mid y_1)=0.2, P(x\mid y_2)=0.5$,用贝叶斯最小错误率决策分类方法对该零部件进行分类。

3. 已知$\mathcal{C}_1$和$\mathcal{C}_2$两类均为一维模式,其条件概率密度分别为 $p(x\mid \mathcal{C}_1)$ 和 $p(x\mid \mathcal{C}_2)$,如图 3.21所示。在两类先验概率为 $p(\mathcal{C}_1)=p(\mathcal{C}_2)$、$p(\mathcal{C}_1)=0.2, p(\mathcal{C}_2)=0.8$ 的条件下,试用贝叶斯最小错误率决策准则判别 2 个样本 $x_1=2$、$x_2=2.5$ 所属的类别,并分析判别结果。

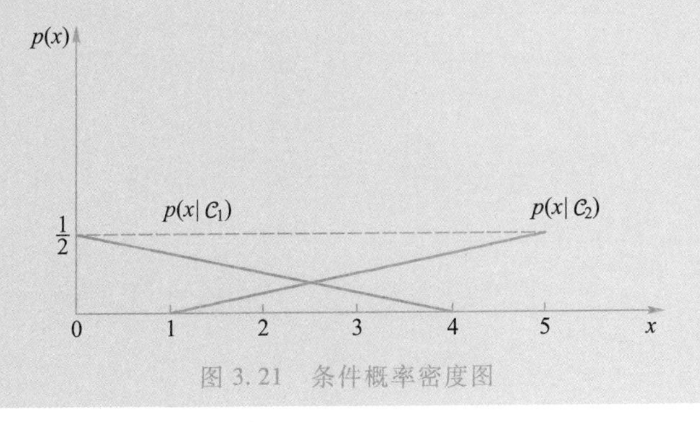

图 3.21 条件概率密度图

4. 设经过某港口的货船和游艇的数量之比是 3∶1,货船中途停靠港口的概率为 0.2,游艇中途停靠港口的概率为 0.1。现有一辆轮船中途停靠港口,求该轮船是货轮的概率是多少?利用表 3.2 所示决策表,按最小风险决策准则进行分类。

表 3.2 决 策 表

决策	状态	
	$\mathcal{C}_1$	$\mathcal{C}_2$
	损失	
α_1	0	1
α_2	10	0

5. 在字符检测中,假定类型$\mathcal{C}_1$为字符,类型$\mathcal{C}_2$为非字符,已知先验概率 $P(\mathcal{C}_1)=0.6$ 和 $P(\mathcal{C}_2)=0.4$,现在有两个待识样本x_1 和x_2,类条件概率密度分别为

$$P(x \mid \mathcal{C}_1):0.8,0.1$$

$$P(x \mid \mathcal{C}_2):0.2,0.9$$

(1) 试用贝叶斯最小错误率决策准则判决两个样本各属于哪一个类型;

(2) 如果 ρ_{12} 表示属于$\mathcal{C}_1$类判决$\mathcal{C}_2$所造成的损失,正确判断的损失 $\rho_{11}=\rho_{22}=0$,如果 $\rho_{12}=4$,试用贝叶斯最小风险准则判决两个样本均属于第一类时,误判损失 ρ_{21} 应该如何设计?请分析两种分类结果的异同及原因。

6. 给定两类$\mathcal{C}_1$和$\mathcal{C}_2$,$P(\mathcal{C}_1)=0.4$,$P(\mathcal{C}_2)=0.6$,对于一个样本 x,$P(x \mid \mathcal{C}_1)=0.8$,$P(x \mid \mathcal{C}_2)=0.3$。

(1) 试用最小错误判别准则,判断 x 的类别;

(2) 如果损失系数 $\rho_{11}=0$,$\rho_{22}=0$,$\rho_{12}=1$,$\rho_{21}=4$,试用最小损失准则判断 x 的类别。

7. 给定两类$\mathcal{C}_1$和$\mathcal{C}_2$,似然概率函数如图 3.22 所示,其中 $P(x \mid \mathcal{C}_1)=0.45$,$P(x \mid \mathcal{C}_2)=0.2$。

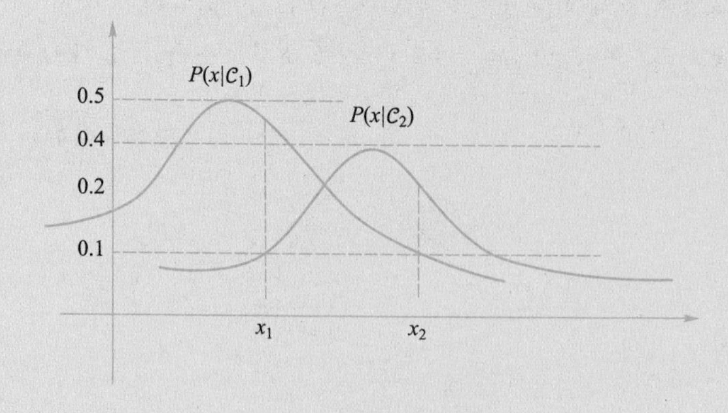

图 3.22 似然概率函数

（1）当 $P(\mathcal{C}_1)=P(\mathcal{C}_2)=0.5$ 时，判定 x_1 与 x_2 的类别；

（2）当 $P(\mathcal{C}_1)=0.15, P(\mathcal{C}_2)=0.85$ 时，判定 x_1 与 x_2 的类别。

8. 已知联合分布

$$p(x_1,x_2,x_3,x_4,x_5,x_6,x_7)=p(x_1)p(x_2)p(x_3)p(x_4\mid x_1,x_2,x_3)\\ p(x_5\mid x_1,x_3)p(x_6\mid x_4)p(x_7\mid x_4,x_5)$$

试画出其贝叶斯网络。

9. 给定数据样本为：$X=\{1,1,2,3,3,4,4,5,6,7,7,8\}$。假设该样本服从高斯分布，满足独立同分布条件，请使用最大似然估计方法估计该高斯分布的均值与方差。

10. 在投掷硬币的实验中，设正面朝上($x_i=1$)的概率为 q，反面朝上($x_i=0$)的概率为 $1-q$。设 $X=\{x_1,x_2,\cdots,x_n\}$ 为投掷硬币的实验结果样本，$x_i\in\{0,1\}$。请利用最大似然估计的方法，求参数 q 的估计值。

11. 假设输入输出数据集 $\{x_i,y_i\}_{i=1}^N$，其中第 i 个输入数据 x_i 对应的输出为 y_i，y_i 符合均值为 $w\,x_i+b$、方差为 1 的高斯分布

$$p(y_i\mid w,x_i)=\frac{1}{\sqrt{2\pi}}\exp\frac{-(y_i-w\,x_i-b)^2}{2}$$

在上述模型中待求的参数为 w 和 b，请利用最大似然估计方法估计这两个参数。

12. 将 10 个人的空腹血糖指数作为观测样本，用 X 表示，对应的类别用 Y 表示，共有两种类别：糖尿病患者(A)和正常(B)。样本统计表如表 3.3 所示。

表 3.3 样本统计表

X	9	6	5	5	4	5	6	5	5	5
Y	A	A	B	B	B	B	B	B	B	B

假设两类数据都符合高斯分布，请利用最大似然估计方法估计其分布参数，并完善表 3.4。

表 3.4 样本分布参数表

$\mu_A=$	$\sigma_A^2=$	$P(Y=A)=$
$\mu_B=$	$\sigma_B^2=$	$P(Y=B)=$

13. 已知 d 维随机向量 $\boldsymbol{x}$ 的正态分布多元联合概率密度为

$$p(\boldsymbol{x})=\frac{1}{(2\pi)^{\frac{d}{2}}\,|\boldsymbol{\Sigma}|^{\frac{1}{2}}}\exp\left[-\frac{1}{2}(\boldsymbol{x}-\boldsymbol{\mu})^{\mathrm{T}}\boldsymbol{\Sigma}^{-1}(\boldsymbol{x}-\boldsymbol{\mu})\right]$$

对于数据样本 $X=\{x_1,x_2,\cdots,x_n\}$，现已知其协方差矩阵为 $\boldsymbol{\Sigma}$，请使用最大似然估计方法确定均值 $\boldsymbol{\mu}$ 的估计值。

14. 已知样本为 $X=\{x_1,x_2,x_3,x_4,x_5\}=\{0.2,1.1,1.7,3.5,3.8\}$，采用直方图估计法进行概率密度估计，将[0, 5]的区间均匀分成 k 份小区间。欲使每个小区间内的概率密度均不为0，问 k 最大为多少？

15. 已知样本为 $X=\{x_1,x_2,x_3,x_4\}=\{0,1,4,6\}$，设 $h_1=4$，请采用 Parzen 窗函数估计法估计在 $x=5$ 和 $x=6.1$ 处得到的概率密度 $p(x)$，其中选择的窗函数为

$$\varphi(x)=\mathrm{u}(x+0.5)-\mathrm{u}(x-0.5)$$

$\mathrm{u}(\cdot)$ 为单位阶跃函数。

16. 已知样本为 $X=\{x_1,x_2,x_3\}=\{0,1,2\}$，采用 Parzen 窗函数估计法估计得到的概率密度为 $p(x)$，$p(x)$ 的最大值记为 M，若采用方窗函数，窗宽 $h=2$。

(1) 若某一随机变量的概率密度函数为 $p(x)$，该随机变量的均值是多少？

(2) 若估计采用的窗函数为指数窗函数，求 M；

(3) 若估计采用的窗函数为正态窗函数，求 M。

17. 给定数据样本 $X=\{3,4,5,5,6,12,14,14,15,16,17,18\}$，采用 Parzen 窗函数估计法估计在 $x=5$ 和 $x=14$ 处的密度函数 $p(x)$，其中窗宽 $h=4$。试分别计算出采用方窗和正态窗的估计结果。

18. 给定数据样本 $X=\{-3,-1,0,2,3,3,6,7,8,8\}$，采用 Parzen 窗函数估计法估计概率密度函数 $p(x)$ 在 $x=3$ 处的概率（此处采用方窗函数，窗宽 $h=4$），并分析窗宽变化对概率密度估计的影响。

19. 给定两类数据样本

$$X_1=\{-3,-2,-1,-1,0,1,1,2,2,3\}$$
$$X_2=\{1,2,3,3,4,5,5,6,6,7\}$$

试用贝叶斯最小错误率决策判别观测样本 $x=2$ 属于哪一类？此处采用方窗函数的 Parzen 窗函数估计法估计概率密度方法，窗宽 $h=5$。

20. 给定两类水果：苹果 X 和西瓜 Y。对应的样本数据（水果直径）为

$$X=\{5,8.5,7.5,9,7\}$$
$$Y=\{22,21,21.5,20.5\}$$

(1) 设两类水果似然概率服从正态分布，请用最大似然估计方法估计两类水果的似然概率密度；

(2) 如果 $P(X)=0.6$，$P(Y)=0.4$，试采用最小错误率判别准则判定样本8.3和23的类别；

(3) 请采用 Parzen 窗函数估计法（窗宽为2的方窗函数），分别估计样本8.3在 X 类和 Y 类的似然概率密度 $P(8.3|X)$ 和 $P(8.3|Y)$，并在 $P(X)=0.6$、$P(Y)=0.4$ 下，按照最小错误率判别准则，判定两个样本的类别。

21. 已知某一类样本为 $X=\{x_1,x_2,x_3,x_4\}=\{0,1,4,5\}$，采用 K 近邻估计法估计得到的概率密度 $p(x)$。

(1) 采用方窗函数，$K=2$，并画出 $p(x)$；

(2) 采用方窗函数，$K=3$，并画出 $p(x)$。

22. 设有三状态马尔可夫过程，状态空间 $S=\{0,1,2\}$，设随机产生的状态转移矩阵 $\boldsymbol{Q}=\begin{bmatrix}0.7 & 0.1 & 0.2\\0.1 & 0.6 & 0.3\\0.2 & 0.3 & 0.5\end{bmatrix}$，目标平稳分布 $\boldsymbol{\pi}=(0.7,0.2,0.1)$，利用 Metropolis-Hastings 采样算法计算状态转移时的接受率 $\alpha(i,j)$，$i\neq j$。(提示：$\boldsymbol{Q}$ 为对称矩阵。)

23. 已知马尔可夫过程的状态转移图如图 3.23 所示，请写出状态转移矩阵 $\boldsymbol{P}$，并求平稳分布 $\boldsymbol{\pi}$。

24. 已知有二状态马尔可夫过程，状态空间 $S=\{0,1\}$，设随机产生的状态转移矩阵 $\boldsymbol{Q}=\begin{bmatrix}0.7 & 0.3\\0.1 & 0.9\end{bmatrix}$，目标平稳分布 $\boldsymbol{\pi}=(0.6,0.4)$，设在 t 时刻采样状态 $x_t=0$，依据条件分布采样结果 $x^*=1$，均匀分布采样 $U=0.2$，分别利用原始蒙特卡罗采样方法和 Metropolis-Hastings 采样算法分析该状态转移是否应该接受，并从该角度分析 Metropolis-Hastings 采样算法的优越性。

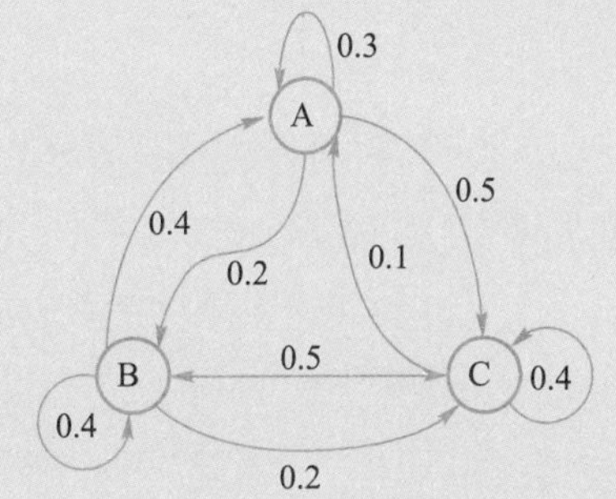

图 3.23 马尔可夫过程的状态转移图

25. (编程题)假设 X 和 Y 是取值 **0** 或 **1** 的随机变量，X 与 Y 的联合分布如表 3.5 所示。试使用吉布斯采样迭代 10 次生成 (x,y) 的模拟数据。

表 3.5 联合分布表

X	Y	$P(X,Y)$
0	0	0.6
0	1	0.15
1	0	0.1
1	1	0.15

26. (创新思考题)下面是李白的 10 首 5 言诗和杜甫的 10 首 5 言诗的题目。

杜甫：《绝句》《春望》《春夜喜雨》《登岳阳楼》《旅夜书怀》《月夜》《八阵图》《月夜忆舍弟》《归雁》《武侯庙》《绝句二首》

李白：《静夜思》《夜宿山寺》《独坐敬亭山》《越女词》《题情深树寄象公》《渌水曲》《秋浦歌十七首·其十五》《估客行》《玉阶怨》《劳劳亭》

以这些诗里面的句子作为训练样本集,思考如何利用统计判别方法决策:

(1)“白水绕东城”这句出自谁的诗?

(2)该句诗可能出现在第几句?

(注意:① 可以增加训练诗词,但不能采用包括该句诗词的诗作为训练样本;② 可以采用不同的特征,比如韵律等。)

第3章习题解答

参考文献

[1] FISZ M, BARTOSZYŃSKI R. Probability theory and mathematical statistics[M]. Hoboken: John Wiley & Sons, 1963.

[2] LINDLEY D V. Fiducial distributions and Bayes' theorem[J]. Journal of the royal statistical society: series B (methodological), 1958, 20(1): 102-107.

[3] BISHOP C M. Pattern recognition and machine learning[M]. New York: Springer, 2006.

[4] RISH I. An empirical study of the naive bayes classifier[C]//International Joint Conference on Artificial Intelligence Workshop on Empirical Methods in Artificial Intelligence, 2001: 41-46.

[5] CASELLA G, BERGER R L. Statistical inference [M]. Pacific Grove: Thomson Learning, 2002.

[6] DEGROOT M H. Optimal statistical decisions[M]. Hoboken: John Wiley & Sons, 2005.

[7] PARZEN E. On estimation of a probability density function and mode[J]. The annals of mathematical statistics, 1962, 33(3): 1065-1076.

[8] DUDA R O, HART P E, STORK D G. Pattern classification[M]. Hoboken: John Wiley & Sons, 2001.

[9] METROPOLIS N, ROSENBLUTH A W, ROSENBLUTH M N, et al. Equation of state calculations by fast computing machines [J]. The journal of chemical physics, 1953, 21 (6): 1087-1092.

[10] HASTINGS W K. Monte Carlo sampling methods using Markov chains and their applications [J]. Biometrika, 1970, 57(1): 97-109.

[11] GEMAN S, GEMAN D. Stochastic relaxation, Gibbs distributions, and the Bayesian restoration of images[J]. IEEE transactions on pattern analysis and machine intelligence, 1984, PAMI-6 (6): 721-741.

[12] KINDERMANN R, SNELL J L. Markov random fields and their applications[M]. Providence: American Mathematical Society, 1980.

[13] LE CAM L. On some asymptotic properties of maximum likelihood estimates and related Bayes'estimates[J]. Univ. Calif. Publ. in Statist. 1 (1953): 277-330.

[14] PEARL J. Bayesian Networks: A Model of Self-Activated Memory for Evidential Reasoning[C]//Proceedings of the Conference of the Cognitive Science Society, 1985: 329-334.

第 4 章

有监督判别学习

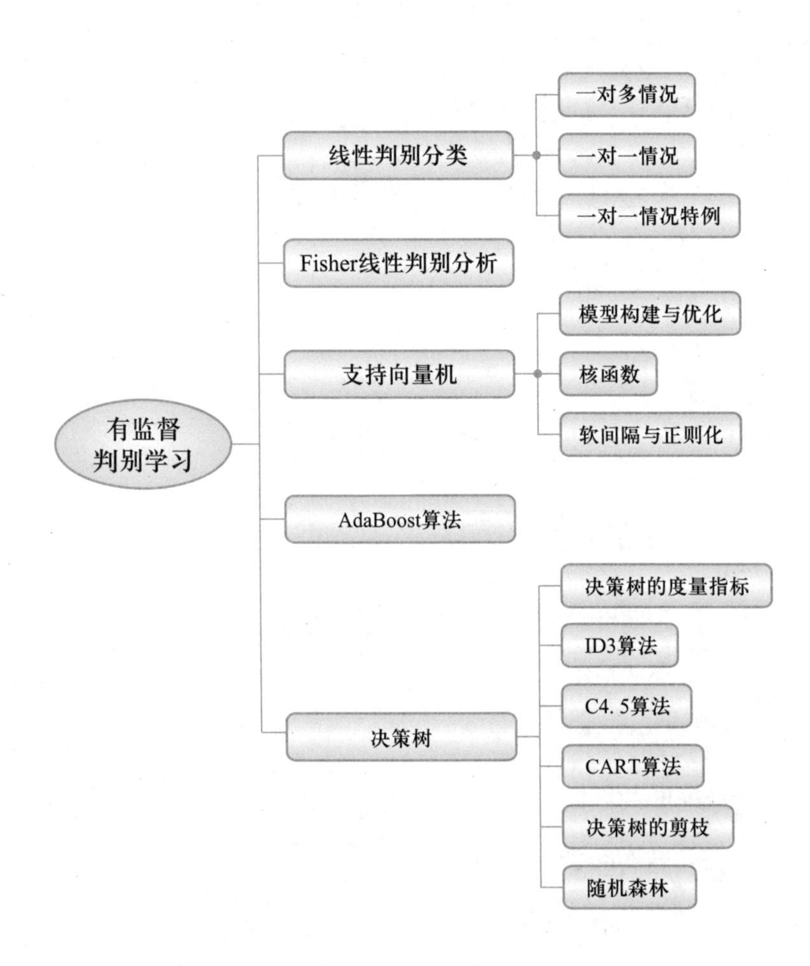

有监督判别学习
线性判别分类
一对多情况
一对一情况
一对一情况特例
Fisher线性判别分析
支持向量机
模型构建与优化
核函数
软间隔与正则化
AdaBoost算法
决策树
决策树的度量指标
ID3算法
C4.5算法
CART算法
决策树的剪枝
随机森林

4.1 引 言

第 4 章课件

上一章讨论了如何通过样本特征与类别的类条件概率密度及其各种等价形式实现统计判别任务。然而,实际应用中,类条件概率密度的形式往往复杂多变,难以确定。非参数估计法虽然能够逼近类条件概率密度的实际分布,但对训练样本的数量、窗函数选择、窗宽设置等非常敏感。那么,是否可以摆脱困难的类条件概率密度估计,直接推断样本的类别呢?本章将介绍判别任务的另一个经典解决思路,即如何利用简单的线性或非线性函数推断样本的类别。如日常听到的乐器演奏,所听到的声音可能存在频率、分贝等特征 $\boldsymbol{x}$,可以通过建立一个线性模型 $f(\boldsymbol{x})=\boldsymbol{w}^{\mathrm{T}}\boldsymbol{x}+b$,直观地预测出声音所属的乐器,其中 $f(\boldsymbol{x})$ 的输出用于区分类别。本章不仅将介绍线性判别函数模型的基础知识[1],还将介绍多种经典的线性判别模型,例如线性判别分类[2]、支持向量机[3-12,16]、Adaptive Boosting(AdaBoost)[13]以及决策树等[14]。

4.2 线性判别分类

令 $\boldsymbol{x}=(x_1,x_2,\cdots,x_d)^{\mathrm{T}}$ 表示维度为 d 的样本特征向量,其中 x_i 为 $\boldsymbol{x}$ 第 i 个维度上的特征取值。线性判别的目的就是通过 $\boldsymbol{x}$ 各维度的线性组合来构建判别函数,依据判别函数的输出实现样本类别的预测,即

$$f(\boldsymbol{x})=\sum_{i=1}^{d} w_i x_i+b \tag{4.1}$$

其向量表达式可写为

$$f(\boldsymbol{x})=\boldsymbol{w}^{\mathrm{T}}\boldsymbol{x}+b \tag{4.2}$$

其中,$\boldsymbol{w}=[w_1,w_2,\cdots,w_d]^{\mathrm{T}}$ 为 $\boldsymbol{x}$ 在各维度上线性加权的权值,b 为偏差项,$f(\boldsymbol{x})$ 为输出,对应于类别。此处,$\boldsymbol{w}$ 和 b 为待学习的未知参数。

线性判别函数的形式简单,可解释性强。从特征空间的几何关系中可以看出,随着特征空间维度的提升,线性判别函数的几何表现形式从一维的点、二维的直线扩展到高维的超平面。将判别函数输出置零即可得到 d 维特征空间中的一个 $(d-1)$ 维的决策面 $f(\boldsymbol{x})=0$。权向量 $\boldsymbol{w}$ 为决策面内任意向量的法线,与决策面垂直,决定了决策面的方向。偏差 b 确定了决策面在特征空间的偏移,即位置。一旦确定了 $\boldsymbol{w}$ 和 b,就唯一地确定了一个决策面。

每个线性判别函数构建的决策面都将特征空间一分为二,也就是确定了两个区域,分别对应两个类别,即可通过判断样本与决策面的相对位置(落于哪个区域)推断其类别。以两类问题

为例,决策规则可表示为

$$\begin{cases} f(\boldsymbol{x})>0 & \boldsymbol{x}\in\mathcal{C}_1 \\ f(\boldsymbol{x})<0 & \boldsymbol{x}\in\mathcal{C}_2 \\ f(\boldsymbol{x})=0 & \text{无法判别} \end{cases} \tag{4.3}$$

对于多类问题的判别(如 k 类:$\mathcal{C}_1,\mathcal{C}_2,\mathcal{C}_3,\cdots,\mathcal{C}_k$),通常可按照多个两类分类的组合进行线性判别分类[14],具体形式如下。

(1) 一对多情况:对每一类与非此类构建二分类问题,并进行集成分析,即 $\boldsymbol{x}$ 是否属于 $\mathcal{C}_i$类;

(2) 一对一情况:对多类中任意两类构建二分类问题,并进行集成分析,即判别 $\boldsymbol{x}$ 属于$\mathcal{C}_i$类还是$\mathcal{C}_j$类;

(3) 一对一情况特例:对多类中任意两类采用两类判别,且每一类有自己单独的判别函数,使得不确定区域最小,这也是 $\boldsymbol{x}$ 属于$\mathcal{C}_i$类还是$\mathcal{C}_j$类范畴的特例。

4.2.1 一对多情况

多分类问题由一系列二分类问题组成,通过二分类模型的输出集成预测某一个类别。一对多情况的二分类问题由"$\boldsymbol{x}$ 是否属于第$\mathcal{C}_i$类"的二分类问题组成,即属于第$\mathcal{C}_i$类还是非$\mathcal{C}_i$类的二分类问题,是一对多的情况。对于 k 个类别的分类问题,需要构建 k 个一对多的二分类模型 $f_1(\boldsymbol{x}),\cdots,f_k(\boldsymbol{x})$,分别对应是否属于$\mathcal{C}_1,\cdots,\mathcal{C}_k$。设 $\boldsymbol{x}$ 属于$\mathcal{C}_i$类,则 $f_i>0$,反之 $f_i<0$,于是判断 $\boldsymbol{x}$ 属于$\mathcal{C}_i$类的判别形式为

$$\begin{cases} f_i(\boldsymbol{x})>0, & \boldsymbol{x}\in\mathcal{C}_i \\ f_j(\boldsymbol{x})<0, & \boldsymbol{x}\notin\mathcal{C}_j \end{cases} \tag{4.4}$$

下面以三个类别的分类问题举例。比如,对于银杏叶、枫叶、竹叶三类数据,根据一对多的分类原则,需要构建三个判别函数分别表示是否属于银杏叶、是否属于枫叶,以及是否属于竹叶。这三个判别函数分别决定了三个判别边界,如图 4.1 所示,其中点、加号和三角分别表示银杏叶、竹叶和枫叶样本点二维特征空间的分布,横坐标和纵坐标分别表示树叶的两个属性,如横坐标表示颜色,纵坐标表示面积。

这里定义了三类$\mathcal{C}_1$、$\mathcal{C}_2$、$\mathcal{C}_3$的判别函数分别为

$$\begin{cases} f_1(\boldsymbol{x})=-x_1-x_2+3 \\ f_2(\boldsymbol{x})=x_1-x_2-1 \\ f_3(\boldsymbol{x})=x_2-2 \end{cases} \tag{4.5}$$

可以计算得到三个一对多的判别边界为

$$\begin{cases} f_1(\boldsymbol{x})=-x_1-x_2+3=0 \\ f_2(\boldsymbol{x})=x_1-x_2-1=0 \\ f_3(\boldsymbol{x})=x_2-2=0 \end{cases} \tag{4.6}$$

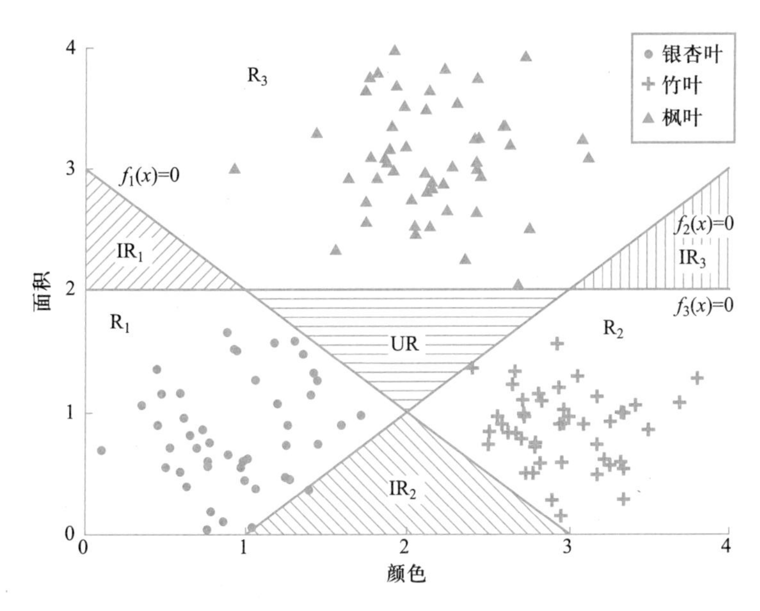

图 4.1 多类问题一对多判别区域示意图

从图 4.1 中可以看出,图中区域 R_1、R_2、R_3 中的样本点分别属于银杏叶、竹叶、枫叶的区域。比如在 R_1 中,可知 $f_1(\boldsymbol{x})>0$,$f_2(\boldsymbol{x})<0$,$f_3(\boldsymbol{x})<0$。但是,从图中看到,如果某个样本 $\boldsymbol{x}$ 使两个以上的判别函数 $f_i(\boldsymbol{x})>0$,则此种多分类策略就无法确定 $\boldsymbol{x}$ 的类别,如图 4.1 中 IR_1、IR_2、IR_3 区域。这些区域称为不可识别区域。除了上述两种情况,还有一种不确定区域的情况是三个判别函数均出现 $f_i(\boldsymbol{x})<0$,即图中的 UR 区域,落在该区域的样本的判别函数均为负值,难以确定类别,称为未知区域。可以看出 IR_1、IR_2、IR_3、UR 都为不确定区域。因此,一对多情况下的分类明确的区域有限,存在较多的不确定区域。

例 4.1 针对上述例子,当样本 $\boldsymbol{x}=[x_1,x_2]^{\mathrm{T}}=[6,1]^{\mathrm{T}}$ 时,如何判别其类别?

解:代入判别函数方程组得

$$\begin{cases} f_1(\boldsymbol{x})=-x_1-x_2+3=-4 \\ f_2(\boldsymbol{x})=x_1-x_2-1=4 \\ f_3(\boldsymbol{x})=x_2-2=-1 \end{cases}$$

得:$f_1(\boldsymbol{x})=-4$,$f_2(\boldsymbol{x})=4$,$f_3(\boldsymbol{x})=-1$,即 $f_1(\boldsymbol{x})<0$,$f_2(\boldsymbol{x})>0$,$f_3(\boldsymbol{x})<0$,所以该样本属于$\mathcal{C}_2$类。

4.2.2 一对一情况

不同于一对多情况下的某一类和非该类的二分类情况。一对一情况考虑其中的任意两类,即对于任意的两个类别$\mathcal{C}_i$和$\mathcal{C}_j$构建二分类模型,并将所有两两类别分类模型的输出集成得到最终的类别预测结果。

相比于一对多情况,一对一情况的二分类判别平面的数量更多。对于 k 类的分类问题,前面一对多情况对应于 k 个类别,因此有 k 个二分类判别平面,而一对一情况需要考虑任意的两种类别，因此共有 $k\times(k-1)/2$ 个判别平面。对于两类问题，$k=2$，则有1个判别平面。同理，四类问题则有6个判别平面，大于一对多情况的4个判别平面。

具体地，设$\mathcal{C}_i$和$\mathcal{C}_j$类的判别函数为

$$f_{ij}(\boldsymbol{x})=\boldsymbol{w}_{ij}{}^{\mathrm{T}}\boldsymbol{x}+b_{ij} \tag{4.7}$$

则判别边界为

$$f_{ij}(\boldsymbol{x})=0 \tag{4.8}$$

其中判别函数性质

$$f_{ij}(\boldsymbol{x})=-f_{ji}(\boldsymbol{x}) \tag{4.9}$$

这就引出了一对一情况下，判定的条件为

$$\begin{cases} f_{ij}(\boldsymbol{x})>0,\text{当 } \boldsymbol{x}\in\mathcal{C}_i \\ f_{ij}(\boldsymbol{x})<0,\text{当 } \boldsymbol{x}\in\mathcal{C}_j \end{cases},i\neq j \tag{4.10}$$

即对所有的 j，当 $f_{ij}(\boldsymbol{x})>0$ 时，$\boldsymbol{x}$ 属于第 i 类。

下面仍以前面的例子举例分析，对于银杏叶、竹叶、枫叶三类数据，根据一对一的分类准则，需要构建 $3\times(3-1)/2=3$ 个判别函数分别区分属于银杏叶或竹叶、属于银杏叶或枫叶、属于竹叶或枫叶，如图4.2所示。

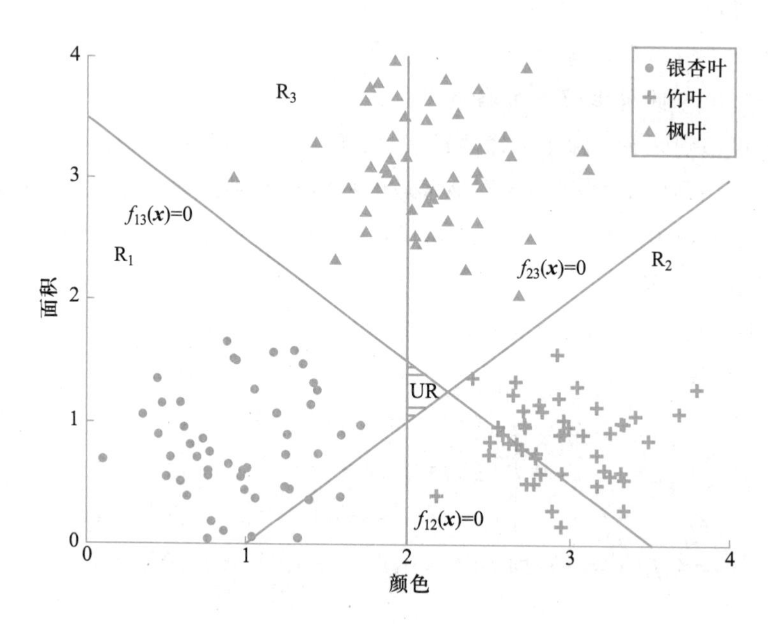

图4.2 多类问题一对一情况判别区域示意图

这里定义了三类$\mathcal{C}_1$、$\mathcal{C}_2$、$\mathcal{C}_3$的判别函数分别为

$$\begin{cases} f_{12}(\boldsymbol{x})=2-x_1 \\ f_{13}(\boldsymbol{x})=-x_1-x_2+3.5 \\ f_{23}(\boldsymbol{x})=x_1-x_2-1 \end{cases} \tag{4.11}$$

则判别边界为

$$\begin{cases} f_{12}(\boldsymbol{x}) = 2 - x_1 = 0 \\ f_{13}(\boldsymbol{x}) = -x_1 - x_2 + 3.5 = 0 \\ f_{23}(\boldsymbol{x}) = x_1 - x_2 - 1 = 0 \end{cases} \tag{4.12}$$

从图 4.2 中可以看出，图中区域 R_1、R_2、R_3 中的样本点分别属于银杏叶、竹叶、枫叶。比如样本落在 R_2 中，可知 $f_{21}(\boldsymbol{x})>0$，$f_{23}(\boldsymbol{x})>0$。

相比前一种一对多的情况，图 4.2 中不可识别区域 IR_1、IR_2、IR_3 已不存在。但是，仍存在一种不确定区域的情况，使得三个判别函数均有 $f_{ij}(\boldsymbol{x})<0$，即图中的 UR 区域。可以看出，相对于一对多的分类情况，一对一分类情况的不确定区域减少了。

例 4.2 针对上述例子，当样本 $\boldsymbol{x}=[x_1,x_2]^{\mathrm{T}}=[4,2]^{\mathrm{T}}$ 时，如何判别其类别？

解：代入判别函数可得

$$f_{12}(\boldsymbol{x}) = -2,\ f_{13}(\boldsymbol{x}) = -2.5,\ f_{23}(\boldsymbol{x}) = 1$$

把下标对换可得

$$f_{21}(\boldsymbol{x}) = 2,\ f_{31}(\boldsymbol{x}) = 2.5,\ f_{32}(\boldsymbol{x}) = -1$$

可以看出 $f_{2j}(\boldsymbol{x})>0$，因此 $\boldsymbol{x}$ 属于 $\mathcal{C}_2$ 类。

4.2.3 一对一情况特例

一对一分类情况依然存在不确定区域的问题，那么该如何消除不确定区域呢？直观来讲，也就是将图 4.2 中的分类界面相交于同一个点，使得不确定区域缩减为零。为了使得分类界面相交，一对一情况特例将不再采用依赖于大于零或小于零的二分类模型，而是对每一个类别设定一个判别函数，并将某一个模式 $\boldsymbol{x}$ 分配于判别函数输出值最大的那一个类别。此种情况下，仅分类界面上的点为不可判定区域，其他的点均可区分出大小，从而判别出类别。

具体来说，第三种多分类情况的判别函数表示为

$$f_m(\boldsymbol{x}) = \boldsymbol{w}_m^{\mathrm{T}}\boldsymbol{x} + b_m,\ m = 1, 2, \cdots, k \tag{4.13}$$

判别规则为

$$\begin{cases} \boldsymbol{x} \in \mathcal{C}_i & f_i(\boldsymbol{x}) > f_j(\boldsymbol{x}),\ \forall j \text{ 且 } j \neq i \\ uncertain & \text{其他情况} \end{cases} \tag{4.14}$$

任意两类 $\mathcal{C}_i$ 和 $\mathcal{C}_j$ 的判别边界为

$$f_i(\boldsymbol{x}) = f_j(\boldsymbol{x}) \text{ 或 } f_i(\boldsymbol{x}) - f_j(\boldsymbol{x}) = 0 \tag{4.15}$$

可以看出，当判别函数 $f_i(\boldsymbol{x})$ 取最大值时，样本 $\boldsymbol{x}$ 将被分类为第 i 类。同时，两类之间的判别边界可以通过两个判别函数的差值为零获得。由于是比较判别函数的大小，因此除了分界面上的点，每一个区域都能确定出最大的判别函数。具体来说，当考虑每两类判决时，会丢失样本的全局信息，可能造成排序不可传递，即

$$f_{12}(\boldsymbol{x}) < 0, f_{23}(\boldsymbol{x}) < 0 \text{ 无法推得 } f_{13}(\boldsymbol{x}) < 0 \tag{4.16}$$

而当考虑一对一特例情况时，即为每类构建判别函数并对比，保留了全局信息，可保证排序的可

传递性

$$
\begin{gathered}
f_1(\boldsymbol{x})<f_2(\boldsymbol{x}) \Rightarrow \boldsymbol{w}_1{}^{\mathrm{T}}\boldsymbol{x}+b_1<\boldsymbol{w}_2{}^{\mathrm{T}}\boldsymbol{x}+b_2 \\
f_2(\boldsymbol{x})<f_3(\boldsymbol{x}) \Rightarrow \boldsymbol{w}_2{}^{\mathrm{T}}\boldsymbol{x}+b_2<\boldsymbol{w}_3{}^{\mathrm{T}}\boldsymbol{x}+b_3 \\
\Downarrow \\
\boldsymbol{w}_1{}^{\mathrm{T}}\boldsymbol{x}+b_1<\boldsymbol{w}_3{}^{\mathrm{T}}\boldsymbol{x}+b_3 \Rightarrow f_1(\boldsymbol{x})<f_3(\boldsymbol{x})
\end{gathered} \tag{4.17}
$$

下面仍以前面的例子举例分析,对于银杏叶、竹叶、枫叶三类数据,有三个判别函数分别表示属于银杏叶的可能性、属于竹叶的可能性、属于枫叶的可能性。最终类别取三个判别函数可能性最大的那一类,如图 4.3 所示。

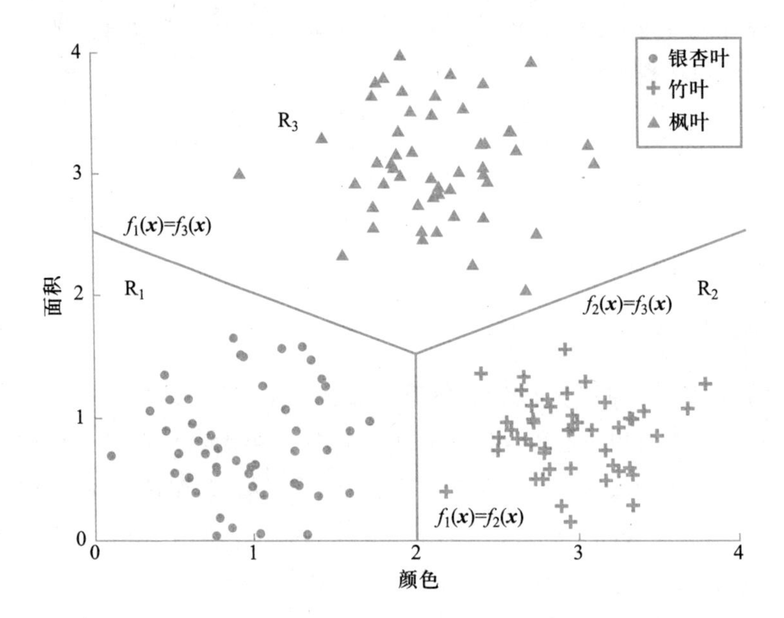

图 4.3 多类问题一对一情况特例判别区域示意图

假如选择一对多情况的判别函数为

$$
\begin{cases}
f_1(\boldsymbol{x})=-x_1-x_2+3 \\
f_2(\boldsymbol{x})=x_1-x_2-1 \\
f_3(\boldsymbol{x})=x_2-2
\end{cases} \tag{4.18}
$$

则判别边界为

$$
\begin{cases}
f_1(\boldsymbol{x})-f_2(\boldsymbol{x})=-2x_1+4=0 \\
f_1(\boldsymbol{x})-f_3(\boldsymbol{x})=-x_1-2x_2+5=0 \\
f_2(\boldsymbol{x})-f_3(\boldsymbol{x})=x_1-2x_2+1=0
\end{cases} \tag{4.19}
$$

从图中可以看出,图中区域 R_1、R_2、R_3 中的样本点分别属于银杏叶、竹叶、枫叶。比如在 R_3 中,可知 $f_3(\boldsymbol{x})>f_2(\boldsymbol{x})$、$f_3(\boldsymbol{x})>f_1(\boldsymbol{x})$。相比前面介绍的一对多和一对一的情况,不确定区域 IR_1、IR_2、IR_3、UR 已不存在。

例 4.3 如果针对上述例子,当样本 $\boldsymbol{x}=[x_1,x_2]^{\mathrm{T}}=[1,1]^{\mathrm{T}}$ 时,如何判别其类别?

解: 代入判别函数可得

$$\begin{cases} f_1(\boldsymbol{x})=-x_1-x_2+3=1 \\ f_2(\boldsymbol{x})=x_1-x_2-1=-1 \\ f_3(\boldsymbol{x})=x_2-2=-1 \end{cases}$$

根据一对一情况特例的判定规则,$\boldsymbol{x}$ 属于 $\mathcal{C}_1$类。

4.3 Fisher 线性判别分析

为了尽可能全面地描述数据,往往需要提取大量信息构建样本的特征向量。而在数据分析时会产生两方面的问题:一方面,线性判别函数的复杂度会随着特征维度的升高而不断增加;另一方面,高维特征空间内训练样本相对稀疏,过拟合风险增加。为了解决高维空间分类问题,Fisher 于 1936 年提出了线性判别分析(linear discriminant analysis,LDA)[2],又称 Fisher 线性判别分析。

Fisher 线性判别分析的基本思想是将样本特征投影到一条直线上,也就是将高维的初始样本特征降维到一维特征,并使得同一类聚集,而不同类分开。在投影后的一维特征上,可以通过简单地判别阈值实现样本类别的推断。需要注意的是,由于所有样本特征均已投影到一条直线,故决策面对应为一决策点,即判别阈值。

Fisher 线性判别分析利用线性投影实现特征降维,训练阶段的目标是寻找投影函数,使投影后的特征同类样本间的平均距离尽量小,不同类样本间的平均距离尽量大,这是一种最优化问题。在测试阶段,采用训练时学习得到的投影函数直接对样本特征进行投影,并用判别阈值进行推断。如图 4.4 所示,图(a)显示了两类样本投影得到的一种映射图。可以观察到在此投影空间中难以将两类分开,存在大量类别重叠部分,投影后两类高度重叠在一起。图(b)显示了基于 Fisher 线性判别对应的投影,相比图(a),投影后两类明显地分布在不同区间。可以看出,Fisher 线性判别分析具有更好的分离性,显著改善了不同类间的分离情况。

下面详细介绍一下 Fisher 线性判别分析的数学建模过程。令 $\boldsymbol{X}$ 表示所有训练样本特征向量构成的矩阵 $\boldsymbol{X}=[\boldsymbol{x}_1,\boldsymbol{x}_2,\cdots,\boldsymbol{x}_n]$,共有 n 个样本,每一个样本是一个列向量,线性投影后的特征 $\boldsymbol{y}_i$ 可表示为

$$\boldsymbol{y}_i=\boldsymbol{\theta}^{\mathrm{T}}\boldsymbol{x}_i \tag{4.20}$$

其中,$\boldsymbol{\theta}$ 为投影向量,代表投影方向。

设 N_k 表示属于类别$\mathcal{C}_k$的样本数量,则在初始 $\boldsymbol{X}$-空间中,两个类别的均值向量是

$$\boldsymbol{u}_k=\frac{1}{N_k}\sum_{x_i\in\mathcal{C}_k}\boldsymbol{x}_i,\quad k=1,2 \tag{4.21}$$

在投影 $\boldsymbol{Y}$-空间中,均值为一标量

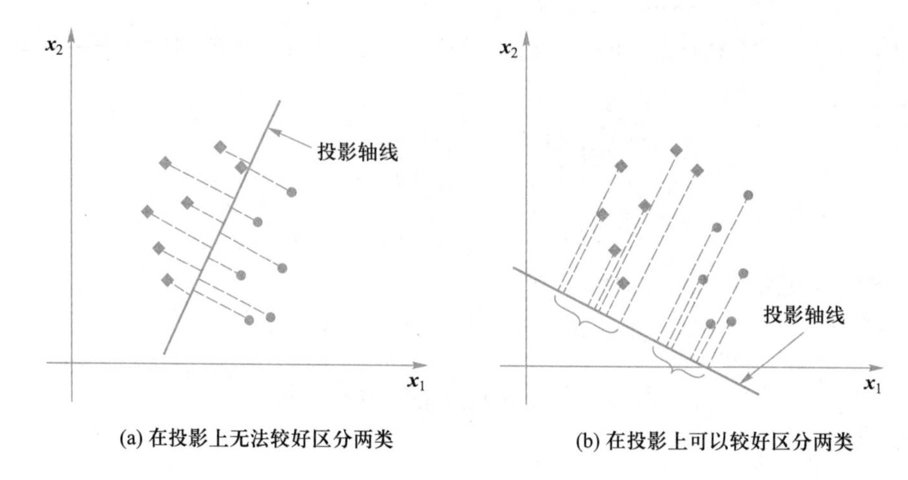

图 4.4 Fisher 线性判别示例

$$\hat{u}_k = \frac{1}{N_k}\sum_{y_i \in \mathcal{C}_k} y_i = \boldsymbol{\theta}^{\mathrm{T}} \boldsymbol{u}_k, \quad k=1,2 \tag{4.22}$$

定义两个类别均值在 $\boldsymbol{Y}$-空间中的投影距离为两个类别均值之间的分离程度,计算类间均值之差

$$\hat{u}_2 - \hat{u}_1 = \boldsymbol{\theta}^{\mathrm{T}}(\boldsymbol{u}_2 - \boldsymbol{u}_1) \tag{4.23}$$

在类内聚集方面,定义任意一类别$\mathcal{C}_k$的类内离散度为样本与中心的距离平方之和,即

$$\hat{s}_{\omega_k}^2 = \sum_{y_i \in \mathcal{C}_k} (y_i - \hat{u}_k)^2, k=1,2 \tag{4.24}$$

该离散度用于刻画类内样本的聚集程度。为了实现更好分类,我们希望两个类别在投影后的 $\boldsymbol{Y}$-空间中尽量分开,且各个类别内部能够尽量聚集,因此定义目标函数 $J(\boldsymbol{\theta})$ 为

$$J(\boldsymbol{\theta}) = \frac{(\hat{u}_2 - \hat{u}_1)^2}{\hat{s}_{\omega_1}^2 + \hat{s}_{\omega_2}^2} \tag{4.25}$$

$J(\boldsymbol{\theta})$ 值越大,说明类内越聚集,类间越分离。因此投影的寻找问题变为 $J(\boldsymbol{\theta})$ 值的最大化问题。

事实上,如果要最大化目标函数 $J(\boldsymbol{\theta})$,就要寻找使得类内的样本尽可能紧凑且类间的投影均值尽可能分开的投影方向。为此,令 $\boldsymbol{\theta}^*$ 表示为 Fisher 线性判别准则下的最优投影方向,并从初始数据中得到如下定义。

$\boldsymbol{X}$-空间特征第 k 类的离散度定义为

$$\boldsymbol{S}_{w_k} = \sum_{\boldsymbol{x}_i \in \mathcal{C}_k} (\boldsymbol{x}_i - \boldsymbol{u}_k)(\boldsymbol{x}_i - \boldsymbol{u}_k)^{\mathrm{T}} \tag{4.26}$$

类内离散度矩阵

$$\boldsymbol{S}_w = \boldsymbol{S}_{w_1} + \boldsymbol{S}_{w_2} \tag{4.27}$$

类间离散度矩阵

$$\boldsymbol{S}_b = (\boldsymbol{u}_2 - \boldsymbol{u}_1)(\boldsymbol{u}_2 - \boldsymbol{u}_1)^{\mathrm{T}} \tag{4.28}$$

再来看 $J(\boldsymbol{\theta})$,投影到 $\boldsymbol{Y}$-空间中第 k 类的离散度可表示为特征 $\boldsymbol{X}$-空间中的函数

$$
\begin{aligned}
\hat{s}_{w_k}^2 &= \sum_{i \in \mathcal{C}_k} (y_i - \hat{u}_k)^2 \\
&= \sum_{i \in \mathcal{C}_k} \|\boldsymbol{\theta}^{\mathrm{T}} \boldsymbol{x}_i - \boldsymbol{\theta}^{\mathrm{T}} \boldsymbol{u}_k\|^2 \\
&= \sum_{i \in \mathcal{C}_k} \boldsymbol{\theta}^{\mathrm{T}} (\boldsymbol{x}_i - \boldsymbol{u}_k)(\boldsymbol{x}_i - \boldsymbol{u}_k)^{\mathrm{T}} \boldsymbol{\theta} \\
&= \boldsymbol{\theta}^{\mathrm{T}} \boldsymbol{S}_{w_k} \boldsymbol{\theta}
\end{aligned} \tag{4.29}
$$

因此,可以得到

$$
\begin{aligned}
\hat{s}_{w_1}^2 + \hat{s}_{w_2}^2 &= \boldsymbol{\theta}^{\mathrm{T}} \boldsymbol{S}_{w_1} \boldsymbol{\theta} + \boldsymbol{\theta}^{\mathrm{T}} \boldsymbol{S}_{w_2} \boldsymbol{\theta} \\
&= \boldsymbol{\theta}^{\mathrm{T}} \boldsymbol{S}_w \boldsymbol{\theta}
\end{aligned} \tag{4.30}
$$

同样地,投影均值之间的差别可由原始特征空间的均值差别表示,即

$$
\begin{aligned}
\hat{s}_{\mathrm{D}} = (\hat{u}_2 - \hat{u}_1)^2 &= (\boldsymbol{\theta}^{\mathrm{T}} \boldsymbol{u}_2 - \boldsymbol{\theta}^{\mathrm{T}} \boldsymbol{u}_1)^2 \\
&= \boldsymbol{\theta}^{\mathrm{T}} (\boldsymbol{u}_2 - \boldsymbol{u}_1)(\boldsymbol{u}_2 - \boldsymbol{u}_1)^{\mathrm{T}} \boldsymbol{\theta} \\
&= \boldsymbol{\theta}^{\mathrm{T}} \boldsymbol{S}_b \boldsymbol{\theta}
\end{aligned} \tag{4.31}
$$

最终,可以将 Fisher 准则表示为 $\boldsymbol{S}_w$ 和 $\boldsymbol{S}_b$ 的函数

$$
J(\boldsymbol{\theta}) = \frac{\boldsymbol{\theta}^{\mathrm{T}} \boldsymbol{S}_b \boldsymbol{\theta}}{\boldsymbol{\theta}^{\mathrm{T}} \boldsymbol{S}_w \boldsymbol{\theta}} \tag{4.32}
$$

通过对目标函数 $J(\boldsymbol{\theta})$ 求导,并计算令导数为零的解,可以得到最优的线性投影表达式

$$
\begin{aligned}
\frac{\partial J(\boldsymbol{\theta})}{\partial \boldsymbol{\theta}} &= \frac{\partial}{\partial \boldsymbol{\theta}} \left(\frac{\boldsymbol{\theta}^{\mathrm{T}} \boldsymbol{S}_b \boldsymbol{\theta}}{\boldsymbol{\theta}^{\mathrm{T}} \boldsymbol{S}_w \boldsymbol{\theta}} \right) \\
&= \frac{(\boldsymbol{\theta}^{\mathrm{T}} \boldsymbol{S}_w \boldsymbol{\theta}) \dfrac{\partial \boldsymbol{\theta}^{\mathrm{T}} \boldsymbol{S}_b \boldsymbol{\theta}}{\partial \boldsymbol{\theta}} - (\boldsymbol{\theta}^{\mathrm{T}} \boldsymbol{S}_b \boldsymbol{\theta}) \dfrac{\partial \boldsymbol{\theta}^{\mathrm{T}} \boldsymbol{S}_w \boldsymbol{\theta}}{\partial \boldsymbol{\theta}}}{(\boldsymbol{\theta}^{\mathrm{T}} \boldsymbol{S}_w \boldsymbol{\theta})^2} = 0
\end{aligned} \tag{4.33}
$$

上述问题等价于

$$
(\boldsymbol{\theta}^{\mathrm{T}} \boldsymbol{S}_w \boldsymbol{\theta}) \boldsymbol{S}_b \boldsymbol{\theta} - (\boldsymbol{\theta}^{\mathrm{T}} \boldsymbol{S}_b \boldsymbol{\theta}) \boldsymbol{S}_w \boldsymbol{\theta} = 0 \tag{4.34}
$$

由于 $\boldsymbol{\theta}^{\mathrm{T}} \boldsymbol{S}_w \boldsymbol{\theta}$ 是一个标量,将上式除以 $\boldsymbol{\theta}^{\mathrm{T}} \boldsymbol{S}_w \boldsymbol{\theta}$ 得到

$$
\begin{gathered}
(\boldsymbol{\theta}^{\mathrm{T}} \boldsymbol{S}_w \boldsymbol{\theta}) \boldsymbol{S}_b \boldsymbol{\theta} - (\boldsymbol{\theta}^{\mathrm{T}} \boldsymbol{S}_b \boldsymbol{\theta}) \boldsymbol{S}_w \boldsymbol{\theta} = 0 \\
\boldsymbol{S}_b \boldsymbol{\theta} - J(\boldsymbol{\theta}) \boldsymbol{S}_w \boldsymbol{\theta} = 0 \\
\boldsymbol{S}_w^{-1} \boldsymbol{S}_b \boldsymbol{\theta} - J(\boldsymbol{\theta}) \boldsymbol{\theta} = 0 \\
J(\boldsymbol{\theta}) \boldsymbol{\theta} = \boldsymbol{S}_w^{-1} \boldsymbol{S}_b \boldsymbol{\theta} \\
J(\boldsymbol{\theta}) \boldsymbol{\theta} = \boldsymbol{S}_w^{-1} (\boldsymbol{u}_2 - \boldsymbol{u}_1)(\boldsymbol{u}_2 - \boldsymbol{u}_1)^{\mathrm{T}} \boldsymbol{\theta} \\
J(\boldsymbol{\theta}) \boldsymbol{\theta} = c \boldsymbol{S}_w^{-1} (\boldsymbol{u}_2 - \boldsymbol{u}_1) \\
\boldsymbol{\theta} = \frac{c}{J(\boldsymbol{\theta})} \boldsymbol{S}_w^{-1} (\boldsymbol{u}_2 - \boldsymbol{u}_1)
\end{gathered} \tag{4.35}
$$

其中,$J(\boldsymbol{\theta})$ 和 c 均为标量,且投影仅与方向有关,于是得到最优的投影方向 $\boldsymbol{\theta}^*$

$$\boldsymbol{\theta}^* \propto \boldsymbol{S}_w^{-1}(\boldsymbol{u}_2-\boldsymbol{u}_1) \tag{4.36}$$

最终，样本类别的推断可通过如下判别式获得，即

$$\boldsymbol{x}_i \in \begin{cases} \mathcal{C}_1, & y_i<\tau \\ \mathcal{C}_2, & y_i>\tau \end{cases} \tag{4.37}$$

其中，y_i 表示 $\boldsymbol{x}_i$ 线性投影后的特征，τ 表示判别阈值，且满足

$$\begin{aligned} y_i &= \boldsymbol{\theta}^{\mathrm{T}}\boldsymbol{x}_i \\ \tau &= \frac{\boldsymbol{\theta}^{\mathrm{T}}(\boldsymbol{u}_1+\boldsymbol{u}_2)}{2} \end{aligned} \tag{4.38}$$

此处应注意，上述优化方法的前提是 $\boldsymbol{S}_w^{-1}$ 存在，当 $\boldsymbol{S}_w^{-1}$ 不存在时，应考虑其他的优化方法。

例 4.4 给定两类样本 $\boldsymbol{X}_1=\begin{bmatrix} 0 & 1 \\ 1 & 3 \\ 2 & 1 \\ 2 & 2 \end{bmatrix}^{\mathrm{T}}$ $\boldsymbol{X}_2=\begin{bmatrix} 3 & 4 \\ 4 & 5 \\ 4 & 4 \\ 5 & 3 \end{bmatrix}^{\mathrm{T}}$，样本点分布情况如图 4.5 所示，请用 Fisher 准则进行分类。

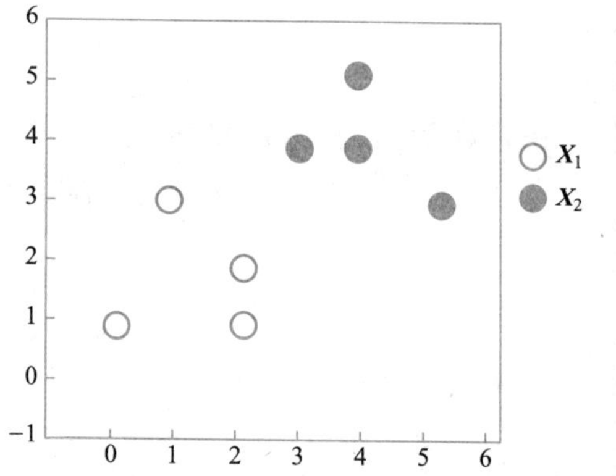

解：（1）首先计算两类样本均值

$$\boldsymbol{u}_1=\mathrm{mean}(\boldsymbol{X}_1)=[1.25, 1.75]^{\mathrm{T}}$$

$$\boldsymbol{u}_2=\mathrm{mean}(\boldsymbol{X}_2)=[4, 4]^{\mathrm{T}}$$

（2）计算两类样本各自的类内离差阵

$$\boldsymbol{S}_{w_1}=\sum_{x_j\in\mathcal{C}_1}(\boldsymbol{x}_j-\boldsymbol{u}_1)(\boldsymbol{x}_j-\boldsymbol{u}_1)^{\mathrm{T}}=\begin{bmatrix} 2.75 & 0.25 \\ 0.25 & 2.75 \end{bmatrix}$$

$$\boldsymbol{S}_{w_2}=\sum_{x_j\in\mathcal{C}_2}(\boldsymbol{x}_j-\boldsymbol{u}_2)(\boldsymbol{x}_j-\boldsymbol{u}_2)^{\mathrm{T}}=\begin{bmatrix} 2 & -1 \\ -1 & 2 \end{bmatrix}$$

（3）计算类内总离差阵

$$\boldsymbol{S}_w=\boldsymbol{S}_{w_1}+\boldsymbol{S}_{w_2}=\begin{bmatrix} 4.75 & -0.75 \\ -0.75 & 4.75 \end{bmatrix}$$

图 4.5 样本点分布情况

（4）计算总离差阵的逆矩阵和投影向量

$$\boldsymbol{S}_w^{-1}=\begin{bmatrix} 0.216 & 0.034 \\ 0.034 & 0.216 \end{bmatrix}$$

$$\boldsymbol{\theta}=\boldsymbol{S}_w^{-1}(\boldsymbol{u}_2-\boldsymbol{u}_1)=\begin{bmatrix} 0.6705 \\ 0.5795 \end{bmatrix}$$

（5）计算每类样本的投影

$$\boldsymbol{Y}_1=\boldsymbol{\theta}^{\mathrm{T}}\boldsymbol{X}_1=\begin{bmatrix} 0.5795 \\ 2.409 \\ 1.9205 \\ 2.5 \end{bmatrix}^{\mathrm{T}}$$

$$Y_2=\boldsymbol{\theta}^{\mathrm{T}}\boldsymbol{X}_2=\begin{bmatrix}4.3295\\5.5795\\5\\5.091\end{bmatrix}^{\mathrm{T}}$$

两类样本 Fisher 投影后结果如图 4.6 所示。

(6) 计算两类判别门限

$$\tau=\frac{\boldsymbol{\theta}^{\mathrm{T}}\boldsymbol{u}_1+\boldsymbol{\theta}^{\mathrm{T}}\boldsymbol{u}_2}{2}=3.426$$

$$Y_1=\boldsymbol{\theta}^{\mathrm{T}}\boldsymbol{X}_1=\begin{bmatrix}0.5795\\2.409\\1.9205\\2.5\end{bmatrix}^{\mathrm{T}}<\tau$$

$$Y_2=\boldsymbol{\theta}^{\mathrm{T}}\boldsymbol{X}_2=\begin{bmatrix}4.3295\\5.5795\\5\\5.091\end{bmatrix}^{\mathrm{T}}>\tau$$

所以,两类样本全部正确划分。

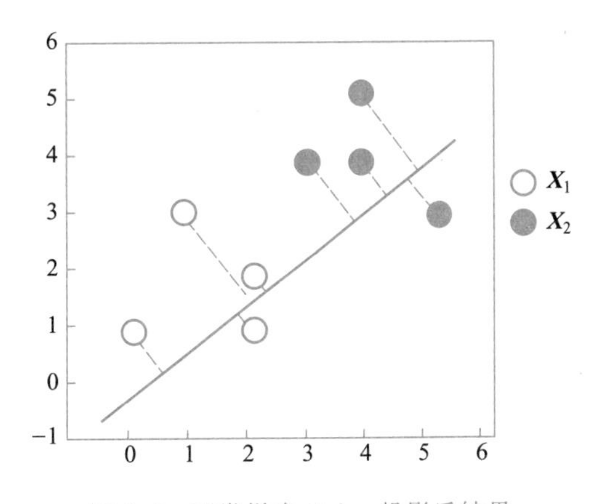

图 4.6 两类样本 Fisher 投影后结果

4.4 支持向量机

支持向量机是一种经典的线性分类模型,解决的问题是如何在多个可行的二分类界面中选择最优分类界面,基本思想是寻找使得两类样本间隔最大的分界线作为两类的分类界面,也就是将线性分类界面的学习问题转化为间隔最大的最优化问题。1964 年,Vapnik 和 Lerner 提出了支持向量机(support vector machine,SVM)算法[16],通过建立硬边界实现线性分类。在此基础上,SVM 算法被不断完善,逐渐成为机器学习理论的重要组成部分。1995 年,美国贝尔实验室的 Cortes 和 Vapnik 提出了基于软边界的 SVM 算法[37],其在文本分类任务中获得了出色性能。之后 SVM 算法[3]受到更为广泛的关注,很快成了机器学习的主流技术之一,并成为 2000 年前后机器学习的研究热点[5-11]。

4.4.1 模型构建与优化

本节从线性可分的任务出发,导出支持向量机最基本的模型,即线性可分支持向量机。

当给定线性可分的训练样本集 $T=\{(\boldsymbol{x}_1,y_1),(\boldsymbol{x}_2,y_2),\cdots,(\boldsymbol{x}_n,y_n)\}$,其中输入样本 $\boldsymbol{x}_i=[x_{i1},x_{i2},\cdots,x_{id}]^{\mathrm{T}}$ 是 d 维特征向量,模型输出 $y_i\in Y=\{-1,1\}$,分别表示负类和正类,即二分类问题。对于线性可分任务,支持向量机的目标是在 $\mathbf{R}^d$ 空间上寻找一个分离超平面,使得两类分

开，即确定分离超平面

$$\boldsymbol{w}^{\mathrm{T}}\boldsymbol{x}+b=0 \tag{4.39}$$

其中，两类样本分布于分离超平面的两侧。对应的分类决策函数为

$$f(\boldsymbol{x})=\operatorname{sign}(\boldsymbol{w}^{\mathrm{T}}\boldsymbol{x}+b) \tag{4.40}$$

其中，sign(x)为符号函数，当 $x>0$ 时其值为 1，当 $x=0$ 时其值为 0，当 $x<0$ 时其值为-1。

图 4.7(a)列出了一个简单二维空间二分类的例子，其中支持向量机的基本的思想是利用训练集 T 在样本空间中求取一个超平面 $\boldsymbol{w}^{\mathrm{T}}\boldsymbol{x}+b=0$，将不同类别的样本分离。此处，在二维空间中，超平面 $\boldsymbol{w}^{\mathrm{T}}\boldsymbol{x}+b=0$ 简化成为一条直线。从图 4.7(a)中可以看出，存在大量的分离直线，能够将两类正确分开，比如 l_1、l_2、l_3、l_4，那么哪一条直线更好呢？此处引入支持向量和最大间隔的概念[22]。

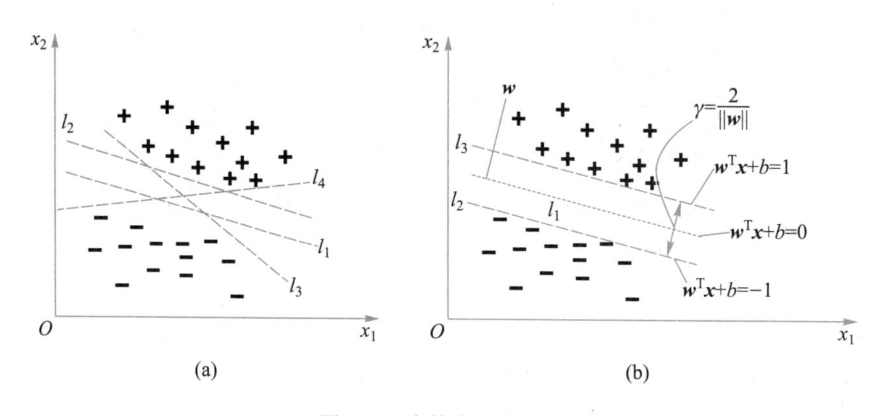

图 4.7 支持向量与间隔

如图 4.7(b)所示，一条能够正确划分两类样本的直线 l_1 可被法向量 $\boldsymbol{w}$ 和位移项 b 唯一确定。法向量 $\boldsymbol{w}$ 决定了直线的方向，位移项 b 决定了直线与原点的距离。假设 $\boldsymbol{w}$ 已知，则直线 l_1 的方向已知。当位移项 b 取不同值时，直线 l_1 表现为进行平行移动，直到分别碰到两类中的某个训练样本，这样就得到另外两条能正确划分两类样本的极端直线 l_2 和 l_3，称这样的直线为支持直线。支持直线上通过的训练样本点称为支持向量(support vector)。可以看出，恰好位于 l_2 和 l_3 中间的那条直线是最好的，因为该直线与训练样本的距离较远，对训练样本的局部扰动和噪声容忍性最好，产生的分类结果鲁棒性最高。

以上分析给出了在已知法向量 $\boldsymbol{w}$ 的情况下构造划分直线的方法，但同时可以看出，存在大量不同法向量 $\boldsymbol{w}$ 决定的划分直线。那么应该如何选取划分直线的法向量 $\boldsymbol{w}$ 呢？答案就是选取能够获得鲁棒的分类并使得间隔最大的法向量 $\boldsymbol{w}$。

首先简单回顾一下线性代数的两个几何性质。

(1) 超平面的权重向量，与平面上所有向量正交。

(2) 超平面 $\boldsymbol{w}^{\mathrm{T}}\boldsymbol{x}+b=0$ 外任意一点 $\boldsymbol{x}_a$ 到该平面的距离为

$$\frac{|\boldsymbol{w}^{\mathrm{T}}\boldsymbol{x}_a+b|}{\|\boldsymbol{w}\|} \tag{4.41}$$

具体来说，每一个 $\boldsymbol{w}$ 对应着两条支持直线，将两个支持直线间的垂直距离称为与法向量对

应的“间隔”(margin)。不难看出,具有“最大间隔”的法向量所对应的分离超平面具有与样本最远的距离,如图4.7(b)所示。因此,支持向量机致力于寻找使得间隔距离最大的法向量及其对应的中间分离超平面,即最优化问题。

进一步建模最优化问题。如果划分直线 $\tilde{\boldsymbol{w}}^{\mathrm{T}}\boldsymbol{x}+\tilde{b}=0$ 位于两条支持直线的正中间,将这两条支持直线分别表示为 $\tilde{\boldsymbol{w}}^{\mathrm{T}}\boldsymbol{x}+\tilde{b}=\xi$ 和 $\tilde{\boldsymbol{w}}^{\mathrm{T}}\boldsymbol{x}+\tilde{b}=-\xi$,并令 $\boldsymbol{w}=\dfrac{\tilde{\boldsymbol{w}}}{\xi}, b=\dfrac{\tilde{b}}{\xi}$,则这两条支持直线可以等价表示为

$$\begin{aligned}\boldsymbol{w}^{\mathrm{T}}\boldsymbol{x}+b&=1\\ \boldsymbol{w}^{\mathrm{T}}\boldsymbol{x}+b&=-1\end{aligned} \tag{4.42}$$

与之对应的划分直线为 $\boldsymbol{w}^{\mathrm{T}}\boldsymbol{x}+b=0$。计算可知,相应的两条支持直线间的“间隔”为

$$\gamma=\frac{2}{\|\boldsymbol{w}\|} \tag{4.43}$$

对于训练样本 $(\boldsymbol{x}_i, y_i)\in T$,假定正类样本的学习目标 $y_i=1$,对应 $\boldsymbol{w}^{\mathrm{T}}\boldsymbol{x}+b\geqslant 1$;负类样本的学习目标 $y_i=-1$,对应 $\boldsymbol{w}^{\mathrm{T}}\boldsymbol{x}+b\leqslant -1$。为了找到具有“最大间隔”的划分直线,需要求解下列对变量 $\boldsymbol{w}$ 和 b 的最优化问题

$$\begin{aligned}&\max_{\boldsymbol{w},b}\frac{2}{\|\boldsymbol{w}\|}\\ &\text{s.t. } y_i(\boldsymbol{w}^{\mathrm{T}}\boldsymbol{x}_i+b)\geqslant 1, i=1,2,\cdots,n\end{aligned} \tag{4.44}$$

其中,max 为优化的目标函数,对应间隔最大,y_i 为约束条件,使得满足两类分开。为了最大化“间隔”,等价于最小化 $\|\boldsymbol{w}\|^2$。进一步将其推广到空间 $\mathbf{R}^n$ 上的线性可分问题,可以得到变量 $\boldsymbol{w}$ 和 b 的凸二次规划[23](convex quadratic programming)问题,即线性可分支持向量机学习的最优化问题

$$\begin{aligned}&\min_{\boldsymbol{w},b}\frac{1}{2}\|\boldsymbol{w}\|^2\\ &\text{s.t.} y_i(\boldsymbol{w}^{\mathrm{T}}\boldsymbol{x}_i+b)\geqslant 1, i=1,2,\cdots,n\end{aligned} \tag{4.45}$$

接下来是式(4.45)的最优化方法。此处并不需要直接求解最优化问题,而是通过求解其对偶问题(dual problem)的解得到最优化问题的解。具体来说,对式(4.45)的每一个约束引入拉格朗日乘子 $\alpha_i\geqslant 0$,可得到该问题的拉格朗日函数

$$L(\boldsymbol{w}, b, \boldsymbol{\alpha})=\frac{1}{2}\|\boldsymbol{w}\|^2+\sum_{i=1}^{n}\alpha_i[1-y_i(\boldsymbol{w}^{\mathrm{T}}\boldsymbol{x}_i+b)] \tag{4.46}$$

其中,$\boldsymbol{\alpha}=[\alpha_1, \alpha_2, \cdots, \alpha_n]$ 为拉格朗日乘子向量,α_i 对应于样本 $\boldsymbol{x}_i$。为了求出使 $L(\boldsymbol{w}, b, \boldsymbol{\alpha})$ 取最小值的 $\boldsymbol{w}$,分别对 $\boldsymbol{w}$ 和 b 求偏导并令其为零,可得

$$\boldsymbol{w}=\sum_{i=1}^{n}\alpha_i y_i\boldsymbol{x}_i \tag{4.47}$$

$$\sum_{i=1}^{n}\alpha_i y_i=0 \tag{4.48}$$

将式(4.47)代入式(4.46),并考虑式(4.48)的约束,则得到式(4.46)的对偶问题

$$\begin{aligned}&\max_{\boldsymbol{\alpha}}\ \sum_{i=1}^{n}\alpha_i-\frac{1}{2}\sum_{i=1}^{n}\left(\sum_{j=1}^{n}\alpha_i\alpha_j y_i y_j \boldsymbol{x}_i^{\mathrm{T}}\boldsymbol{x}_j\right)\\ &\text{s.t.}\quad \sum_{i=1}^{n}\alpha_i y_i=0\\ &\qquad\quad \alpha_i\geqslant 0, i=1,2,\cdots,n\end{aligned} \tag{4.49}$$

注意到式(4.45)中存在不等式约束,因此最优解满足拉格朗日乘子法中的KKT[24](Karush-Kuhn-Tucker)条件,即

$$\begin{cases}\alpha_i\geqslant 0\\ y_i(\boldsymbol{w}^{\mathrm{T}}\boldsymbol{x}_i+b)-1\geqslant 0\\ \alpha_i[y_i(\boldsymbol{w}^{\mathrm{T}}\boldsymbol{x}_i+b)-1]=0\end{cases} \tag{4.50}$$

相对于原最优化问题,对于对偶问题,我们能够构造更为高效的求解算法,序列最小优化[7](sequential minimal optimization,SMO)算法就是其中一个代表。SMO算法是一种坐标下降法,以迭代的方式求解对偶问题。基本思路是针对众多变量α_i,每次迭代选择拉格朗日乘子中的两个变量α_i和α_j,并固定其他参数,将原优化问题简化至一维可行域,此时约束条件等价于

$$\alpha_i y_i+\alpha_j y_j=-\sum_{k\neq i,j}\alpha_k y_k=const \tag{4.51}$$

由于其他α_k是已知并且固定的,因此可以求出$const$。将式(4.51)代入式(4.49)并消去变量α_j,可得到一个关于α_i单变量的二次规划问题,该优化问题有闭式解,不必调用数值优化算法即可快速地计算出。于是,SMO算法的计算流程如下。

(1) 初始化拉格朗日算子中所有变量。

(2) 选取一对待更新的变量α_i和α_j,固定其他变量,求解式(4.49)获得更新后的α_i和α_j。

(3) 如果更新后的变量α_i和α_j满足KKT条件,则返回步骤(2)选取新的待更新变量;如果更新后的α_i和α_j不满足KKT条件,求解其二次规划问题。

(4) 重复执行以上步骤,直至所有乘子都满足KKT条件或参数的更新量小于预先设定的门限。

SMO算法每次优化两个变量α_i和α_j,对应于二次凸优化问题。可以证明上述每一次迭代均能优化目标函数,且有限次迭代后将收敛于全局极大值。这就为支持向量机的目标函数优化提供了高效的方法。同时,如何选取两个变量α_i和α_j将影响收敛速度,常用的方法是首先选取一个不满足KKT条件的样本,对应的乘子作为α_i。接着选取与该样本间$|E_i-E_j|$最大的样本,其中E_i为第i个样本的预测值与真实值之间的差。这样的两个变量有较大差别,对它们进行更新会对目标函数值带来更大变化。

当解出$\boldsymbol{\alpha}^*=[\alpha_1^*,\alpha_2^*,\cdots,\alpha_n^*]^{\mathrm{T}}$后,求出$\boldsymbol{w}^*=\sum_{i=1}^{n}\alpha_i^* y_i\boldsymbol{x}_i$。再选取$\boldsymbol{\alpha}^*$的一个正分量$\alpha_j^*>0$,

其对应着训练样本$(\boldsymbol{x}_j, y_j)$,据此计算b^*

$$b^* = y_j - \sum_{i=1}^{n} \alpha_i^* y_i \boldsymbol{x}_i^{\mathrm{T}} \boldsymbol{x}_j \tag{4.52}$$

然后构造划分超平面$\boldsymbol{w}^{*\mathrm{T}}\boldsymbol{x}+b^*=0$,由此求得决策函数

$$f(\boldsymbol{x}) = \mathrm{sign}\left(\sum_{i=1}^{n} \alpha_i^* y_i \boldsymbol{x}_i^{\mathrm{T}} \boldsymbol{x} + b^*\right) \tag{4.53}$$

从KKT条件和最终$\boldsymbol{w}^{*\mathrm{T}}\boldsymbol{x}+b^*=0$的解可以看出,对于训练样本$(\boldsymbol{x}_j, y_j)$,总有$\alpha_i=0$或者$y_i(\boldsymbol{w}^{\mathrm{T}}\boldsymbol{x}_i+b)=1$。如果$\alpha_i=0$,则该样本不会对决策函数产生任何影响;如果$\alpha_i>0$,则$y_i(\boldsymbol{w}^{\mathrm{T}}\boldsymbol{x}_i+b)=1$,也就是说对应样本位于最大间隔边界上,将其称为支持向量。这说明训练完成后,仅仅是那些支持向量起作用。

例4.5 假设现在有一堆叶子,其中有一部分叶子是银杏叶,另一部分叶子不是银杏叶。如果将叶子分类这一问题进行建模,则可以使用支持向量机进行求解。具体来说,可以先假设$y=1$对应银杏叶,$y=-1$对应其他不是银杏叶的叶子。然后,提取每一片叶子的特征,如一个二维特征。现在可以假设存在三片叶子,它们对应于特征空间中的三个点$\boldsymbol{x}_1$、$\boldsymbol{x}_2$和$\boldsymbol{x}_3$,$\boldsymbol{x}_1=[3,0]^{\mathrm{T}}$、$\boldsymbol{x}_2=[2,4]^{\mathrm{T}}$和$\boldsymbol{x}_3=[1,1]^{\mathrm{T}}$表示它们在特征空间中的位置,且已知第一片叶子和第二片叶子是银杏叶,第三片叶子不是银杏叶,也就是$y_1=1$,$y_2=1$且$y_3=-1$。现在,需要在特征空间中找到将两类分开的分界面。对最优化问题的约束添加拉格朗日乘子$\boldsymbol{\alpha}$后,可得到拉格朗日函数,$\boldsymbol{\alpha}=[\alpha_1, \alpha_2, \alpha_3]^{\mathrm{T}}$,$\alpha_i$对应于样本$\boldsymbol{x}_i$,需要求解以下的问题以得到$\boldsymbol{\alpha}$

$$\max_{\boldsymbol{\alpha}} \sum_{i=1}^{3} \alpha_i - \frac{1}{2}\sum_{i=1}^{3}\left(\sum_{j=1}^{3} \alpha_i\alpha_j y_i y_j \boldsymbol{x}_i^{\mathrm{T}}\boldsymbol{x}_j\right)$$

$$\text{s.t.} \quad \sum_{i=1}^{3} \alpha_i y_i = 0$$

$$\alpha_i \geqslant 0, i=1,2,3$$

代入$(\boldsymbol{x}_1, y_1)$、$(\boldsymbol{x}_2, y_2)$和$(\boldsymbol{x}_3, y_3)$,可以得到目标函数

$$\sum_{i=1}^{3} \alpha_i - \frac{1}{2}\sum_{i=1}^{3}\left(\sum_{j=1}^{3} \alpha_i\alpha_j y_i y_j \boldsymbol{x}_i^{\mathrm{T}}\boldsymbol{x}_j\right)$$

$$=\alpha_1+\alpha_2+\alpha_3-\frac{1}{2}(9\alpha_1^2+20\alpha_2^2+2\alpha_3^2+12\alpha_1\alpha_2-6\alpha_1\alpha_3-12\alpha_2\alpha_3)$$

同时

$$\alpha_1 y_1+\alpha_2 y_2+\alpha_3 y_3=0$$

也就是

$$\alpha_1+\alpha_2-\alpha_3=0$$

将$\alpha_1+\alpha_2=\alpha_3$代入目标函数

$$t(\alpha_1, \alpha_2)=2\alpha_1+2\alpha_2-2.5\alpha_1^2-5\alpha_2^2+\alpha_1\alpha_2$$

下面,分别对α_1和α_2求偏导,使它们为0,可以得到

$$\alpha_2-5\alpha_1+2=0$$
$$\alpha_1-10\alpha_2+2=0$$

可解出 α_1、α_2 以及 α_3

$$\alpha_1=\frac{22}{49},\alpha_2=\frac{12}{49},\alpha_3=\alpha_1+\alpha_2=\frac{34}{49}$$

α_1 和 α_2 满足大于等于 0 的条件,因此,可求 $\boldsymbol{w}$

$$\boldsymbol{w}=\sum_{i=1}^{n}\alpha_i\boldsymbol{x}_i y_i$$

因此,$\boldsymbol{w}=\frac{22}{49}\times(3,0)^{\mathrm{T}}+\frac{12}{49}\times(2,4)^{\mathrm{T}}-\frac{34}{49}\times(1,1)^{\mathrm{T}}=\left(\frac{56}{49},\frac{14}{49}\right)^{\mathrm{T}}$,同时,选取 $\boldsymbol{\alpha}$ 的任意一个正分量,可求 b

$$b=y_j-\sum_{i=1}^{3}\alpha_i y_i\boldsymbol{x}_i^{\mathrm{T}}\boldsymbol{x}_j$$

假设选取 $j=1$,可求得 $b=-\frac{119}{49}$,求得 b 后,分类面方程为 $\boldsymbol{w}^{\mathrm{T}}\boldsymbol{x}+b=0$。因此,假设 $\boldsymbol{x}=(x_1,x_2)$,可得到分类决策函数

$$f(\boldsymbol{x})=\mathrm{sign}(\boldsymbol{w}^{\mathrm{T}}\boldsymbol{x}+b)=\mathrm{sign}\left(\frac{56}{49}x_1+\frac{14}{49}x_2-\frac{119}{49}\right)$$

这三个样本都位于最大间隔边界上,都是支持向量。根据分类决策函数,可以估计特征空间中其他样本点对应的类别标签,也就是可以判断一片叶子是银杏叶或者不是银杏叶。

4.4.2 核函数

在前一小节中,主要讨论的是线性可分的情况,也就是在样本空间中可以通过一个超平面将两类样本准确分开,但实际中存在大量线性不可分的数据,使得上述假设不成立。为此,引入映射函数,也就是利用非线性函数将在原始的样本空间 $\mathbf{R}^n$ 中线性不可分数据映射到更高维度的希尔伯特空间,而在更高维度的希尔伯特空间中,达到样本线性可分。

要将“线性划分”推广到“非线性划分”,需要引入一个合适的映射函数 $\phi(\boldsymbol{x})$ 将原始样本空间 $\mathbf{R}^n$ 中的 $\boldsymbol{x}$ 映射到高维度的希尔伯特空间 $\mathcal{H}$。令 $\boldsymbol{z}=\phi(\boldsymbol{x})$,可以得到 $\mathcal{H}$ 空间中的线性划分超平面 $\boldsymbol{w}^{\mathrm{T}}\boldsymbol{z}+b=0$。下面基于之前的线性可分支持向量机,导出原空间 $\mathbf{R}^n$ 上的划分超曲面 $\boldsymbol{w}^{\mathrm{T}}\phi(\boldsymbol{x})+b=0$ 和决策函数 $f(\boldsymbol{x})=\mathrm{sign}[\boldsymbol{w}^{\mathrm{T}}\phi(\boldsymbol{x})+b]$。

设希尔伯特空间 $\mathcal{H}$ 中两个超平面

$$\begin{aligned}\boldsymbol{w}^{\mathrm{T}}\boldsymbol{z}+b&=1\\ \boldsymbol{w}^{\mathrm{T}}\boldsymbol{z}+b&=-1\end{aligned}\tag{4.54}$$

两个超平面之间的距离仍然可以表示为 $\gamma=\frac{2}{\|\boldsymbol{w}\|}$,类似式(4.45),有

$$\begin{aligned}&\min_{\boldsymbol{w},b}\quad \frac{1}{2}\|\boldsymbol{w}\|^2,\\&\text{s.t.}\quad y_i[\boldsymbol{w}^{\mathrm{T}}\phi(\boldsymbol{x}_i)+b]\geqslant 1,\quad i=1,2,\cdots,n\end{aligned}\tag{4.55}$$

其对偶问题为

$$\begin{aligned}&\max_{\boldsymbol{\alpha}}\quad \frac{1}{2}\sum_{i=1}^{n}\sum_{j=1}^{n}\alpha_i\alpha_j y_i y_j\phi(\boldsymbol{x}_i)^{\mathrm{T}}\phi(\boldsymbol{x}_j)-\sum_{i=1}^{n}\alpha_i\\&\text{s.t.}\quad \sum_{i=1}^{n}\alpha_i y_i=0\\&\qquad\alpha_i\geqslant 0,i=1,2,\cdots,n\end{aligned}\tag{4.56}$$

因此,对于给定的线性不可分训练样本集 $T=\{(\boldsymbol{x}_1,y_1),(\boldsymbol{x}_2,y_2),\cdots,(\boldsymbol{x}_n,y_n)\}$,首先确定映射函数 $\phi(\boldsymbol{x})$ 将原始样本空间 $\mathbf{R}^n$ 中的 $\boldsymbol{x}$ 映射到更高维度的希尔伯特空间 $\mathcal{H}$,构造并求解式(4.49)所示的凸二次规划问题。解出 $\boldsymbol{\alpha}^*=[\alpha_1^*,\alpha_2^*,\cdots,\alpha_n^*]^{\mathrm{T}}$后,选取 $\boldsymbol{\alpha}^*$ 的一个正分量 $\alpha_j^*>0$,其对应着训练样本$(\boldsymbol{x}_i,y_i)$,据此计算

$$b^*=y_j-\sum_{i=1}^{n}\alpha_i^* y_i\phi(\boldsymbol{x}_i)^{\mathrm{T}}\phi(\boldsymbol{x}_j)\tag{4.57}$$

构造决策函数

$$f(\boldsymbol{x})=\operatorname{sign}\left[\sum_{i=1}^{n}\alpha_i^* y_i\phi(\boldsymbol{x}_i)^{\mathrm{T}}\phi(\boldsymbol{x})+b^*\right]\tag{4.58}$$

与式(4.52)~式(4.53)对比,式(4.57)~式(4.58)仅用映射函数 $\phi(\boldsymbol{x})$ 取代了 $\boldsymbol{x}$。因此通过映射函数映射后,依旧可以通过线性可分支持向量机求解非线性问题。然而,虽然在确定 $\phi(\boldsymbol{x})$后能够求解非线性分类问题,但由于希尔伯特空间 $\mathcal{H}$是一个高维度的空间,因此直接计算映射函数 $\phi(\boldsymbol{x})$的复杂度很高。可以看出映射函数 $\phi(\boldsymbol{x})$总是以内积形式 $\phi(\boldsymbol{x}_i)^{\mathrm{T}}\phi(\boldsymbol{x}_j)$出现,因此假设定义一个函数

$$\mathcal{K}(\boldsymbol{x}_i,\boldsymbol{x}_j)=\langle\phi(\boldsymbol{x}_i),\phi(\boldsymbol{x}_j)\rangle=\phi(\boldsymbol{x}_i)^{\mathrm{T}}\phi(\boldsymbol{x}_j)\tag{4.59}$$

用 $\mathcal{K}(\boldsymbol{x}_i,\boldsymbol{x}_j)$代替对内积$\langle\phi(\boldsymbol{x}_i),\phi(\boldsymbol{x}_j)\rangle$的计算,则只需要选定函数 $\mathcal{K}(\boldsymbol{x}_i,\boldsymbol{x}_j)$,而不需要再单独计算映射函数 $\phi(\boldsymbol{x})$,仍可以得到相同的决策函数。这里的 $\mathcal{K}(\boldsymbol{x}_i,\boldsymbol{x}_j)$就是“核函数”(kernel function),因此式(4.58)可以写为

$$f(\boldsymbol{x})=\operatorname{sign}\left[\sum_{i=1}^{m}\alpha_i^* y_i\mathcal{K}(\boldsymbol{x}_i,\boldsymbol{x})+b^*\right]\tag{4.60}$$

式(4.60)说明模型的决策函数可以通过训练样本的核函数展开,我们称之为“支持向量展式”(support vector expansion)。然而,另一个难题是针对不同的分类问题,合适的核函数是否一定存在,以及如何选取合适的核函数以确保线性可分。已经证明对应于一个非线性分类任务,总存在一个核函数将其线性可分。而在如何选取合适的核函数方面,目前依旧没有很好的办法。实际中,通常假定存在不同的核函数,我们通过分类性能经验地选择最有效的核函数,这里就需要构建具有一定覆盖能力的核函数库。

核函数构造时,有一个充分条件,即:只要一个对称函数所对应的核矩阵是半正定的,则

该对称函数为正定核。这个充分条件为构造核函数提供了可能,即可从一些给定的核函数中通过核函数保持运算构造出复杂的核函数,进而保证构造后的对称函数的核矩阵满足半正定。

为此,从已知基本核函数出发,通过核函数保持运算,生成一系列的核函数。具体步骤如下:

(1) 找到几个最基本的核函数;

(2) 找出能够保持核函数的运算;

(3) 从最基本的核函数出发,利用能保持核函数的运算,构造新的核函数。

常用的核函数[15]列于表4.1中。

表4.1 常用的核函数

名称	解析式	参数
线性核(linear kernel)	$\mathcal{K}(\boldsymbol{x}_i,\boldsymbol{x}_j)=\boldsymbol{x}_i^{\mathrm{T}}\boldsymbol{x}_j$	
多项式核(polynomial kernel)	$\mathcal{K}(\boldsymbol{x}_i,\boldsymbol{x}_j)=(\boldsymbol{x}_i^{\mathrm{T}}\boldsymbol{x}_j)^n$	$n\geqslant 1$ 为多项式次数
高斯核(Gaussian kernel)	$\mathcal{K}(\boldsymbol{x}_i,\boldsymbol{x}_j)=\exp\left(-\frac{\lVert\boldsymbol{x}_i-\boldsymbol{x}_j\rVert^2}{2\sigma^2}\right)$	$\sigma>0$ 为高斯核的带宽
拉普拉斯核(Laplacian kernel)	$\mathcal{K}(\boldsymbol{x}_i,\boldsymbol{x}_j)=\exp\left(-\frac{\lVert\boldsymbol{x}_i-\boldsymbol{x}_j\rVert}{\sigma}\right)$	$\sigma>0$
Sigmoid 核(Sigmoid kernel)	$\mathcal{K}(\boldsymbol{x}_i,\boldsymbol{x}_j)=\tanh(a\boldsymbol{x}_i^{\mathrm{T}}\boldsymbol{x}_j-b)$	$a,b>0$

常用的保持核函数的运算如下:若 $\mathcal{K}_1$ 和 $\mathcal{K}_2$ 为核函数,则

(1) $\mathcal{K}_1$ 和 $\mathcal{K}_2$ 的线性组合也为核函数,即

$$\alpha\mathcal{K}_1+\beta\mathcal{K}_2 \tag{4.61}$$

其中,α、$\beta>0$ 为任意的正数。

(2) $\mathcal{K}_1$ 和 $\mathcal{K}_2$ 的直积也为核函数,即

$$(\mathcal{K}_1\otimes\mathcal{K}_2)(\boldsymbol{x},\boldsymbol{z})=\mathcal{K}_1(\boldsymbol{x},\boldsymbol{z})\mathcal{K}_2(\boldsymbol{x},\boldsymbol{z}) \tag{4.62}$$

(3) 对于核函数 $\mathcal{K}_1$ 及任意函数 $g(\boldsymbol{x})$,$g(\boldsymbol{z})$

$$\mathcal{K}(\boldsymbol{x},\boldsymbol{z})=g(\boldsymbol{x})\mathcal{K}_1(\boldsymbol{x},\boldsymbol{z})g(\boldsymbol{z}) \tag{4.63}$$

(4) 设 $f(x)$ 为多项式,且系数大于0,则对于核函数 $\mathcal{K}_1$

$$f[\mathcal{K}_1(\boldsymbol{x},\boldsymbol{z})]\text{和}\exp[\mathcal{K}_1(\boldsymbol{x},\boldsymbol{z})]$$

也是核函数。因此可以在表4.1的基础上,通过式(4.61)、式(4.62)、式(4.63)生成大量的核函数。

例4.6 给定样本集合

$$T=\{(\boldsymbol{x}_i,y_i)\}=\left\{\begin{array}{l}([4,0]^{\mathrm{T}},+1),([-6,0]^{\mathrm{T}},+1),([0,4.5]^{\mathrm{T}},+1),([0,-5.5]^{\mathrm{T}},+1),\\([18,0]^{\mathrm{T}},-1),([-16,0]^{\mathrm{T}},-1),([0,14]^{\mathrm{T}},-1),([0,-22]^{\mathrm{T}},-1)\end{array}\right\}$$

集合 T 如图 4.8 所示。显然,样本集合 T 线性不可分。

选择多项式核函数(polynomial kernel) $\mathcal{K}(\boldsymbol{x}_i,\boldsymbol{x}_j)=(\boldsymbol{x}_i^{\mathrm{T}}\boldsymbol{x}_j)^2$,则在再生核希尔伯特空间中样本集合如图 4.9 所示。显然,存在线性可分的分类超平面。具体解析过程这里不再详细阐述。

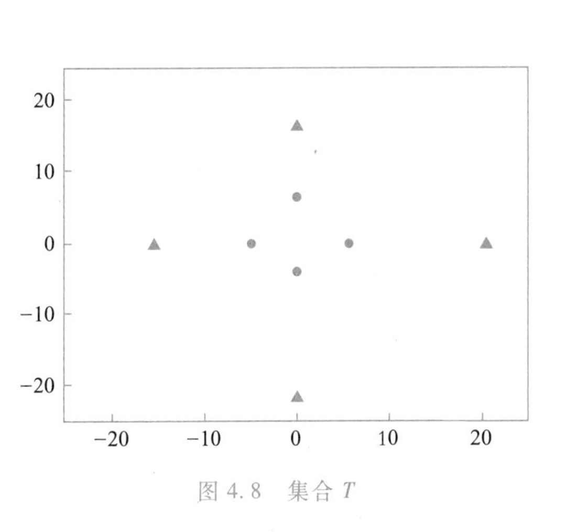

图 4.8 集合 T

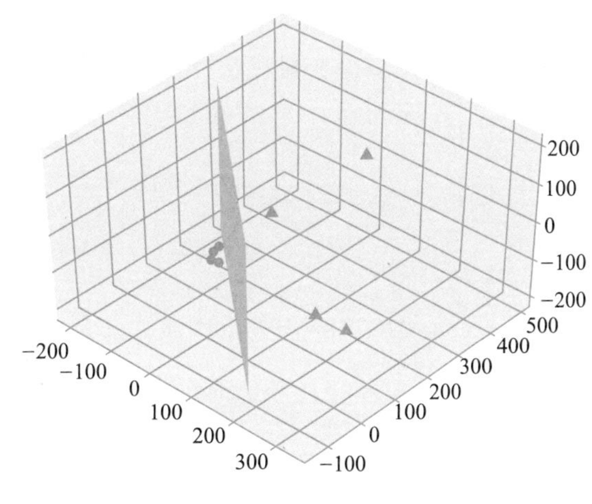

图 4.9 在再生核希尔伯特空间中样本集合

4.4.3 软间隔与正则化

在前面的讨论中,假定训练样本是线性可分的,或者映射到希尔伯特空间中是线性可分的,从而在线性可分基础上求解最大间隔超平面,让所有样本都必须正确划分。然而,在实际任务中,即使在希尔伯特空间中,也存在少量线性不可分的样本。如图 4.10 所示,其中存在样本 $(\boldsymbol{x}_i, y_i)$ 不能满足式(4.44)的约束条件,这些样本用圆圈标出。为此,需要改动模型,在间隔最大化基础上引入松弛变量 $\xi_i \geqslant 0$,允许支持向量机在一些样本上产生一定程度 ξ_i 的偏差。与前面的“间隔”相比,我们称这种间隔为“软间隔”,式(4.45)可写为

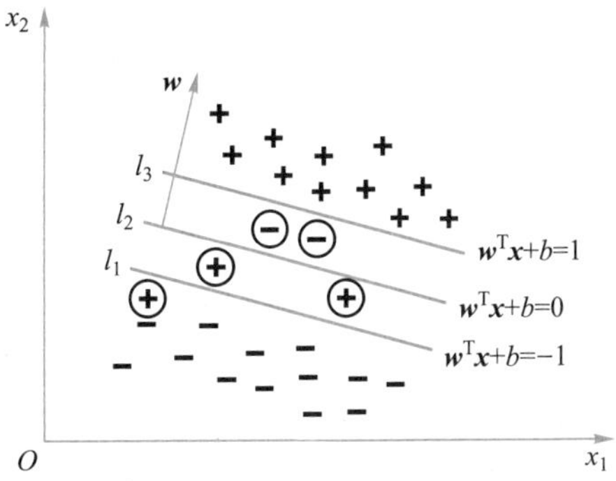

图 4.10 软间隔示意图

$$
\begin{aligned}
&\min_{\boldsymbol{w},b} \quad \frac{1}{2}\|\boldsymbol{w}\|^2+\gamma\sum_{i=1}^{n}\xi_i \\
&\text{s.t.} \quad y_i(\boldsymbol{w}^{\mathrm{T}}\boldsymbol{x}_i+b)\geqslant 1-\xi_i, \quad \xi_i\geqslant 0, \quad i=1,2,\cdots,n
\end{aligned}
\tag{4.64}
$$

其中,γ 为惩罚参数。可以看出,在约束项引入了非零的值 $\xi_i\geqslant 0$,从而使得传统的硬约束得到松弛,允许有一定的偏差。而在目标项引入了偏差的求和,期望偏差越小越好。

显然,软间隔最大化问题仍然是一个二次规划问题。同样,类似于硬间隔优化,我们依

旧利用其对偶问题进行优化，即通过拉格朗日乘子 $\alpha_i \geqslant 0$、$\mu_i \geqslant 0$ 得到式(4.64)的拉格朗日函数

$$
\begin{aligned}
L(\boldsymbol{w},b,\xi,\boldsymbol{\alpha},\boldsymbol{\mu}) = \frac{1}{2}\|\boldsymbol{w}\|^2 + \gamma \sum_{i=1}^{n} \xi_i + \\
\sum_{i=1}^{n} \alpha_i (1-\xi_i - y_i(\boldsymbol{w}^{\mathrm{T}}\boldsymbol{x}_i + b)) - \sum_{i=1}^{n} \mu_i \xi_i
\end{aligned}
\tag{4.65}
$$

分别令 $L(\boldsymbol{w},b,\xi,\boldsymbol{\alpha},\boldsymbol{\mu})$ 对优化目标 $\boldsymbol{w}$、b、ξ_i 求偏导并设置为0，可得

$$
\boldsymbol{w} = \sum_{i=1}^{n} \alpha_i y_i \boldsymbol{x}_i \tag{4.66}
$$

$$
\sum_{i=1}^{n} \alpha_i y_i = 0 \tag{4.67}
$$

$$
\gamma = \alpha_i + \mu_i \tag{4.68}
$$

将式(4.66)~式(4.68)代入拉格朗日函数，可得原问题的对偶问题

$$
\begin{aligned}
\max_{\boldsymbol{\alpha}} \quad & \frac{1}{2} \sum_{i=1}^{n} \sum_{j=1}^{n} \alpha_i \alpha_j y_i y_j \boldsymbol{x}_i^{\mathrm{T}} \boldsymbol{x}_j - \sum_{i=1}^{n} \alpha_i \\
\text{s.t.} \quad & \sum_{i=1}^{n} \alpha_i y_i = 0 \\
& 0 \leqslant \alpha_i \leqslant \gamma, \quad i=1,2,\cdots,n
\end{aligned}
\tag{4.69}
$$

将其与线性可分支持向量机的对偶问题相比，二者唯一的区别在于对偶变量 α_i 的约束由 $\alpha_i \geqslant 0$ 变为了 $0 \leqslant \alpha_i \leqslant \gamma$，因此其存在最优解的KKT条件为

$$
\begin{cases}
\alpha_i \geqslant 0 \\
y_i(\boldsymbol{w}^{\mathrm{T}}\boldsymbol{x}_i + b) - 1 + \xi_i \geqslant 0 \\
\alpha_i(y_i(\boldsymbol{w}^{\mathrm{T}}\boldsymbol{x}_i + b) - 1 + \xi_i) = 0 \\
\mu_i \geqslant 0, \xi_i \geqslant 0, \quad \mu_i \xi_i = 0
\end{cases}
\tag{4.70}
$$

由上述KKT条件可以看出，对于任意训练样本 $(\boldsymbol{x}_i, y_i)$，总有 $\alpha_i = 0$ 或 $y_i(\boldsymbol{w}^{\mathrm{T}}\boldsymbol{x}_i + b) = 1 - \xi_i$。对于前者，结合式(4.66)可知，意味着该样本不会对决策边界 $\boldsymbol{w}^{\mathrm{T}}\boldsymbol{x}_i + b = 0$ 产生影响。对于后者，由式(4.68)可知，若 $\alpha_i < \gamma$，有 $\mu_i > 0$，从而 $\xi_i = 0$，即该样本处于间隔边界上；若 $\alpha_i = \gamma$，有 $\mu_i = 0$，此时若 $\xi_i \leqslant 1$，则该样本在间隔内部，若 $\xi_i \geqslant 1$，则该样本被错误分类。

例4.7 对于如下样本集 S：

$$
S = \left\{
\begin{array}{c}
([0,1]^{\mathrm{T}},-1),([0,2]^{\mathrm{T}},-1),([1,2]^{\mathrm{T}},-1),([2,3]^{\mathrm{T}},-1),([2,2.3]^{\mathrm{T}},-1), \\
([1,-1]^{\mathrm{T}},1),([2,-1]^{\mathrm{T}},1),([3,1]^{\mathrm{T}},1),([3,2]^{\mathrm{T}},1),([1,1]^{\mathrm{T}},1),([0.5,1.2]^{\mathrm{T}},1)
\end{array}
\right\}
$$

我们可以使用软间隔SVM对样本集 S 进行二分类。其中样本集 S 可视化图如图4.11(a)所示。由图可见，样本集 S 存在少量线性不可分的样本，因此，需要使用软间隔来进行分类。通过设置合适的 γ，可得结果如图4.11(b)所示，可以看到软间隔SVM能有效地解决异常点问题。

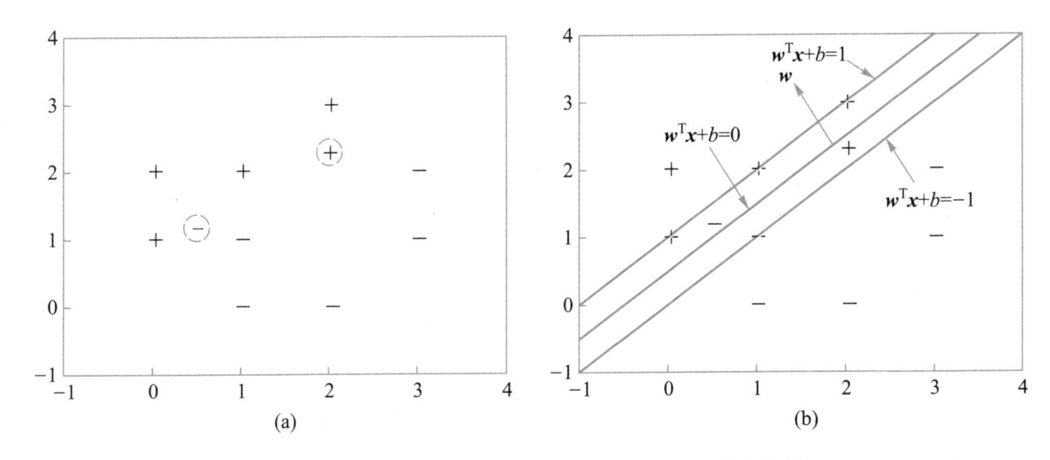

图 4.11 样本集 S 可视化图及其软间隔 SVM 分类结果

4.5 AdaBoost 算法

Boosting 算法[13][26-30]起源于 Valiant 提出的“PAC”学习模型，基本思路是：将只比随机猜测效果好一点的“弱”学习算法提高成为达到任意精度的“强”学习算法[26]。事实证明，大量的弱分类器能够组合成性能足够优秀的强分类器。这为分类器学习提供了一种新的解决策略，也就是 Boosting 算法。Boosting 算法最早由 Schapire 在 1989 年提出[27]，并被证明具有较快的预测速度（具有多项式复杂度）。1990 年，Freund 改进了 Boosting 算法[28]，使其在特定意义下达到了最优。1995 年，Freund 和 Schapire 提出了 AdaBoost 算法[13]，进一步完善了早期 Boosting 算法。

首先介绍相关理论基础。假设有 T 个二值分类器

$$h_i(\boldsymbol{x}) \in \{-1,+1\}, 1 \leqslant i \leqslant T \tag{4.71}$$

若每个分类器的错误率为 ξ，如果采用最简单的投票法进行集成分类，即超过半数分类器正确则集成结果分类正确，那么该集成分类器的错误率 P 可表示为

$$P = \sum_{i=0}^{\lfloor \frac{T}{2} \rfloor} \binom{T}{i} (1-\xi)^i \xi^{T-i} \leqslant \exp\left[-\frac{T}{2}(1-2\xi)^2\right] \tag{4.72}$$

其中，i 代表正确分类的数量。假设各个分类器的错误率相互独立，式（4.72）由 Hoeffding 不等式推得。可以看出，当 $T \to \infty$ 时，$P \to 0$，也就是当分类器数量足够多时，错误率倾向于零。

假如给定 T 个二值弱分类器 $h_1(\boldsymbol{x}), h_2(\boldsymbol{x}), \cdots, h_T(\boldsymbol{x})$，那如何有效集成这些弱分类器呢？AdaBoost 算法用这些弱分类器的自适应加权构成一个强分类器 $H_T(\boldsymbol{x})$，即

$$H_T(\boldsymbol{x}) = \text{sign}\left[\sum_{t=1}^{T} \alpha_t h_t(\boldsymbol{x})\right] \tag{4.73}$$

其中，α_t 表示第 t 个弱分类器的自适应权重。

给定训练样本集$\{(\boldsymbol{x}_1,y_1),(\boldsymbol{x}_2,y_2),\cdots,(\boldsymbol{x}_n,y_n)\}$，其中输入数据$\boldsymbol{x}_i\in X$为第$i$个样本的特征，学习目标$y_i$属于标签集$Y=\{-1,+1\}$，AdaBoost算法的具体流程如算法1所示。

算法1 AdaBoost算法流程

输入：$\{(\boldsymbol{x}_1,y_1),\ldots,(\boldsymbol{x}_n,y_n)\}$，其中$\boldsymbol{x}_i\in X, y_i\in Y=\{-1,+1\}$

输出：最终分类器$H(\boldsymbol{x})$

(1) 初始化样本权重$D_1(i)=1/n$。

(2) **for** $t=1,\cdots,T$ **do**。

(3) 给定第t个弱学习器$h_t(\cdot)$。

(4) 获得弱分类器$h_t:X\to\{-1,+1\}$的误差为

$$\epsilon_t=\underset{x_i\sim D_t}{P}[h_t(\boldsymbol{x}_i)\neq y_i]$$

若$\epsilon_t>0.5$，则中断当前循环。

(5) 得到h_t对应权重$\alpha_t=\frac{1}{2}\ln\frac{1-\epsilon_t}{\epsilon_t}$。

(6) 更新样本权重

$$\begin{aligned}D_{t+1}(i)&=\frac{D_t(i)}{Z_t}\times\begin{cases}\mathrm{e}^{-\alpha_t} & 如果\ h_t(\boldsymbol{x}_i)=y_i\\ \mathrm{e}^{\alpha_t} & 如果\ h_t(\boldsymbol{x}_i)\neq y_i\end{cases}\\&=\frac{D_t(i)\exp[-\alpha_t y_i h_t(\boldsymbol{x}_i)]}{Z_t}\end{aligned}$$

其中，Z_t是标准化因子，使得更新后的D_{t+1}仍是一个分布，即权重求和为1。

(7) **end for**。

(8) 输出最终分类器

$$H(\boldsymbol{x})=\mathrm{sign}\left[\sum_{t=1}^{T}\alpha_t h_t(\boldsymbol{x})\right]$$

为了更加直观地理解AdaBoost算法，下面以图4.12为例对算法进行讲解。首先，如图4.12(a)所示，给定9个样本，实心圆和空心圆分别表示第一类(+1)和第二类(-1)，圆的大小代表样本的权重D_t。最初的样本权重被均等设置，即：$D_1(i)=1/10$，对应图中所有样本的大小一致。根据算法步骤(4)，首先计算所有弱分类器的分类误差ϵ，并找到使得当前样本错分最小的第1个弱分类模型h_1，如图4.12(a)所示。根据算法步骤(5)计算弱分类模型h_1的自适应权重α_1。ϵ_t越大，α_t越小。反之，则α_t越大。也就意味着分类性能不好的分类器对应的自适应权重低，从而对最终分类结果的影响小。分类性能好的分类器对应的自适应权重高，从而对最终分类结果的影响大。然后，根据步骤(6)自适应更新样本权重D_2，如图4.12(b)所示。可以看

出，错分的样本经过更新后，权重增加。在更新的样本权重的基础上，进行更多弱分类器的学习，最终获得集成的强分类器，达到对所有样本能够正确分类。示意过程如图 4.12(c)—(f)所示。

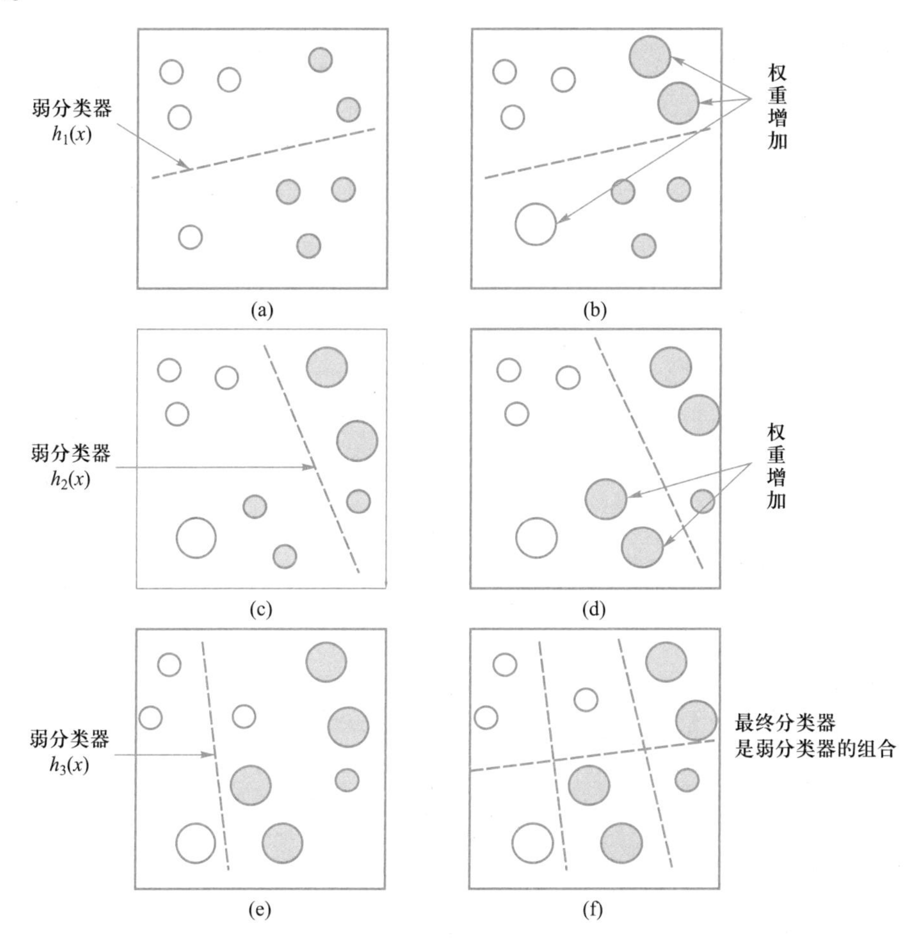

图 4.12 AdaBoost 算法迭代过程示意图

例 4.8 如表 4.2 所示，给定 10 个两类训练样本，对应分布如图 4.13 所示，图中圆圈表示第一类样本，五角星表示第二类样本。h_a、h_b、h_c 为给定的三个可能的弱分类器，请给出最终强分类器表达式。

解：(1) 弱分类器 $t=1$

初始化训练数据权重分布表如表 4.3 所示。

表 4.2 训练样本数据表

x_1	-7	-1	-5	-4	2	-3	2	2.5	6	7
x_2	-5	-8	6	4	6	-2	1.5	-4	-8	3
y	1	1	1	1	1	-1	-1	-1	-1	-1

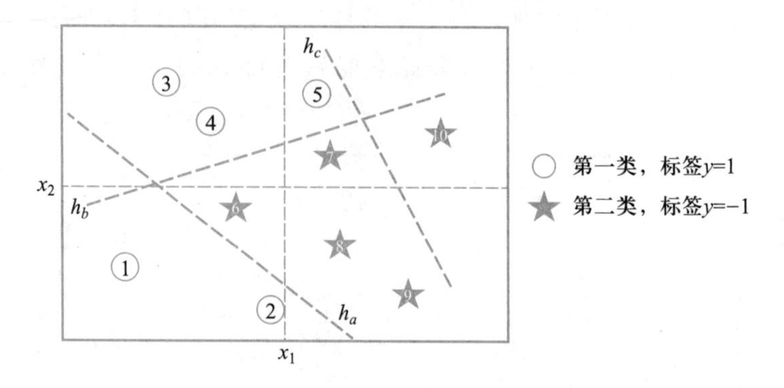

图 4.13 训练样本及三个可能的弱分类器

表 4.3 初始化训练数据权重分布表

x_1	-7	-1	-5	-4	2	-3	2	2.5	6	7
x_2	-5	-8	6	4	6	-2	1.5	-4	-8	3
y	1	1	1	1	1	-1	-1	-1	-1	-1
D_1	0.1	0.1	0.1	0.1	0.1	0.1	0.1	0.1	0.1	0.1

初始化训练数据权重分布

$$D_1(i)=\frac{1}{n}=0.1,(n=10,i=1,2,\cdots,n)$$

计算三个分类器分类误差为

$$\epsilon_a=\sum_{i=1}^{10}0.1\times[y_i\neq h_{ai}]=0.3$$

$$\epsilon_b=\sum_{i=1}^{10}0.1\times[y_i\neq h_{bi}]=0.2$$

$$\epsilon_c=\sum_{i=1}^{10}0.1\times[y_i\neq h_{ci}]=0.4$$

最终选定分类器 h_b 为第一个最优弱分类 h_1。

根据选定的弱分类器分类，样本 1、2 为错分样本，错误率为

$$\epsilon_1=\sum_{i=1}^{10}0.1\times[y_i\neq h_{2i}]=0.2$$

由错误率计算得弱分类器 1 的权重

$$\alpha_1=\frac{1}{2}\ln\frac{1-\epsilon_1}{\epsilon_1}=0.693$$

更新训练样本权重

$$D_2=\frac{D_1(i)\exp[-\alpha_1 y_i h_1(x_i)]}{Z_1}$$

第一次训练后弱分类器 h_1 的样本分类情况和更新后样本权重如表 4.4 所示。

表 4.4 第一次训练后弱分类器 h_1 的样本分类情况和更新后样本权重

x_1	-7	-1	-5	-4	2	-3	2	2.5	6	7
x_2	-5	-8	6	4	6	-2	1.5	-4	-8	3
h_1	-1	-1	1	1	1	-1	-1	-1	-1	-1
D_2	0.250	0.250	0.062 5	0.062 5	0.062 5	0.062 5	0.062 5	0.062 5	0.062 5	0.062 5

（2）弱分类器 $t=2$

计算三个分类器分类误差为

$$\epsilon_a = \sum_{i=1}^{10} D_2(i) \times [y_i \neq h_{ai}] = 0.188$$

$$\epsilon_b = \sum_{i=1}^{10} D_2(i) \times [y_i \neq h_{bi}] = 0.5$$

$$\epsilon_c = \sum_{i=1}^{10} D_2(i) \times [y_i \neq h_{ci}] = 4 \times 0.062\,5 = 0.25$$

最终选定分类器 h_a 为第二个最优弱分类 h_2。

根据选定的弱分类器分类，样本 3、4、5 为错分样本，错误率为

$$\epsilon_2 = \sum_{i=1}^{10} D_2(i) \times [y_i \neq h_{2i}] = 0.188$$

由错误率计算得弱分类器 2 的权重

$$\alpha_2 = \frac{1}{2} \ln \frac{1-\epsilon_2}{\epsilon_2} = 0.732$$

更新训练样本权重

$$D_3 = \frac{D_2(i) \exp\left[-\alpha_2 y_i h_2(x_i)\right]}{Z_2}$$

第二次训练后弱分类器 h_2 的样本分类情况和更新后样本权重如表 4.5 所示：

表 4.5 第二次训练后弱分类器 h_2 的样本分类情况和更新后样本权重

x_1	-7	-1	-5	-4	2	-3	2	2.5	6	7
x_2	-5	-8	6	4	6	-2	1.5	-4	-8	3
h_2	1	1	-1	-1	-1	-1	-1	-1	-1	-1
D_3	0.154	0.154	0.167	0.167	0.167	0.038	0.038	0.038	0.038	0.038

（3）弱分类器 $t=3$

计算三个分类器分类误差为

$$\epsilon_a = \sum_{i=1}^{10} D_3(i) \times [y_i \neq h_{ai}] = 0.501$$

$$\epsilon_b = \sum_{i=1}^{10} D_3(i) \times [y_i \neq h_{bi}] = 0.308$$

$$\epsilon_c = \sum_{i=1}^{10} D_3(i) \times [y_i \neq h_{ci}] = 0.152$$

最终选定分类器 h_c 为第三个最优弱分类 h_3。

根据选定的弱分类器分类,样本 6、7、8、9 为错分样本,错误率为

$$\epsilon_3 = \sum_{i=1}^{10} D_3(i) \times [y_i \neq h_{3i}] = 0.152$$

由错误率计算得弱分类器 3 的权重

$$\alpha_3 = \frac{1}{2} \ln \frac{1-\epsilon_3}{\epsilon_3} = 0.86$$

3 个弱分类器合并成一个强分类器

$$\text{sign}[H(x_1, x_2)] = \text{sign}[0.693h_1(x_1, x_2) + 0.732h_2(x_1, x_2) + 0.86h_3(x_1, x_2)]$$

第三次训练后弱分类器 h_3 的样本分类情况和强分类器 sign(H) 的样本分类情况如表 4.6 所示。

表 4.6 第三次训练后弱分类器 h_3 的样本分类情况和强分类器 sign(H) 的样本分类情况

x_1	-7	-1	-5	-4	2	-3	2	2.5	6	7
x_2	-5	-8	6	4	6	-2	1.5	-4	-8	3
y	1	1	1	1	1	-1	-1	-1	-1	-1
h_3	1	1	1	1	1	1	1	1	1	-1
sign(H)	1	1	1	1	1	-1	-1	-1	-1	-1

在训练集上有 0 个误差点,训练结束。

4.6 决策树

决策树[14](decision tree)是机器学习中的经典方法之一。决策树采用树形结构表征属性和类别的关系,通过自上而下地传递最终在叶子节点实现分类。决策树的节点可分为内部节点和叶子节点。叶子节点对应于不同的类别,用于类别预测。而内部节点则对应于一个属性测试,从而可以根据数据的属性进行判别和传递。其基本思路是从根节点出发,依据决策树每一个内部节点的预测模型向下一层传递,直到叶节点,得到输出。因此,我们可以将决策树的每一个内部节点都看作是一个线性判别模型。

决策树是基于样本数据的不同属性并通过树状的结构来对数据进行逐级的分类和回归，最终获得更为细致的最优分类结果。决策树结构由节点与连接节点之间的有向边组成，如图 4.14 所示。节点包括根节点、内部节点和叶节点，其中根节点表示所有样本数据的集合，根据数据的某一属性将集合分为若干子类，即为下一层的内部节点，然后对每一个内部节点中的数据基于另一属性继续进行进一步的细分类，如此循环不断细分，直到不能进一步细分，则得到的最后的节点即为叶节点。

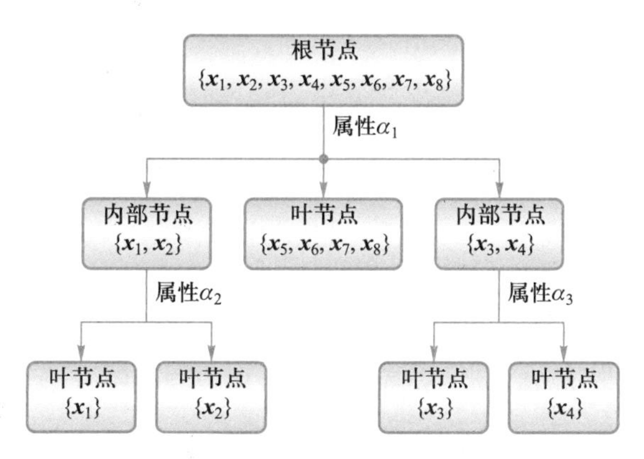

图 4.14 决策树示意图

4.6.1 决策树的度量指标

数据本身包含多种属性，不同的决策树根据不同的属性对数据进行划分，最终往往会得到不同的分类结果，而如何找到最优的决策树以及如何度量生成的决策树的好坏就成为一个关键的问题。

对于一组给定的样本数据集 $S=\{(\boldsymbol{x}_1,y_1),(\boldsymbol{x}_2,y_2),\cdots,(\boldsymbol{x}_n,y_n)\}$，其中 n 表示样本数量，$\boldsymbol{x}_i$ 表示第 i 个样本，y_i 表示对应的分类标签。数据被划分为 k 个子类别，其中样本被分为第 c 类的概率为 p_c。基于上述设定，我们将介绍有关决策树的几个重要的度量指标[38]。

（1）信息熵（information entropy）：表示数据集中样本的随机程度，样本的随机程度越高，样本越多样，信息熵越大。相反，样本的随机程度越低，样本越趋于一致，信息熵越小。因此，样本数据集 S 被划分为 k 类的信息熵为

$$H(S)=-\sum_{c=1}^{k}p_c\log_2 p_c \tag{4.74}$$

（2）条件熵（conditional entropy）：在执行决策树的过程中，可以根据属性 α 将数据划分为 k 个子类别，其中被分为 c 类别的样本集为 S_c，概率为 p_c。为了衡量数据集 S 在属性 α 条件下的随机性，可以计算条件熵 $H(S|\alpha)$，有

$$H(S|\alpha)=\sum_{c=1}^{k}p_c H(S_c) \tag{4.75}$$

（3）信息增益（information gain）：为了获得属性 α 对数据集 S 的影响程度，可以通过信息增

益来进行度量,即

$$gain(S,\alpha)=H(S)-H(S|\alpha) \tag{4.76}$$

表示数据集 S 基于属性 α 进行划分后,样本随机性的减小程度。信息增益越大,表明基于属性 α 的条件熵越小,即根据属性 α 划分分类结果更好,相对应的决策树更优。然而,仅仅根据信息增益进行度量会让决策树倾向于将样本划分为更多的类别,以获得大的信息增益,这会导致决策树过拟合于当前样本集,不利于决策树泛化到其他样本数据,因此要进一步运用到信息增益比。

(4) 信息增益比(information gain ratio):通过计算在属性 α 条件下的信息增益 $gain(S,\alpha)$ 与数据集 S 基于属性 α 划分的信息熵 $H_\alpha(S)$ 的比值得到,即

$$gain_R(S,\alpha)=\frac{gain(S,\alpha)}{H_\alpha(S)} \tag{4.77}$$

其中 $H_\alpha(S)=-\sum_{d=1}^{k} p_d\log_2 p_d$。通过求取信息增益比,当基于所选择的属性 α 划分的类别增多时,$H_\alpha(S)$ 随之增大,导致信息增益比减小。为了获得更大的信息增益比,决策树会更倾向于取划分类别更少的特征来获得更小的 $H_\alpha(S)$,从而达到信息增益与选择类别数量之间的平衡,并得到更优的决策树。

下面介绍几种经典的决策树算法。

4.6.2 ID3 算法

决策树生成的目的是对多特征数据进行快速的分类。理想的分类树应该深度浅且节点少,所以制定合理的特征选取标准进行分类是尤为重要的。ID3 算法[14]采用了将信息熵增益作为评估特征选取的标准。

包含 n 个训练样本的数据集 $S=\{(\boldsymbol{x}_1,y_1),(\boldsymbol{x}_2,y_2),\cdots,(\boldsymbol{x}_n,y_n)\}$,其中 y 为每个样本 $\boldsymbol{x}$ 的标签,对于每个样本 $\boldsymbol{x}$ 都具有 k 种属性类别,其中第 i 类属性为 α_i。根据样本标签概率 p_c,集合整体的信息熵为

$$H(S)=-\sum_{c=1}^{k} p_c\log_2 p_c \tag{4.78}$$

对于根节点,根据属性 α_i,可将 S 划分为 m 个子类,对应的条件熵 $H(S|\alpha_i)$ 为

$$H(S|\alpha_i)=-\sum_{j=1}^{m} p_{S_j}H(S_j) \tag{4.79}$$

将根节点的信息熵减去属性 α_i 条件熵得到信息增益 $gain(S,\alpha_i)$,其表达式为

$$gain(S,\alpha_i)=H(S)-H(S|\alpha_i) \tag{4.80}$$

在 ID3 算法中,首先从根节点出发,选取信息增益最大的特征生成子节点,然后对每个子节点计算信息增益,并再次选取分类特征生成子节点。如果存在信息熵为 0 的情况,则说明该节点为叶节点,当所有子节点都达到信息熵为 0 或者属性不可再划分时,算法停止,以目前的生成树作为决策树输出。ID3 算法的具体流程如算法 2 所示。

算法 2 ID3 算法流程

输入:训练数据集 $S=\{(\boldsymbol{x}_1,y_1);(\boldsymbol{x}_2,y_2);\cdots;(\boldsymbol{x}_n,y_n)\}$,包含了 k 个类别的属性集合 $A=\{\alpha_1,\alpha_2,\cdots,\alpha_k\}$

输出:决策树 T

(1) 初始化根节点与属性集合 $A=\{\alpha_1,\alpha_2,\cdots,\alpha_k\}$,进入步骤(2)。

(2) 根据节点样本集合,计算信息熵 $H(S)$ 与各特征条件熵 $H(S\mid\alpha_i)$,若信息熵为 0,当前节点为叶节点,进入步骤(4),否则进入步骤(3)。

(3) 计算信息增益 $gain(S,\alpha_i)$,并选取最大信息增益的特征作为节点的分类特征,并生成子节点与子样本集,返回步骤(2)。

(4) 判断同深度其他子节点是否都为叶节点,若满足,将当前生成树作为决策树输出;若不满足,选取其中一子节点返回步骤(2)。

例 4.9 在银杏叶书签采集过程中,假设已经收集了 10 片银杏叶,而我们需要根据银杏叶的属性来进行品质判断,请根据表 4.7 中银杏叶样本属性,对银杏叶样本品质筛选构建决策树。

表 4.7 银杏叶样本属性表

样本编号	形状$\mathcal{C}_1$	颜色$\mathcal{C}_2$	叶裂$\mathcal{C}_3$	对称$\mathcal{C}_4$	纹理$\mathcal{C}_5$	品质
1	扇形	黄色	浅裂	是	清晰	好
2	扇形	绿色	浅裂	是	清晰	好
3	扇形	黄色	深裂	否	清晰	好
4	扇形	黄色	浅裂	是	清晰	好
5	扇形	绿色	全裂	是	清晰	好
6	扇形	黄色	深裂	是	清晰	好
7	残缺	黄色	浅裂	否	清晰	不好
8	残缺	灰色	全裂	否	模糊	不好
9	扇形	绿色	全裂	否	清晰	不好
10	残缺	灰色	深裂	是	模糊	不好

解:已知样本集合 $S=\{(\boldsymbol{x}_1,y_1),(\boldsymbol{x}_2,y_2),\cdots,(\boldsymbol{x}_n,y_n)\}$ 与样本属性集合 $\mathcal{C}=\{$形状$(\mathcal{C}_1)$,颜色$(\mathcal{C}_2)$,叶裂$(\mathcal{C}_3)$,对称$(\mathcal{C}_4)$,纹理$(\mathcal{C}_5)\}$,其中样本标签 y_i 为样本 $\boldsymbol{x}_i$ 的品质的二分类标签,由此计算根节点信息熵

$$H(S)=-\sum_{i=1}^{2}p_i\log_2 p_i$$

$$=-\left(\frac{6}{10}\log_2\frac{6}{10}+\frac{4}{10}\log_2\frac{4}{10}\right)\approx 0.971$$

然后,需要计算各个属性的信息增益。以“叶裂”属性为例,可得子类为 S_1(叶裂=浅裂)、S_2(叶裂=深裂)、S_3(叶裂=全裂),银杏叶叶裂属性统计结果如表 4.8 所示。

表 4.8 银杏叶叶裂属性统计结果

品质	叶裂		
	浅裂	深裂	全裂
好	3	2	1
不好	1	1	2

因此,可根据信息熵公式计算各个子类的信息熵

$$H(S_1)=-\left(\frac{3}{4}\log_2\frac{3}{4}+\frac{1}{4}\log_2\frac{1}{4}\right)\approx 0.811$$

$$H(S_2)=-\left(\frac{2}{3}\log_2\frac{2}{3}+\frac{1}{3}\log_2\frac{1}{3}\right)\approx 0.918$$

$$H(S_3)=-\left(\frac{1}{3}\log_2\frac{1}{3}+\frac{2}{3}\log_2\frac{2}{3}\right)\approx 0.918$$

再由信息增益公式可得

$$gain(S,\text{叶裂})=H(S)-H(S\mid \mathcal{C}_3)=H(S)-\sum_{i=1}^{3}p_{S_i}H(S_i)$$

$$\approx 0.971-\left(\frac{4}{10}\times 0.811+\frac{3}{10}\times 0.918+\frac{3}{10}\times 0.918\right)\approx 0.096$$

同理,可计算其他信息增益为

$$gain(S,\text{颜色})=H(S)-H(S\mid \mathcal{C}_2)=H(S)-\sum_{i=1}^{3}p_{S_i}H(S_i)$$

$$\approx 0.971-\left(\frac{5}{10}\times 0.722+\frac{3}{10}\times 0.918+\frac{2}{10}\times 0\right)\approx 0.335$$

$$gain(S,\text{形状})=H(S)-H(S\mid \mathcal{C}_1)=H(S)-\sum_{i=1}^{2}p_{S_i}H(S_i)$$

$$\approx 0.971-\left(\frac{7}{10}\times 0.592+\frac{3}{10}\times 0\right)\approx 0.557$$

$$gain(S,\text{对称})=H(S)-H(S\mid \mathcal{C}_4)=H(S)-\sum_{i=1}^{2}p_{S_i}H(S_i)$$

$$\approx 0.971-\left(\frac{6}{10}\times 0.650+\frac{4}{10}\times 0.811\right)\approx 0.257$$

$$gain(S,\text{纹理}) = H(S) - H(S \mid \mathcal{C}_5) = H(S) - \sum_{i=1}^{2} p_{S_i} H(S_i)$$

$$\approx 0.971 - \left(\frac{8}{10} \times 0.811 + \frac{2}{10} \times 0\right) \approx 0.322$$

根据信息增益大小进行划分,选择形状属性作为划分标准。基于形状属性的银杏叶样本划分结果如图 4.15 所示。

从图 4.15 可以看到,残缺的银杏叶全为品质不好的银杏叶,而扇形的银杏叶则需要进一步进行划分,因此,再次根据之前步骤循环计算,得到对应信息增益为

$$gain(S,\text{颜色}) \approx 0.198$$

$$gain(S,\text{叶裂}) \approx 0.305$$

$$gain(S,\text{对称}) \approx 0.305$$

$$gain(S,\text{纹理}) \approx 0$$

可以看到,叶裂和对称的信息增益均为最大值,此时可任选其一继续计算,本过程选择叶裂继续计算,生成的决策树如图 4.16 所示。

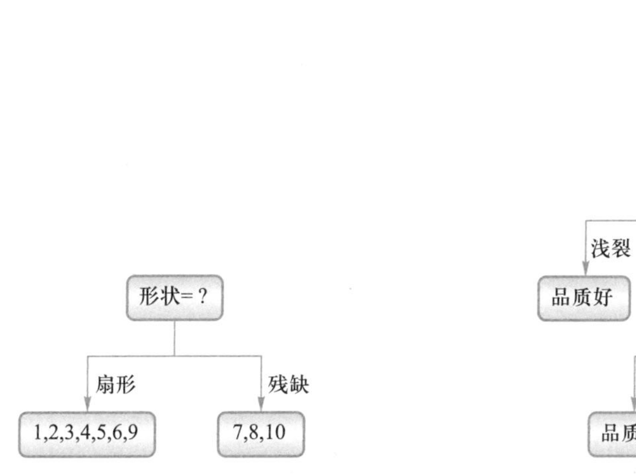

图 4.15 基于形状属性的银杏叶样本划分结果

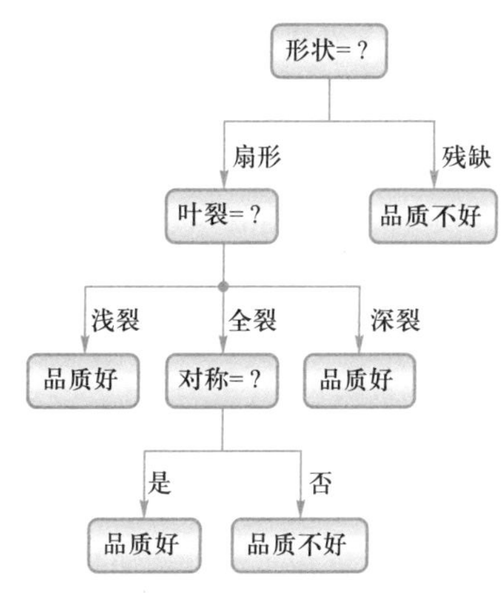

图 4.16 生成的决策树

ID3 算法面临着以下几点不足:

(1) ID3 算法用信息增益选择特征,倾向于选择取值多的属性。一个简单的例子是某个属性的取值足够多,甚至每个样本的这个属性都是唯一的(例如将样本编号作为一个属性)。这个属性能够很容易地将所有样本分开,具有很大的信息增益,但这不是理想的结果;

(2) ID3 算法只能处理离散的特征,不能处理面积体积等连续属性;

(3) ID3 算法不能对不完整的数据进行处理。

4.6.3 C4.5 算法

针对以上问题,ID3 的作者又提出了 C4.5 算法[31],该算法的核心方法在于用信息增益比

$gain_R(S,A)$替代信息增益,具体的改进如下。

(1) 使用信息增益比代替信息增益来选择特征,降低了取值多的属性被选中的可能性,其余的算法流程和 ID3 算法类似。

(2) 处理连续属性:C4.5 采用二分法处理连续属性,将样本集在某个连续属性出现的所有 n 次取值按照从小到大排列,选取相邻每两个样本点的均值作为划分,可以形成$(n-1)$个划分。然后按照离散属性来评估这些划分,并选取其中的最优划分点作为决策依据。

(3) 处理有缺失值的属性和样本。

① 处理带有缺失值的属性,也就是在含有缺失值时如何选取最优属性:对于不完整的属性,其信息增益就是无缺失样本的比例和完整子集信息增益的乘积。

② 处理带有缺失值的样本,也就是在含有缺失值时如何划分该样本:将缺失值样本按权重划分到所有分支中,其中权重是该属性中无缺失样本各自的比例。

(4) 在构造树的过程中进行剪枝。

C4.5 算法的具体流程如算法 3 所示。

算法 3 C4.5 算法流程

输入:训练数据集 S,特征集合 A,阈值 τ

输出:决策树 T

(1) 若 S 中所有样本都属于同一类别$\mathcal{C}_k$,则 T 为单节点树,并将类别$\mathcal{C}_k$作为节点的类别标记,返回决策树 T。

(2) 若 $A=\phi$,则 T 为单节点树,并将 S 中最大的类别$\mathcal{C}_k$作为该节点的类别标记,返回决策树 T。

(3) 若不满足(1)和(2)中的条件,则计算特征集合 A 中各个特征对训练数据集 D 的信息增益比,选择信息增益比 $gain_R(S,A)$ 最大的特征 A_g。

(4) 若 $A_g<\tau$,则置 T 为单节点树,并将 S 中最大的类别$\mathcal{C}_k$作为该节点的类别标记,返回决策树 T。

(5) 若 $A_g\geqslant\tau$,则对 A_g 中的每一个可能值 α_i 按照 $A_g=\alpha_i$ 划分为若干个非空子集 S_i,将 S 中最大类别作为该节点的类别标记,进而生成子节点。决策树 T 由节点及其子节点构成,返回决策树 T。

(6) 对第 i 个子节点,把 S_i 当作训练数据集,$A-A_g$ 为特征集,递归调用步骤(1)—(5),得到子决策树 T_i,返回 T_i。

从之前采用 ID3 算法的结果可以看到,在计算第二次划分时,叶裂和对称的信息增益相同。如果使用 C4.5 算法来构建例 4.9 中的银杏叶决策树,会不会有更好的结果呢?下面进行求解。

首先计算惩罚因子,以叶裂为例,其对应的信息熵为

$$H(\text{叶裂}) = -\left(\frac{4}{10}\log_2\frac{4}{10} + \frac{3}{10}\log_2\frac{3}{10} + \frac{3}{10}\log_2\frac{3}{10}\right) \approx 1.571$$

故根据叶裂的信息增益,可得对应信息增益比如下

$$gain_R(S,\text{叶裂}) = \frac{gain(S,\text{叶裂})}{H(\text{叶裂})} \approx \frac{0.096}{1.571} \approx 0.061$$

类似可得

$$gain_R(S,\text{颜色}) = \frac{gain(S,\text{颜色})}{H(\text{颜色})} \approx \frac{0.335}{1.485} \approx 0.226$$

$$gain_R(S,\text{形状}) = \frac{gain(S,\text{形状})}{H(\text{形状})} \approx \frac{0.557}{0.881} \approx 0.632$$

$$gain_R(S,\text{对称}) = \frac{gain(S,\text{对称})}{H(\text{对称})} \approx \frac{0.257}{0.971} \approx 0.265$$

$$gain_R(S,\text{纹理}) = \frac{gain(S,\text{纹理})}{H(\text{纹理})} \approx \frac{0.322}{0.722} \approx 0.446$$

然后,再进行迭代计算,可得基于 C4.5 算法的银杏叶品质决策树如图 4.17 所示。

通过与图 4.16 对比,可以看到在第二次划分时,ID3 算法选择叶裂属性进行划分,而 C4.5 算法选择对称属性进行划分,由此可见,C4.5 算法缓解了 ID3 算法对类别数多的属性偏好的影响。

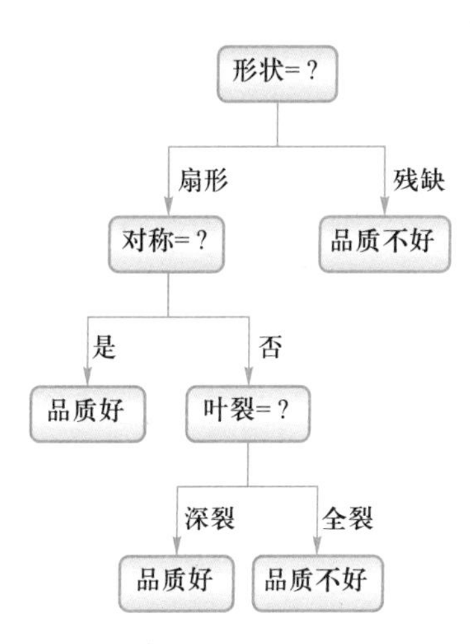

图 4.17 基于 C4.5 算法的银杏叶品质决策树

4.6.4 CART 算法

CART(classification and regression tree)全称为分类与回归树[32],由 Breiman 等人于 1984 年提出。相比于 ID3 算法以及 C4.5 算法,该算法采用“基尼值”(gini)对数据集 S 进行纯度的度量

$$Gini(S) = \sum_{i=1}^{k}\sum_{j\neq i} p_i p_j \tag{4.81}$$

其中,k 为数据集 S 的类别数,p_j 为数据集 S 中第 j 类的占比。根据某一特征 $A_i \in A$ 对数据集 S 划分下的“基尼指数”(gini index)为

$$Gini_{\text{index}}(S,A_i) = \sum_{m=1}^{M}\frac{|S_m|}{|S|}Gini(S_m) \tag{4.82}$$

其中,S_m 为第 m 个子集,$|S_m|$为数据集的样本数,M 为在 A_i 划分下子集的个数。基尼值本质上反映的是数据集中任意两个样本不相同的概率。因而其指数越高,数据集的纯度越低,反之亦然。CART 算法就是希望找到一组使基尼指数达到最小的划分。具体算法流程可参考本章参考文献[32]。

4.6.5 决策树的剪枝

前面所介绍的 ID3 算法、C4.5 算法以及 CART 算法都尝试设计更好的数据集纯度的度量从

而对训练样本进行正确地分类。由于ID3算法容易被取值较多的属性所主导,故C4.5算法提出使用信息增益比进行度量。而C4.5算法又容易对具有取值较少的属性施以较大的权重。从这可以看出上述算法对训练数据具有贪婪性,虽然在训练数据上能够实现正确地分类,但在未知测试数据上的分类性能较差。我们称这种现象为决策树的过拟合。过拟合的原因在于模型过于追求训练数据的训练精度,导致预测界面仅适用于训练数据分布,当测试数据分布与其存在偏差时,测试精度不足。该问题的解决方法是考虑决策树的复杂度,对在训练过程中的树或已生成的树进行剪枝。

为了评估裁剪后树的性能,训练数据需要进行进一步的划分:训练子集与验证子集。在训练过程中的裁剪称为事前裁剪,对树的节点进行分叉时,需要评估一下分叉后的树在验证集上的性能。如果性能相比于分叉前性能提升,则保留分叉的结果;如果性能不变或者降低,则将该节点设置为叶子节点。

事后裁剪是在树生成完毕之后对树的枝丫做进一步的裁剪。首先遍历树的每一个非叶子节点,若该节点下面的子树都缩为一个叶子节点,则其类别为该子树中样本数最多的类别。若这种裁剪方式能够带来在验证集上的性能提升,则保留该节点的裁剪,否则不进行裁剪。

事前裁剪是一种自上而下的裁剪方式,而事后裁剪是一种自下而上的裁剪方式。事后裁剪相比于事前裁剪需要遍历每一个非叶子节点,因而有着较高的时间复杂度。而由于事前裁剪直接终止无法在验证集上带来性能提升的分叉,但是这些分叉可能有助于对未知数据的判别,因而保留较多分叉的事后裁剪具有更强的泛化能力。

4.6.6 随机森林

决策树算法存在泛化能力不足的问题。在决策树的基础上,随机森林算法通过对多个决策树的结果进行投票表决解决了这个问题。随机森林模型[33-35]由Ho和Breiman提出,它是通过集成学习的思想将多棵树集成的一种算法,其基本单元是决策树,众多的决策树组成随机森林。

接下来举例简单介绍随机森林的构建过程。所有的训练样本和对应的特征如表4.9所示。假设训练样本有N个,它们的特征有M种。在本例中,N和M都为3。决策树的形成过程为:首先,从N个样本中有放回地随机抽取N个样本作为根节点,再从M个特征中随机抽取m个特征,并从m个特征中选取最优的属性作为当前节点的分裂属性,最后重复分裂过程,直到树无法再分裂出新的节点为止。例如,在图4.18中最上方的决策树生成过程中,先有放回地随机抽取了3个样本构成根节点,而后从3个特征中随机选取"是动物吗"和"有尾巴吗"2个特征,即$m=2$。其中最优的属性为"是动物吗",故进行第一次分裂,飞机成为叶节点。最后再次从3个特征中随机选取"是动物吗"和"能飞吗"2个特征,其中最优的属性为"能飞吗",鸟和狗均成为叶节点,该决策树构建完成。类似地,多次重复该过程,得到若干个决策树,最后的分类结果由多个决策树投票表决生成。

表 4.9 所有的训练样本和对应的特征

样本	特征		
	是动物吗	能飞吗	有尾巴吗
鸟	是	是	是
飞机	否	是	是
狗	是	否	是

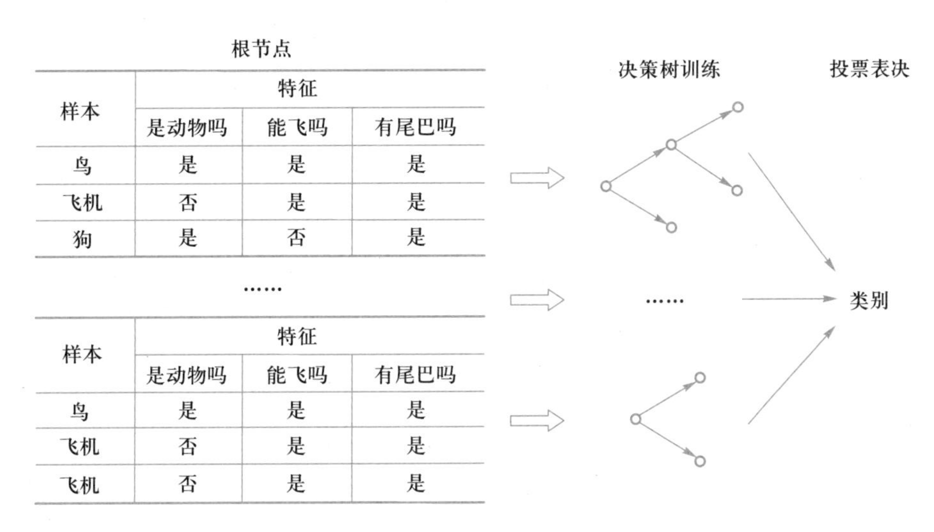

图 4.18 随机森林构建过程

Bagging 算法[36]是基础的集成学习方法。该算法首先对原始数据集进行 K 次随机采样，生成 K 个大小一致的子训练数据集，接着对这些子训练数据集分别训练得到 K 个弱分类器，最后结合这些弱分类器，得到强分类器。Boosting 算法与 Bagging 算法类似，但 Boosting 算法会基于权重结合弱分类器。

虽然随机森林算法和 Bagging 算法以及 Boosting 算法都是有放回的随机采样子集，但是它们还是有一些差异。

（1）对于单个决策树，Bagging 算法和 Boosting 算法要用到样本的所有特征，而随机森林算法只用到样本的部分特征。

（2）随着决策树数量的增加，两种算法的泛化能力都会增加。在决策树数量较少时，由于随机森林算法只采用了样本的部分特征，因此性能相比 Bagging 和 Boosting 算法稍有逊色，但当决策树多起来的时候，随机森林算法的性能会优于 Bagging 和 Boosting 算法。

习题

1. 线性判别函数方法与统计判别方法都是解决分类问题，请简述二者的相同与不同之处。

2. 给定如图4.19所示两种判别方式 a 和 b，问它们哪一个是线性？哪一个是非线性？并指出线性与非线性分类方式的优点与缺点。

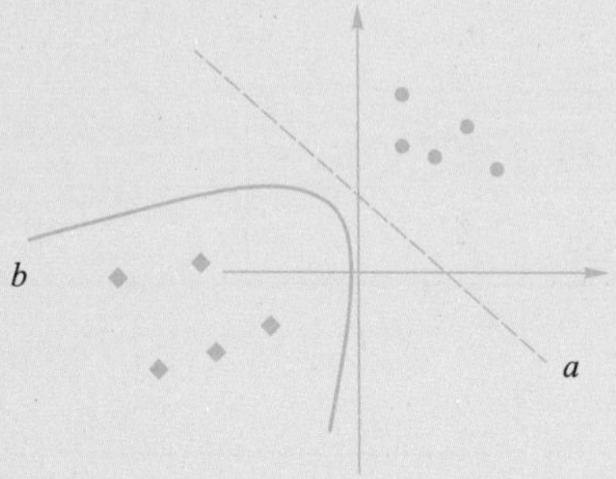

图 4.19 两种判别方式

3. 某二分类判别函数为 $f(\boldsymbol{x})=x_1+2x_2-5$，判断下列各点属于哪一类：

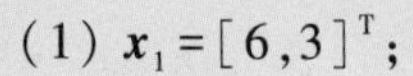

(1) $\boldsymbol{x}_1=[6,3]^{\mathrm{T}}$；

(2) $\boldsymbol{x}_2=[1,1]^{\mathrm{T}}$；

(3) $\boldsymbol{x}_3=[2,-4]^{\mathrm{T}}$。

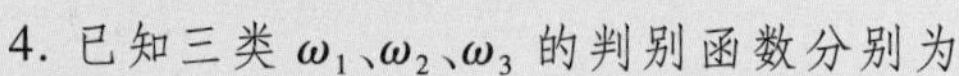

4. 已知三类 ω_1、ω_2、ω_3 的判别函数分别为

$$\begin{cases} f_1(\boldsymbol{x})=3x_1+2x_2-5 \\ f_2(\boldsymbol{x})=x_1+5x_2+7 \\ f_3(\boldsymbol{x})=2x_1-3x_2+1 \end{cases}$$

若使用一对多策略进行多类别判别：

(1) 画出其不确定区域示意图；

(2) 分别判断点 $\boldsymbol{x}_1=[1,3]^{\mathrm{T}}$，$\boldsymbol{x}_2=[-6,-4]^{\mathrm{T}}$，$\boldsymbol{x}_3=[5,-5]^{\mathrm{T}}$ 属于哪一类，若不确定则写不确定。

5. 已知三类 $\mathcal{C}_1$，$\mathcal{C}_2$，$\mathcal{C}_3$ 的判别函数分别为

$$\begin{cases} f_{12}(\boldsymbol{x})=x_1-x_2+1 \\ f_{13}(\boldsymbol{x})=x_2-7 \\ f_{23}(\boldsymbol{x})=2x_1+x_2-7 \end{cases}$$

若使用一对一策略，请判断 $\boldsymbol{x}=[x_1,x_2]^{\mathrm{T}}=[3,7]^{\mathrm{T}}$ 属于哪一类，并画出不确定区域示意图。

6. 已知对于多类问题的判别，若除了一对多的判别外，还可采用一对一特例判别模式，使得不确定区域最小。现有三类 $\mathcal{C}_1$，$\mathcal{C}_2$，$\mathcal{C}_3$ 的判别函数分别为

$$\begin{cases} f_1(\boldsymbol{x})=5x_1+2x_2-30 \\ f_2(\boldsymbol{x})=5x_1-3x_2-5 \\ f_3(\boldsymbol{x})=x_2-3 \end{cases}$$

若使用一对一特例策略，请判断 $\boldsymbol{x}=[x_1,x_2]^{\mathrm{T}}=[2,-1]^{\mathrm{T}}$ 属于哪一类。

7. 对于三分类问题，假设判别函数为

$$\begin{cases} f_1(\boldsymbol{x})=5x_1+2x_2-9 \\ f_2(\boldsymbol{x})=x_1-x_2+1 \\ f_3(\boldsymbol{x})=x_1+6x_2+15 \end{cases}$$

请分别写出采用一对多策略和采用一对一策略特例时对应的决策边界，并分别指出其不确定区域。

8. 一个三分类问题，其判别函数为

$$f_1(\boldsymbol{x})=2x_1+x_2+1, f_2(x)=-2x_1+2x_2-2, f_3(x)=4x_1-x_2+1$$

假设判别规则为 $f_i(\boldsymbol{x})>f_j(\boldsymbol{x})$，$i\neq j$，则 $\boldsymbol{x}\in\omega_i$ 类，试绘出判别界面，并判定点 $[0,0]^{\mathrm{T}}$ 属于哪一个类别。

9. 现有某类样本集合 $X=\{[3,1]^{\mathrm{T}},[-1,2]^{\mathrm{T}},[0,0]^{\mathrm{T}}\}$，试计算其类内散度矩阵。

10. 设两类样本的类内散度矩阵分别为 $\boldsymbol{S}_1=\begin{bmatrix} 3 & \frac{1}{2} \\ \frac{1}{2} & 1 \end{bmatrix}$，$\boldsymbol{S}_2=\begin{bmatrix} 1 & -\frac{1}{2} \\ -\frac{1}{2} & 1 \end{bmatrix}$，两类的中心点分别为 $\boldsymbol{m}_1=[2,0]^{\mathrm{T}}$ 和 $\boldsymbol{m}_2=[1,2]^{\mathrm{T}}$，试用 Fisher 准则计算其投影方向及分类阈值。

11. 给定两类样本

$$\mathcal{C}_1:\{[0,2,2]^{\mathrm{T}},[1,1,0]^{\mathrm{T}},[1,0,1]^{\mathrm{T}}\}$$

$$\mathcal{C}_2:\{[1,-1,-1]^{\mathrm{T}},[1,-1,0]^{\mathrm{T}},[1,0,1]^{\mathrm{T}}\}$$

用 Fisher 准则确定变换权值 $\boldsymbol{\theta}$ 和分类准则，其中分类阈值为投影后两类样本均值的中心。写出与 Fisher 准则等价的决策平面方程。

12. 给定两类样本

$$\boldsymbol{X}=\left\{\begin{bmatrix}1\\3\end{bmatrix} \quad \begin{bmatrix}1.2\\1.3\end{bmatrix} \quad \begin{bmatrix}1.8\\3\end{bmatrix} \quad \begin{bmatrix}2.3\\1.5\end{bmatrix}\right\}$$

$$\boldsymbol{Y}=\left\{\begin{bmatrix}1.5\\2\end{bmatrix} \quad \begin{bmatrix}2\\1.3\end{bmatrix} \quad \begin{bmatrix}2.5\\0.5\end{bmatrix} \quad \begin{bmatrix}3\\1\end{bmatrix}\right\}$$

如图 4.20 所示，请按照 AdaBoost 的思想给出三个弱分类器，并对样本 $[2.5,1]^{\mathrm{T}}$ 和 $[1,4]^{\mathrm{T}}$ 进行分类。

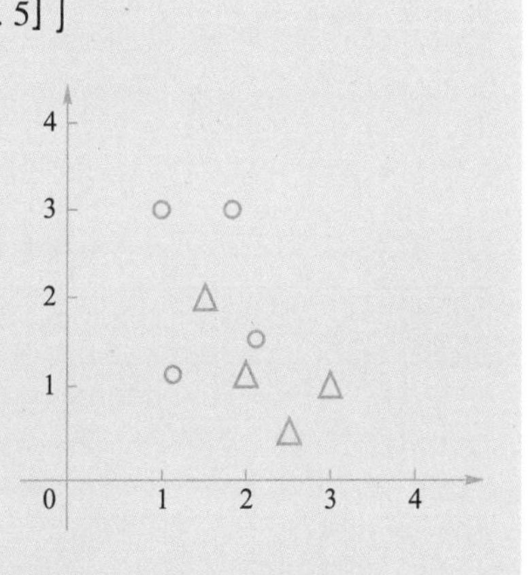

图 4.20 两类样本

13. 两类分类问题的线性判别函数为 $y=3x_1+2x_2+6$，问该判别函数对应判别界面到原点的距离为多少？原点在判别界面的哪一侧？

14. 已知正、负样本集合分别为

$$\boldsymbol{X}_1=\{[0,1]^{\mathrm{T}},[1,0]^{\mathrm{T}},[2,2]^{\mathrm{T}}\}$$

$$X_{-1}=\{[0,-1]^{\mathrm{T}},[-1,0]^{\mathrm{T}},[-2,-2]^{\mathrm{T}}\}$$

作图表示两个集合的最大间隔分离超平面、间隔边界及支持向量。

15. 考虑一个2维空间中的有监督学习问题，假设有2个正样本点，坐标是$(2,2)^{\mathrm{T}}$和$(-2,-2)^{\mathrm{T}}$，还有2个负样本点，坐标是$(0,1)^{\mathrm{T}}$和$(0,-1)^{\mathrm{T}}$，。请在空间中画出这4个样本点，请问这两类样本线性可分吗？考虑映射函数$\phi(x)=(1,x_1-x_2,x_1x_2)$将两类样本投影到新的3维特征空间，请在投影空间中画出4个样本点，请问它们线性可分吗？采用SVM方法进行分类，如果判别函数形式是$y(\boldsymbol{x})=\boldsymbol{w}^{\mathrm{T}}\phi(\boldsymbol{x})$，对应$\boldsymbol{w}$的解是什么？

16. 思考：支持向量机的核函数该如何设计？如何采用支持向量机解决多类分类问题？

17. 给定两类样本$\boldsymbol{X}=\left\{\begin{bmatrix}5\\7\end{bmatrix},\begin{bmatrix}6\\6.5\end{bmatrix},\begin{bmatrix}2\\3\end{bmatrix}\right\}$，$\boldsymbol{Y}=\left\{\begin{bmatrix}8\\6\end{bmatrix},\begin{bmatrix}5\\3\end{bmatrix},\begin{bmatrix}4\\5\end{bmatrix}\right\}$，自定义标签取值，选择阈值二分类器作为弱学习器，训练轮数设为2，试采用AdaBoost算法，得出最终的集成分类器。

18. 给定两类样本$\boldsymbol{X}=\left\{\begin{bmatrix}0\\1\\3\end{bmatrix},\begin{bmatrix}0\\3\\1\end{bmatrix},\begin{bmatrix}1\\2\\2\end{bmatrix}\right\}$，$\boldsymbol{Y}=\left\{\begin{bmatrix}1\\1\\2\end{bmatrix},\begin{bmatrix}1\\1\\1\end{bmatrix},\begin{bmatrix}1\\2\\1\end{bmatrix}\right\}$，$\boldsymbol{X}$类标签为$-1$，$\boldsymbol{Y}$类标签为1，选择阈值二分类器作为弱学习器，训练轮数为2，试使用AdaBoost算法学习一个强分类器。

19. 简单讨论多个弱分类器集成得到的一个强分类器的错误率的上界。考虑二分类问题$y\in\{-1,+1\}$和真实函数$f(\boldsymbol{x})$，假定弱分类器的错误率为ξ，分类器间误差相互独立，假设通过投票法对T个弱分类器的输出进行融合$H(\boldsymbol{x})$，当超过半数的弱分类器正确时，集成的强分类器就分类正确（为简化讨论，T取为奇数）。试推导集成的强分类器的错误率为

$$P[H(\boldsymbol{x})\neq f(\boldsymbol{x})]\leqslant \exp\left[-\frac{T}{2}(1-2\xi)^2\right]$$

提示：需使用Hoeffding不等式。

20. 表4.10为某家庭对于外出春游的决策数据，最后一列表明是否外出，请用ID3算法和C4.5算法构建决策树。

表4.10 某家庭对于外出春游的决策数据

天气	温度	湿度	是否刮风	是否外出
晴天	28 ℃以上	84	否	否
晴天	28 ℃以上	90	是	否
阴天	28 ℃以上	77	否	是

续表

天气	温度	湿度	是否刮风	是否外出
雨天	20 ℃~28 ℃	95	否	是
雨天	20 ℃以下	80	否	是
雨天	20 ℃以下	70	是	否
阴天	20 ℃以下	65	是	是
晴天	20 ℃~28 ℃	96	否	否
晴天	20 ℃以下	71	否	是
雨天	20 ℃~28 ℃	81	否	是
晴天	20 ℃~28 ℃	70	是	是
阴天	20 ℃~28 ℃	91	是	是
阴天	28 ℃以上	74	否	是
雨天	20 ℃~28 ℃	80	是	否

21.(创新思考题)尝试设计一个训练电脑进行剪刀-石头-布的游戏,可以让电脑首先从随机几百次测试中的结果,学习一个分类器,随着游戏的增加,电脑可以大概率战胜自己。

22.(创新思考题)尝试采用线性判别分类算法设计一个人脸表情识别器,其可以从输入图像中准确地识别到人脸的表情(笑,开心,难过,哭,正常等)。(可以搜集不同表情的人脸图片作为训练样本。)

第4章习题解答

参考文献

[1] 蔡元龙. 模式识别[M]. 西安:西北电讯工程学院出版社,1986.

[2] FISHER R A. The use of multiple measurements in taxonomic problems[J]. Annals of eugenics,1936,7(2):179-188.

[3] SUYKENS J A K,VANDEWALLE J. Least squares support vector machine classifiers[J].

Neural processing letters, 1999, 9(3): 293-300.

[4] CORTES C, VAPNIK V. Support-vector networks[J]. Machine learning, 1995, 20(3): 273-297.

[5] LIN C F, WANG S D. Fuzzy support vector machines[J]. IEEE transactions on neural networks, 2002, 13(2): 464-471.

[6] WESTON J, WATKINS C. Multi-class support vector machines[R]. Royal Holloway: Technical Report CSD-TR-98-04, Department of Computer Science, University of London, 1998.

[7] PLATT J C. Sequential minimal optimization: a fast algorithm for training support vector machines[R]. New Orleans: Technical Report MSR-TR-98-14, Microsoft, 1998.

[8] STEINWART I, CHRISTMANN A. Support vector machines[M]. Berlin: Springer, 2008.

[9] GRAF H, COSATTO E, BOTTOU L, et al. Parallel support vector machines: the cascade svm [C]//Advances in Neural Information Processing Systems, 2004: 521-528.

[10] CHERKASSKY V, MA Y. Practical selection of SVM parameters and noise estimation for SVM regression[J]. IEEE transactions on neural networks, 2004, 17(1): 113-126.

[11] CAO L J, KEERTHI S S, ONG C J, et al. Parallel sequential minimal optimization for the training of support vector machines[J]. IEEE transactions on neural networks, 2006, 17(4): 1039-1049

[12] ZENG Z Q, YU H B, XU H R, et al. Fast training support vector machines using parallel sequential minimal optimization [C]//IEEE International Conference on Intelligent System and Knowledge Engineering, 2008, 1: 997-1001.

[13] FREUND Y, SCHAPIRE R E. A decision-theoretic generalization of on-line learning and an application to boosting[J]. Journal of computer and system sciences, 1997, 55(1): 119-139.

[14] QUINLAN J R. Induction of decision trees[J]. Machine learning, 1986, 1(1): 81-106.

[15] BISHOP C M. Pattern recognition and machine learning[M]. Berlin: Springer, 2006.

[16] VAPNIK V, LERNER A. Pattern recognition using generalized portrait method[J]. Automation and remote control, 1963, 24: 774-780.

[17] SCHIILKOP P B, BURGEST C, VAPNIK V. Extracting support data for a given task[C]// International Conference on Knowledge Discovery & Data Mining, 1995: 252-257.

[18] OSUNA E E. Support vector machines: Training and applications[R]. Massachusetts Institute of Technology, 1998.

[19] KEERTHI S S, SHEVADE S K, BHATTACHARYYA C, et al. Improvements to Platt's SMO algorithm for SVM classifier design[J]. Neural computation, 2001, 13(3): 637-649.

[20] TAX D M J, DUIN R P W. Support vector data description[J]. Machine learning, 2004, 54 (1): 45-66.

[21] ROMDHANI S, TORR P, SCHÖLKOPF B, et al. Efficient face detection by a cascaded support-vector machine expansion [J]. Proceedings of the royal society of London. series A mathematical, physical and engineering sciences, 2004, 460(2051): 3283-3297.

[22] SMOLA A J, BARTLETT P, SCHÖLKOPF B, et al. Maximal margin perception[M]//Advances in large-margin classifiers. Cambridge: MIT Press, 2000: 75-113.

[23] MONTEIRO R D C, Adler I. Interior path following primal-dual algorithms[J]. Part II: convex quadratic programming. mathematical programming, 1989, 44(1): 43-66.

[24] KUHN H W, TUCKER A W. Nonlinear programming[M]//Traces and emergence of nonlinear programming. Basel: Birkhäuser, 2014: 247-258.

[25] PARZEN E. Statistical inference on time series by Hilbert space methods, I[R]. Stanford: Stanford Univ Ca Applied Mathematics and Statistics Labs, 1959.

[26] KEARNS M, VALIANT L G. Crytographic limitations on learning boolean formulae and finite automata[C]//ACM Symposium on Theory of Computing, 1989: 433-444.

[27] SCHAPIRE R E. The strength of weak learnability [J]. Machine learning, 1990, 5 (2): 197-227.

[28] FREUND Y. Boosting a weak learning algorithm by majority[J]. Information and computation, 1995, 121(2): 256-285.

[29] DRUCKER H, SCHAPIRE R, SIMARD P. Boosting performance in neural networks[M]// Advances in pattern recognition systems using neural network technologies. Singapore: World Scientific, 1993: 61-75.

[30] SCHAPIRE R E, SINGER Y. Improved boosting algorithms using confidence-rated predictions[J]. Machine learning, 1999, 37(3): 297-336.

[31] QUINLAN J R. C4. 5: programs for machine learning[M]. Amsterdam: Elsevier, 2014.

[32] BREIMAN L, FRIEDMAN J H, OLSHEN R A, et al. Classification and regression trees [M]. London: Routledge, 2017.

[33] HO T K. Random decision forests[C]//IEEE International Conference on Document Analysis and Recognition, 1995: 278-282.

[34] BREIMAN L. Random forests[J]. Machine learning, 2001, 45(1): 5-32.

[35] HO T K. The random subspace method for constructing decision forests[J]. IEEE transactions on pattern analysis and machine intelligence, 1998, 20(8): 832-844.

[36] BREIMAN L. Bagging predictors[J]. Machine learning, 1996, 24(2): 123-140.

[37] CORTES C, VAPNIK V. Support-vector networks[J]. Machine learning, 1995, 20(3): 273-297.

[38] BISHOP C M, NASRABADI N M. Pattern recognition and machine learning[M]. New York: springer, 2006.

第 5 章

深度学习基础

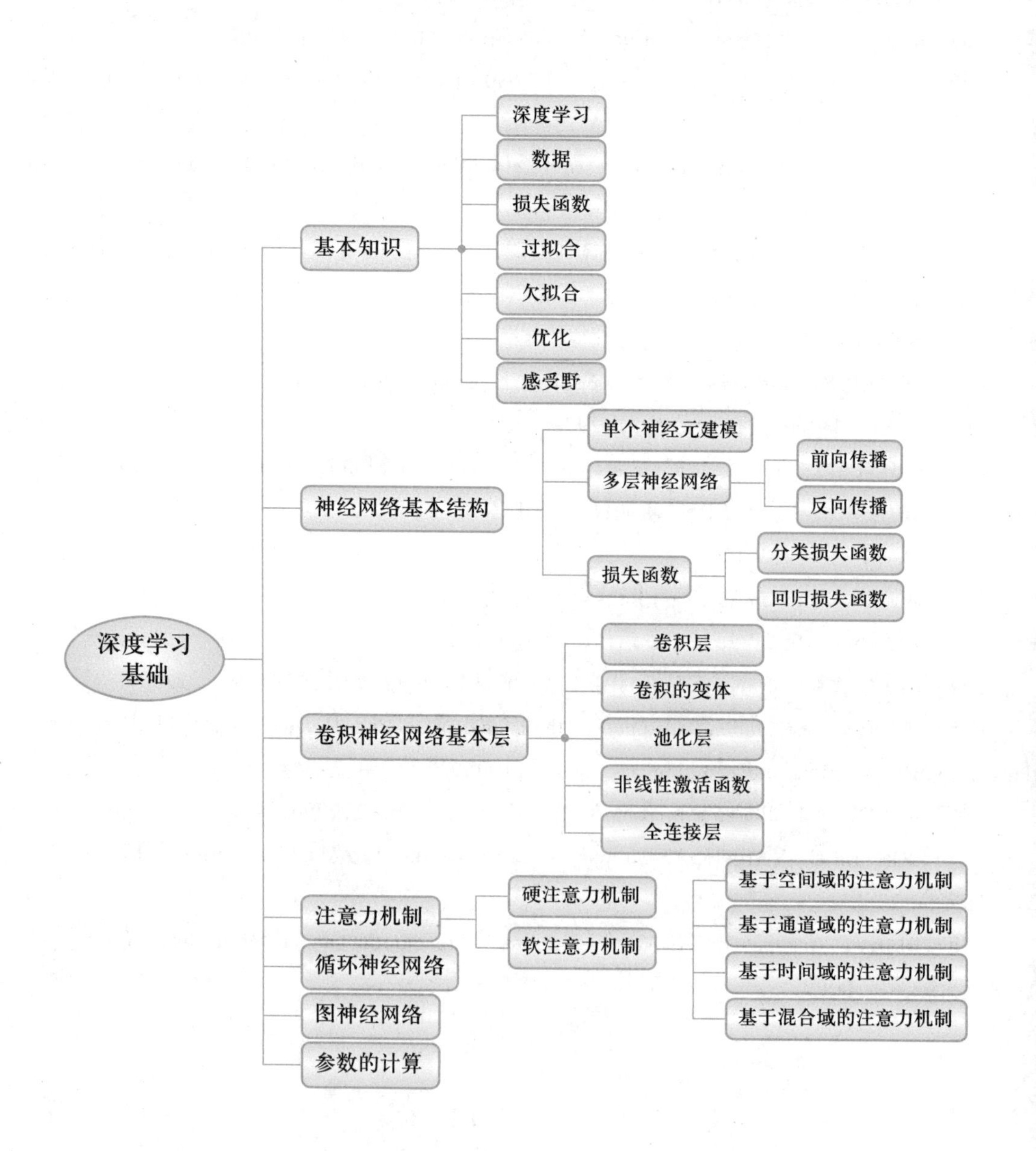

深度学习基础
基本知识
深度学习
数据
损失函数
过拟合
欠拟合
优化
感受野
神经网络基本结构
单个神经元建模
多层神经网络
前向传播
反向传播
损失函数
分类损失函数
回归损失函数
卷积神经网络基本层
卷积层
卷积的变体
池化层
非线性激活函数
全连接层
注意力机制
硬注意力机制
软注意力机制
基于空间域的注意力机制
基于通道域的注意力机制
基于时间域的注意力机制
基于混合域的注意力机制
循环神经网络
图神经网络
参数的计算

5.1 引　言

2009年前,传统的机器学习任务关注的标注数据集规模相对较小(可能是几百或几千个样本)。基于这些小规模的数据集,我们可以很好地解决一些简单的识别任务,比如在MNIST[1]数据集,数字识别任务的错误率(<0.3%)接近人类的表现。近年来,随着互联网与信息技术的迅猛发展,数据规模急速增长。国际数据公司IDC预测,到2025年,全球数据规模将达到163 ZB。为了解决大规模数据带来的挑战,研究者相继构建了一些大规模数据集,比如图像领域的LabelMe[2]、MS COCO[3]、ImageNet[4]。LabelMe由数十万张完全像素标注的图像组成,MS COCO由80个类别、超过16万幅的图像组成,ImageNet则由21 841个类别、超过1 400万张的高分辨率图像组成。然而,从海量数据中识别数千种物体通常需要具有强大学习能力的机器学习模型。

第5章课件

传统方法在特征描述和学习算法方面存在明显的缺陷,表现为特征描述符是由一系列人工设定的规则提取,称为人工设计特征,如基于不同方向梯度统计的SIFT[5]、HOG[6]等。这些人工设计特征通常难以有效刻画海量对象的多样性和对象间的差异。

如图5.1所示,某一类别如猫的图像间存在共性语义,不同类别如猫和狗的图像间存在语义差异。人工设计的特征仅能描述图像的原始RGB特征及其变化,也被称为浅层特征。浅层的人工设计特征通常难以刻画存在明显类内差异的某一类图像的共性语义,同时人工设计特征也难以有效地提取不同类图像之间的语义差异,如猫和狗、猫和斑马之间的语义差异。

在学习算法方面,目前已经提出了多种机器学习模型,如:感知机[7]、反向传播神经网络[8]、支持向量机[9]等,这些模型的结构可等价为带有一层隐层或没有隐层的网络。例如,感知机网络是不包含隐含层的神经网络;反向传播神经网络是包含一层隐层网络的神经网络;支持向量机同样可等价为包含一层隐层网络的神经网络。传统方法中的机器学习算法都可以看作是浅层网络,而浅层网络通常难以有效刻画实际数据中的诸多复杂非线性问题。

2006年深度学习之父Hinton在《Science》杂志提出了用于数据降维的深度自编码器网络[52],由此掀起了深度学习热潮。深度学习的动机是期望采用多层神经网络模拟人脑的深层次信息处理机制。鉴于三位学者在深度学习中的开创性贡献,2018年,Geoffrey Hinton、Yann LeCun和Yoshua Bengio共同获得了图灵奖(计算机领域的"诺贝尔奖"),这进一步肯定了深度学习对人工智能发展的推动和深刻影响。其中,Geoffrey Hinton最重要的贡献是1983年发明的玻耳兹曼机(Boltzmann machines)[10]和1985年提出的反向传播算法[11],以及掀起深度学习革命的AlexNet[12]。Yann LeCun的代表贡献是卷积神经网络,其被广泛应用于图像视频处理。Yoshua Bengio则在语言的网络模型构建方面做出了突出贡献,包括Neural Language Model[13]、使用高维词向量来表征自然的Word2Vec[53]等。

不同于传统特征描述和机器学习方法,深度学习具有以下三个特点。

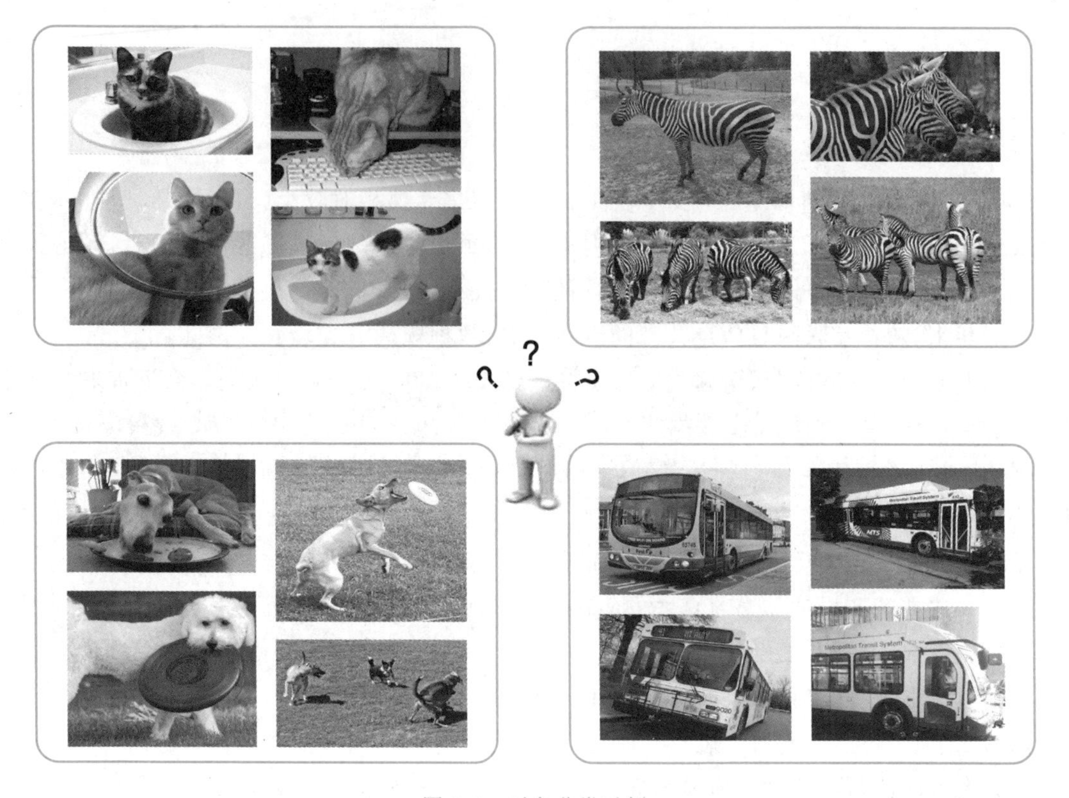

图 5.1 对象分类示例

（1）深度学习的类脑处理机制。从生理角度来说，人脑在处理视觉信号时，首先经过视网膜获取信号，之后输入到外侧膝状体进行信号的初步筛选，再输入到初级视觉皮层 V_1，识别物体的形状和明暗；接着输入到视觉皮层 V_2 和 V_3，进行信息的感知和整合；最后输入到外侧枕叶复合体，进行抽象分析处理。由此可见，大脑处理具有从低层到高层的深层次特征抽象机制。深度学习一定程度上模拟了该深层次处理机制，从输入信号开始，在前一个处理模块输出的基础上进行不断的信息处理，最终实现更具语义感知的输出。

（2）深度学习的非线性拟合能力。无论是线性问题还是非线性问题，一个较理想的分布是相同类汇聚在一起，而不同类显著分离。然而，底层特征所描述的类别分布并不理想，分布相互重叠，难以有效区分不同类别。深度学习的解决思路是维度空间的映射，通过深层结构将原始数据映射到高层特征空间，而在高层特征空间，能够实现更准确地分类。因此，深度学习能够拟合更复杂的非线性分布。

（3）深度学习的特征学习能力。区别于传统人工设计特征，深度学习的特征描述是自动训练生成的，是自动提取的过程，通过反向传播自动学习实现。一个深度卷积网络中存在多个处理层，不同层所描述的特征并不相同。前面的卷积层集中于提取局部的纹理特征，后面卷积层集中于提取全局语义特征。目前，深度特征的自动提取也带来了网络可解释性差的难题。为此，研究者提出了多种致力于分析深度网络不同层的可视化方法。

相对于传统机器学习方法,深度学习具有以下三个优势。

(1) 大数据处理优势。深度网络由于采用多层非线性处理机制,因此能够拟合海量数据更加复杂的分布特性。同时,由于其处理单元可有效支持并行处理模式,因此具有很好的大数据处理能力。

(2) 高层语义表达优势。经典的机器学习算法立足于复杂的和固定的特征提取过程。而深度神经网络可依据训练数据的分布特性自适应地进行特征表示学习,实现语义特征自适应提取。随着网络层增加,特征语义表达能力得到了进一步提升。

(3) 更好的泛化能力。深度学习在已经训练好的模型基础上,通过模型的微调即可实现在其他知识域的应用,从而提升模型的泛化性能。例如,从经典数据库 ImageNet 学习的分类模型,仅需要简单的模型调整,就能够较好地适用于其他图像数据库的分类问题。

5.2 基本知识

深度学习是机器学习的子领域,是被人脑机制启发所构建的人工神经网络的学习算法。一般来说,经典的深度学习网络模型具有“多隐层”的网络结构,通过组合底层特征,形成更加抽象的、更加高级的语义表征。

在解决深度学习任务过程中,深度学习过程通常分为三个阶段:训练阶段、验证阶段和测试阶段。训练阶段进行网络学习;验证阶段则验证训练阶段所学习模型的泛化能力,查看训练过程是否过拟合;测试阶段对未知新数据进行测试。以人类的学习过程为例,学生通过上课进行新知识的学习,这就是神经网络的训练阶段;课后完成老师布置的作业,根据完成情况判定学生对新知识的掌握程度和应用程度,这就是神经网络的验证阶段;在完成所有知识的学习后,进行期末考试,通过考试结果来表征学生的学习效果,这就是神经网络的测试阶段。

一、数据

深度学习的过程离不开大量的学习资料,这些学习资料被定义为数据。对应深度学习的三个阶段,数据通常被分成三部分:训练数据、验证数据和测试数据。

(1) 训练数据。用于训练学习算法的样本,通常占整个数据集的 70% 至 80%。比如,在我们的学习过程中,教材就是我们的训练数据集。

(2) 验证数据。用于验证学习算法的样本,通常占整个数据集的 5% 至 10%。比如,在我们的学习过程中,课后附有答案的作业题就是我们的验证数据集。

(3) 测试数据。用于评估并测试学习算法性能的样本。比如,在我们的学习过程中,期末考试的试卷就是我们的测试数据集。

二、损失函数

损失函数定义为测量预测标签和真实标签之间的差异或损失的函数,用于评估当前网络参数输出与真实结果的差距。如果将所有真实标签的集合表示为 Y,把可能的预测的集合表示为

$\hat{Y}$,损失函数 L 是映射 $Y\times\hat{Y}\to\mathbb{R}^+$。当 Y 与 $\hat{Y}$ 相同,则损失为0,反之损失较大。在大多数情况下,损失函数是有界的。

三、过拟合

过拟合通常是指学习模型在训练集上性能优异,但由于模型过度拟合训练数据,在验证数据集和测试数据集中性能表现不佳。以学生的学习过程为例,过拟合的表现就是死记硬背了老师上课讲的知识和例题,但是没有充分理解,因此没有举一反三的能力,从而使得课后作业表现很差、考试得分很低,这也就是泛化能力差的最直观的表现。

四、欠拟合

欠拟合是指深度学习网络拟合训练数据程度不高,学习能力较弱,在训练数据集上就表现不佳。学习结果的表现很差,也就是说上课阶段就没有学会老师所讲述的内容。通常,欠拟合是由训练样本数据不足、训练数据分布不理想等导致的。

五、优化

优化应用于神经网络的训练过程中,以获取使得损失函数最小化的网络参数。但是,由于训练网络的损失函数可能是一个非凸函数,优化比较困难,故常采用近似优化算法,寻找到性能足够好的局部最小值,如梯度下降法[15-16]。

六、感受野

神经元的感受野是指卷积神经网络中卷积操作的工作范围在原始图像上映射区域的大小,感受野越大,所刻画的上下文信息(通常指当前位置与其周围邻域的关联信息)越充分。感受野示意图如图5.2所示,在经过多次处理后,最后一个神经元能感受整体图像的内容,这也是深度网络的优势之一。

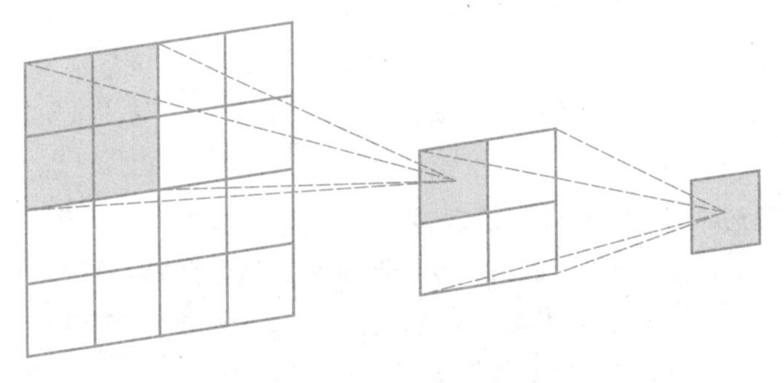

图5.2 感受野示意图

5.3 神经网络基本结构

图5.3展示了生物神经元结构。大脑最基本的功能单位是神经元,这些神经元由突触连接起来,每个神经元从树突接收输入信号并经过轴突产生输出信号,做出反射活动。神经网

络受此生物神经系统启发,模仿人脑的神经元信息处理与传播机制,建立输入与输出之间的映射关系,经过不断地训练与优化,便可对输入数据做出准确的预测。下面将具体介绍神经网络建模。

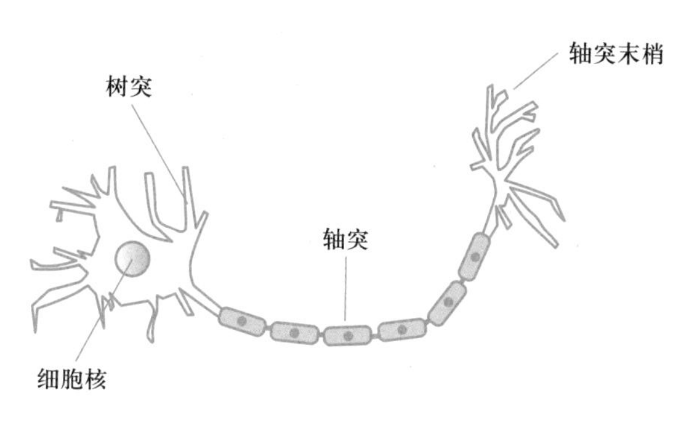

图 5.3 生物神经元结构

5.3.1 单个神经元建模

1943 年,美国神经生理学家 McCulloch 和计算神经学家 Pitts 将上述生物神经元结构抽象建模为简单的神经元模型 M-P[17]。图 5.4 为 M-P 神经元模型,$x_1,\dots,x_i,\dots,x_n$ 表示来自神经元的多个输入信号(图中 $n=3$),$w_1,\dots,w_i,\dots,w_n$ 代表权重,类比于突触,反映了不同输入神经元的作用强度。结合权重,神经元将这些输入信号加权求和。当输出总和超过一定阈值 τ 时,神经元将被激活,否则,神经元被抑制。这体现了生物神经元中"突触的兴奋与抑制"的特点。该模型的输出 y 被表示为

$$y=\mathrm{u}\left(\sum_{i=1}^{n} w_i x_i-\tau\right) \tag{5.1}$$

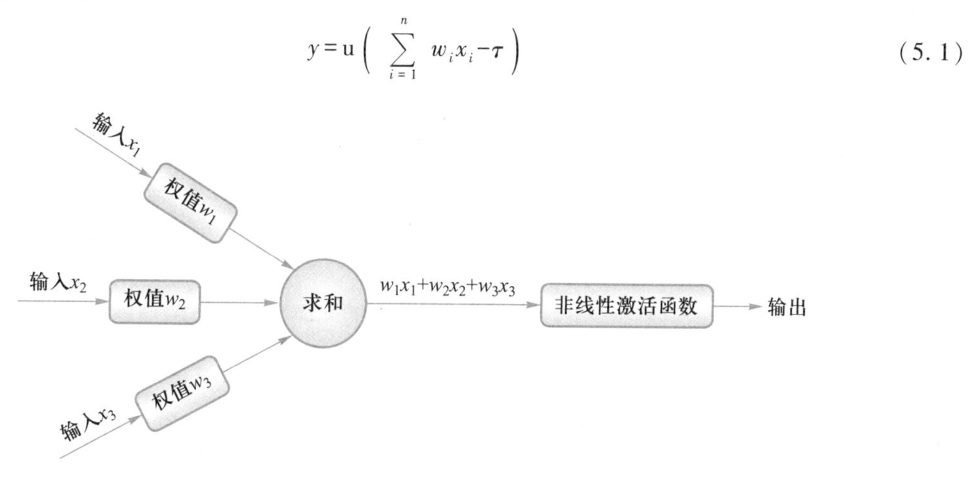

图 5.4 M-P 神经元模型

其中,u(·)为单位阶跃函数,表示该神经元的激活函数。除了阶跃函数,常见的激活函数还有 Sigmoid[18]、ReLU[19] 和 Softmax[20] 等。相对于阶跃函数,这些激活函数具有更优的优化特性。

5.3.2 多层神经网络

对于复杂的任务，仅使用单个神经元难以完成，这就需要增加更多的神经元来进行预测，可表示为多层神经网络。一个典型的多层神经网络通常由一个输入层、多个隐藏层和一个输出层构成，相邻层之间的任意神经元对彼此连接（全连接）。图 5.5 展示了一个多层神经网络的结构，除了输入层，该结构还包含了 2 个隐藏层。

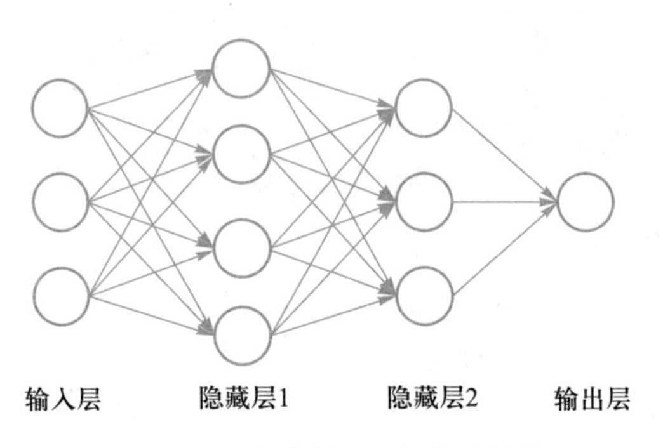

图 5.5 一个多层神经网络的结构

一、前向传播

前向传播（forward propagation）是指传播过程中，输入信息沿着单一方向从网络的输入层传递到输出层，然后生成输出结果。其中，每一个神经元都是由上一层的神经元输入以及对应的权重所决定。如图 5.6 所示，对于输入层的神经元 x_1、x_2，经过权重矩阵 $\boldsymbol{W}$ 线性加权组合以及相应的激活函数 $g(\cdot)$后，得到隐藏层的神经元输出 a_1^1、a_2^1、a_3^1，其中上标 1 表示隐藏层 1，w_{ij}^k表示隐藏层 k 中由上一层神经元 a_i^{k-1} 到该层神经元 a_j^k 的权重。因此，可以由隐藏层 1 前向传播计算得到隐藏层 2 的神经元 a_1^2、a_2^2，并由隐藏层 2 经过前向传播得到输出层的预测结果，该过程可描述为

$$
\begin{aligned}
a_1^1 &= g(w_{11}^1 x_1 + w_{21}^1 x_2) \\
a_2^1 &= g(w_{12}^1 x_1 + w_{22}^1 x_2) \\
a_3^1 &= g(w_{13}^1 x_1 + w_{23}^1 x_2) \\
a_1^2 &= g(w_{11}^2 a_1^1 + w_{21}^2 a_2^1 + w_{31}^2 a_3^1) \\
a_2^2 &= g(w_{12}^2 a_1^1 + w_{22}^2 a_2^1 + w_{32}^2 a_3^1) \\
\hat{y} &= g(w_{11}^3 a_1^2 + w_{21}^3 a_2^2)
\end{aligned}
\tag{5.2}
$$

二、反向传播

反向传播（back propagation）[8]是训练神经网络的常用方法，通过链式求导法则和梯度下降法，从损失函数 L，由神经网络最后一层到第一层进行梯度反传传播，逐渐实现神经网络参数的训练。如图 5.6 所示，由损失函数到 w_{21}^3的反传梯度为

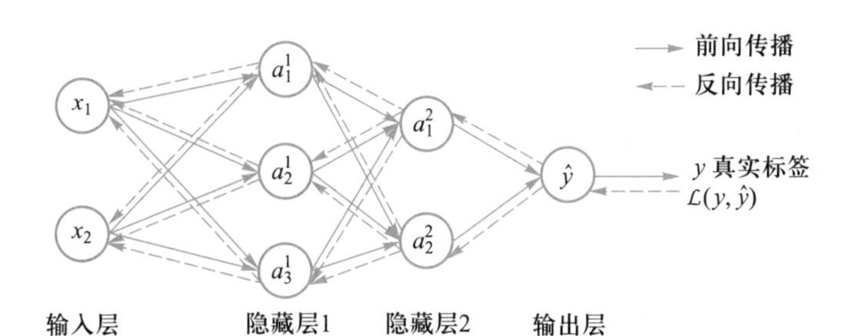

图 5.6 前向传播和反向传播示例

$$\frac{\partial \mathcal{L}(y,\hat{y})}{\partial w_{21}^3}=\frac{\partial \mathcal{L}(y,\hat{y})}{\partial \hat{y}}\frac{\partial \hat{y}}{\partial \beta_1^3}\frac{\partial \beta_1^3}{\partial w_{21}^3} \tag{5.3}$$

其中

$$\hat{y}=g(\beta_1^3),\quad \beta_1^3=w_{21}^3a_2^2+w_{11}^3a_1^2 \tag{5.4}$$

令

$$\delta_3=\frac{\partial \mathcal{L}(y,\hat{y})}{\partial \hat{y}}\frac{\partial \hat{y}}{\partial \beta_1^3} \tag{5.5}$$

则

$$\frac{\partial \mathcal{L}(y,\hat{y})}{\partial w_{21}^3}=\delta_3a_2^2 \tag{5.6}$$

可以看出,上述过程是 $\hat{y}$ 的反向输出 a_2^2 与 δ_3 的乘积,是一个反向传播的过程。相应地,由损失函数到权重 w_{11}^3的反传递度为

$$\frac{\partial \mathcal{L}(y,\hat{y})}{\partial w_{11}^3}=\delta_3a_1^2 \tag{5.7}$$

因此,对所有参数的更新可以看成从最后一层到第一层的反向数据传播,只是数据流由求导公式决定,因此称为反向传播算法。

在反向传播中,存在梯度消失和梯度爆炸这两种常见的问题,下面举例说明。

对于 w_{11}^1,根据链式法则可得

$$\begin{aligned}\frac{\partial \mathcal{L}(y,\hat{y})}{\partial w_{11}^1}&=\frac{\partial \mathcal{L}(y,\hat{y})}{\partial \hat{y}}\frac{\partial \hat{y}}{\partial \beta_1^3}\left(\frac{\partial \beta_1^3}{\partial a_1^2}\frac{\partial a_1^2}{\partial \beta_1^2}\frac{\partial \beta_1^2}{\partial a_1^1}+\frac{\partial \beta_1^3}{\partial a_2^2}\frac{\partial a_2^2}{\partial \beta_2^2}\frac{\partial \beta_2^2}{\partial a_1^1}\right)\frac{\partial a_1^1}{\partial \beta_1^1}\frac{\partial \beta_1^1}{\partial w_{11}^1}\\&=\frac{\partial \mathcal{L}(y,\hat{y})}{\partial \hat{y}}g'(\beta_1^3)[w_{11}^3g'(\beta_1^2)w_{11}^2+w_{21}^3g'(\beta_2^2)w_{12}^2]g'(\beta_1^1)x_1\end{aligned} \tag{5.8}$$

从式(5.8)中可以看到,第一层网络的梯度与多个激活函数导数的乘积成正相关的关系,而激活函数导数如果太小,则梯度会层层递减,变成指数型衰减,进而造成梯度消失,导致对应权重基本无法更新。以 Sigmoid 激活函数为例,其对应形式为

$$g(x)=\frac{1}{1+\exp(-x)} \tag{5.9}$$

对 Sigmoid 进行求导,可得

$$g'(x)=\frac{1}{1+\exp(-x)}\left[1-\frac{1}{1+\exp(-x)}\right]=g(x)[1-g(x)] \tag{5.10}$$

根据其导数,可知 $g'(x)$ 的最大值为 0.25,假设 $g'(\beta_1^3)$、$g'(\beta_1^2)$、$g'(\beta_2^2)$、$g'(\beta_1^1)$ 均取最大值 0.25,代入上式可得

$$\frac{\partial\mathcal{L}(y,\hat{y})}{\partial w_{11}^1}=\frac{\partial\mathcal{L}(y,\hat{y})}{\partial\hat{y}}\cdot(w_{11}^3\cdot w_{11}^2\cdot 0.25+w_{21}^3\cdot w_{12}^2\cdot 0.25)\cdot x_1\cdot 0.0625 \tag{5.11}$$

可以看到,这种情况下梯度值会变得非常小,从而产生梯度消失。此外,根据式(5.11)可知梯度也与网络层权重正相关。如果权重初始值很大,那么这种增长也会累积回传到浅层网络,使得浅层网络的梯度变得很大,造成梯度爆炸,对应权重会变得非常大。

5.3.3 损失函数

损失函数是神经网络中非常重要的一个部分,用于衡量网络输出与真实结果的差异,以保持或修正网络的参数,这也是反向传播的开始。损失函数的值越小,模型的预测效果与真实值更趋一致,参数修正值就越小,反之,参数修正值就越大。例如图 5.7 所示,一幅图像在经过一个神经网络之后得到一个输出,预测结果是“枫叶”,但真实的结果是“银杏叶”。为了衡量二者之间的差异,就需要采用一种损失函数,来计算误差并更新网络中的参数。在银杏叶、枫叶的二分类问题中 $\boldsymbol{x}_i$ 代表的是第 i 幅输入图像,$\boldsymbol{y}_i$ 则代表的是图像的类别标签。用向量表示,$[1,0]^{\mathrm{T}}$ 代表银杏叶,$[0,1]^{\mathrm{T}}$ 代表枫叶。实际的网络输出为一个实数向量,表示属于类别的概率。设 $\hat{\boldsymbol{y}}$ 是网络的实际输出,则需要一个损失函数 $\mathcal{L}(\boldsymbol{y},\hat{\boldsymbol{y}})$ 来衡量网络的输出和真实值的差异。通常情况下针对分类问题和回归问题会分别设计不同的损失函数。

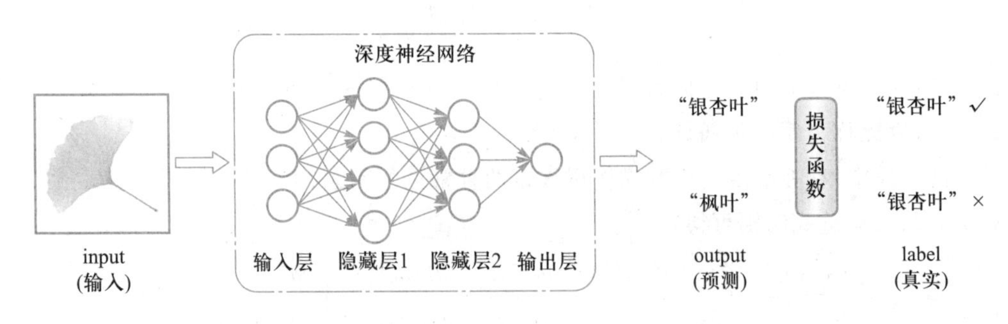

图 5.7 损失函数示例图

一、分类损失函数

对于简单的二分类问题,即预测输出为两类中的某一类,最基本的损失为 0-1 损失,表示如下

$$\mathcal{L}(\boldsymbol{y},\hat{\boldsymbol{y}})=\begin{cases}0 & \hat{\boldsymbol{y}}=\boldsymbol{y}\\ 1 & \hat{\boldsymbol{y}}\neq\boldsymbol{y}\end{cases} \tag{5.12}$$

输出与真实值相同,则损失为 0,二者不同,则损失为 1,其与计数器的性质类似。但 0-1 损失函

数是一个不连续的分段函数,不利于优化。因此在应用中可构造其代理损失(简单来讲,就是使得替换后的损失函数便于优化),而当两类的类别标签定义为 0 和 1 或-1 和 1 时,相应的代理损失也不同。

(1) 交叉熵损失函数 (cross entropy loss function)

当两类的类别标签定义为 0 和 1 时,常用交叉熵损失为

$$\mathcal{L}=-[\boldsymbol{y}\ln(\hat{\boldsymbol{y}})+(1-\boldsymbol{y})\ln(1-\hat{\boldsymbol{y}})] \tag{5.13}$$

可以看出,当真实类别 $\boldsymbol{y}=0$ 时

$$\mathcal{L}=-\ln(1-\hat{\boldsymbol{y}}) \tag{5.14}$$

欲使交叉熵损失变小,则希望 $\ln(1-\hat{\boldsymbol{y}})$ 应越大越好,即 $\hat{\boldsymbol{y}}$ 趋向 0。相反,当真实类别 $\boldsymbol{y}=1$ 时

$$\mathcal{L}=-\ln\hat{\boldsymbol{y}} \tag{5.15}$$

欲使交叉熵损失变小,则希望 $\ln\hat{\boldsymbol{y}}$ 应越大越好,即 $\hat{\boldsymbol{y}}$ 趋向于 1。由此得到,交叉熵损失越小,则表明预测值与真实值越来越一致。

当扩展到多分类损失时,常用交叉熵损失为

$$\mathcal{L}=-\frac{1}{n}\sum_{i=0}^{n-1}\sum_{j=0}^{k-1}y_{ij}\ln p_{ij} \tag{5.16}$$

其中,p_{ij} 代表第 i 个样本预测为第 j 个标签值的预测概率,y_{ij} 则代表第 i 个样本预测为第 j 个标签值的真实概率,非 0 即 1。所以,这个损失函数的本质是当样本 i 的真实类别为 j 时,样本 i 属于类别 j 的概率越大,交叉熵损失越小。相反,样本 i 属于类别 j 的概率越小,交叉熵的损失越大。

例 5.1 对于一个两分类问题,设一样本 x 属于第一类,对应标签为 0。网络对其预测结果为 0.8,求该输出的交叉熵损失。如果预测结果为 0.4,则该输出的交叉熵损失为多少呢?

解:依据交叉熵损失公式,当 $y=0,\hat{y}=0.8$ 时

$$\begin{aligned}\mathcal{L}_1&=-[y\ln(\hat{y})+(1-y)\ln(1-\hat{y})]\\&=-\ln(1-0.8)\\&=-\ln 0.2\end{aligned}$$

当 $y=0,\hat{y}=0.4$ 时,代入得 $\mathcal{L}_2=-\ln(1-0.4)=-\ln 0.6$,由于 $\mathcal{L}_1>\mathcal{L}_2$,所以第二个输出损失小于第一个输出损失。

(2) 铰链损失函数(hinge loss function)

我们定义二分类的类别标签为-1 和 1 时,铰链损失函数为

$$\mathcal{L}(y,\hat{y})=\max(0,1-\hat{y}y) \tag{5.17}$$

从式(5.17)可以看出,当预测值与真实标签一致或比较接近时,$\hat{y}y$ 等于或趋近于 1,因此,损失 $\mathcal{L}(y,\hat{y})$ 趋近于 0。当预测值与真实标签相反时,$\hat{y}y=-1$,这时损失 $\mathcal{L}(y,\hat{y})=2$。因此,最小化该损失对应于使得输出 $\hat{y}$ 与真实标签一致。

(3) 指数损失函数(exponential loss function)

除了铰链损失函数外,还可以采用指数损失函数

$$\mathcal{L}(y,\hat{y})=\exp(-\hat{y}y) \tag{5.18}$$

从式(5.18)可以看出,当预测值与真实标签比较接近时,$\hat{y}y$ 趋近于1,因此,损失 $\mathcal{L}(y,\hat{y})$ 趋近于最小。当预测值与真实标签相反时,$\hat{y}y=-1$,这时会输出较大的损失值 $\mathcal{L}(y,\hat{y})=\exp(1)$。同样,最小化该损失对应于使得输出 $\hat{y}$ 与真实标签一致。

(4) KL散度损失函数(Kullback-Leibler divergence loss function)

除了交叉熵损失之外,相对熵(relative entropy)也常用来衡量概率分布的结果,称为KL散度[21]。在数学上,KL散度定义为

$$KL(P\|Q)\overset{\text{def}}{=\!=\!=}\int_{-\infty}^{+\infty}p(x)\ln\frac{p(x)}{q(x)}\mathrm{d}x \tag{5.19}$$

其中,P 和 Q 是两个概率分布,$p(x)$ 和 $q(x)$ 分别是 P 和 Q 的概率密度函数。下面给出简单例子,讲解KL散度的计算问题。

例5.2 P、Q 出现0、1的概率如下,如何计算其KL散度?

$$P(0)=0.1\quad P(1)=0.9$$

$$Q(0)=0.55\quad Q(1)=0.45$$

解:

$$\begin{aligned}KL(P\|Q)&=\sum_{x\in\{0,1\}}P(x)\ln\frac{P(x)}{Q(x)}\\&=0.1\times\ln\frac{0.1}{0.55}+0.9\times\ln\frac{0.9}{0.45}\\&\approx0.4534\end{aligned}$$

$$\begin{aligned}KL(Q\|P)&=\sum_{x\in\{0,1\}}Q(x)\ln\frac{Q(x)}{P(x)}\\&=0.55\times\ln\frac{0.55}{0.1}+0.45\times\ln\frac{0.45}{0.9}\\&\approx0.6257\end{aligned}$$

在上述KL散度的例子中,$P(x)$ 作为概率值可以理解为是 x 对应的权重,$\ln\frac{P(x)}{Q(x)}$ 则可以理解为两者出现的概率比值的熵,也就是当 P、Q 的分布相似时,KL散度特别低,而当 P、Q 的分布相差特别大时,KL散度的值则特别大。因此,KL散度可以度量网络预测的分布和真实分布的一致程度。

从上述例子中可以看出KL散度不具有对称性,也就是 $KL(P\|Q)\neq KL(Q\|P)$。因此,基于KL散度的特性,延伸出一种新的具有对称性的JS散度[22]

$$\mathrm{JS}(P\|Q)=\frac{1}{2}KL\left(P(x)\left\|\frac{P(x)+Q(x)}{2}\right.\right)+\frac{1}{2}KL\left(Q(x)\left\|\frac{P(x)+Q(x)}{2}\right.\right) \tag{5.20}$$

二、回归损失函数

在回归问题的损失函数选择上,通常采用 L_2 损失($\mathcal{L}_2$ loss)、L_1 损失($\mathcal{L}_1$ loss)和平滑 L_1 损失(smooth $\mathcal{L}_1$ loss)。

（1）L_2 损失（最小方差损失）

$$\mathcal{L}_2(y,\hat{y})=\sum_{i=1}^{n}(y_i-\hat{y}_i)^2 \tag{5.21}$$

其中，n 为样本数量。

比如在预测同学体重的回归问题中，第 i 个同学的真实体重 y_i 是 50 kg，网络预测的体重 $\hat{y}_i$ 是 51 kg，那么 L_2 损失就会把这两个值求差取平方。L_2 越小，也就意味着 $\hat{y}_i$ 与 y_i 的距离也就越小。最小化 L_2 损失意味着 $\hat{y}_i$ 与 y_i 尽可能一致，也就是真实值与预测值尽可能一致。

（2）L_1 损失（最小绝对误差损失）——L_1 损失的形式为

$$\mathcal{L}_1(y,\hat{y})=\sum_{i=0}^{n-1}|y_i-\hat{y}_i| \tag{5.22}$$

与之前 L_2 损失类似，L_1 损失只是由平方变为了绝对值。因此同样的，最小化 L_1 损失意味着要求预测值 $\hat{y}_i$ 与真实值 y_i 一致。L_1 与 L_2 本质上相同，但二者在求导方面不同。

（3）在 L_1 与 L_2 的基础上，进一步平滑 L_1 损失，可以得到平滑 L_1 损失

$$\text{smooth } \mathcal{L}_1=\sum_{i=0}^{n-1}\begin{cases}0.5(y_i-\hat{y}_i)^2 & |y_i-\hat{y}_i|<1\\ |y_i-\hat{y}_i|-0.5 & \text{其他}\end{cases} \tag{5.23}$$

例 5.3 给定输出数据和真实数据：$\hat{\boldsymbol{y}}=[0,0.2,0.8,0]^{\mathrm{T}}$ 和 $\boldsymbol{y}=[0,0,1,1]^{\mathrm{T}}$。求它们的 L_1 损失、L_2 损失、平滑 L_1 损失。

解：按照 L_1 损失的定义计算可得

$$\begin{aligned}\mathcal{L}_1(\boldsymbol{y},\hat{\boldsymbol{y}})&=|0-0|+|0.2-0|+|0.8-1|+|1-0|\\&=0+0.2+0.2+1\\&=1.4\end{aligned}$$

按照 L_2 损失的定义计算可得

$$\begin{aligned}\mathcal{L}_2(\boldsymbol{y},\hat{\boldsymbol{y}})&=(0-0)^2+(0.2-0)^2+(0.8-1)^2+(1-0)^2\\&=0+0.04+0.04+1\\&=1.08\end{aligned}$$

按照平滑 L_1 损失公式计算可得

$$\begin{aligned}\text{smooth } \mathcal{L}_1(\boldsymbol{y},\hat{\boldsymbol{y}})&=\frac{1}{2}(0-0)^2+\frac{1}{2}(0.2-0)^2+\frac{1}{2}(0.8-1)^2+|1-0|-0.5\\&=0+0.02+0.02+0.5\\&=0.54\end{aligned}$$

例 5.4 如图 5.6 所示的分类网络，假设$[x_1,x_2]=[2,5]$，网络参数设置如下：

第一层$[w_{11}^1,w_{12}^1,w_{13}^1,w_{21}^1,w_{22}^1,w_{23}^1,]=[0.2,-0.3,0.1,0.3,-0.1,0.4]$；

第二层$[w_{11}^2,w_{12}^2,w_{21}^2,w_{22}^2,w_{31}^2,w_{32}^2]=[-0.1,0.3,0.5,0.2,0.4,-0.2]$；

第三层$[w_{11}^3,w_{21}^3]=[0.5,-0.6]$；$y=1.0$。

如果采用 L_2 损失函数，非线性激活函数 $g(\cdot)$ 为 ReLU 函数[具体定义见式(5.32)]，根据上述网络参数，如何计算 $\frac{\partial \mathcal{L}(y,\hat{y})}{\partial w_{21}^3}$ 的具体值？

解：首先依据前向传播公式分别计算每个隐藏层的神经元输出。

第一个隐藏层的神经元计算如下

$$\beta_1^1 = w_{11}^1 x_1 + w_{21}^1 x_2 = 0.2\times2+0.3\times5=1.9$$

$$a_1^1 = g(\beta_1^1) = \mathrm{ReLU}(\beta_1^1) = \max(0,1.9) = 1.9$$

$$\beta_2^1 = w_{12}^1 x_1 + w_{22}^1 x_2 = -0.3\times2-0.1\times5=-1.1$$

$$a_2^1 = g(\beta_2^1) = \mathrm{ReLU}(\beta_2^1) = \max(0,-1.1) = 0$$

$$\beta_3^1 = w_{13}^1 x_1 + w_{23}^1 x_2 = 0.1\times2+0.4\times5=2.2$$

$$a_3^1 = g(\beta_3^1) = \mathrm{ReLU}(\beta_3^1) = \max(0,2.2) = 2.2$$

第二个隐藏层的神经元计算如下

$$\begin{aligned}\beta_1^2 &= w_{11}^2 a_1^1 + w_{21}^2 a_2^1 + w_{31}^2 a_3^1 = -0.1\times1.9+0.5\times0+0.4\times2.2\\ &=0.69\end{aligned}$$

$$a_1^2 = g(\beta_1^2) = \mathrm{ReLU}(\beta_1^2) = \max(0,0.69) = 0.69$$

$$\begin{aligned}\beta_2^2 &= w_{12}^2 a_1^1 + w_{22}^2 a_2^1 + w_{32}^2 a_3^1 = 0.3\times1.9+0.2\times0-0.2\times2.2\\ &=0.13\end{aligned}$$

$$a_2^2 = g(\beta_2^2) = \mathrm{ReLU}(\beta_2^2) = \max(0,0.13) = 0.13$$

输出层神经元计算如下

$$\beta_1^3 = w_{11}^3 a_1^2 + w_{21}^3 a_2^2 = 0.5\times0.69-0.6\times0.13=0.267$$

$$\hat{y} = g(\beta_1^3) = \mathrm{ReLU}(\beta_1^3) = \max(0,0.267) = 0.267$$

然后，依据上述反向传播公式(5.3)可得

$$\begin{aligned}\frac{\partial \mathcal{L}(y,\hat{y})}{\partial w_{21}^3} &= \frac{\partial \mathcal{L}(y,\hat{y})}{\partial \hat{y}} \frac{\partial \hat{y}}{\partial \beta_1^3} \frac{\partial \beta_1^3}{\partial w_{21}^3}\\ &= ((y-\hat{y})^2)' g'(\beta_1^3) a_2^2\\ &= 2(\hat{y}-y)\,\mathrm{u}(\beta_1^3) a_2^2\end{aligned}$$

其中，$\mathrm{u}(\cdot)$ 表示单位阶跃函数。因此

$$\frac{\partial \mathcal{L}(y,\hat{y})}{\partial w_{21}^3} = 2\times(0.267-1.0)\times1\times0.13=-0.190\,58$$

5.4 卷积神经网络基本层

深度学习中的网络有多种类型，卷积神经网络(convolutional neural networks，CNNs)[23]是其中重要的一种，被广泛应用于图像、视频以及语音处理等领域。其主要特点是：

(1) 具有灵活的结构;

(2) 具有一定程度的平移与旋转不变性,非常适合提取形变目标的特征;

(3) 局部参数共享,相比标准的前馈神经网络,具有更少的连接和参数;

(4) 具有多尺度感受野特性,能够在网络不同层捕捉尺度变化的目标特征。

虽然卷积神经网络结构多样,但这些结构均是由一些固定的层和模块组合而成,主要包括卷积层、池化层、非线性激活函数、全连接层、损失函数和优化等若干层和模块。下面着重介绍卷积神经网络的基本层。

5.4.1 卷积层

卷积层是卷积神经网络的核心组成模块,它的作用是将原始输入数据映射为多通道空间特征。通过卷积方式实现输入特征的提取和变换映射,进而获得数据的特征表示。深度学习中的卷积借鉴了信号处理中卷积的概念,却在实际操作中有所不同。信号处理中的卷积操作需要考虑时序,最早输入的信号最先与系统发生作用,因此需要对卷积核进行翻转,以符合实际意义;深度学习中的卷积表示的是相关性,没有时序要求,且卷积核是可学习的参数,对其进行位置调整没有意义,因此不需要翻转卷积核。不同于上节中提到的神经网络结构采用的全连接方式,即将输入和输出之间所有的节点相互连接,卷积操作对输入的局部区域进行加权处理,是一个局部连接,这个区域被称作是卷积的感受野。它的工作原理可以理解为将图像在空间域分割成若干小块,并将它们与一组特定的权重进行卷积,即滤波器的元素与相应输入区域的元素相乘并最终求和。下面给出一个简单的卷积例子。

例 5.5 给定如下二维数据 $\boldsymbol{X}$ 和卷积核 $\boldsymbol{K}$,对给定数据进行卷积操作,其中卷积步长分别为 1 和 2 时,请分别给出卷积输出 $\boldsymbol{Y}$。

$$\boldsymbol{X}=\begin{bmatrix}1&0&1&1&0\\0&1&0&0&1\\1&0&1&1&0\\0&1&1&1&0\\0&1&1&0&1\end{bmatrix}\qquad \boldsymbol{K}=\begin{bmatrix}1&0&0\\0&1&0\\0&0&1\end{bmatrix}$$

解:当步长为 1 时,卷积核卷积操作如下:

$$y(1,1)=\begin{bmatrix}1&0&1\\0&1&0\\1&0&1\end{bmatrix}\times\begin{bmatrix}1&0&0\\0&1&0\\0&0&1\end{bmatrix}$$

$$\begin{aligned}&=1\times1+0\times0+1\times0+0\times0+1\times1+\\&\quad 0\times0+1\times0+0\times0+1\times1\\&=3\end{aligned}$$

$$y(1,2)=\begin{array}{|c|c|c|}\hline 0&1&1\\\hline 1&0&0\\\hline 0&1&1\\\hline\end{array}\times\begin{array}{|c|c|c|}\hline 1&0&0\\\hline 0&1&0\\\hline 0&0&1\\\hline\end{array}$$

$$=0\times1+1\times0+1\times0+1\times0+0\times1+0\times0+0\times0+1\times0+1\times1$$

$$=1$$

同理计算其余元素数值,最终的输出为

$$\boldsymbol{Y}=\begin{array}{|c|c|c|}\hline 3&1&1\\\hline 1&3&1\\\hline 3&1&3\\\hline\end{array}$$

当步长为 2 时,$y(1,1)=3$,再向右移两步得

$$y(1,2)=\begin{array}{|c|c|c|}\hline 1&1&0\\\hline 0&0&1\\\hline 1&1&0\\\hline\end{array}\times\begin{array}{|c|c|c|}\hline 1&0&0\\\hline 0&1&0\\\hline 0&0&1\\\hline\end{array}$$

$$=1\times1+1\times0+0\times0+0\times0+0\times1+1\times0+1\times0+1\times0+0\times1$$

$$=1$$

向下移动两步得

$$y(2,1)=\begin{array}{|c|c|c|}\hline 1&0&1\\\hline 0&1&1\\\hline 0&1&1\\\hline\end{array}\times\begin{array}{|c|c|c|}\hline 1&0&0\\\hline 0&1&0\\\hline 0&0&1\\\hline\end{array}$$

$$=1\times1+0\times0+1\times0+0\times0+1\times1+1\times0+0\times0+1\times0+1\times1$$

$$=3$$

同理,$y(2,2)=3$。最终结果为 2×2 的矩阵

$$\boldsymbol{Y}=\begin{array}{|c|c|}\hline 3&1\\\hline 3&3\\\hline\end{array}$$

可以看出,当步长不同时,卷积输出的大小和结果均不一样。假设给定输入的二维数据大小为 $n\times n$,卷积核维度为 $k\times k$,填充(padding)操作参数为 p,步长为 s,则输出数据大小为 $o\times o$,

其中

$$o=\left\lfloor \frac{n-k+2p}{s} \right\rfloor+1 \tag{5.24}$$

通常卷积层会使用多个滤波器实现特征的提取,每一个滤波器输出一个二维矩阵数据。将这些不同滤波器输出的特征谱级联,即可得到一个三维矩阵,作为卷积层的输出。此处涉及一组滤波器,包括滤波器的数量以及滤波器的参数。所生成的输出数据的深度则由滤波器的数量决定。生成数据每一层的宽和高由滤波器的大小和步长决定,即在输出的某个位置(i,j)沿着深度方向汇聚着不同滤波器在该位置提取的特征。

当输入也是一个三维数据时,该如何进行卷积操作呢? 此时仅需要对卷积核进行变化,卷积核不再是一个二维数据,而是一个三维的数据,操作依旧是对应位置数据相乘并求和。可以发现某一个卷积核在对三维输入数据进行处理时,输出依旧是一个二维数据。于是,对应不同维度的输入,可以选择对应维度的滤波器,使得输出都是二维矩阵。因此当考虑多个滤波器的时候,级联它们的数据后依旧是一个三维矩阵。

当扩展到三维数据时,卷积核也由二维卷积核变为三维卷积核。给定某一三维数据 $\boldsymbol{X}$,大小为 $H\times W\times C$,卷积核 $\boldsymbol{K}$,大小为 $M\times N\times C$,卷积变为

$$\begin{aligned}\boldsymbol{Y}(i,j)&=\boldsymbol{X}(i,j)*\boldsymbol{K}\\&=\sum_{c=0}^{C-1}\sum_{m=0}^{M-1}\sum_{n=0}^{N-1}\boldsymbol{X}(i+m,j+n,c)\boldsymbol{K}(m,n,c)\end{aligned} \tag{5.25}$$

式(5.25)右侧对应于每一层卷积后再相加。因此,当输入由二维数据转换为三维数据时,由于卷积核也变为三维数据,故输出依旧是二维数据。

同时,还需考虑卷积核的大小。例如卷积核的大小可以是 3×3,也可以是 5×5,也可以是 5×3。注意到卷积输出与卷积核大小有关,卷积后数据很有可能不再是原来数据的尺寸,这为实际的计算带来了不便。实际中,常常期望卷积后的大小与输入的大小一致,为此,具体实现的方法是在原始数据周围填充 0,以保持卷积后的数据尺寸大小与输入数据的一致,即为 padding 操作。例如图 5.8 所示是一个 5×5 的输入和 3×3 的卷积核。在步长为 1 时,为了使卷积后的输出依旧是 5×5,需要在 5×5 的上下左右扩展新的行和列。新增加的位置的数值均填零。因此输入变成了 7×7 的大小,在 3×3 的卷积后的输出为 5×5 的大小,与输入一致。因为是在输入周围增加了一圈数值为 0 的数据,故称为参数为 1 的 padding 操作。

研究表明,在卷积神经网络中,网络初始卷积层提取的特征偏向于底层的边缘信息。随着网络层的加深,后面卷积核的视野和融合的信息将更全面,从而使得这些层提取的特征逐渐由底层细化的边缘信息向更高层抽象的语义信息过渡。然而,过渡的全局信息会丢失局部信息,导致像素级处理的退化。为此,实际中通常融合不同卷积层次的特征来进行有效特征的描述。

由于图像的像素点数量极其庞大,采用全连接方式将导致参数极多,难以完成训练和学习。而卷积操作是一个局部区域的处理,是一种局部连接。相比全连接方式,卷积操作具有更少的

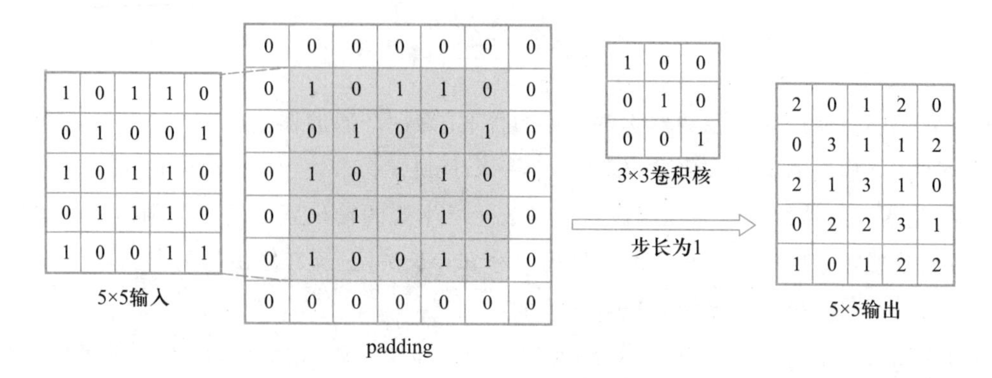

图 5.8 padding 操作示意图

计算量。同时随着深度的增加,其依旧能够保证全局的处理效果。在此,总结局部连接的卷积操作的三个特点如下。

(1) 权值共享:每一次卷积均由一个卷积核生成,因此卷积操作仅与该卷积核的少量参数有关。

(2) 稀疏连接:卷积核的连线仅是一个卷积核大小的局部连接,相比于全连接的连线数量,卷积操作是一个稀疏连接。

(3) 等变表示:虽然卷积操作是一个局部操作,但处于卷积网络更深层中的单元是前面所有单元的信息汇总,其感受野要比浅层单元的感受野更大。随着网络的加深,这种综合效应会进一步加强。

因此,卷积操作在图像和视频处理中得到了广泛的应用。

5.4.2 卷积的变体

随着卷积网络的不断发展,出现了越来越多的卷积变体,如:反卷积[24]、空洞卷积[25]、可分离卷积[26]、组卷积[12]和动态卷积[27]等。总体思路可以理解为从浅层到深层,对参数量、非线性以及尺度变化进行优化,最终实现卷积层的演变。

一、反卷积

反卷积(deconvolution)[24],也称为转置卷积。它不是卷积的对应逆过程,无法通过反卷积操作获得卷积之前的输入数据,通常只能够还原到与前一层同一维度大小的数据。反卷积可以理解为一种特殊的卷积操作,最初是为了定量可视化网络,深入解析中间特征层的功能和分类器的本质而被提出的。

因此,可以通过改变卷积操作参数中的卷积核维度 k、padding 操作参数以及步长 s,使得输出满足我们的需求。下面用一道例题来更直观地解释一下反卷积。假设存在一个 $k=3,p=0,s=1$ 的卷积操作,如图 5.9(a)所示,将输入为 4×4 的数据通过 3×3 的卷积核,步长为 1 的卷积得到输出为 2×2 的数据,那么如何利用反卷积将其还原到同一维度呢?

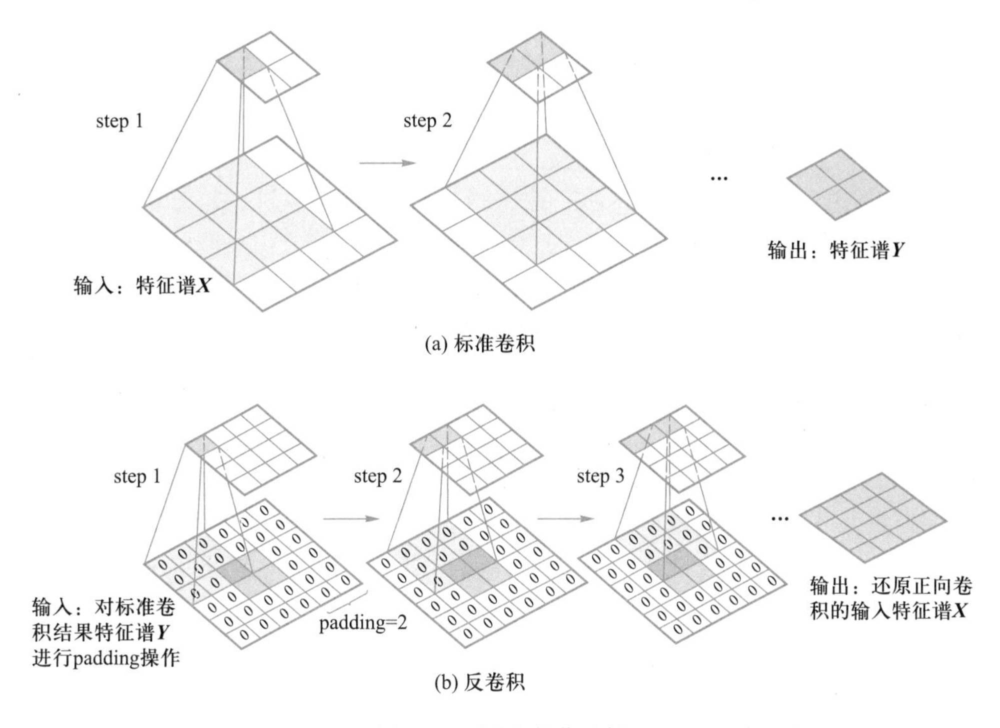

图 5.9 反卷积操作示例

如图 5.9(b)所示，在反卷积操作中，假设给定输入的二维数据大小为 2×2，卷积核维度为 3×3，padding 操作参数为 $p=k-1=2$，步长为 $s=1$，则输出数据大小为

$$
\begin{aligned}
o &= \left\lfloor \frac{n-k+2p}{s} \right\rfloor +1 \\
&= \left\lfloor \frac{2-3+2\times 2}{1} \right\rfloor +1 \\
&= 4
\end{aligned}
\tag{5.26}
$$

这样通过反卷积操作，实现了原始卷积输入尺寸大小的恢复。同时，应该注意到，反卷积操作并不能够恢复原始卷积输入的每个元素值。

二、空洞卷积

顾名思义，空洞卷积(dilated convolution)[25]在卷积核中通过间隔插入 0 值引入空洞。在不增加计算量的前提下实现感受野(reception field)的增加。与一般的卷积相比，空洞卷积引入了一个新参数——“扩张率(dilation rate)”来表示卷积核进行空洞卷积时数据选择的扩张距离。

空洞卷积提出了扩张的概念，即在标准卷积核中加入间隔以增大感受野，同时保持原有卷积核的大小。随着扩张率的增加，它支持的感受野呈指数级扩展。这样的卷积核可以在一定程度上更多地聚合多尺度的上下文信息，提高深度卷积神经网络的适应性和准确性，并有利于提升目标检测、图像分割等一般要在最后一层特征图上实现预测任务的性能。如图 5.10 所示，对于一个标准的 3×3 卷积核，一般的卷积操作只能看到输入图上对应 3×3 矩形大小的区域，而采用空洞卷积后，能够增大卷积核的感受野。图 5.10 表示了一个卷积核维度 k 为 3×3、扩张率 r 为 2 的空洞卷积过程，其感受野从原本的 3×3 扩展为 5×5。

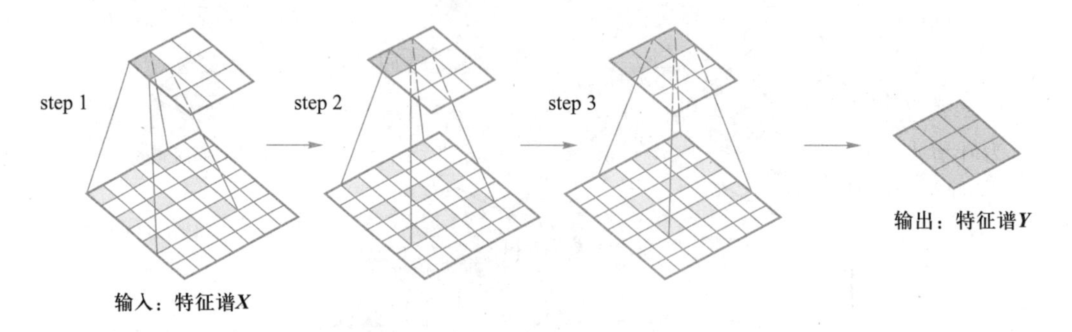

图 5.10 空洞卷积操作示例

在空洞操作中，假设给定输入的二维数据大小为 $n\times n$，卷积核维度为 $k\times k$，padding 操作参数为 p，步长为 s，扩张率为 r，则空洞卷积的等效卷积核大小 K_{equal} 以及输出维度 $o\times o$ 为

$$K_{\text{equal}}=k+(k-1)\times(r-1) \tag{5.27}$$

$$o=\left\lfloor\frac{n+2p-K_{\text{equal}}}{s}\right\rfloor+1 \tag{5.28}$$

在图 5.10 的例子中，计算可得：扩展后的感受野大小为 5×5，输出维度为 3×3。

从上面分析中可以清楚地看到，与一般卷积相比，在相同资源消耗的情况下，空洞卷积能够提供更大的感受野，捕获更多的上下文信息，适合于计算资源有限或因为其他原因无法继续增大卷积核大小的情况，比如在图像场景解析任务中，空洞卷积通常能够获得更优的分割性能。

三、可分离卷积

可分离卷积（separable convolution）[26] 通过将单个卷积操作分为多个卷积操作，降低卷积的计算复杂度。一般情况下，可分离卷积分为两种：空间可分离卷积（spatial separable convolution）和深度可分离卷积（depthwise separable convolution）。

空间可分离卷积从命名可以看出，针对的是空间意义上的宽和高进行改进。对于一个简单的卷积核维度 k 为 3×3 的卷积操作，可以将卷积核分为一个 1×3 和一个 3×1 的卷积核。

如图 5.11 所示，空间可分离卷积与一般卷积操作相比，它不是进行一次卷积操作，而是进行两次简单卷积操作，从而使得计算复杂度下降，计算效率提升。尽管带来了复杂度和效率的优化，但由于不是所有卷积核都可以进行拆分，因此空间可分离卷积并没有在深度学习中得到广泛应用。

$$\begin{bmatrix}1&2&3\\2&4&6\\3&6&9\end{bmatrix}=\begin{bmatrix}1\\2\\3\end{bmatrix}\times\begin{bmatrix}1&2&3\end{bmatrix}$$

图 5.11 可分离卷积示例

深度可分离卷积则能够避免空间可分离卷积的不足,可以应用于无法被拆分的普通卷积核上。通常情况下,彩色图像输入 RGB 三个通道,深度可分离卷积则是针对每一个通道设置不同的卷积核,保持输出的通道数与原图一致(例如,依旧为 3 个通道)。采用 1×1 卷积核进行点卷积操作,通过点卷积的调整得到最终输出所需的通道数。这样的分解大大降低了标准卷积的参数量和运算量,并且能在一定程度上保持原有的特征提取能力。

图 5.12 列举了一个简单的卷积例子,输入的维度为 12×12×3,卷积核大小为 5×5×3,卷积核个数为 256 个,padding 操作参数为 0,步长为 1,输出维度为 8×8×256。

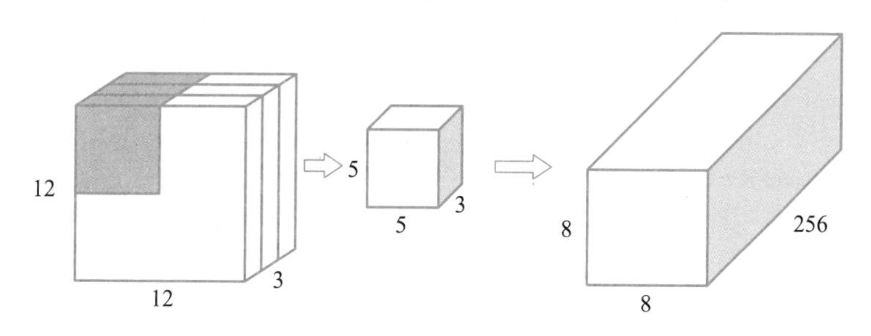

图 5.12 一般卷积操作

对于图 5.12 所示的操作,可以利用深度可分离卷积进行实现。首先,利用深度卷积实现在不改变深度的情况下,进行通道级别的卷积。如图 5.13 所示,采用 3 个 5×5×3 卷积核对输入进行卷积操作,得到维度为 8×8×3 的输出。

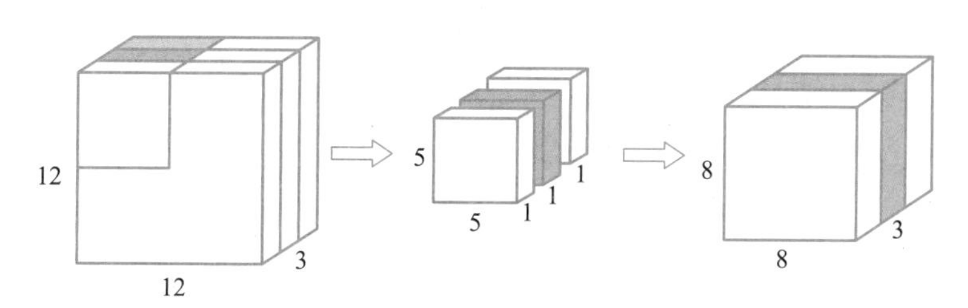

图 5.13 深度可分离卷积操作

接着,将得到的维度为 8×8×3 的输出与图 5.12 中维度为 8×8×256 的输出相比,可知,还需调整最终输出的深度,即通道数。因此,利用 256 个 1×1×3 卷积核进行点卷积操作,将维度调整至 256,如图 5.14 所示。

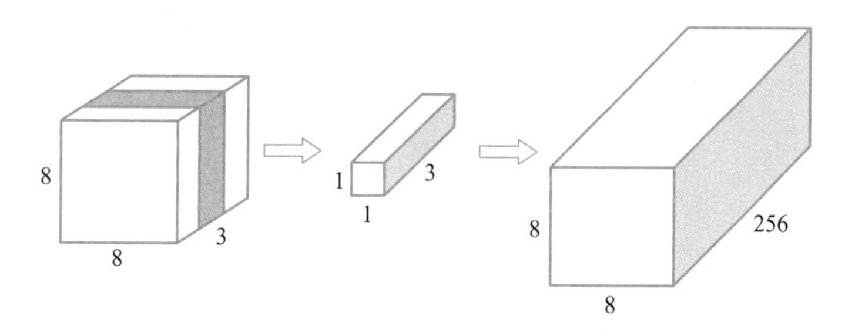

图 5.14 深度卷积操作

最终，一个深度卷积和一个点卷积，在减小计算量、提升网络效率的同时，实现了一般卷积的操作，同时避免了空间可分离卷积的不足。

四、组卷积

组卷积(group convolution)[12]的概念最初出现于 AlexNet 网络实现中。由于当时受到 3 GB 的显存资源限制，大量训练样本难以在单个 GPU 上完成训练。因此，AlexNet 把网络分散到两个 GPU 上，每一个 GPU 处理一半的卷积核，从而将来自不同 GPU 的结果进行融合。

标准卷积的参数数量计算如下：如图 5.15 所示，对于尺寸为 $H \times W \times C_1$ 的输入特征，单个卷积核的尺寸为 $M \times N \times C_1$，共有 C_2 个输出通道。忽略掉卷积层的偏置参数时，参数量为 $M \times N \times C_1 \times C_2$。

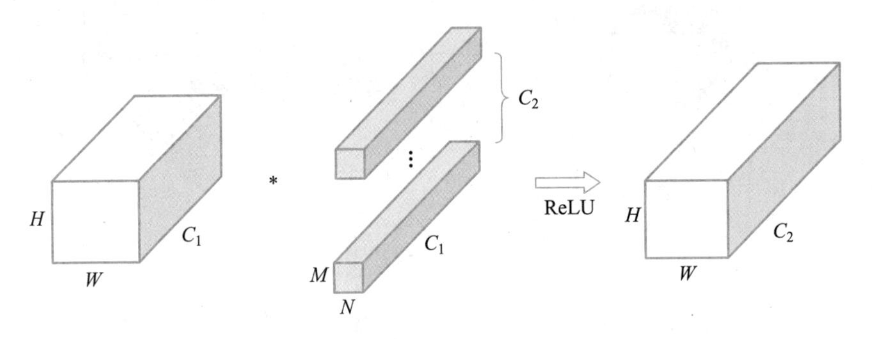

图 5.15 标准卷积操作

针对标准卷积通道之间存在冗余信息的问题，组卷积在通道维度将输入特征分成 g 组尺寸为 $H \times W \times C_1/g$ 的特征。如图 5.16 所示，在每一个分组中，单个卷积核的尺寸变为 $M_1 \times N_1 \times C_1/g$。同时对所有卷积核继续分组，共分成 C_2/g 个组，输出的特征尺寸为 $H \times W \times C_2/g$。将 g 组输出特征进一步拼接得到 $H \times W \times C_2$ 的输出特征，输出特征尺寸和标准卷积一致。此时参数量为 $M_1 \times N_1 \times C_1/g \times C_2/g \times g = M_1 \times N_1 \times C_1 \times C_2 \times 1/g$。

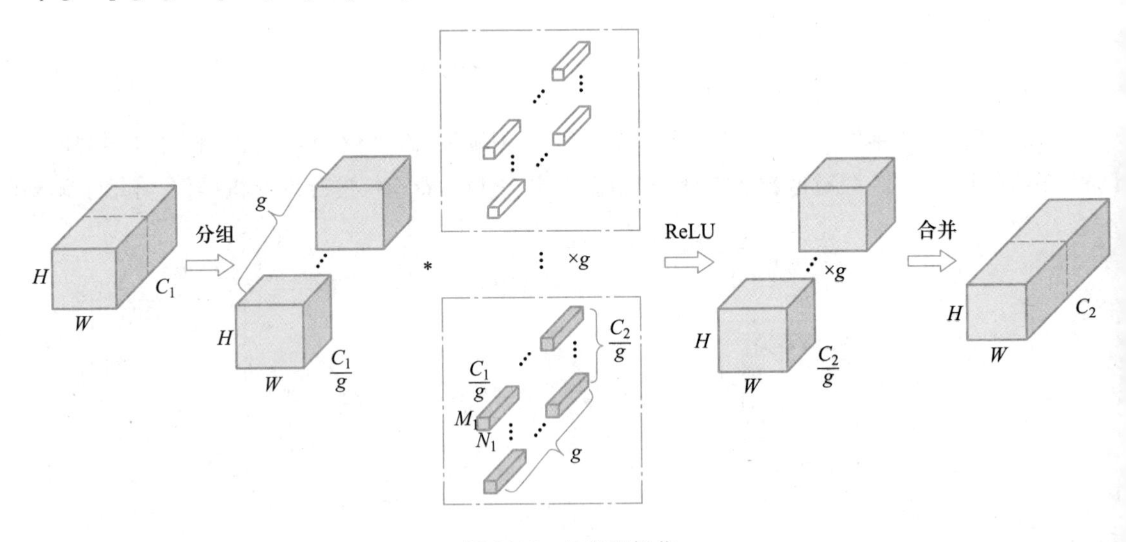

图 5.16 组卷积操作

组卷积有以下优点：① 降低参数量为标准卷积的 $1/g$，也等价于在同等参数量下生成 g 倍的特征。② 组卷积可以认为是结构稀疏化的正则项，其在一定程度上能提升性能。③ 组卷积是介于标准卷积与深度可分离卷积之间的卷积变体：当 $g=1$ 时，组卷积退化为标准卷积；当 $g=C_1$ 时，组卷积变为深度可分离卷积。组卷积的缺点是组间信息无法有效传递。

五、动态卷积

前面提到的各类卷积操作在训练之后卷积层中的参数就被固定下来，而且在后续推理和测试的过程中网络的参数也不会再发生变化，因此这类卷积操作可以看作是静态卷积，如图 5.17(a)所示。由于参数固定，静态卷积网络的灵活性受到了很大的限制，网络的性能更加依赖于训练数据。在测试过程中，对于更加多样的输入数据往往不能产生鲁棒的输出。相对地，为了提升卷积网络的自适应性和泛化能力，动态卷积[27]将卷积层的参数与输入数据进行关联。如图 5.18 所示，首先将输入数据的特征映射为卷积核的参数，然后基于生成的动态卷积核对输入特征进行卷积操作。通过以上方式实现了对网络的动态调整。网络能够根据不同的输入数据自适应地生成不同的网络参数，极大地增强了网络的灵活性。动态卷积可在无须增加网络的深度以及宽度的情况下，进一步提升模型的表达能力，因此，对于需要高效且轻量的卷积神经网络更加友好。

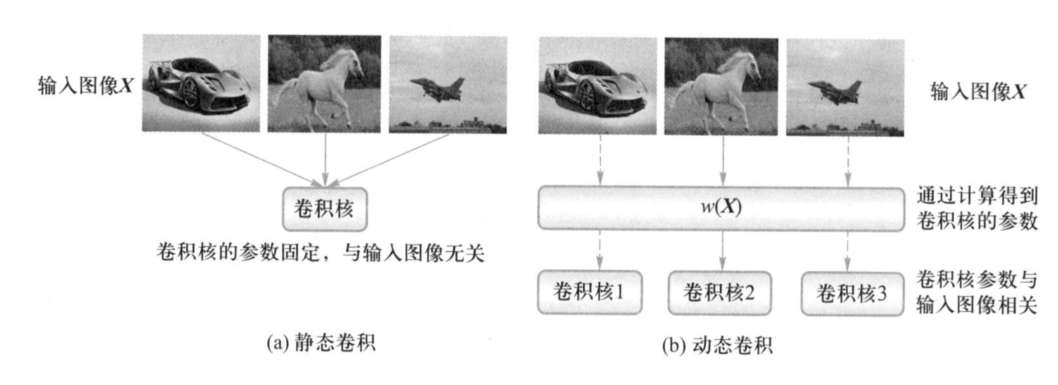

图 5.17　静态卷积与动态卷积的对比示意图

图 5.17 展示了静态卷积与动态卷积的对比示意图。假设静态卷积的操作为 $\boldsymbol{Y}=\boldsymbol{X}*\boldsymbol{W}$，其中 $\boldsymbol{X}$、$\boldsymbol{Y}$ 分别为输入和输出特征，$\boldsymbol{W}$ 为卷积核参数且在网络训练结束后为固定值。而动态卷积的操作表示为 $\boldsymbol{Y}=\boldsymbol{X}*w(\boldsymbol{X})$，其中 $w(\boldsymbol{X})$ 表示基于输入特征 $\boldsymbol{X}$ 生成的卷积核参数（一般卷积核参数被归一化到[0,1]）。可以发现卷积核的参数可以随着输入数据特征变化而进行动态调整，因此有更强的适应性。

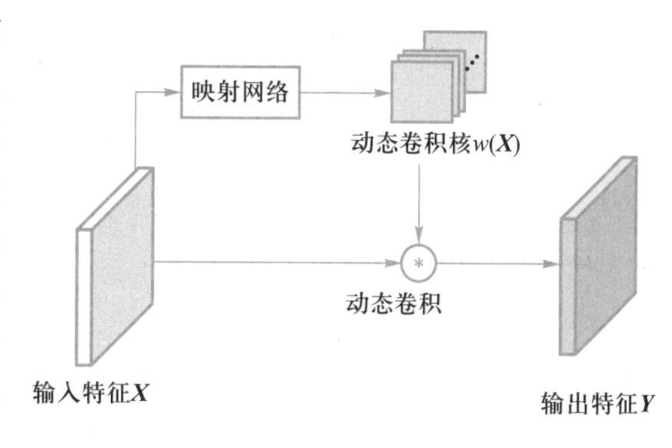

图 5.18　动态卷积操作

5.4.3 池化层

池化层是卷积神经网络另一个重要的层，常加在卷积层之后，起到减小特征谱分辨率的作用，以获取更大感受野。池化层的操作可以概括为在感受野的邻域内归纳具有代表性的信息，并输出作为该区域内的主导响应。例如，给定一个 224×224×64 的输入数据，每一层是 224×224 的矩阵，池化层将每一层通过池化降维为初始输入的一半 112×112。然后将它们按照输入层的顺序组合起来，输出 112×112×64 的数据，即所谓的池化操作。

下面具体介绍几个常见的池化操作，包括最大池化、平均池化、组合池化、空间金字塔池化等。

一、最大池化和平均池化

首先看一个具体的示例，从中可以更直观地观察到最大池化和平均池化操作。

例 5.6 对于如下输入数据，进行 2×2 无重叠分块

3	4	4	2
1	2	3	3
2	2	2	1
1	2	2	2

其中第一块数据：{3,4,1,2}，可选取最大操作，即 $\max\{3,4,1,2\}=4$ 作为输出，即 $y(1,1)=4$，对于后面的数据块

$$y(1,2)=\max\{4,2,3,3\}=4$$
$$y(2,1)=\max\{2,2,1,2\}=2$$
$$y(2,2)=\max\{2,1,2,2\}=2$$

则

$\boldsymbol{Y}=$

4	4
2	2

于是，原始 4×4 的数据池化为 2×2 的数据。池化操作通常取最大或者平均的方式进行尺度降低，分别称为最大池化操作（max pooling）和平均池化操作（average pooling）。如例 5.6 所示，对于最大池化操作，给定 2×2 的四个数据，选取出其中最大的一个数据作为该块输出。相应地，对于平均池化操作，则将输入的四个数据的平均值作为该块的输出。例如，对于例 5.6 进行平均池化，则

$$y(1,1)=\text{mean}\{1,2,3,4\}=2.5$$
$$y(1,2)=\text{mean}\{4,2,3,3\}=3$$
$$y(2,1)=\text{mean}\{2,2,1,2\}=1.75$$
$$y(2,2)=\text{mean}\{2,1,2,2\}=1.75$$

于是

$$Y=\begin{array}{|c|c|}\hline 2.5 & 3 \\ \hline 1.75 & 1.75 \\ \hline \end{array}$$

池化操作的本质思想是:一方面保留较大响应区域,使得特征对平移和其他变形的敏感度降低,增强特征的鲁棒性;另一方面降低特征尺度,从而避免大尺度所带来的高计算负担,改善网络输出,防止过拟合。如图 5.19 所示,池化层能够将一个 $H\times W\times C$ 的数据转化为 $0.5H\times 0.5W\times C$ 的数据,从而有效地降低数据的数量,避免大尺度所带来的高计算负担。

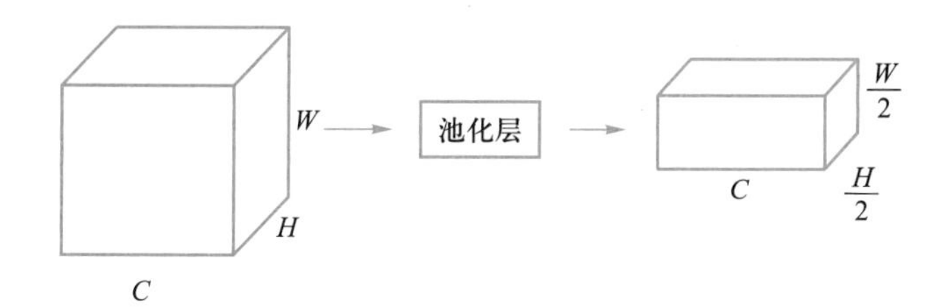

图 5.19 池化操作示例

在池化操作中,假设给定输入的二维数据大小为 $n\times n$,池化核维度为 $k\times k$,padding 操作参数为 p,步长为 s,则输出数据大小为

$$o=\left\lfloor\frac{n-k+2p}{s}\right\rfloor+1 \tag{5.29}$$

图 5.20 展示了池化层对克服对象平移的作用。L 形位于不同的位置,经过一次池化后,较大反馈的结果被保留,如图中蓝色阴影框数字所示。由于对象位置的差异,蓝色阴影框数字在两幅图像中有差异。经过第二次池化后,进一步保留最大响应,即 L 形的左下角区域。可以看出虽然对象在图像中的区域位置不同,但经过多次池化后,网络聚焦于同一个区域。

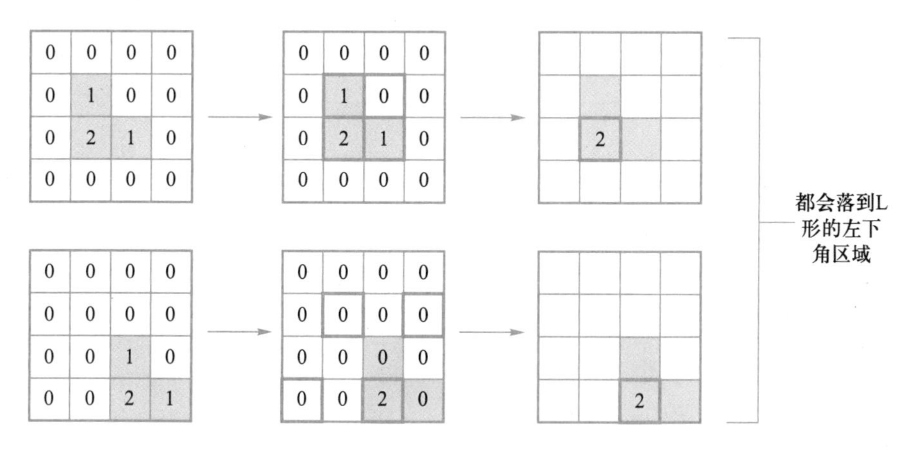

图 5.20 池化层对克服对象平移的作用

二、组合池化

组合池化(combination pooling)[28]是基于前面介绍的最大池化和平均池化的优点所延伸出的一种池化方式。组合池化的组合方式有多种,常见的有级联(concatenate)和相加(add)两种方式。级联的组合池化将最大池化和平均池化的结果直接级联,相加的组合池化则是计算了最大池化和平均池化结果的均值。组合池化的目的是让池化操作可以学习和适应更复杂多变的模式。

三、空间金字塔池化

空间金字塔池化(spatial pyramid pooling)[30]采取空间多级操作的方式进行特征提取,在提高对任意大小的目标的识别精度方面有着显著的优势。如图5.21所示,对输入的特征谱分别进行了3个池化操作。最右边的就是原始特征谱,中间的是把原始特征谱分成4个特征块,最左边的就是把原始特征谱分成16个特征块,一共得到21个子特征块。然后分别对21个子特征块进行最大池化操作和特征提取,并级联在一起。因此,给定不同大小的输入特征谱,空间金字塔池化均输出维度为21维的特征向量。空间金字塔池化通过多尺度特征提取出固定大小的特征向量,从而解决了不同大小特征谱输出不一致的问题。

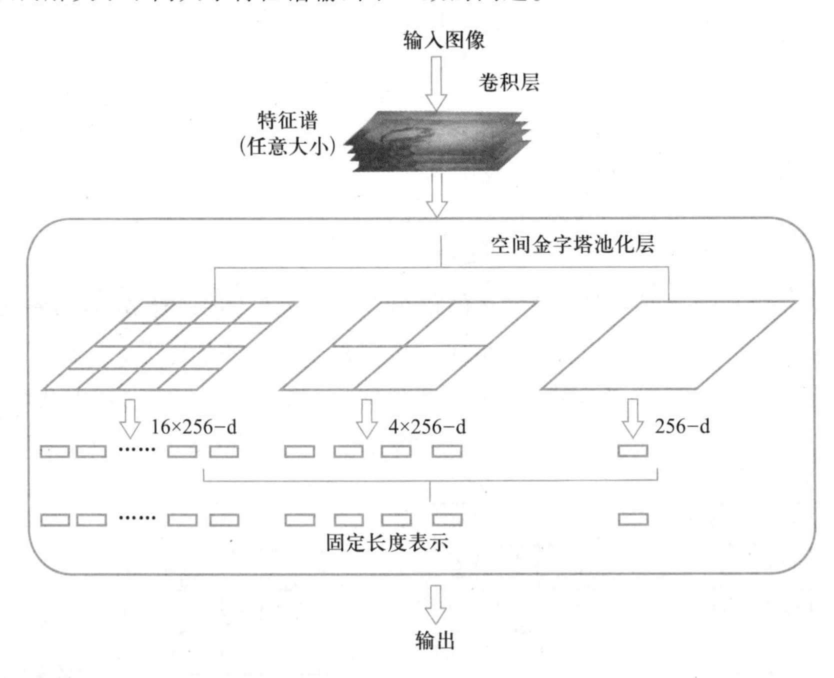

图5.21 空间金字塔池化示意图

5.4.4 非线性激活函数

非线性激活函数常用于对卷积层的输出进行处理,增加非线性拟合能力。卷积神经网络中,通常需要对卷积层和全连接层的输出使用激活函数进行处理,以提升CNN的性能。常用的非线性激活函数有Sigmoid函数、tanh函数、ReLU函数[19]、LeakyReLU函数[31]、PReLU函数[32]和ELU函数[29]。具体表现形式如下

$$\mathrm{Sigmoid}(x)=\frac{1}{1+\mathrm{e}^{-x}} \tag{5.30}$$

$$\tanh(x)=\frac{\mathrm{e}^{x}-\mathrm{e}^{-x}}{\mathrm{e}^{x}+\mathrm{e}^{-x}} \tag{5.31}$$

$$\mathrm{ReLU}(x)=\max(0,x) \tag{5.32}$$

$$\mathrm{LeakyReLU}(x)=\begin{cases} x, & x>0 \\ \alpha x, & x\leqslant 0,\text{其中 }\alpha\text{ 为常数} \end{cases} \tag{5.33}$$

$$\mathrm{PReLU}(x)=\begin{cases} x, & x>0 \\ \alpha x, & x\leqslant 0,\text{其中 }\alpha\text{ 是可学习的参数} \end{cases} \tag{5.34}$$

$$\mathrm{ELU}(x)=\begin{cases} x, & x>0 \\ \alpha(\mathrm{e}^{x}-1), & x\leqslant 0,\text{其中 }\alpha\text{ 是可学习的参数} \end{cases} \tag{5.35}$$

对应的函数曲线如图 5.22 所示。可以看出,Sigmoid 函数、tanh 函数有类似的表现,都是 S 型激活函数,但是此类函数存在严重的梯度消失问题,即在较大和较小的数值时,梯度接近于 0,不利于反向传播。而 ReLU 函数在正值区间具有恒定的梯度,可有效避免梯度消失,故其成了目前应用比较广泛的激活函数。

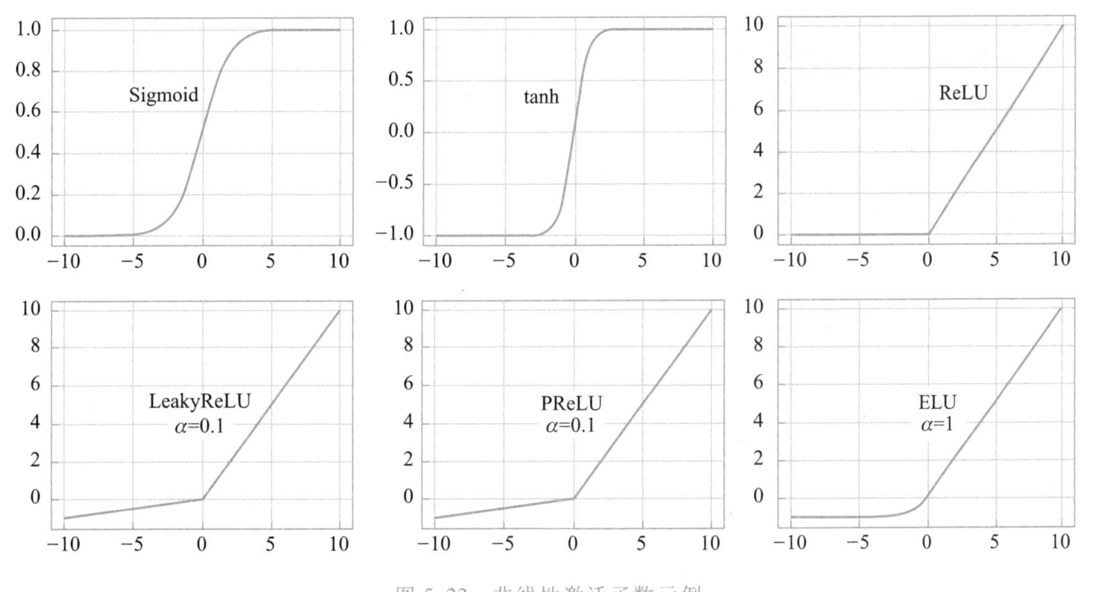

图 5.22 非线性激活函数示例

例 5.7 对于如下卷积层输出数据 $\boldsymbol{X}$,请计算 ReLU 操作后的输出。

$$\boldsymbol{X}=\begin{bmatrix} 3 & 4 & 4 & -2 \\ 1 & 2 & 3 & 3 \\ 2 & -2 & 2 & 1 \\ 1 & 2 & 2 & -2 \end{bmatrix}$$

解:ReLU 操作如下

$$y(1,1)=\max\{0,3\}=3$$
$$y(1,2)=\max\{0,4\}=4$$
$$y(1,3)=\max\{0,4\}=4$$
$$y(4,4)=\max\{0,-2\}=0$$

输出为

$\boldsymbol{Y}=$

3	4	4	0
1	2	3	3
2	0	2	1
1	2	2	0

但是,ReLU 依然存在一些问题。一个是失活问题:在梯度反向传播过程中,如果某一很大的梯度流经 ReLU,由于 ReLU 非饱和区域的一阶导数恒为 1,不会对梯度施以限制,故会致使前面权重中的偏置更新为很小的负数,从而使得后续训练中,该单元的输出为负数,即落入 ReLU 饱和区域。这样权重就不会再更新,导致 ReLU 失活。另一个是漂移效应:ReLU 没有负区域,数据分布的均值为正;非饱和区域($x>0$),没有对梯度和输出值加以限制,因此,在训练过程中会增大网络各层神经元数据分布方差,使训练变得非常困难。

LeakyReLU 和 PReLU 对 ReLU 进行了一定的改进。LeakyReLU 牺牲了 ReLU 的稀疏激活特性,但获得了较强的鲁棒性。由于 LeakyReLU 负区域存在一个微小梯度,所以避免了 ReLU 失活的问题,也在一定程度上削弱了漂移效应。PReLU 用一个线性函数代替了 ReLU 的左饱和区域,但与 LeakyReLU 不同,此线性函数的斜率是自适应的,在误差反向传播过程中更新,由于 PReLU 没有饱和区域,故其能够有效抑制 ReLU 失活的问题。

ELU 负区域采用指数型函数,超参数 α 由网络自适应学习。ELU 函数是平滑的,负输入区域存在一部分非饱和区域,这个特性对于 ReLU 失活的问题有一定抑制作用,该方法具有噪声鲁棒性和低复杂度的特点。

结合前面的反向传播算法,期望非线性激活函数的偏导具有较大的响应,这样更有利于反向传播。而如果偏导数较小或接近于零,链式传播往后的传播都趋向于零,难以更新参数,从而导致训练失败。实际中通常采用 ReLU 及其变体作为非线性激活函数。

5.4.5 全连接层

与传统神经网络一样,全连接层(full connection,FC)是指相邻的两层任意节点之间都有连接,实现输入特征的整合和映射。它的输出 $\boldsymbol{y}$ 能被表示为一个输入 $\boldsymbol{x}$ 与滤波器 $\boldsymbol{W}$ 的矩阵乘法,再加上偏差 $\boldsymbol{b}$。

$$\boldsymbol{y}=\boldsymbol{W}^{\mathrm{T}}\boldsymbol{x}+\boldsymbol{b} \tag{5.36}$$

全连接层在卷积神经网络中被广泛使用。通常情况下,全连接层被放置在卷积层之后,使得最终的输出维度与目标维度一致,进而实现任务预测。具体的步骤是:首先把卷积层的输出转化为向量,然后将向量的每一个维度看成全连接层的一个节点,接着与后面的全连接层进行连接。通过调整最后一层全连接层的节点的数量,可以改变输出的维度。例如,当分类问题输出为$\mathcal{C}$ 个类别,仅需要将最后一层设置为$\mathcal{C}$ 个点,每一个点对应于一个类别,从而实现卷积神经网络在$\mathcal{C}$ 个类别的预测。

例 5.8 对于二维输入数据 $\boldsymbol{X}$,$\boldsymbol{w}=[-1,1,0,1,-1,1,1,0,2,1,1,0,1,1,-1,0]^{\mathrm{T}}$,计算全连接层的输出。

$\boldsymbol{X}=$

3	4	4	0
1	2	3	3
2	0	2	1
1	2	2	0

解:第一步,将 $\boldsymbol{X}$ 拉直为列向量 $\boldsymbol{x}=[3,4,4,0,1,2,3,3,2,0,2,1,1,2,2,0]^{\mathrm{T}}$。

第二步,通过 $y=\boldsymbol{w}^{\mathrm{T}}\boldsymbol{x}$ 进行计算。

$$
\begin{aligned}
y(1)= & -1\times3+1\times4+0\times4+1\times0-1\times1+1\times2+1\times3+0\times3+ \\
& 2\times2+1\times0+1\times2+0\times1+1\times1+1\times2-1\times2+0\times0 \\
= & 12
\end{aligned}
$$

当有 10 个 $\boldsymbol{w}$ 向量时,$\boldsymbol{y}=[y(1),\cdots,y(10)]^{\mathrm{T}}$。

全连接层是一种特殊的卷积层,可理解为卷积核大小等于输入特征谱大小的卷积层。例如,给定一个卷积层的输出为 7×7×512 的特征谱,输入到一个 4 096 维的全连接层,该全连接层处理可通过 4 096 个 7×7×512 大小的卷积核的卷积操作,实现 4 096 个 1×1 的输出。

例 5.9 如图 5.23 所示,给定输入数据 $\boldsymbol{X}$、特征提取网络结构和参数,请计算网络最终的输出。

解:当执行第一次卷积 Conv1 操作时,首先对输入数据进行填充,根据 padding=1,在输入数据四周分别填充数据 0。然后利用参数大小为 3×3 的卷积核 $\boldsymbol{W}$ 以步长为 1 依次向右再向下移动,具体操作如图 5.24 所示。

再然后,经过激活操作 ReLU1,将所有小于 0 的数值置为 0,大于 0 的数值保持不变。对于激活后的输出结果,以步长为 1 依次在 2×2 大小的池化区域执行最大池化操作,具体计算过程如图 5.25 所示。

当执行第二次卷积 Conv2 操作时,首先对上一次池化后的输出数据进行填充,操作过程类似于第一次卷积操作。然后分别利用两个大小为 3×3 的卷积核 $\boldsymbol{W}_1$ 和 $\boldsymbol{W}_2$ 以步长为 1 对填充后的数据执行卷积操作,卷积输出如图 5.26 所示。

再然后,分别对两层卷积结果执行激活操作 ReLU2,并以步长为 2 依次在 2×2 大小的池化区域执行最大池化操作,池化输出结果如图 5.27 所示。

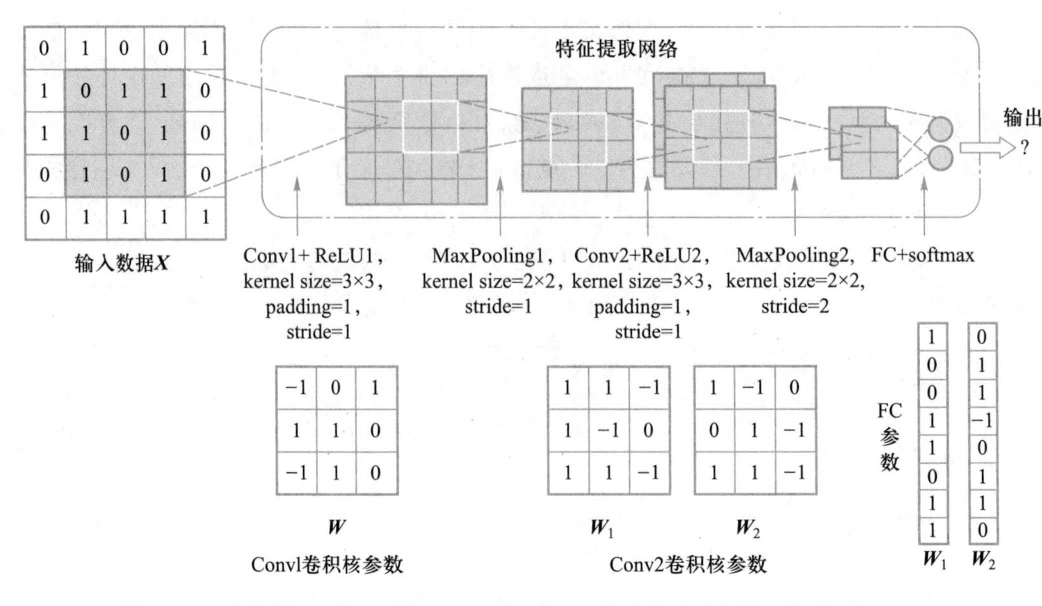

图 5.23 输入数据 X 与特征提取网络结构及其参数示意图

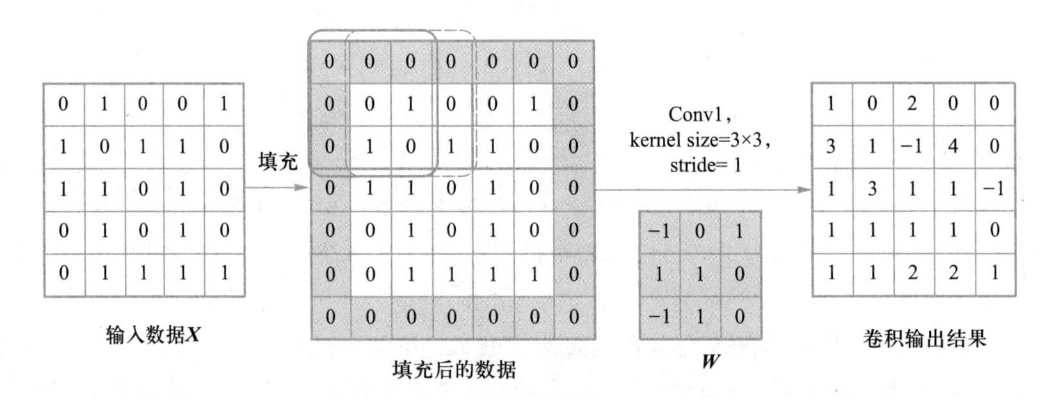

图 5.24 输入数据经过 Conv1 的操作过程

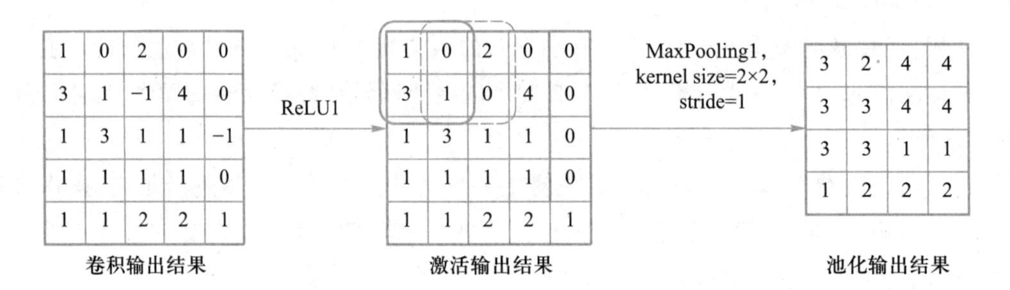

图 5.25 Conv1 输出经过激活和池化的操作过程

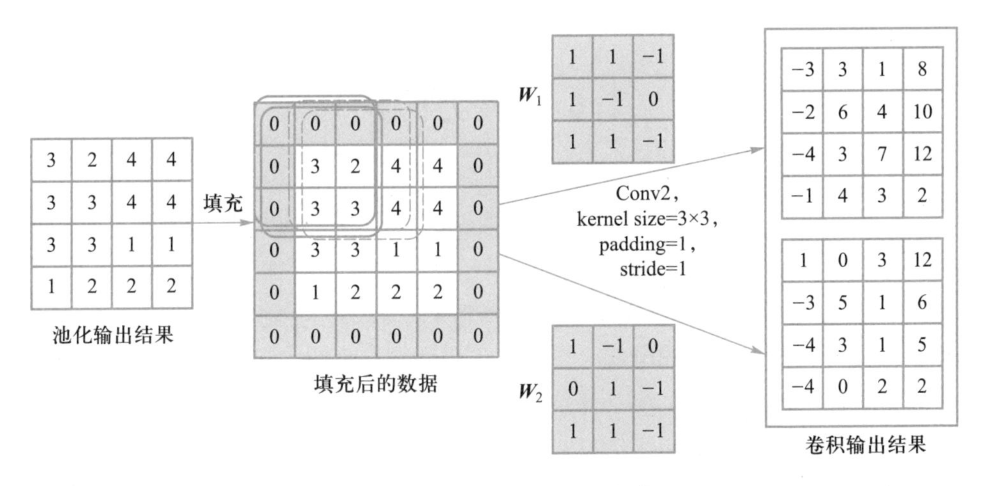

图 5.26 池化输出经过 Conv2 的操作过程

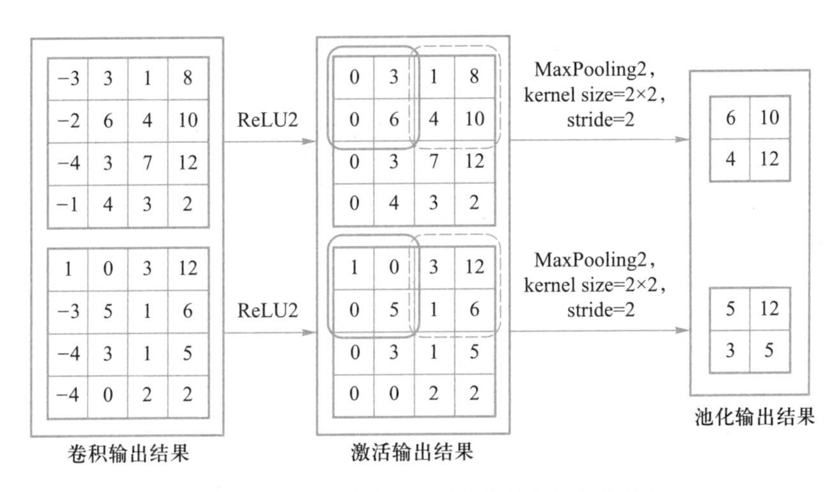

图 5.27 Conv2 输出经过激活和池化的操作过程

当执行最后的全连接操作时，首先将上一次池化后的两层输出结果拉直成一维列向量，然后利用全连接层的两个权重向量 $\boldsymbol{w}_1$ 和 $\boldsymbol{w}_2$，通过公式 $y=\boldsymbol{w}^{\mathrm{T}}\boldsymbol{x}$ 分别进行计算。最后，利用 softmax 公式计算卷积神经网络的输出概率值，具体如图 5.28 所示。

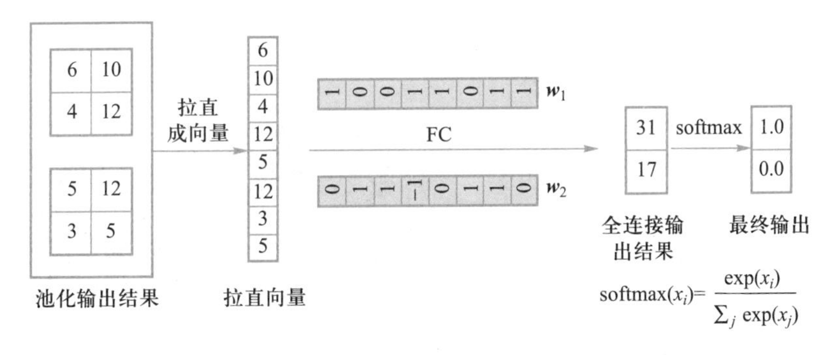

图 5.28 池化结果经过全连接层得到最终输出

5.5 注意力机制

注意力机制赋予模型动态地给予输入的某些部分更多关注的能力,可以通过人类的生物系统很好地解释这种机制。例如,人类的视觉处理系统倾向于选择性地关注图像中感兴趣的部分,而忽略其他不相干的信息,这更加有助于快速高效地感知环境。类似地,在目标检测和分割任务中,输入图像可能只有某些关键语义区域对检测和分割有贡献。

注意力机制最早被 Nadaraya 和 Watson 在 1964 年提出[41-42],可以通过一个回归模型来理解。比如,给定一组训练集数据$\{(x_1,y_1),(x_2,y_2),\cdots,(x_n,y_n)\}$,我们需要对一个新的查询实例$x$预测它的标签值$\hat{y}$。一种最简单的方法是直接对训练集的标签值取平均,即$\hat{y}=\frac{1}{n}\sum_{i=1}^{n}y_i$。而 Naradaya 和 Watson 提出了一种更有效的策略,即使用加权平均,权重表示查询实例与训练集实例的相关性,即$\hat{y}=\sum_{i=1}^{n}\alpha(x,x_i)y_i$,这里的$\alpha(x,x_i)$就表示实例$x_i$与$x$之间的相关性。这可以看作注意力机制的原始定义:计算机算法对输入的不同部分的重要性进行评估,并对不同部分赋予更合理的权重。

5.5.1 硬注意力机制

通常来讲,如果注意力数值采用离散的数值,就把该种注意力机制称为硬注意力机制。运用硬注意力机制的模型在做决策时仅仅基于输入图像的一个像素子集,通常来说,它是以图像子块的序列形式呈现的。硬注意力机制将输入划分成不同的部分,并对它们分别做出是否被考虑的决定,这反映了输入和输出之间的相互依赖关系。每个输入部分的权重只有两个可能的取值:0 或者 1。由于权重的取值离散,硬注意力是不可微的。它可看作对输入的部分依次的选择过程。由于没有监督信息指导如何正确地选择,硬注意力机制可被刻画为随机过程。因此,需要利用强化学习技术来训练硬注意力模型。由于输入只有一部分被存储和处理,其推理时间和计算成本相较于软注意力有所降低。图 5.29 展示了一个硬注意力谱生成示意图。对于一幅输入图像,由问题可知,需要关注的对象是“tree”。在生成图像特征并运用硬注意力机制后,只需要关注“tree”这部分的特征。因此,硬注意力每次只关注图像的某个像素块,故需要的推理时间更少。

图 5.29 硬注意力谱生成示意图

通常来说，硬注意力需要使用随机近似[36]的方法来计算梯度。此外，还有些硬注意力方法比如硬对准模型（hard alignment models）[37]使用蒙特卡罗采样方法来估计梯度，Saccader models[38]采用了强化学习技术中常用的策略梯度优化方法（policy gradient optimization）。

5.5.2 软注意力机制

如上文所述，硬注意力的加权系数是独立编码，只有 0 和 1 两种状态，不可导，因此不能用常规方法优化，而软注意力则有效避免了这一问题。将特征输入软注意力网络，可以得到一组加权系数，将该加权系数作用于原始特征就可以得到加权后的特征。在训练过程的梯度反向传播中与网络的其他部分共同被优化。根据加权对象的不同，软注意力被分为基于空间域、通道域、时间域和混合域的注意力，下面将分别进行介绍。

一、基于空间域的注意力机制

输入特征谱 $\boldsymbol{X}\in\mathbf{R}^{H\times W\times C}$ 空间维度分布中的目标内容和背景内容之间具有一定结构与上下文关系。基于空间域的注意力机制在特征谱 $\boldsymbol{X}\in\mathbf{R}^{H\times W\times C}$ 的空间维度刻画上下文关系，进而求取加权系数。例如，目标区域的特征一般具有局部相似性，背景区域的特征一般也具有局部相似性。非局部空间注意力利用空间维度中特征之间的相似性关系对空间信息进行特征增强，进而强化局部空间特征。非局部注意力与现有的自注意力机制[33]具有相似的设计出发点，自注意力强调通过对样本本身的特征进行相似性关系构建，并利用相似性关系对特征本身进行加权增强。非局部空间注意力模块将这种相似性关系运用到特征谱的空间维度，从而构建全局的空间注意力。非局部空间注意力的代表工作为 non-local neural network[34]，其具体流程如图 5.30 所示。首先对输入特征谱 $\boldsymbol{X}$ 进行特征变换，具体操作为

$$\boldsymbol{X}_f=Re(f(\boldsymbol{X})) \tag{5.37}$$

$$\boldsymbol{X}_g=Re(g(\mathrm{X})) \tag{5.38}$$

$$\boldsymbol{X}_h=Re(h(\boldsymbol{X})) \tag{5.39}$$

其中，f、g 和 h 表示卷积操作，卷积核大小是 1×1。Re 表示形变操作，形变操作之后 $\boldsymbol{X}_f\in\mathbf{R}^{HW\times C}$，$\boldsymbol{X}_g\in\mathbf{R}^{HW\times C}$，$\boldsymbol{X}_h\in\mathbf{R}^{HW\times C}$。

$$\boldsymbol{X}_{\text{relation}}=\text{softmax}(\boldsymbol{X}_f\times\boldsymbol{X}_g^{\mathrm{T}}) \tag{5.40}$$

其中，符号 T 表示矩阵转置操作。softmax 是归一化操作。符号×表示矩阵 $\boldsymbol{X}_f$ 和 $\boldsymbol{X}_g$ 的转置进行矩阵乘法。$\boldsymbol{X}_{\text{relation}}\in\mathbf{R}^{HW\times HW}$ 表示特征谱中两个特征点之间的相似性关系。最后利用 $\boldsymbol{X}_{\text{relation}}$ 对 $\boldsymbol{X}_h$ 进行增强，得到下面的关系

$$\boldsymbol{X}'=Re(\boldsymbol{X}_{\text{relation}}\times\boldsymbol{X}_h) \tag{5.41}$$

其中，$\boldsymbol{X}'\in\mathbf{R}^{H\times W\times C}$ 表示经全局空间注意力加权的 $\boldsymbol{X}$。

二、基于通道域的注意力机制

给定一个特征谱 $\boldsymbol{X}\in\mathbf{R}^{H\times W\times C}$，它是一个三维张量。沿着通道维度 C 可以将 $\boldsymbol{X}$ 划分为 C 个包含不同的特征信息的特征平面。通道注意力的目的是强化图像表征能力更高的特征平面，抑制

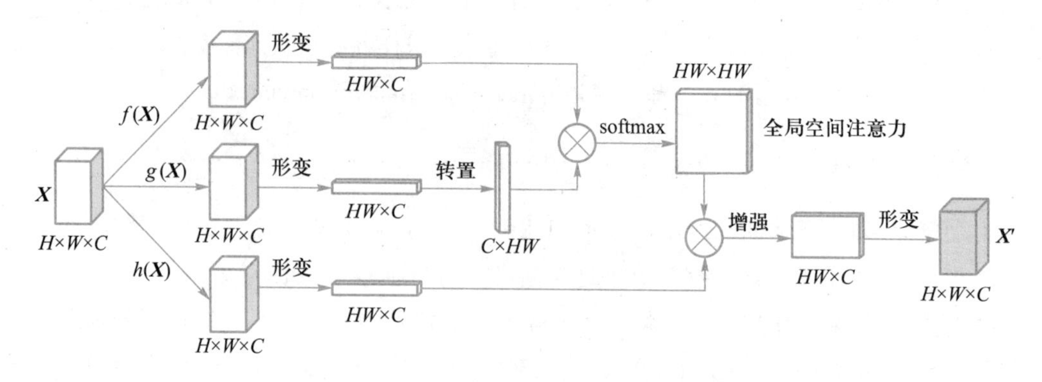

图 5.30 非局部空间注意力具体流程示意图

表征能力比较弱或者背景信息较为丰富的特征平面,代表工作为 SENet[35]。首先对输入特征谱 $\boldsymbol{X}$ 进行池化,得到

$$\bar{\boldsymbol{X}}=\mathrm{GAP}(\boldsymbol{X}) \tag{5.42}$$

其中,GAP 表示全局平均池化,$\bar{\boldsymbol{X}}\in\mathbf{R}^{1\times1\times C}$ 是一个长度为 C 的一维向量,其中每一个元素是由对应的特征平面进行平均得到。因此,向量 $\bar{\boldsymbol{X}}$ 中的每个元素只能表征单一通道的信息,无法表示不同通道之间的关系。通过添加两层的多层感知机(multi-layer perception,MLP)对 $\bar{\boldsymbol{X}}$ 进行元素间交互,使 $\bar{\boldsymbol{X}}$ 转化为具有通道交互信息的注意力向量。具体操作可以表示成下面形式

$$\begin{aligned}\boldsymbol{X}'&=\mathrm{MLP}(\bar{\boldsymbol{X}})\\&=\boldsymbol{W}_1(\boldsymbol{W}_0(\bar{\boldsymbol{X}}))\end{aligned} \tag{5.43}$$

其中,$\boldsymbol{W}_0\in\mathbf{R}^{C\times(C/r)}$、$\boldsymbol{W}_1\in\mathbf{R}^{(C/r)\times C}$ 是多层感知机结构中的参数。多层感知机的具体操作示意图如图 5.31 所示,输入和输出维度均为 C。为了控制其参数量,将中间输出维度设置为 C/r,其中 r 为衰减因子,用于调整参数量。最后,对输出的权重向量进行归一化,可以得到如下结果

$$\boldsymbol{Att}_C=\mathrm{Sigmoid}(\boldsymbol{X}') \tag{5.44}$$

其中,$\boldsymbol{Att}_C\in\mathbf{R}^{1\times1\times C}$ 表示通道维度注意力向量。

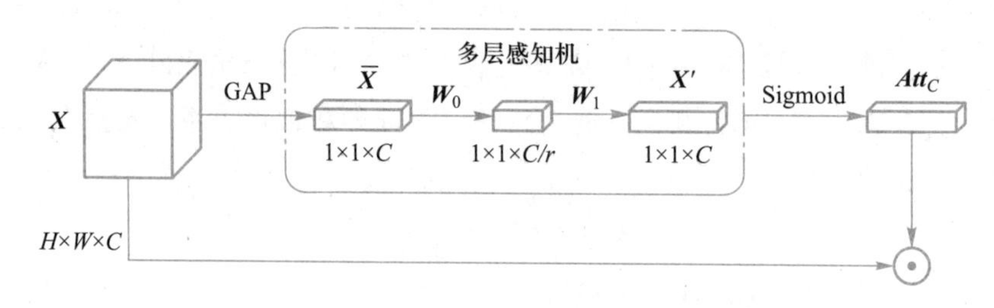

图 5.31 多层感知机的具体操作示意图

三、基于时间域的注意力机制

在含有显式(如视频中的不同帧)或者隐式(如一句话中的不同单词)的时序信息的任务场

景中,不同时间节点上的特征有着不同的重要度。这时就需要使用基于时间域的注意力机制来加权时序特征。

对于一组长度为 t 的输入序列信息 $X=\boldsymbol{x}_1,\boldsymbol{x}_2,\cdots,\boldsymbol{x}_t$,可以用特征提取器独立地提取每一个样本的特征,如视频每一帧的特征,记作 $F=\boldsymbol{f}_1,\boldsymbol{f}_2,\cdots,\boldsymbol{f}_t$。当需要输入序列总体的特征时,一种常见的做法是直接对序列中每个样本的特征求平均

$$\bar{\boldsymbol{f}}=\frac{1}{T}\sum_{i=1}^{T}\boldsymbol{f}_i \tag{5.45}$$

这种情况下序列中每个样本被视作对总体特征有着同样的重要性,但在实际情况中并非如此,如在视频行为识别中,结果可能用几个关键帧就可以确定。这时一种选择是对每个样本的特征重要性进行独立打分

$$Att_i=\mathrm{Sigmoid}(\boldsymbol{w}\boldsymbol{f}_i) \tag{5.46}$$

式中,Att_i 为第 i 个样本重要性打分,Sigmoid 为激活函数,$\boldsymbol{w}$ 为注意力网络可学习参数。将打分权重作用于原始特征再求和,就可以得到加权的总体特征

$$\bar{\boldsymbol{f}}'=\frac{1}{T}\sum_{i=1}^{T}Att_i\cdot\boldsymbol{f}_i \tag{5.47}$$

这是一种简单的时间域注意力机制形式。事实上,在时序信息中,每个样本的重要性往往不仅与它自身有关,还与其前后的其他样本有关。这种情况下,Att_i 计算式中的 $\boldsymbol{f}_i$ 被希望是含有上下文的。考虑上下文区域为其前后的一个样本

$$\boldsymbol{f}_i'=Fuse(\boldsymbol{f}_{i-1},\boldsymbol{f}_i,\boldsymbol{f}_{i+1}) \tag{5.48}$$

其中,$Fuse$ 为拼接的特征融合方式。

那么

$$Att_i'=\mathrm{Sigmoid}(\boldsymbol{w}\boldsymbol{f}_i') \tag{5.49}$$

$$\bar{\boldsymbol{f}}''=\frac{1}{T}\sum_{i=1}^{T}Att_i'\cdot\boldsymbol{f}_i \tag{5.50}$$

根据上下文区域的不同,用于计算打分的特征 $\boldsymbol{f}_i'$ 可以有多种计算形式。

四、基于混合域的注意力机制

有时,注意力机制不单单作用于单个域,而是对多个域共同作用,我们把这种注意力机制称为基于混合域的注意力机制。比较常见的是同时作用于空间域和通道域的注意力,代表性工作为 CBAM[43]。

如图 5.32 所示,CBAM 由两个独立的子模块构成,分别是通道注意力模块和空间注意力模块。通道注意力模块沿用了 SENet 的思路。改进点在于除了全局平均池化得到的特征来计算通道注意力之外,还采用了全局最大池化得到的特征进行计算,然后把两个注意力特征值相加。对于输入特征谱 $\boldsymbol{X}\in\mathbf{R}^{H\times W\times C}$,通道注意力 $\boldsymbol{Att}_C\in\mathbf{R}^{1\times 1\times C}$的计算公式如下

$$\boldsymbol{Att}_C=\mathrm{Sigmoid}\{\mathrm{MLP}[\mathrm{GAP}(\boldsymbol{X})]+\mathrm{MLP}[\mathrm{GMP}(\boldsymbol{X})]\} \tag{5.51}$$

其中,GAP 为全局平均池化,GMP 为全局最大池化,两个池化都是在空间域上进行的,MLP 为通

道注意力中提到的多层感知机,式中两个 MLP 是参数共享的。使用得到的通道注意力值对原始特征进行加权,就可以得到通道加权后特征谱

$$\boldsymbol{X}'=\boldsymbol{Att}_C \odot \boldsymbol{X} \tag{5.52}$$

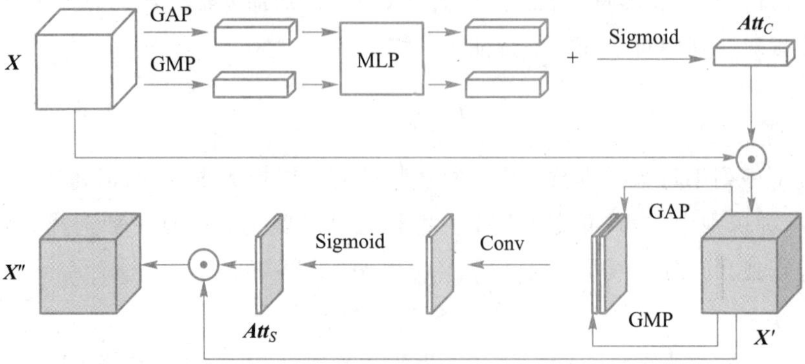

图 5.32 CBAM 网络示意图

在空间注意力中,CBAM 沿着通道维度分别使用了一个全局平均池化和全局最大池化对 $\boldsymbol{X}$ 进行降维,得到两个 $H\times W\times 1$ 的特征谱。然后将两个特征谱沿着通道进行拼接,并用 7×7 的卷积核将拼接得到的 2 维特征降维至 1 维,用 Sigmoid 激活这个降维后的特征谱就可以得到空间注意力 $\boldsymbol{Att}_S \in \mathbf{R}^{H\times W\times 1}$。使用 $\boldsymbol{Att}_S$ 对通道加权后的特征再进行空间域加权,就可以得到最后的输出

$$\boldsymbol{X}''=\boldsymbol{Att}_S \odot \boldsymbol{X}' \tag{5.53}$$

5.6 循环神经网络

前面介绍了卷积神经网络的相关内容,该网络结构里层与层之间是相互连接的,有利于提取不同尺度的空间上下文信息,但是层内是无连接的。这种层内无连接的结构很难处理内部有序的数据,比如长句文本。循环神经网络(recurrent neural network,RNN)[39]就是基于这种需求提出的。相对于卷积神经网络,RNN 致力于学习不同时刻的数据之间的关系,通过保留前一时刻的信息实现对下一时刻状态的预测。RNN 是通过构建层内节点的连接实现对前面信息的记忆,从而输出与当前时刻之前数据相关的输出结果。RNN 的这种特性使得网络能够充分学习序列数据中的时间序列信息。目前,RNN 已被广泛应用于自然语言处理、机器翻译、视觉问答和图像视频描述等领域。

图 5.33 展示了一个基本的 RNN 模型,其中 X_t 和 h_t 分别代表输入数据和输出数据。以最简单的等差数列为例,给定一组数据{2,4,6,8,10,12},去预测下一时刻的数据。RNN 可以根据给定的{2,4,6,8,10,12}推理出下一时刻的输出为 14 的结果。原因是 RNN 可以通过寻找前后 12 和 10 的关系、10 和 8 的关系、8 和 6 的关系,以此类推,进而推理出下一时刻的结果,这就是 RNN 的基本原理。

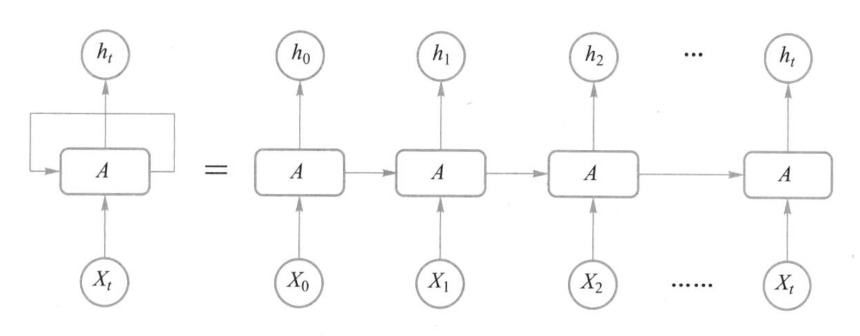

图 5.33 基本的 RNN 模型示意图

图 5.34 列出了一个 RNN 模型处理示意图。假设节点状态维度为 1,输入维度、输出维度也均为 1。RNN 网络内部的全连接层输入为节点状态$[0.3,0.9]^T$以及和输入级联后的结果[0.0,15],因此维度为 2。

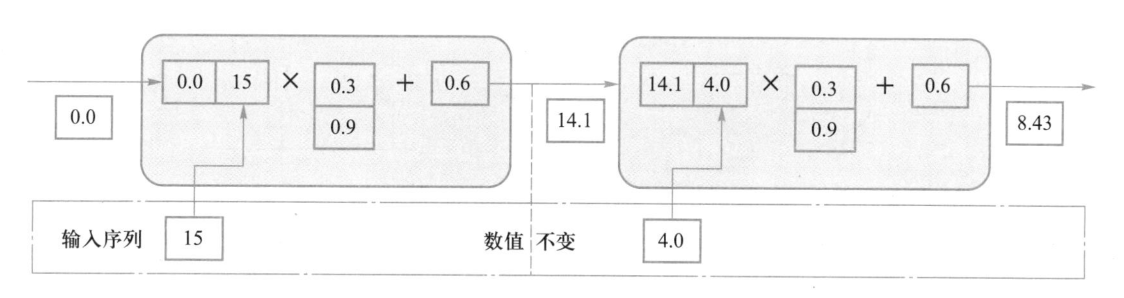

图 5.34 RNN 模型处理示意图

在 $t=0$ 时刻,隐藏层状态为 0.0,输入为 15,级联之后 RNN 内部的全连接层神经网络的输入为[0.0,15]。经过$[0.3,0.9]^T$的加权和偏置 0.6 的操作之后,得到 14.1 的输出。

在 $t=1$ 时刻,隐藏层状态为 14.1(在此忽略了 tanh 激活函数的作用),输入为 4.0,级联之后 RNN 内部的全连接层神经网络的输入为[14.1,4.0]。经过$[0.3,0.9]^T$的加权和 0.6 的偏置之后,得到 8.43 的输出。可以看出,RNN 内部结构中的参数在不同时刻是共享的。

5.7 图神经网络

近年来,虽然深度学习在图像、视频到自然语言处理等许多领域都取得了巨大成功,但这些领域中的数据通常是欧几里得空间中的规则数据。实际应用中存在大量的非欧数据,比如交通网络、社交网络、电子购物、知识图谱、化学分子建模、电路设计图等,如图 5.35 所示。如何采用深度学习方法处理这些复杂且不规则的图数据结构成为机器学习的挑战之一。为此,一些研究者提出了图神经网络(graph neural network,GNN)[40]。

在介绍图神经网络之前,首先需要了解什么是图(graph)。从第 3 章 3.2.5 节可知,在数学图论中,一个图 G 由顶点(又称节点 vertices)和连接这些节点的边(edges)组成。用来表示和建

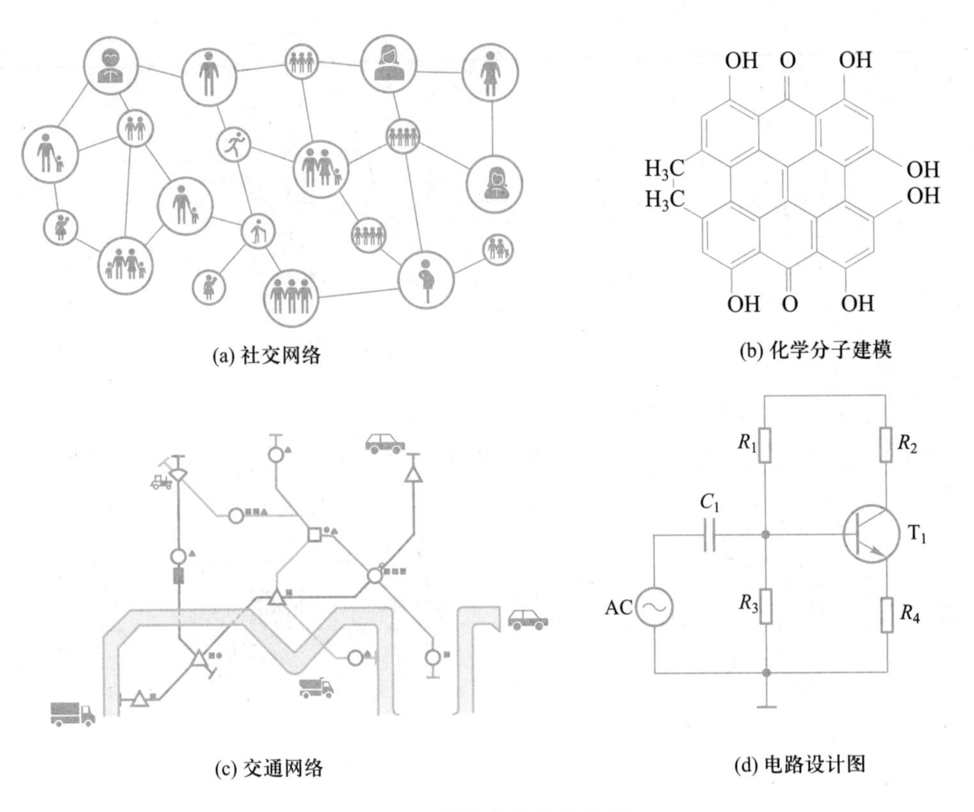

(a) 社交网络　(b) 化学分子建模　(c) 交通网络　(d) 电路设计图

图 5.35 图结构的数据示例

模节点以及节点之间的依赖关系的数据结构，记为 $G=(V,E)$，其中 V 和 E 分别表示节点和边的集合。边可以是无向边，也可以是有向边，有向边指明了信息传播的方向。

图神经网络首次被 Gori 和 Scarselli 等人[40]提出。它是一种基于图结构的神经网络模型，可以灵活地处理不同结构的数据，并保留原始数据存在的拓扑结构。如图 5.36 所示，给定图 $G=(V,E)$，假设每一节点初始状态的特征为 x_v，可以通过收集周围相邻的节点 $ne[v]$ 信息更新自身 d 维状态嵌入向量 h_v，实现信息的传递以及输出。令 $f(\cdot)$ 表示局部转移函数，$g(\cdot)$ 表示局部输出函数，则节点 v 的状态嵌入向量 h_v 以及输出 o_v 的计算为

$$\begin{aligned} h_v &= f(x_v, w_{co[v]}, h_{ne[v]}, x_{ne[v]}) \\ o_v &= g(h_v, x_v) \end{aligned} \tag{5.54}$$

其中，$w_{co[v]}$ 表示与节点 v 连接的边的特征，$h_{ne[v]}$ 表示节点 v 的邻居的状态，$x_{ne[v]}$ 表示节点 v 的邻居的特征。经过 t 次迭代更新后，根据 Banach 不动点理论，式(5.54)能够被拓展为

$$\begin{aligned} h_v(t) &= f(x_v, w_{co[v]}, h_{ne[v]}(t-1), x_{ne[v]}) \\ o_v(t) &= g(h_v(t), x_v) \end{aligned} \tag{5.55}$$

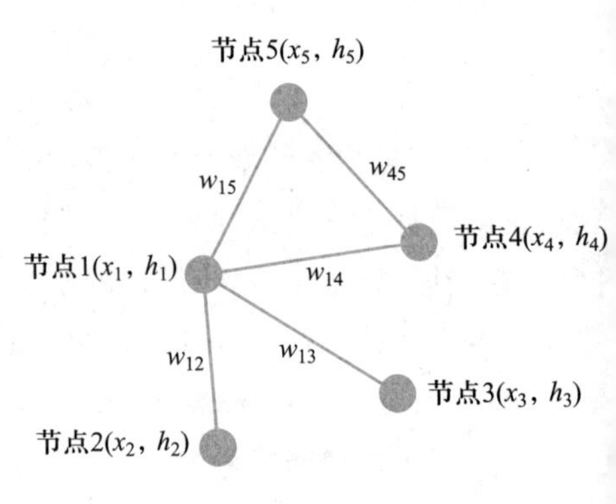

图 5.36 图神经网络

为进一步理解图神经网络，下面给出一个具体例子。

例 5.10 以图 5.37 为例，给定图 G，假设 A 为目标节点，x_i 和 $h_i(t)$ 分别表示 t 时刻节点 i 对应的特征和状态嵌入向量。w_{ij} 表示节点 i 与节点 j 相连的边的特征。$f(\cdot)$ 和 $g(\cdot)$ 分别表示局部转移函数和输出函数，表达式为

$$f(x_v, w_{co[v]}, h_{ne[v]}, x_{ne[v]}) = x_v + w_{co[v]} \cdot (h_{ne[v]} + x_{ne[v]})$$

$$g(h_v, x_v) = h_v + x_v$$

求 $t+1$ 时刻目标节点 A 的输出表达式。

解：如图 5.37 所示，目标节点 A 与节点 B、C 以及 D 相连，因此能够得到 A 在 $t+1$ 时刻的输出特征

$$\begin{aligned} h_A(t+1) &= f[x_A, w_{AB}, w_{AC}, w_{AD}, h_B(t), h_C(t), h_D(t), x_B, x_C, x_D] \\ &= x_A + w_{AB} \cdot [h_B(t) + x_B] + w_{AC} \cdot [h_C(t) + x_C] + w_{AD} \cdot [h_D(t) + x_D] \\ o_A(t+1) &= g[h_A(t+1), x_A] = h_A(t+1) + x_A \end{aligned}$$

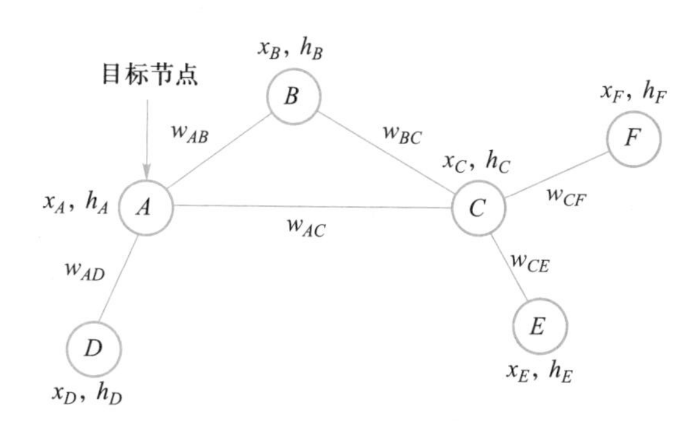

图 5.37 图神经网络例题图

目前，图神经网络已经演变出了很多变体，包含了图卷积网络、图注意力网络、图自编码器、图生成网络和图时空网络等。其中，图卷积网络将卷积操作引入图神经网络中，扮演着重要的角色。

5.8 参数的计算

在实际应用中，模型的复杂度和 GPU 的空间存储是卷积神经网络构建时必须考虑的两大因素。模型的运算复杂度通常与网络的计算次数，即浮点运算次数（floating-point operations，FLOPs）有关，而存储空间（space memory）的计算包含了总参数量和每层特征谱的大小两部分。

对于单个卷积层，假设输入特征谱的宽、高以及输入通道分别为 W_{in}、H_{in}、C_{in}，输出特征的宽、高以及输出通道分别为 W_{out}、H_{out}、C_{out}，卷积核的宽、高分别为 W_k、H_k。以一次乘法或加法运算为单位，考虑输出特征谱中每一个值，经过每个卷积计算得到的运算量为 $C_{\text{in}} \times W_k \times H_k$。由于一共有 $C_{\text{out}} \times W_{\text{out}} \times H_{\text{out}}$ 个值，则整个输出特征谱对应的浮点数乘法运算总数为 $C_{\text{in}} \times W_k \times H_k \times C_{\text{out}} \times$

$W_{out}\times H_{out}$，加法运算总数为$(C_{in}\times W_k\times H_k-1)\times C_{out}\times W_{out}\times H_{out}$，因此总运算复杂度 $FLOPs\sim O(2\times C_{in}\times W_k\times H_k\times C_{out}\times W_{out}\times H_{out}-C_{out}\times W_{out}\times H_{out})$。其中，该卷积层对应的总参数量与卷积核的尺寸、输入输出通道数相关，即 $W_k\times H_k\times C_{in}\times C_{out}$。空间复杂度等于卷积层总参数量与输出特征图大小之和，能够被表示为 $Space\sim O(W_k\times H_k\times C_{in}\times C_{out}+C_{out}\times W_{out}\times H_{out})$。对于单个池化层，假设池化窗口的宽、高分别为 W_p 和 H_p，考虑每个池化为一个单位运算量，整个输出特征谱的总运算复杂度 $FLOPs\sim O(C_{out}\times W_{out}\times H_{out})$。由于池化过程中无参数，即参数量为0，则空间复杂度等于输出特征图大小，即 $Space\sim O(C_{out}\times W_{out}\times H_{out})$。

可以发现，模型的运算复杂度决定了卷积神经网络的训练和预测的时间。如果复杂度较高，则会导致网络训练和预测时间耗费较长，运算速度较慢。空间复杂度决定了网络需要占用的内存空间。由于GPU以及硬盘存储空间的限制，如果空间复杂度较高，则会导致过高的存储开销以及内存溢出等问题。因此，一个可行的解决方案是采用网络剪枝（networks pruning）、模型量化（model quantization）和知识蒸馏（knowledge distillation）的方法缩减网络复杂度和模型大小。具体说明如下。

（1）网络剪枝：针对网络中不重要的权重或通道进行裁剪，可以分为非结构化剪枝[44]和结构化剪枝[45]。非结构化剪枝方法对网络权重进行稀疏化处理，并通过定制的硬件对稀疏化网络进行加速；而结构化剪枝方法对网络的通道进行处理，将网络中不重要的通道直接剔除。

（2）模型量化：通过将网络参数的数值映射到一组特定的离散数字上，实现使用更少的比特数进行网络参数计算与存储。根据映射后区间的范围，可以将模型量化分为对称量化方法[46]和非对称量化方法[47]。此外根据量化粒度统计的范围，可以将模型量化分为分层量化方法[48]、分组量化方法[49]和分通道量化方法[50]。

（3）知识蒸馏：为使模型参数量减少，除了剪枝和量化外，另一种更直接的做法是直接将复杂的大模型替换为简单的小模型。大的模型常常比小模型有着更好的效果，为了使得小模型获得接近甚至超过大模型的效果，可以使用知识蒸馏的方式[51]。让小模型的软标签靠近大模型的软标签，这种操作被认为可以将知识从大模型传递到小模型中。缩减后的网络模型更易于应用到实际场景中。

习题

1. 阐述传统分类方法和深度学习方法各自的特点和优势。
2. 卷积层的特点是什么？如何确定卷积层输出的深度和宽度？
3. 池化层是什么？有哪些池化操作，各自有什么特点？分析池化操作对卷积神经网络的利与弊。
4. 什么是非线性激活函数？有哪些常用的非线性激活函数，各自特点是什么？
5. 全连接层主要功能是什么？与卷积层有什么区别？
6. 有哪些常用的损失函数？各有什么特点？
7. 如何实现卷积神经网络的参数优化过程？如何防止训练中的过拟合？

8. 对于回归问题，网络的输出预测为 $\hat{\boldsymbol{y}}=[0.4,-1.6,3.2,1.5,-0.7]^{\mathrm{T}}$，相对应的 ground truth 为 $\boldsymbol{y}=[-1.2,-0.1,0.3,1.2,2.7]^{\mathrm{T}}$，求网络预测的平滑 L_1 损失和 L_2 损失。

9. 对于分类问题，网络的输出预测为 $\hat{\boldsymbol{y}}=[0.25,0.13,0.02,0.36,0.24]^{\mathrm{T}}$，相对应的 ground truth 为 $\boldsymbol{y}=[0,0,0,0,1]^{\mathrm{T}}$，求网络预测的交叉熵损失。

10. 在网络前向传播过程中，网络生成信号为 $\boldsymbol{x}=[0.4,-1.6,3.2,1.5,-0.7]^{\mathrm{T}}$，求该数据分别经过激活函数 ReLU 和 Sigmoid 后的值。

11. 求在反向传播过程中，对于非线性激活函数 Sigmoid(x) 对 x 的导数。

12. 如图 5.6 所示，采用链式求导方法，列出 $\dfrac{\partial \mathcal{L}(y,\hat{y})}{\partial w_{23}^{1}}$ 的表达式。

13. 如图 5.6 所示，假如 $[x_1,x_2]=[3,4]$，相应层的参数如下：

第一层 $[w_{11}^{1},w_{12}^{1},w_{13}^{1},w_{21}^{1},w_{22}^{1},w_{23}^{1}]=[0.1,0.2,-0.3,0.4,0.1,-0.1]$

第二层 $[w_{11}^{2},w_{12}^{2},w_{21}^{2},w_{22}^{2},w_{31}^{2},w_{32}^{2}]=[0.3,0.1,-0.2,0.3,0.2,0.1]$

第三层 $[w_{11}^{3},w_{21}^{3}]=[0.3,0.1]$； $y=1.0$

如果采用 L_2 损失，ReLU 非线性激活函数，请分别计算 $\dfrac{\partial \mathcal{L}(y,\hat{y})}{\partial w_{21}^{3}}$、$\dfrac{\partial \mathcal{L}(y,\hat{y})}{\partial w_{23}^{1}}$。

14. 给定如下数据

$$\boldsymbol{X}=\begin{bmatrix}1&2&1&2&1\\1&1&2&1&1\\1&1&1&2&1\\2&2&1&1&2\\2&1&1&2&1\end{bmatrix} \text{及卷积核 } \boldsymbol{W}_1=\begin{bmatrix}1&0&0\\1&0&0\\1&0&0\end{bmatrix}_{3\times 3} \quad \text{和 } \boldsymbol{W}_2=\begin{bmatrix}0&0&0\\0&1&1\\0&1&1\end{bmatrix}_{3\times 3}$$

设置步长为 1，不考虑 padding 操作，请计算在 $\boldsymbol{W}_1$ 和 $\boldsymbol{W}_2$ 下的卷积输出，并分析 $\boldsymbol{W}_1$ 和 $\boldsymbol{W}_2$ 两个卷积核输出的差异及原因。

15. 给定数据 $\boldsymbol{X}$ 以及卷积核 $\boldsymbol{W}$ 如下，设步长为 1，不考虑 padding 操作，计算卷积输出。

$$\boldsymbol{X}_{[\cdot,\cdot,1]}=\begin{bmatrix}1&0&1&1\\0&1&0&0\\0&0&1&1\\1&0&1&0\end{bmatrix},\quad \boldsymbol{X}_{[\cdot,\cdot,2]}=\begin{bmatrix}2&1&2&2\\0&2&1&1\\1&2&0&2\\0&0&0&1\end{bmatrix},\quad \boldsymbol{X}_{[\cdot,\cdot,3]}=\begin{bmatrix}1&0&0&0\\0&0&1&1\\1&1&1&1\\0&0&1&0\end{bmatrix}$$

$$\boldsymbol{W}_{[\cdot,\cdot,1]}=\begin{bmatrix}1&0\\0&1\end{bmatrix},\quad \boldsymbol{W}_{[\cdot,\cdot,2]}=\begin{bmatrix}1&1\\0&0\end{bmatrix},\quad \boldsymbol{W}_{[\cdot,\cdot,3]}=\begin{bmatrix}1&1\\1&0\end{bmatrix}$$

16. 对于如下数据

$$X=\begin{bmatrix}1&2&1&2&1&2\\1&3&1&4&1&3\\2&3&2&3&1&5\\6&2&2&5&4&1\\1&2&5&4&1&3\\4&4&3&1&6&7\end{bmatrix}$$

(1) 分别用 2×2 和 3×3 进行无重叠最大池化;

(2) 如果采用 2×2 和 3×3 有重叠的池化,且步长为 1,试分别求取最大池化结果。

17. 如图 5.38 所示,给定输入数据 $\boldsymbol{Y}$,特征提取网络结构和参数,请计算网络最终的输出。

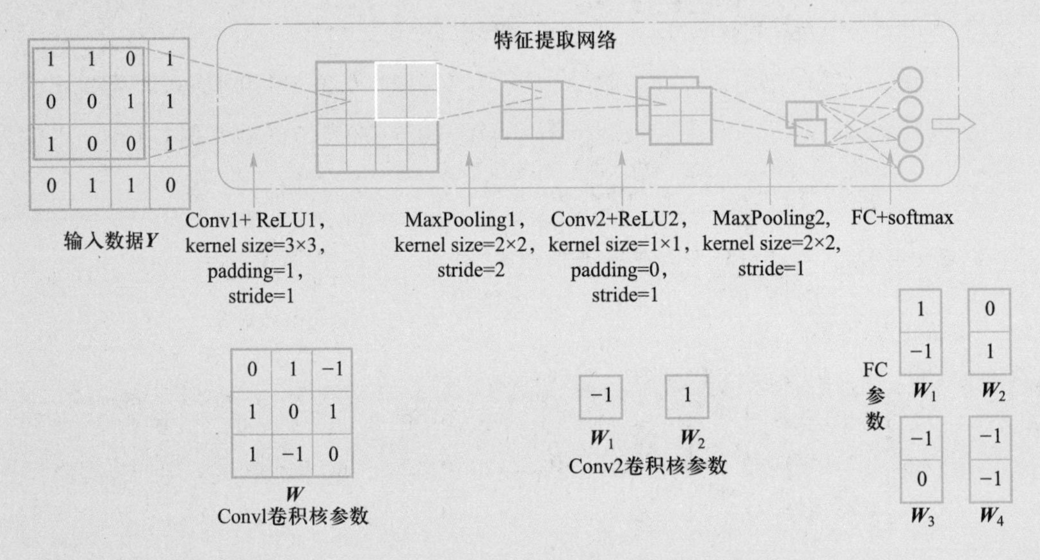

图 5.38 输入数据 $\boldsymbol{Y}$ 与特征提取网络结构及其参数示意图

18. 对于下述数据,请进行 ReLU 操作,其中 ReLU 函数分别为

$$X_{[\cdot,\cdot,1]}=\begin{bmatrix}-2&1&3\\-1&0&4\\4&4&3\end{bmatrix},\quad X_{[\cdot,\cdot,2]}=\begin{bmatrix}2&1&5\\4&4&-2\\1&2&3\end{bmatrix},\quad X_{[\cdot,\cdot,3]}=\begin{bmatrix}-2&-1&-1\\-3&-2&0\\1&3&-2\end{bmatrix}$$

(1) $\mathrm{ReLU}(\boldsymbol{X})=\max(0,\boldsymbol{X})$;

(2) $\mathrm{ReLU}(\boldsymbol{X})=\max(2,\boldsymbol{X})$。

19. 给定输入数据 $\boldsymbol{X}_{m\times n\times d}$,试设计并画出两层全连接网络,使该数据的输出为 $\boldsymbol{Y}_{20\times 1}$。

20. 对于某三分类问题,分类网络对两个样本的输出为

$$\boldsymbol{y}_1=\begin{bmatrix}0.1\\0.2\\0.7\end{bmatrix}\quad \boldsymbol{y}_2=\begin{bmatrix}0.6\\0.2\\0.2\end{bmatrix}$$

对应的真实标签为

$$\hat{\boldsymbol{y}}_1=\begin{bmatrix}0\\0\\1\end{bmatrix}\quad \hat{\boldsymbol{y}}_2=\begin{bmatrix}1\\0\\0\end{bmatrix}$$

试计算该网络输出的交叉熵损失。

21. 对于二分类问题,请写出二元交叉熵损失函数的形式,并解释其表达的意义。

22. (创新思考题)尝试利用深度学习理论,设计一个深度网络用于鉴别虚假人脸。一方面实现虚假人脸的生成,尽可能欺骗识别网络;另一方面设计模型实现虚假人脸的识别,用于判别人脸图像是否由机器生成。(注:人脸图像训练样本可自行采集。)

第5章习题解答

参考文献

[1] LECUN Y, CORTES C,BURGES C. Mnist handwritten digit database[DS]. Atlanta:AT&T Labs,2010,vol. 2.

[2] RUSSELL B C,TORRALBA A,MURPHY K P,et al. LabelMe:a database and web-based tool for image annotation[J]. International journal of computer vision,2008,77(1-3):157-173.

[3] LIN T Y,MAIRE M,BELONGIE S,et al. Microsoft coco:Common objects in context[C]//European Conference on Computer Vision,2014:740-755.

[4] DENG J,DONG W,SOCHER R,et al. Imagenet:a large-scale hierarchical image database [C]//IEEE Conference on Computer Vision and Pattern Recognition,2009:248-255.

[5] LOWE D G. Distinctive image features from scale-invariant keypoints[J]. International journal of computer vision,2004,60(2):91-110.

[6] DALAL N,TRIGGS B. Histograms of oriented gradients for human detection[C]//IEEE Computer Society Conference on Computer Vision and Pattern Recognition,2005,1:886-893.

[7] ROSENBLATT F. The perceptron,a perceiving and recognizing automaton project para[M]. Ithaca:Cornell Aeronautical Laboratory,1957.

[8] RUMELHART D E,HINTON G E,WILLIAMS R J. Learning representations by back-propagating errors[J]. Nature,1986,323(6088):533-536.

[9] CORTES C,VAPNIK V. Support-vector networks[J]. Machine learning,1995,20(3):273-297.

[10] FAHLMAN S E,HINTON G E,SEJNOWSKI T J. Massively parallel architectures for Al:

NETL, thistle, and boltzmann machines[C]//National Conference on Artificial Intelligence, 1983: 109-113.

[11] RUMELHART D E, HINTON G E, WILLIAMS R J. Learning internal representations by error propagation[R]. California: California Univ San Diego La Jolla Inst for Cognitive Science, 1985.

[12] KRIZHEVSKY A, SUTSKEVER I, HINTON G E. Imagenet classification with deep convolutional neural networks[C]//Advances in Neural Information Processing Systems, 2012, 25: 1097-1105.

[13] BENGIO Y, DUCHARME R, VINCENT P, et al. A neural probabilistic language model[J]. Journal of machine learning research, 2003, 3: 1137-1155.

[14] MIKOLOV T, CHEN K, CORRADO G, et al. Efficient estimation of word representations in vector space[C]//International Conference on Learning Representations: Workshops Track, 2013.

[15] CAUCHY A. Méthode générale pour la résolution des systemes d'équations simultanées[J]. Comptes rendus de l'académie des science, 1847, 25(1847): 536-538.

[16] ROBBINS H, MONRO S. A stochastic approximation method[J]. The annals of mathematical statistics, 1951, 22(3): 400-407.

[17] MCCULLOCH W, PITTS W. A logical calculus of the ideas immanent in nervous activity[J]. The bulletin of mathematical biophysics, 1943, 5(4): 115-133.

[18] HAN J, MORAGA C. The influence of the sigmoid function parameters on the speed of backpropagation learning[C]//International Workshop on Artificial Neural Networks, 1995: 195-201.

[19] NAIR V, HINTON G E. Rectified linear units improve restricted boltzmann machines[C]//International Conference on Machine Learning, 2010: 807-814.

[20] GOODFELLOW I, BENGIO Y, COURVILLE A. Deep learning[M]. Cambridge: MIT press, 2016.

[21] KULLBACK S, LEIBLER R A. On information and sufficiency[J]. The annals of mathematical statistics, 1951, 22(1): 79-86.

[22] REICHENBACH H. The theory of probability[M]. Oakland: University of California Press, 1971.

[23] LECUN Y, BOSER B, DENKER J S, et al. Backpropagation applied to handwritten zip code recognition[J]. Neural computation, 1989, 1(4): 541-551.

[24] ZEILER M D, KRISHNAN D, TAYLOR G W, et al. Deconvolutional networks[C]//IEEE Computer Society Conference on Computer Vision and Pattern Recognition, 2010: 2528-2535.

[25] YU F, KOLTUN V. Multi-scale context aggregation by dilated convolutions[C]//International Conference on Learning Representations, 2016.

[26] CHOLLET F. Xception: deep learning with depthwise separable convolutions[C]//IEEE Conference on Computer Vision and Pattern Recognition, 2017: 1251-1258.

[27] YANG B, BENDER G, LE Q V, et al. Condconv: conditionally parameterized convolutions for efficient inference[C]//Advances in Neural Information Processing Systems, 2019, 32.

[28] LEE C Y, GALLAGHER P W, TU Z. Generalizing pooling functions in convolutional neural networks: Mixed, gated, and tree [C]//International Conference on Artificial Intelligence and Statistics, 2016: 464-472.

[29] CLEVERT D A, UNTERTHINER T, HOCHREITER S. Fast and accurate deep network learning by exponential linear units (elus) [C]//International Conference on Learning Representations, 2016.

[30] HE K, ZHANG X, REN S, et al. Spatial pyramid pooling in deep convolutional networks for visual recognition[J]. IEEE transactions on pattern analysis and machine intelligence, 2015, 37(9): 1904-1916.

[31] MAAS A L, HANNUN A Y, NG A Y. Rectifier nonlinearities improve neural network acoustic models[C]//International Conference on Machine Learning, 2013, 30: 3.

[32] HE K, ZHANG X, REN S, et al. Delving deep into rectifiers: surpassing human-level performance on imagenet classification[C]//IEEE International Conference on Computer Vision, 2015: 1026-1034.

[33] VASWANI A, SHAZEER N, PARMAR N, et al. Attention is all you need[C]//Advances in Neural Information Processing Systems, 2017: 5998-6008.

[34] WANG X, GIRSHICK R, GUPTA A, et al. Non-local neural networks[C]//IEEE Conference on Computer Vision and Pattern Recognition, 2018: 7794-7803.

[35] HU J, SHEN L, SUN G. Squeeze-and-excitation networks[C]//IEEE Conference on Computer Vision and Pattern Recognition, 2018: 7132-7141.

[36] XU K, BA J, KIROS R, et al. Show, attend and tell: neural image caption generation with visual attention[C]//International Conference on Machine Learning, 2015: 2048-2057.

[37] WU S, SHAPIRO P, COTTERELL R. Hard non-monotonic attention for character-level transduction[C]//Conference on Empirical Methods in Natural Language Processing, 2018: 4425-4438.

[38] ELSAYED G, KORNBLITH S, LE Q V. Saccader: improving accuracy of hard attention models for vision[C]//Advances in Neural Information Processing Systems, 2019, 32: 702-714.

[39] HOCHREITER S, SCHMIDHUBER J. Long short-term memory[J]. Neural computation, 1997, 9(8): 1735-1780.

[40] SCARSELLI F, GORI M, TSOI A C, et al. The graph neural network model[J]. IEEE transactions on neural networks, 2008, 20(1): 61-80.

[41] NADARAYA E A. On estimating regression[J]. Theory of probability & its applications, 1964, 9(1): 141-142.

[42] WATSON G S. Smooth regression analysis[J]. Sankhyā:the Indian journal of statistics,series A,1964,26(4):359-372.

[43] WOO S,PARK J,LEE J Y,et al. Cbam:convolutional block attention module[C]//European Conference on Computer Vision,2018:3-19.

[44] HAN S,POOL J,TRAN J,et al. Learning both weights and connections for efficient neural network[C]//Advances in Neural Information Processing Systems,2015:1135-1143.

[45] WEN W,WU C,WANG Y,et al. Learning structured sparsity in deep neural networks [C]//Advances in Neural Information Processing Systems,2016:2074-2082.

[46] FARAONE J,FRASER N,BLOTT M,et al. Syq:Learning symmetric quantization for efficient deep neural networks[C]//IEEE Conference on Computer Vision and Pattern Recognition, 2018:4300-4309.

[47] BHALGAT Y,LEE J,NAGEL M,et al. Lsq+:improving low-bit quantization through learnable offsets and better initialization[C]//IEEE Conference on Computer Vision and Pattern Recognition Workshop on Efficient Deep Learning for Computer Vision,2020:696-697.

[48] ZHU X,ZHOU W,LI H. Adaptive layerwise quantization for deep neural network compression[C]//IEEE International Conference on Multimedia and Expo,2018:1-6.

[49] SHEN S,DONG Z,YE J,et al. Q-bert:hessian based ultra low precision quantization of bert[C]//AAAI Conference on Artificial Intelligence,2020,34(05):8815-8821.

[50] JACOB B,KLIGYS S,CHEN B,et al. Quantization and training of neural networks for efficient integer-arithmetic-only inference[C]//IEEE Conference on Computer Vision and Pattern Recognition,2018:2704-2713.

[51] HINTON G,VINYALS O,DEAN J. Distilling the knowledge in a neural network[EB/OL]. [2022-06-27]. arXiv preprint arXiv:1503.02531.

[52] HINTON G E, SALAKHUTDINOV R R. Reducing the dimensionality of data with neural networks[J]. Science, 2006, 313(5786): 504-507.

[53] MIKOLOV T, SUTSKEVER I, CHEN K, et al. Distributed representations of words and phrases and their compositionality[C]//Advances in Neural Information Processing Systems, 2013: 26.

第 6 章

网络优化与经典的深度卷积神经网络模型

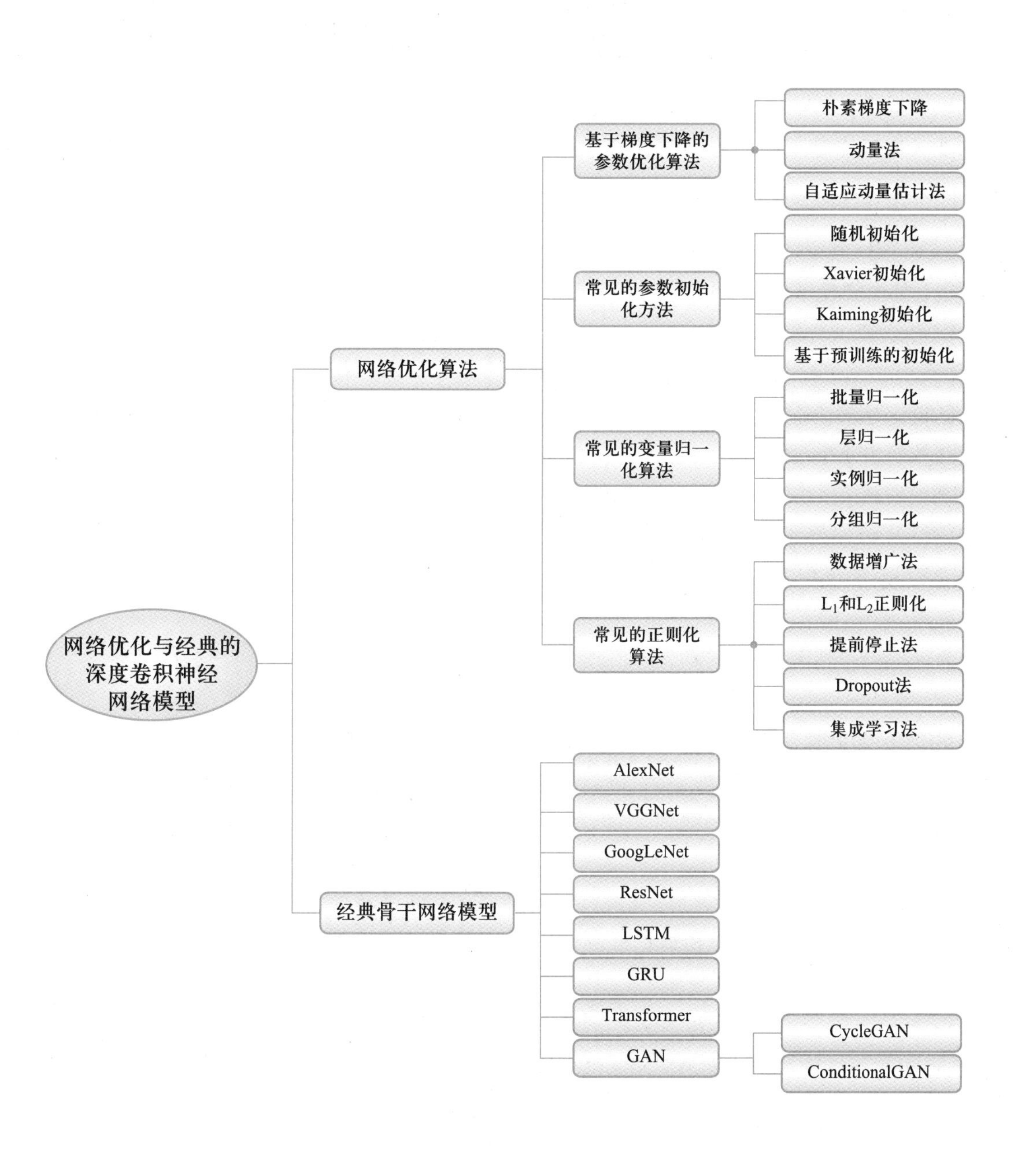

上一章介绍了深度学习的基本概念,以及深度神经网络的基本组成单元。我们对深度学习网络有了基本的认识。那么如何获得一个最优的深度网络模型呢?本章将进一步介绍深度神经网络模型的参数优化和更新方法,从而获取最佳的网络模型,同时简要介绍一些经典的骨干网络模型。

第6章课件

6.1 网络优化算法

当给定训练样本后,深度神经网络的学习需要解决以下两个关键问题:① 参数的优化问题,即如何稳定、快速地求解出使损失函数最小化的网络参数;② 模型的泛化问题,即如何在网络参数学习过程中,避免对训练数据的过拟合。

6.1.1 基于梯度下降的参数优化算法

对于连续可微的损失函数,梯度下降是深度神经网络训练中最广泛采用的优化算法之一,具有各种变体,优缺点各异。下面将逐一进行介绍。

一、朴素梯度下降

算法介绍:令 $J(\boldsymbol{w})$ 表示深度神经网络的损失函数,其中 $\boldsymbol{w}$ 为该网络的参数。朴素梯度下降算法(vanilla gradient descent)[1]的目标是在参数空间中构建连续的参数序列 $\boldsymbol{w}_1,\boldsymbol{w}_2,\cdots$,从而使损失函数满足单调下降 $J(\boldsymbol{w}_{t+1})<J(\boldsymbol{w}_t)$,其中 t 表示迭代次数。通过迭代更新参数 $\boldsymbol{w}_t$,便可获得损失函数的极小值。

算法策略:由于损失函数在梯度方向增长的速率最快,因此沿着梯度反方向更新参数,便能够以最快的速度使损失函数逼近极小值。令∇表示梯度算子,$\boldsymbol{g}_t$ 表示损失函数在第 t 步迭代对参数 $\boldsymbol{w}_t$ 的梯度,即

$$\boldsymbol{g}_t=\nabla J_w(\boldsymbol{w}_t) \tag{6.1}$$

则参数 $\boldsymbol{w}_{t+1}$的迭代更新公式为

$$\boldsymbol{w}_{t+1}=\boldsymbol{w}_t-\eta\boldsymbol{g}_t \tag{6.2}$$

其中,$\eta\geqslant 0$,表示学习率,用以控制参数沿梯度反方向更新的幅度。当 η 取值较大时,更新步长大,易导致收敛过程中剧烈振荡,难以收敛。当 η 取值变小时,会导致收敛速度变慢。参数更新的终止条件通常采用两种,即损失函数的收敛性($|J(\boldsymbol{w}_t)-J(\boldsymbol{w}_{t+1})|<\alpha$)和最大迭代步数($t>T$)。

需要注意的是,损失函数的计算需要考虑训练样本的选择方式。假设全部训练样本数目为 n,将其中 m 个训练样本的平均损失表示为

$$J(\boldsymbol{w})=\frac{1}{m}\sum_{i=0}^{m}\mathcal{L}(y_i,\hat{y}_i) \tag{6.3}$$

其中,$\hat{y}_i$ 表示深度神经网络模型对第 i 个样本的预测值,y_i 表示真实值,$\mathcal{L}$ 表示两个变量之间的

距离测度。当 $m=n$ 时,称上述朴素梯度下降法为批量梯度下降(batch gradient descent,BGD)。当 $1<m<n$ 时,可每次随机采样 m 个样本构成训练子集,并称该方法为小批量梯度下降(mini-batch gradient descent,MBGD)。当 $m=1$ 时,每次梯度更新均通过随机采样一个训练样本来计算得到,称该方法为随机梯度下降(stochastic gradient descent,SGD)。

优点:批量梯度下降(BGD)算法的收敛稳定性高,随机梯度下降(SGD)的计算速度快,小批量梯度下降(MBGD)能够在计算效率和收敛稳定性方面取得较好的权衡。

缺点:批量梯度下降(BGD)计算效率低,收敛速度慢,易陷入局部极小值。随机梯度下降(SGD)每次迭代仅随机采样一个样本,其损失与训练样本的全局平均损失差异可能较大,从而导致收敛性较差。如图 6.1 所示,基于随机梯度下降(SGD)的参数更新,可能造成全体训练样本平均损失的上下振荡。

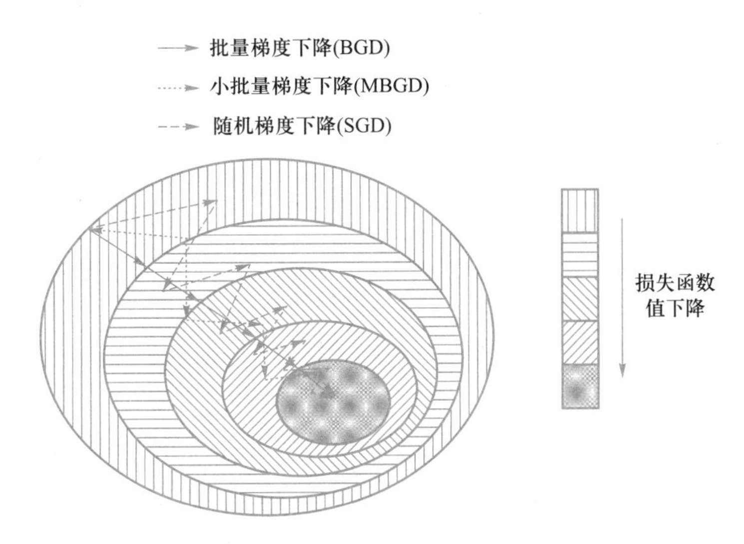

图 6.1　SGD 带来的噪声扰动表现

二、动量法

算法介绍:朴素梯度下降法参数的迭代更新仅考虑了当前梯度方向,在处理类似峡谷状的曲面时损失函数振荡极易加剧。如图 6.2 所示,损失函数曲面从 A 到 B 缓慢降低,但从 CD 两侧到中心狭长谷底则快速下降。相对于位于峡谷两侧的起始点,损失函数的最低点应在峡谷 B 侧中心的凹地。但对于起始点,CD 到弧面中心线方向比 AB 方向更加陡峭,故梯度更新后,参数优先向峡谷对侧运动,仅缓慢向 B 侧中心凹地运动。同样,当到达峡谷另一侧后,梯度向对侧的更新速度依然快于 B 侧谷底方向。为解决上述问题,动量法(momentum)[2]模拟运动物体的动量定理,要求梯度下降具有保持原有运动方向的趋势,从而加速收敛。

算法策略:动量法在当前参数更新时,会考虑以往梯度的方向,具体更新公式为

$$\boldsymbol{v}_{t+1}=\beta v_t-\eta \boldsymbol{g}_t, \quad \boldsymbol{w}_{t+1}=\boldsymbol{w}_t+\boldsymbol{v}_{t+1} \tag{6.4}$$

其中,$\boldsymbol{v}_{t+1}$ 为本次参数更新的累计速度,且 $\boldsymbol{v}_0=0$。$-\eta \boldsymbol{g}_t$ 则为朴素梯度下降的更新步长。β 为调节历史速度累积的权重,通常取 0.9。

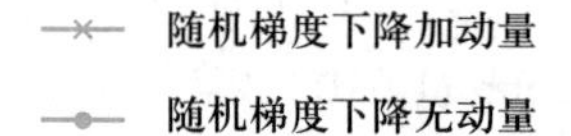

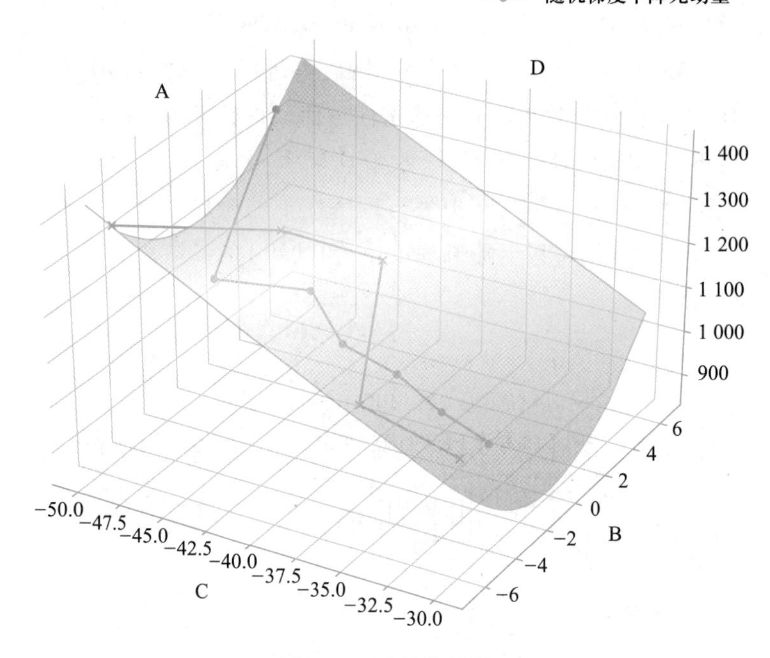

图 6.2 动量的效果

将式(6.4)进行化简,可得到

$$\boldsymbol{w}_{t+1}=\boldsymbol{w}_t-\eta\sum_{i=0}^{t}\beta^{t-i}\boldsymbol{g}_i \tag{6.5}$$

可见,当前参数的更新受到所有历史梯度的影响,且离当前时刻越近,影响越大。通过上述方法,方向一致的历史梯度分量可得到加强,而方向相反的历史梯度分量将减弱。

优点:动量的引入能够在梯度下降过程中抑制振荡,加速收敛。

缺点:历史梯度的累积放大了学习率的影响,为学习率的有效设置带来了更大困难。

三、自适应动量估计法

算法介绍:深度神经网络的参数往往为高维向量。朴素梯度下降以及动量法,均采用全局统一的学习率对参数向量中不同的元素进行迭代更新,无法满足不同的更新速率需求。自适应动量估计法(adaptive moment estimation, Adam)[3]在继承了动量法优势的同时,利用参数向量各元素历史梯度的二阶矩估计变化速率。二阶矩越大表示该元素更新越频繁,应降低更新步长,反之则应增加。

算法策略:Adam 算法[3]同时计算模型参数历史梯度的一阶矩 $\boldsymbol{s}_t$ 和二阶矩 $\boldsymbol{q}_t$。其中,$\boldsymbol{s}_t$ 用于调整参数更新方向,$\boldsymbol{q}_t$ 用于调整参数更新速率。结合该一阶矩和二阶矩的参数更新公式为

$$
\begin{cases}
s_t = \beta_1 s_{t-1} + (1-\beta_1) g_t \\
q_t = \beta_2 q_{t-1} + (1-\beta_2) g_t^2 \\
\hat{s}_t = \dfrac{s_t}{1-\beta_1^t} \\
\hat{q}_t = \dfrac{q_t}{1-\beta_2^t} \\
w_{t+1} = w_t - \dfrac{\eta}{\sqrt{\hat{q}_t} + \epsilon} \hat{s}_t
\end{cases}
\tag{6.6}
$$

其中,$g_t^2 = g_t \odot g_t$,表示梯度向量 g_t 对应元素相乘。$\hat{s}_t$ 和 $\hat{q}_t$ 分别表示一阶矩和二阶矩估计的修正项,以满足$\mathbb{E}(\hat{s}_t) = \mathbb{E}(g_t)$和$\mathbb{E}(\hat{q}_t) = \mathbb{E}(g_t^2)$。$\beta_1$ 和 β_2 通常取 0.9 和 0.999,分别表示一阶矩和二阶矩估计的权重参数,用于平衡当前梯度与历史梯度的重要性。ϵ 为较小的常数,以防止分母为 0。

优点:计算高效,内存占用少,能有效处理稀疏的高维梯度向量,参数更新更加平稳。

缺点:Adam 算法的更新速率可能在不同迭代过程中剧烈振荡,从而导致无法收敛[4]或错过全局最优解[5]。

6.1.2 常见的参数初始化方法

回顾第 5 章的多层神经网络,其前向传播神经元输出与反向传播梯度计算均需要多层网络参数的累乘。因此,合理的参数初始化有助于避免神经元梯度的消失或爆炸,对提升训练收敛的速度,并获得最优解具有至关重要的作用。下面将对几种代表性的网络参数初始化方法做简要介绍。

一、随机初始化

随机初始化是一种比较直接和简单的网络参数初始化方法,通常假设最优参数满足某种特定分布。其中,广泛采用的最优分布假设为高斯分布和均匀分布。通过手工设定高斯分布的均值、方差或均匀分布的最小值、最大值,算法会利用指定分布中随机抽取的数值初始化网络参数。

随机初始化方法的性能依赖于设定的分布参数,但数据和任务的多样性会导致其对手工设置的参数高度敏感,故稳定性差。因此这种方法往往被应用于浅层神经网络的初始化。

二、Xavier 初始化

对于深层神经网络,由于多层参数累乘的放大效应,太小的初始化参数易导致神经元梯度消失,反之,则易造成上述项的爆炸。为了解决这一问题,Xavier 方法[6]对网络每层初始化参数的影响进行约束。在初始化参数给定的情况下,网络层在前向传播和反向传播过程中,输入项与输出项的方差要求保持一致。该约束通过限制神经元响应的动态范围,来抑制参数累乘造成

的放大效应,从而保证网络每层参数的初始化值在恰当范围内。满足该约束条件的数值可从如下均匀分布中随机采样获得,即

$$\boldsymbol{w} \sim U\left(-\sqrt{\frac{6}{c_{\text{in}}+c_{\text{out}}}}, \sqrt{\frac{6}{c_{\text{in}}+c_{\text{out}}}}\right) \tag{6.7}$$

其中,c_{in}和 c_{out}分别表示当前层所连接的输入与输出神经元的数目。具体的推导证明可以参见本章参考文献[6]。

需要指出的是,Xavier 初始化方法的推导假设网络采用线性激活函数,且神经元响应值是基于0对称的。故该方法往往与 tanh 激活函数联合使用,对 ReLU 与 Sigmoid 激活函数构建的网络则表现欠佳。

三、Kaiming 初始化

针对 ReLU 激活函数造成的负值响应抑制,Kaiming 初始化方法[7]假设 ReLU 的输入以及网络参数满足以0为均值的对称分布,则 ReLU 输入的二阶矩可以表示为前层输出方差的1/2。基于此,通过 Xavier 方法中输入与输出方差一致约束的简单变形,可推导出适用于 ReLU 激活函数的参数初始化方法。具体地,满足上述约束的数值可从如下均匀分布中随机采样获得,即

$$\boldsymbol{w} \sim U\left(-\sqrt{\frac{6}{c_{\text{in}}}}, \sqrt{\frac{6}{c_{\text{in}}}}\right) \tag{6.8}$$

其中,c_{in}表示当前层与输入连接的神经元数目。目前,Kaiming 初始化方法也是应用非常广泛的初始化方法之一。

四、基于预训练的初始化

深层神经网络的参数量庞大,利用上述引入各类约束的随机初始化方法训练网络,需要巨大的训练数据规模以及计算资源,等待网络参数收敛的时间也较长。为此,可构建通用的骨干网络(backbone network,详见6.2节),并在现有的大规模数据集(如 ImageNet[8])上进行预训练。其中,骨干网络预训练仍采用上述几种参数初始化方法。待模型收敛后,便可以将其参数用于后续新任务的初始化。

由于预训练模型的数据规模大,多样性强,基于预训练的初始化方法往往具有较好的泛化性能,且收敛速度快。当新任务数据的分布与预训练数据相似时,借助新任务提供的少量训练数据微调(finetune)模型参数,便可实现深层神经网络训练的快速收敛。

6.1.3 常见的变量归一化算法

尽管经过了精心的参数初始化,深层神经网络的训练依然面临数据多样性带来的巨大挑战。以图像数据为例,受到采集设备(可见光传感器、红外传感器、微波传感器等)、成像环境(光照、反射、电磁干扰等)等因素的影响,不同图像的动态范围与分布不尽相同。归一化是指通过算法将不同来源的数据统一在指定的区间范围内,如[0,1]或者[-1,1],或者服从 $N\sim(0,1)$的

标准正态分布。通过将数据归一化处理,能够有效地避免奇异样本数据(即相比其他样本数据值较大或较小)以及网络优化过程带来的梯度消失等问题,进一步提高网络模型的收敛速度以及精度。目前,机器学习中最常见的数据预处理的归一化方法是最小最大值归一化(min-max normalization)和零均值归一化(zero-mean normalization)。

最小最大值归一化是一种线性归一化方法,将原始的数据映射到[0,1]之间。假设有 n 个样本 $X=\{x_1,x_2,\cdots,x_n\}$,对于每一个样本 x_i,归一化后的值 $\bar{x}_i$ 被计算为

$$\bar{x}_i=\frac{x_i-\min(X)}{\max(X)-\min(X)} \tag{6.9}$$

零均值归一化是另一种常用的线性归一化方法,将原始的数据映射到一个服从 $N\sim(0,1)$ 的标准正态分布。假设有 n 个样本 $X=\{x_1,x_2,\cdots,x_n\}$,对于每一个样本 x_i,根据样本的均值和方差,归一化后的值 $\bar{x}_i$ 被计算为

$$\bar{x}_i=\frac{x_i-\mu}{\sigma} \tag{6.10}$$

$$\mu=\frac{1}{n}\sum_{i=1}^{n}x_i \tag{6.11}$$

$$\sigma^2=\frac{1}{n}\sum_{i=1}^{n}(x_i-\mu)^2 \tag{6.12}$$

另外,在训练深度神经网络时,存在内部协变量漂移(internal covariate shift)现象。具体表现为随着训练轮数的递增,前一层参数的更新,会导致输出分布剧烈变化,从而使得当前层参数的反向传播梯度变化剧烈,收敛困难。为了有效缓解特征谱中出现该问题,研究者在神经网络中间引入归一化层,从而使网络获得更平滑的梯度、更快的收敛速度以及更好的泛化精度。归一化是神经网络中必不可少的一环,通常放在卷积层和激活函数之间。目前,批量归一化(batch normalization)[11]、层归一化(layer normalization)[9]、实例归一化(instance normalization)[10]以及分组归一化(group normalization)[12]等都是神经网络中常见的逐层归一化方法。这四种归一化方式一般都采用了标准归一化法,即先计算输入的均值和方差,然后将原始输入归一化到标准正态分布,如图 6.3 所示。

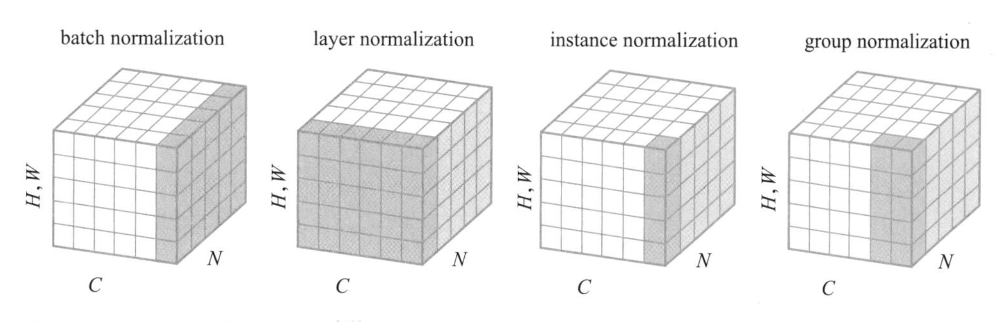

图 6.3 四种归一化算法对比图[12],这里 N 表示样本个数,C、H、W 分别表示通道数、高度以及宽度

一、批量归一化

批量归一化(batch normalization,BN)方法[11]由 Google 在 2015 年提出,是指对输入的每一批数据(batch)归一化,可表示为某一通道的一组样本归一化。在卷积神经网络中,假设某一层的输入特征谱为 $\boldsymbol{X}$,维度大小为 $N\times C\times H\times W$,其中 N 表示包含的样本个数,C、H、W 分别表示每个样本的通道数、高度以及宽度。批量归一化方法沿着通道 C 计算每一个 batch 中 N 个样本的均值、方差,然后基于均值和方差对样本缩放到统一的分布。

$$\text{均值}:\mu_c(\boldsymbol{X})=\frac{1}{NHW}\sum_{n=1}^{N}\sum_{h=1}^{H}\sum_{w=1}^{W}x_{n,c,h,w} \tag{6.13}$$

$$\text{方差}:\sigma_c^2(\boldsymbol{X})=\frac{1}{NHW}\sum_{n=1}^{N}\sum_{h=1}^{H}\sum_{w=1}^{W}(x_{n,c,h,w}-\mu_c(\boldsymbol{X}))^2+\epsilon \tag{6.14}$$

$$\text{归一化}:\bar{\boldsymbol{X}}_i=\frac{\boldsymbol{X}_i-\mu_i}{\sigma_i} \tag{6.15}$$

$$\text{缩放和平移变换}:BN_{\gamma,\beta}(\boldsymbol{X}_i)\overset{\text{def}}{=\!=\!=}\boldsymbol{Y}_i=\gamma\bar{\boldsymbol{X}}_i+\beta \tag{6.16}$$

其中,$\boldsymbol{X}_i$ 表示第 i 个通道的特征,维度大小为 $N\times H\times W$。ϵ 是一个固定的极小正值,用来避免分母为 0。γ 和 β 分别代表可学习的缩放和平移的参数,可以自动调整并保证被改变的输入能够还原成原始的输入分布,从而确保网络的表示能力不因归一化而下降,进而提升模型的泛化能力,同时增强神经网络的非线性。此外,样本数越多,即 batch 的大小越大,则数据分布越具有全局代表性,网络训练效果也会越好。

二、层归一化

如图 6.3 所示,层归一化(layer normalization,LN)方法[9]是指对每个样本,依据所有层单独进行归一化,可表示为所有通道的单个样本归一化。原因是批量归一化通常受到每个批量样本数目大小的影响,而过少的样本很难反映全局的统计性。然而在实际应用中经常面临样本数较少的情况,比如存储空间容量限制或者在线学习等。另外,对于循环神经网络,通常输入分布是动态变化的,批量归一化不再适用。层归一化方法则摆脱了批量归一化的这些缺点,不需要考虑样本数目大小,而是在每个样本内部对所有层神经元计算均值和方差,通常被应用在循环神经网络中。由于这几种常用的归一化方式均采用了标准归一化方法,因此,下面主要介绍均值和方差的计算区别,即

$$\text{均值}:\mu_n(\boldsymbol{X})=\frac{1}{CHW}\sum_{c=1}^{C}\sum_{h=1}^{H}\sum_{w=1}^{W}x_{n,c,h,w} \tag{6.17}$$

$$\text{方差}:\sigma_n^2(\boldsymbol{X})=\frac{1}{CHW}\sum_{c=1}^{C}\sum_{h=1}^{H}\sum_{w=1}^{W}(x_{n,c,h,w}-\mu_n(\boldsymbol{X}))^2+\epsilon \tag{6.18}$$

三、实例归一化

如图 6.3 所示,实例归一化(instance normalization,IN)方法[10]是指对每个样本特征的单个通道归一化,可表示为单个通道的单个样本归一化,即

$$均值:\mu_{nc}(\boldsymbol{X})=\frac{1}{HW}\sum_{h=1}^{H}\sum_{w=1}^{W}x_{n,c,h,w} \tag{6.19}$$

$$方差:\sigma_{nc}^{2}(\boldsymbol{X})=\frac{1}{HW}\sum_{h=1}^{H}\sum_{w=1}^{W}(x_{n,c,h,w}-\mu_{nc}(\boldsymbol{X}))^{2}+\epsilon \tag{6.20}$$

因为不受样本数目 N 和通道数目 C 的影响,实例归一化应用范围更广。例如,在图像风格迁移(比如把自然场景图像变换到油画风格的图像)任务中,直接计算所有通道的均值和方差会影响最终生成的图像效果。实例归一化则去除了通道间的归一化,可以有效应用于这类任务。

四、分组归一化

分组归一化(group normalization,GN)方法[12]是指将每个样本特征的通道数分为 G 组,对每组的通道之间的神经元归一化,可表示为一组通道的单个样本归一化,它介于层归一化和实例归一化之间,如图 6.3 所示。在组的数目等于通道数这种极端条件时,GN 与 IN 是相同的,当组的数目等于 1 时,GN 与 LN 是相同的。对于每个样本的 C 个通道,将其分成 G 组,则每组有 C/G 个通道,然后对每组内的这些通道的神经元计算均值和方差,不同组间独立地归一化。组归一化通常适用于显存占用较大的任务,如图像分割、目标检测、视频分类等。这些任务通常只能设置每一批次的样本数为个位数,从而使得批量归一化表现较差,而组归一化一定程度上可以替代批量归一化,对于不同大小批次都能取得很好的效果。

$$均值:\mu_{ng}(\boldsymbol{X})=\frac{1}{(C/G)HW}\sum_{c=gC/G}^{(g+1)C/G}\sum_{h=1}^{H}\sum_{w=1}^{W}x_{n,c,h,w} \tag{6.21}$$

$$方差:\sigma_{ng}{}^{2}(\boldsymbol{X})=\frac{1}{(C/G)HW}\sum_{c=gC/G}^{(g+1)C/G}\sum_{h=1}^{H}\sum_{w=1}^{W}(x_{n,c,h,w}-\mu_{ng}(\boldsymbol{X}))^{2}+\epsilon \tag{6.22}$$

6.1.4 常见的正则化算法

如图 6.4 所示,图(a)中目标函数完美匹配拟合所有的训练样本,但在测试集性能可能表现并不理想,这种情况被称为过拟合(overfitting)。造成这种情况的原因是训练样本太少或单一,或者模型复杂度较高。对训练样本“死记硬背”,仅学习了当前数据样本的分布特性,并将此特性当作所有样本的共性,导致模型泛化能力差。而图(b)中网络拟合出的目标函数无法满足训练样本,误差较大,这种情况被称为欠拟合(underfitting)。这种情况通常在网络模型结构过于简单或者网络刚开始训练时出现,进而表现为学习能力不足。可以通过增加网络复杂度或参数以及增加训练时间来改善这一问题。图(c)中目标函数刚好拟合训练样本,误差较小。在深度学习中,由于神经网络强大的拟合能力,过拟合是一个十分常见的问题。目前,主要利用正则化算法来避免网络过拟合,减少测试误差,从而保证模型的泛化能力。常见的正则化算法有数据增广法、L_1 和 L_2 正则化、提前停止法、Dropout 法[13]、集成学习法等。下面将对上述方法进行具体介绍。

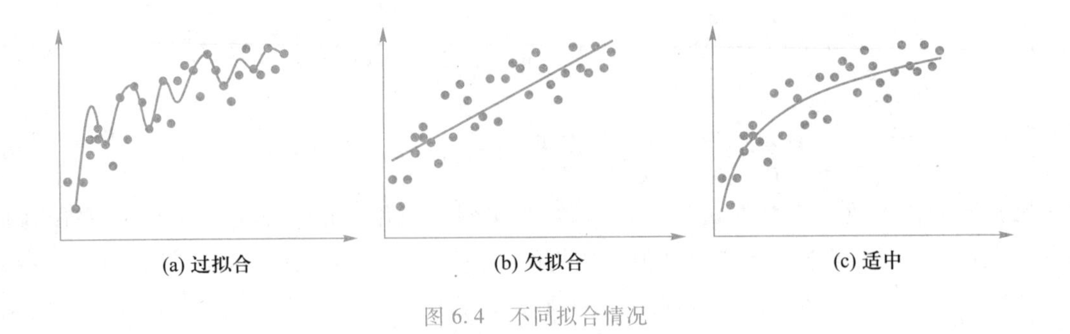

图 6.4 不同拟合情况

一、数据增广法

使用大量的数据训练是提升网络模型泛化能力的有效方法。然而,在实践中,由于人工标注数据耗时长,很难获得更多的训练数据。因此,人们考虑利用数据增广法,通过对原始数据的变换来扩充原始的数据集,增加训练数据量,从而避免过拟合。目前,数据增广法被广泛应用在图像识别任务中,常用的增广方法有图像旋转、水平或垂直翻转、平移、缩放、裁剪、色彩变换、噪声扰动等。

二、L_1 和 L_2 正则化

L_1 和 L_2 正则化是目前最常用的正则化方法。依据奥卡姆剃刀原理,在代价函数中加入参数惩罚项 $\Omega(\boldsymbol{w})$ 来对过大的参数进行约束,避免模型过度拟合训练数据。

$$\bar{J}(\boldsymbol{w},\boldsymbol{b})=J(\boldsymbol{w},\boldsymbol{b})+\lambda\Omega(\boldsymbol{w}) \tag{6.23}$$

其中,$J(\boldsymbol{w},\boldsymbol{b})$ 为原始的代价函数,$\boldsymbol{w}$ 和 $\boldsymbol{b}$ 分别对应神经网络中的参数权值和偏置,λ 表示正则化系数。这里,由于偏置 $\boldsymbol{b}$ 对网络的影响并不大,因此,式(6.23)不对 $\boldsymbol{b}$ 做约束。通过改变惩罚项 $\Omega(\boldsymbol{w})$ 为 L_1 和 L_2 范数来分别表示 L_1 和 L_2 正则化

$$L_1\ 正则项:\Omega(\boldsymbol{w})=\|\boldsymbol{w}\|_1=\sum_i|\boldsymbol{w}_i| \tag{6.24}$$

$$L_2\ 正则项:\Omega(\boldsymbol{w})=\|\boldsymbol{w}\|_2^2=\sum_i\boldsymbol{w}_i^2 \tag{6.25}$$

可以看出,L_1 和 L_2 正则化的目的是约束所有权值参数的绝对值或平方之和,这使得 L_1 和 L_2 会更趋向于增加网络参数的稀疏性,达到特征选择和抑制过拟合的功能。在实践中,除了压缩模型外,其他情况优先选择 L_2 正则化。此外,也有一些研究者同时加入 L_1 和 L_2 正则化,即弹性网络正则化,结合两者优点共同约束权值参数。

三、提前停止法

提前停止法是指在训练集收敛前提前停止训练,是一种简单且有效的正则化方法。一般情况下,在每个 epoch(指完成一次全部数据训练)结束后,也就是数据库中所有数据训练一轮之后,在测试验证集时,如果验证集的精度连续几个 epoch 不再提升,此时便可以停止迭代。

四、Dropout 法

通常深度学习模型中参数较多,尤其是全连接层需要连接所有神经元。为避免训练时模型

的过拟合,一种有效的方法是在全连接层后引入“Dropout”[13]。该方法采用以 p 的概率对隐藏层中神经元进行随机激活或设置输出为 0。输出设置为 0 的神经元不参与网络的前向传播,也不参与反向传播。所以每次输入时,Dropout 的随机性会导致神经网络都采用不同的结构。Dropout 方法会减少神经元之间的相互关联,降低网络复杂度,迫使这些神经元学习更鲁棒的特征,从而提高模型的泛化能力。图 6.5 展示了 Dropout 在神经网络中的示意图。

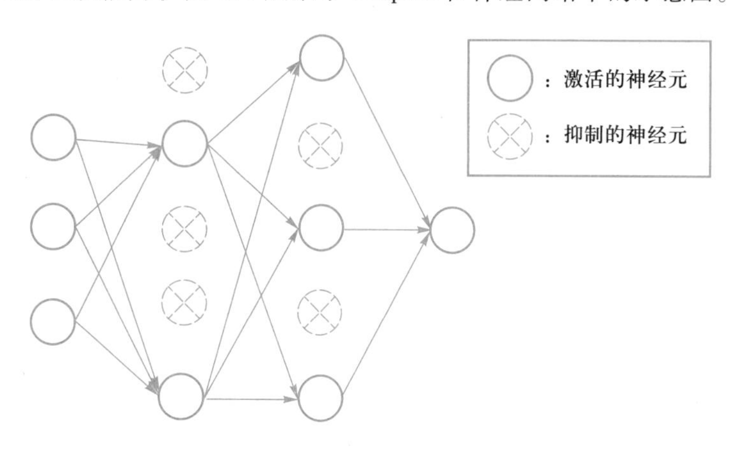

图 6.5 Dropout 在神经网络中的示意图

五、集成学习法

除了上述正则化方法以外,也可以通过集成学习的方法避免网络过拟合,即结合多个模型降低泛化误差。本书第 3 章已经介绍了几种常见的机器学习集成方法,比如 Adaboost 算法[14]和随机森林[15],其中 Adaboost 算法属于 Boosting 技术,即通过集成多个模型来提升网络的容量,增强分类能力。随机森林属于 Bagging 技术,即通过在原始数据集有放回地随机抽样选出 n 个不同的数据集,利用这些数据集分别训练 n 个神经网络模型,然后使用加权法或者投票法对这 n 个模型的输出进行表决,并最终输出结果。在深度学习正则化中,通常使用 Bagging 的思想进行正则化。由于神经网络模型通常规模较大,故通常集成的模型个数 n 为 5~10 个,不宜设置太多。

6.2 经典骨干网络模型

前面介绍了位于神经网络中常见的层,而卷积神经网络 CNN 最常见的结构形式是将不同的卷积层、池化层、激活函数层、全连接层组合起来。一般情况下,卷积层和激活函数层组合在一起,结合池化层,并重复堆叠,直至得到尺寸足够小的特征谱,也就是足够高级的语义信息。在分类任务中,会采用全连接层作为最终语义信息和输出之前的过渡层。最常见的卷积神经网络结构为

$$Input \rightarrow [(Conv \rightarrow ReLU)^{n} \rightarrow Pool]^{m} \rightarrow (FC \rightarrow ReLU)^{k} \rightarrow FC \qquad (6.26)$$

其中，n、m、k 表示堆叠层数。

下面以经典的卷积神经网络结构，具体理解式(6.26)在实际网络中的应用。

6.2.1 AlexNet

AlexNet[16]是深度卷积网络兴起时较早的代表性网络模型，其被提出后在深度学习发展史上产生了深远的影响。AlexNet 网络结构的设计采用了很多较新的层结构：① 使用了 ReLU 非线性激活函数加速网络训练的收敛；② 提出了 Dropout 对数据进行处理并使用交叠池化层以防止训练过拟合；③ 使用了 GPU 并行训练。该网络获得了 2012 年的 ImageNet 大规模图像识别挑战赛(ImageNet large scale visual recognition challenge，ILSVRC)的冠军，测试指标远远领先于第二名，且 AlexNet 与传统方法相比具有较大的性能优势和发展空间，开启了深度学习研究的热潮。

如图 6.6 所示，AlexNet 由 8 个可学习层组成，即 5 个卷积层和 3 个全连接层。此外，AlexNet 采用了两种数据增广的方式对输入数据进行处理：① 通过对图像进行裁剪和水平镜像处理，将像素维度为 256×256 的图像随机裁剪得到维度为 224×224 的子图，并通过水平镜像增强了数据集的多样性；② 改变输入图像的 RGB 通道强度，对所有图像的 RGB 像素值进行主成分分析，以一定比例对每一张训练图像添加多个生成的主成分。下面具体介绍各个层。

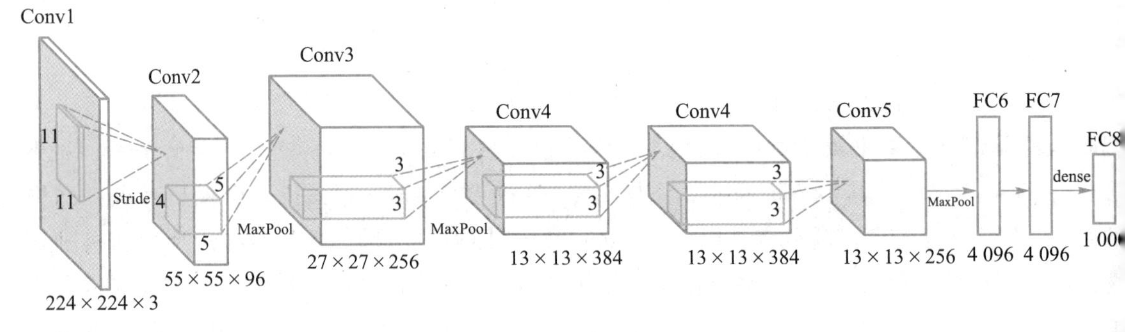

图 6.6 AlexNet 结构图

Conv1：

卷积：输入 224×224×3 的子图，利用(11×11×3)×96 的卷积核进行特征提取，此处步长为 4，输出维度为 55×55×96 的特征谱$\left(\left\lfloor \dfrac{224-11+4}{4}+1 \right\rfloor = 55\right)$。

最大池化：利用 1 个池化核大小为 3×3、步长为 2 的最大池化层对特征谱进行降维，得到维度为 27×27×96 的输出特征谱$\left(\dfrac{55-3}{2}+1=27\right)$。

归一化：为局部响应归一化层，输出维度为 27×27×96 的特征谱。

Conv2：

卷积：利用(5×5×96)×256 的卷积核对输入图像进行特征提取，步长为 1，输出维度为 27×27×256 的特征谱$\left(\dfrac{27-5+4}{1}+1=27\right)$。

最大池化:利用 1 个池化核大小为 3×3、步长为 2 的最大池化层对特征谱进行降维,得到维度为 13×13×256 的输出特征谱$\left(\frac{27-3}{2}+1=13\right)$。

归一化:为局部响应归一化层,输出维度为 13×13×256 的特征谱。

Conv3:

卷积:利用(3×3×256)×384 的 1 个卷积核对输入图像进行特征提取,步长为 1,最后输出维度为 13×13×384 的特征谱$\left(\frac{13-3+2}{1}+1=13\right)$。

Conv4:

卷积:利用(3×3×384)×384 的 2 个卷积核对输入图像进行特征提取,步长为 1,最后输出维度为 13×13×384 的特征谱$\left(\frac{13-3+2}{1}+1=13\right)$。

Conv5:

卷积:利用(3×3×384)×256 的卷积核对输入图像进行特征提取,步长为 1,最后输出维度为 13×13×256 的特征谱$\left(\frac{13-3+2}{1}+1=13\right)$。

最大池化:利用 1 个池化核大小为 3×3、步长为 2 的最大池化层对特征谱进行降维,输出维度为 6×6×256 的特征谱$\left(\frac{13-3}{2}+1=6\right)$。

FC6:

全连接:将输入维度为 6×6×256 的特征谱进行扁平化处理,得到维度为 1×9 216 的特征谱,利用 1 个 9 216×4 096 的权重矩阵构造全连接层,最终输出维度为 1×4 096 的特征谱。

Dropout:在训练阶段以 0.5 的概率使得隐藏层的某些神经元失活,输出维度为 1×4 096 的特征谱。

FC7:

全连接:利用 1 个 4 096×4 096 的矩阵构造全连接层,输入维度为 1×4 096 的特征谱,输出维度为 1×4 096 的特征谱。

Dropout:在训练阶段以 0.5 的概率使得隐藏层的某些神经元失活,输出维度为 1×4 096 的特征谱。

FC8:

全连接:由于最终的分类类别数为 1 000,因此利用 1 个 4 096×1 000 的矩阵构造全连接层,输入维度为 1×4 096 的特征谱,输出维度为 1×1 000 的分类结果。

6.2.2 VGGNet

VGGNet[17]在深度卷积神经网络的发展历史上也起到了十分重要的作用。VGGNet 是基于

AlexNet 发展而来的,在 2014 年的 ImageNet 大规模图像识别挑战赛(简写为 ILSVRC2014)中取得了第二名的成绩。它的网络结构由一系列的 3×3 的卷积层和 2×2 的池化层构成。最佳表现的 VGGNet 由 5 个阶段(stage)组成,共包含 16 个卷积层和全连接层,也就是现在的 VGG16。由于 VGGNet 的第一个全连接层参数较多,因此 VGGNet 的不足之处就是它的计算消耗较大,参数过多,从而对内存有较高要求。

图 6.7 给出了不同的 VGGNet 的内部结构。VGGNet 相较于其他网络的创新之处在于在第一个卷积层上使用了更小的卷积核,采用连续的多个 3×3 的小卷积核代替 AlexNet 中的较大卷积核。验证表明多个小卷积核的连续处理能够获得与大卷积核相同的感受野,同时降低了参数的数量。比如对于一个 C 通道的输入特征谱进行卷积生成通道数为 C 的特征谱,如果利用 7×7 的卷积核,将产生 $7\times7\times C^2$ 个参数,但是如果利用 3×3 的卷积核进行 3 次卷积操作,能够实现相同感受野的同时,其参数只有 $3\times3\times3\times C^2$,极大程度地缓解了大卷积核带来的参数过多的问题。此外,VGGNet 还通过增加卷积网络的深度实现了性能的提升。但是,值得注意的是,在梯度反向传播时,多层的卷积结构会带来更多的内存占用。

VGGNet网络参数							
可学习层	输出尺寸	A	A-LRN	B	C	D	E
stage1	112×112	[3×3, 64]	[3×3, 64] LRN	[3×3, 64] [3×3, 64]	[3×3, 64] [3×3, 64]	[3×3, 64] [3×3, 64]	[3×3, 64] [3×3, 64]
stage2	56×56	[3×3, 128]	[3×3, 128]	[3×3, 128] [3×3, 128]	[3×3, 128] [3×3, 128]	[3×3, 128] [3×3, 128]	[3×3, 128] [3×3, 128]
stage3	28×28	[3×3, 256] [3×3, 256]	[3×3, 256] [3×3, 256]	[3×3, 256] [3×3, 256]	[3×3, 256] [3×3, 256] [1×1, 256]	[3×3, 256] [3×3, 256] [3×3, 256]	[3×3, 256] [3×3, 256] [3×3, 256] [3×3, 256]
stage4	14×14	[3×3, 512] [3×3, 512]	[3×3, 512] [3×3, 512]	[3×3, 512] [3×3, 512]	[3×3, 512] [3×3, 512] [1×1, 512]	[3×3, 512] [3×3, 512] [3×3, 512]	[3×3, 512] [3×3, 512] [3×3, 512] [3×3, 512]
stage5	7×7	[3×3, 512] [3×3, 512]	[3×3, 512] [3×3, 512]	[3×3, 512] [3×3, 512]	[3×3, 512] [3×3, 512] [1×1, 512]	[3×3, 512] [3×3, 512] [3×3, 512]	[3×3, 512] [3×3, 512] [3×3, 512] [3×3, 512]
FC	1×1	Maxpool, 4096-d FC1, 4096-d FC2, 1000-d FC3, softmax					

图 6.7 不同的 VGGNet 的内部结构

6.2.3 GoogLeNet

GoogLeNet[18] 由谷歌研究员 Szegedy 等人提出,并荣获了 2014 年 ImageNet 大规模图像识别挑战赛(简写为 ILSVRC2014)的冠军,是 CNN 发展史上的重要里程碑。相比 VGGNet,GoogLeNet 提出了 Inception 模块,将包含不同大小的卷积核的子分支并行地组合在一起。这不仅增加了网络的深度,也考虑了网络的宽度,同时减少了网络的参数。图 6.8 展示了四种不同形式的 Inception 模块。该模块主要包含了四个子分支,分别通过不同大小的卷积滤波器实现,它们分别为 1×1、3×3、5×5 的卷积以及一个 3×3 的最大池化层。这四个分支并行提取图像特征,然后再拼接在一起获得最终的输出。不同感受野大小的滤波器使得网络能够同时捕获不同尺度的空间信息,增加特征的多样性。此外,为减少参数以及计算量,在使用大感受野的卷积核之前,GoogLeNet 引入了 1×1 卷积层降低原始特征谱的通道维度,如图 6.8(a)所示。

在 Inception v1 基础上,谷歌研究员进一步提出了多个改进版本。其中,Inception v2[19] 受 VGGNet 的启发,使用两个 3×3 的小卷积代替 5×5 的大卷积,从而在不改变感受野大小的同时减少了参数量,如图 6.8(b)所示,即参数由 5×5=25 降低到了 3×3×2=18。

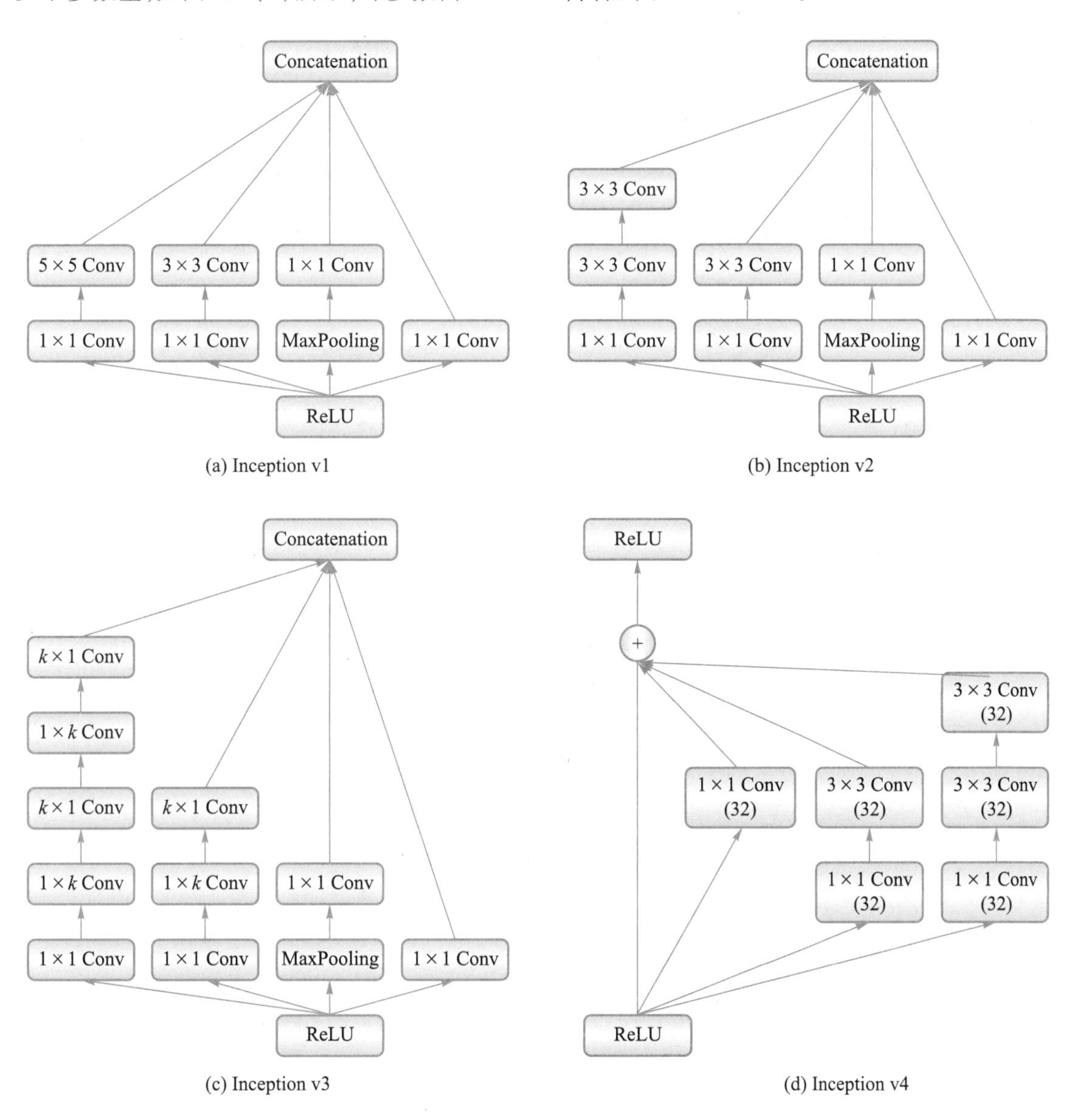

图 6.8 四种不同形式的 Inception 模块

Inception v3[19]的一个重要的改进是提出卷积分解以加速网络的运算，使用小型非对称卷积核（$1\times k$，$k\times1$）代替大型标准卷积核（$k\times k$），同时也增加了网络的深度，提高了非线性表达力，如图 6.8(c)所示。此外，还引入了 BN 层以及标签平滑技术来正则化模型，防止网络过拟合。图 6.8(d)展示了 Inception v4[20]的主要改进，它将 Inception 模块与残差模块相结合，加快了网络的收敛速度。残差模块的具体细节将在下一节中描述。

6.2.4 ResNet

残差网络(ResNet)[21]由微软亚洲研究院提出，在 ILSVRC2015 比赛中获得了冠军，被广泛应用于目前的深度学习任务中。从 AlexNet 到 GoogLeNet 的性能提升表明通过增加卷积神经网络的深度能够改善性能。然而，当网络层数从 20 层增加到 56 层时，模型在训练集和测试集的错误率不仅没有降低，反而提高了。与过拟合不同，研究者将这一现象称为网络的“退化”(degradation)。造成该现象的主要原因是随着网络层数加深，SGD 优化中的误差难以反传到浅层，从而导致优化困难。

针对这一问题，ResNet 受到 Network in Network[22]的启发，提出了一个简单且有效的残差块(residual block)，如图 6.9 所示。一个残差块由两个分支组成，下边是直接的映射分支，称为残差映射，上边在原始输入和输出之间增加了“一个恒等映射”(identity mapping)，称为短连接(shortcut connection)。该连接直接跳过了多个层，不仅不会增加网络的参数量，而且保留了原始的输入信息，有效地解决了网络随深度增加而退化的问题，增加了模型的收敛速度，提高了网络的性能。

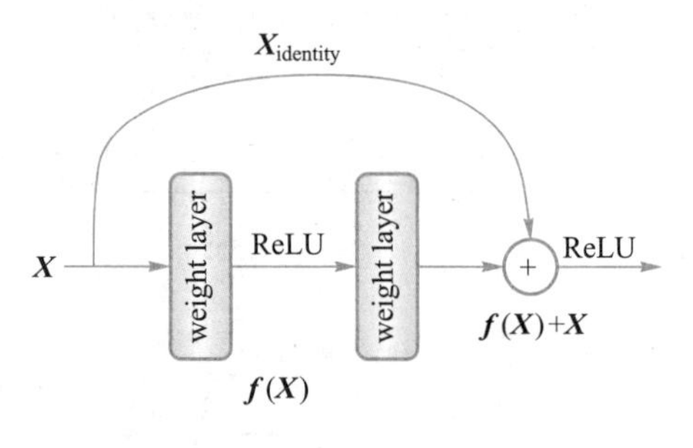

图 6.9 恒等映射

具体地，假设输入特征为 $\boldsymbol{X}$，经过了中间权重层以及非线性激活层的特征映射 $f(\boldsymbol{X})$ 和短连接，融合之后得到输出特征 $\boldsymbol{Y}$

$$f(\boldsymbol{X})=\boldsymbol{w}_2\mathrm{ReLU}(\boldsymbol{w}_1\boldsymbol{X}) \tag{6.27}$$

$$\boldsymbol{Y}=f(\boldsymbol{X})+\boldsymbol{X} \tag{6.28}$$

如果输入与输出特征维度不一致，需要对 $\boldsymbol{X}$ 执行线性映射来匹配维度

$$\boldsymbol{Y}=f(\boldsymbol{X})+\boldsymbol{w}_s\boldsymbol{X} \tag{6.29}$$

添加上述短连接后，模型可通过短连接反传误差，从而简化了模型的学习难度，便于网络优化，因此该网络叫残差网络。

残差模块采用两个 3×3 的卷积作为残差模块的权重层，如图 6.10(a)所示。然而，在实际应用中，考虑计算成本，进一步提出了“瓶颈”(bottleneck)模块，使用 1×1+3×3+1×1 的卷积代替两个 3×3 的卷积，如图 6.10(b)所示。1×1 卷积的使用能够对特征谱的维度进行缩减与扩张，同时增加了网络的深度，进而在保证网络精度的同时，减少了参数量。

图 6.11 分别展示了不同深度的残差网络结构，比如 18 层、34 层、50 层以及 101 层。它们由多个残差模块堆叠组成。值得注意的是，所有残差块降采样是通过设置卷积层的步长来实现

的，而没有使用池化层。最后特征输出采用平均池化层而不是全连接层，进一步降低了计算成本。此外，随着对 ResNet 架构的深入研究，近年来出现了多种 ResNet 变体，例如 ResNeXt[23]、ResNeSt[24] 等。

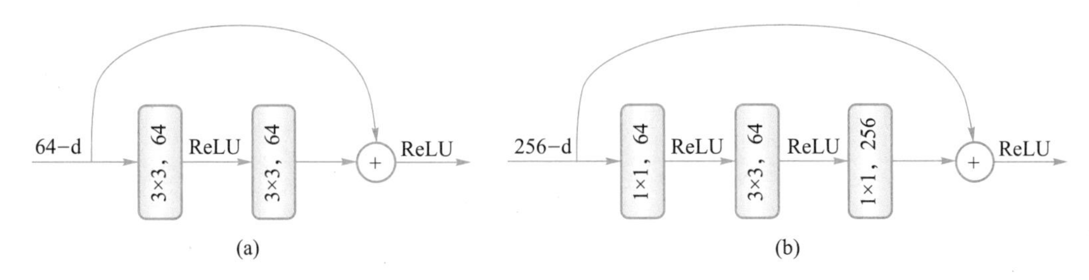

图 6.10 残差模块具体展示

可学习层	输出尺寸	ResNet18	ResNet34	ResNet50	ResNet101	ResNet152
stage1	112×112	7×7, 64, stride 2				
stage2	56×56	3×3 Maxpool, stride 2				
		$\begin{bmatrix}3\times3, & 64\\3\times3, & 64\end{bmatrix}\times2$	$\begin{bmatrix}3\times3, & 64\\3\times3, & 64\end{bmatrix}\times3$	$\begin{bmatrix}1\times1, & 64\\3\times3, & 64\\1\times1, & 256\end{bmatrix}\times3$	$\begin{bmatrix}1\times1, & 64\\3\times3, & 64\\1\times1, & 256\end{bmatrix}\times3$	$\begin{bmatrix}1\times1, & 64\\3\times3, & 64\\1\times1, & 256\end{bmatrix}\times3$
stage3	28×28	$\begin{bmatrix}3\times3, & 128\\3\times3, & 128\end{bmatrix}\times2$	$\begin{bmatrix}3\times3, & 128\\3\times3, & 128\end{bmatrix}\times4$	$\begin{bmatrix}1\times1, & 128\\3\times3, & 128\\1\times1, & 512\end{bmatrix}\times4$	$\begin{bmatrix}1\times1, & 128\\3\times3, & 128\\1\times1, & 512\end{bmatrix}\times4$	$\begin{bmatrix}1\times1, & 128\\3\times3, & 128\\1\times1, & 512\end{bmatrix}\times8$
stage4	14×14	$\begin{bmatrix}3\times3, & 256\\3\times3, & 256\end{bmatrix}\times2$	$\begin{bmatrix}3\times3, & 256\\3\times3, & 256\end{bmatrix}\times6$	$\begin{bmatrix}1\times1, & 256\\3\times3, & 256\\1\times1, & 1\,024\end{bmatrix}\times6$	$\begin{bmatrix}1\times1, & 256\\3\times3, & 256\\1\times1, & 1\,024\end{bmatrix}\times23$	$\begin{bmatrix}1\times1, & 256\\3\times3, & 256\\1\times1, & 1\,024\end{bmatrix}\times36$
stage5	7×7	$\begin{bmatrix}3\times3, & 512\\3\times3, & 512\end{bmatrix}\times2$	$\begin{bmatrix}3\times3, & 512\\3\times3, & 512\end{bmatrix}\times3$	$\begin{bmatrix}1\times1, & 512\\3\times3, & 512\\1\times1, & 2\,048\end{bmatrix}\times3$	$\begin{bmatrix}1\times1, & 512\\3\times3, & 512\\1\times1, & 2\,048\end{bmatrix}\times3$	$\begin{bmatrix}1\times1, & 512\\3\times3, & 512\\1\times1, & 2\,048\end{bmatrix}\times3$
FC	1×1	Avepool, 1000-d FC, softmax				

图 6.11 不同深度的残差网络结构

6.2.5 LSTM

长短期记忆（long short-term memory, LSTM）网络[25]是一个经典的循环神经网络（recurrent neural network，RNN）。该网络一般用于处理长序列数据，可以将先前的信息保留传递到当前的时刻。因此 LSTM 适合处理音频、视频等具有时序关系的数据。LSTM 内部细节图如图 6.12 所示，其独有的结构能够学习长序列级的依赖关系。

LSTM 内部存在两个输出状态：一个细胞状态 $\boldsymbol{c}_t$ 和一个隐藏层状态 $\boldsymbol{h}_t$。首先，利用当前时刻的输入 $\boldsymbol{x}_t$ 和上一时刻的隐藏层状态 $\boldsymbol{h}_{t-1}$ 进行拼接。然后分别基于四个分支生成遗忘门 $\boldsymbol{z}^f$、更新门 $\boldsymbol{z}^i$ 和输出门 $\boldsymbol{z}^o$ 三个中间门控状态和一个中间输入 $\boldsymbol{z}$，表示为

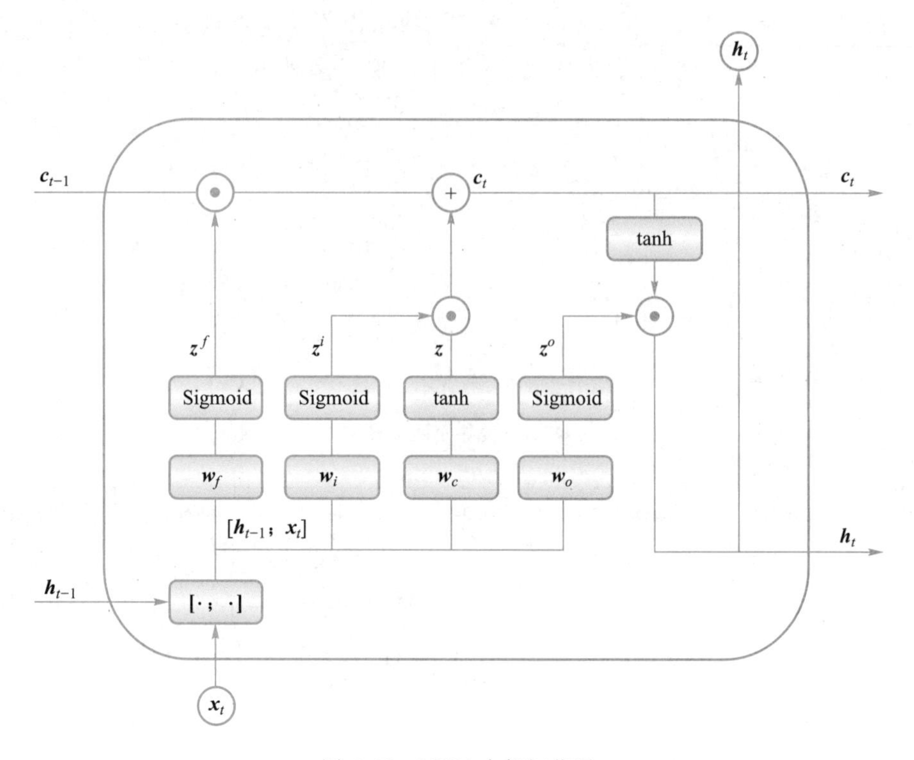

图 6.12 LSTM 内部细节图

$$
\begin{aligned}
z^f &= \mathrm{Sigmoid}(w_f[h_{t-1};x_t]+b_f) \\
z^i &= \mathrm{Sigmoid}(w_i[h_{t-1};x_t]+b_i) \\
z &= \tanh(w_c[h_{t-1};x_t]+b_c) \\
z^o &= \mathrm{Sigmoid}(w_o[h_{t-1};x_t]+b_o)
\end{aligned}
\tag{6.30}
$$

其中,遗忘门 z^f 用于控制对之前迭代中得到的记忆信息 c_{t-1} 的遗忘程度;更新门 z^i 用于控制当前输入信息的权重;输出门 z^o 用于控制输入到下一次迭代的隐藏层信息的权重。

$$
c_t = z^f \odot c_{t-1} + z^i \odot z \tag{6.31}
$$

接着,利用式(6.31)实现中间门控状态 z^f、z^i 对输入 x_t 和第一步产生的中间输入 z 的控制,⊙和+分别表示进行元素级的矩阵乘法和矩阵加法,得到当前时刻的输出 c_t。

$$
h_t = z^o \odot \tanh c_t \tag{6.32}
$$

最后,利用式(6.32)实现中间门控状态 z^o 对输出 c_t 的控制,进而计算得到隐藏层的状态,保留并传递到下一时刻。

整体来说,LSTM 网络就是通过不同的门控状态来实现对传输信息的控制,保留需要长时间记忆的信息,丢弃其他不重要的信息。但与此同时,LSTM 也引入了较多的中间信息,使得训练过程的参数增加、难度加大。目前,LSTM 网络已经出现了很多变体,人们通常采用与 LSTM 效果相似,但是参数更少的 LSTM 变体——GRU 网络[26]进行替代。

6.2.6 GRU

GRU 网络[26]是 6.2.5 节介绍的 LSTM 网络的一种变体。其最大的贡献在于将 LSTM 的三个中间门控整合成了两个门控(即重置门控和更新门控),并且其内部只存在隐藏层状态的输入和输出,最终得到了比 LSTM 更加简单的网络结构。GRU 内部细节图如图 6.13 所示,其中重置门控控制上一时刻隐藏层状态到当前时刻的保留量,更新门控控制上一时刻隐藏层状态到下一时刻的保留量。两门控主要由 sigmoid 层实现,输出值在 0 到 1 之间,表示保留量占比。

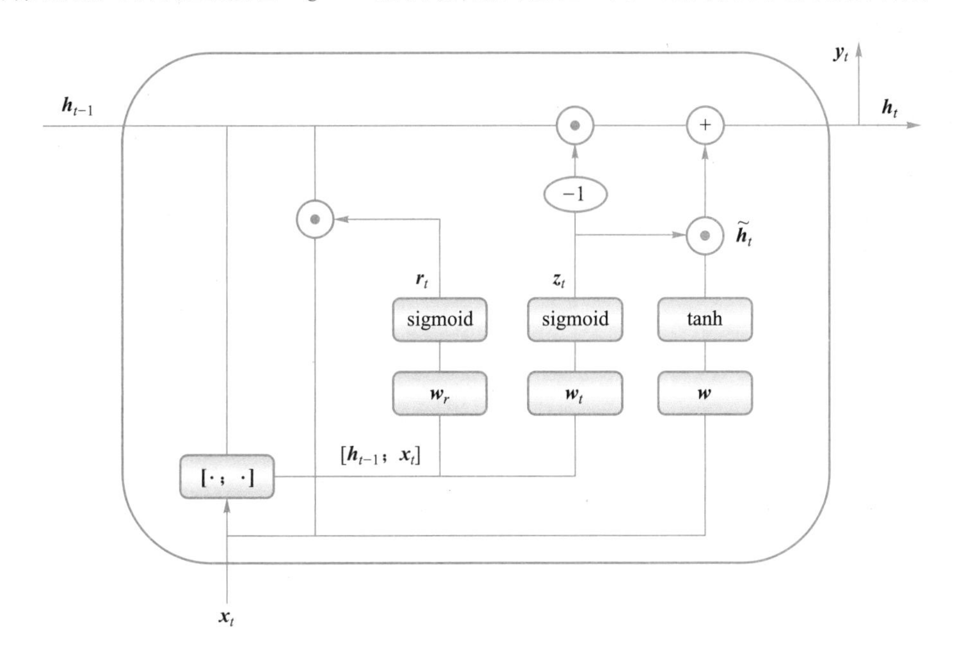

图 6.13 GRU 内部细节图

$$z_t = \text{sigmoid}(\boldsymbol{w}_z[\boldsymbol{h}_{t-1};\boldsymbol{x}_t]) \tag{6.33}$$

$$\boldsymbol{r}_t = \text{sigmoid}(\boldsymbol{w}_r[\boldsymbol{h}_{t-1};\boldsymbol{x}_t]) \tag{6.34}$$

首先,利用当前时刻的输入 $\boldsymbol{x}_t$ 和上一时刻的隐藏层状态 $\boldsymbol{h}_{t-1}$进行拼接,分别基于式(6.33)和式(6.34)得到 z_t 和 $\boldsymbol{r}_t$,即更新门和重置门的门控状态。

$$\tilde{\boldsymbol{h}}_t = \tanh(\boldsymbol{w}[\boldsymbol{r}_t \cdot \boldsymbol{h}_{t-1};\boldsymbol{x}_t]) \tag{6.35}$$

接着,利用式(6.35)实现重置门的门控状态 $\boldsymbol{r}_t$ 对上一时刻的隐藏层状态 $\boldsymbol{h}_{t-1}$的控制,得到当前时刻的输出 $\tilde{\boldsymbol{h}}_t$。

最后,利用式(6.36)实现更新门的门控状态 z_t 对上一时刻的隐藏层状态 $\boldsymbol{h}_{t-1}$和式(6.35)输出的 $\tilde{\boldsymbol{h}}_t$的控制,进而计算得到隐藏层状态,保留并传递到下一时刻。

$$\boldsymbol{h}_t = (1-z_t) \odot \boldsymbol{h}_{t-1} + z_t \odot \tilde{\boldsymbol{h}}_t \tag{6.36}$$

此外,$\boldsymbol{h}_t$ 也被用于当前阶段的输出,即图 6.13 中的 $\boldsymbol{y}_t$。

整体来说,LSTM 和 GRU 采用各种中间门控状态实现重要特征的保留,很好地解决了长序列传播时信息状态丢失的问题。GRU 少了一个中间门控状态,相对于 LSTM 来说,在一定程度上缓解了 LSTM 训练过程中参数增加、训练难度加大的问题,所以从训练的速度和难易程度上来说,GRU 要优于 LSTM。实际应用中需依据具体情况合理地选择 GRU 和 LSTM。

6.2.7 Transformer

2017 年谷歌研究员提出了一种经典的自然语言处理(natural language processing,NLP)网络结构:Transformer[27]。和大多数 Seq2seq 模型[35]一样,Transformer 网络也是由编码器和解码器组成。如图 6.14 所示,图左侧为编码器,右侧为解码器。Transformer 网络采用了多个自注意力(self-attention)子模块组合成的多头注意力模块(multi-head attention)来捕捉单词间多种维度上的相关性。此外,Transformer 的自注意力机制使得模型可以并行化训练,而时序结构的 RNN 模型并不具有这种优点。由于 Transformer 的并行化训练并不能利用原有的词的位置信息,所以需要在输入中额外添加位置编码。

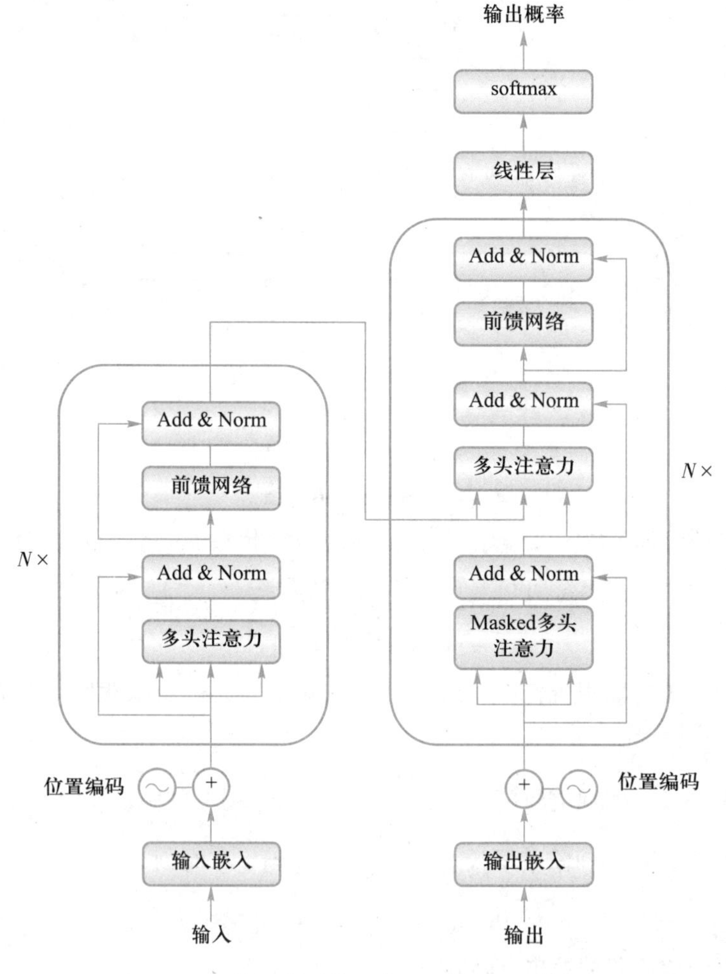

图 6.14 Transformer 结构

自注意力子模块的目的是通过训练优化使网络自适应地学习词间的关系，其结构如图 6.15 所示。输入包含三部分：$\boldsymbol{Q}$（查询矩阵），$\boldsymbol{K}$（键矩阵），$\boldsymbol{V}$（值矩阵）。它们是通过对单词的表示向量矩阵 $\boldsymbol{X}$（每一行表示一个单词）与线性变换矩阵 $\boldsymbol{W}_Q$、$\boldsymbol{W}_K$、$\boldsymbol{W}_V$ 相乘得到的。输出的计算公式为

$$Attention(\boldsymbol{Q},\boldsymbol{K},\boldsymbol{V})=\mathrm{softmax}\left(\frac{\boldsymbol{Q}\boldsymbol{K}^{\mathrm{T}}}{\sqrt{d}}\right)\boldsymbol{V} \tag{6.37}$$

其中，d 是 $\boldsymbol{Q}$、$\boldsymbol{K}$ 矩阵中每一行单词向量的维度。

多头注意力模块包含了多个缩放点积注意力，其结构如图 6.16 所示。从图中可以看到，输入分别被传递到 m 个不同的缩放点积自注意力中，计算得到 m 个输出矩阵 $\boldsymbol{Z}_1,\boldsymbol{Z}_2,\cdots,\boldsymbol{Z}_m$。之后它们被拼接在一起，经过全连接层的线性变换后成为最终的输出 $\boldsymbol{Z}$。上文介绍了自注意力可以自发地找到词与词之间的关系，那么多头注意力的目的就是探寻多种潜在的词间关系，并全部综合考虑进来以得到更好的预测结果。

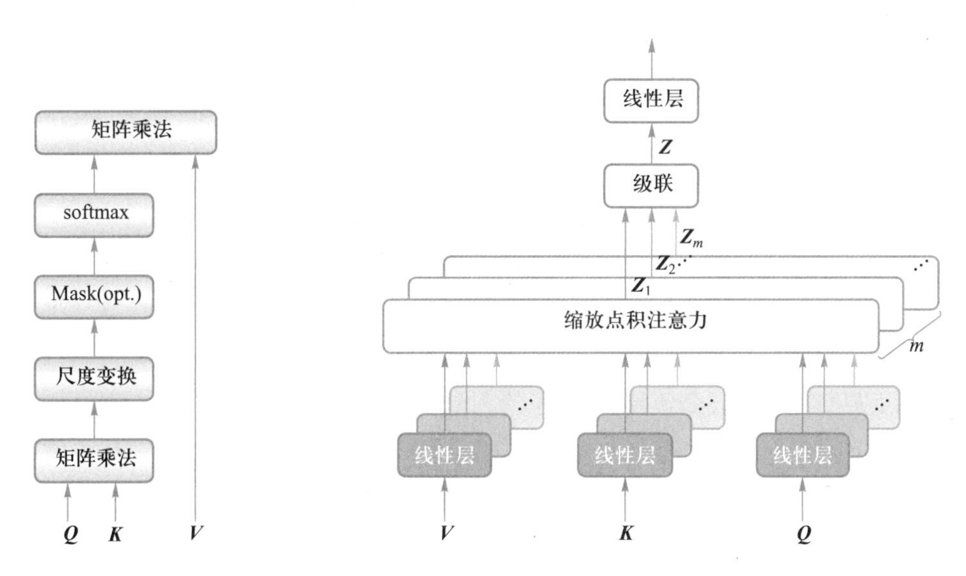

图 6.15 自注意力子模块结构

图 6.16 多头注意力模块结构

编码器如图 6.14 左侧所示，由 $N=6$ 个相同的层组成。每个层由两个模块组成，分别是多头注意力模块和前馈网络模块，其中每个模块都加了残差连接和层归一化。

解码器的结构如图 6.14 右侧所示，同样由 $N=6$ 个相同的层组成。解码器与编码器中的层结构不同的地方在于包含了两个多头注意力模块，并且前向传播过程做了改动。具体来说，第一个多头注意力模块中的缩放点积自注意力子模块添加了掩模（mask）操作（即图 6.15 中的 Mask（opt.）层）；第二个多头注意力模块的输入 $\boldsymbol{Q}$ 来自上一个模块的输出，而 $\boldsymbol{K}$ 和 $\boldsymbol{V}$ 来自编码器的输出。最后，解码模块的输出端接有一个 softmax 层输出对应位置的词的概率分布。

这里具体介绍一下掩模操作。我们知道多头注意力是一种自注意力机制，因此 $\boldsymbol{Q}$、$\boldsymbol{K}$、$\boldsymbol{V}$ 的源头都是输入序列自身。在解码器部分，输入是“标签”，即最终想要预测的内容（例如机器翻

译任务的预测结果)。由于在预测第 k 个词的时候并不知道第 k 个词以及后面的内容,而只知道已经预测过的前 $k-1$ 个词,因此,为了防止信息泄露,在运用多头注意力时需要把第 k 个词之后的内容进行隐藏,即所谓的掩模。

掩模的多头注意力的输出会接入另一个多头注意力,但不同于编码器的是它不再是一个自注意力模型,因为其 $\boldsymbol{Q}$、$\boldsymbol{K}$、$\boldsymbol{V}$ 的来源不再相同。$\boldsymbol{Q}$ 来自掩模的多头注意力的输出,$\boldsymbol{K}$、$\boldsymbol{V}$ 则是由编码器的输出经过线性变换得到。它的作用就是让编码器的编码结果通过注意力的方式传递给解码器,其结构与编码器中自注意力的结构一样。

整体来说,Transformer 是一种线性层和注意力机制的结合体,与 RNN 和 CNN 是并列关系。RNN 与 CNN 对局部特征有强大的学习能力,而 Transformer 则对全局特征的学习能力更强,三者优势互补。现有研究结果[36]也表明 Transformer 在 NLP 和 CV 任务上均有良好性能。

6.2.8 GAN

前面提到的经典骨干网络对各种形式的输入数据有着很好的特征捕捉和提取能力,因此能够基于提取的样本特征实现数据的分类、检测等任务。那么,神经网络能否生成数据特征并最终实现对数据的模拟和生成呢?

数据的生成在实际场景中有着广泛的应用。为了提高训练得到的网络的性能,通常需要大量且丰富的训练数据,然而数据的获取和标注往往会消耗大量的人力物力资源。如果在训练一个神经网络时,能通过输入随机信号来生成多样的数据,那么可以极大地提高数据的采集效率。另一方面,对于现实中不存在的实物,同样也通过网络对其外观及特性进行生成和模拟。

为了利用神经网络生成全新的数据,蒙特利尔大学团队在 2014 年提出了生成式对抗网络(generative adversarial networks,GAN)[28],将网络划分为判别器(discriminator,D)和生成器(generator,G)两个子网络,通过博弈对抗的思想迭代地训练两个网络,最终实现利用生成器网络生成逼真的伪样本数据。接下来具体介绍 GAN 的训练过程和两个子网络。

(1) GAN 的结构与训练过程:GAN 网络结构如图 6.17 所示,从已有数据集中采样的 n 个样本 $X=\{\boldsymbol{x}_1,\boldsymbol{x}_2,\cdots,\boldsymbol{x}_n\}$ 作为真实数据,并同时采样 n 个随机噪声作为生成器 G 的输入信号 $Z=\{\boldsymbol{z}_1,\boldsymbol{z}_2,\cdots,\boldsymbol{z}_n\}$,一般从高斯噪声中进行采样。首先将随机信号输入生成器网络 G 并生成伪样本 $\tilde{X}=\{\tilde{\boldsymbol{x}}_1,\tilde{\boldsymbol{x}}_2,\cdots,\tilde{\boldsymbol{x}}_n\}$,然后将真实样本 X 和伪样本 $\tilde{X}$ 输入判别器网络 D 来判别输入样本的真伪。

在训练过程中,为了能够生成更加真实的样本,首先需要一个强的判别器来准确区分样本的真伪。因此,首先固定生成器并对判别器进行训练。当判别器性能增强后,原有的生成器生成的伪样本无法“骗过”判别器,这时,再固定判别器并对生成器进行训练。通过这样的对抗形式不断地交替循环训练两个网络,生成器随着判别器能力的增强而生成更加逼真的伪样本数据,直到两个网络达到均衡点。

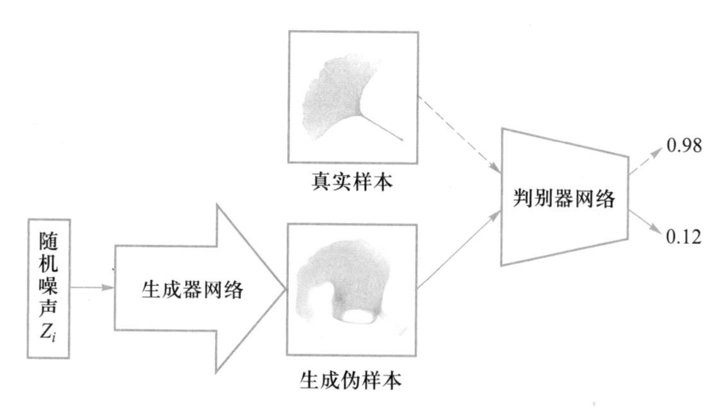

图 6.17 GAN 网络结构

(2) 判别器(discriminator):对于输入的样本,判别器的任务是对样本的真伪进行判别并进行打分。当输入真实样本 $\boldsymbol{x}_i$ 时,约束判别器打分为 1;而当输入为生成器生成的伪样本 $G(\boldsymbol{z}_i)$ 时($\tilde{\boldsymbol{x}}_i=G(\boldsymbol{z}_i)$),约束判别器打分为 0。因此判别器的训练损失为

$$\mathcal{L}_D=-\frac{1}{n}\sum_{i=1}^{n}\left[\log(D(\boldsymbol{x}_i))+\log(1-D(G(\boldsymbol{z}_i)))\right] \tag{6.38}$$

(3) 生成器(generator):生成器的任务是不断地模拟真实样本的数据分布,尽量生成更加逼真的样本,来"欺骗"判别器,即让判别器对输入的生成伪样本生成更高的打分。在训练生成器时,判别器的打分被用于约束生成器生成样本的质量,损失函数为

$$\mathcal{L}_G=-\frac{1}{n}\sum_{i=1}^{n}\log(D(G(\boldsymbol{z}_i))) \tag{6.39}$$

上述介绍的 GAN 是最基础的生成式对抗网络的思路。根据实际的生成需求,GAN 存在多种变体。例如,想要生成凡·高风格的银杏落叶图,而现实中不存在想要生成的目标样本,即训练数据非成对,CycleGAN[29] 可以生成带有源域图像风格及目标域图像内容的样本。再者,基础的 GAN 只能根据随机信号生成随机内容的样本,无法对生成的伪样本的内容进行有效地控制,而 ConditionalGAN[37] 将输入信号与样本内容进行关联,并通过控制输入信号来实现利用条件信息控制生成样本的内容。接下来分别介绍 CycleGAN 和 ConditionalGAN 模型。

一、CycleGAN

生成对抗网络有很多经典的网络模型,其中有通过成对数据进行训练来进行风格迁移的 Pix2Pix[34]。同样地,对于非成对数据训练的风格迁移任务,其中一个经典模式是循环生成对抗网络(cycle generative adversarial networks, CycleGAN)[29]。从名称上可以知道这是一个有着循环体系的生成对抗网络。那么它是如何实现在非成对数据的训练下进行风格迁移的呢?一个关键的步骤就是引入循环网络结构以及内容一致性损失。

有时希望可以随意改变图片的风格,例如把夏天的风景图变换成冬天的风景图,或者把照片赋予凡·高等知名画家的风格等。对于此类要求,CycleGAN 可以实现在两个域之间的切换,并且不需要输入两个域成对映射的训练数据。CycleGAN 网络结构图如图 6.18 所示。

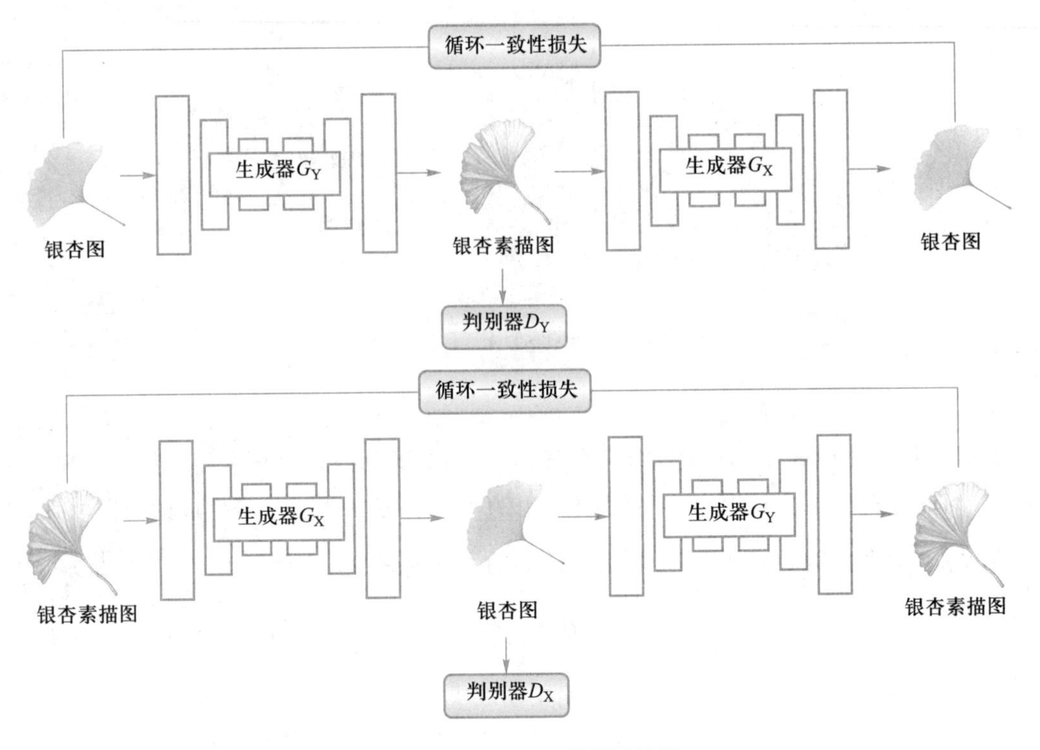

图 6.18 CycleGAN 网络结构图

如图 6.18 所示,下面以银杏叶风格转化为例讲解 CycleGAN。令银杏叶自然风格图集合为 X,任意一张银杏叶自然风格图为 $\boldsymbol{x}$,银杏叶素描风格图集合为 Y,任意一张银杏叶素描风格图为 $\boldsymbol{y}$。现在已有非成对的银杏叶自然风格图集合 X 和素描风格图集合 Y,希望得到这样的两个生成器:生成器 G_Y 旨在可以把任意的一张自然风格图 $\boldsymbol{x}$ 变成有着相似内容的伪素描风格图;生成器 G_X 旨在把任意的一张素描风格图 $\boldsymbol{y}$ 变成有着相似内容的伪自然风格图。CycleGAN 借助循环的结构、生成对抗损失和循环一致性损失来实现上述的效果。具体地,CycleGAN 除了有两个生成器 G_X 和 G_Y,另外还有两个判别器 D_X 和 D_Y,D_X 是用来判别图片是否为自然风格图,D_Y 是用来判别图片是否为素描风格图。

图 6.18 中第一行的生成顺序为 $\boldsymbol{x}\rightarrow G_Y(\boldsymbol{x})\rightarrow G_X(G_Y(\boldsymbol{x}))$,即任意一张自然风格图 $\boldsymbol{x}$ 通过生成器 G_Y 生成一个伪素描风格图,然后这个伪素描风格图通过生成器 G_X 生成和输入一样的自然风格图。相似地,图 6.18 第二行的生成顺序为 $\boldsymbol{y}\rightarrow G_X(\boldsymbol{y})\rightarrow G_Y(G_X(\boldsymbol{y}))$,即任意一张素描风格图 $\boldsymbol{y}$ 通过生成器 G_X 生成一个假的自然风格图,然后这个假的自然风格图通过生成器 G_Y 生成和输入一样的素描风格图。主要损失如下所示。

对于含 n 个样本的自然风格图集合 $X\rightarrow$素描风格图集合 Y,生成器 G_Y 和判别器 D_Y 构成的生成对抗损失 $\mathcal{L}_{X\rightarrow Y}$ 为

$$\mathcal{L}_{X\rightarrow Y}(G_Y,D_Y)=-\frac{1}{m}\sum_{i=1}^{m}\log(D_Y(\boldsymbol{y}_i))-\frac{1}{n}\sum_{i=1}^{n}\log(1-D_Y(G_Y(\boldsymbol{x}_i)))\tag{6.40}$$

相似地,对于含有 m 个样本的素描风格图集合 $Y\rightarrow$自然风格图集合 X,生成器 G_X 和判别器 D_X 构成的生成对抗损失 $\mathcal{L}_{Y\rightarrow X}$ 为

$$\mathcal{L}_{Y\rightarrow X}(G_X,D_X)=-\frac{1}{n}\sum_{i=1}^{n}\log(D_X(\boldsymbol{x}_i))-\frac{1}{m}\sum_{i=1}^{m}\log(1-D_X(G_X(\boldsymbol{y}_i))) \tag{6.41}$$

仅仅通过生成对抗损失并不能很好地实现上述转换,主要的原因是自然风格图生成了虚假的素描风格图,但是如果只有生成对抗损失的约束,很容易使得这个虚假的素描风格图只是学到了和素描一样画风的图,但是内容已经发生了很大的改变,比如山上的银杏自然风格图却生成了画本上的素描图。为了实现缩小映射空间这一点,CycleGAN 引入了循环一致性损失 $\mathcal{L}_{cyc}$

$$\mathcal{L}_{cyc}(G_X,G_Y)=\frac{1}{n}\sum_{i=1}^{n}\|G_X(G_Y(\boldsymbol{x}_i))-\boldsymbol{x}_i\|_1+\frac{1}{m}\sum_{i=1}^{m}\|G_Y(G_X(\boldsymbol{y}_i))-\boldsymbol{y}_i\|_1 \tag{6.42}$$

即 $\boldsymbol{x}\rightarrow G_Y(\boldsymbol{x})\rightarrow G_X(G_Y(\boldsymbol{x}))\approx\boldsymbol{x},\boldsymbol{y}\rightarrow G_X(\boldsymbol{y})\rightarrow G_Y(G_X(\boldsymbol{y}))\approx\boldsymbol{y}$。循环一致性损失可以很好地缩小映射空间,在风格迁移的前提下,减少内容的改变。因此,总的损失函数 $\mathcal{L}$ 如下所示,其中 λ 是权重参数

$$\mathcal{L}(G_X,G_Y,D_X,D_Y)=\mathcal{L}_{X\rightarrow Y}(G_Y,D_Y)+\mathcal{L}_{Y\rightarrow X}(G_X,D_X)+\lambda\mathcal{L}_{cyc}(G_X,G_Y) \tag{6.43}$$

总的来说,CycleGAN 简化了成对的训练要求,有着出色的风格迁移性能。

二、ConditionalGAN

我们回顾一下 GAN。为了学习真实数据的分布,GAN 包含了一个生成器和一个判别器。生成器对应从隐变量空间(通常假设其符合高维高斯分布)到数据空间的映射函数,判别器对应从数据空间到二值变量的映射函数,二值变量表示生成数据真伪。基础的 GAN 只能生成跟数据集相关的样本,但是没有办法控制生成图片的具体属性。为了解决这个问题,可以通过引入额外的信息作为条件加入生成对抗网络,也就是条件生成对抗网络(conditional generative adversarial networks,ConditionalGAN)[37]。

如果生成器和判别器都以一些额外的信息 $\boldsymbol{c}$ 为条件,则 $\boldsymbol{c}$ 可以是任何类型的辅助信息,如类标签或来自其他模式的数据。对于 MNIST 手写数据集来说,如果 c 是手写数字的类别标签,那么 $\boldsymbol{c}$ 可以是标签的一个 one-hot 向量(即是用 **0** 和 **1** 编码)。我们希望通过简单地将数据 $\boldsymbol{c}$ 输入判别器和生成器使得生成网络有按照条件进行生成的能力。

先验输入高斯噪声 $\boldsymbol{z}$ 和条件 $\boldsymbol{c}$ 被组合成联合潜在特征,通过生成器生成图片 $\tilde{\boldsymbol{x}}=G(\boldsymbol{z}\mid\boldsymbol{c})$。$\boldsymbol{x}$ 和 $\boldsymbol{c}$ 输入判别器得到输出概率 $D(\boldsymbol{x}\mid\boldsymbol{c})$。极大极小博弈目标函数为

$$\min_G\max_D\mathcal{L}(D,G)=-\frac{1}{n}\sum_{i=1}^{n}\log D(\boldsymbol{x}_i\mid\boldsymbol{c}_i)-\frac{1}{n}\sum_{i=1}^{n}\log(1-D(G(\boldsymbol{z}_i\mid\boldsymbol{c}_i)\mid\boldsymbol{c}_i)) \tag{6.44}$$

其中,第一项指的是输入真实数据 $\boldsymbol{x}$ 在给定条件 $\boldsymbol{c}$ 的情况下输出为真实图的对数概率。我们希望优化判别器判断为真实图的对数概率越大越好;第二项指的是通过高斯噪声 $\boldsymbol{z}$ 和条件 $\boldsymbol{c}$ 生成的伪图片通过判别器输出为伪图的对数概率。输入为伪图优化判别器时,希望优化判别器使得输出概率越小越好;优化生成器时,则希望输出概率越大越好。

优化过程中采用两阶段交替优化,训练判别器的目的是使得判别器能正确分辨真伪图片,所以包含真图和伪图两个输入。训练生成器阶段的目的是使得生成器生成的图片能够欺骗判别器。训练判别器阶段和训练生成器阶段如图 6.19 所示。

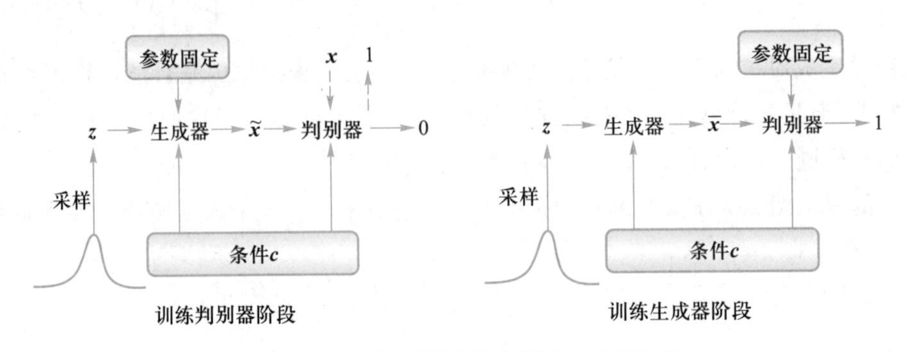

图 6.19 训练判别器阶段和训练生成器阶段

可以看出,相比于基础的 GAN 网络,条件 GAN 网络的损失函数就是加入已知信息 $\boldsymbol{c}$。具体的 $\boldsymbol{c}$ 定义以及 $D(\boldsymbol{x} \mid \boldsymbol{c})$、$G(\boldsymbol{z} \mid \boldsymbol{c})$ 的函数设计可以有许多有趣的应用场景。如果将 $\boldsymbol{c}$ 定义为与文本相关的向量,那么就可以根据文本生成图片[30];如果将 $\boldsymbol{c}$ 定义为与音乐相关的向量,那么就可以进行音频相关的视频生成[31];如果将 $\boldsymbol{c}$ 定义为低分辨率图像,那么就可以进行超分辨的应用[32];如果将 $\boldsymbol{c}$ 定义为人体姿态,那么就可以对生成图片的人体姿态进行控制[33];如果将 $\boldsymbol{c}$ 定义为图像本身,那么就可以执行图像翻译相关的工作[34]等。

习题

1. 对于一个全连接网络 $\hat{\boldsymbol{y}} = \boldsymbol{W}^{\mathrm{T}}\boldsymbol{x}+\boldsymbol{b}$,输入信号 $\boldsymbol{x}=[0.5,-1.0,-2.0,3.0]^{\mathrm{T}}$,相应地,Ground Truth 为 $\boldsymbol{y}=[0.3,-1.0]^{\mathrm{T}}$,网络中的权重和偏置参数分别为 $\boldsymbol{W}^{\mathrm{T}}=\begin{bmatrix}0.4 & 0.6 & -0.1 & -1.4\\ 0.8 & -0.9 & 0.2 & 0.1\end{bmatrix}$,$\boldsymbol{b}=[-0.2,0.3]^{\mathrm{T}}$,网络通过 L_2 损失计算输出 $\hat{\boldsymbol{y}}$ 与 $\boldsymbol{y}$ 之间的损失,计算在反向传播过程中 $\boldsymbol{W}$ 和 $\boldsymbol{b}$ 的梯度。

2. 基于习题 1 全连接网络以及输入信号和 Ground Truth,网络利用动量法进行参数优化,设动量参数为 $\beta=0.5$,学习率为 $\eta=0.01$,求经过两次反传迭代后的网络参数 $\boldsymbol{W}$ 和 $\boldsymbol{b}$ 的值,以及参数更新的累计速度。

3. 在卷积神经网络前向传播的过程中生成特征谱 $\boldsymbol{F}$,其大小为 $N\times C\times H\times W$,请给出对该特征谱 $\boldsymbol{F}$ 执行批量归一化、层归一化、实例归一化计算过程中相应的均值和方差的计算公式。

4. 给定一张尺度为 224×224×3 的输入图像,将其输入卷积神经网络 ResNet50,请列出 ResNet50 在 stage4 模块输出的特征谱的大小。

5. Dropout 是深度神经网络中一种克服过拟合的常用方法,请阐述其处理过程,并解释其克服过拟合的原因。

6. 请说明有哪些经典的卷积神经网络。

7. 请简述 VGGNet 和 ResNet 各自的特点。

8. 简述 1×1 卷积的作用。给定数据 $\boldsymbol{X}_{m\times n\times d}$，如何设计 1×1 卷积，使得输出结果为 $\boldsymbol{Y}_{m\times n\times (d/3)}$？

9. 请简述残差网络构建的动机，并解释残差网络的作用。

10. 梯度消失与梯度爆炸分别会引发什么后果？请简述缓解神经网络计算中梯度消失与梯度爆炸的方法。

11. 请说明什么是感受野。在搭建卷积神经网络的时候，有哪些增大感受野的方法。

12. 简述正则化的作用以及常用的正则化方式。

13. 简述批量归一化的原理。在神经网络中，为什么要采用批量归一化？

14. 请简述 Inception 的结构设计，并解释 Inception 中不同大小感受野是如何实现的。

15. 简述 AlexNet 和 VGGNet 的内部结构，并分析 VGGNet 在 AlexNet 的基础上进行了哪些改进，这些改进所带来的优势是什么。

16. 设给定输入数据 $\boldsymbol{X}=\begin{bmatrix}1&0&1&2\\2&1&0&3\\2&1&1&1\\5&0&3&1\end{bmatrix}$ 及卷积核 $\boldsymbol{K}=\begin{bmatrix}1&0&1\\0&1&0\\1&1&0\end{bmatrix}$，在增加 padding 操作以确保卷积输出一致的前提下，请写出残差模块下的卷积输出。

17. 给定如下数据，简述 Batch Normalization 的工作流程。

$$\boldsymbol{X}_{\mathrm{B}}=[2,3,2,2,5,2,1,1]^{\mathrm{T}}$$

18. ResNet 和 GoogleNet 分别通过在网络中引入残差块（residual block）和 Inception 模块改善网络性能，请思考如何设计一个类似简单而有效的网络模块。

19. GAN 网络的特点是什么？请阐述其生成器和判别器的功能 。

20. 请说明 GAN、CycleGAN 和 ConditionalGAN 的区别与联系，以及各自的优缺点。

21. 请思考如何尝试把风景画转化为彩墨画，如何用 GAN 网络实现。请画出基本神经网络框架图。

22. 请简述 GRU 与 LSTM 的区别与联系，并画出 GRU 的基本框架。

23. Transformer 包括哪些模块？编码器和解码器的功能有哪些不同？

第 6 章习题解答

参考文献

[1] ROBBINS H,MONRO S. A stochastic approximation method[J]. The annals of mathematical statistics,1951,22(3):400-407.

[2] QIAN N. On the momentum term in gradient descent learning algorithms[J]. Neural networks,1999,12(1):145-151.

[3] KINGMA D P,BA J. Adam:a method for stochastic optimization[C]//International Conference on Learning Representations,2015.

[4] REDDI S J, KALE S, KUMAR S. On the convergence of adam and beyond [C]// International Conference on Learning Representations,2018.

[5] KESKAR N S,SOCHER R. Improving generalization performance by switching from adam to sgd[EB/OL]. [2022-06-27]. arXiv preprint arXiv:1712.07628.

[6] GLOROT X,BENGIO Y. Understanding the difficulty of training deep feedforward neural networks[C]//International Conference on Artificial Intelligence and Statistics,2010:249-256.

[7] HE K,ZHANG X,REN S,et al. Delving deep into rectifiers:surpassing human-level performance on imagenet classification[C]//IEEE International Conference on Computer Vision,2015:1026-1034.

[8] DENG J,DONG W,SOCHER R,et al. Imagenet:a large-scale hierarchical image database [C]//IEEE Conference on Computer Vision and Pattern Recognition,2009:248-255.

[9] BA J L,KIROS J R,HINTON G E. Layer normalization[EB/OL]. [2022-06-27]. arXiv preprint arXiv:1607.06450.

[10] ULYANOV D,VEDALDI A,LEMPITSKY V. Instance normalization:the missing ingredient for fast stylization[EB/OL]. [2022-06-27]. arXiv preprint arXiv:1607.08022.

[11] IOFFE S,SZEGEDY C. Batch normalization:accelerating deep network training by reducing internal covariate shift[C]//International Conference on Machine Learning,2015:448-456.

[12] WU Y,HE K. Group normalization[C]//European Conference on Computer Vision,2018: 3-19.

[13] SRIVASTAVA N,HINTON G,KRIZHEVSKY A,et al. Dropout:a simple way to prevent neural networks from overfitting[J]. Journal of machine learning research,2014,15(1):1929-1958.

[14] FREUND Y,SCHAPIRE R E. A decision-theoretic generalization of on-line learning and an application to boosting[J]. Journal of computer and system sciences,1997,55(1):119-139.

[15] BREIMAN L. Random forests[J]. Machine learning,2001,45(1):5-32.

[16] KRIZHEVSKY A,SUTSKEVER I,HINTON G E. Imagenet classification with deep convolutional neural networks[C]//Advances in Neural Information Processing Systems,2012:1097-1105

[17] SIMONYAN K, ZISSERMAN A. Very deep convolutional networks for large-scale image recognition[C]//International Conference on Learning Representations, 2015.

[18] SZEGEDY C, LIU W, JIA Y, et al. Going deeper with convolutions[C]//IEEE Conference on Computer Vision and Pattern Recognition, 2015: 1-9.

[19] SZEGEDY C, VANHOUCKE V, IOFFE S, et al. Rethinking the inception architecture for computer vision [C]//IEEE Conference on Computer Vision and Pattern Recognition, 2016: 2818-2826.

[20] SZEGEDY C, IOFFE S, VANHOUCKE V, et al. Inception-v4, inception-resnet and the impact of residual connections on learning [C]//AAAI Conference on Artificial Intelligence, 2017: 4278-4284.

[21] HE K, ZHANG X, REN S, et al. Deep residual learning for image recognition[C]//IEEE Conference on Computer Vision and Pattern Recognition, 2016: 770-778.

[22] LIN M, CHEN Q, YAN S. Network in network[C]//International Conference on Learning Representations, 2014.

[23] XIE S, GIRSHICK R, DOLLÁR P, et al. Aggregated residual transformations for deep neural networks[C]//IEEE Conference on Computer Vision and Pattern Recognition, 2017: 1492-1500.

[24] ZHANG H, WU C, ZHANG Z, et al. Resnest: split-attention networks[C]//IEEE Conference on Computer Vision and Pattern Recognition, 2022: 2736-2746.

[25] HOCHREITER S, SCHMIDHUBER J. Long short-term memory[J]. Neural computation, 1997, 9(8): 1735-1780.

[26] CHO K, MERRIËNBOER B V, GULCEHRE C, et al. Learning phrase representations using rnn encoder-decoder for statistical machine translation[C]//Conference on Empirical Methods in Natural Language Processing, 2014: 1724-1734.

[27] VASWANI A, SHAZEER N, PARMAR N, et al. Attention is all you need[C]//Advances in Neural Information Processing Systems, 2017: 5998-6008.

[28] GOODFELLOW I, POUGET-ABADIE J, MIRZA M, et al. Generative adversarial nets [C]//Advances in Neural Information Processing Systems, 2014: 2672-2680.

[29] ZHU J Y, PARK T, ISOLA P, et al. Unpaired image-to-image translation using cycle-consistent adversarial networks [C]//IEEE International Conference on Computer Vision, 2017: 2223-2232.

[30] REED S, AKATA Z, YAN X, et al. Generative adversarial text to image synthesis[C]//International Conference on Machine Learning, 2016, 48: 1060-1069.

[31] LEE H Y, YANG X, LIU M Y, et al. Dancing to music[C]//Advances in Neural Information Processing Systems, 2019: 3581-3591.

[32] LEDIG C, THEIS L, HUSZÁR F, et al. Photo-realistic single image super-resolution using

a generative adversarial network[C]//IEEE Conference on Computer Vision and Pattern Recognition, 2017:4681-4690.

[33] ALBAHAR B, HUANG J B. Guided image-to-image translation with bidirectional feature transformation[C]//IEEE International Conference on Computer Vision, 2019:9016-9025.

[34] ISOLA P, ZHU J Y, ZHOU T, et al. Image-to-image translation with conditional adversarial networks[C]//IEEE Conference on Computer Vision and Pattern Recognition, 2017:1125-1134.

[35] SUTSKEVER I, VINYALS O, LE Q V. Sequence to sequence learning with neural networks [C]//Advances in Neural Information Processing Systems, 2014:3104-3112.

[36] DOSOVITSKIY A, BEYER L, KOLESNIKOV A, et al. An image is worth 16x16 words: transformers for image recognition at scale [C]//International Conference on Learning Representations, 2020.

[37] MIRZA M, OSINDERO S. Conditional generative adversarial nets[C]//Neural Information Processing Systems Workshop on Deep Learning, 2014.

第7章

深度学习前沿

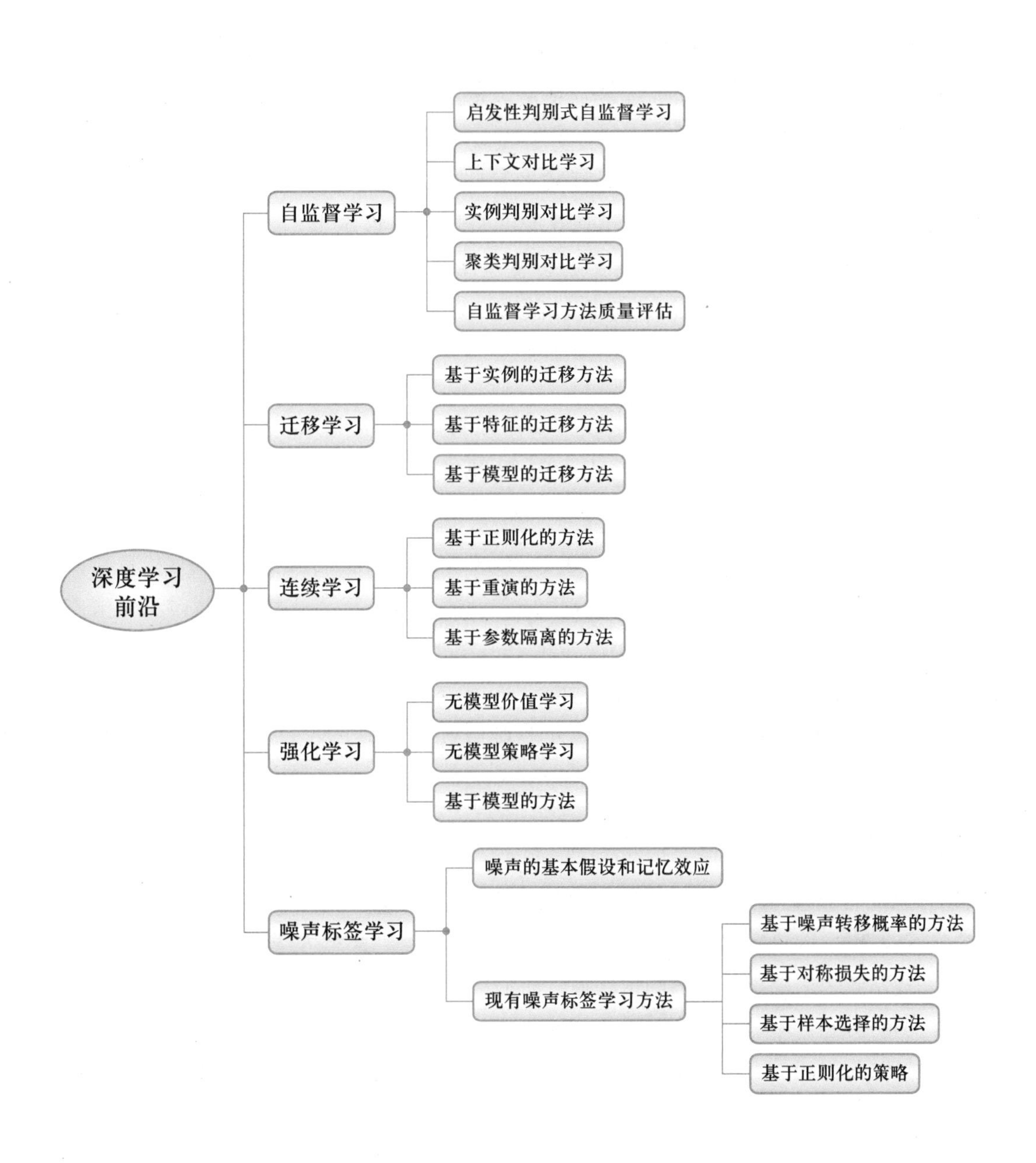

深度学习前沿
自监督学习
启发性判别式自监督学习
上下文对比学习
实例判别对比学习
聚类判别对比学习
自监督学习方法质量评估
迁移学习
基于实例的迁移方法
基于特征的迁移方法
基于模型的迁移方法
连续学习
基于正则化的方法
基于重演的方法
基于参数隔离的方法
强化学习
无模型价值学习
无模型策略学习
基于模型的方法
噪声标签学习
噪声的基本假设和记忆效应
现有噪声标签学习方法
基于噪声转移概率的方法
基于对称损失的方法
基于样本选择的方法
基于正则化的策略

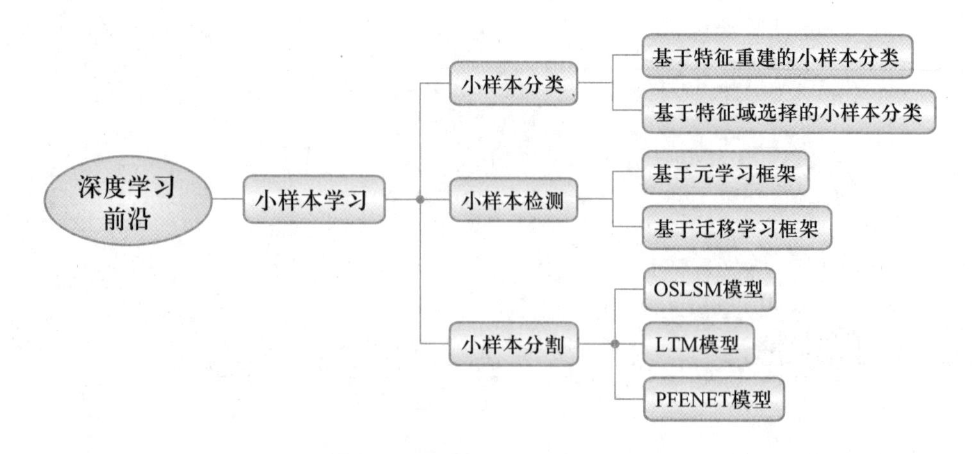

前面介绍了深度学习的基本概念、卷积神经网络的基本层和模块以及经典网络模型和优化方法。在训练数据理想的情况下,可以学习出性能优良的深度网络模型,实现预期的任务。但在现实情况中,由于任务需求的不断增加,样本数量的局限性、数据域之间呈现的显著差异,以及可能出现的错误标签,导致无法学习到有效的网络模型。近年来,为了解决上述问题,研究者相继提出了更多先进的深度学习方法,比如自监督学习、迁移学习、连续学习、强化学习、噪声标签学习以及小样本学习等。本章将针对上述这些深度学习前沿进展进行简要介绍。

第7章课件

7.1 自监督学习

自监督学习是无监督学习的一个子领域,也经常被称作无监督视觉表征学习,旨在以无监督的方式来学习通用的特征表示,从而提高表征泛化性。自监督学习大致可以分为生成式自监督学习和判别式自监督学习。生成式自监督学习主要涉及图像生成;判别式自监督学习主要基于图像内上下文关系和图像间实例关系设计判别式辅助任务,然后通过深度神经网络解决这些辅助任务,间接学习到有利于各种下游任务的通用特征表示。本节将对这一方向做进一步的介绍。

7.1.1 启发性判别式自监督学习

启发性判别式自监督学习主要基于图像内上下文关系设计启发性的判别式辅助任务,然后利用神经网络解决这些辅助任务以学习到通用的特征表示。这类方法是早期的判别式自监督学习方法,通常致力于建模图像内局部区域之间的潜在关联。这样的联系能够帮助网络进一步理解图像的整体内容,不需要任何人工引导和干预。

图像拼图(jigsaw)[1]是最经典的启发性判别式辅助任务之一。它的核心做法是完成拼图游戏。如图 7.1 所示,给定一张图像,首先将其划分为若干个相同尺寸的图像碎片(image patch);接着将它们随机打乱输入卷积神经网络,然后利用各碎片的原始位置去约束网络,将打乱后的图像碎片重新拼接。值得注意的是,整个过程中的图像切片、随机打乱、位置记录均不需要人工参与,而是由计算机系统自主完成。

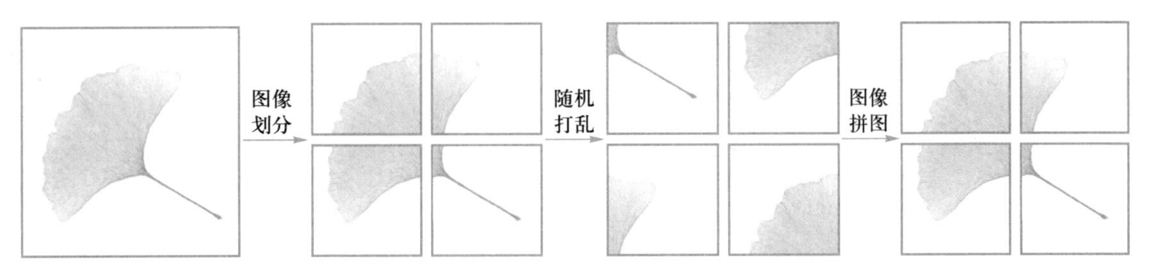

图 7.1 图像拼图

图像拼图不仅可以告诉神经网络图像由几个部分组成,还可以提供这些组成部分之间的相对位置关系。了解对象的某个部件可能对对象的整体还很模糊,但知晓部件之间的关系后,就能够对对象有更清晰的理解。就好比理解了银杏叶梗、银杏叶边缘和银杏叶内部的相对位置关系后,那么对银杏叶就有了一个更清楚的认识。

图像旋转[2]也是一个经典的启发性判别式辅助任务,核心做法是判断图像的旋转角度。如图 7.2 所示,给定一张图像,首先将其旋转 0°、90°、180°和 270°,接着将旋转后的图像输入卷积神经网络,然后利用网络去预测图像的旋转角度。与图像拼图一样,这个过程中的图像旋转角度记录也不需要人工参与。

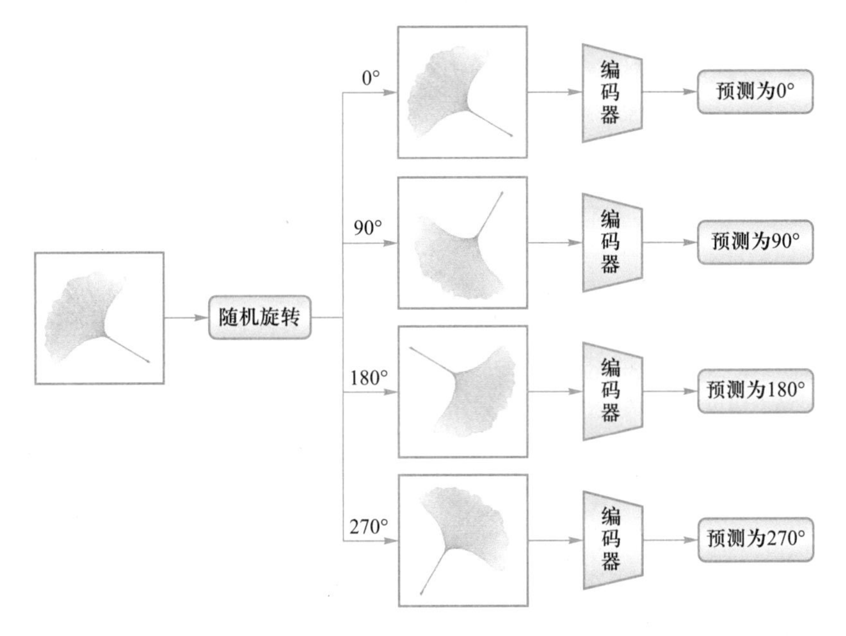

图 7.2 图像旋转

网络要完成图像旋转辅助任务则需要理解图像的几何特性，例如关键对象在图像中的位置、类型以及姿态等，这也是为何能够通过图像旋转学习到有效的视觉表征。然而，图像旋转也存在相应的缺点，对于具有旋转不变性的图像来说，图像旋转就无法有效地工作了。

7.1.2 上下文对比学习

上下文对比学习聚焦于学习图像局部区域与全局上下文之间的关系，并在图像间进行对比。这类方法大多基于互信息理论。互信息 I 的大小能够反映两个随机变量之间的相关性。最大化随机变量 X 和 Y 之间的互信息 $I(X,Y)$ 可以使得 X 和 Y 尽可能地相似。

Deep infoMax(DIM)[3]是早期探索互信息在自监督学习方面应用的工作。DIM 的核心思想是最大化同一图像的局部特征 $\boldsymbol{F}_L \in \mathbf{R}^{M\times M\times C}$(分别对应原图中 $M\times M$ 个局部区域，C 为特征维度)与全局特征 $\boldsymbol{F}_G \in \mathbf{R}^{1\times 1\times C}$之间的互信息，并且最小化不同图像的局部特征与全局特征之间的互信息。具体来讲，给定一张输入图像 $\boldsymbol{x}$，通过卷积神经网络分别得到对应的局部特征 $\boldsymbol{F}_L$ 和全局特征 $\boldsymbol{F}_G$。此外，补充一张对比图像 $\boldsymbol{x}'$，并得到局部特征 $\boldsymbol{F}'_L$。如图 7.3 所示，全局对比是最大化全局特征 $\boldsymbol{F}_G$ 和全体局部特征 $\boldsymbol{F}_L$ 之间的互信息 $I(\boldsymbol{F}_G,\boldsymbol{F}_L)$，最小化全局特征 $\boldsymbol{F}_G$ 和全体局部特征 $\boldsymbol{F}'_L$ 之间的互信息 $I(\boldsymbol{F}_G,\boldsymbol{F}'_L)$；如图 7.3 所示，局部对比是最大化全局特征 $\boldsymbol{F}_G$ 和每一个局部特征 $\boldsymbol{F}_L(i)$之间的互信息 $I(\boldsymbol{F}_G,\boldsymbol{F}_L(i))$，最小化全局特征 $\boldsymbol{F}_G$ 和每一个局部特征 $\boldsymbol{F}'_L(i)$之间的互信息 $I(\boldsymbol{F}_G,\boldsymbol{F}'_L(i))$。全局对比和局部对比的结合能够最大限度地鼓励同一图像的局部区域和全局区域间的一致性，并且与其他图像的局部区域相互区分。

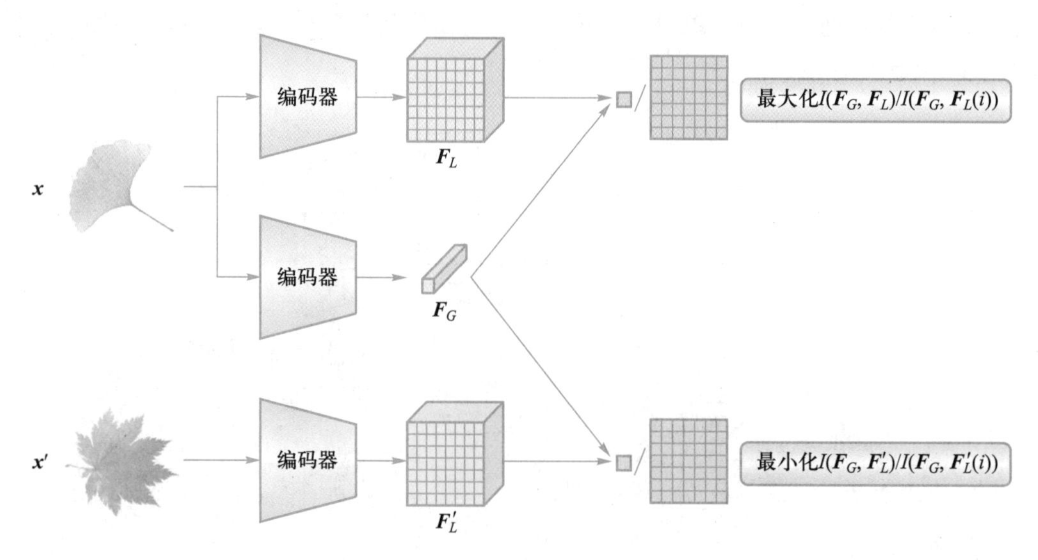

图 7.3 DIM 算法示意图

AMDIM[4]对原图像进行数据增广得到额外的增广视图，并且通过神经网络分别提取原图和增广视图的多尺度局部特征，然后在不同尺度特征下对比原图和增广视图，从而进一步增强局部区域和局部区域、局部区域和全局区域间的正向联系。

由于在高维且连续的特征空间中,互信息是很难计算的[5],因此大多数研究工作都是利用估计的互信息下界进行学习[6]。然而,这个下界是松散的,并且,当两个随机变量 X 和 Y 完全独立时,X 和 Y 的互信息 $I(X,Y)$ 为 0,这种情况下 X 和 Y 分布的差异无法准确地度量。

7.1.3 实例判别对比学习

实例判别(instance discrimination)最早作为一个辅助任务[7]被首先提出。由于在真实场景下,即使具有相同的语义标签,每一个样本也都有属于自己的特点,正如"世界上不可能有两张完全相同的树叶,也不可能有两个完全一样的人"。因此实例判别主张将每一个样本视为一个单独的实例,即为每一个样本划分一个类别,在特征空间中去增加两两之间的距离。

基于实例判别的对比学习方法中,SimCLR[8] 和 MoCo[9] 是两个比较经典的方法,其思想都是建立在实例判别的基础上的。具体来说,首先为每一个样本进行数据增广(例如随机裁剪、水平翻转、颜色抖动、高斯模糊等)得到增广视图,并将此增广视图作为对应原样本的唯一正样本,即应该在特征空间中相互靠近;再将其他样本视作负样本,在特征空间中拉开其与所有负样本之间的距离。SimCLR 在批读取数据的基础上执行实例判别对比。为了包括大量的负样本,其单位批次读取量(batch size)设置得非常大,因此该方法需要足够的计算资源才能实现。MoCo 方法运用一个队列动态存储之前几个批次的数据作为负样本集合,将负样本数量和批读取量解耦,使其能在普通的计算资源上完成。除此之外,MoCo 还提出了动量更新编码器,保证大量负样本之间的一致性。具体来说,在正常的误差反向传播更新的情况下,由于更新速度较快,同一张图像在不同的优化步骤下得到的特征有可能都是不一样的。动量更新编码器采取动量更新,即 $\boldsymbol{w}_k^t = m * \boldsymbol{w}_k^{t-1} + (1-m) * \boldsymbol{w}_q^t$,$\boldsymbol{w}_q^t$ 是查询编码器第 t 步迭代的网络参数,$\boldsymbol{w}_k^t$ 是动量更新编码器第 t 步迭代的网络参数,m 是一个动量超参数(一般取 0.996),使得更新速度较为缓慢,因此保证了大量的负样本之间的一致性。MoCo 框架如图 7.4 所示。

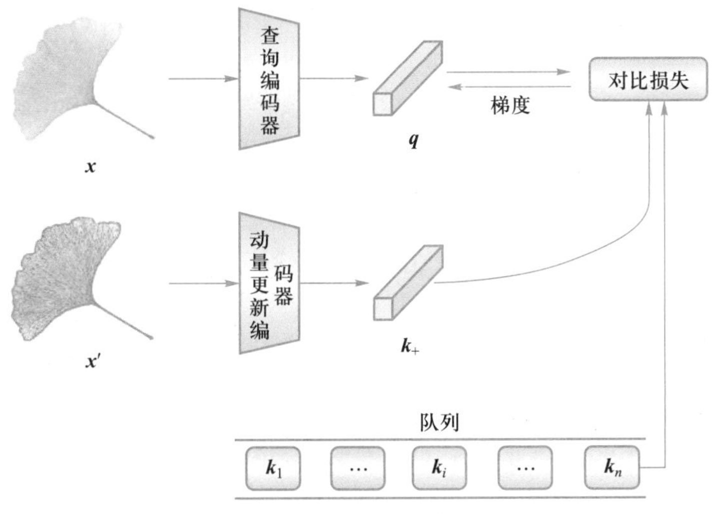

图 7.4 MoCo 框架

MoCo 采用的实例判别对比损失是经典的对比损失之一。具体来说,给定一张输入图像 $\boldsymbol{x}$,对其做数据增广得到增广视图 $\boldsymbol{x}'$,将他们分别输入查询编码器 $f_q(\cdot)$(即正常误差反向传播更新编码器)和动量更新编码器 $f_k(\cdot)$,得到查询特征 $\boldsymbol{q}=f_q(\boldsymbol{x})$ 和正样本 $\boldsymbol{k}_+=f_k(\boldsymbol{x}')$,同时将队列中的所有存储特征 $\{\boldsymbol{k}_1,\cdots,\boldsymbol{k}_i,\cdots,\boldsymbol{k}_n\}$ 作为负样本,来构建实例判别对比损失,即

$$\mathcal{L}=-\log\frac{\exp(\boldsymbol{q}\cdot\boldsymbol{k}_+/\tau)}{\exp(\boldsymbol{q}\cdot\boldsymbol{k}_+/\tau)+\sum_{i=0}^{n}\exp(\boldsymbol{q}\cdot\boldsymbol{k}_i/\tau)} \tag{7.1}$$

其中,τ 是一个超参数。总的来说,MoCo 提出了两种关键的策略去解决如下两个负样本问题:

(1) 为扩大负样本的数量,MoCo 使用了一个队列去存储来自前几个批次的数据作为负样本集合,这能够显著地提高网络使用的负样本数量;

(2) 抛弃传统的端到端的训练框架,并且设计了动量更新编码器,以保证大量负样本的一致性。

与上述对比方法不同,BYOL[10] 抛弃了负样本的对比,直接对比正样本,最终得到了更佳的效果。由于不需要对比负样本,因此该方法的结构特别简单,是最常用的方法之一。

7.1.4 聚类判别对比学习

基于实例判别的对比学习方法存在一个缺点,即实例判别对负样本选取的假设与在真实场景下样本间存在相似性的事实相冲突,因此在一定程度上会导致出现训练不稳定、效果不佳[11] 等问题。因此,为了考虑样本间可能存在的自然相似性,一些方法将聚类思想引入到对比学习中。

Caron 等人提出的 SwAV[12] 利用聚类思想得到同一样本的两个随机增广视图的聚类分配,然后进行交叉聚类判别。SwAV 框架如图 7.5 所示,给定一张输入图像 $\boldsymbol{x}$,对其做数据增广得到增广视图 $\boldsymbol{x}^1$ 和 $\boldsymbol{x}^2$,将它们分别输入编码器 $f_\theta(\cdot)$ 得到特征 $z^1=f_\theta(\boldsymbol{x}^1)$ 和 $z^2=f_\theta(\boldsymbol{x}^2)$。SwAV 借鉴了本章参考文献[13]中的在线聚类算法,通过引入 k 个动态聚类原型(可更新)来得到 z^1 和 z^2

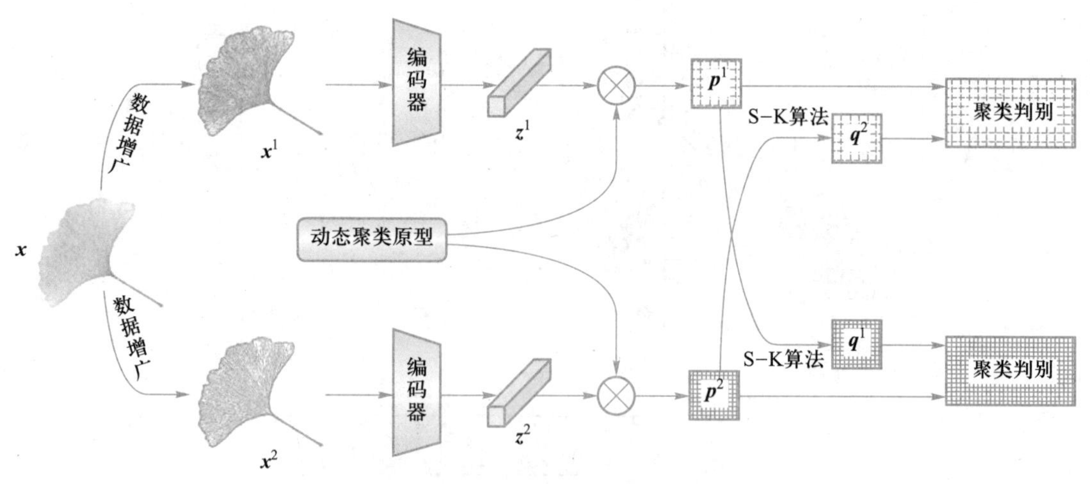

图 7.5 SwAV 框架

的预测分配 $\boldsymbol{p}^1$ 和 $\boldsymbol{p}^2$,同时利用 Sinkhorn-Knopp 算法[14]在线计算各自对应的聚类分配 $\boldsymbol{q}^1$ 和 $\boldsymbol{q}^2$,最终交叉优化聚类判别,即利用 $\boldsymbol{q}^1$ 约束 $\boldsymbol{p}^2$,利用 $\boldsymbol{q}^2$ 约束 $\boldsymbol{p}^1$。

除此之外,一些早期的方法也存在聚类判别的思想,例如 DeepCluster[15],其工作流程分为两个阶段。第一个阶段使用传统聚类算法(例如 K-均值聚类算法)聚类编码后的特征,借此为每个样本分配一个伪标签。第二个阶段利用网络判别每个样本来自哪个聚类类别。在具体实现中,这两步实行交替优化。此外,Local Aggregation(LA)[16]对 DeepCluster 做出了相应地优化。首先,在 DeepCluster 中样本被分发到各个互斥的集群(cluster)中,LA 对此进行了补充。对于每个样本都分别进行了标记领域的工作,这样可以找到不规则形状的集群。其次,DeepCluster 采用交叉熵判别损失,而 LA 采用了局部软聚类分配损失,即以某个概率分配为某个集群。这两个改进大大提高了 LA 在具体任务上的表现。

7.1.5 自监督学习方法质量评估

目前有两种流行的评估自监督学习方法学习到的特征质量的评估标准。

(1) 线性评估策略:通常在自监督学习方法得到的特征提取网络基础上额外训练一个线性分类器,同时固定特征提取网络的参数,即训练分类器时,特征提取网络不参与更新,以最终的分类性能作为自监督学习表征质量的评估标准。

(2) 下游任务的迁移:通常将自监督学习方法得到的特征提取网络作为预训练模型,再在诸如检测和分割之类的下游任务中进一步学习,这时特征提取网络也要参与更新,最后以下游任务的性能作为表征质量的评估标准。传统的预训练模型常采用 ImageNet 强监督分类训练得到的特征提取网络。将自监督学习方法得到的特征提取网络作为预训练模型有两个优点:第一,不需要任何人工标注,所以可以增加训练所需的数据量,增强特征提取网络的泛化性;第二,分类任务所得到的特征提取网络可能存在一些对下游任务没有必要的信息,信息的冗余可能导致精度的下滑。

最新的研究工作表明,在线性评估策略中,自监督学习的性能正在快速地迫近监督学习的性能。在下游任务的迁移中,自监督学习得到的特征提取网络也可能超过使用 ImageNet 强监督分类训练得到的特征提取网络。这表明,自监督学习具有强大的学习能力和卓越的前景。

7.2 迁移学习

在计算机视觉任务中,受到图像分辨率、光照条件、拍摄角度等多种因素影响,训练集数据(源域)和测试集数据(目标域)可能存在较大的差异,进而导致源域和目标域之间经常存在域不匹配和域偏移的问题。一些在源域表现较好的模型在目标域反而表现很差。为了缩小源域和目标域数据之间的分布差距,使用迁移学习的方法将源域数据中学到的知识迁移到目标域中使用是十分必要的。目前迁移学习已经成为机器学习中一个非常活跃的领域。根据迁移的对象不同,可以将迁移学习的方法分为三类:基于实例的迁移方法、基于特征的迁移方法和基于模型的迁移方法。

7.2.1 基于实例的迁移方法

基于实例的迁移方法主要解决的问题是,当源域数据与目标域数据之间存在一定的相似样本时,可以根据源域样本与目标域样本的相似性对样本权重进行重加权,使得源域数据的样本分布与目标域数据分布更为贴近,从而对样本实例进行迁移。基于实例的迁移方法如图 7.6 所示。

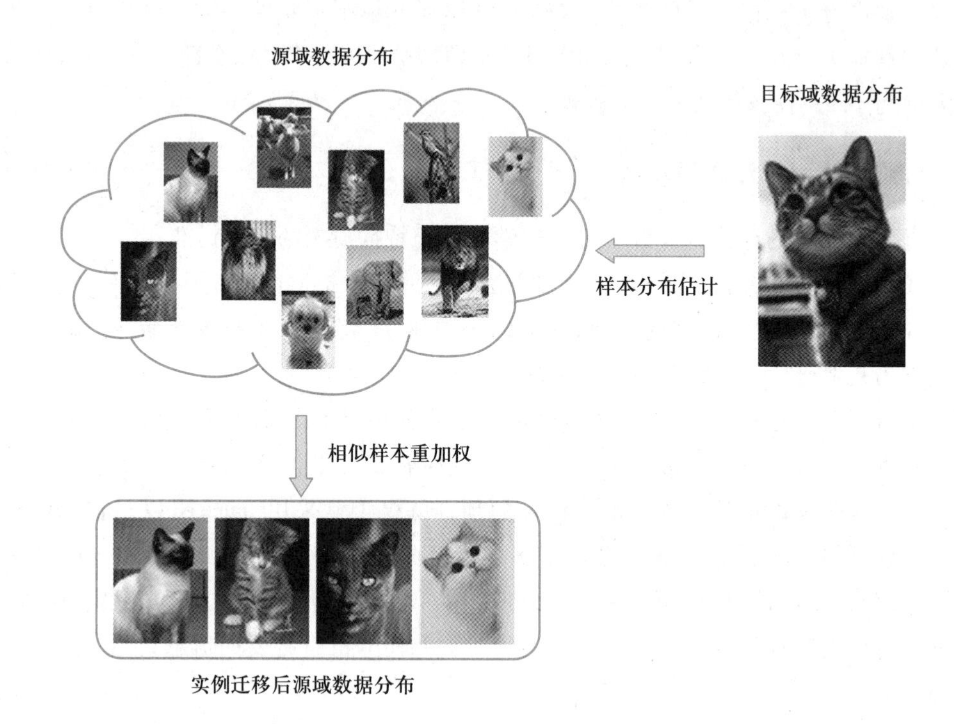

图 7.6 基于实例的迁移方法

该方法在源域数据的训练阶段通常根据源域数据分布和目标域数据分布的相似关系,对源域数据进行采样并估计样本的权重函数 $\beta(\boldsymbol{x})$,同时利用权重函数改变样本的损失函数,模拟目标域数据分布进行训练。本节后续内容将对具体的基于实例的迁移方法进行详细介绍。

基于实例的迁移方法需要评估源域样本与目标域样本的相似性或差异性,如何评估这种相似性则是首要的问题之一。2012 年,Gretton 等人提出了最大平均差异(max mean discrepancy,MMD)方法[17],并用于评估样本之间是否属于同一分布。从源域和目标域中进行样本采样得到源域样本集合 X^s 与目标域样本集合 X^t。设计映射函数 $\boldsymbol{\phi}(\boldsymbol{x})$ 将源域样本 $\boldsymbol{x}_i^s$ 和目标域样本 $\boldsymbol{x}_j^t$ 映射到同一样本空间,再计算投影后的样本均值,然后度量样本均值距离,如下式所示。

$$MMD^2(X^s, X^t) = \left\| \frac{1}{n_1} \sum_{i=1}^{n_1} \boldsymbol{\phi}(\boldsymbol{x}_i^s) - \frac{1}{n_2} \sum_{j=1}^{n_2} \boldsymbol{\phi}(\boldsymbol{x}_j^t) \right\|_{\mathcal{H}}^2 \tag{7.2}$$

其中,$\mathcal{H}$表示映射后的样本空间为再生核希尔伯特空间(reproducing Kernel Hilbert spaces)。对于不同的数据集,映射函数 $\phi(\boldsymbol{x})$的选取结果是不同的,但映射函数 $\phi(\boldsymbol{x})$的选取需要满足两个条件:

(1) 当源域和目标域属于同一分布时,选取的映射函数 $\phi(\boldsymbol{x})$满足最大平均差异等于 0;

(2) 对于有限的样本,映射函数 $\phi(\boldsymbol{x})$能有效估计其分布,并且映射函数 $\phi(\boldsymbol{x})$具有连续性。

2017 年,Borgwardt 等人指出最大平均差异方法忽略了源域与目标域之间存在的类别先验分布偏移[18]。具体来说,当源域和目标域存在类别偏移时,即源域与目标域的类别不一致,最大均值偏移方法在估计源域中样本的分布时,仍然会计算源域与目标域不同类别的样本。当不同类别的样本在源域中占比过大时,使用 MMD 算法估计的样本分布可能存在较大误差。为了解决源域和目标域之间存在类别偏移而导致错误估计样本分布的问题,Yan 等人提出使用加权最大均值差异方法(WMMD)[19]。该方法通过对源域数据进行重加权来减少类别偏移对样本分布估计的影响。在此方法中探讨的迁移问题要求目标域数据类别为源域数据类别的子集,WMMD 方法示意图如图 7.7 所示。WMMD 方法有两个重要的设计。首先,通过类别特定的权重函数对源域样本进行重加权定义了加权最大均值差异方程,如下式所示

$$d_{\mathrm{WMMD}}^{2}=\left\|\frac{1}{\sum\limits_{i=1}^{n_1} w_{y_i^s}} \sum_{i=1}^{n_1} w_{y_i^s} \boldsymbol{\phi}(\boldsymbol{x}_i^s)-\frac{1}{n_2} \sum_{j=1}^{n_2} \boldsymbol{\phi}(\boldsymbol{x}_j^t)\right\|_{\mathcal{H}}^{2} \tag{7.3}$$

其中,y_i^s 是源域样本 $\boldsymbol{x}_i^s$ 的类别标签,$\boldsymbol{x}_j^t$ 为目标域样本,$w_{y_i^s}$是源域样本对应的类别权重,$\boldsymbol{\phi}(\cdot)$ 是将样本映射到非线性希尔伯特空间 $\mathcal{H}$的映射函数,n_1 和n_2 代表从源域和目标域中采样的样本数量。其次,为了在网络的训练过程中,实现对 WMMD 中权重函数的优化,达到源域和目标域

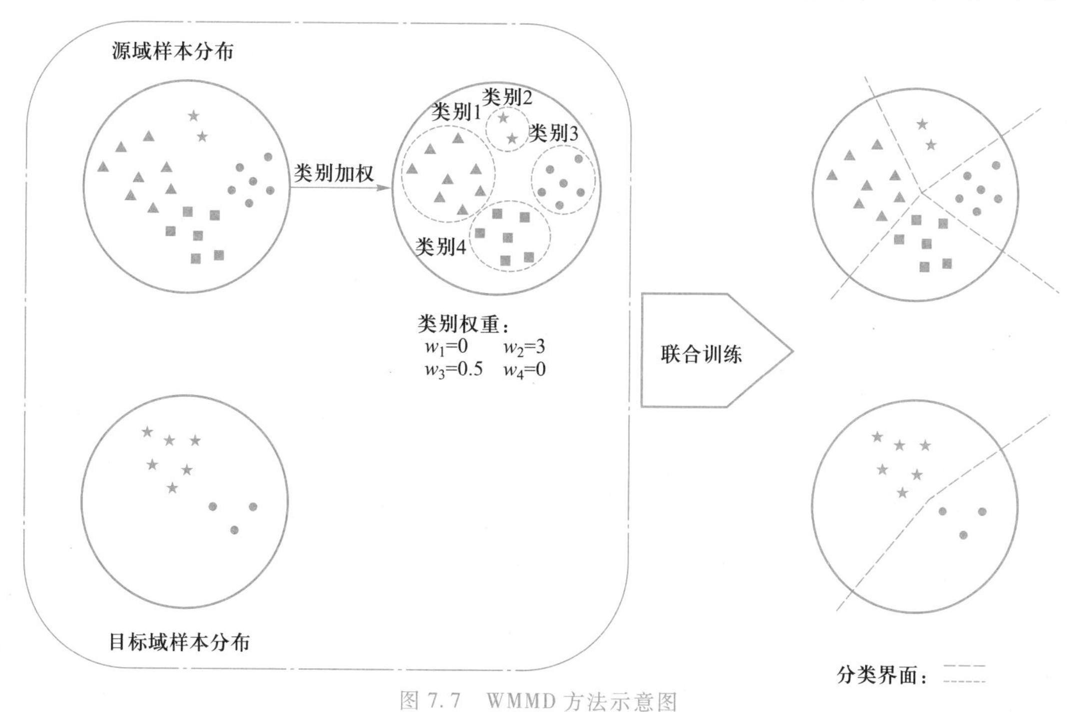

图 7.7 WMMD 方法示意图

分布更加匹配的目的，研究者进一步设计了加权域自适应网络（WDAN）。该网络将 WMMD 的约束加入高层的卷积层中，并利用源域（X^s，Y^s）和目标域数据（X^t）进行联合训练，在缺乏目标域标签的情况下使用伪标签对权重函数进行优化。在 WDAN 网络联合训练的过程中，会对目标域样本 x_j^t 的类别标签进行预测，然后选取最大分类得分的类别 $\mathcal{C}$ 作为该目标域样本的伪标签 $\hat{y}_j^t=\mathcal{C}$，并根据目标域样本的伪标签估计目标域的样本类别权重 w_{X^t}，而源域样本权重 w_{X^s} 则可以通过采样得到，由此实现对权重函数的估计与优化。

基于实例的迁移学习方法适用于源域数据和目标域数据之间存在一定相似性的情况，如果二者存在较大的差异性，则说明源域与目标域数据相似的样本比较稀少。在源域和目标域之间的差异太大的情况下，通常将基于实例的迁移学习方法与其他方法相结合辅助迁移学习。

7.2.2 基于特征的迁移方法

一个领域中的知识在另一个领域中不适用，本质上是由不同领域中样本所处的特征空间不一致所造成的。如图 7.8 所示，解决这个问题有两种思路：一是特征选择；二是特征映射。基于特征选择的迁移基于一个假设：不同领域的特征空间存在共有的部分，将共有的部分找出来，以其作为媒介就可以进行知识的迁移。基于特征映射的迁移将不同领域的特征空间进行变换，从而将不同域的样本映射到同一特征空间中。这个统一的特征空间可能是新的也可能是目标域空间。在这个特征空间中进行学习，就可以得到与源域和目标域无关的通用知识。

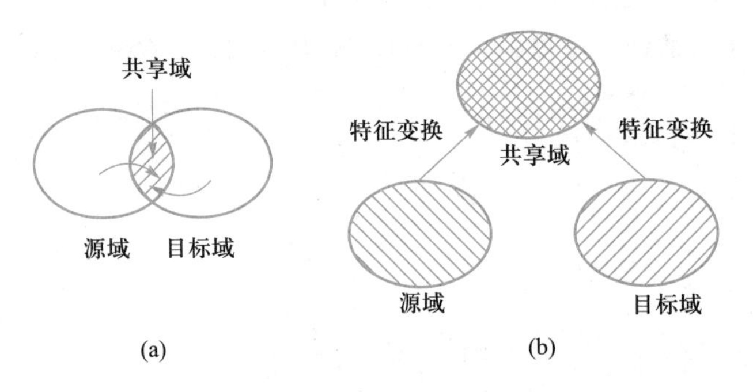

图 7.8 基于特征选择的迁移和基于特征映射的迁移

Blitzer 等人于 2006 年提出了结构对应学习方法（structural correspondence learning，SCL）[20]，针对的任务为源域数据有标注，目标域数据无标注，需要使用两个域的样本和源域的标注得到一个目标域的分类器。SCL 选择了在两个域中都经常出现的特征作为共有特征，通过共有特征建立每个域的其他特征与共有特征的联系。在一个域的上下文中对共有特征打上掩膜（即屏蔽），然后用其他特征预测该上下文环境中共有特征是否出现，即

$$\hat{\boldsymbol{w}}_\ell = \underset{\boldsymbol{w}}{\operatorname{argmin}}\left(\sum_j \mathcal{L}(\boldsymbol{w}^{\mathrm{T}} \cdot \boldsymbol{x}_j, p_\ell(\boldsymbol{x}_j)) + \lambda \|\boldsymbol{w}\|^2\right) \tag{7.4}$$

其中，$\hat{\boldsymbol{w}}_\ell$ 为映射的参数，$\boldsymbol{x}_j$ 为一个域与掩膜掉的共有特征相关的特征，$p_\ell(\boldsymbol{x}_j)$ 为共有特征是否存在的编码，$\mathcal{L}(\cdot)$ 为改进 huber 损失[21]。在建立联系后就可以将两个域中的特征投影到这个共

有域中,在这个共有域中训练一个新的分类器。该分类器与域无关,可以用在目标域上。由于共有特征存在比较明确的定义,故基于特征选择的迁移学习可解释性比较强,但此类方法非常依赖于源域和目标域数据的分布。

Pan 等人提出的 MMDE[22]、TCA[23]都是经典的基于特征映射的迁移学习方法。下面回顾一下 MMD

$$MMD^2(X^s,X^t)=\left\|\frac{1}{n_1}\sum_{i=1}^{n_1}\phi(\boldsymbol{x}_i^s)-\frac{1}{n_2}\sum_{j=1}^{n_2}\phi(\boldsymbol{x}_j^t)\right\|_{\mathcal{H}}^2 \tag{7.5}$$

要实现特征空间的映射就是要学习到合适的映射 ϕ,但式(7.5)很难直接被优化,TCA 提出将上述问题变为核优化的问题。将式(7.5)展开后可以得到

$$\begin{aligned}MMD^2(X^s,X^t)=&\frac{1}{n_1^2}\sum_{i=1}^{n_1}\sum_{j=1}^{n_1}\phi(\boldsymbol{x}_i^s)^{\mathrm{T}}\phi(\boldsymbol{x}_j^s)+\\&\frac{1}{n_2^2}\sum_{i=1}^{n_2}\sum_{j=1}^{n_2}\phi(\boldsymbol{x}_i^t)^{\mathrm{T}}\phi(\boldsymbol{x}_j^t)-\frac{2}{n_1n_2}\sum_{i=1}^{n_1}\sum_{j=1}^{n_2}\phi(\boldsymbol{x}_i^s)^{\mathrm{T}}\phi(\boldsymbol{x}_j^t)\end{aligned} \tag{7.6}$$

为避免直接计算 $\phi(\cdot)$,参照 SVM,把 $\phi(a)^{\mathrm{T}}\phi(b)$ 作为一个整体,即核函数 $\mathcal{K}(a,b)$,于是

$$\begin{aligned}MMD^2(X^s,X^t)=&\frac{1}{n_1^2}\sum_{i=1}^{n_1}\sum_{j=1}^{n_1}\mathcal{K}(\boldsymbol{x}_i^s,\boldsymbol{x}_j^s)+\frac{1}{n_2^2}\sum_{i=1}^{n_2}\sum_{j=1}^{n_2}\mathcal{K}(\boldsymbol{x}_i^t,\boldsymbol{x}_j^t)-\\&\frac{2}{n_1n_2}\sum_{i=1}^{n_1}\sum_{j=1}^{n_2}\mathcal{K}(\boldsymbol{x}_i^s,\boldsymbol{x}_j^t)\end{aligned} \tag{7.7}$$

$MMD^2(X^s,X^t)$ 因此可以被记作 $tr(\boldsymbol{KL})$,其中

$$\boldsymbol{K}=\begin{pmatrix}\mathcal{K}_{X^sX^s} & \mathcal{K}_{X^sX^t}\\ \mathcal{K}_{X^tX^s} & \mathcal{K}_{X^tX^t}\end{pmatrix},\mathcal{K}(a,b)=\phi(a)^{\mathrm{T}}\phi(b),\boldsymbol{L}=\begin{pmatrix}\frac{1}{n_1^2} & \frac{1}{-n_1n_2}\\ \frac{1}{-n_1n_2} & \frac{1}{n_2^2}\end{pmatrix} \tag{7.8}$$

该优化问题就变为:$tr(\boldsymbol{KL})-\lambda tr(\boldsymbol{K})$,其中 $\lambda tr(\boldsymbol{K})$ 是一个控制 $\boldsymbol{K}$ 复杂度的正则项。其后 MMDE、TCA 分别采用了不同的方式来简化求解。

许多研究者也开始尝试使用神经网络来实现特征的映射。要将两个域的特征空间映射到一个共享空间中。Ganin 等人在 2016 年提出了 DANN[24],将生成对抗网络引入基于深度学习的特征映射的过程中。

如图 7.9 所示,DANN 主要由三部分组成:一是特征提取网络,提取源域和目标域的特征;二是标签预测网络,对带标签的源域样本进行预测;三是域分类网络,用来区分特征所对应的样本是来自源域还是目标域。其中第一部分和第三部分互相对抗,特征提取网络希望能提取出与域无关的特征,实现不同域到共享域的特征映射,以此来欺骗域分类网络;域分类网络不断提升自己的鉴别能力,以区分出映射后来自不同域的样本。当鉴别器不能区分出映射后的特征来自哪个域时,就认为特征都被映射到了一个共享空间中。此时标签分类网络是针对共享空间中的特征进行训练的,可以处理源域和目标域的样本,实现了迁移。网络优化的损失函数为

$$\mathcal{L}_{\text{all}} = \mathcal{L}_{\text{prediction}} - \lambda \mathcal{L}_{\text{domain}} \tag{7.9}$$

式中，$\mathcal{L}_{\text{prediction}}$ 为标签分类损失，$\mathcal{L}_{\text{domain}}$ 为域鉴别损失，λ 为权重。

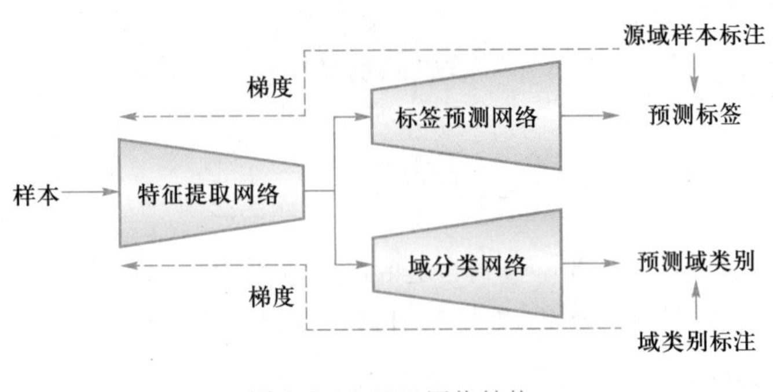

图 7.9 DANN 网络结构

7.2.3 基于模型的迁移方法

对于源域和目标域的模型而言，它们的参数是可以部分共享的，因此除了对样本或者特征进行迁移之外，还可以直接对源域的模型进行迁移来得到目标域的模型。基于模型的迁移被广泛地应用在深度学习中。它主要解决两个任务：一是用通用模型或者专用模型辅助学习另外一个专用模型；二是用大模型辅助学习一个轻量型网络模型。

任务一的本质就是微调（fine-tune）。比如针对 ImageNet[25]，在使用卷积神经网络提取特征时，对于同样的输入，网络的浅层通常被认为提取了通用特征，这些特征是与最后的任务无关的，而网络的深层则被认为提取了语义特征。因此，网络的浅层参数经常可以复用，可以被迁移到具体应用任务中。微调的一种简单做法是，将浅层参数迁移到新的模型后，冻结它们的参数，然后根据具体任务重新训练深层参数。依照任务的不同，深层的网络可能是原来的也可能是重新设定的。微调有两方面优势：一是迁移了部分训练好的参数，相比于从零开始，网络收敛速度快，耗费的计算资源更少；二是对于标注很少的数据集，直接训练通常无法获得足够强的通用特征，而在迁移得到的比较好的通用特征的基础上再学习专用特征，网络就能获得更好的性能。

任务二的代表性方法之一是知识蒸馏模型，如图 7.10 所示，主要是为了解决将计算量大的卷积神经网络中的模型参数压缩为一个轻量化易存储的网络模型问题。Hinton 等人[26]首次提出了知识蒸馏的概念，利用教师模型的软化输出概率分布指导学生模型的训练。该方法帮助学生模型拟合到真实的标签分布且学生模型可以拟合教师模型的特征表达。教师模型的概率输出形式为

$$P_T = \text{softmax}(\boldsymbol{a}_T) \tag{7.10}$$

其中，T 表示教师模型，该模型是已经收敛的模型，P_T 表示模型输出的概率分布，$\boldsymbol{a}_T$ 表示教师模型的 softmax 前的激活向量。同理，学生模型的概率输出形式为

$$P_S = \text{softmax}(\boldsymbol{a}_S) \tag{7.11}$$

其中，S 表示学生模型，该模型是待训练且有可学习的参数 $\boldsymbol{w}_s$，$\boldsymbol{a}_s$ 表示学生模型的 softmax 前的

激活向量。为了给输出的概率分布引入更多的隐藏信息,首先对模型的输出概率进行软化,得到如下形式

$$P_T^{\tau}=\mathrm{softmax}\left(\frac{\boldsymbol{a}_T}{\tau}\right),\quad P_S^{\tau}=\mathrm{softmax}\left(\frac{\boldsymbol{a}_S}{\tau}\right) \tag{7.12}$$

其中,$\tau>1$ 表示标签放缩因子,用来软化输出的概率分布,P_T^{τ} 和 P_S^{τ} 分别表示教师模型和学生模型输出概率分布的软化形式。对学生模型进行训练,使其输出 P_S 与教师模型的输出 P_T 以及真实的标签 Y 的距离尽可能短。因此,学生模型的监督损失函数为

$$\begin{aligned}\mathcal{L}_{KD}(\boldsymbol{w}_s)&=\mathcal{L}_{\text{classification}}+\lambda\mathcal{L}_{\text{dark knowledge}}\\&=\mathcal{L}_{\text{cross-entropy}}(Y,P_S)+\lambda\mathcal{L}_{\text{cross-entropy}}(P_T^{\tau},P_S^{\tau})\end{aligned} \tag{7.13}$$

其中,$\mathcal{L}_{\text{cross-entropy}}$ 表示交叉熵损失函数,λ 是一个可调的参数用于平衡两个交叉熵损失。公式中的第一项对应的是学生网络的输出和真实标签之间的距离,第二项表示的是学生模型从教师模型中进行知识学习的程度。

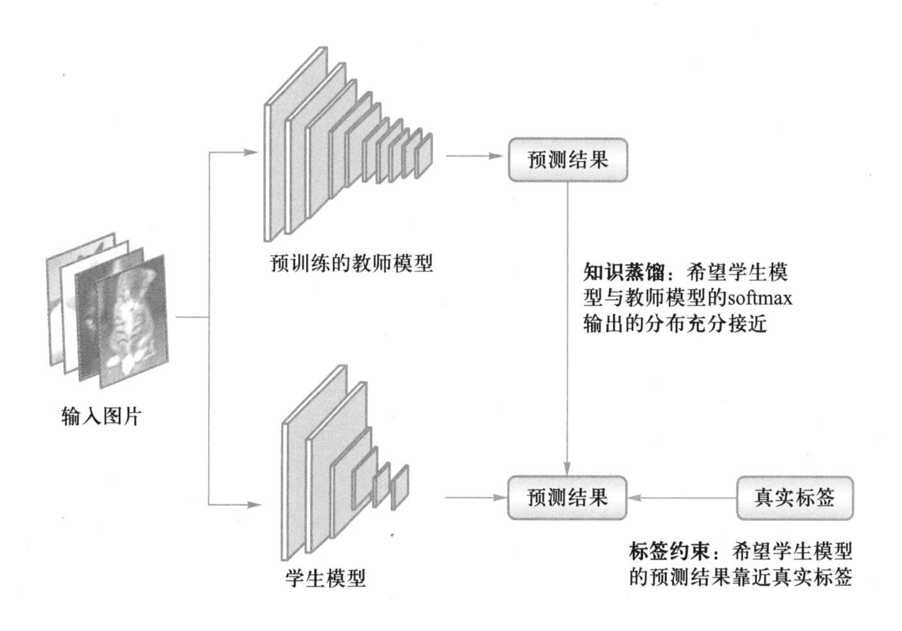

图 7.10 增加知识蒸馏模型图

最近,注意力迁移[27]中的知识迁移的方式同时利用了教师模型的输出层和中间层的监督。该模型提供了一种利用中间层进行知识迁移的新视角。首先挑选教师模型中的一些中间层 $i=1,2,\cdots,n$ 以及学生模型具有相同输出尺度大小的层。假设 $\boldsymbol{A}_i^t\in\mathbf{R}^{C\times H\times W}$ 为教师模型第 i 层的输出激活张量,$\boldsymbol{A}_{ij}^t\in\mathbf{R}^{H\times W}$ 为该激活张量中的一个特征平面,该特征平面沿着通道维度 $j=1,2,\cdots,C$ 进行选择。对于学生模型也做同样的操作,从而得到对应的输出激活张量 $\boldsymbol{A}_i^s$ 和特征平面 $\boldsymbol{A}_{ij}^s$。

注意力迁移利用如下的损失将教师模型的知识迁移给学生模型

$$\begin{aligned}\mathcal{L}_{AT} &= \mathcal{L}_{\text{classification}} + \beta\mathcal{L}_{\text{attention}} \\ &= \mathcal{L}_{\text{cross-entropy}}(Y, P_S) + \\ &\quad \beta\sum_{i=1}^{n}\left\|\frac{\text{vec}(f(\boldsymbol{A}_i^t))}{\|\text{vec}(f(\boldsymbol{A}_i^t))\|_2} - \frac{\text{vec}(f(\boldsymbol{A}_i^s))}{\|\text{vec}(f(\boldsymbol{A}_i^s))\|_2}\right\|_2\end{aligned} \tag{7.14}$$

其中，β 是一个超参数，vec 表示对特征谱行主序的向量化操作。将映射函数定义为

$$f(\boldsymbol{A}_i) = \left(\frac{1}{C_{A_i}}\right)\sum_{j=1}^{C_{A_i}}\|A_{ij}\|^2 \tag{7.15}$$

其中，C_{A_i} 是第 i 层的输出通道的数目。映射函数 $f(\boldsymbol{A}_i)$ 满足 $\mathbf{R}^{C\times H\times W}\to\mathbf{R}^{H\times W}$。$f$ 将输出激活张量 $\boldsymbol{A}_i$ 转化为一个特征平面。可以看出，注意力迁移是一种全局匹配方式，它通过 L_2 范数使学生模型的整个中间层特征谱拟合教师模型的中间特征图。

7.3 连续学习

早在 1989 年，McCloskey 等人就发现了连接主义网络在学习新的信息时会对旧的知识产生灾难性遗忘(catastrophic forgetting)[28]。Robins 等人于 1995 年提出利用重演(rehearsal)以及伪重演(pseudo rehearsal)的方法来缓解灾难性遗忘[29]。如今的深度网络模型作为连接主义的进一步发展，在连续学习的过程中同样面临着上述问题。而连续学习要求模型在不断学习新信息的同时保持已有的知识。为简化研究问题，狭义上，连续学习要求模型依次学习一组任务序列，在无法获取之前任务数据的情况下，尽可能保持对之前任务的性能。连续学习通常需要解决三方面的问题：① 能够保持之前学习过的知识(稳定性，stability)，同时具有对新任务的学习能力(可塑性，plasticity)；② 能够对已有知识进行迁移，从而对新任务进行高效快速地学习(knowledge transfer)；③ 面对不断积累的知识，网络能够自主高效地扩充(efficiently expansion)。

作为与神经科学交叉的研究方向，近年来神经科学的进步也推动了连续学习的发展。如：突触的可塑性理论(synaptic plasticity)[30]对应着基于正则化方法中的选择性约束神经元的更新[31]；互补学习理论(complementary learning system, CLS)[32-33]对应着基于重演方法中记忆(memory)的更新与检索[34]；突触的重建与消失理论(synapse regeneration and disappearance)[35-36]对应着基于参数隔离方法中为新任务创建新的网络分支[37]。

接下来简要介绍连续学习在正则化、重演以及参数隔离方面的最新代表性工作[38]。首先定义模型为 $f(\boldsymbol{w})$，任务序列为 $\{T_1,\cdots,T_N\}$，与之相关联的是一组数据集序列 $\{D_1,\cdots,D_N\}$，其中 N 为总任务数。对于第 t 个任务来说，它的数据 D_t 是一个三元组集合 $D_t=\{(\boldsymbol{x},y,t)\}$，其中 $\boldsymbol{x}$ 为输入，y 为标签，t 为任务标签，$(\boldsymbol{x},y)$ 随机采样于与任务相关的分布 $P_t(X,Y)$。连续学习要求模型依次学习这些任务序列，在无法获取之前任务数据的情况下，保持对之前任务的性能。图 7.11 给出了标准监督学习与连续学习的流程。

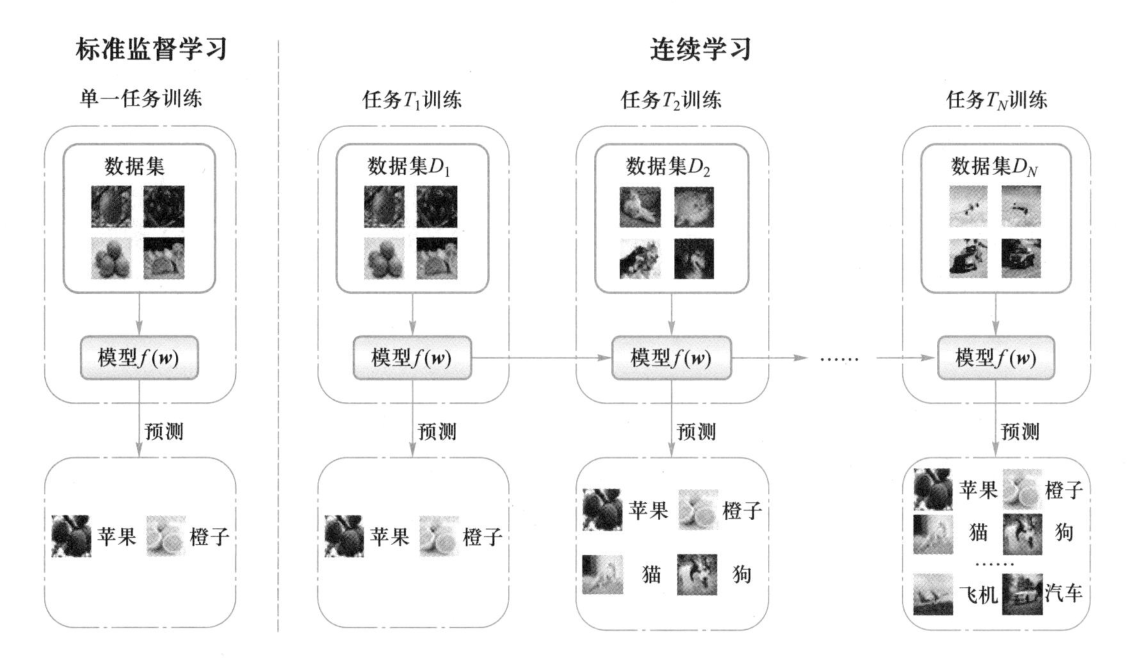

图 7.11 标准监督学习与连续学习的流程

按照对数据的划分以及模型的训练方式,连续学习的分类任务可分为三种场景[39]:

(1) 任务增量场景(task-incremental learning, Task-IL)。在数据方面,任务间的类别不相重叠,也即:$Y_j \cap Y_k = \phi, \forall j \neq k$。在模型方面,每个任务对应一个分类分支(head)。在训练与测试过程中,任务标签被输入网络中用于激活相应的分类分支。由于只对与分类分支相关的计算图以及类别进行更新与预测,因而该场景相对简单。

(2) 域增量场景(domain-incremental learning, Domain-IL)。在数据方面,任务间的类别相同,也即:$Y_j = Y_k, \forall j \neq k$。在模型方面,所有任务共享一个分类分支。根据数据集类型,在训练过程中,任务标签有时需要被输入网络中用于标签的重映射。在测试过程中,模型无法获取任务标签。

(3) 类别增量场景(class-incremental learning, Class-IL)。在数据方面,任务间的类别不相重叠。在模型方面,分类分支中的神经元随着任务中类别的增加而增加。在训练与测试过程中,模型无法获取任务标签,分类分支中所有神经元被激活。由于需要对与所有分类神经元相关的计算图以及类别进行更新与预测,因而该场景相对复杂。

通常使用两个指标对连续学习的性能进行度量。首先是任务的平均精度

$$Accuracy = \frac{1}{N} \sum_{i=1}^{N} a_{N,i} \tag{7.16}$$

其中,$a_{N,i}$为学习第 N 个任务后模型在第 i 个任务上的测试精度。该度量衡量了模型在所学过任务上的整体性能。其次平均遗忘定义为

$$Forgetting = \frac{1}{N-1} \sum_{i=1}^{N-1} \max_{t \in \{1, \cdots, N-1\}} (a_{t,i} - a_{N,i}) \tag{7.17}$$

其中，$\max_{t\in\{1,\cdots,N-1\}} a_{t,i}$为学习第 N 个任务前模型在第 i 个任务上达到的最好精度。该度量衡量了模型在之前任务上关于精度的平均下滑情况。一个理想的连续学习方法应具有高的平均精度与低的平均遗忘。

为了解决上述不同应用场景的连续学习问题，研究者相继提出了一些连续学习方法，接下来分别介绍三种类型的代表性方法：基于正则化的方法[40-43]、基于重演的方法[45-47]以及基于参数隔离的方法[37,49]。

7.3.1 基于正则化的方法

要想获得连续学习的能力，首先需要处理的是稳定性与可塑性之间的平衡(stability vs plasticity)，而灾难性遗忘的问题在其中尤为突出。假设需要依次学习任务一与任务二，运用优化器(如：SGD)在任务一上获得最优参数 $\boldsymbol{w}_1^*$，使用该参数能在任务一上的训练损失达到最小。定义以下条件：① 模型过参数化(over-parameterized)[44]，且训练集损失曲面光滑；② $\boldsymbol{w}_1^*$ 的一定范围内的邻域足够平坦。当 $f(\boldsymbol{w}_1^*)$满足上述条件时，就可以找到一个 $r(\varepsilon)>0$，使得在区域内的所有参数在任务一上的训练损失达到最小

$$R(\boldsymbol{w}_1^*,r)\overset{\text{def}}{=\!=}\{\boldsymbol{w}\in\mathbf{R}^n \mid d(\boldsymbol{w},\boldsymbol{w}_1^*)<r\} \tag{7.18}$$

其中，ε 是误差容忍，d 是定义在参数空间 $\mathbf{R}^n$ 上的距离函数。令 $\boldsymbol{w}_2$ 为学习任务二过程中的临时参数。这意味着，在任务二的学习过程中，可以约束参数 $\boldsymbol{w}_2$ 处于区域 $R(\boldsymbol{w}_1^*,r)$内来记住任务一。基于这类思想的正则化方法主要区别在于距离函数 d 选取的不同，并将距离作为额外的惩罚项加入训练损失中，约束参数的更新。代表性工作有：EWC[41]与 SI[42]。此外，还可以直接约束网络的输出保持不变。代表性工作有：LwF[40]与 Adam-NSCL[43]。

一、EWC(elastic weight consolidation)

2017 年，Kirkpatrick 等人提出了 EWC[41]算法。距离函数 d 由 Fisher 信息矩阵(fisher information matrix，FIM)的对角线所诱导。FIM 对角线衡量了每个参数的重要性，$d(\boldsymbol{w}_2,\boldsymbol{w}_1^*)$是各个参数欧氏距离的平方关于重要性的加权和，即

$$d(\boldsymbol{w}_2,\boldsymbol{w}_1^*) = \sum_{i=1}^{n} F_i(w_{2,i} - w_{1,i}^*)^2 \tag{7.19}$$

其中，F_i 为 FIM 的第 i 个对角元，$w_{2,i}$为 $\boldsymbol{w}_2$ 的第 i 个参数，$w_{1,i}^*$为 $\boldsymbol{w}_1^*$ 的第 i 个参数，n 为总参数量。在学习任务二时，优化如下损失

$$\widehat{L}_2(\boldsymbol{w}_2)=L_2(\boldsymbol{w}_2)+\frac{\lambda}{2}d(\boldsymbol{w}_2,\boldsymbol{w}_1^*) \tag{7.20}$$

其中，$L_2(\boldsymbol{w}_2)$为 $\boldsymbol{w}_2$ 在任务二训练数据上的损失，λ 为超参数项调节约束的强度。该损失要求在学习任务二的同时，约束参数处于任务一最优参数一个小的邻域内，从而取得了一定的稳定性与可塑性之间的平衡。

从概率的角度来看，根据贝叶斯公式，学习任务一对应着最大化参数的后验概率，即

$$
\begin{aligned}
\boldsymbol{w}_1^* &= \underset{\boldsymbol{w}_1}{\operatorname{argmax}} \log p(\boldsymbol{w}_1 \mid D_1) \\
&= \underset{\boldsymbol{w}_1}{\operatorname{argmax}} \log p(D_1 \mid \boldsymbol{w}_1) + \log p(\boldsymbol{w}_1) - \log p(D_1)
\end{aligned} \tag{7.21}
$$

其中,$\log p(D_1 \mid \boldsymbol{w}_1)$为关于参数的对数似然函数,对应于$-L_1(\boldsymbol{w}_1)$,$\log p(\boldsymbol{w}_1)$为参数的先验分布,对应于权重衰减正则项,$p(D_1)$为输入数据的分布。当学习任务二时,需要获取任务一与任务二共同的最优参数,即最大化如下的后验概率

$$
\boldsymbol{w}_2^* = \underset{\boldsymbol{w}_2}{\operatorname{argmax}} \log p(\boldsymbol{w}_2 \mid D) \tag{7.22}
$$

其中,$D = D_1 \cup D_2$。进一步假设 D_1 与 D_2 相互独立,式(7.22)可拆解为

$$
\boldsymbol{w}_2^* = \underset{\boldsymbol{w}_2}{\operatorname{argmax}} \log p(D_2 \mid \boldsymbol{w}_2) + \log p(\boldsymbol{w}_2 \mid D_1) - \log p(D_2) \tag{7.23}
$$

$p(\boldsymbol{w}_2 \mid D_1)$将任务一的后验作为任务二的先验,所有关于任务一的信息被编码进这个分布中。由于后验概率的计算较为困难,可以使用拉普拉斯近似方法将其近似为以 $\boldsymbol{w}_1^*$ 为均值、以 FIM 的逆为方差的高斯分布。图 7.12 展示的是 EWC 正则、L_2 正则以及无惩罚项的优化轨迹。

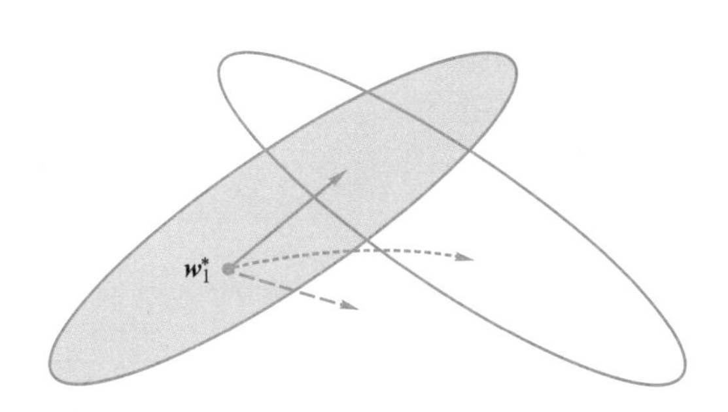

图 7.12 EWC 正则、L_2 正则以及无惩罚项的优化轨迹

二、SI(synaptic intelligence)

2017 年,Zenke 等人提出了 SI[42] 算法。为避免灾难性遗忘,其主要思想在于:根据每个参数在整个训练轨迹中对损失下降的贡献程度以及偏移量来估计重要性。如果某个参数的变化引起损失较大的下降,那么该参数对于当前任务来说就比较重要。当学习完第一个任务后,计算每个参数的重要性

$$
\Omega_1^i = \frac{\alpha_1^i}{(\Delta_1^i)^2 + \xi} \tag{7.24}
$$

其中,α_1^i 为第 i 个参数在第一个任务上对损失下降的贡献量,Δ_1^i 为在学习第一个任务的过程中,第 i 个参数的偏移量,$\xi > 0$ 是为了防止 $\Delta_1^i = 0$ 时出现除以 0 的情况。参数对损失的贡献量定义为

$$\alpha_1^i = -\int_0^{\tau_1} g(\boldsymbol{w}_1(t))^i \cdot (w_1^i)'(t)\,\mathrm{d}t \tag{7.25}$$

其中，t 为时间参量，在任务一上训练的时间为 $[0, \tau_1]$，参数 $w_1^i(t)$ 是关于时间 t 的函数，$g(\boldsymbol{w}_1(t))^i$ 为网络在 $\boldsymbol{w}_1(t)$ 处的第 i 个梯度分量值，$(w_1^i)'(t)$ 为参数 $w_1^i(t)$ 关于时间 t 的导数。因而，式(7.25)右边表示的是第 i 个参数对任务一损失下降的贡献程度。

任务一与任务二参数间的距离由 $\boldsymbol{\Omega}_1$ 所诱导，即

$$d(\boldsymbol{w}_2, \boldsymbol{w}_1^*) = \sum_{i=1}^{n} \Omega_1^i (w_{2,i} - w_{1,i}^*)^2 \tag{7.26}$$

类似于式(7.20)，将该距离函数作为额外的惩罚项加入任务二的训练损失中，以平衡稳定性与可塑性，减少对任务一的遗忘。

三、LwF(learning without forgetting)

2017 年，Li 等人提出了 LwF[40] 算法，如图 7.13 所示。相比于 EWC 以及 SI，该算法的主要思想是：通过额外的蒸馏损失约束网络对旧任务的输出保持不变。由于各任务间存在一定的相关性，LwF 将网络分为两个部分：共享层 s(参数 $\boldsymbol{w}_s$)，用于不同任务间的通用表征；任务分类分支 c_t(参数 $\boldsymbol{w}_t$)，用于特定任务的分类。具体算法流程如算法 1 所示。

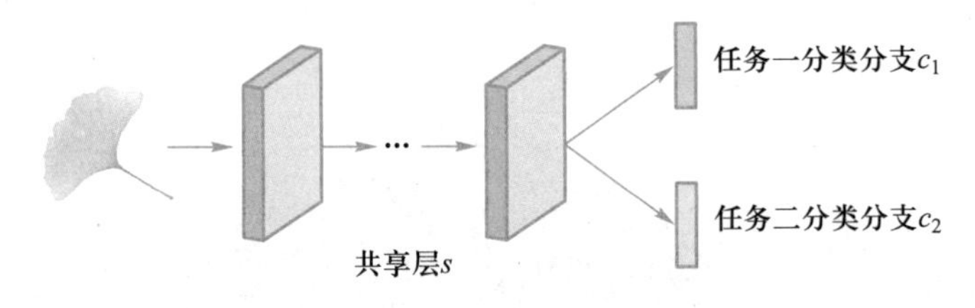

图 7.13 LwF 训练示意图

算法 1 LwF 算法流程

输入：任务一最优参数 $\{\boldsymbol{w}_s^*, \boldsymbol{w}_1^*\}$，任务二训练数据 $(\boldsymbol{X}_2, \boldsymbol{Y}_2)$

输出：任务二最优参数 $\{\boldsymbol{w}_s^*, \boldsymbol{w}_1^*, \boldsymbol{w}_2^*\}$

初始化：

$\boldsymbol{w}_2 \leftarrow init(|\boldsymbol{w}_2|)$

$\boldsymbol{Y}_2^1 \leftarrow CNN(\boldsymbol{w}_s^*, \boldsymbol{w}_1^*; \boldsymbol{X}_2)$

训练：

$\widehat{\boldsymbol{Y}}_2^1 \leftarrow CNN(\boldsymbol{w}_s, \boldsymbol{w}_1; \boldsymbol{X}_2)$

$\widehat{\boldsymbol{Y}}_2^2 \leftarrow CNN(\boldsymbol{w}_s, \boldsymbol{w}_2; \boldsymbol{X}_2)$

$\boldsymbol{w}_s^*, \boldsymbol{w}_1^*, \boldsymbol{w}_2^* \leftarrow \underset{\boldsymbol{w}_s, \boldsymbol{w}_1, \boldsymbol{w}_2}{\operatorname{argmin}}((\boldsymbol{Y}_2, \widehat{\boldsymbol{Y}}_2^2) + \lambda L(\boldsymbol{Y}_2^1, \widehat{\boldsymbol{Y}}_2^1))$

首先，使用单纯的任务一损失对 s 以及 c_1 进行训练，得到任务一的最优参数 $\{\boldsymbol{w}_s^*, \boldsymbol{w}_1^*\}$。在学习第二个任务前，为任务二重新分配一个新的分类分支 c_2，接着将任务二的数据输入网络中获取分类分支 c_1 的输出 $\boldsymbol{Y}_2^1$。在任务二的学习过程中，将标签为 $\boldsymbol{Y}_2$ 的数据输入网络中，同时获取分类分支 c_1 的预测 $\widehat{\boldsymbol{Y}}_2^1$ 以及 c_2 的预测 $\widehat{\boldsymbol{Y}}_2^2$。构造损失训练网络为

$$\overline{L} = L(\boldsymbol{Y}_2, \widehat{\boldsymbol{Y}}_2^2) + \lambda L(\boldsymbol{Y}_2^1, \widehat{\boldsymbol{Y}}_2^1) \tag{7.27}$$

其中，L 为交叉熵损失，式(7.27)等号右边第一项为新任务的分类损失，第二项为旧任务的蒸馏损失，λ 为超参数项，控制正则强度。

此外，Wang 等人于 2021 年提出了 Adam-NSCL[43] 算法。图 7.14 展示了 Adam-NSCL 梯度投影流程。主要思想是约束网络各层的输出特征不变，从而使最终的预测保持不变。具体方法为：

(1) 当学习完一个任务后，将训练数据再次输入网络中，获取网络各层特征；

(2) 计算这些特征的协方差矩阵，并做奇异值分解，获取它们的零空间基底；

(3) 当学习新的任务时，将任务的梯度投影到之前任务的零空间中，并使用投影后的梯度对网络参数进行更新，从而使得网络各层的输出保持不变。

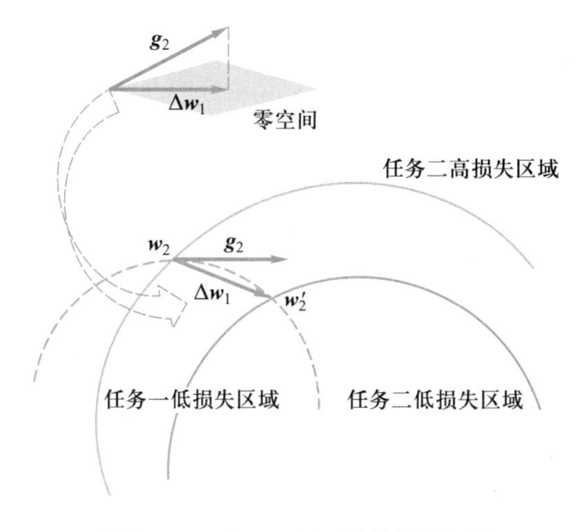

图 7.14 Adam-NSCL 梯度投影流程

7.3.2 基于重演的方法

深度网络的学习依赖于数据的独立同分布，由于任务间的数据分布是不断偏移的，网络对新任务的拟合会产生对旧任务的遗忘。Robins 等人早在 1995 年的研究就表明基于重演(rehearsal-based)的方法能够缓解灾难性遗忘[29]。重演指的是利用存储器或者模型存储少量之前任务的数据，在后续任务的学习过程中，将这些数据重新取出来并与当前任务数据共同监督网络的学习。

基于重演的方法通常需要解决两个主要问题：① 如何有效地选择样本；② 如何高效地利用

存储样本。对于第一个问题,代表性的工作有:iCaRL[45]与 HAL[46]。对于第二个问题,代表性的工作有:GEM[47]。

一、iCaRL(incremental classifier and representation learning)

2017 年,Rebuffi 等人提出了 iCaRL[45]算法。由于存储器的容量有限,存储的样本应尽可能地包含旧任务的重要信息。该算法的主要思想是:借鉴于聚类,存储那些靠近特征均值的样本;保留旧任务的模型,使用蒸馏损失约束新旧模型的输出不变。假设模型 $f(w;x)=g(\varphi(x))$,其中 φ 为特征提取网络,g 为分类器。当任务一完成后,使用 φ 计算每个类的特征均值,然后在类中选择最靠近均值的那些样本进行存储。

算法 2　iCaRL 构建存储样本

输入:类别为 y 的图像集:$X=\{\boldsymbol{x}_1,\boldsymbol{x}_2,\cdots,\boldsymbol{x}_n\}$,样本存储数:$m$

y 类特征均值:

$$\boldsymbol{\mu}\leftarrow\frac{1}{n}\sum_{x\in X}\varphi(\boldsymbol{x})$$

for $k=1,\cdots,m$ **do**

$$\boldsymbol{p}_k\leftarrow\underset{x\in X}{\operatorname{argmin}}\left\|\boldsymbol{\mu}-\frac{1}{k}\left[\varphi(\boldsymbol{x})+\sum_{j=1}^{k-1}\varphi(\boldsymbol{p}_j)\right]\right\|$$

end for

$\mathcal{M}_y\leftarrow\{\boldsymbol{p}_1,\cdots,\boldsymbol{p}_m\}$

输出:y 类存储样本 $\mathcal{M}_y$

当进行任务二时,训练数据 $X_2=\mathcal{M}_1\cup D_2$,其中 $\mathcal{M}_1$ 为任务一的存储,D_2 为任务二的数据。假设任务一最优模型为 $f(\boldsymbol{w}_1^*)$,任务二临时模型为 $f(\boldsymbol{w}_2)$。将 $(\boldsymbol{x}_i,y_i)\in X_2$ 输入到旧的和新的模型中

$$\bar{\boldsymbol{y}}_2=f(\boldsymbol{w}_1^*;\boldsymbol{x}_i) \tag{7.28}$$

$$\widehat{\boldsymbol{y}}_2=f(\boldsymbol{w}_2;\boldsymbol{x}_i) \tag{7.29}$$

其中,$\bar{\boldsymbol{y}}_2$、$\widehat{\boldsymbol{y}}_2\in\mathbf{R}^c$,分别为旧模型与新模型对样本预测的概率,$c=|Y_1\cup Y_2|$为新旧类别总数。使用如下分类与蒸馏的组合损失,对网络进行监督

$$\mathcal{L}=-\sum_{(x_i,y_i)\in X_2}\left\{\begin{array}{l}\sum\limits_{y_j\in Y_2}\left[\delta_{y_i=y_j}\log(\widehat{y}_2^j)+\delta_{y_i\neq y_j}\log(1-\widehat{y}_2^j)\right]+\\ \sum\limits_{y_j\in Y_2}\left[\bar{y}_2^j\log(\widehat{y}_2^j)+(1-\bar{y}_2^j)\log(1-\widehat{y}_2^j)\right]\end{array}\right\} \tag{7.30}$$

其中,$\bar{y}_2^j$ 表示$\bar{\boldsymbol{y}}_2$ 中 j 类的概率,$\widehat{y}_2^j$ 同理。该损失最里面的第一个求和项为新任务上的分类损失,用于学习新的任务(可塑性);第二个求和项为新旧任务模型输出的蒸馏损失,用于约束模型输出的变化(稳定性)。

二、HAL(hindsight anchor learning)

2021 年,Chaudhry 等人提出了 HAL[46]算法。该算法的主要思想是选择那些让网络容易忘记的样本,并在后续任务的学习过程中使用双层优化(bilevel optimization)来约束网络在存储样本上输出的改变。对于容易忘记样本的挑选,构造了一个遗忘损失(forgetting loss),并在图像空间中进行优化使该损失达到最大,也即

$$\max_{e_t \in \mathbf{R}^D}\left(\underbrace{\mathcal{L}(f_{\theta_T}(\boldsymbol{e}_t,t),y_t)-\mathcal{L}(f_{\theta_t}(\boldsymbol{e}_t,t),y_t)}_{\text{forgetting loss}}-\mathcal{L}\underbrace{(\phi(\boldsymbol{e}_t)-\boldsymbol{\phi}_t)^2}_{\text{mean embedding loss}}\right) \tag{7.31}$$

其中,$\mathbf{R}^D$ 为图像空间,$\boldsymbol{e}_t$ 为待优化图像,$\mathcal{L}$ 为普通的分类损失,$\mathcal{L}(f_{\theta_T}(\boldsymbol{e}_t,t),y_t)$ 为第 T 个任务结束后模型在$(\boldsymbol{e}_t,y_t)$上的损失,$\mathcal{L}(f_{\theta_t}(\boldsymbol{e}_t,t),y_t)$ 为第 t 个任务模型在$(\boldsymbol{e}_t,y_t)$上的损失,$\phi(\boldsymbol{e}_t)$为特征提取网络的输出,$\boldsymbol{\phi}_t$ 为第 t 个任务的平均特征。该式子的优化目标为,在以平均特征 $\boldsymbol{\phi}_t$ 为圆心的一定半径内,找到一个使遗忘损失最大的样本。由于最终任务模型 f_{θ_T} 是无法获取的,该方法使用了 $f_{\theta_{\mathcal{M}}}$ 作为替代,该模型是通过将 f_{θ_t} 在存储 $\mathcal{M}$ 上进行一个 epoch 的训练得到的。最终,图像空间中的更新根据以下规则进行

$$\boldsymbol{e}_t \leftarrow \boldsymbol{e}_t + \alpha\nabla_{e_t}(\mathcal{L}(f_{\theta_{\mathcal{M}}}(\boldsymbol{e}_t,t),y_t)-\mathcal{L}(f_{\theta_t}(\boldsymbol{e}_t,t),y_t)-\mathcal{L}(\phi(\boldsymbol{e}_t)-\boldsymbol{\phi}_t)^2) \tag{7.32}$$

此外,为保持网络在易遗忘样本上的输出,采用了两步的参数更新规则

$$\tilde{\boldsymbol{\theta}} \leftarrow \boldsymbol{\theta}-\alpha\nabla_{\boldsymbol{\theta}}\mathcal{L}(\mathcal{B}\cup\mathcal{B}_{\mathcal{M}}) \tag{7.33}$$

$$\boldsymbol{\theta} \leftarrow \boldsymbol{\theta}-\alpha\nabla_{\boldsymbol{\theta}}\left(\mathcal{L}(\mathcal{B}\cup\mathcal{B}_{\mathcal{M}})+\lambda\sum_{t'<t}(f_{\boldsymbol{\theta}}(\boldsymbol{e}_{t'},t')-f_{\tilde{\boldsymbol{\theta}}}(\boldsymbol{e}_{t'},t'))^2\right) \tag{7.34}$$

其中,$\mathcal{B}$ 为当前任务数据,$\mathcal{B}_{\mathcal{M}}$ 为存储数据,α 为学习率,$(\boldsymbol{e}_{t'},t')$为易遗忘样本。第一次更新的优化目标是希望减小在 $\mathcal{B}\cup\mathcal{B}_{\mathcal{M}}$ 上的损失。而在第二次参数更新中,优化的目标有两个:一个是减小在 $\mathcal{B}\cup\mathcal{B}_{\mathcal{M}}$ 上的损失,另一个是减小更新前后模型在易遗忘样本上输出的变化。这两步的参数更新,类似于元学习的思想,先让模型在当前任务数据以及存储上进行更新,然后根据更新后的参数计算最终的损失。这样会使得模型在优化的过程中取得在易遗忘样本与当前任务数据上损失的平衡。

三、GEM(gradient episodic memory)

2017 年,Lopez 等人提出了 GEM[47]算法。从损失的角度来看,灾难性遗忘表现为:新任务损失的下降引发旧任务损失的上升。造成这种现象的原因在于新旧任务的梯度不一致。当学习任务二时,令 $\boldsymbol{g}_1$ 为在当前迭代点处任务一的负梯度,$\boldsymbol{g}_2$ 为任务二的负梯度。如图 7.15 所示,新旧任务间的梯度存在两种情况:① $\boldsymbol{g}_1$ 与 $\boldsymbol{g}_2$ 的方向不一致,因而沿着 $\boldsymbol{g}_2$ 方向进行参数更新会导致任务一损失上升(冲突);② $\boldsymbol{g}_1$ 与 $\boldsymbol{g}_2$ 的方向一致,因而沿着 $\boldsymbol{g}_2$ 方向进行参数更新也会使得任务一的损失下降(迁移)。

为了避免新任务的参数更新对旧任务的知识产生冲突,GEM 的主要思想为:约束新任务的参数更新与旧任务的梯度保持一致。类似于 iCaRL,在学习完每个任务后,通过一定的策略(如:随机采样、蓄水池采样、循环缓冲采

图 7.15 新旧任务梯度的冲突与迁移

样以及特征均值采样等[48])构建存储 $\mathcal{M}$。旧任务的梯度通过在存储 $\mathcal{M}$ 上计算获得。在学习新任务时，通过以下约束优化问题求解最终的参数更新 $\boldsymbol{g}$

$$\min_{g}\frac{1}{2}\|\boldsymbol{g}-\boldsymbol{g}_t\|_2^2,\quad \text{s.t.}\ \langle \boldsymbol{g},\boldsymbol{g}_k\rangle \geqslant 0,\ \forall\, k<t \tag{7.35}$$

其中，$\boldsymbol{g}_t=\nabla f(\boldsymbol{w};\boldsymbol{X}_t)$ 为当前任务 t 上的梯度，$\boldsymbol{g}_k=\nabla f(\boldsymbol{w};\boldsymbol{M}_k)$，$\boldsymbol{M}_k\subset\mathcal{M}$ 为旧任务上的梯度，$\boldsymbol{g}$ 为待求解的参数更新。该优化问题要求：在与旧任务梯度方向都一致的情况下，找到一个与当前任务梯度最接近的参数更新。该问题的求解需借助于对偶二次规划，最终可通过如下规则对参数进行更新

$$\boldsymbol{w}\leftarrow\boldsymbol{w}-\eta\boldsymbol{g} \tag{7.36}$$

其中，η 为学习率。

7.3.3 基于参数隔离的方法

在连续学习过程中，新任务的参数更新会覆盖旧任务的最优参数，从而导致灾难性遗忘。为避免上述情况，基于参数隔离的方法为每个任务分配不同的网络，从而将各个任务对应的参数隔离开来。一般可通过两种方式为每个任务分配网络。① 分配旧任务网络的一个副本，该方法需要解决两个问题：高效地进行网络扩充以及新旧任务间的知识迁移，代表性的工作有 PNN[37]。② 分配现有网络中的一个子网络，该方法需要解决两个问题：稀疏表征以及子网络间的迁移与冲突，代表性的工作有 XdG[49]。

一、PNN(progressive neural networks)

2016 年，Rusu 等人提出了 PNN[37] 算法，如图 7.16 所示。该算法的主要思想是：① 为解决旧任务的遗忘，每个任务都享有一个专用的网络。当学习新任务时，冻结旧任务网络的参数；② 为迁移旧知识，将旧模型的特征融合到新模型的特征中。令第 t 个任务的网络为 f_t，该网络的第 i 层为 f_t^i。当学习完第一个任务后，将 f_1 的参数冻结，并为任务二重新分配一个新的网络 f_2。当学习任务二时，将 f_1 第 i 层的输出特征通过侧向连接(lateral connections)以及模块 a 融合到 f_2 第 i+1层的输出特征中，即

$$\boldsymbol{h}_t^{i+1}=g\left(\boldsymbol{W}_t^{i+1}\boldsymbol{h}_t^i+\sum_{k<t}\boldsymbol{U}_{k:t}^{i+1}\boldsymbol{h}_k^i\right) \tag{7.37}$$

其中，$\boldsymbol{W}_t^{i+1}$ 为第 t 个任务网络的第 $i+1$ 层权重，$\boldsymbol{h}_t^i$ 为第 t 个网络的第 i 层输出特征，$\boldsymbol{U}_{k:t}^{i+1}\in\mathbf{R}^{c_i\times c_{i+1}}$ 为第 k 个网络的第 i 层输出特征到第 t 个网络的第 $i+1$ 层输出特征的映射权重，c_i 为第 i 层输出维度，g 为激活函数。这种新旧特征的相互融合，能够将旧知识迁移到新网络的学习过程中，增加表征的稀疏程度，加快学习速度。

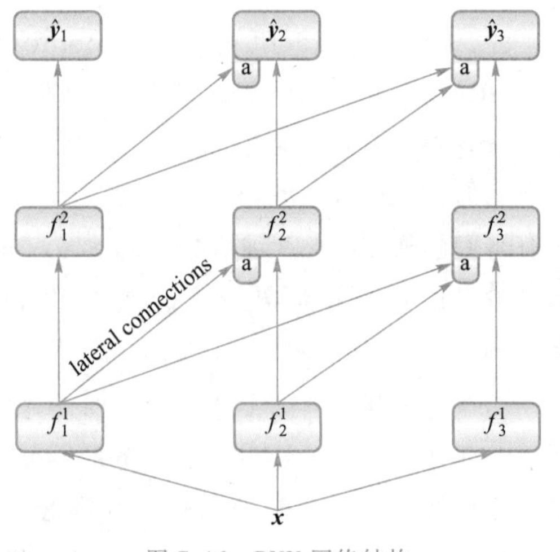

图 7.16 PNN 网络结构

二、XdG(conteXt-dependent Gating)

2018年,Masse等人提出了XdG[49]算法,如图7.17所示。PNN算法的网络数量随着任务的增加而线性增长,并且新旧任务间的特征映射的计算量也逐渐增加。为此,XdG算法的主要思想为:在一个固定的大网络中为每个任务分配一个子网络,子网络间存在一定的重叠,有助于参数的隔离以及知识间的相互迁移。

子网络的分配由门(gate)进行控制,即:$G_t=\{\boldsymbol{G}_t^1,\cdots,\boldsymbol{G}_t^l\}$,其中$\boldsymbol{G}_t^i$为第$t$个任务的第$i$层的门控信号,与该层的参数同维,其中的元素非0即1,0表示神经元抑制,1表示神经元激活。训练时,任务标签t作为上下文信号随机生成的一组门控G_t,激活一部分的神经元(如:20%),参数更新只对这部分神经元进行操作。测试时,使用任务标签t生成相同的G_t,从而激活相应的子网络。由于任务间的门控是随机生成的,并且只有一小部分神经元被激活,所以每个任务习得的表征是稀疏的且任务间的重叠度不高。

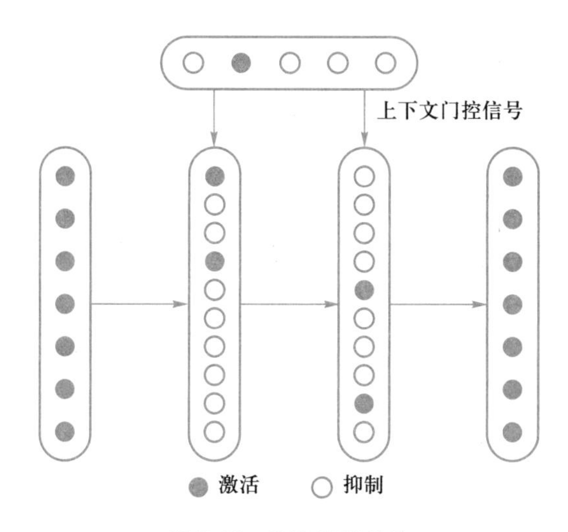

图7.17 XdG网络结构

7.4 强化学习

强化学习是机器学习中一个重要的分支,是关于一个主体与环境相互作用,通过反复探索学习最优策略的决策算法。强化学习有六十多年的发展历史(1954年至今),其发展大致分为两个阶段。早期的强化学习与控制理论和动态规划紧密相关。从2013年至今,深度学习和强化学习快速结合。强化学习方法通常分为两种:无模型方法(model-free)和基于模型的方法(model-based)。无模型方法又可以分为价值学习(value-based)和策略学习(policy-based)。

简单来说,当主体的某个行为策略可以触发环境带来正向的奖励的话,那么这个主体就会增强朝这个动作的趋势,本意就是在每一个状态下期望获得的奖赏最大化。因此,强化学习是为了使得本体获得最大化的环境奖励而去学习环境状态与动作之间的关系。在这样的决策体系下,使系统朝向期望的方向发展。强化学习的示意图如图7.18所示。例如,海洋世界里的海豚表演项目,当成功表演一个动作时,海豚会得到食物的奖励。当不去完成该动作时,海豚就不会获得任何奖励。在此训练机制下,海豚会熟练地完成更多的表演项目,以争取获得更多的食物奖赏。

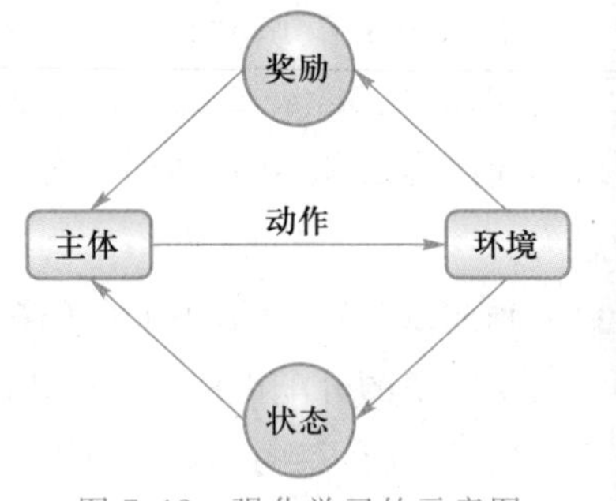

图7.18 强化学习的示意图

基于马尔可夫决策过程进行建模,强化学习任务可以这样描述:t时刻下,主体处于环境中,主体对环境感知的状态用s_t表示(状态空间记为S),主体对环境的动作用a_t表示(动作空间记为A)。主体执行动作a_t且状态从s_t转移到s_{t+1}所获得的奖励,记为$R(s_t,a_t,s_{t+1})$,$Q(s_t,a_t)$表示在状态s_t下执行a_t所获得的累积奖励。显然,主体需要根据状态做出动作,这种从状态到动作的映射函数即为策略,记作π。强化学习任务的主要目的就是寻找合适的策略,使得主体获得的累积奖励最大化。

7.4.1 无模型价值学习

现在的问题就在于如何求解最优的动作价值函数。Q-Learning算法[50]的核心思想是保留了一个值$Q(s,a)$的查找表,每个状态动作对都有一个条目。Q-Learning提出了一种更新Q值的办法。为了学习最优Q值函数,查找表的值作为可优化参数,先对其初始化,再通过如下迭代规则进行参数优化

$$Q(s_t,a_t)\leftarrow Q(s_t,a_t)+\eta[R_{t+1}+\gamma\max_a Q(s_{t+1},a)-Q(s_t,a_t)] \tag{7.38}$$

具体的算法流程如算法3所示。

算法3 Q-Learning算法流程

输入:初始化$Q(s,a)$查找表,奖励$R(s)$,初始化状态s,简单地选取策略policy(跟$Q(s,a)$相关的ε-greedy策略),更新参数η,折扣因子γ

输出:最终$Q(s,a)$查找表

for

根据policy和状态s_t,选取一个动作a_t执行

得到新的状态s_{t+1}

更新$Q(s,a)$:

$Q(s_t,a_t)\leftarrow Q(s_t,a_t)+\eta[R_{t+1}+\gamma\max_a Q(s_{t+1},a)-Q(s_t,a_t)]$

end for

输出最终$Q(s,a)$

7.4.2 无模型策略学习

基于价值函数的强化学习算法利用神经网络拟合各种状态和动作的奖励。这类方法存在着一定问题,无法表示随机策略和连续动作。相比之下,策略梯度算法利用神经网络直接拟合最终的策略函数,也就是当前状态下应当执行的动作。对于非确定性策略,则用概率表示各种动作,用对应的采样结果作为最终的动作选择。策略梯度算法中通过策略评估和策略改善两步操作,以梯度上升的方式获得最优策略。

为了得到策略评估的估计值,一种直接的方式就是应用蒙特卡罗策略梯度强化算法。具体而言,在每个序列中用蒙特卡罗法估计每个时间位置的状态价值,然后对应每个时间位置用梯度上升法更新策略函数的参数,通过这种操作用采样的形式替代策略评估的期望。但是这种方法在每个时间位置都对策略函数进行更新,偏差很大,进而导致策略函数不容易收敛。通常结合了价值和策略两类方法的算法称为 Actor-Critic 算法[51]。Actor-Critic 算法在策略梯度算法拟合策略函数的基础上,使用类似深度 Q 网络[52]中的价值函数代替蒙特卡罗法。这里 Actor 表示策略函数对应的动作,Critic 表示价值函数对应的评估操作,如图 7.19 所示。

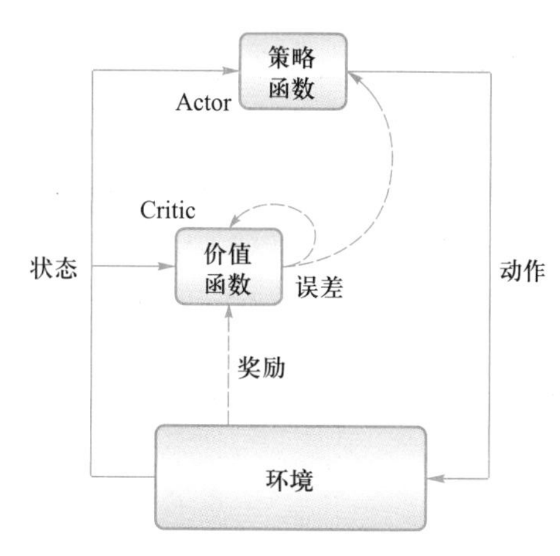

图 7.19 Actor-Critic 算法结构示意图

7.4.3 基于模型的方法

基于模型的方法(model-based approach)依赖于学习模型的转移和动态奖励函数。该方法采用决策树描述不同状态和奖励,其中当前状态是根节点,它将获得的激励存储在节点中。然后通过采样寻找潜在轨迹。采样考虑两个方面:一方面,在搜索树中寻找几乎没有执行的部分,即期望值在具有高方差的地方收集更多信息;另一方面,提炼最有可能的状态移动的期望值。2012 年,Browne[53]等人提出的蒙特卡罗树搜索(MCTS)技术是前瞻搜索的流行方法。该技术在计算机围棋等具有挑战性的任务中取得了成功,受到了研究者们的欢迎。如图 7.20 所示,MCTS 的核心思想是从当前状态采样多个轨迹,直到达到终端条件(例如,给定的最大深度)。从这些模拟步骤中,MCTS 算法会选取建议采取的行动。

最近的工作采用直接学习端到端模型的策略,而不依赖于显式树搜索技术。与单独的方法(简单地学习模型,然后在规划过程中依赖它)相比,这些方法改进后提升了样本使用效率、性能和对模型错误的鲁棒性。

虽然强化学习在一系列应用场景中获得了巨大的成功,但是仍然面临着一些挑战。首先是算法的鲁棒性。我们经常在实践中基于经验设计奖励函数,通常效果很好,但有时它会产生意想不到的、潜在的灾难性行为。另一个挑战是算法的泛化性。虽然强化学习在有限场景中取得

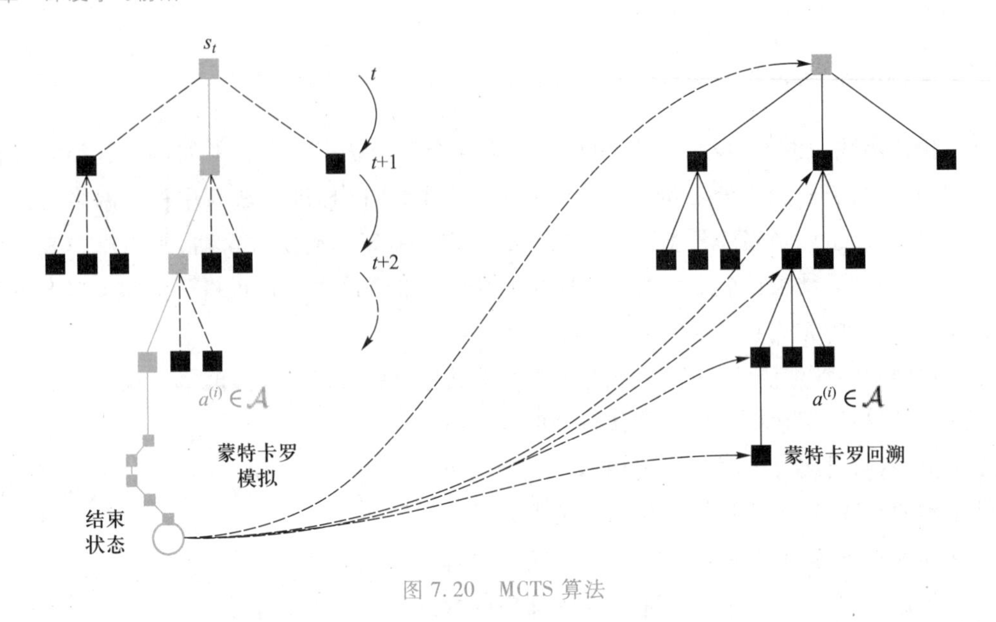

图 7.20 MCTS 算法

了一定成功,但在现实开放场景下的应用仍然是一个有待解决的问题。例如,将强化学习扩展到自动驾驶领域是难以实现的。相比于封闭环境,如虚拟游戏环境,自然环境下的状态空间从理论上来讲是无穷的。强化学习框架的局限性在于缺乏对人类世界快速变化的泛化性。

7.5 噪声标签学习

监督学习中,标签通常依靠大量的人工标定。由于采集数据的本身质量以及标注经验的差异,通常会导致标签存在部分错误(即:标签噪声)。首先,类别之间存在一定的模糊性,在标定类别时可能出错。如图 7.21 第一行中阿拉斯加犬和哈士奇标注的歧义性。另外,在一些特定

图 7.21 可能出现标记错误的情况

的任务下，标签本身就含有大量噪声。比如图7.21第二行中的飞机和马的标签框中存在大量背景干扰信息，如草地、栅栏等。为了方便后文介绍现有噪声标签方法，我们先对噪声进行建模。假设有 k 类噪声，对任何一个样本 $\boldsymbol{x}$ 而言，它的现有标签是 $\bar{y}$，真实标签是 y，$X \sim p(\boldsymbol{x})$，$\bar{Y} \sim p(\bar{y})$ 且 $Y \sim p(y)$。在分类任务下，可以将标签中噪声出现的概率表示为 $P(\bar{Y}=j \mid Y=i, X=\boldsymbol{x})$，$i$ 和 j 是两个不同的类别，也就是说 $i \in \{1, \cdots, k\}$，$j \in \{1, \cdots, k\}$ 且 $i \neq j$。

7.5.1 噪声的基本假设和记忆效应

首先介绍噪声标签学习的假设条件，也就是模型的记忆效应（memorization effect）[56-58]。对第 i 类而言，假设 ρ_i 表示实际上第 i 类样本占标签为 i 的样本的比例，当 $\rho_i > \rho_j$ 对任意 $j \neq i$ 成立时，模型会先拟合干净样本，再拟合噪声样本，这是噪声学习领域大部分方法有效的必要前提。一般而言，在该前提下，如图7.22所示，在模型训练的早期，模型会开始拟合干净样本，此时干净样本的损失下降，带噪样本的损失上升。当模型达到某一个状态时，干净样本的梯度之和会小于带噪样本的梯度之和。此时模型开始拟合带噪样本，噪声会开始影响模型的精度。所以，一般来说，在标签带噪的数据库上进行训练时，模型的精度会先上升后下降。

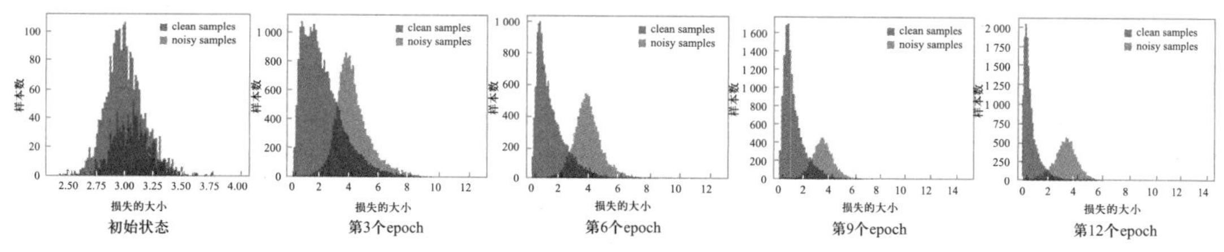

图7.22 不同训练阶段干净样本和带噪样本的损失大小

7.5.2 现有噪声标签学习方法

如图7.23所示，现有工作主要分为四大类：第一类是建模噪声转移概率 $P(\bar{Y}=j \mid Y=i, X=\boldsymbol{x})$；第二类是使用对称损失去抑制带噪样本的梯度；第三类是利用多网络学习去检测带噪样本；第四类是利用正则化技术平滑分界面使得模型不拟合于带噪样本。本节将对一些代表性的方法做简要介绍。

一、基于噪声转移概率的方法

现有工作通常对于标签噪声有两种假设：

（1）噪声均匀分布且与类无关，称为对称噪声（symmetric noise），也就是对于所有的 i、j 和 $\boldsymbol{x}$，$P(\bar{Y}=j \mid Y=i, X=\boldsymbol{x}) = \eta$，$\eta$ 是一个常数；

（2）噪声与类相关，但与样本无关，称为非对称噪声（asymmetric noise），也就是对于所有的 $\boldsymbol{x}$，$P(\bar{Y}=j \mid Y=i, X=\boldsymbol{x}) = \eta_{ij}$，$\eta_{ij}$ 是一个与类别 i 以及类别 j 相关的数。

该类方法[59-61]的核心是构建噪声转移矩阵 $\boldsymbol{M}$，对于对称噪声和非对称噪声，可以构建一个 $k \times k$ 的噪声转移矩阵，其中的一个元素 m_{ij} 表示类别 i 被误标记为 j 的概率，也就是 $P(\bar{Y}=j \mid Y=i)$。

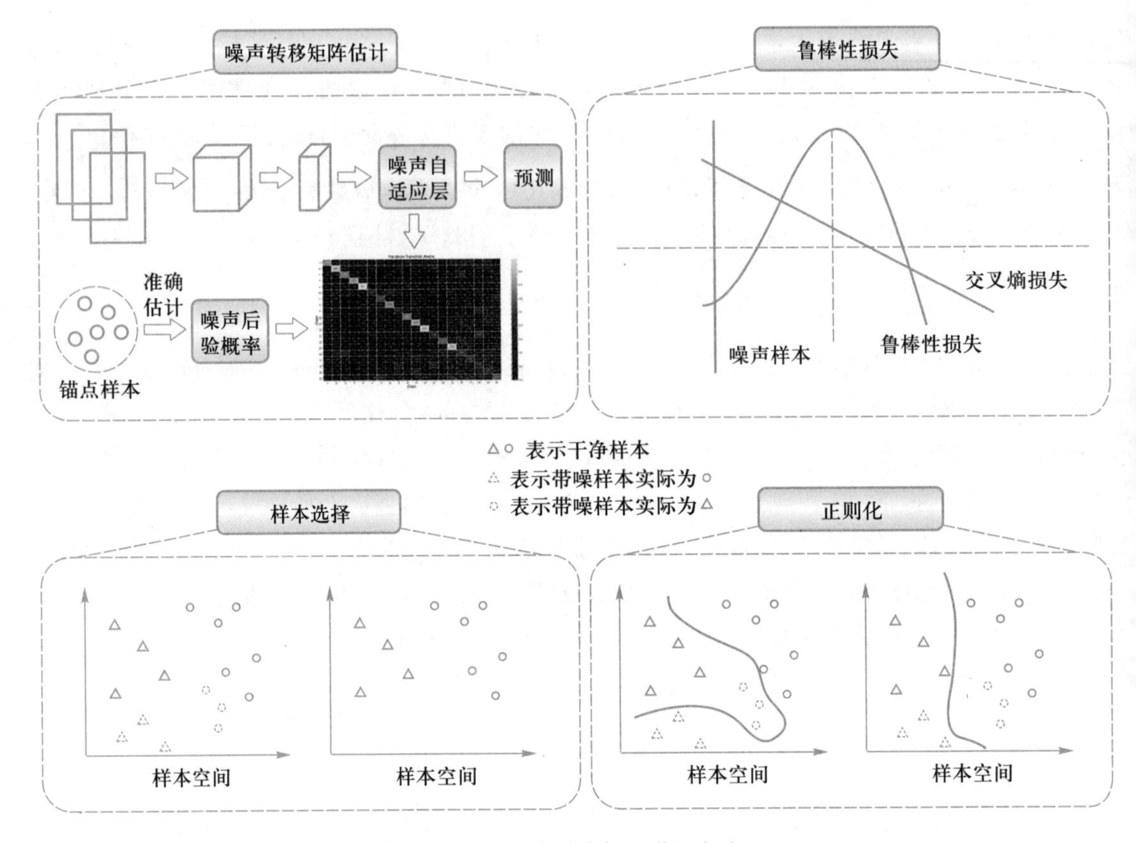

图 7.23 四类噪声标签学习方法

为了更精确地估计 $P(\bar{Y}=j|Y=i)$，研究者开始利用锚点对噪声转移概率矩阵进行估计(anchor-point theory)，如本章参考文献[62]。这里锚点指的是被正确标注的样本，可以认为当一个样本满足 $P(Y=i|X=\boldsymbol{x})=1$ 时，这个样本是类别 i 的锚点样本，然后，$P(\bar{Y}=j|X=\boldsymbol{x})=\sum_{l=1}^{k}(P(Y=l|X=\boldsymbol{x})\cdot P(\bar{Y}=j|Y=l,X=\boldsymbol{x}))$。因此，对于锚点样本，能通过它们的 $P(\bar{Y}=j)$ 估计 $P(\bar{Y}=j|Y=i)$，也就是说

$$P(\bar{Y}=j|Y=i)=\frac{\sum_{l=1}^{k}P(\bar{Y}=j|X=\boldsymbol{x}_{i,l})}{n} \tag{7.39}$$

其中，$\boldsymbol{x}_{i,l}$ 表示类别 i 的一个锚点样本，$\boldsymbol{x}_{i,l}$ 是独立同分布采样(i. i. d.)。

类别 i 共有 n 个锚点样本，n 越大，对噪声转移概率的估计越准确。当 n 趋于极限时，可能得到真实的噪声转移概率。此时，可以根据噪声转移矩阵对不同类别的损失进行加权。比如说，如果样本被误标为类别 j 的概率很大，那么，对于标签为 j 的样本，在训练时的权值应该较小。如果其他类别很难被误标为类别 j，那么对于标签为 j 的样本，在训练时应该有比较大的权值。可以看出，这类方法能够有效帮助模型处理非对称噪声。

另外,锚点表示确定无噪的样本,如果锚点数量不足,会影响噪声转移矩阵估计的精度。Patrini 等人[63]通过在训练中迭代更新噪声转移矩阵实现对噪声转移矩阵的修正;本章参考文献[64]中的方法将噪声转移矩阵分解为两个更容易估计的矩阵。面对完全没有锚点的情形,T-Revision 方法[65]利用带噪的数据训练一个分类器,将置信度最高的样本作为锚点。然后,基于锚点构建初始的噪声转移矩阵。最后,在训练中更新矩阵,使其逐步逼近真实的噪声转移矩阵。此外,考虑到直接滤除噪声样本可能会大幅减少样本量,Reed[66]等人利用了 Bootstrapping 修正样本的噪声标签。

二、基于对称损失的方法

研究者设计了一类对噪声鲁棒的损失函数,称为对称损失。最初的对称损失是最简单的 MAE 损失[67],也就是 $2-2P(i)$,i 是样本对应的类别,$P(i)$是样本在第 i 类上的置信度打分。之后的研究者对对称损失进一步更新为

$$\sum_{i=1}^{k} \mathcal{L}(f(\boldsymbol{x}),i)=C, \quad \forall \boldsymbol{x}, f \tag{7.40}$$

其中,$f(\cdot)$表示一个模型。研究者对对称损失进行了系统地分析[68],当损失满足该定义时,能够证明在对称和非对称损失下,模型对噪声鲁棒。

图 7.24 展示了对称损失和交叉熵损失的梯度和样本类别置信度的关系。可以看到,基于前面的假设,模型在一开始拟合干净样本,因此,干净样本在训练后期有比较高的置信度打分。置信度打分低的样本很有可能是带噪样本。相比于交叉熵损失,对称损失会抑制低置信度打分样本的梯度,而这些样本大概率是带噪样本,因此对称损失能抑制带噪样本的梯度,但是,困难样本的置信度打分同样可能很低,因此,对称损失也会抑制困难样本的学习。为了解决这个问题,GCE[69]提出利用负 Box-Cox 变换将对称损失和交叉熵损失结合在一起,具体来说

$$\mathcal{L}_q(f(\boldsymbol{x}),i)=\frac{(1-f_i(\boldsymbol{x})^q)}{q} \tag{7.41}$$

当 $q\to 0$ 时,该损失退化为交叉熵损失,当 $q=1$ 时,该损失为 MAE 损失。在实际使用时,q 取为 0.7。这之后,SCE[70]提出了一种新的对称损失,也就是反转交叉熵损失(reverse cross entropy loss)。

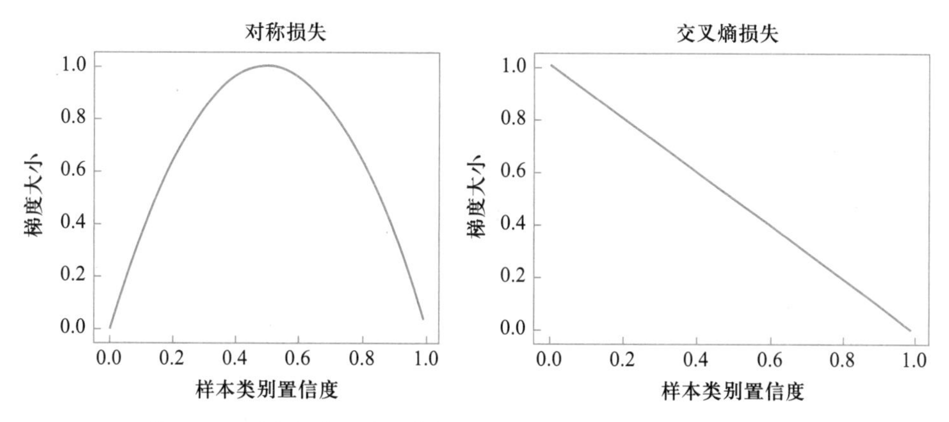

图 7.24 对称损失和交叉熵损失的梯度和样本类别置信度的关系

简单来说,交叉熵损失被定义为 $\mathcal{L}_c=-\sum_{i=1}^{k}y_i\log p_i$,反转交叉熵损失被定义为 $\mathcal{L}_r=-\sum_{i=1}^{k}p_i\log y_i$。通常,$\boldsymbol{y}=[0,\cdots,1,\cdots,0]^{\mathrm{T}}$,但为了避免 log0 的出现,反转交叉熵损失中的 $\boldsymbol{y}$ 被设置为 $\boldsymbol{y}=[10^{-4},\cdots,1,\cdots,10^{-4}]^{\mathrm{T}}$。在得到每个样本的交叉熵损失和反转交叉熵损失后,SCE 提出对这两个损失进行加权以得到最后的损失,也就是

$$\mathcal{L}=\alpha_1\mathcal{L}_c+\alpha_2\mathcal{L}_r=-\alpha_1\sum_{i=1}^{k}y_i\log p_i-\alpha_2\sum_{i=1}^{k}p_i\log y_i \tag{7.42}$$

其中,α_1 和 α_2 需要根据数据库的不同手动设置。

三、基于样本选择的方法

该类方法的核心是判断满足什么条件时一个样本可能是带噪样本。通常而言,这类方法会同时设置多个模型。比如,Decoupling[71] 方法同时维持两个网络。在训练的时候,两个网络的初始化参数完全不同,但送入的样本和标签完全相同。在这个过程中,如果两个网络对同一个样本的预测不一致,则表示该样本的不确定性高,因此不使用该样本更新模型。考虑到网络的记忆效应,许多研究者选择了不同的样本选择指标,也就是当一个样本损失小时,就认为是干净样本。在方法 MentorNet[72] 中,基于该指标,预训练的教师网络会估计干净样本并送入学生网络学习。Co-teaching[73]、Co-teaching+[74] 与 Decoupling 类似,同样维持两个网络,但采取交叉学习策略,即 Co-teaching 的每一个网络选择一定数量损失小的样本,再送入对偶网络,进行进一步的训练。Co-teaching+考虑到如果在 Co-teaching 中不加约束,在训练的后期,两个模型会逐渐趋于一致。受启发于半监督中的 Co-training[75],Co-teaching+对两个模型的差异性进行了约束,使得两个模型保持不一致,从而更好地找出带噪样本。在这一体系中,不同方法的具体区别如下:

(1) MentorNet、Co-teaching 和 Co-teaching+将损失小的样本视为干净样本,Decoupling 没有考虑这一点;

(2) Co-teaching、Decoupling 和 Co-teaching+同时训练两个分类器,MentorNet 先训练教师网络再训练学生网络;

(3) Co-teaching 和 Co-teaching+以交叉的方式更新分类器参数,MentorNet 和 Decoupling 以平行的方式更新分类器参数;

(4) Decoupling 和 Co-teaching+约束使得两个分类器存在差异,MentorNet 和 Co-teaching 没有该约束。

另外,O2U-Net[76] 使用周期性的学习率不断重复训练模型。依据网络的记忆效应,干净样本和噪声样本在重复训练的阶段在损失上会存在显著的差异。因此,可以找出干净或噪声样本。

四、基于正则化的策略

该类方法的核心是正则化,经典的方法是标签平滑(label smoothing)。在分类问题中,如果一个样本 $\boldsymbol{x}$ 的标签 $y=i$,则会将标签 y 转化为一个 one-hot 向量 $\boldsymbol{y}=[0,\cdots,1,\cdots,0]^{\mathrm{T}}$。该向量的维度为类别数 k,第 i 个元素的值为 1,其余为 0。假如模型的预测为 $\bar{y}=[0.1,\cdots,0.8,\cdots,0.1]^{\mathrm{T}}$,

需要约束$\bar{\boldsymbol{y}}$与$\boldsymbol{y}$相同。然而噪声学习中$\boldsymbol{y}$带噪声，因此本章参考文献[77]中的方法将$\boldsymbol{y}$转化为

$$\boldsymbol{y}=\left[\frac{0.1}{k-1},\cdots,0.9,\cdots,\frac{0.1}{k-1}\right]^{\mathrm{T}} \tag{7.43}$$

其中，第i个元素的值为0.9(或其他较大的值)，其他位置元素的值服从均匀分布，为$0.1/(k-1)$，从而有效避免模型向噪声标签拟合。进一步地，本章参考文献[78]中的方法考虑到除第i个元素外，剩下元素的值不应该服从均匀分布，因为类别与类别之间存在关系，不同类别之间存在的关系不同。比如说现在目标是猫，除猫这一类对应 one-hot 向量的元素值较大外，狗这一类对应的元素值同样应该较大，但车这一类应该较小。因此，研究者根据样本的置信度打分，估计每一类应有的元素值，也就是说

$$\boldsymbol{y}=[P_1,\cdots,0.9,\cdots,P_N]^{\mathrm{T}} \tag{7.44}$$

当$P_i\neq P_j(i\neq j)$时，这种自适应的元素值分配方法更贴合实际，是现在标签平滑领域比较先进的技术。

Mixup[79]可以视为一种正则化技术，它能够有效提升噪声标签学习和标准监督学习的性能表现。Mixup 对样本进行插值处理，比如一个样本$\boldsymbol{x}_A$的标签为1，另一个样本$\boldsymbol{x}_B$的标签为2，对$\boldsymbol{x}_A$和$\boldsymbol{x}_B$进行插值，它们的标签设置为1.5。该数据增广在标准监督学习中有效的原因可能是它修正了标准监督学习中隐含的“噪声标签”，也就是那些数据库外的离群点。

近期，有些研究者[99]开始讨论检测的噪声标签问题，如图7.25所示。假设噪声只存在于目标检测任务的类别标签上，则其只影响前景实例分类子任务，而不影响前背景分类子任务。因此，对

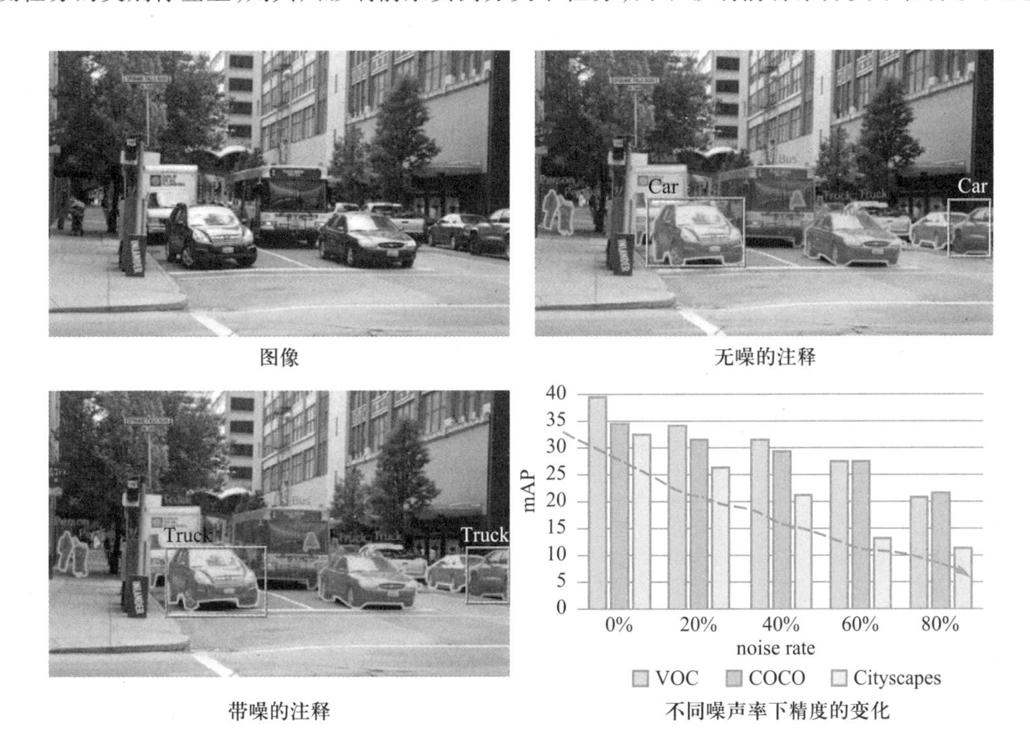

图 7.25 检测任务中可能出现的噪声标签及它们对模型精度的影响

样本需要进行分类讨论:对梯度只与前背景注释相关的样本,应该使用标准的交叉熵损失以保证困难样本的学习。同时,对梯度只与前景实例分类子任务相关的样本,可以考虑使用现有分类中对噪声鲁棒的损失进行处理。进一步地,有研究者[100]讨论了点云分割中的噪声标签问题。噪声并不仅仅存在于前景与前景之间,还可能有被误标记为前景的背景以及被误标记为背景的前景存在。

7.6 小样本学习

7.6.1 小样本分类

当我们无法获取足够的样本训练模型时,寻找一种新的网络结构和训练策略,提升深度神经网络的泛化能力并减轻对训练数据的依赖至关重要。小样本分类旨在解决这一问题。

小样本分类任务包含元训练阶段(meta-training)和元测试阶段(meta-testing)。每个阶段都将数据划分为支持集(support set)和查询集(query set)。每次从数据集中随机选择出支持(support)图像和查询(query)图像并进行训练的过程,称为一次 episode。

在元训练阶段,网络所接收的数据是足量且带有标注的。我们期望网络能够从支持图像中学到有用的特征并将其与查询图像进行匹配,从而实现对查询图像的成功分类。这一训练过程的优化是基于随机梯度下降算法(stochastic gradient descent,SGD)的。

在元测试阶段,网络接收新类别的图像进行分类性能的测试,在训练阶段,网络是没有接触过这些新类别的。该操作的根本目的是验证网络在新类情况下是否具有能够从有限的标注图像中提取关键特征并与新的未标注图像特征成功匹配并实现分类的能力。这一能力可以保证网络具有足够的泛化性,从而大大减轻对大规模标注数据集的需求。接下来介绍一些代表性的小样本分类方法。

一、基于特征重建的小样本分类

本章参考文献[80]提出了一种基于特征重建的小样本分类策略,并设计了特征谱重建网络(feature map reconstruction networks, FRN),如图 7.26 所示。

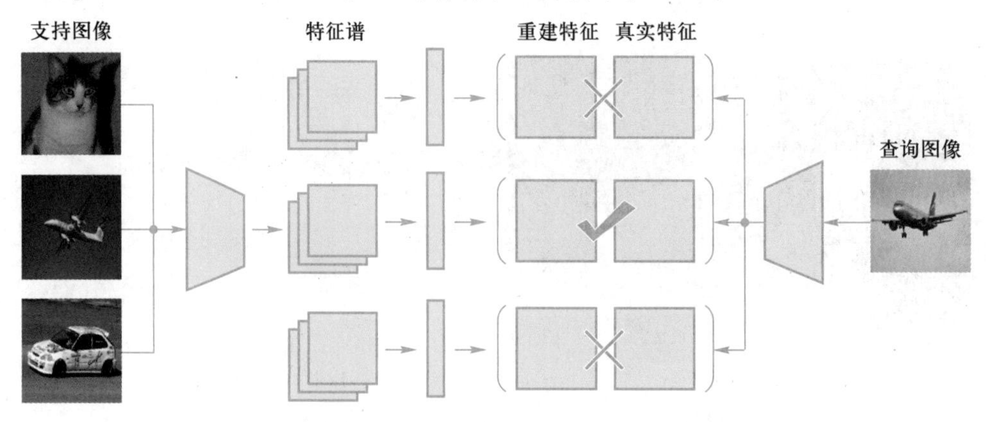

图 7.26 基于特征重建的小样本分类网络

在元训练阶段，该网络能够从多个支持图像中提取局部的属性信息，并通过池化操作将信息压缩为一维张量。之后，在高维空间通过加权求和重建出查询图像的高维特征表示。同时，查询图像经过编码器，也会在高维空间中映射出一个一维张量，通过缩短重建张量与真实张量之间的距离来训练网络。

在元测试阶段，将查询图像的高维张量与各个支持图像的重建张量比较距离或相似度，就可以实现新类别的小样本分类。

二、基于特征域选择的小样本分类

小样本分类还面临数据集跨域问题。一般来说，如果模型在训练阶段和测试阶段的数据域不同（例如 CU-Birds 鸟类数据集和 MNIST 手写数字数据集），那么模型会有严重的性能下降，也会极大地影响模型在不同数据域上的泛化能力。因此，研究者提出了一种基于特征域选择的小样本分类方案[81]，用于解决测试数据跨域问题，如图 7.27 所示。该方法首先在训练阶段利用多个不同域的数据集（包括道路标志、鸟、手写体字符）分别对应训练多个不同的特征提取器来获得跨多个域的高维特征表示。之后，再通过给定几个特定域的学习任务（比如图中的手写体字符识别任务），训练一个数据域选择器使网络能够自适应地从特征提取器组中选择最相关的表示 f_3，从而解决数据跨域问题。

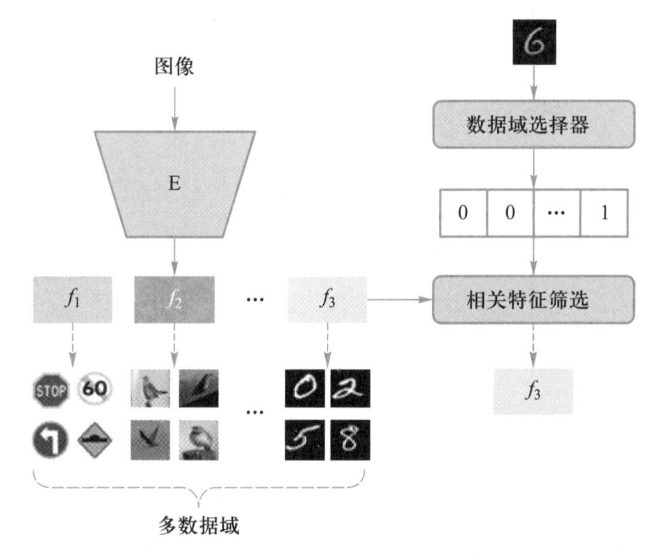

图 7.27 基于特征域选择的小样本分类网络

7.6.2 小样本检测

小样本目标检测任务常被设置为 N-way K-shot。N-way 指存在 N 个新类，K-shot 指每一个新类有 K 个样本。比如，目标检测任务有两个最常用的数据库，一是 PASCAL VOC，二是 MS COCO。在 PASCAL VOC 中，将十五类作为基类，剩下的五类作为新类，也就是 $N=5, K=\{1,2,3,5,10\}$，分别对应于每一类有 1 个、2 个、3 个、5 个和 10 个样本。在 MS COCO 中，通常将 PASCAL VOC 中存在的二十类作为新类，其他类作为基类。这里需要注意的是，新类标记样本的选择实际上会对模型最终的精度产生很大的影响。不同新类样本的选择被称为不同的种子。在实际测试中,需要保证种子一致才能对不同方法的精度进行对比。如何选择好的种子可以参考主动学习(activate learning)的一系列方法,但在小样本目标检测中种子是固定的。目前,小样本目标检测主要基于元学习框架和迁移学习框架。

一、基于元学习框架

最初,小样本目标检测的方法主要基于元学习框架[82-86]。元学习意指"learning to learn",也就是"学习如何学习"。通过多个不同任务的学习,学习到不同任务的知识变化规律,从而拥有解决未知任务的能力。如图7.28所示,基于元学习的小样本目标检测模型的目标是学习一个元学习器,使其具有学习未知类别知识的能力。在训练阶段,针对某一个类(任务),首先随机抽取 K 个带标记的该类样本,构成一个支持集。然后随机抽取该类图像作为查询集。进而根据样本更新网络参数。不同的类迭代选取更新参数,从而最终生成能够提取新类知识的元学习器。

在现有的方法中,元学习器通常是去学习一个和类别相关的权重向量,对查询集图像的特征进行重加权,得到增强后的特征,这一阶段被称为元训练阶段(meta-training stage)。随后在少量新类注释存在的情况下,利用少量基类数据和少量新类数据构建支持集。通常可以从每一个基类中抽取 K 个样本,因为是K-shot,每一个新类有 K 个样本,这些样本和查询集构成episode去微调检测器,得到全类别的检测模型,这一阶段被称为元微调阶段(meta-finetuning stage)。

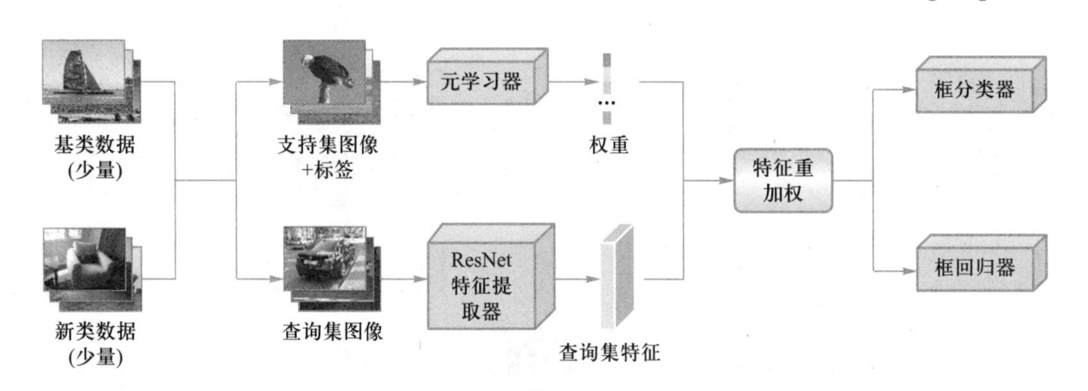

图7.28 基于元学习的小样本检测框架

二、基于迁移学习框架

近期,有研究者提出了一个更简单的基于迁移学习的小样本检测框架TFA[87],如图7.29所示。具体来说,该检测框架分为两个阶段:第一阶段是基类的学习阶段,在这一阶段,大量的基类数据被用于训练一个基类的检测器;第二阶段是新类的微调阶段,在这一阶段,直接使用少量基类和新类数据微调检测器。注意这里需要调整目标检测框架各部分的学习率,在TFA中特征提取骨干网络(backbone)和候选区域生成网络(RPN)不更新,后面的预测分支(head)以正常的学习率更新,后续的工作对不同模块的学习率有所调整。其中实际上隐含着一个假设,就是特征提取骨干网络本质上在构建一个特征的属性空间,后面的预测分支是学习分类面,一旦构建出一个通用的属性空间,即使送入新类,也能用这个属性空间对新类建模,但需要学习具体的分界面。这个策略充分地运用了基类数据去构建能有效提取特征的骨干网络。因此,即使没有特征增强的操作,模型的精度仍然超过了许多元学习方法。同时,TFA 系统地构建了小样本目标算法的评估机制,确定了种子的选取、基类新类的划分以及评估的指标。

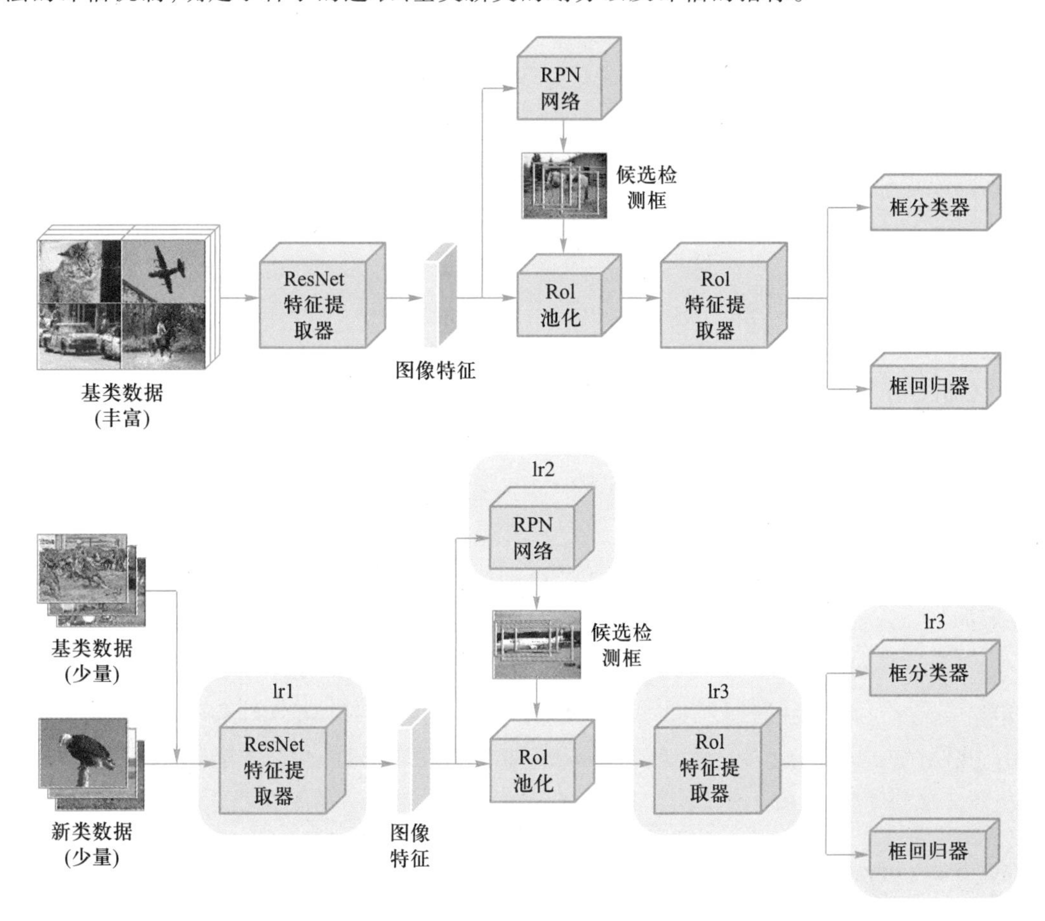

图 7.29 基于迁移学习的小样本检测框架

在 TFA 之后,主要从四个方面去进一步地推进小样本目标检测算法的发展。

(1) 尝试建模类别与类别间的语义关系[88-89],特别是新类和基类间的语义关系,比如,用图去构建基类和新类间的语义关系。当基类 i 和新类 j 间的相似度高时,如果一个样本被预测为基类 i,那很有可能该样本实际上属于新类 j。

(2) 希望改变新类的特征空间[90-91],因为新类的样本数少,所以在特征空间中张成的区域小,因此限制了模型在新类上的泛化能力。考虑到这一点,研究者提出首先建模基类在特征空间中张成的区域,再基于它扩张新类样本在特征空间中张成的区域。

(3) 指出小样本目标检测核心问题在于类别间的混淆[92-93],因此应该使用更强的约束去增强模型对相似类别的判别能力。为此,本章参考文献[92]引入了自监督损失,利用自监督损失拉近同一类样本,拉远不同类样本。本章参考文献[93]为每一类设计了新的通用原型,再基于通用原型增强特征,从而使得特征的判别性增强。

(4) 假设基类图片中隐含新类目标[94],通过简单地生成新类的伪标签训练一个得分修正模块,进而提升模型在新类上的检测精度。近期,有研究者[95]提出不固定区域建议网络和预测分支的参数,同时控制骨干网络(backbone)的学习率,让其以极缓慢的速度更新,已取得了可喜的进展。

7.6.3 小样本分割

基于小样本的图像分割任务旨在利用少量的标注数据实现对新类别图像的分割,问题设置是:在具有丰富标签的已知类别上学习模型,并期望在具有少量标注的未知类别上有很好的分割能力,也就是实现将在已知类别上学习的知识迁移到未知类别上。基于小样本的图像分割任务的出发点是模仿人类的小样本学习能力,使得图像语义分割更加符合人类的认知,更好地解决现实场景中的任务,促使计算机视觉向更加先进的方向发展。

一、OSLSM 模型

为了在少量标注数据下实现图像的分割,Shaban 等人首次提出了小样本图像分割任务,并提出了 OSLSM 模型[96],如图 7.30 所示。OSLSM 将少量的标注图像称为支持图像(support image),将待分割的图像称为查询图像(query image)。将处理支持图像的深度学习网络称为支持分支,将处理查询图像的深度学习网络称为查询分支,并在这两个分支之间构建转换模块,实现支持图像对查询图像的指导分割。同时,OSLSM 中引入情景式训练机制,即在训练阶段模仿新类别的少量标注样本的场景。该双分支的模型是现有的小样本分割模型的基础架构,情景式训练机制也是被广泛采用的解决思路,核心是建立支持图像和查询图像之间的转换模块,并提升其在未知类别上面的泛化性能。此外,该方法验证了参数微调方式(利用新类别的少量标注图像微调全监督的网络以适应新的类别)和共分割模型(采用共分割的方式建立少量标注图像和待分割图像之间的关系)的低效性。

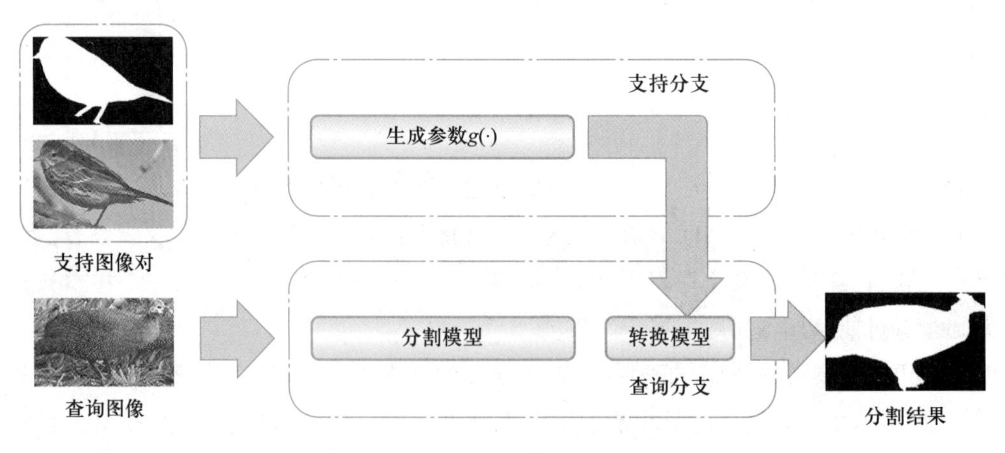

图 7.30 OSLSM 算法流程图

二、LTM 模型

小样本分割任务中最重要的模块之一是转换模块,如何设计一个与类无关的转换模块,以便将转换模块有效地推广到新类是一个困难的问题。大多数方法是使用支持图像的全局线索来模拟转换过程,但是这些方法忽略了局部特征的重要性。针对以上问题,Yang 等人提出了一种基于局部特征的转换模型 LTM[97]。该方法首先利用余弦距离建立局部特征之间的关系矩阵,并利用标注矩阵的广义逆矩阵对关系矩阵进行线性变换;实现低阶局部信息到高级语义信息的转换。接下来,线性变换的结果被视为空间注意力谱来指导查询图像进行分割。

LTM 算法总体流程图如图 7.31 所示,首先利用在 ImageNet 上预训练的特征提取器提取支持图像和查询图像的特征,然后将提取的特征进一步映射到高维空间中;随后将支持图像的特征、支持图像的掩膜以及查询图像的特征送入到图 7.32 所示的转换模块中,输出空间注意力谱指导查询图像进行分割;随后查询分支的结果经过一个上采样模块得到查询图像的预测结果。该方法在 PASCAL VOC 2012 和 MS COCO 2017 数据集上进行了实验,其 mIoU 指标高于同期的其他方法,从而表明了该方法的有效性。

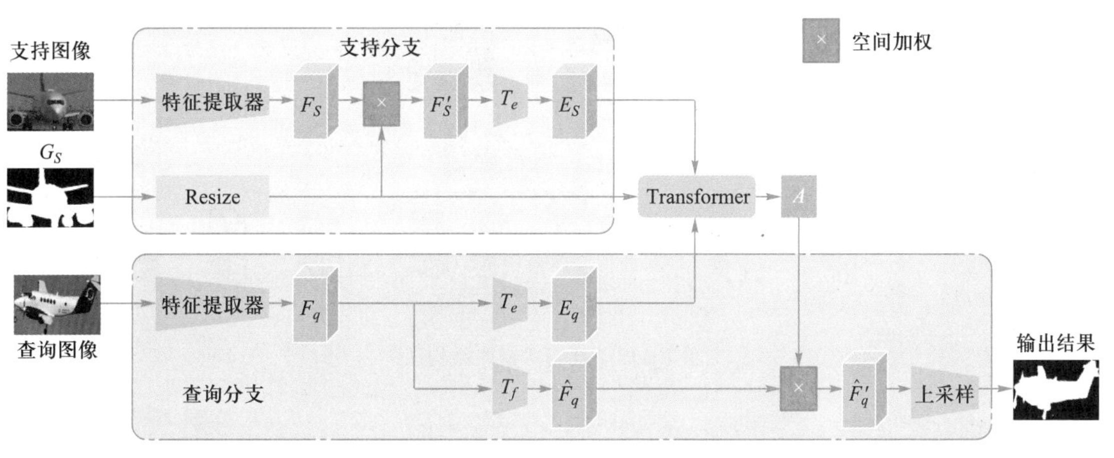

图 7.31 LTM 算法总体流程图

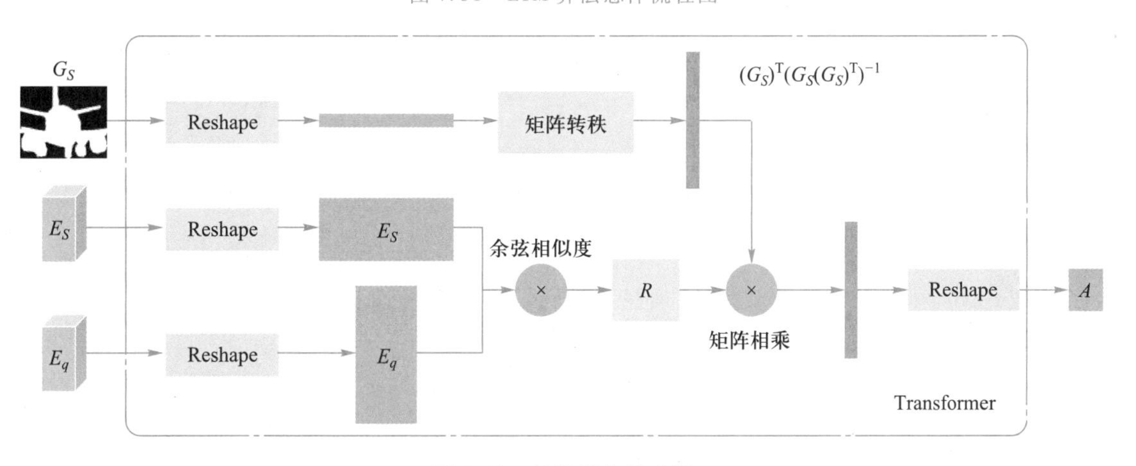

图 7.32 转换模块示意图

三、PFENET 模型

现有的小样本分割方法大多使用高层级特征作为转换模块的输入,这一做法会导致分割方法出现性能不足的问题。为解决这一问题,Tian 等人提出了 PFENET[98]。如图 7.33 所示,

PFENET 主要由两部分组成:一个是无须训练的先验掩码生成模块,该模块将 ImageNet 预训练模型的高层语义特征转换为一个粗糙的先验掩码;另一个是进行特征交互的特征增强模块,该模块以多层级的支持特征和先验掩码作为输入,在同一尺度内部和不同尺度之间来自适应地增强查询特征,以实现更好的小样本分割性能。该方法在 PASCAL VOC 2012 和 MS COCO 2017 数据集上进行了实验,实验性能高于同期的其他方法。该方法证明了图像小样本分割中不同层次特征选择,以及多层次特征增强的有效性。

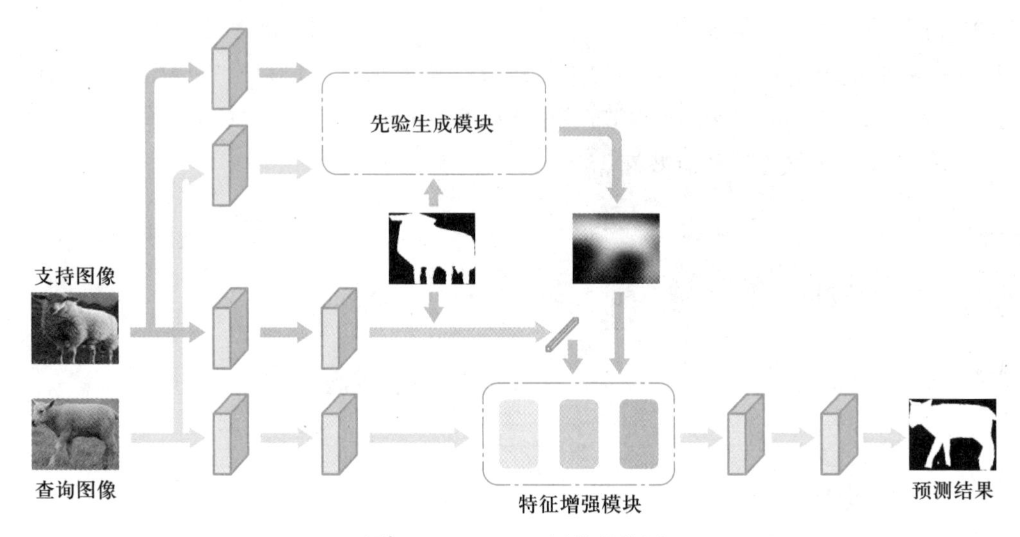

图 7.33 PFENET 网络结构图

习题

1. 对比学习用于解决什么问题?什么场景下适合对比学习?
2. 迁移学习是什么?解决什么问题?难点体现在哪几个方面?
3. 蒸馏学习模型的基本思路是什么?
4. 连续学习面临的挑战有哪些?如何评价学习模型的连续学习能力?
5. 目前连续学习代表性方法有哪些?各有什么特点?
6. 举一个强化学习在实际应用中的例子,并讨论强化学习的优势。
7. 如何解决训练数据中错误标签对学习过程带来的干扰?
8. 请简述用 SimCLR 方法实现无监督实例判别的处理过程。
9. 当面对少量训练样本数据时,深度学习会遇到什么问题?有什么解决思路和方法?
10. 解释无模型强化学习和有模型强化学习在具体实现过程中的差异。

第 7 章习题解答

参 考 文 献

[1] NOROOZI M, FAVARO P. Unsupervised learning of visual representations by solving jigsaw puzzles[C]//European Conference on Computer Vision, 2016: 69-84.

[2] GIDARIS S, SINGH P, KOMODAKIS N. Unsupervised representation learning by predicting image rotations[C]//International Conference on Learning Representations, 2018.

[3] HJELM R D, FEDOROV A, LAVOIE-MARCHILDON S, et al. Learning deep representations by mutual information estimation and maximization[C]//International Conference on Learning Representations, 2018.

[4] BACHMAN P, HJELM R D, BUCHWALTER W. Learning representations by maximizing mutual information across views[C]//Advances in Neural Information Processing Systems, 2019, 32: 15535-15545.

[5] PANINSKI L. Estimation of entropy and mutual information[J]. Neural computation, 2003, 15(6): 1191-1253.

[6] BELGHAZI M I, BARATIN A, RAJESHWAR S, et al. Mutual information neural estimation [C]//International Conference on Machine Learning, 2018: 531-540.

[7] WU Z, XIONG Y, YU S, et al. Unsupervised feature learning via non-parametric instance discrimination[C]//IEEE Conference on Computer Vision and Pattern Recognition, 2018: 3733-3742.

[8] CHEN T, KORNBLITH S, NOROUZI M, et al. A simple framework for contrastive learning of visual representations[C]//International Conference on Machine Learning, 2020: 1597-1607.

[9] HE K, FAN H, WU Y, et al. Momentum contrast for unsupervised visual representation learning[C]//IEEE Conference on Computer Vision and Pattern Recognition, 2020: 9729-9738.

[10] GRILL J B, STRUB F, ALTCHÉ F, et al. Bootstrap your own latent: a new approach to self-supervised learning [C]//Advances in Neural Information Processing Systems, 2020, 33: 21271-21284.

[11] WANG X, LIU Z, YU S X. Unsupervised feature learning by cross-level instance-group discrimination[C]//IEEE Conference on Computer Vision and Pattern Recognition, 2021: 12586-12595.

[12] CARON M, MISRA I, MAIRAL J, et al. Unsupervised learning of visual features by contrasting cluster assignments[C]//Advances in Neural Information Processing Systems, 2020, 33: 9912-9924.

[13] ASANO Y M, RUPPRECHT C, VEDALDI A. Self-labelling via simultaneous clustering and representation learning[C]//International Conference on Learning Representations, 2019.

[14] CUTURI M. Sinkhorn distances: lightspeed computation of optimal transport [C]//Advances in Neural Information Processing Systems, 2013, 26: 2292-2300.

[15] CARON M, BOJANOWSKI P, JOULIN A, et al. Deep clustering for unsupervised learning of visual features[C]//European Conference on Computer Vision, 2018: 132-149.

[16] ZHUANG C, ZHAI A L, YAMINS D. Local aggregation for unsupervised learning of visual embeddings[C]//IEEE International Conference on Computer Vision, 2019: 6002-6012.

[17] GRETTON A, BORGWARDT K M, RASCH M J, et al. A kernel two-sample test[J]. Journal of machine learning research, 2012, 13(1): 723-773.

[18] BORGWARDT K M, GRETTON A, RASCH M J, et al. Integrating structured biological data by kernel maximum mean discrepancy[J]. Bioinformatics, 2006, 22(14): e49-e57.

[19] YAN H, DING Y, LI P, et al. Mind the class weight bias: weighted maximum mean discrepancy for unsupervised domain adaptation[C]//IEEE Conference on Computer Vision and Pattern Recognition, 2017: 2272-2281.

[20] BLITZER J, MCDONALD R, PEREIRA F. Domain adaptation with structural correspondence learning [C]//Conference on Empirical Methods in Natural Language Processing, 2006: 120-128.

[21] ANDO R K, ZHANG T, BARTLETT P. A framework for learning predictive structures from multiple tasks and unlabeled data[J]. Journal of machine learning research, 2005, 6(11): 1817-1853.

[22] PAN S J, KWOK J T, YANG Q. Transfer learning via dimensionality reduction [C]//National Conference on Artificial Intelligence, 2008: 677-682.

[23] PAN S J, TSANG I W, KWOK J T, et al. Domain adaptation via transfer component analysis [J]. IEEE transactions on neural networks, 2010, 22(2): 199-210.

[24] GANIN Y, USTINOVA E, AJAKAN H, et al. Domain-adversarial training of neural networks[J]. Journal of machine learning research, 2016, 17(1): 2096-2130.

[25] DENG J, DONG W, SOCHER R, et al. ImageNet: a large-scale hierarchical image database[C]//IEEE Conference on Computer Vision and Pattern Recognition, 2009: 248-255.

[26] HINTON G, VINYALS O, DEAN J. Distilling the knowledge in a neural network[C]//Neural Information Processing Systems Workshop on Deep Learning, 2014.

[27] ZAGORUYKO S, KOMODAKIS N. Paying more attention to attention: improving the performance of convolutional neural networks via attention transfer [C]//International Conference on Learning Representations, 2017: 100-103.

[28] MCCLOSKEY M, COHEN N J. Catastrophic interference in connectionist networks: the sequential learning problem[J]. Psychology of learning and motivation, 1989, 24: 109-165.

[29] ROBINS A. Catastrophic forgetting, rehearsal and pseudorehearsal[J]. Connection science,

1995,7(2): 123-146.

[30] ABBOTT L F, NELSON S B. Synaptic plasticity: taming the beast [J]. Nature neuroscience,2000,3(11): 1178-1183.

[31] KIRKPATRICK J,PASCANU R,RABINOWITZ N,et al. Overcoming catastrophic forgetting in neural networks [J]. Proceedings of the national academy of sciences, 2017, 114 (13): 3521-3526.

[32] MCCLELLAND J L,MCNAUGHTON B L,O'REILLY R C. Why there are complementary learning systems in the hippocampus and neocortex: insights from the successes and failures of connectionist models of learning and memory[J]. Psychological review,1995,102(3): 419.

[33] KUMARAN D,HASSABIS D,MCCLELLAND J L. What learning systems do intelligent agents need? Complementary learning systems theory updated[J]. Trends in cognitive sciences,2016, 20(7): 512-534.

[34] BELOUADAH E,POPESCU A. Il2m: class incremental learning with dual memory[C]// IEEE International Conference on Computer Vision,2019: 583-592.

[35] VIDAL-SANZ M,BRAY G M,VILLEGAS-PEREZ M P,et al. Axonal regeneration and synapse formation in the superior colliculus by retinal ganglion cells in the adult rat[J]. Journal of neuroscience,1987,7(9): 2894-2909.

[36] TWEEDLE C D,HATTON G I. Synapse formation and disappearance in adult rat supraoptic nucleus during different hydration states[J]. Brain research,1984,309(2): 367-372.

[37] RUSU A A,RABINOWITZ N C,DESJARDINS G,et al. Progressive neural networks[EB/OL]. [2022-06-27] . arXiv preprint arXiv:1606. 04671.

[38] DELANGE M,ALJUNDI R,MASANA M,et al. A continual learning survey: defying forgetting in classification tasks[J]. IEEE transactions on pattern analysis and machine intelligence,2022, 44(7): 3366-3385.

[39] VAN DE VEN G M,TOLIAS A S. Three scenarios for continual learning[C]//Neural Information Processing Systems Workshop on Continual Learning,2018.

[40] LI Z,HOIEM D. Learning without forgetting[J]. IEEE transactions on pattern analysis and machine intelligence,2017,40(12): 2935-2947.

[41] KIRKPATRICK J,PASCANU R,RABINOWITZ N,et al. Overcoming catastrophic forgetting in neural networks[J]. Proceedings of the national academy of sciences,2017,114(13): 3521-3526.

[42] ZENKE F,POOLE B,GANGULI S. Continual learning through synaptic intelligence[C]// International Conference on Machine Learning,2017: 3987-3995.

[43] WANG S,LI X,SUN J,et al. Training networks in null space of feature covariance for continual learning [C]//IEEE Conference on Computer Vision and Pattern Recognition, 2021: 184-193.

[44] SAGUN L,EVCI U,GUNEY V U,et al. Empirical analysis of the hessian of over-parametrized neural networks [C]//International Conference on Learning Representations: Workshops Track,2018.

[45] REBUFFI S A,KOLESNIKOV A,SPERL G,et al. Icarl: incremental classifier and representation learning[C]//IEEE Conference on Computer Vision and Pattern Recognition,2017: 2001-2010.

[46] CHAUDHRY A, GORDO A, DOKANIA P K, et al. Using hindsight to anchor past knowledge in continual learning[C]//AAAI Conference on Artificial Intelligence,2021: 6993-7001.

[47] LOPEZ-PAZ D,RANZATO M A. Gradient episodic memory for continual learning[C]//Advances in Neural Information Processing Systems,2017,30: 6467-6476.

[48] CHAUDHRY A,ROHRBACH M,ELHOSEINY M,et al. On tiny episodic memories in continual learning[EB/OL]. [2022-06-27]. arXiv preprint arXiv:1902.10486.

[49] MASSE N Y,GRANT G D,FREEDMAN D J. Alleviating catastrophic forgetting using context-dependent gating and synaptic stabilization[J]. Proceedings of the national academy of sciences, 2018,115(44): E10467-E10475.

[50] RIEDMILLER M. Neural fitted Q iteration-first experiences with a data efficient neural reinforcement learning method[C]//European Conference on Machine Learning,2005: 317-328.

[51] KONDA V R,TSITSIKLIS J N. Actor-critic algorithms[C]//Advances in Neural Information Processing Systems,2000: 1008-1014.

[52] MNIH V,KAVUKCUOGLU K,SILVER D,et al. Human-level control through deep reinforcement learning[J]. Nature,2015,518: 529-533.

[53] BROWNE C B,POWLEY E,WHITEHOUSE D,et al. A survey of monte carlo tree search methods[J]. IEEE transactions on computational intelligence and AI in Games,2012,4(1): 1-43.

[54] JIN R,GHAHRAMANI Z. Learning with multiple labels[C]//Advances in Neural Information Processing Systems,2002: 897-904.

[55] NATARAJAN N,DHILLON I S,RAVIKUMAR P,et al. Learning with noisy labels[C]//Advances in Neural Information Processing Systems,2013,26: 1196-1204.

[56] ARPIT D,JASTRZĘBSKI S,BALLAS N,et al. A closer look at memorization in deep networks[C]//International Conference on Machine Learning,2017: 233-242.

[57] MA X, WANG Y, HOULE M E, et al. Dimensionality-driven learning with noisy labels [C]//International Conference on Machine Learning,2018: 3355-3364.

[58] ZHANG C,BENGIO S,HARDT M,et al. Understanding deep learning (still) requires rethinking generalization[J]. Communications of the ACM,2021,64(3): 107-115.

[59] GOLDBERGER J,BEN-REUVEN E. Training deep neural-networks using a noise adaptation layer[C]//International Conference on Learning Representations,2017.

[60] XIAO T,XIA T,YANG Y,et al. Learning from massive noisy labeled data for image classification[C]//IEEE Conference on Computer Vision and Pattern Recognition,2015: 2691-2699.

[61] HAN B, YAO J, NIU G, et al. Masking: a new perspective of noisy supervision [C]// Advances in Neural Information Processing Systems,2018: 5841-5851.

[62] LIU T,TAO D. Classification with noisy labels by importance reweighting[J]. IEEE transactions on pattern analysis and machine intelligence,2015,38(3): 447-461.

[63] PATRINI G,ROZZA A,MENON A K,et al. Making deep neural networks robust to label noise: a loss correction approach [C]//IEEE Conference on Computer Vision and Pattern Recognition,2017: 1944-1952.

[64] YAO Y,LIU T,HAN B,et al. Dual T: reducing estimation error for transition matrix in label-noise learning[C]//Advances in Neural Information Processing Systems,2020,33: 7260-7271.

[65] XIA X,LIU T,WANG N,et al. Are anchor points really indispensable in label-noise learning? [C]//Advances in Neural Information Processing Systems,2019,32: 6838-6849.

[66] REED S,LEE H,ANGUELOV D,et al. Training deep neural networks on noisy labels with bootstrapping[C]//International Conference on Learning Representations: Workshops Track,2015.

[67] GHOSH A,KUMAR H,SASTRY P S. Robust loss functions under label noise for deep neural networks[C]//AAAI Conference on Artificial Intelligence,2017: 1919-1925.

[68] CHAROENPHAKDEE N, LEE J, SUGIYAMA M. On symmetric losses for learning from corrupted labels[C]//International Conference on Machine Learning,2019: 961-970.

[69] ZHANG Z, SABUNCU M R. Generalized cross entropy loss for training deep neural networks with noisy labels [C]//Advances in Neural Information Processing Systems, 2018: 8792-8802.

[70] WANG Y,MA X,CHEN Z,et al. Symmetric cross entropy for robust learning with noisy labels[C]//IEEE International Conference on Computer Vision,2019: 322-330.

[71] MALACH E,SHALEV-SHWARTZ S. Decoupling "when to update" from "how to update" [C]//Advances in Neural Information Processing Systems,2017,30: 960-970.

[72] JIANG L,ZHOU Z,LEUNG T,et al. Mentornet: learning data-driven curriculum for very deep neural networks on corrupted labels[C]//International Conference on Machine Learning,2018: 2304-2313.

[73] HAN B,YAO Q,YU X,et al. Co-teaching: robust training of deep neural networks with extremely noisy labels[C]//Advances in Neural Information Processing Systems,2018: 8536-8546.

[74] YU X,HAN B,YAO J,et al. How does disagreement help generalization against label corruption? [C]//International Conference on Machine Learning,2019: 7164-7173.

[75] BLUM A,MITCHELL T. Combining labeled and unlabeled data with co-training[C]// Conference on Computational Learning Theory,1998: 92-100.

[76] HUANG J,QU L,JIA R,et al. O2u-net: a simple noisy label detection approach for deep neural networks[C]//IEEE International Conference on Computer Vision,2019: 3326-3334.

[77] PEREYRA G,TUCKER G,CHOROWSKI J,et al. Regularizing neural networks by penalizing confident output distributions[C]//International Conference on Learning Representations: Workshops Track,2017.

[78] ZHANG C B,JIANG P T,HOU Q,et al. Delving deep into label smoothing[J]. IEEE transactions on image processing,2021,30: 5984-5996.

[79] ZHANG H,CISSE M,DAUPHIN Y N,et al. Mixup: beyond empirical risk minimization [C]//International Conference on Learning Representations,2018.

[80] WERTHEIMER D,TANG L,HARIHARAN B. Few-shot classification with feature map reconstruction networks[C]//IEEE Conference on Computer Vision and Pattern Recognition,2021: 8012-8021.

[81] DVORNIK N,SCHMID C,MAIRAL J. Selecting relevant features from a multi-domain representation for few-shot classification[C]//European Conference on Computer Vision,2020: 769-786.

[82] KANG B,LIU Z,WANG X,et al. Few-shot object detection via feature reweighting[C]//IEEE International Conference on Computer Vision,2019: 8420-8429.

[83] YAN X,CHEN Z,XU A,et al. Meta r-cnn: towards general solver for instance-level low-shot learning[C]//IEEE International Conference on Computer Vision,2019: 9577-9586.

[84] WANG Y X,RAMANAN D,HEBERT M. Meta-learning to detect rare objects[C]//IEEE International Conference on Computer Vision,2019: 9925-9934.

[85] FAN Q,ZHUO W,TANG C K,et al. Few-shot object detection with attention-RPN and multi-relation detector[C]//IEEE Conference on Computer Vision and Pattern Recognition,2020: 4013-4022.

[86] XIAO Y,MARLET R. Few-shot object detection and viewpoint estimation for objects in the wild[C]//European Conference on Computer Vision,2020: 192-210.

[87] WANG X,HUANG T E,GONZALEZ J,et al. Frustratingly simple few-shot object detection [C]//International Conference on Machine Learning,2020: 9919-9928.

[88] ZHU C,CHEN F,AHMED U,et al. Semantic relation reasoning for shot-stable few-shot object detection[C]//IEEE Conference on Computer Vision and Pattern Recognition,2021: 8782-8791.

[89] HU H,BAI S,LI A,et al. Dense relation distillation with context-aware aggregation for few-shot object detection[C]//IEEE Conference on Computer Vision and Pattern Recognition,2021: 10185-10194.

[90] LI B,YANG B,LIU C,et al. Beyond max-margin: class margin equilibrium for few-shot

object detection[C]//IEEE Conference on Computer Vision and Pattern Recognition, 2021: 7363-7372.

[91] ZHANG W, WANG Y X. Hallucination improves few-shot object detection[C]//IEEE Conference on Computer Vision and Pattern Recognition, 2021: 13008-13017.

[92] SUN B, LI B, CAI S, et al. FSCE: few-shot object detection via contrastive proposal encoding[C]//IEEE Conference on Computer Vision and Pattern Recognition, 2021: 7352-7362.

[93] WU A, HAN Y, ZHU L, et al. Universal-prototype augmentation for few-shot object detection[C]//IEEE International Conference on Computer Vision, 2021: 9567-9576.

[94] LI Y, ZHU H, CHENG Y, et al. Few-shot object detection via classification refinement and distractor retreatment[C]//IEEE Conference on Computer Vision and Pattern Recognition, 2021: 15395-15403.

[95] QIAO L, ZHAO Y, LI Z, et al. DeFRCN: decoupled faster r-cnn for few-shot object detection[C]//IEEE International Conference on Computer Vision, 2021: 8681-8690.

[96] SHABAN A, BANSAL S, LIU Z, et al. One-shot learning for semantic segmentation[C]//British Machine Vision Conference, 2017: 167.1-167.13.

[97] YANG Y, MENG F, LI H, et al. A new local transformation module for few-shot segmentation[C]//International Conference on Multimedia Modeling, 2020: 76-87.

[98] TIAN Z, ZHAO H, SHU M, et al. Prior guided feature enrichment network for few-shot segmentation[J]. IEEE transactions on pattern analysis and machine intelligence, 2022, 44(2): 1050-1065.

[99] YANG L, MENG F, LI H, et al. Learning with noisy class labels for instance segmentation[C]//European Conference on Computer Vision, 2020: 38-53.

[100] YE S, CHEN D, HAN S, et al. Learning with noisy labels for robust point cloud segmentation[C]//IEEE International Conference on Computer Vision, 2021: 6443-6452.

第 8 章

目标检测

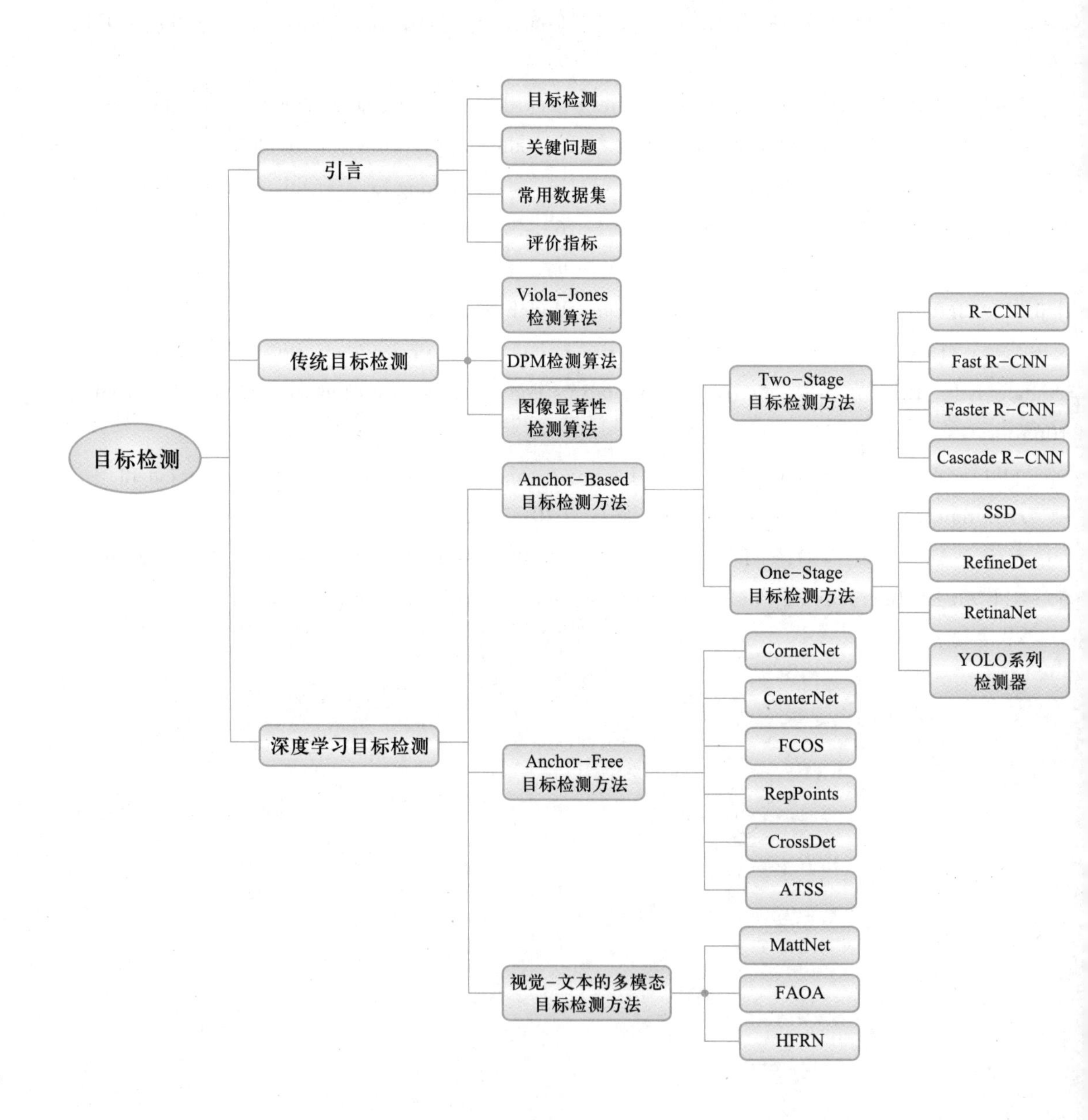

目标检测
引言
目标检测
关键问题
常用数据集
评价指标
传统目标检测
Viola-Jones
检测算法
DPM检测算法
图像显著性
检测算法
深度学习目标检测
Anchor-Based
目标检测方法
Two-Stage
目标检测方法
R-CNN
Fast R-CNN
Faster R-CNN
Cascade R-CNN
One-Stage
目标检测方法
SSD
RefineDet
RetinaNet
YOLO系列
检测器
Anchor-Free
目标检测方法
CornerNet
CenterNet
FCOS
RepPoints
CrossDet
ATSS
视觉-文本的多模态
目标检测方法
MattNet
FAOA
HFRN

8.1 引 言

第 8 章课件

8.1.1 目标检测

目标检测旨在从图像或视频中找到感兴趣的目标对象，并确定这些对象的位置窗口和类别，需要同时兼顾目标定位与目标分类两个子任务。作为计算机视觉领域的研究基础以及图像理解、视频分析等诸多任务的关键步骤，目标检测一直受到广泛关注，在安防监控、医疗影像、智能交通、遥感监测和人机交互等多个领域有着重要的应用。如图 8.1 所示，左侧图像为输入图像，右侧图像为输出的目标检测结果。其中，矩形方框标定了图像中目标的位置，标签描述了方框内物体的类别，即巴士和行人。本章将具体介绍如何通过机器学习方法来实现目标检测任务。

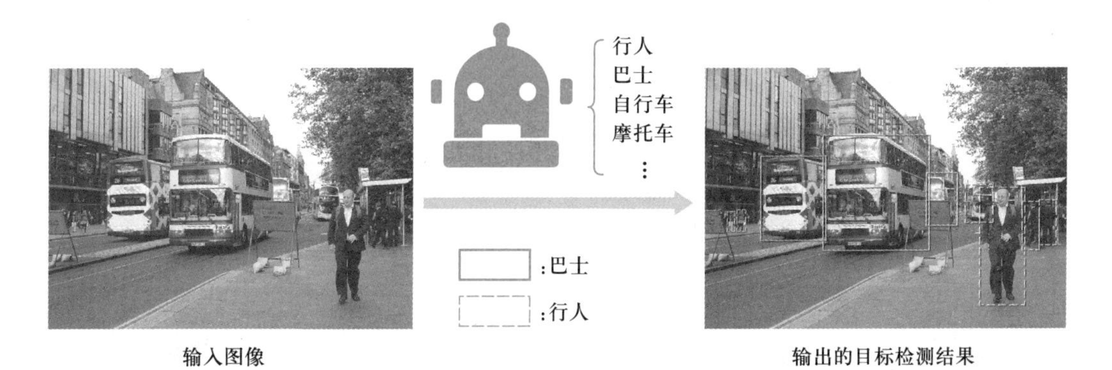

图 8.1 目标检测示意图（注：图片来自公开数据集 MS COCO[3] 的示例）

8.1.2 关键问题

由于目标在外观、尺度、视角等方面的多样性以及实际应用场景中复杂环境的干扰，实现高精度的目标检测仍然存在诸多的限制与挑战，如图 8.2 所示。

（1）目标外观多样性：自然界中通常包含丰富的物体类别以及多样的外观特征，主要体现在同一类中不同个体间由于颜色、纹理、形状、姿态等因素呈现出了较大的外观差异。比如，同样是小汽车，但在车型和颜色方面会有显著的区别，并呈现多样性的特点。

（2）目标尺度多样性：由于不同对象尺度大小的分布范围较大，实际中存在大量尺度变化剧烈的目标区域。比如，有的目标对象离得很近，占据图像很大的比例，而有的目标离得很远，只占图像很小的部分，从而导致不同尺度目标的特征表征信息差异大。尤其是小目标的颜色、纹理等特征不明显，可提供的可判别信息极少，从而导致了小目标检测仍是一个非常困难的工作。

（3）视角的多样性：目标通常来源于三维（3D）场景，而图像和视频是视觉信号的二维（2D）

投影,所以在图像和视频的采集过程中,会因为拍摄角度、远近等的不同,导致场景中目标的视角变化多样。视角的多样性经常会导致目标外观变化,从而进一步增加了目标特征的表达难度。

(4) 复杂环境干扰:复杂环境通常包含大量背景信息和噪声信息,经常会淹没目标信息,对目标检测造成干扰。同时,复杂场景中的目标很容易在空间位置上相互重叠,导致部分目标信息丢失,致使无法准确提取目标完整特征,进而出现错误的检测结果。

图8.2 目标检测面临的挑战(注:图片来自公开数据集 PASCAL VOC[1]以及 MS COCO[3]的示例)

8.1.3 常用数据集

目前,比较有代表性的目标检测数据集有 PASCAL VOC[1]、ILSVRC[2]、MS COCO[3]、Open-Image[4]和 LVIS[6]。表8.1列出了上述五个目标检测数据集各自的统计特点,其中,PASCAL VOC[1]是早期常用的数据集之一,由 PASCAL VOC 2007 和 PASCAL VOC 2012 两个子数据集组成。数据集中的图像数量达到2万余张,共包含20种类别,每类平均包含2 616个目标,每幅图像平均包含2.4个目标。因此,PASCAL VOC[1]数据集中目标相对稀疏,且各类别目标数量分布均匀。ILSVRC 是在 ImageNet 数据集上,根据 PASCAL VOC[1]的标准构建的检测任务数据库,共包括200类的47万余张图片,平均每类2672个目标,平均每张图片1.1个目标。可以看出,

ILSVRC 数据集的目标类别数量多,但平均每张图片中的目标数目较少。MS COCO(microsoft common object in context)[3]是目前广泛使用的目标检测数据集,包括 80 类目标类别,每类平均包含 15 000 个目标,每幅图像平均包含 7.3 个目标,数据规模超过 16 万张图像。可以看出,相比于 PASCAL VOC[1]和 ILSVRC[2],MS COCO[3]的单张图片包含更多的实例、更多的类别和更复杂的背景。

近期,研究者构建了两个新的更具挑战性的数据集:OpenImage[4]和 LVIS[6]。OpenImage[4]的特点是“规模大”,包含 190 万张图片,比 MS COCO[3]的图片数量高一个数量级,同时涵盖了 600 个类的目标,每一类的检测框注释超过 100 个,共有 1 500 万个检测框注释。而 LVIS 数据集[6]的特点是“长尾”,如表 8.1 所示。该数据库包含 1 203 类目标,这些类别中,有些类别可能只有数个样本,通常被称为尾部类别,有些类别可能有数千个样本,通常被称为头部类别。长尾的数据分布更加符合现实场景,比如,人在现实场景中会经常出现,因此是头部类别,但东北虎很少出现,所以是尾部类别。“长尾”分布的特性导致训练的不均衡,而难以学习较少训练数量的类别的特性,也使得检测较困难。同时,该数据集每幅图像中的目标数较多,平均每张图片包含 13.4 个目标数,部分图片中的目标数甚至达到 294 个,极大地增加了训练的难度。

表 8.1 常见目标检测数据集对比

数据集	图像数目	标记数目	目标类别数目	每类目标平均目标数目	每幅图像平均目标数目
PASCAL VOC	21 493	52 312	20	2 616	2.4
ILSVRC	476 688	534 309	200	2 672	1.1
MS COCO	164 000	1 200 000	80	15 000	7.3
OpenImage	1 900 000	15 000 000	600	25 000	7.9
LVIS	164 000	2 200 000	1 203	1 829	13.4

除了上述通用场景数据集外,考虑到应用需求,还涌现了大量面向特定任务的数据集,包括密集人群数据集 CrowdHuman[7]和 CityPersons[8]、街景数据集 KITTI[10],以及遥感目标检测数据集 NWPU[11]、DOTA[12]和 UCAS-AOD[13]等。

8.1.4 评价指标

如何评价检测结果的好坏呢?通常来讲,检测任务的评价包括两个方面:检测速度和检测性能。检测速度常用每秒检测帧数(frames per second,FPS)来衡量,即检测算法每秒能够处理的图片数量。在检测性能方面,评价目标检测算法的精度常用全类别平均精度(mean average precision,mAP)来衡量,包含召回率(recall,即是否所有的正样本被检测出来)和查准率(precision,

即是否所有输出的检测框都检测准确)。下面详细介绍 *mAP* 的计算方法。

以二分类为例,假设检测器需要判断一张图片是否为猫。图片的真实标签(ground truth, GT)只有2种情况:positive(正样本,是猫)和negative(负样本,不是猫),而分类器(算法)输出的结果(result)也只有2种情况:positive 和 negative。这样分类器输出与真实标签有4种情况:正阳性(*TP*)、假阴性(*FN*)、假阳性(*FP*)、正阴性(*TN*)。其中,上述组合的首字母 *T/F* 分别表示true/false(true:分类器输出结果与真实标签相同;false:分类器输出结果与真实标签不同),尾字母 *P/N* 分别表示 positive/negative,即分类器的输出结果。在表8.2中,以混淆矩阵(confusion matrix)的形式展示了真实标签 GT 与分类器输出结果 result 的所有组合。

表8.2 二分类混淆矩阵

GT	result	
	positive	negative
positive	*TP*	*FN*
negative	*FP*	*TN*

基于混淆矩阵,可定义召回率 *R*(recall)与查准率 *P*(precision)两个指标来度量分类器的预测精度,即

$$R=\frac{TP}{TP+FN}$$
$$P=\frac{TP}{TP+FP} \tag{8.1}$$

其中,召回率 *R*(recall)描述的是实际为正样本中预测正确的比率,查准率 *P*(precision)描述的是预测为正样本中预测正确的比率。

上述指标是对算法分类性能的衡量,而对于检测目标的定位性能,采用交并比 *IoU*(intersection over union)来衡量。如图8.3所示,虚线框 *A* 表示检测器的预测框,矩形框 *B* 表示真实的目标框。*IoU* 为 *A* 交 *B* 的面积与 *A* 并 *B* 的面积之比,计算公式为

$$IoU=\frac{A\cap B}{A\cup B} \tag{8.2}$$

IoU 本质上是矩形 *A* 中像素集合与矩形 *B* 中像素集合的 Jaccard 系数。*IoU* 的数值越大表示检测器预测的框更加贴近真实框。我们通常设定一个 *IoU* 阈值 τ 来判断一个预测边框是否是目标框,如果检测器预测框与真实框的 *IoU* 大于等于 τ(一般取值0.5),则该检测框被认为是一个 *TP*,否则被认为是一个 *FN*。

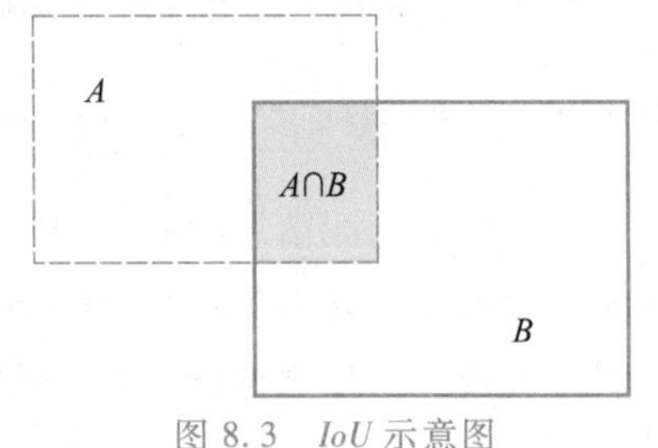

图8.3 *IoU* 示意图

如图8.4所示,浅蓝色实线框为检测器输出的检测框,浅蓝色虚线框为检测器未输出的框,深蓝色实线框为真实标

注(GT)。浅蓝色实线框为检测器预测的行人框,该框与 GT 的 IoU 大于等于预设定的阈值 τ,则该框为一个 TP 样本;对于下方的浅蓝色虚线框,检测器没有输出该框,但该位置上有正确标注 GT,则该框为一个 FN 样本;对于左上角的浅蓝色虚线框,检测器未输出该框,且该位置上没有正确标注 GT,则该框为一个 TN 样本;对于左下角的浅蓝色实线框,其为检测器预测的行人框,但该位置上没有正确标注 GT,则该框为一个 FP 样本。因此,该图检测的召回率 $R=\frac{2}{2+1}=\frac{2}{3}$,查准率 $P=\frac{2}{2+1}=\frac{2}{3}$。

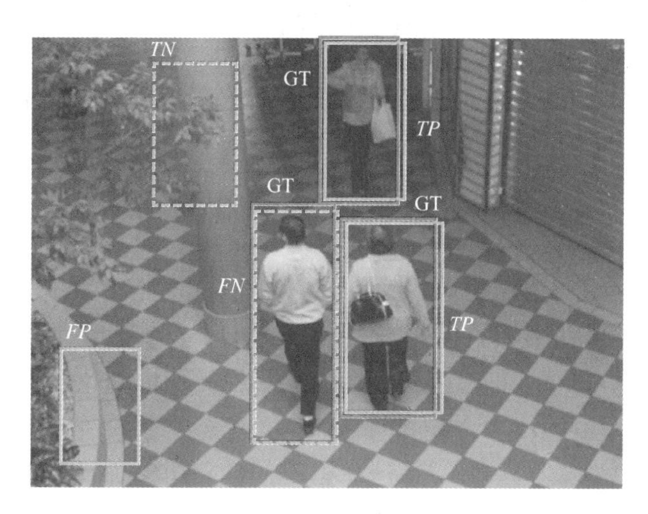

图 8.4 TPR 与 FPR 示意图

R 值越高表示图像中更多的真实行人被检测出来,P 值越高代表检测出来的行人框正确率越高。因此,我们希望检测器同时拥有较高的 P 与 R。然而现实中的 P 与 R 是一对相互矛盾的量,检测器拥有较高 R 值的同时,往往会引入更多的误检框(FP),从而导致较低的 P;在拥有较高 P 值的同时,往往会因为预测结果中较少的正阳性样本(TP)而导致较低的R 值。

下面详细描述 mAP 的计算过程。图 8.5 为行人检测示意图,深蓝色实线框代表正确标注(GT),浅蓝色虚线框为行人检测器的预测框(bounding box,BB),数字为检测器输出的各个预测边框所对应的置信度。对图中的预测边框 BB 与正确标注 GT 进行编号,顺序为从左到右,从上到下。表 8.3 为按照置信度从大到小对预测边框编号的结果,BB ID 为预测框的 ID,GT ID 为与预测框相匹配的正确标注 ID,Confidence 为 BB ID 所对应边框的置信度,IoU 为 BB ID 边框与 GT ID 边框之间的 IoU,Sort ID 为根据置信度排序后的新编号。设 IoU 的阈值 $\tau=0.5$,预测框与真实标注的匹配结果可以分为四种情况:如果 $IoU\geq\tau$,且当前与 BB ID 匹配的 GT ID 的边框尚未被匹配,那么当前 BB ID 边框为一个 TP 样本;如果 $IoU\geq\tau$,但是当前的 GT ID 边框已经被更高置信度边框匹配过,那么当前 BB ID 边框为一个 FP 样本;如果 $IoU<\tau$,那么当前 BB ID 边框为一个 FP 样本;没有 BB 匹配的 GT 或者与所有 BB 的 IoU 均小于 τ 的 GT 计入 FN 中。

图 8.5 行人检测示意图

表 8.3 按照置信度从大到小对预测边框编号的结果

Sort ID	BB ID	GT ID	Confidence	*IoU*
1	BB4	GT4	0.99	0.92
2	BB7	GT6	0.98	0.97
3	BB5	GT5	0.93	0.94
4	BB6	GT6	0.92	0.96
5	BB2	GT1	0.88	0.75
6	BB3	GT2	0.87	0.91
7	BB1	GT1	0.1	0.13

图 8.5 中有 1 个行人未被检测到,其对应的 GT3 边框计入 *FN* 中。BB1 与 GT1 的 *IoU* 小于 τ,故将 BB1 计入 *FP* 中。表 8.3 中 BB6 和 BB7 都与 GT6 匹配,且它们的 *IoU* 都大于 τ,但是 BB7 的置信度高于 BB6,那么将 BB7 计入 *TP* 中,BB6 计入 *FP* 中。BB2、BB3、BB4 和 BB5 与 GT 的 *IoU* 均大于 τ,且对应的 GT 都未被其他的 BB 匹配过,所以将 BB2、BB3、BB4 和 BB5 计入 *TP* 中。因此,图 8.5 检测结果的 $TP=5, FP=2, P=\frac{5}{7}\approx 0.71, R=\frac{5}{6}\approx 0.83$。基于上述结果,可以画出 *P-R* 曲线,即根据一系列 (R,P) 坐标绘制的曲线。依次取表 8.3 中的 Sort ID 的前 1 个,前 2 个,前 3 个,……,前 7 个结果分别计算对应的 *P* 与 *R* 值,计算结果如表 8.4 所示,图 8.6 为相应的 *P-R* 曲线。

表 8.4 按照置信度从大到小对预测边框编号的结果

Sort ID	1	1-2	1-3	1-4	1-5	1-6	1-7
TP	1	2	3	3	4	5	5
FP	0	0	0	1	1	1	2
P	1	1	1	0.75	0.8	0.83	0.71
R	0.17	0.33	0.5	0.5	0.67	0.83	0.83

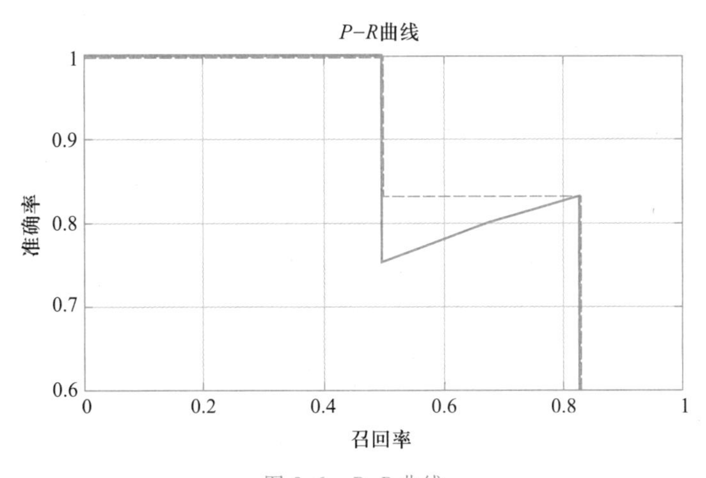

图 8.6 P-R 曲线

将 P-R 曲线下的面积定义为平均准确率(average precision,AP),由于计算积分存在一定的困难,因此引入插值法来估计 AP。AP 的计算方法可以分为以下 2 种。

(1) PASCAL VOC 2010[1]发布之前,选取 $R\geqslant 0,0.1,0.2,0.3,0.4,0.5,0.6,0.7,0.8,0.9,1$,这 11 个区域里 P 的最大值,然后取 AP 为这 11 个 P 值的平均,则图 8.6 对应的 11 个 P 值为:1,1,1,1,1,1,0.83,0.83,0.83,0,0,AP 为:0.772。

(2) PASCAL VOC 2010 发布之后,从点集(R,P) 中选取不同的 R,组成集合 C,然后选取 $R\geqslant r(r\in C)$这些区域里 P 的最大值。例如:从表 8.4 选取不同的 R 值,有 $C=\{0.17,0.33,0.5,0.67,0.83\}$,对应的 P 的最大值为:1,1,1,0.83,0.83,然后进行如下运算得出 AP:$1\times(0.17-0)+1\times(0.33-0.17)+1\times(0.5-0.33)+0.83\times(0.67-0.5)+0.83\times(0.83-0.67)=0.774$。

定义 mAP 为各个类别 AP 的平均值,图 8.5 只有行人单个类别,AP 即为最终的 mAP 值。PASCAL VOC 数据集[1]采用上述的评价指标,而 MS COCO 数据集[3]采用的 mAP 计算方式与 PASCAL VOC[1]稍有不同。MS COCO[3]以步长 0.05 在[0.5,0.95]范围内取得 IoU 阈值 τ,求取一组 mAP 值,然后求平均,得到最终的 mAP。mAP 的数值越大,检测器定位与分类的综合性能越好。

8.2 传统目标检测

传统目标检测算法通常采用手工设计的特征描述符以及分类器去完成目标检测任务。如图 8.7 所示,典型的传统目标检测算法流程主要包含了感兴趣区域搜索、特征提取以及区域分类三个阶段。首先从输入图像中搜索可能存在感兴趣目标的区域,然后利用特征提取器对每个区域提取特征,并把提取的特征送入分类器得到类别打分,最后根据打分高低选择适当的图像区域作为目标检测的结果。本节将重点介绍三个比较有代表性的检测算法:Viola-Jones 检测算法[14]、DPM 检测算法[15-16]和图像显著性检测算法[29,31]。

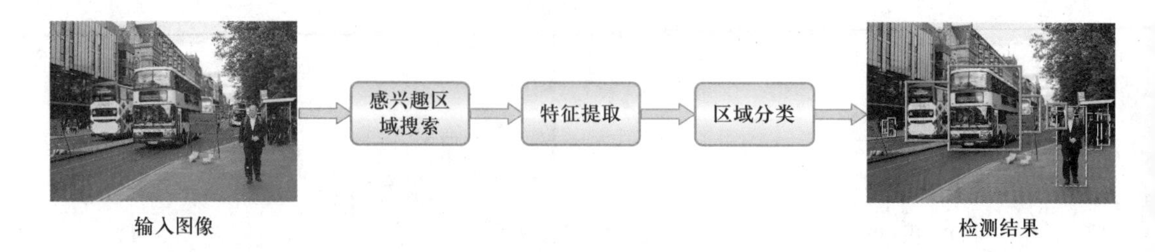

图 8.7 典型的传统目标检测算法流程

8.2.1 Viola-Jones 检测算法

Viola-Jones 检测算法[14]是由 Viola 与 Jones 于 2001 年提出的人脸检测算法。该算法能够在主频为 700 MHz 的奔腾 3 处理器上，以 15 FPS 的速度处理 384×288 分辨率的图像，其速度首次接近于实时检测的速度要求(25 FPS)。图 8.8 为 Viola-Jones 检测算法流程。该算法基于滑动窗口得到感兴趣的目标区域，然后利用 Haar 特征(Haar-Like Features)提取人脸的共有属性，并建立积分图像加速特征计算过程，最后基于级联检测的范式，结合 AdaBoost 学习算法[17]筛选相关的特征，快速筛掉背景区域，从而降低计算开销。

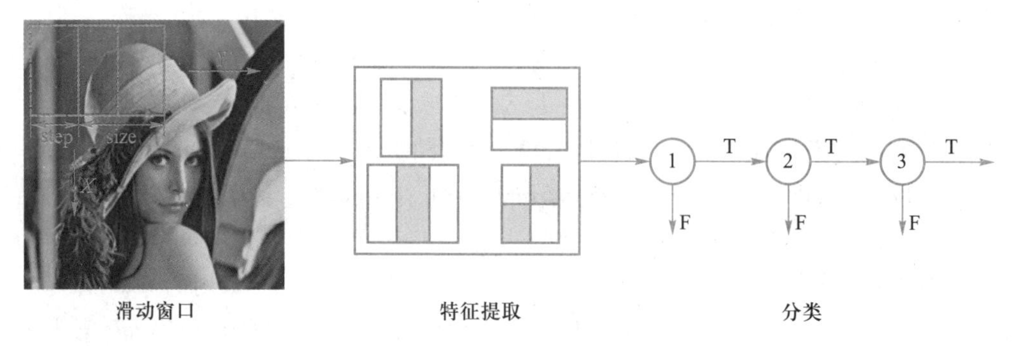

图 8.8 Viola-Jones 检测算法流程

对于计算机来说，检测图像中的每个潜在目标的最直接方法就是穷举图像中的每个位置。如图 8.8 所示，滑动窗口是以图像左上角为起点，以固定步长(step)和固定大小(size)、从上到下、从左到右、遍历图像的每个位置。当窗口滑动到某个位置时，取出窗口内的图像块进行特征提取，并送入分类器中判断当前窗口是否是人脸区域。滑动窗口方法虽然简单，但会引入大量的候选区域。以 384×288 分辨率的图像，窗口 size = 24，step = 1 为例，滑动窗口产生的候选区域数量为[384-(24-1)]×[288-(24-1)] = 95 665，这会给处理器带来繁重的计算负担。而 Viola-Jones 检测算法利用积分图与级联分类器有效地缓解了这个问题。

Viola-Jones 检测算法首先采用 Haar 特征对人脸以及背景区域进行判别。当一个窗口需要判别时，我们会在窗口内的一些位置上放置不同模板进行特征提取。Haar 特征模板如图 8.9 所示，这些模板对图像的不同特征有着不同的敏感性，可提取的特征由边缘特征、线性特征、中心特征和对角特征[18]组成。在模板覆盖的像素区域内，白色区域像素之和减去蓝色区域像素之和就是模板对应的特征。以图8.9中线性特征下的a图为例,由于白色区域像素的数量是蓝色区域像素数量的2倍,在计算特征时,需要将蓝色区域像素和乘以2,以平衡像素数量的差异。图8.9展示的是Haar特征的基本模板,为获取更加丰富的特征,还可以对这些模板进行平移伸缩来得到大量的模板。每个Haar特征的计算是区域像素的求和,需要进行大量的加法运算。接下来介绍该算法如何对其进行加速。

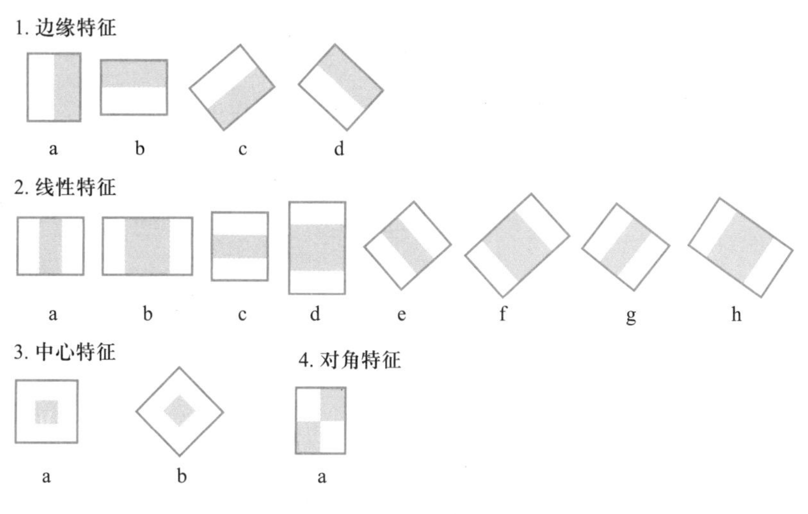

图8.9 Haar特征模板

如果对图像 $i(x,y)$ 进行二重积分,则根据牛顿-莱布尼茨公式,代入区域边界的坐标可直接得到区域内的像素和,这将大大减少计算量。将图像的二重积分定义为积分图 I,形式为

$$I = \iint_D i(x,y)\,\mathrm{d}x\mathrm{d}y \tag{8.3}$$

数字图像由一系列离散的像素点组成,对应的积分图计算公式为

$$I(x,y) = \sum_{x_k \leqslant x, y_k \leqslant y} i(x_k, y_k) \tag{8.4}$$

因此,积分图内任意一点的值为该位置的像素值与该位置左上角区域内所有像素值之和。图8.10为积分图计算示意图。

积分图显著加快了Haar特征的计算过程。以图8.11为例,在该模板下检测窗口的特征 F 为

$$S_{\text{white}} = I(x_5,y_5) + I(x_1,y_1) - I(x_2,y_2) - I(x_4,y_4) \tag{8.5}$$

$$S_{\text{blue}} = I(x_6,y_6) + I(x_2,y_2) - I(x_3,y_3) - I(x_5,y_5) \tag{8.6}$$

$$F = S_{\text{white}} - S_{\text{blue}} \tag{8.7}$$

Viola-Jones算法采用AdaBoost[17]训练得到多个强分类器,并将这些分类器串联起来。图8.12为级联分类器结构,分类器1、2、3对滑动窗口进行初步筛选,极大地减少了非人脸窗口的数量,加快了人脸检测的速度。

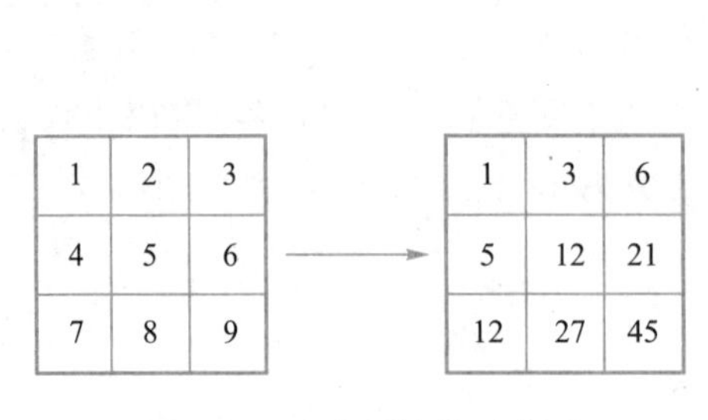

图 8.10 积分图计算示意图

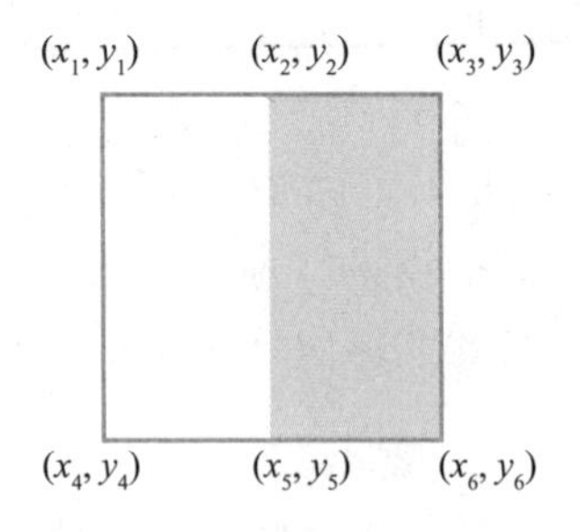

图 8.11 Haar 特征计算

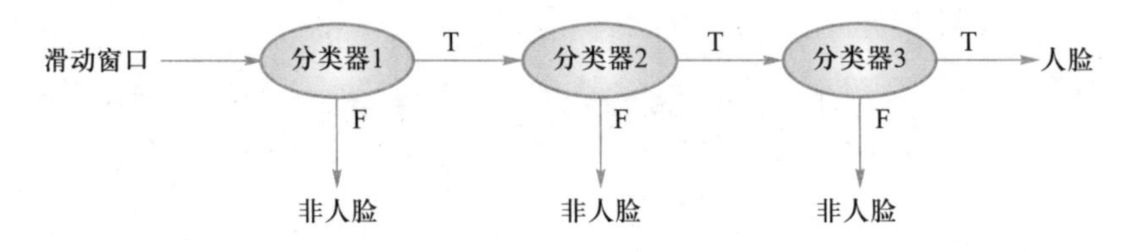

图 8.12 级联分类器结构

8.2.2 DPM 检测算法

DPM(deformable parts model)检测算法[15-16]是一种传统的基于部件的目标检测算法。DPM 检测算法可以视为 HOG(histograms of oriented gradients)检测算法[19]的扩展升级,通过计算梯度方向直方图,运用 SVM 训练检测模型实现图像检测。相比于只训练一个无偏移模型的 HOG 检测算法,DPM 同时提取全局模板和局部模板,本质则为全局的 HOG 特征、局部的 HOG 特征以及 SVM 训练的结合,使其对某个物体在各类形态下的检测具有更好的泛化性能。因其设计思路与 HOG 相似,故先介绍 HOG 检测算法。

HOG 检测算法是 2005 年 Dalal 和 Triggs 基于图像的梯度分布特点提出的,它对于提取目标局部形状和轮廓信息非常有效。如图 8.13 所示,HOG 检测算法流程如下:

(1) 将输入图像转换为灰度图;

(2) 采用 Gamma 校正调节图像对比度;

(3) 将图像划分为若干小的晶胞(cell),对于每一个晶胞求取其内部 K 维的梯度直方图;

(4) 将若干相同大小的晶胞组成块(block),那么 4 个晶胞的直方图拼接起来就可以组合为 $K\times4$ 维的梯度直方图;

(5) 将图像内所有特征串联就得到可用于分类的特征向量。

DPM 检测算法对 HOG 特征的提取进行了改进,只保留了 HOG 特征中的 cell。以单个 cell 举例,首先提取 9 维无梯度方向 HOG 特征,再通过相对邻域和归一化截断得到 $4\times9=36$ 维特征,接着对行和列分别求和得到 13 维特征向量;同样对该 cell 提取 18 维有梯度方向 HOG 特征,再通过相对邻域和归一化截断得到 $4\times18=72$ 维特征,接着只对行求和得到 18 维特征向量;最后得到的

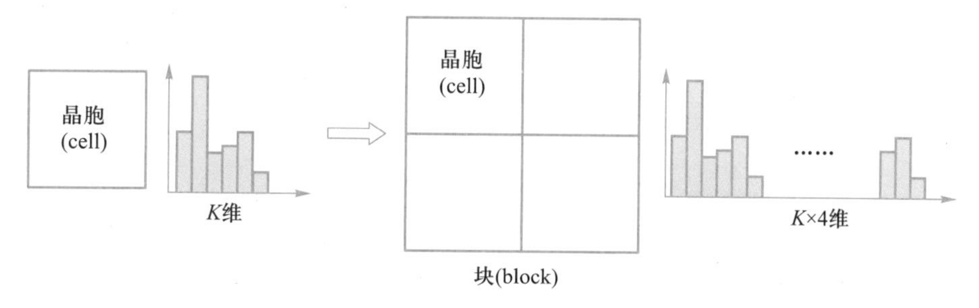

图 8.13 HOG 特征构建示意图

DPM 特征向量为 13+18=31 维。如图 8.14 所示,基于 HOG 检测算法,DPM 检测算法流程如下:

(1) 对原始的输入图像,基于 HOG 特征的改进,提取 DPM 特征谱;

(2) 将图像进行高斯金字塔上采样,基于 HOG 特征改进提取 DPM 特征谱;

(3) 将原图像 DPM 特征谱和根滤波器(root filter)卷积,计算根滤波器响应谱;

(4) 将上采样图像的 DPM 特征谱和部件滤波器(part filter)做卷积,计算部件滤波器响应谱;

(5) 将根滤波器响应谱和部件滤波器响应谱加权平均,得到最终响应谱;

(6) 使用 SVM 分类器对最终响应谱进行分类,得到检测结果。

DPM 检测算法具有简单、运算速度快等优点,但由于需要人工设计特征,因而其泛化能力仍然较差。

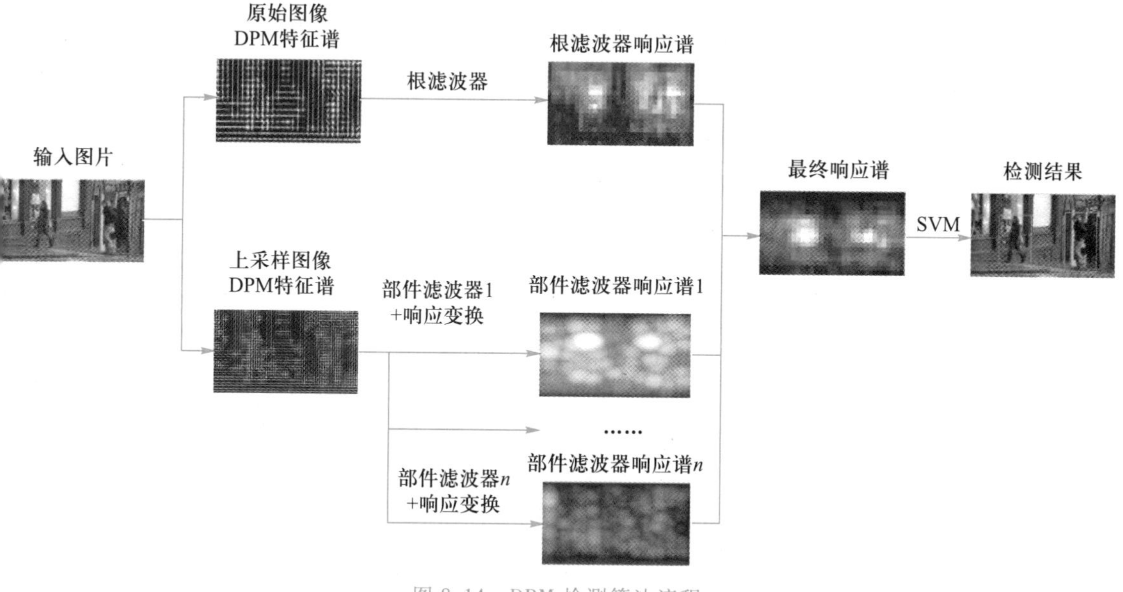

图 8.14 DPM 检测算法流程

8.2.3 图像显著性检测算法

当视觉场景中的某些区域与周围区域存在足够的反差(或对比度)从而自动地突显出来,吸引我们的注意力，这种感知特性就被称为视觉显著性(saliency)[20]。在过去三十年中，国内外研究者在不同学科领域提出了多种视觉显著性检测模型，解决的问题是如何准确地预测视觉场景中能够吸引人眼关注的区域，输出结果被称为视觉显著谱(saliency map)。按照计算方式的不同，视觉显著性检测方法通常可以划分为基于局部对比度、基于全局对比度、基于信息论和概率统计以及基于图像变换的显著性检测方法。

基于局部对比度的显著性检测方法具有较明显的生物学支撑，这种方法一般通过计算当前区域与局部区域的对比度来检测显著性，其中最具代表性的方法是美国加州理工学院的Itti研究小组提出的图像注意力模型[21]。该模型基于Treisman和Gelade教授提出的特征整合理论[22]以及Koch教授提出的一种生物启发的注意力结构[23]。

基于全局对比度的显著性检测方法通过整合整个视觉感受野中的信息来检测显著性区域。这类方法在计算每个像素或区域的显著值时，需要将当前像素或区域到图像中所有像素或区域的对比度进行求和，普遍具有较大的运算量，因此需要采用一些简化的近似方法来降低运算复杂度。比如，Zhai和Shah提出的计算某个颜色通道的一维直方图的方法[24]，以及Cheng等人提出将颜色空间量化，进而计算量化颜色直方图的方法[25]等。

除了利用图像对比度，还有许多方法是基于信息论和概率统计检测图像显著性的。这类方法遵循显著性的稀有性(rarity)原则，即假设图像中出现概率小的部分是显著的，其中比较有代表性的方法是Bruce等人提出的利用独立成分分析(independent component analysis，ICA)估计局部图像块的概率分布，并且通过自信息最大化来检测图像显著性[26]。

基于图像变换的显著性检测方法所采用的图像变换包括傅里叶变换(Fourier transform)和DCT变换(discrete cosine transform)，代表性的方法有Achanta等人提出的频域截断的显著区域检测[30]，该方法利用亮度和颜色通过高频内容抽取可以有效提取全局对比度显著的区域。此外，还有Hou等人提出的从图像的对数谱的谱残差中提取显著谱的方法[27]，以及利用图像DCT变换的符号函数检测显著性[28]等。

然而，大多数显著性检测模型仅侧重于从单一图像中检测显著目标，而没有从多张图像中考虑显著性，这忽略了自然场景下相同语义对象之间存在的内在相关性。Li等人[29]首次引入一个感知模型来描述图像对中的相似实体(如区域或物体)，并将这些相似实体称为共显著性(co-saliency)。对于一对图像，共显著性与我们如何感知视觉刺激以及如何关注图像对中最有价值的信息密切相关。更准确地说，共显著性是视觉注意力转移机制的表现，它使图像中相似的物体从相邻的物体中脱颖而出，并通过视觉上显著的刺激吸引我们的注意力。

本章参考文献[29]中的方法是将共显著性建模为单图像显著谱(single-image saliency map，SISM)和多图像显著谱(multi-image saliency map，MISM)的线性组合。单图像显著谱用来描述图像内的局部显著特性，多图像显著谱用来描述两幅图像之间的共显著特性。

对于单图像显著谱，本章参考文献[29]提出了一种加权显著性检测方法，其通过线性组合多个显著性检测方法的结果来得到单一图像显著谱，以增强鲁棒性。组合的动机是基于投票算法的思想，即计算每个像素被显著性检测方法选择的次数。具体来说，如果一个像素被大多数算法识别为显著像素,那么它将具有较高的显著值,否则,可以将其视为背景像素。如图 8.15 所示,其中图 8.15(a)为原始图像,图 8.15(b)至图 8.15(d)分别为根据本章参考文献[21][27][30]中的算法所提取的显著谱,加权显著性检测方法的结果如图8.15(e)所示,其综合了这些单图像显著图包含的所有可能的显著区域。

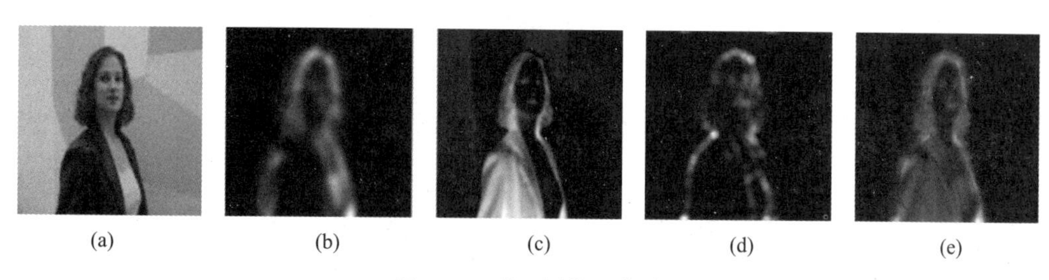

图 8.15 单一图像显著谱

对于多图像显著谱,本章参考文献[29]提出的多图像显著性检测方法致力于从一对图像中提取它们的共显著性信息。给定一对图像,将多图像显著性图定义为图像间的对应关系,通过特征匹配得到显著性。图 8.16 展示了多图像显著性检测的整体流程,大致分为四个步骤。

(1) 图像对的金字塔分解:目的是获得一个分辨率逐渐下降的图像金字塔。通过将图像划分为多个区域来进行初始分割,再在每个分辨率层级上重复划分区域,将每张图像划分为一系列越来越细的空间区域。

(2) 区域特征提取:采用两个属性用作区域的描述符,即颜色和纹理描述符。颜色描述符用于从颜色变化的角度描述区域外观,而纹理描述符用于从纹理属性的角度描述区域外观。

(3) 联合多层图表示:构建联合多层图表示是为测量提取特征之间的相似度做准备。图 8.17是联合多层图模型的一个例子,它包含了一对图像的三层金字塔分解。每个区域都表示为一个节点,并通过有向边与其他节点连接,同时每个节点不仅与原图像中的相邻层有连接,而且与其他图像节点也有连接。例如,V_1^{I} 中标记为空心的节点不仅与 V_0^{I} 和 V_2^{I} 的节点连接,还与 V_0^{II} 和 V_2^{II} 中的其他节点也有连接。

(4) 归一化 simrank 相似度计算:这个步骤是在定义的联合多层图表示的基础上来测量两个区域节点之间的相似性,进而从一对图像中推断出共同显著的对象。实际操作中使用基于连接的相似度度量 simrank 来计算两个区域节点的相似度得分。

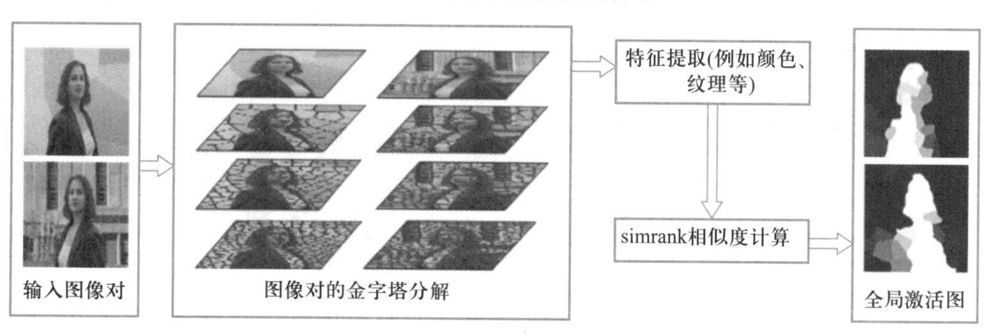

图 8.16 多图像显著性检测的整体流程

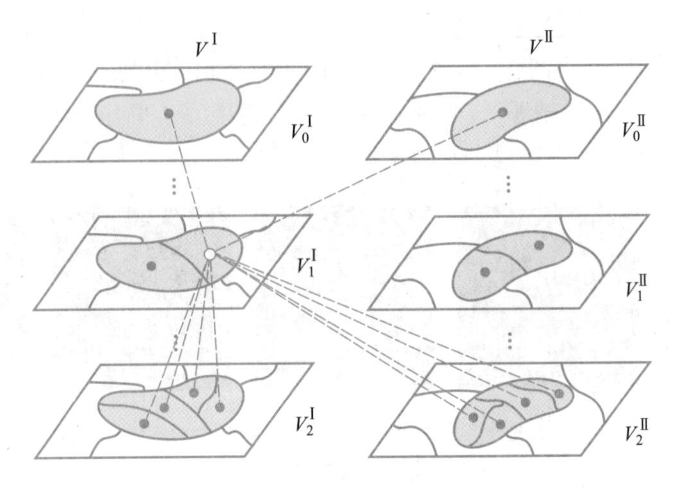

图 8.17 联合多层图模型的一个例子

2013 年,Li 等人进一步提出了一种从一组图像中发现共同显著目标的新方法[31]。该方法是对图像内显著图(intra-image saliency map,IaIS)和图像间显著图(inter-image saliency map,IrIS)建模,并进行线性融合,其整体框架如图 8.18 所示。图像内显著图用于描述每幅图像中的显著区域,图像间显著图用于描述一组图像中的共显著区域。

对于图像内显著图,首先采用超分割方法得到若干同质的超像素区域。然而,由于这些超像素没有关联语义信息,因此哪些超像素区域属于显著目标是未知的。为了发现潜在的显著目标,本章参考文献[31]提出了一种从图像中生成目标超像素的新方法。动机是观察到的显著对象或它的部分可以通过使用交互式分割算法,将超像素从它的周围分割出来。如图 8.18 中的

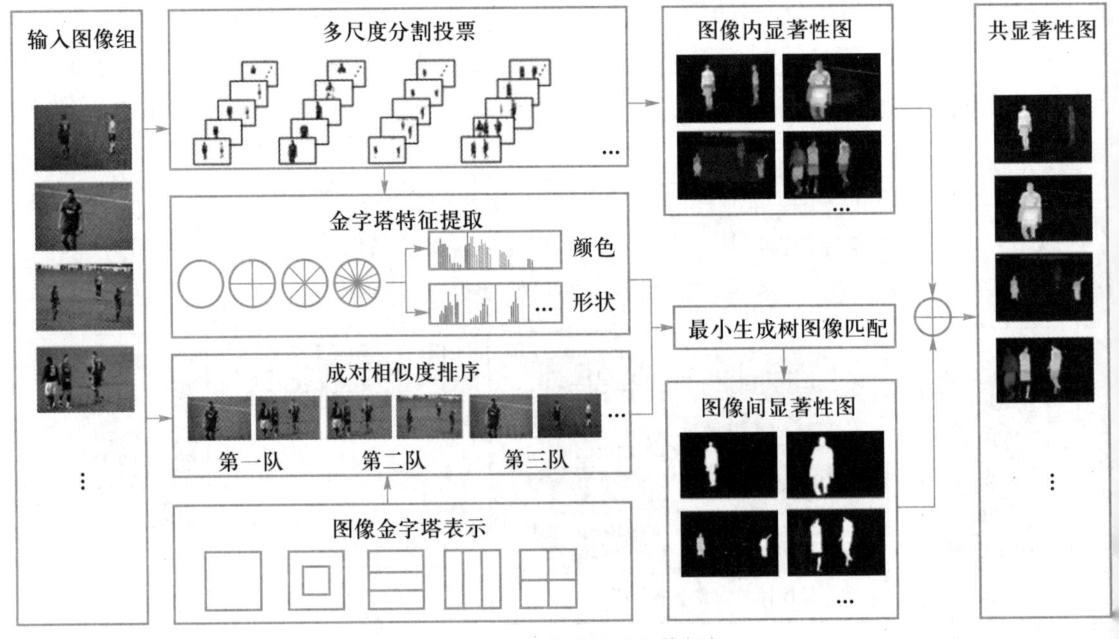

图 8.18 共显著性检测整体框架

图像金字塔表示所示,该方法定义了多尺度分割窗口,利用这些窗口创建了若干个候选窗口。而后,这些候选窗口通过 Grab-Cut 算法[32]进行图像分割,从预定义的窗口中提取显著目标。这说明如果候选窗口选择正确,大多数显著目标可以被分割出来。在得到图像内显著图和图像间显著图后,将它们线性组合生成最终的共显著图,这意味着共显著图不仅会表现出强的图像内显著性,而且也会表现出强的图像间显著性。

8.3 深度学习目标检测

自 AlexNet[5]在 ImageNet 大规模图像识别挑战赛[2](ILSVRC 2012)上取得冠军后,基于深度卷积神经网络的目标检测算法的性能不断提升,该算法逐渐成为检测任务的主流。如今,基于深度学习的目标检测模型不仅显著增强了对特征的表示能力,而且大幅提高了算法的运行效率,以显著的性能优势超越了传统方法。目前,按照是否需要预设锚点框获取感兴趣区域的目标位置,深度学习检测算法可分为 Anchor-Based 目标检测方法和 Anchor-Free 目标检测方法。

8.3.1 Anchor-Based 目标检测方法

Anchor-Based 目标检测方法通常预设一系列锚点框(anchor box)作为目标候选区域,并在此基础上进行一次或多次的目标回归和分类。根据网络结构,Anchor-Based 目标检测方法可以进一步划分为双阶段(Two-Stage)目标检测方法和单阶段(One-Stage)目标检测方法。接下来,本节将对近年来双阶段目标检测方法和单阶段目标检测方法中具有代表性的 Anchor-Based 目标检测方法进行介绍,并分析它们的优缺点。

一、Two-Stage 目标检测方法

Two-Stage 目标检测方法由两个阶段组成。第一阶段,生成可能包含目标的候选框;第二阶段,对候选框区域进行分类与回归。其中比较有代表性的算法包括:R-CNN[33]、Fast R-CNN[34]、Faster R-CNN[35]以及 Cascade R-CNN[43]。

1. R-CNN

R-CNN[33]由 Girshick 于 2014 年提出,以超越传统方法 30%的性能在 PASCAL VOC 2012 上取得了 53.3%的 *mAP*。R-CNN 率先成功地将深度学习应用到目标检测任务上,R-CNN 主要的创新点体现在:① 在目标检测任务上运用了卷积神经网络;② 当缺乏训练数据时,先在 ImageNet 上进行预训练(pre-training),然后再在目标检测数据集上进行微调(finetune),这种训练策略可显著地提升检测性能。

该算法将区域候选框(region proposals)与卷积神经网络提取的特征结合起来(regions with CNN features),因而被称作 R-CNN。R-CNN 检测流程如图 8.19 所示,主要有 3 个步骤:

(1) 输入图像,使用选择性搜索(selective search)生成一定数量区域候选框;

(2) 利用卷积神经网络(R-CNN[33]中的卷积神经网络采用的是 AlexNet[5])提取每个候选

框内图像块特征;

(3) 使用线性 SVMs 对每个候选框特征进行分类打分。

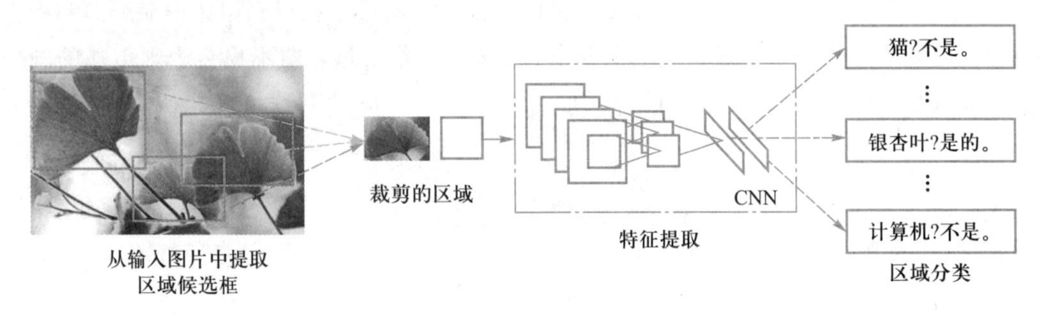

图 8.19 R-CNN 检测流程

常用的区域候选框生成方法有:Objectness[41]、Selective Search[40]、CPMC[42]等。R-CNN 采用 Selective Search 方法来生成区域候选框。具体而言,Selective Search 首先运用分割将图像划分为一系列初始小区域,接着对相邻区域进行相似性度量,然后将最相似的两块区域进行合并。重复相似性度量及合并步骤,直到所有初始区域被合并(即最终区域为原图)。初始小区域以及每次合并的结果都会被保存下来,这些区域蕴含着由小到大的层级关系,而区域候选框为这些区域的外接矩形。具体算法流程如算法 1 所示。

在通过 Selective Search 算法提取区域候选框后,R-CNN 分别为每个候选区域提取一个 4 096维的特征向量。该特征是由 AlexNet 将 227×227 维的减去数据集均值后的图片,通过 5 层卷积层和 2 层全连接层的前向传播提取的。为了能让区域候选框符合卷积神经网络的输入要求,无论该区域的尺寸和长宽比是多少,都需要将维度转换成 227×227。图 8.20 展示了各种缩放方法的结果,从左到右分别为有上下文的各向同性缩放、无上下文的各向同性缩放和各向异性缩放。此外该方法还尝试了在缩放前对图像进行扩充(padding),扩充的像素宽度为 p,图中第一行为 $p=0$ 的结果,第二行为 $p=16$ 的结果。各向同性与异性的区别在于缩放时是否保持区域候选框的长宽比。因为各向同性缩放会保持区域候选框的长宽比,所以需要预先在区域候选框的图像周围填充像素,使得填充后的图像长宽比与缩放后的长宽比相同。而上下文的有无分别表示填充的像素是原图像素还是原图像素的均值。经过实验对比,R-CNN 最终采用 $p=16$ 的各向异性缩放。

算法 1 Selective Search 算法流程

输入:一张图片

输出:Region Proposals 的集合 L

(1) 使用分割方法获取初始区域集合 $R=\{r_1,\cdots,r_n\}$。

(2) for 所有相邻区域对(r_i,r_j) do。

(3) 计算相似度 $s(r_i,r_j)$。

(4) $S=S\cup s(r_i,r_j)$初始化两个有序队列 P(核心点)和 Q(该核心点的直接密度可达点)以及结果队列。

(5) end for。

(6) while $S\neq\phi$ do。

(7) 获取 S 中最大的相似度 $s(r_i,r_j)=\max(S)$。

(8) 合并区域 $r_t=r_i\cup r_j$。

(9) 移除 r_i 对应的所有相似度:$S=S-s(r_i,r_*)$。

(10) 移除 r_j 对应的所有相似度:$S=S-s(r_*,r_j)$。

(11) 计算新区域 r_t 与相邻区域的相似度 s_t。

(12) $S=S\cup s_t$。

(13) $R=R\cup r_t$。

(14) end while。

(15) L 为 R 中所有区域的外接矩形。

(16) return L。

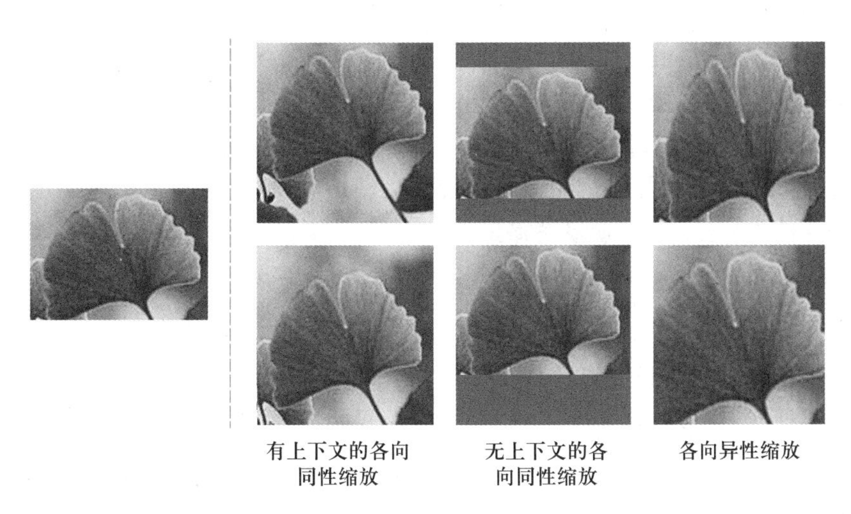

图 8.20 各种缩放方法的结果

在 R-CNN 中,整幅图片的区域候选框数量约为 2 000 个,对应的特征为 2 000×4 096 维的矩阵。将提取的特征矩阵送入 SVM 分类器中,判别每个区域候选框是背景还是目标类。对于 n 个类别的目标,R-CNN 构建了 n 个线性 SVM 分类器,用来预测当前区域候选框分别属于这 n 个类别的分数,选择打分最高的类别作为区域候选框的类别。

经过判别后的区域候选框仍存在大量的重叠,直接进行检测的性能评价会出现大量的 *FP* 样本,因此这些区域候选框不能作为最终的检测结果,而需要对检测结果进行后处理(post processing)来消除冗余框。非极大值抑制算法(non-max suppression,NMS)作为常用的消除冗余框的方法,其基本思想是当两框间的 *IoU* 超过预设阈值 τ 时,则保留打分值最大的预测框,删除打分值较低的重叠框。NMS 的步骤如下:

(1) 按照打分从高到低的顺序对检测框进行排序,取出打分值最高的框;

(2) 计算其余框与打分值最高框的 *IoU*,如果 *IoU* 大于预先设定的阈值,则删除该框;

(3) 从未处理的框中选择一个打分值最高的框,继续(1)—(2)步骤,直到所有框被处理。一般 *IoU* 阈值设置得越低,图像中会有越多的冗余框;而 *IoU* 阈值设置得越高,图中的冗余框会越少。因此,需要根据实际的情况选择合适的 *IoU* 阈值。

NMS 的结果如图 8.21 所示,可以看到左图有两个重叠的银杏叶边界框。在经过 NMS 后,置信度低的银杏叶边界框被删除,得到了更加精确的检测结果。

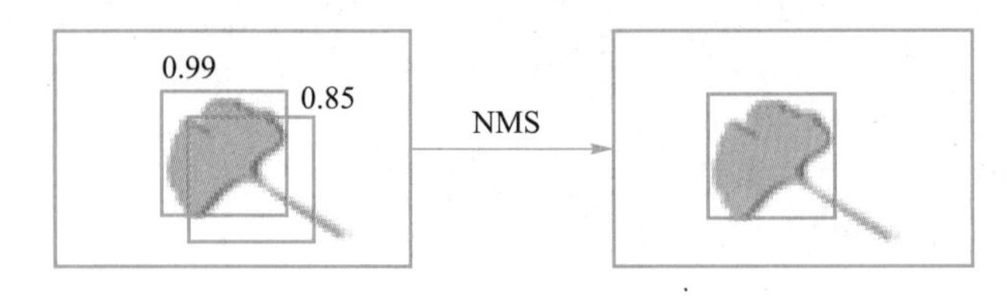

图 8.21 NMS 的结果

2. Fast R-CNN

Fast R-CNN[34] 由 Girshick 于 2015 年提出。相比于 R-CNN[33],其训练速度在相同条件下提升了 9 倍,测试速度提升了 213 倍,并且在 PASCAL VOC 2012 上获得了 66%的 *mAP*。该算法的主要创新点有:① 共享候选区域的特征计算,并提出 RoI 池化层(RoI pooling layer),加快检测速度;② 使用多任务(multi-task)损失函数将区域候选框分类以及回归分支的训练整合到单个步骤中(端到端训练),而不再需要多步训练。

该算法相比 R-CNN 有较快的训练与测试速度,因而被称作 Fast R-CNN,其检测流程如图 8.22所示,主要有 4 个步骤:

(1) 对输入图像使用选择性搜索生成约 2 000 个区域候选框;

(2) 利用卷积神经网络(Fast R-CNN[34] 中的卷积神经网络采用的是 VGG16[39])提取整幅图像的特征;

(3) 将区域候选框缩放到图像的特征谱上,使用 RoI 池化层提取每个区域候选框对应的候选区域的特征;

(4) 使用全连接层对区域候选框进行分类以及回归。

在 Fast R-CNN 中,全连接层要求有固定长度的输入,即对任意尺度形状的区域候选框输出固定大小的特征谱,以便于后续全连接层对区域候选框进行分类与回归。这就需要利用 RoI 池化层来实现。RoI 为 region of interest 的缩写,指的是特征谱上的感兴趣区域。RoI 池化层的基本思想是:按照特征谱相对于输入图像的缩放比例,将区域候选框缩放到特征谱上,并把区域候选框内的特征谱划分为 $W\times H$ 个小块(例如:7×7)。然后使用最大池化操作提取每个小块的最大

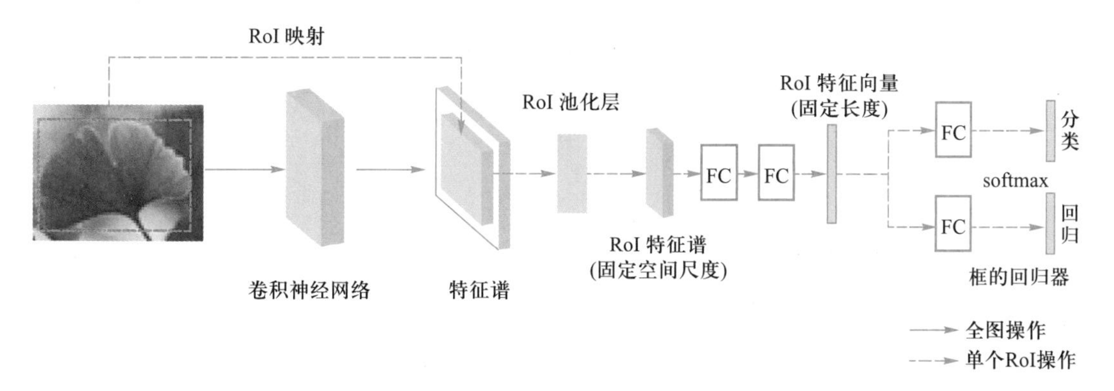

图 8.22 Fast R-CNN 检测流程

值,最终从候选区域提取出固定大小($W×H$)的特征。接下来举例简要说明 RoI 池化层的流程。

假设 CNN 的输入为 240×240×3 维的图像,提取的特征谱维度为 6×6×512,区域候选框的数量为 2 000。候选框坐标的格式由左上角坐标和右下角坐标组成(x_1,y_1,x_2,y_2),其中一个区域候选框坐标为(15,15,120,120),RoI 池化层中的 $W=H=2$。RoI 池化层的计算流程如下:

(1) 原图到特征谱的缩放比例为$\frac{6}{240}=\frac{1}{40}$,因此坐标为(15,15,120,120)的区域候选框在特征谱上的坐标为 $\mathrm{round}\left(\frac{15}{40},\frac{15}{40},\frac{120}{40},\frac{120}{40}\right)=(0,0,3,3)$。

(2) 区域候选框内每个小块的长宽为:$w=h=\frac{3-0}{2}=1.5$。

(3) 计算每个小块左上角与右下角的坐标

$$x_1=\mathrm{floor}(col\times w+x_{\mathrm{start}}) \tag{8.8}$$

$$y_1=\mathrm{floor}(row\times h+y_{\mathrm{start}}) \tag{8.9}$$

$$x_2=\mathrm{ceil}[(col+1)\times w+x_{\mathrm{start}}] \tag{8.10}$$

$$y_2=\mathrm{ceil}[(row+1)\times h+y_{\mathrm{start}}] \tag{8.11}$$

(4) row 与 col 分别为小块的行列序号,(x_{start},y_{start})为缩放后区域候选框的左上角坐标,则 2×2 小块坐标依次为:(0,0,2,2),(1,0,3,2),(0,1,2,3),(1,1,3,3)。

(5) 在每个小块上进行最大池化。图 8.23 的左图为图像特征谱的第一通道(共有 512 通道),其中左上角 3×3 的部分为区域候选框对应的特征区域,按照之前 RoI 池化层计算的坐标对 2×2 特征小块进行最大池化,可得到图 8.23 右图所示的结果。

依照上述流程依次对图像特征谱每个通道进行 RoI 池化。单个候选区域的特征维度为:$C×H×W$,C 为输入特征谱的通道数。将所有候选区域的特征按照批次方向拼接在一起,所得特征维度为:$N×C×H×W$,N 为区域候选框的数量。在本例中最终提取的候选区域特征维度为:2 000×512×2×2。值得一提的是,从上例可以看出特征小块之间是相互重叠的。

Fast R-CNN 在训练过程中采用层级采样(hierarchical sampling)的方式构建训练样本,从而

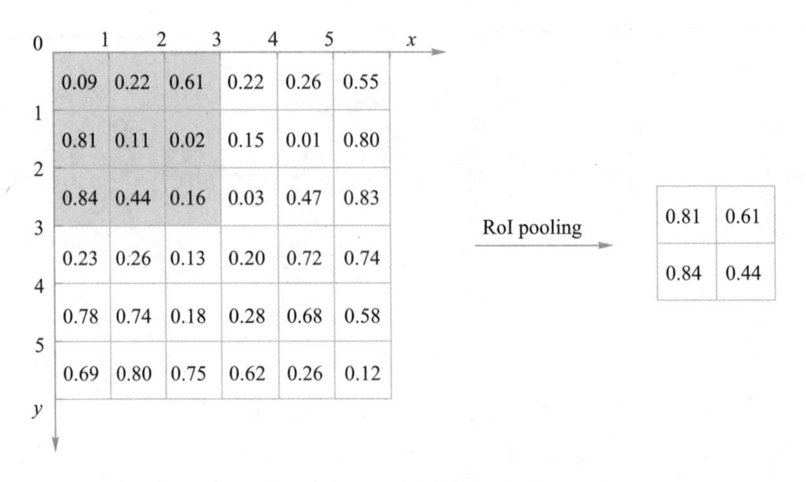

图 8.23 RoI 池化层示意图

保证 RoI 的正负样本比例维持在 1∶3,有效地缓解了区域候选框中的正负样本严重不平衡的问题。此外,Fast R-CNN 的第二个创新点是使用多任务损失函数将分类与回归的训练整合到一起,从而使得网络能够端到端的训练。分类分支为每个 RoI 预测$\mathcal{C}+1$ 个类别概率分数 $\boldsymbol{p}=[p_0, p_1,\cdots,p_{\mathcal{C}}]^{\mathrm{T}}$,$\boldsymbol{p}$ 是对全连接层的输出使用 softmax 归一化得到的。回归分支为每个 RoI 预测$\mathcal{C}$ 个偏移 $\boldsymbol{t}=[t_x,t_y,t_w,t_h]^{\mathrm{T}}$(这种做法是为$\mathcal{C}$ 个目标类别预测$\mathcal{C}$ 个偏移,称为:Class-Specific;另一种做法是只对当前 RoI 预测 1 个偏移,称为:Class-Agnostic)。

假设与当前 RoI 匹配的 GT 类别为 u($u\in[0,\mathcal{C}]$,且 u 为整数),在计算损失时,通常使用 one-hot 向量 $\boldsymbol{e}$ 表示 GT,$\boldsymbol{e}_u=[0,\cdots,1,\cdots,0]^{\mathrm{T}}$ 为只有第 u 个位置值为 1、其余位置值为 0 的单位列向量。检测网络为当前 RoI 预测的类别概率 $\boldsymbol{p}$,预测的$\mathcal{C}$ 个偏移为 $S=\{\boldsymbol{t}^1,\boldsymbol{t}^2,\cdots,\boldsymbol{t}^{\mathcal{C}}\}$,其中 $\boldsymbol{t}^i=[t_x^i,t_y^i,t_w^i,t_h^i]^{\mathrm{T}}$,GT 相对当前 RoI 的偏移为 $\boldsymbol{v}=[v_x,v_y,v_w,v_h]^{\mathrm{T}}$,则当前 RoI 的多任务损失函数可定义为

$$\mathcal{L}(\boldsymbol{p},\boldsymbol{e}_u,S,\boldsymbol{v})=\mathcal{L}_{cls}(\boldsymbol{p},\boldsymbol{e}_u)+\lambda\mathcal{L}_{loc}(S,\boldsymbol{v}) \tag{8.12}$$

其中分类分支使用的是交叉熵损失

$$\mathcal{L}_{cls}(\boldsymbol{p},\boldsymbol{e}_u)=\sum_{i=0}^{\mathcal{C}}e_u^i\log\frac{1}{p^i}=-\log p_u \tag{8.13}$$

回归分支使用的是 smooth $\mathcal{L}_1$ 损失

$$\mathcal{L}_{loc}(\boldsymbol{S},\boldsymbol{v})=\sum_{i=0}^{\mathcal{C}}\text{smooth }\mathcal{L}_1(\boldsymbol{t}^i,\boldsymbol{v}) \tag{8.14}$$

其中,λ 是一个超参数(此处取 $\lambda=1$),用于平衡分类与回归损失。一般将第 0 类定义为背景类,由于计算 RoI 与背景的回归损失是没有意义的,因此回归损失中的 i 是从 1 开始的。smooth $\mathcal{L}_1$ 损失结合了 L_1 损失与 L_2 损失的优点,形式为

$$\text{smooth }\mathcal{L}_1=\begin{cases}0.5x^2 & |x|<1\\ |x|-0.5 & \text{其他}\end{cases} \tag{8.15}$$

图 8.24 为损失函数 $\mathcal{L}_1$、$\mathcal{L}_2$ 和 smooth $\mathcal{L}_1$ 的曲线。相比于 $\mathcal{L}_1$, smooth $\mathcal{L}_1$ 在靠近 0 的区域损失值更小,从而使网络在训练后期更加稳定地收敛;相比于 $\mathcal{L}_2$, smooth $\mathcal{L}_1$ 在绝对值大于 1 的区域,导数为常数 1,从而使网络的训练对离群值更加的鲁棒。最终计算出同一批次内所有 RoI 的损失,并将它们的平均值作为整个批次内的损失,然后利用反向传播以及梯度下降更新网络参数。

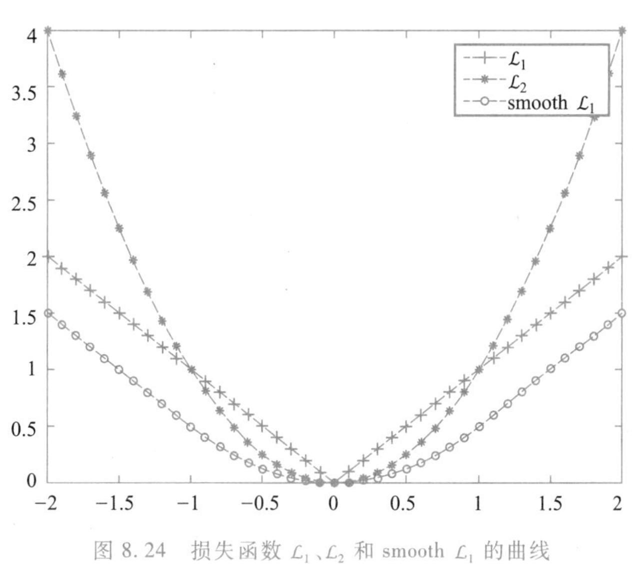

图 8.24 损失函数 $\mathcal{L}_1$、$\mathcal{L}_2$ 和 smooth $\mathcal{L}_1$ 的曲线

3. Faster R-CNN

Faster R-CNN[35] 由 Ren 等人于 2016 年提出,在 PASCAL VOC 2007 上取得了 73.2%的 *mAP*,并在 PASCAL VOC 2012 上取得了 70.4%的 *mAP*,是目前经典的 Two-Stage 目标检测方法之一。该算法的主要创新点为:提出用候选区域生成网络(region proposal network,RPN)代替选择搜索算法来生成区域候选框。该算法进一步提高了检测的速度,因而被称作 Faster R-CNN,其检测流程如图 8.25 所示,主要有 4 个步骤:

(1) 输入图像,利用卷积神经网络计算图像特征;

(2) 根据图像特征,使用 RPN 生成区域候选框;

(3) 使用 RoI 池化层提取候选区域的特征;

(4) 由全连接层构成的检测分支对区域候选框进行分类与回归。

选择搜索算法需要在 8 个颜色空间中迭代性地将初始区域不断地融合才能生成具有层次性的区域候选框,这使得区域候选框的生成需要耗费大量的时间。为解决上述问题,Faster R-CNN 提出了能够与 Fast R-CNN 进行特征共享的 RPN 来代替选择搜索算法,以极小的计算量生成区域候选框。具体而言,如图 8.26 所示,RPN 在特征谱上放置一个 $n\times n$ 大小的滑动窗口,围绕窗口中心放置 k 个锚点框,将每个锚点框内的特征映射成一个低维的特征向量(例如图中的 256 维)。接着使用两个孪生的全连接层对 k 个锚点框进行分类与回归,分别预测 $2k$ 个类别打分以及 $4k$ 个坐标偏移。最后根据偏移将锚点框解码为区域候选框。锚点框可以理解为在原图像上预先均匀放置的一些"区域候选框",RPN 的任务就是根据"区域候选框"的候选区域特征

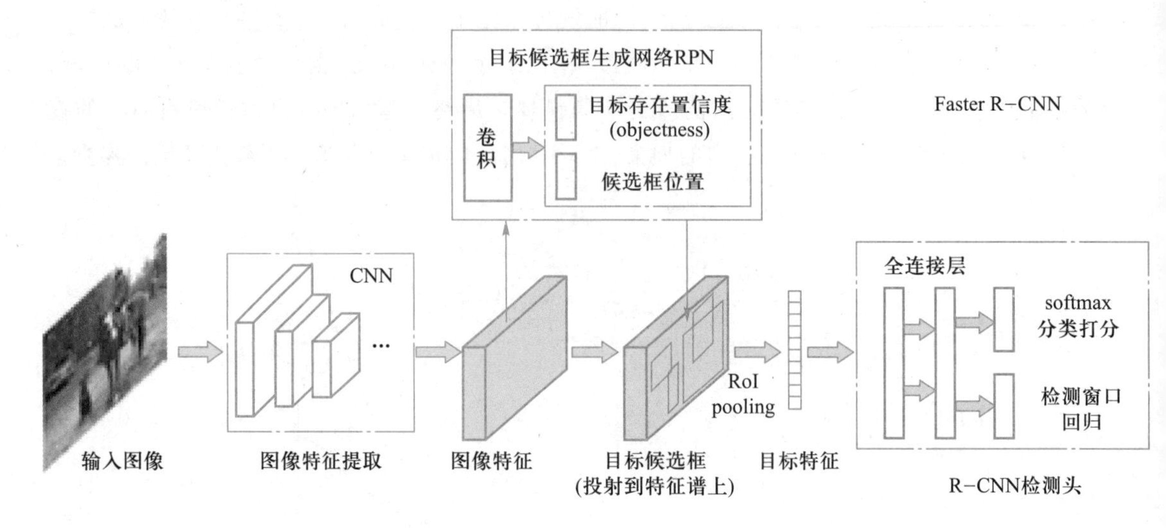

图 8.25 Faster R-CNN 检测流程

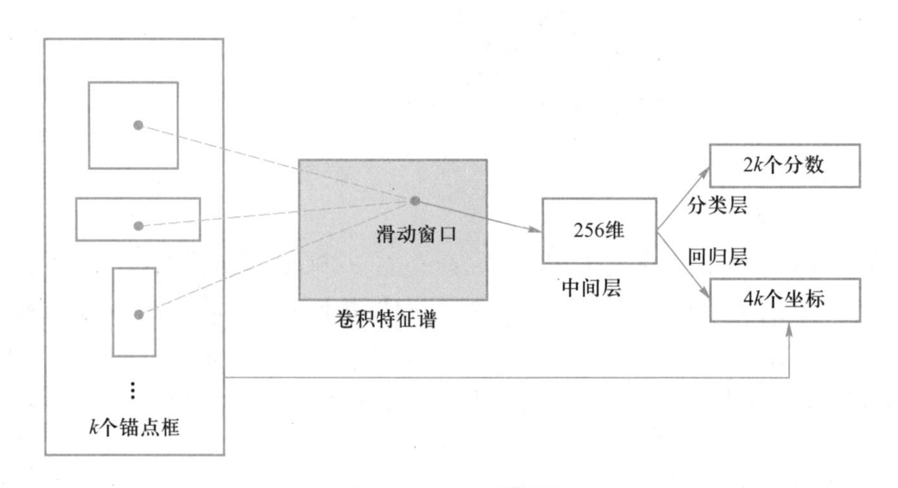

图 8.26 RPN 流程图

对它们进行分类与回归。k 个锚点框包含了不同尺度以及不同宽高比的边界框,Faster R-CNN 中使用了 3 种尺度:128^2,256^2,512^2,3 种宽高比($h:w$):1∶1,1∶2,2∶1,且窗口大小 $n=3$,即每个 3×3 窗口内共计 9 个锚点框。上述流程可以很容易地通过一个 $n\times n$ 的卷积实现滑动窗口,以及通过两个 1×1 的卷积分别实现目标类别置信度预测和坐标偏移预测。

基于上述过程,RPN 会输出大量的区域候选框,但为了给第二阶段提供更高质量的区域候选框,仍需要对候选框进行筛选,例如:

(1) 约束区域候选框大小在图像范围内;

(2) 删除宽或高过小的区域候选框;

(3) 根据分数使用 NMS 去除冗余框;

(4) 将区域候选框按照分数从高到低排序,取前 N 个作为最终结果。

接着将区域候选框以及图像特征输入到 RoI 池化层中，提取对应的候选区域特征，并使用全连接层进行分类与回归得到最终检测结果。Faster R-CNN 的训练与 Fast R-CNN 的训练基本一致，二者都采用交叉熵损失和回归损失分别用于分类和定位。

4. Cascade R-CNN

对于目标检测任务来说，训练时仅使用固定的 *IoU* 阈值往往难以获得一个良好的检测器性能。在测试阶段，由于 RPN 等模块产生的候选框质量参差不齐，因此要求检测器对于低质量候选框需具备很好的判别能力。通常的做法是设置一个折中的 *IoU* 阈值为 0.5 的训练 RPN 网络。即便如此，它依旧是一个相对较低的 *IoU* 阈值，这会导致训练后的检测器输出的检测框质量较差。针对该问题，Cascade R-CNN[43] 提出了使用多个检测器级联的方式来训练检测器。在不同阶段对候选框进行重采样，逐步提高候选框与 GT 的 *IoU* 值，使得当前阶段检测器的训练输入样本质量能够满足预设的 *IoU* 阈值。

在目标检测中通常需要设定 *IoU* 阈值来筛选候选框，并分配正负样本供检测器训练。若检测器设定的 *IoU* 阈值过小，尽管可以得到丰富且多样的正样本集，但是检测器对于较难的 *FP* 样本的分辨力也会降低，从而使其有更大概率输出带有噪声的检测结果。然而，使用较高的 *IoU* 阈值训练的检测器性能也是次优的，主要有两点原因：① 训练时设定的 *IoU* 阈值较高时，RPN 网络提供的正样本数量会呈指数级减少，从而造成过拟合；② 推理时 RPN 网络提供的正样本与 GT 间的 *IoU* 分布和检测器使用的 *IoU* 阈值不匹配。

具体来说，Cascade R-CNN 采用了一个多阶段的方案，使用逐步递增的 *IoU* 阈值来训练一系列检测器，从而提高网络对困难 *FP* 样本的判别能力。这基于一个假设：低 *IoU* 阈值的检测器的输出结果可以用来训练一个更高 *IoU* 阈值的检测器，且能够保证每个检测器的训练样本数量相当。具体来说，Cascade R-CNN 由特征提取网络、RPN 网络以及三个级联检测器组成。每个检测器都在前一个检测器的输出基础上采样新的训练样本，并使用比上一个检测器更高的 *IoU* 阈值来训练。

如图 8.27 所示，输入一幅图像，Cascade R-CNN 首先提取图像特征，且三个级联的检测器共享该图像特征，将 RPN 网络输出的候选框输入到阶段 0 的检测器（*IoU* 阈值设为 0.5）；阶段 0 的检测器的输出检测框作为阶段 1 的检测器（*IoU* 阈值设为 0.6）的候选框；阶段 1 的检测器的输出检测框作为阶段 2 的检测器（*IoU* 阈值设为 0.7）的候选框。这样三个检测器同时优化，相互关联，后续检测器在前置检测器的输出上进一步微调，逐步提高检测框的质量。

二、One-Stage 目标检测方法

尽管 Two-Stage 目标检测方法取得了良好的性能，但这些方法的计算量普遍过大，从而导致检测速度较慢，难以适用在实时性要求高的应用场景。据统计，Two-Stage 目标检测方法主要的计算时间代价来自生成候选框以及之后的特征重采样阶段。而 One-Stage 目标检测方法则通过消除 RPN 网络，直接对图像中每个目标位置进行回归和分类，显著地降低了计算消耗。常见的 One-Stage 目标检测方法有：SSD[36]、RefineDet[38]、RetinaNet[37] 以及 YOLO 系列检测器[46-48]。

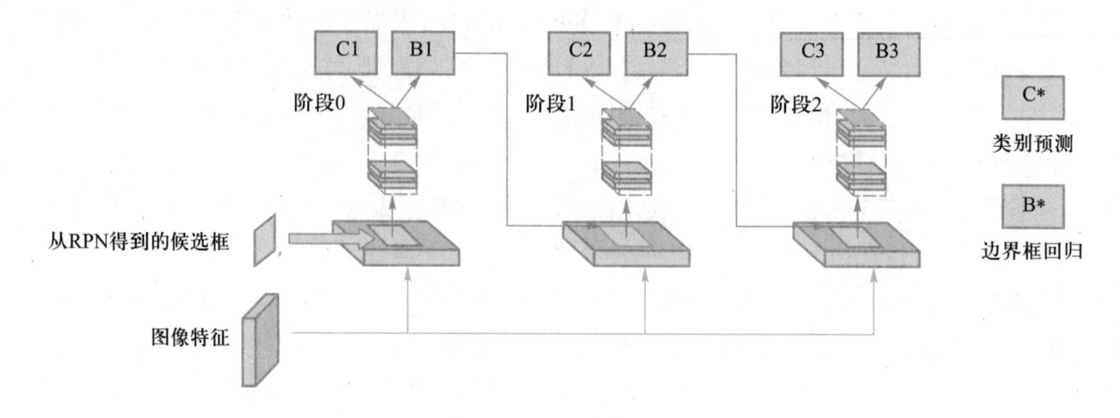

图 8.27 Cascade R-CNN 网络结构

1. SSD

SSD[36]作为经典的单阶段目标检测器,在一张 Nvidia Titan X GPU 上以分辨率为 300×300 的图像作为输入,推理速度能够达到46FPS。为了减少计算时间代价,SSD 弃用了 RPN 网络,直接对图像的多尺度特征谱中每个位置进行回归和分类,实现快速而准确的目标检测。其核心在于:

(1) 使用多尺度特征谱进行检测;

(2) 在检测头中使用卷积层预测对象类别与锚点框的位置偏移量;

(3) 使用不同尺寸、宽高比的默认锚点框作为预测基准。

SSD 的具体算法框图如图 8.28 所示,其中 SSD 网络框架包括 VGG16 特征提取主干网络、多尺度特征提取网络以及 SSD 检测分支。

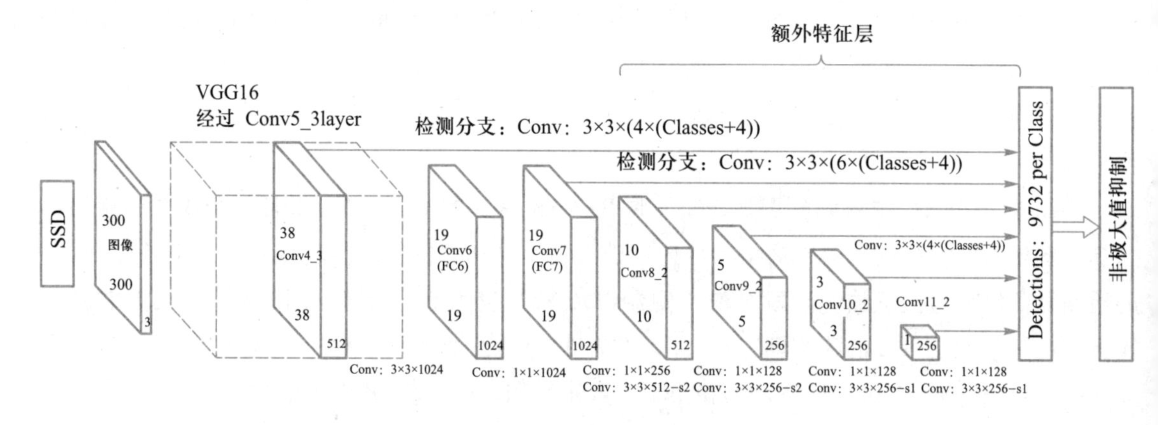

图 8.28 SSD 的具体算法框图

为了提升检测器对不同尺度目标的适应能力,进而提高检测性能,SSD 使用了多尺度特征谱进行检测。SSD 在特征提取主干网络 VGG16 的末端添加额外的卷积层,得到尺寸逐步缩小的多个特征谱,然后对多个不同尺寸的特征谱使用 SSD 检测分支,进而得到多个尺度的检测结果。由于尺寸最小的特征谱具有最大的感受野,因此小尺度特征谱适合用于检测图像中的大目标,同理,大尺度特征谱适合用于检测图像中的小目标。故 SSD 采用了对不同尺寸特征谱生成不同尺寸的锚点框,即在尺寸最小、感受野范围最大的特征谱上生成尺寸最大的锚点框,而在尺寸较大、感受野范围较小的特征谱上生成尺寸较小的锚点框。SSD 通过锚点框生成策略,鼓励检测器在不同尺度特征谱上分别对不同尺寸的目标进行回归与分类。

为了实现更加快速的目标框预测,SSD 采用小尺寸卷积核预测目标类别与框位置偏移量。SSD 通过设置输出特征谱的通道数完成对特征谱中每个位置的回归与分类信息的预测。例如,检测头输出的特征谱的尺寸为 3×3,每个位置有 6 个锚点框,目标类别数量为 20 类,最终输出的特征谱通道数应为 6×(20+4),其中数字 4 代表检测器需要预测框 4 个方向上的位置偏移量。

在训练阶段,由于没有使用 RPN 结构预先筛选高质量框,故导致 SSD 的预测结果中存在大量的负样本。为了解决正负样本数量严重失衡的问题,SSD 提出了如下的正负样本分配策略:

(1) 首先,对于图像中每个 Ground Truth 框,寻找一个与其有最大 *IoU* 的锚点框,然后将它作为该 Ground Truth 的回归过程对应的正样本;

(2) 随后,对于剩余的尚未匹配到 Ground Truth 的锚点框,如果存在任意一个 Ground Truth 与其交并比大于人工设定的阈值(SSD 中设置阈值为 0.5),则该锚点框也被归入正样本。若存在多个 Ground Truth 与该锚点框满足 *IoU* 超过阈值,则将以其中任意一个锚点框作为回归对应的正样本,其余锚点框则被归为负样本。

上述方式选取出的正样本数量远小于负样本数量,这将会导致检测器出现正负样本数量失衡的问题。因此 SSD 中只使用分类损失最高的锚点框作为正负样本,严格控制参与训练的负样本与正样本数量的比率不超过 3∶1。采用上述网络结构,并使用分辨率为 512×512 的图像作为输入,SSD 在 PASCAL VOC 2007 测试集取得了 76.9%的 *mAP*。

2. RefineDet

为了继承 One-Stage 和 Two-Stage 目标检测方法的优点,同时克服两者的缺点,Zhang 等人于 2018 年提出了 RefineDet[38]。该算法仍然使用单阶段网络的结构,但是设计了前后级联的两个模块,实现了类似于 Two-Stage 目标检测方法的算法流程。RefineDet 算法的核心在于:

(1) 采用锚点框细化模块(anchor refinement module,ARM)和目标检测模块(object detection module,ODM)2 个独立的模块,前者负责过滤负样本以及粗略调整锚点框位置,后者进一步回归锚点框位置以及预测多类别标签;

(2) 设计了传输连接块(transfer connection block,TCB)实现从锚点框细化模块到目标检测模块之间的特征传递。

RefineDet 检测模型主要基于 SSD 模型的结构设计,并对其进行了改进。RefineDet 网络结构如图 8.29 所示,主要包含特征提取主干网络 VGG16 和由锚点框细化模块、传输连接块以及目标检测模块共同构成的 RefineDet 检测分支。本节重点介绍 RefineDet 检测分支。

RefineDet 检测分支模块中,锚点框细化模块的结构类似于 SSD 检测分支,但其分类目标只有两类,分别代表正样本锚点框与负样本锚点框。该模块除了过滤负样本锚点框,同时还对正样本锚点框的位置进行了粗略地调整,以便为目标检测模块提供更好的初始位置。在 Two-

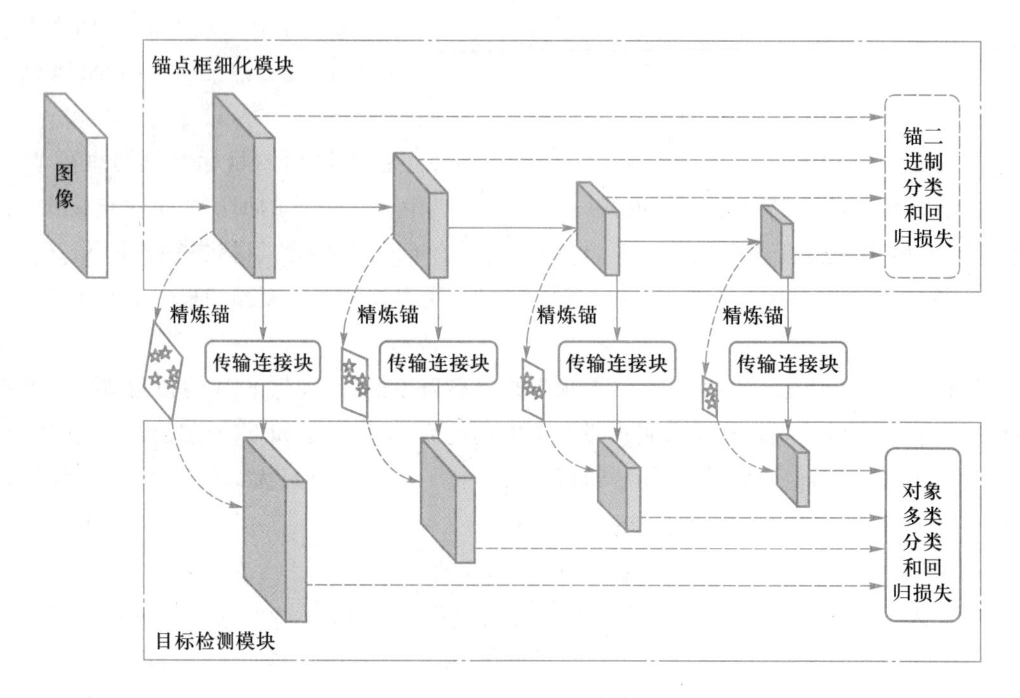

图 8.29 RefineDet 网络结构

Stage 目标检测方法中,RPN 模块负责提供有效的候选框并过滤绝大多数负样本,同时提供粗略的目标位置信息。在 RefineDet 算法中,锚点框细化模块的作用与 Two-Stage 目标检测方法中的 RPN 类似,但其形式是基于 SSD 的网络结构,即通过卷积层预测锚点框的位置偏移量以及预测每个锚点框为正样本的概率实现。目标检测模块以经过锚点框细化模块细化之后的锚点框作为输入,进一步预测位置偏移量,同时预测多类别的标签,以实现更高精度的多类别目标检测任务。

为了在锚点框细化模块和目标检测模块之间建立有效的特征传输途径,RefineDet 设计了传输连接块。传输连接块主要有以下两个用途:

(1) 进一步提取锚点框细化模块特征谱,并将其转换为目标检测模块所需要的形式;

(2) 整合多尺度上下文信息,在低层特征传输的过程中加入高层特征,以增强特征表示能力,提高检测精度。

传输连接块内部使用了三个卷积层提取特征,同时使用一个反卷积层对小尺寸特征谱进行上采样,并使用逐像素相加的方式融合两个不同尺度的特征谱。

RefineDet 通过使用锚点框细化模块实现了类似于 Two-Stage 网络的级联预测结构,由此在保证计算量较低的情况下,取得了超越众多 Two-Stage 目标检测方法的检测性能。

3. RetinaNet

One-Stage 目标检测模型中通常会设置数量庞大的锚点框。在帮助目标检测模型降低训练难度的同时,也带来了严重的正负样本数量失衡的问题。在 Two-Stage 目标检测模型中,大量的负样本可以由 RPN 进行过滤。如何处理 One-Stage 目标检测方法在训练阶段面临的正负样本失衡问题,成了 One-Stage 目标检测方法精度能否更进一步提升的关键。Lin 等人于 2017 年提出了 RetinaNet[37]。该算法指出 One-Stage 目标检测方法性能较差的关键问题在于其低效的正负样本分配方式,并提出了 Focal Loss 这一损失函数用以解决正负样本失衡的问题,从而使得 One-Stage 目标检测器能够达到 Two-Stage 检测器的性能。此外,高效运用特征金字塔网络和锚点框进一步提升了检测性能。

SSD 中采用的正负样本策略虽然解决了正负样本数量失衡的问题,却在分类损失排序的过程中,强制舍去了所有易分类的正负样本,导致训练阶段易分类的样本无法对检测器性能的进一步提升做出贡献。与 SSD 采用的正负样本策略不同,Focal Loss 的思路是在训练过程中动态地降低易分类样本的损失权重,同时保持困难样本的损失权重。现定义 $p\in[0,1]$ 代表网络预测的类别为前景 $y=1$ 的分类置信度,为了表达方便,定义

$$p_t=\begin{cases} p, & y=1 \\ 1-p, & \text{其他} \end{cases} \tag{8.16}$$

此时交叉熵分类损失可定义为

$$\mathcal{L}_{CE}(p,y)=\mathcal{L}_{CE}(p_t)=-\log(p_t) \tag{8.17}$$

Focal Loss 是在交叉熵损失的基础上加入了一个带有焦点参数 γ 的调制因子 $(1-p_t)^\gamma$,其定义为

$$\mathcal{L}_{FL}(p_t)=-(1-p_t)^\gamma\log(p_t) \tag{8.18}$$

可以看出,当焦点参数 $\gamma=0$ 时,Focal Loss 将退化为交叉熵损失,不同 γ 下的 Focal Loss 如图 8.30所示。

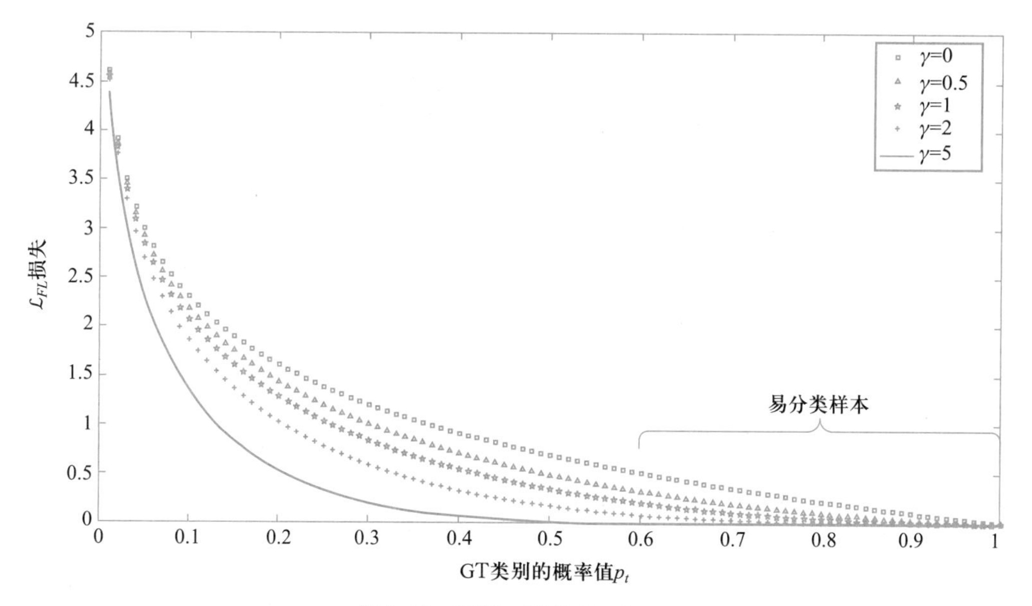

图 8.30 不同 γ 下的 Focal Loss

相比于交叉熵损失，Focal Loss 具有以下两个特点：

（1）当样本被错分时，p_t 的值较小，调制因子$(1-p_t)^\gamma$接近于 1，则该样本的分类损失不受调制因子的限制；反之，如果该样本被正确分类，则 p_t 值接近于 1，调制因子$(1-p_t)^\gamma$接近于 0。相当于易分类样本的分类损失权重被自动降低，而困难样本的损失几乎不受影响。

（2）焦点参数 γ 具有对易分类样本权重降低程度的平滑调节能力。

RetinaNet 的网络结构如图 8.31 所示，主要包含残差网络、特征金字塔网络，以及由分类子网络与回归子网络共同构成的 RetinaNet 检测分支。

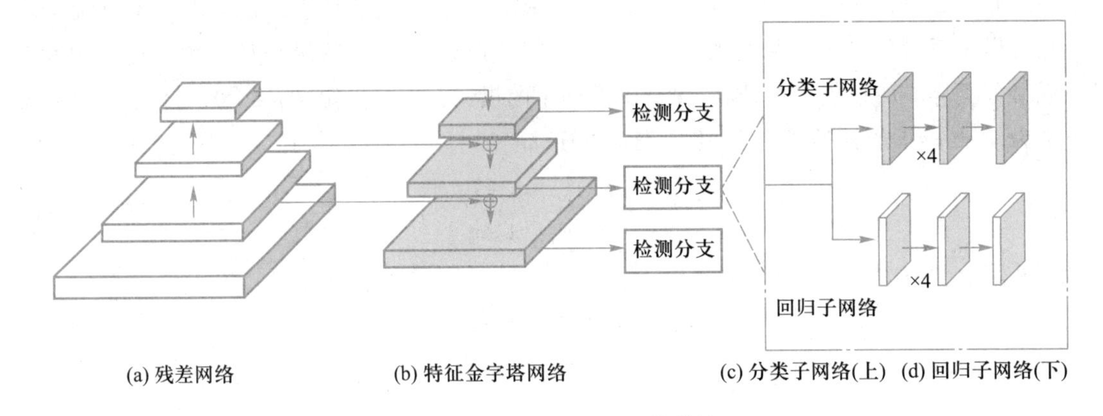

图 8.31 RetinaNet 的网络结构

为了进一步提升检测器对多尺度目标的检测能力，RetinaNet 中采用了特征金字塔结构（feature pyramid network，FPN）[44]。通过自顶向下（top-down）路径以及侧向连接将高层语义信息不断地向下传递，使金字塔的每一层都蕴含丰富的多尺度语义信息。图 8.32 展示的是 FPN 网络结构，由于上一层特征谱相对下一层特征谱尺度的缩放比率（scale factor）为 0.5，因此向下传递时需要将上一层特征谱尺度放大 2 倍，然后使用简单的最近邻插值得到新元素值。1×1 卷积的作用是统一各个尺度特征谱通道数。最后将上一层放大后的特征谱与本层通道数统一后的特征谱逐元素相加后，得到本层语义信息增强后的特征谱。

在 RetinaNet 中，FPN 的输入来源于 ResNet 的第 3 至 5 级（$C_3 \sim C_5$），同时对 C_5 的输出进行步长为 2 的 3×3 的卷积（C_6）。然后对 C_6 的输出使用 ReLU 进行激活，再进行步长为 2 的3×3 的卷积（C_7）。网络层级是根据特征谱的尺度划分的，如果相邻卷积输出的特征谱尺度相同，那么这两个卷积在同一层级。使用 $C_3 \sim C_7$ 的输出（最大池化后的特征）作为 FPN 的输入 $P_3 \sim P_7$，这里 P 的下标仅是为了与 C 的下标对应。$P_3 \sim P_7$ 经 FPN 后会生成相应的 5 个语义信息增强的通道数相同的多尺度特征层。与 SSD 不同的是，为了让分类任务与回归任务在网络结构中解耦，RetinaNet 检测分支由两个独立的子网络构成：分类子网络和边界框回归子网络。同时为了减少模型参数量，RetinaNet 中共享了对不同尺寸特征谱进行预测的检测分支的参数。

结合 Focal Loss、特征金字塔结构以及更加合理的检测分支设计，RetinaNet 在 MS COCO 数据集上以 5FPS 的运行速度取得了 39.1 的 *mAP*，在检测精度上超越了当时所有的 One-Stage 与

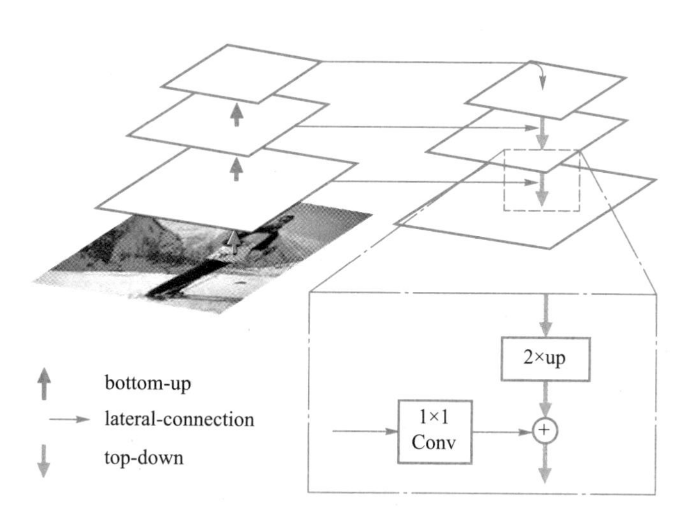

图 8.32 FPN 网络结构

Two-Stage 目标检测方法。

4. YOLO 系列检测器

YOLO v1[46]是首个被提出的 One-Stage 目标检测模型,该模型为众多 Anchor-Based 单阶段目标检测算法提供了借鉴思路。YOLO v1 由 Redmon 于 2015 年提出,开创性地将目标检测视为单一的回归问题,仅仅使用单个卷积神经网络配合全连接层实现了目标检测的任务。YOLO v1 算法的核心在于将目标检测任务建模为单一的回归问题,具有简单的网络结构设计。

相比于 Two-Stage 目标检测方法,YOLO v1 将分离的检测组件统一到一个单独的神经网络中。核心预测思想是将输入图像划分为 $S \times S$ 大小的网格,如果图像中的某一目标中心位于一个网格单元中,则该网格单元将负责预测该目标。在尺寸为 $S \times S$ 的网格中,网络的输出张量尺寸为$(B \times 5+\mathcal{C}) \times S \times S$。$(B \times 5+\mathcal{C})$代表输出张量的通道数,$B$ 为每个网格单元预测的边界框数量,数字 5 代表边界框 4 个维度的位置信息和 1 个维度的目标前景置信度打分,$\mathcal{C}$ 为分类类别的数量。其中边界框位置的 4 个信息分别是:$[t_x, t_y, w, h]$,分别代表边界框中心相对于网格单元中心的坐标偏移量与边界框的宽度和高度。从 YOLO v1 的预测方式可以看出,它并没有使用类似于锚点框的预设候选框,因此 YOLO v1 本质上是 Anchor-Free 的 One-Stage 目标检测器。

YOLO v1[46]的整体网络结构如图 8.33 所示,主要包含受 GoogLeNet[45]启发的自行设计的由 24 个卷积层构成的特征提取主干网络,以及由 2 个全连接层构成的 YOLO v1 检测头模块,其中 s 表示步长。得益于简单直接的网络结构设计,YOLO v1 能够以 448×448 分辨率的图像作为输入达到 45FPS 的运行帧率,同时也为后续 YOLO 系列的改进工作留下了足够的空间。

YOLO v2[47]由 YOLO v1[46]的作者 Redmon 发表于 2017 年。YOLO v2[47]的整体网络结构与 YOLO v1[46]的整体网络结构基本一致,其核心改进思路为:

(1) 引入锚点框,采用 K-means 算法对训练集 Ground Truth 进行聚类以预设锚点框,然后每个网格单元通过预测对锚点框的位置偏移量确定输出的边界框坐标;

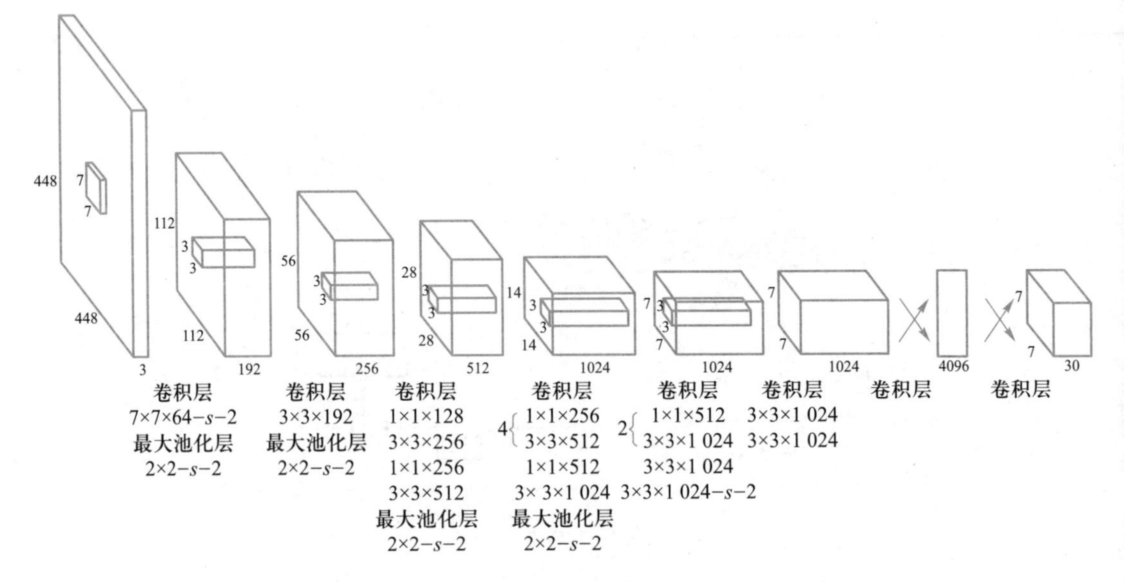

图 8.33 YOLO v1 的整体网络结构

(2) 在检测分支中使用卷积层代替全连接层,减少了检测模型的参数量,为输出特征谱分辨率和锚点框数量的提升奠定了基础。

在 YOLO v2[47]的基础上, Redmon 于 2018 年发表了 YOLO v3[48]。相比于 YOLO v1[46]与 YOLO v2[47]的网络结构,YOLO v3[48]的网络结构主要改进之处在于:

(1) 引入了特征金字塔网络提升对多尺度目标的检测能力;

(2) 借鉴 SPP-Net[60]的思想,加入空间金字塔(spatial pyramid pooling,SPP)模块以进一步融合多尺度信息;

(3) 由于 YOLO v3[48]使用多尺度特征谱进行预测,故 YOLO v3[48]不再使用目标的中心位置确定正样本,而是选定与 Ground Truth 之间交并比最大的预测锚点框作为正样本。

YOLO 系列检测器的模型参数量与计算量都十分轻量化,因此经常被应用到实际场景中。

8.3.2 Anchor-Free 目标检测方法

通常情况下,Anchor-Based 的目标检测方法依赖于锚点框的初始位置,并需要根据目标的尺寸和宽高比设置对应大小和比例的锚点框。而这样的做法一方面需要人为设置大量的超参数,另一方面使得网络对于目标尺寸比例变化敏感,缺乏鲁棒性。这些问题使得对 Anchor-Free (无锚点框)的算法研究显得更有必要,近年来基于 Anchor-Free 的方法也取得了一系列的进展,本节将对近年来具有代表性的工作进行介绍。

一、CornerNet

受人体姿态估计和关键点检测的启发,Law 等人提出了 Anchor-Free 网络 CornerNet[49]。该方法分析了基于锚点框的检测算法存在正负样本失衡与超参数复杂的问题,并提出使用左上角点和右下角点对目标进行检测,有效避免了引入锚点框所带来的问题。

CornerNet 的网络结构如图 8.34 所示，其采用 Hourglass Network[50] 作为特征提取主干网络，并采用两个预测模块分别进行左上角点与右下角点的预测。具体来说，特征提取主干网络对图像进行特征提取，并将提取到的单一尺度的特征谱分别输入到两个预测模块中。而预测模块根据输入特征谱对热力谱、嵌入向量和偏移量进行预测，其中左上角点热力谱与右下角点热力谱包含了角点预测的位置与类别信息。预测模块根据角点的嵌入向量将归属同一目标的左上角与右下角组合，得到目标框预测结果。

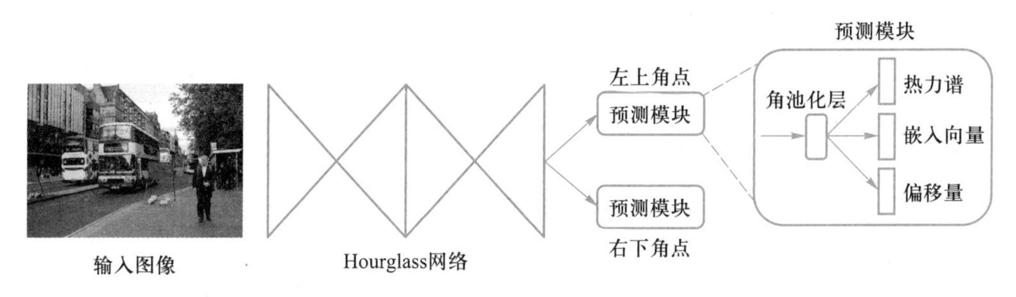

图 8.34 CornerNet 的网络结构

在预测模块中角池化层(corner pooling layer)扮演着重要的角色，它通过提取目标的边界特征用于辅助角点的定位。在每个预测模块中分别包含了一个角池化层，其具体操作流程如图 8.35所示。以左上角点的角池化层为例，输入包含两个相同的特征谱，分别在特征谱的每个点进行向下和向右的最大池化，目的在于捕捉左边界和上边界特征信息，然后将两个池化后的特征谱相加得到左上角点的特征谱，随后对角点特征谱分别使用卷积网络进行热力谱、嵌入向量和偏移量的预测。其中偏移量代表着对热力谱中角点方位的微调信息，将两个预测模块输出的角点预测结果根据嵌入向量组合并进行后处理之后得到最终的检测结果。

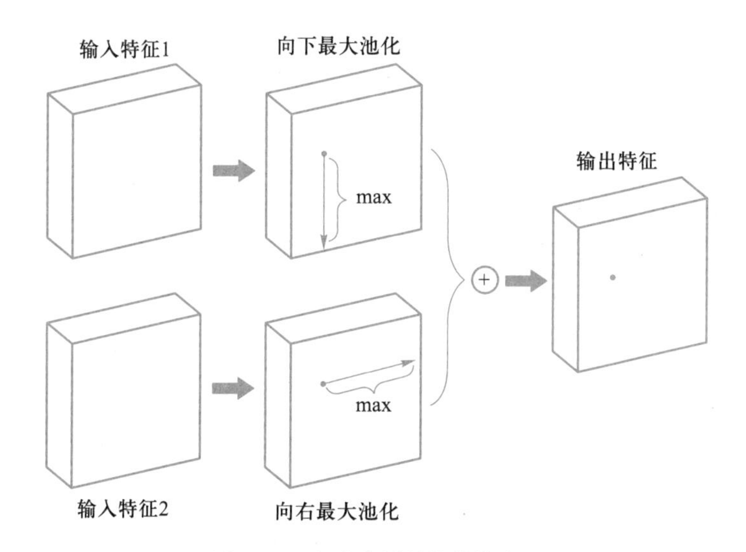

图 8.35 角池化层具体操作流程

二、CenterNet

CornerNet[49]通过预测左上角点与右下角点对目标进行定位，但是该算法需要对角点进行配对，极易存在角点的匹配误差并需要使用后处理进行矫正，同时降低了推理速度。为了解决上述问题，Zhou 等人提出了 CenterNet[51]。该网络通过预测目标的中心点并提取目标的中心点特征对目标的宽高与类别进行预测，不需要使用后处理过程对最终输出结果进行滤框。

CenterNet 网络由特征提取主干网络 Hourglass 和 CenterNet 检测分支模块组成，其网络结构如图 8.36 所示。特征提取网络对图像特征进行提取而检测分支模块根据图像特征对目标中心点位置进行预测，进而提取中心点特征进行目标定位和分类预测。在中心点预测流程中，CenterNet 网络只对一种尺度的特征谱 $F_1 \in \left(\frac{W}{s} \times \frac{H}{s} \times C_{\text{out}}\right)$ 进行中心点预测（W 与 H 为图像的宽、高，而 s 为输出步长，C_{out} 为输出特征通道数）。特征谱 F_1 通过卷积网络得到 $F_2 \in \left(\frac{W}{s} \times \frac{H}{s} \times (\mathcal{C}+4)\right)$ 作为输出结果，其中 $\mathcal{C}$ 代表类别数量，而数字 4 代表预测的中心点偏移量 (t_{x_i}, t_{y_i}) 和目标尺寸 (w_i, h_i)。对输出结果 F_2 在维度空间执行 3×3 的最大池化操作，获取 $\frac{W}{s} \times \frac{H}{s}$ 区域内的波峰点，并将其作为目标中心点 (x_c, y_c)。然后根据预测中心点提取该点的类别信息 Logits 与目标定位信息 $(t_{x_i}, t_{y_i}, w_i, h_i)$，并计算得到最终的检测结果，其中分类结果由 Logits 进行 softmax 计算得到，而定位结果的计算为

$$
\begin{aligned}
x_1 = x_c + t_{x_i} - \frac{w_i}{2}, \quad y_1 = y_c + t_{y_i} - \frac{h_i}{2} \\
x_2 = x_c + t_{x_i} + \frac{w_i}{2}, \quad y_2 = y_c + t_{y_i} + \frac{h_i}{2}
\end{aligned} \tag{8.19}
$$

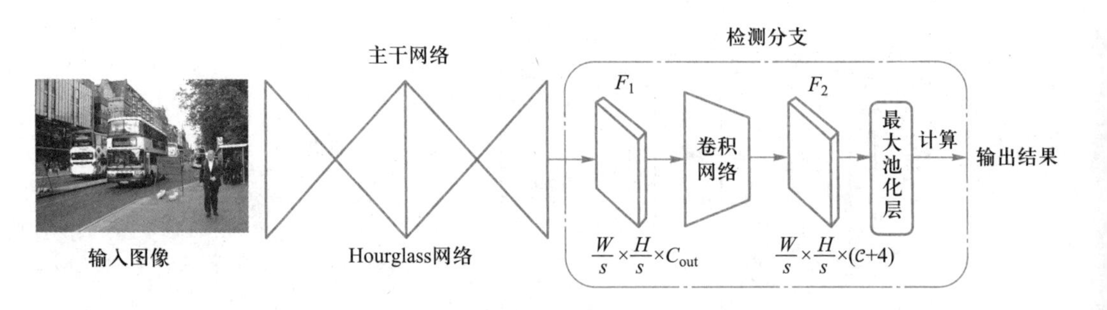

图 8.36 CenterNet 网络结构

CenterNet 使用中心点特征对目标进行定位与分类，避免了角点匹配时所造成的误差和速度损失，在速度与精度上显著地优于 CornerNet。

三、FCOS

上述 Anchor-Free 方法存在难以检测多尺度目标与重叠目标的缺点，Tian 等人提出了一种基于全卷积的单阶段目标检测器 FCOS[52]。该方法使用多尺度感知的特征谱，对特征谱每个点

进行目标分类并预测目标框。

FCOS 网络结构包括了特征提取主干网络、特征金字塔网络和 FCOS 检测分支模块，如图 8.37所示。特征提取主干网络从图像中提取多个层次的特征谱，而特征金字塔网络对多层次特征进行融合得到具备多尺度信息的特征谱。FCOS 检测分支则根据多尺度的特征谱进一步逐像素地进行定位与分类，同时在检测分支中提出了中心度分支用于压制低质量检测框。

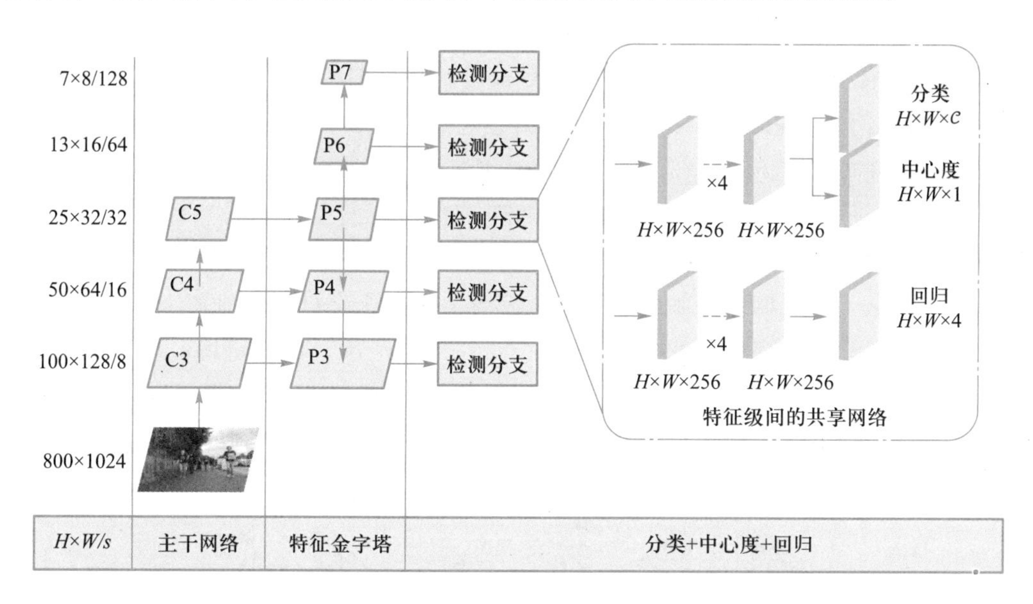

图 8.37 FCOS 网络结构图

特征提取主干网络将分辨率为 800×1 024 的图像提取为原图 1/8、1/16 和 1/32 大小的特征谱，并将这些不同分辨率的特征谱输入到特征金字塔网络中。根据输入的特征谱，特征金字塔通过上（下）采样和融合操作得到了五个不同尺度的特征谱，并将这些多尺度特征谱输入到检测头模块。

检测分支为 FCOS 网络的核心模块，它由分类分支、中心度分支和回归分支组成。检测分支对输入的特征谱{P3，P4，P5，P6，P7}上的每一个点进行分类预测、中心度预测和回归预测。其中分类分支通过四个级联的卷积层对特征谱的每个位置输出分类得分向量，并使用 Focal Loss 函数进行约束；而回归分支同样由四个级联的卷积层组成，在每个特征点预测回归偏移量（t_l，t_t，t_r，t_b），分别代表该特征点与检测框左边界、上边界、右边界和下边界的距离，并采用了 IoU Loss 函数进行约束。此外，为了避免目标中心重叠所产生的定位模糊，FCOS 对于每个特征谱上的预测框进行回归限幅，能够有效避免不同尺度目标重叠产生的定位模糊。而当同一尺度特征谱上的 GT 框重叠时，根据 GT 框的尺寸筛选保留小目标的 GT 框。除此之外，由于离目标中心较远的特征点往往产生较差的检测框，FCOS 使用中心度分支对特征点的中心度分数进行预测，将其与分类打分相乘以抑制这类检测框的置信度，并通过中心度目标函数对中心度分类分支进行监督，如下式所示

$$centerness_{target}=\sqrt{\frac{\min(l,r)}{\max(l,r)}\cdot\frac{\min(t,b)}{\max(t,b)}} \tag{8.20}$$

其中，(l,t,r,b)表示特征点到GT框左边界、上边界、右边界和下边界的距离。当特征点处于目标中心时，中心度目标函数值变高；当特征点远离目标中心时，中心度目标函数值变低。因此，这些远离中心的边界框易通过非极大值抑制（NMS）过滤掉，这样可以显著提升检测性能。

四、RepPoints

使用单点进行目标特征的提取难以捕捉目标形状和姿态的变化，为了提取更为显著的特征，Yang等人提出了RepPoints[53]，该网络使用自适应点集来提取目标特征。相比于单点特征，点集是更加细粒度的表示方式。在该方法中通过网络学习将点集自适应地分布到目标的关键部位上，从而可以捕捉到更丰富和重要的语义信息。

RepPoints网络结构如图8.38所示，网络的主要模块包括特征提取主干网络、特征金字塔和检测分支。特征提取主干网络提取图像特征，然后输入特征金字塔网络（FPN）进行多尺度特征融合。检测分支对输入的多尺度特征利用可变形卷积（deformable convolution）[61]，获得对当前前景物体的点集，点集目标表征如图8.39所示。通过将可变形卷积引入目标检测任务，这些点集可以自适应地表示目标的空间和语义上有意义的局部区域，选取点集中处于目标最外边缘的

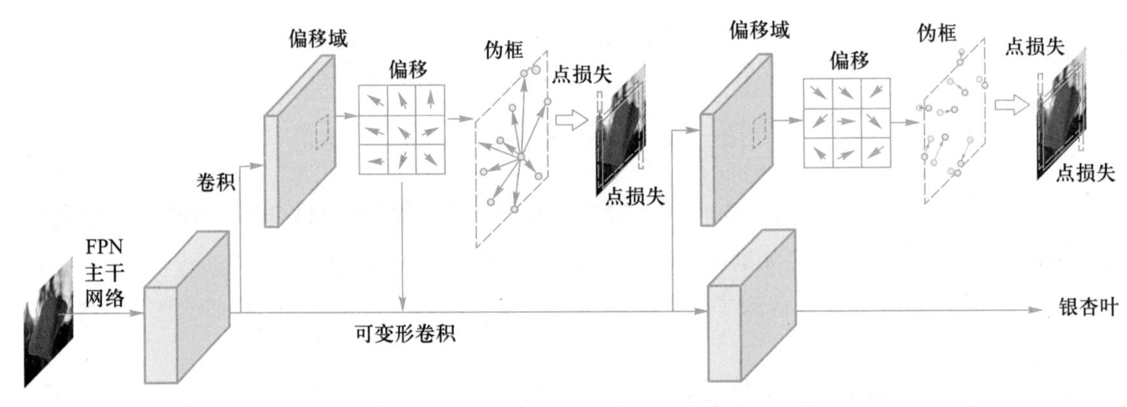

图8.38 RepPoints网络结构

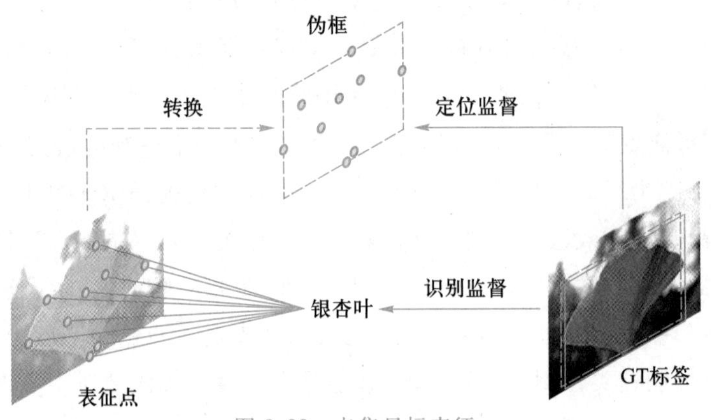

图8.39 点集目标表征

四个点构成一个检测框并与 GT 框计算损失。然后继续将点集覆盖的特征进一步的分类,同时再次利用可变形卷积重复以上步骤,进行更加细化的回归约束。该方法的关键是用可变形卷积采样点目标,这些点目标是更加细粒度的表征,由此获得的特征也将是更加细化的,能够获得更好的检测效果。

五、CrossDet

Qiu 等人于 2021 年提出了 CrossDet[54]。该算法指出现有的基于锚点框的 Anchor-Based 方法和基于点的 Anchor-Free 方法中,目标特征提取过程容易引入背景噪声和丢失目标内部连续的外观信息的问题,并创新性地提出了一种可伸缩的十字线型目标表征。这种目标表征方法能够有效地降低背景噪声干扰,在兼顾了目标信息连续性的同时增强了目标特征的判别性,有助于发现目标边界。同时提出了十字线提取模块(crossline extraction module)自适应地捕获十字线特征。此外,CrossDet[54] 网络设计了一种解耦的回归机制,使定位过程分别沿着水平方向和垂直方向回归,这样的设计能够有效地降低优化难度。

如图 8.40 所示,基于锚点框目标表征的检测方法通常提取锚点框内部的整体特征,当目标之间存在重叠区域时,对这种重叠区域内的特征提取可能会导致检测混淆,例如图 8.40(a)中将沙发区域检测为狗。而基于点目标表征的方法则是使用一组点作为目标表达,例如角点、中心点、边界点或关键点,然后将这些点分配到一个目标框内。这样的目标表征方式容易丢失相邻的信息,使得很难分配属于同一个目标的点集。例如在图 8.40(b) 中,由于中心点目标表达缺乏判别性,故使得沙发难以被检测;以及在图 8.40(c) 中,沙发目标难以被精准地定位。

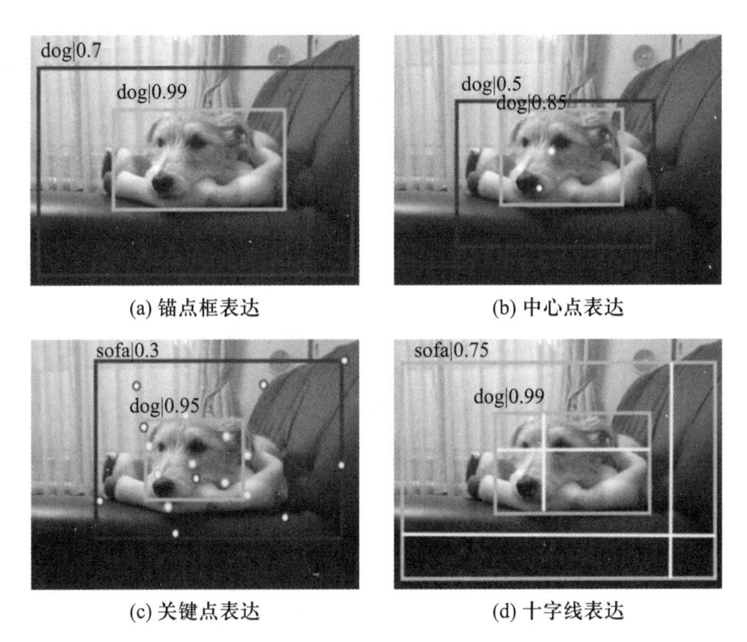

图 8.40 不同的目标特征表达方式

CrossDet[54]的网络结构如图8.41所示，其中CrossDet网络框架包括特征提取主干网络、特征金字塔网络与CrossDet检测分支。特征提取主干网络将提取的图像特征输入到特征金字塔网络中进行多尺度特征融合，而CrossDet检测分支根据多尺度特征进行目标的分类和回归。这里主要介绍CrossDet检测分支。

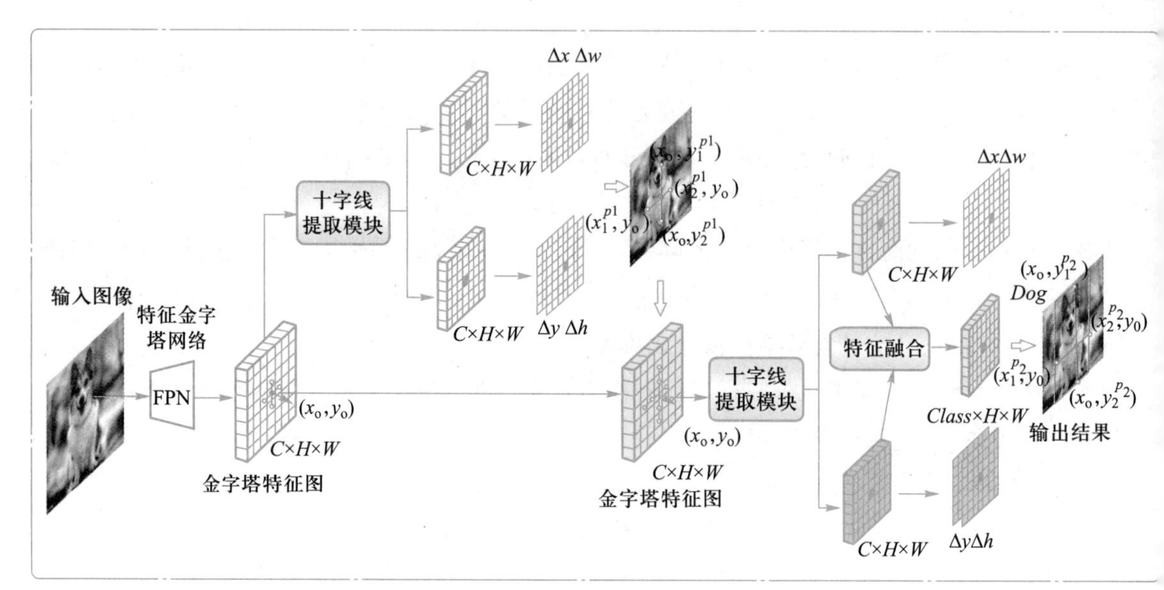

(a) CrossDet检测流程示意图

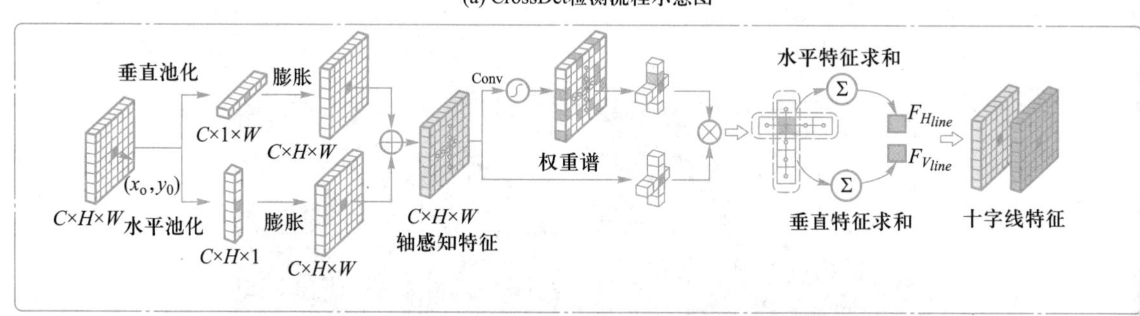

(b)十字线提取模块示意图

图8.41 CrossDet[54]的网络结构

CrossDet[54]检测分支以特征金字塔网络融合的多尺度特征作为输入，然后进行两次十字特征提取，每次特征提取后，分别以水平和垂直方向回归十字线，得到分类与回归结果。在第一次使用十字特征提取并预测结果的阶段，采用预设置的十字线区域作为十字特征提取模块的输入，并根据提取的水平线和垂直线特征分别预测十字线在水平方向的偏移量与垂直方向的偏移量。输出的十字表征将作为第二次十字特征提取模块的输入，这样能够得到更具判别性的十字特征。在第二次使用十字特征提取与检测的阶段，使用了两个方向的融合特征预测对象的类别并得到最终的检测结果。在十字特征提取器内部，分别在特征空间维度使用水平池化和垂直池化方法提取轴感知特征,并使用生成的权重谱对轴感知特征进行自适应采样得到十字线特征谱。

CrossDet[54]采用可学习的伸缩性十字特征表征,在捕捉目标内部连续性信息的同时避免引入包含背景的噪声信息,以一种更为灵活的方式捕捉了目标的关键性特征,更加有效且实用。

六、ATSS

ATSS[55]通过分析并对比 Anchor-Based 的目标检测方法和 Anchor-Free 的目标检测方法发现,它们之间的本质区别是如何定义训练的正负样本。如图 8.42 所示,Anchor-Based 的方法在定义正负样本时,主要依靠 *IoU* 值来定义,也就是预定义的锚点框和标注框的 *IoU* 值,并将 *IoU* 值超过设定阈值的框记为正样本,低于设定阈值的框记为负样本。而 Anchor-Free 的方法主要依靠空间和尺度的约束来选择样本,将中心点落在标注框里的记为候选正样本,然后针对各尺度特征谱的候选正样本计算回归距离,若回归距离小于该尺度特征谱预定义范围,则将其记为正样本。

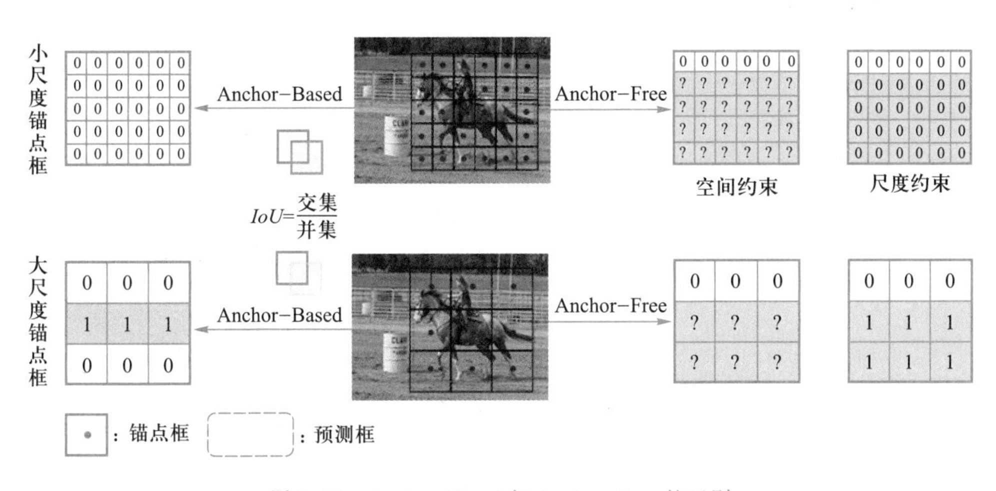

图 8.42 Anchor-Based 与 Anchor-Free 的区别

由此可知,这两类方法在计算正负样本时,都带有各自的归纳偏置。Anchor-Based 方法假设与标注框重合度高的锚点框有更大概率是正样本,这一假设可能导致锚点框包含过多背景信息,并且某些更适合学习的包含目标主要信息的锚点框可能会由于 *IoU* 值较低而被排除。Anchor-Free 方法一般假设落在 GT 框里并且回归尺度处于给定范围的锚点为正样本,导致引入了与尺度相关的超参数的设置,这种固定的参数设置依旧会忽略某些离群的样本。

ATSS[55]在分析了两类检测方法定义正负样本的区别的基础上,提出了自适应正负样本选择的方法。它的方法可以归纳为以下步骤:

(1) 假设有 n 个特征谱,对于每个 GT 框,计算锚点框的中心点与 GT 框中心点的 L_2 距离,然后选择距离 GT 最近的 k 个锚点框,记为候选正样本,则总共得到 $k \cdot n$ 个候选正样本;

(2) 计算这 $k \cdot n$ 个候选正样本与标注框的 *IoU* 平均值和标准差;

(3) 若候选正样本与 GT 框的 *IoU* 值大于平均值与标准差之和,且该候选正样本的中心点落在 GT 框里,则记为正样本,否则记为负样本。

该方法的提出者在 RetinaNet[37] 和 FCOS[52] 上进行的对比实验验证了 RetinaNet[37] 采用

FCOS[52]的正负样本定义方式可以达到与 FCOS 相同的性能,并且两者采用 ATSS[55]定义正负样本的方式都可以取得性能的提升。ATSS 作为目标检测模型定义正负样本的探索性方法,可以给未来研究工作提供借鉴和思考。

8.3.3 视觉-文本的多模态目标检测方法

指示表达理解(referring expression comprehension,REC)是一种视觉-文本的多模态目标检测技术,任务为给定一张图片和一句描述,找到并定位图片中描述的目标,如图像中“站在左边穿风衣的男子”。该问题是多模态的基础任务之一,可以被应用在视觉问答、机器人导航和视频字幕生成等下游任务中。REC 不仅需要网络分别理解图像和文本中的语义信息,还需要精准地实现它们之间的对齐,因此该任务十分具有挑战性,是目标检测的一种深化与拓展。

一、MattNet

MattNet[56]作为该领域的经典工作之一,沿用了早期 REC 工作所采用的双阶段方案,把定位问题转换为一个匹配问题。第一阶段使用一个预训练的目标检测器提取输入图像中所有的目标,第二阶段在所有检测的目标中选择与输入的描述最匹配的一个目标。REC 工作的优化目标通常是第二阶段。对于不同的句子,之前的工作大都使用同一个 LSTM 编码它们的特征,但这种编码句子特征的方式难以处理复杂的句子,因此该方法将模块化的思想引入到 REC 中,将句子分解为不同的成分分别处理。语言的模块化的思想在视觉问答任务中有比较多的应用,它们在拆解语言时大多依赖于语言解析器[57],但语言解析器的性能会影响后续任务。该方法提出了一种自适应地学习句子中的单词与句子成分对应的策略。

图 8.43 给出了 MattNet[56]方法的总体架构,定义了句子的三个组成成分:主语匹配模块、关系匹配模块以及位置匹配模块。该方法使用了软注意力机制对句子中每个单词属于哪个成分进行打分,并使用每个成分的打分将单词的特征加权求和,获得句子主语、位置和关系的特征。然后这些特征被分别送入不同的视觉匹配模块中计算相似度。

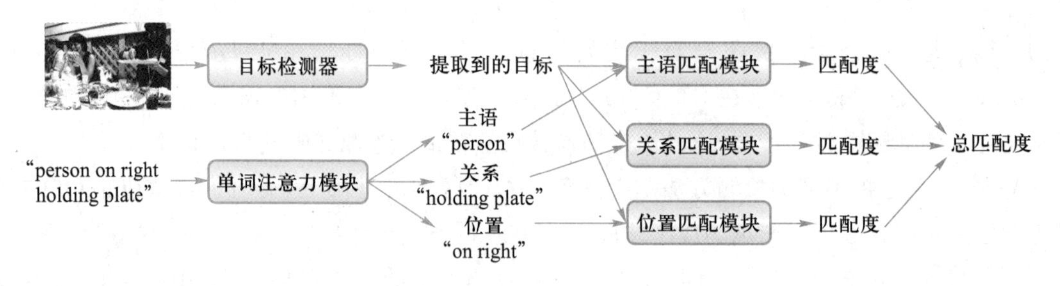

图 8.43 MattNet[56]方法的总体架构

如图 8.44 所示,在主语匹配模块中,提出了一个语言引导的注意力池化模块。将学习到的主语文本特征与目标视觉区域中的特征进行加权,然后通过池化操作得到与主语相关的视觉表征,并与主语文本特征计算相似度;同时设计了属性预测器,去辅助建立视觉与文本之间的联系。在位置匹配模块中,以目标框本身的位置编码和 5 个最邻近的同类目标框位置的编码作为

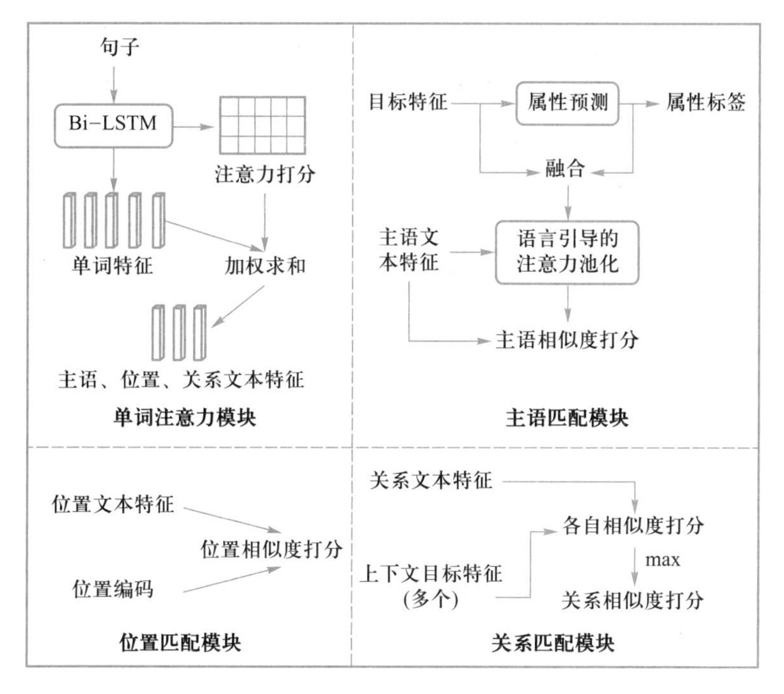

图 8.44 MattNet[56] 中的各模块

位置关系特征,然后与位置文本特征计算相似度,得到对应打分。在关系匹配模块中,选择了 5 个与目标框最邻近的框,并提取它们的特征以及它们与目标框的相对位置信息作为关系特征,计算它们的关系特征与文本的关系特征的相似度,最高的打分作为关系打分。三个文本成分与视觉或位置信息匹配度的打分加起来就获得了最后的打分,打分最高的目标被视为要找的目标。

二、FAOA

虽然如 MattNet[56] 的双阶段方法获得了不错的效果,但此类方法存在两个问题。一是匹配的性能受限于目标检测器的性能,第一阶段通常不能召回图片中的全部目标。如果文本所对应的目标没有被正确检测到,那么第二阶段就无法完成分析任务。以往的研究者分别使用标注好的框和检测框来进行匹配,验证表明前者性能远高于后者。二是在第一阶段中得到的绝大部分框都与目标结果无关,依旧需要耗费大量的计算资源处理这些框,这将导致网络处理一张图片的速度很慢,难以满足大部分应用场景的实时性要求。

基于以上问题,一个自然的想法是能不能绕过双阶段方案中第一阶段大量冗余框的生成,直接得到想要的结果呢?本章参考文献[58]提出了 FAOA:将双阶段的排序问题重新回归到检测问题。一个普通的目标检测器旨在检测出图片中所有预定义类别的目标,要想让它更进一步地只检测出文本所描述的目标,就要"告诉"目标检测器想要什么目标,这可以通过将文本特征融合到视觉特征中实现。如图 8.45 所示,为保证实时性,该方法选择了轻量级的实时目标检测网络 YOLO v3[48] 用于构建 FAOA[58],并且使用 Darknet53 作为主干网络提取视觉特征,通过 FPN 提取多尺度特征谱。然后在使用了 LSTM 或者 Bert 来提取文本特征后,把文本特征扩张到与视觉特征相同的空间维度,再将它与视觉特征以及位置编码拼接起来。FAOA[58]中使用的位置特征编码了视觉特征空间域上每个点的左上、中间、右下的位置以及视觉特征的宽和高。对于每个点,特征为

$$\left(\frac{i}{W},\frac{j}{H},\frac{i+0.5}{W},\frac{j+0.5}{H},\frac{i+1}{W},\frac{j+1}{H},\frac{1}{W},\frac{1}{H}\right) \tag{8.21}$$

其中,W 和 H 为对应视觉特征的宽和高,i 和 j 为视觉特征每个点的位置,从左上方开始编号。

许多句子的描述是与位置信息高度相关的,因此位置编码有助于辅助理解句子和视觉区域的符合程度。最后使用一个 1×1 卷积沿着通道将拼起来的特征降采样,就得到了混合后的多模态特征。这个多模态特征包含了视觉、文本以及位置信息,并在降采样中实现了交互。多模态特征被直接送入 YOLO 检测分支中预测想要的目标的位置,从而可以实现端到端的学习。

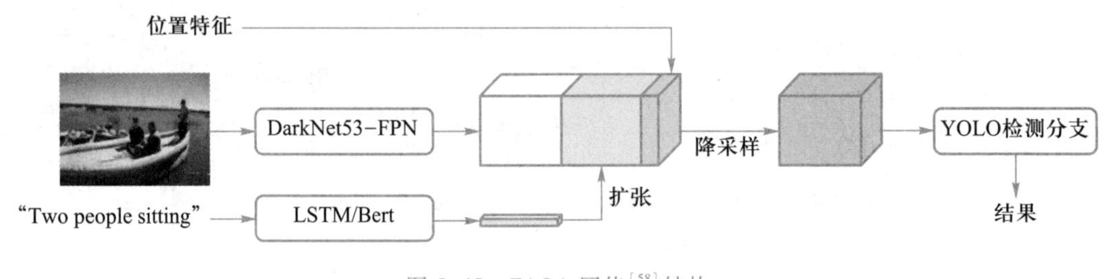

图 8.45 FAOA 网络[58]结构

三、HFRN

以 FAOA[58]为代表的单阶段方法虽然提高了速度和检测框的召回率,但仍然存在一些与双阶段方法共性的问题:双阶段方法使用矩形候选框采样视觉信息,单阶段方法采用网格中的点采样视觉信息,它们都是规则的框。这将导致重要的细粒度信息(如形状和位置)可能会在图像特征提取中丢失,而很多时候要区分同类的不同目标依靠的就是这种细粒度信息,这对正确定位句子所描述的对象十分重要。另一方面,矩形采样区域是一种对目标与其他区域的粗略区分,涵盖的不仅是目标本身,还有背景或者不相关前景带来的噪声。

在此种情况下,要解决的问题是如何更好地采样语言相关的视觉特征,从而使得细粒度信息得到保留的同时又能抑制噪声。Qiu 等人[59]针对上述问题提出了 HFRN,实现了自适应地采样关键点来表征对象。这种表征可以针对性地采样细粒度特征并且涵盖更少的噪声。该方法设计了一个语言感知的可变形卷积模块(language-aware deformable convolution model,LDC)实现上述目标,同时提出了一个双向交互模块(bidirectional interaction model,BIM)进行更好地特征融合。

在具体操作上,LDC 将文本特征当作卷积核与图像特征进行卷积,以计算语言感知的偏移量。这些偏移量被施加到初始的 3×3 区域进行采样获得特征。由于没有采样点的标注,无法直接对点的位置进行监督学习,于是该方法参照本章参考文献[53]所提出的方法将点转化为伪框,这样就可以用最后的目标框进行监督。BIM 是一种跨模态共注意力机制,用文本和图像相互加权再融合,以获得更好的融合特征。LDC 与 BIM 的具体结构如图 8.46 所示。

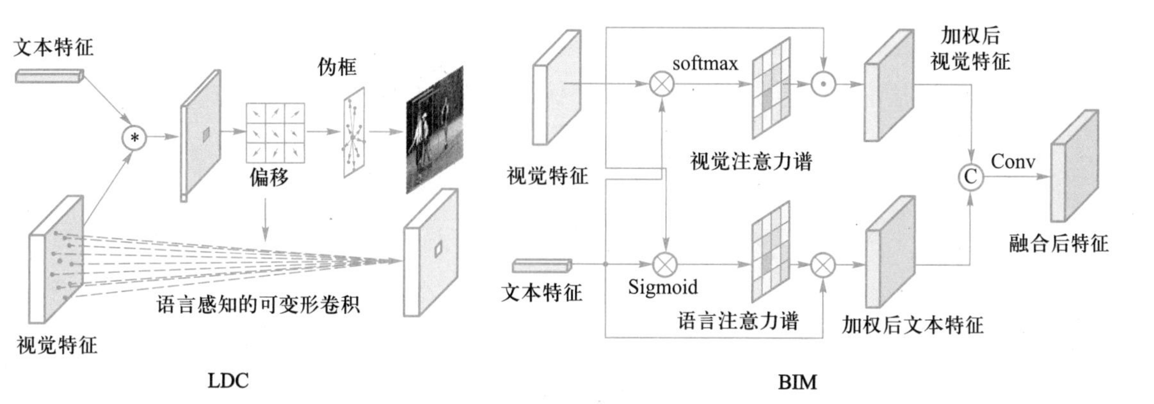

图 8.46 LDC 与 BIM 的具体结构

HFRN 算法[59]的网络结构如图 8.47 所示，包括局部的单词感知网络和全局的句子感知网络。HFRN[59]采用 FPN 提取多尺度的图像特征。在单词感知网络中，基于每个单词的文本特征，使用 LDC 采样图像特征。然后用 BIM 分别与单词的文本特征融合，将融合后的特征求平均，与原始图像特征拼接后送入全局的句子感知网络中，并基于句子特征使用 LDC 采样图像特征，再与句子特征用 BIM 融合。最后将融合后的特征送入检测分支中得到定位结果。

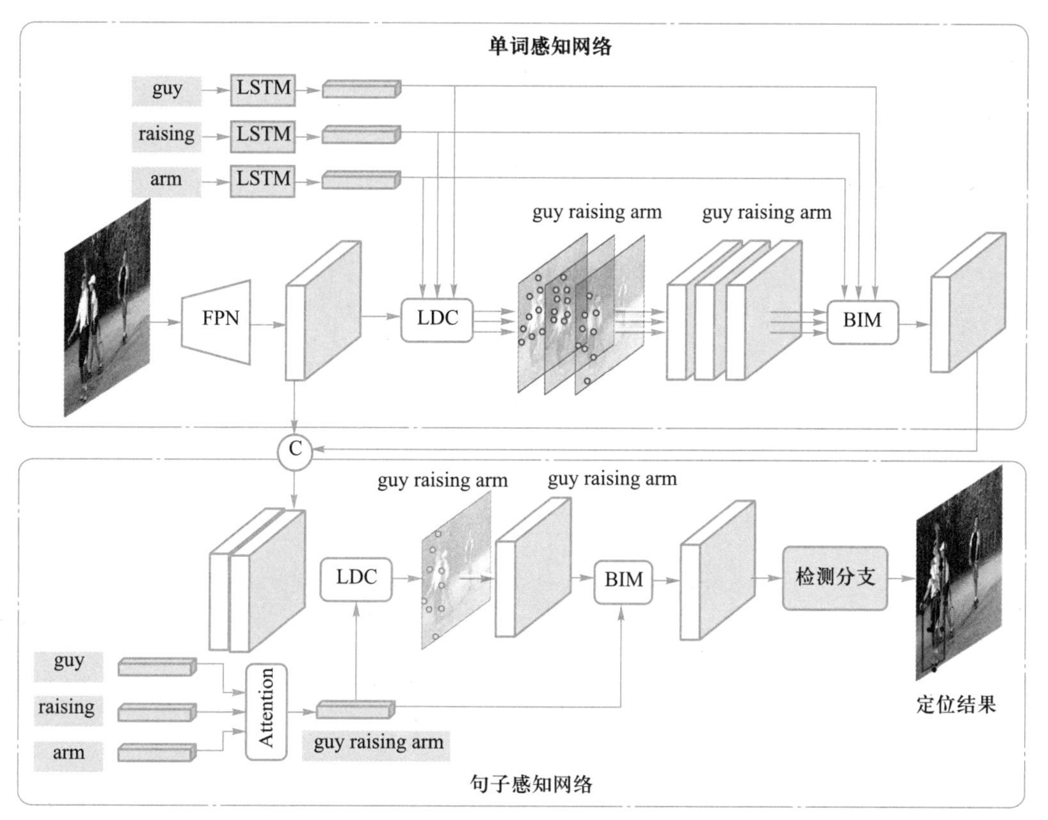

图 8.47 HFRN 算法的网络结构

习题

1. 盒子里有10片树叶，其中有6片银杏树叶、2片樟树叶和2片枫树叶，现从中抽取4片树叶，结果为2片银杏树叶、1片樟树叶和1片枫树叶，如果将银杏树叶作为正样本，将其他树叶作为负样本，求本次抽取的准确度和召回率。

2. 现有两个银杏叶预测框 P_1、P_2，以及对应银杏叶边界框真值 GT，中心坐标 (x,y)、宽高 (w,h) 如下所示，分别求两个预测框与边界框真值的 IoU。

$$P_1(x,y,w,h)=(20,20,10,10)$$

$$P_2(x,y,w,h)=(40,20,20,20)$$

$$GT(x,y,w,h)=(30,30,15,15)$$

3. 现有四个银杏叶预测框 P_1、P_2、P_3、P_4，中心坐标 (x,y)、宽高 (w,h) 和置信度 α 如下所示，请使用NMS算法选择合适的银杏叶预测框，其中 IoU 阈值设置为0.5。

$$P_1(x,y,w,h,\alpha)=(20,20,10,10,0.80)$$

$$P_2(x,y,w,h,\alpha)=(30,30,15,15,0.90)$$

$$P_3(x,y,w,h,\alpha)=(60,60,20,30,0.85)$$

$$P_4(x,y,w,h,\alpha)=(65,64,30,30,0.95)$$

4. 简述R-CNN、Fast R-CNN，以及Faster R-CNN的区别。

5. 请简述三种缓解正负样本不平衡的方法。

6. 请计算如图8.48所示特征块的RoI池化层结果，候选框坐标以及其他参数与本章8.3.1节中Fast R-CNN中的图8.23相同。

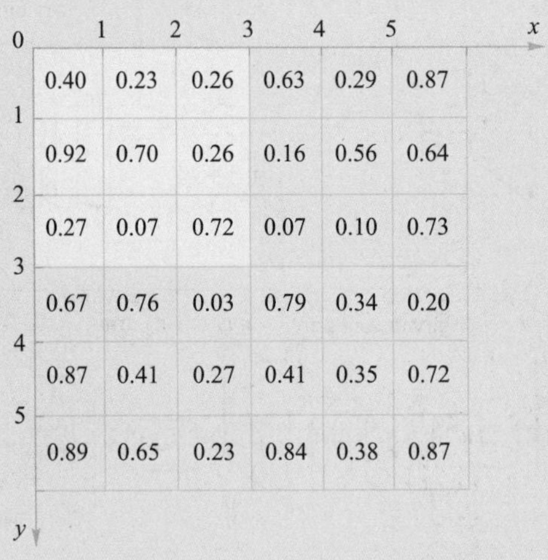

图8.48 RoI池化特征块

7. 银杏叶边界框真值 GT 和匹配的锚点框Anchor的中心坐标 (x,y)、宽高 (w,h) 如下所示，请计算二者之间的偏移量，其中偏移量的计算公式为：$(t_x,t_y,t_w,t_h)=GT(x,y,w,h)-Anchor(x,y,w,h)$。

$$GT(x,y,w,h)=(15,15,20,20)$$

$$Anchor(x,y,w,h)=(10,20,15,15)$$

8. 请解释 Focal Loss 为什么能够缓解正负样本的不平衡问题。

9. 请描述什么是 Anchor-Based 和 Anchor-Free 目标检测网络，二者各自有什么特点。

10. 请补全图 8.49 所示的单阶段目标检测网络和双阶段目标检测网络的结构，使其能完成目标检测功能。

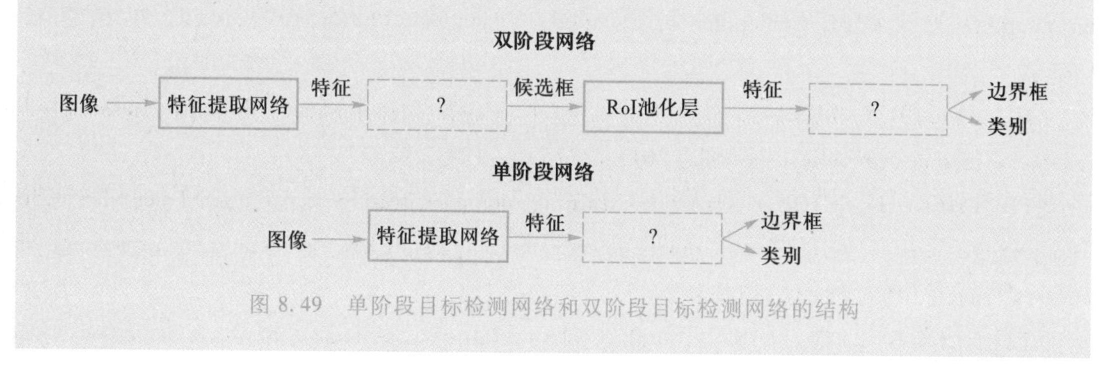

图 8.49 单阶段目标检测网络和双阶段目标检测网络的结构

第 8 章习题解答

参考文献

[1] EVERINGHAM M, VAN GOOL L, WILLIAMS C K I, et al. The pascal visual object classes (voc) challenge[J]. International journal of computer vision, 2010, 88(2): 303-338.

[2] RUSSAKOVSKY O, DENG J, SU H, et al. Imagenet large scale visual recognition challenge[J]. International journal of computer vision, 2015, 115(3): 211-252.

[3] LIN T Y, MAIRE M, BELONGIE S J, et al. Microsoft coco: common objects in context [C]//European Conference on Computer Vision, 2014: 740-755.

[4] KUZNETSOVA A, ROM H, ALLDRIN N, et al. The open images dataset v4[J]. International journal of computer vision, 2020, 128(7): 1956-1981.

[5] KRIZHEVSKY A, SUTSKEVER I, HINTON G E. Imagenet classification with deep convolutional neural networks[C]//Advances in Neural Information Processing Systems, 2012, 25: 1097-1105.

[6] GUPTA A, DOLLAR P, GIRSHICK R B. LVIS: a dataset for large vocabulary instance segmentation[C]//IEEE Conference on Computer Vision and Pattern Recognition, 2019: 5356-

5364.

[7] SHAO S, ZHAO Z, LI B, et al. Crowdhuman: a benchmark for detecting human in a crowd [EB/OL]. [2022-06-27]. arXiv preprint arXiv:1805.00123.

[8] ZHANG S, BENENSON R, SCHIELE B. Citypersons: a diverse dataset for pedestrian detection[C]//IEEE Conference on Computer Vision and Pattern Recognition, 2017: 3213-3221.

[9] CORDTS M, OMRAN M, RAMOS S, et al. The cityscapes dataset for semantic urban scene understanding[C]//IEEE Conference on Computer Vision and Pattern Recognition, 2016: 3213-3223.

[10] GEIGER A, LENZ P, STILLER C, et al. Vision meets robotics: the kitti dataset[J]. International journal of robotics research, 2013, 32(11): 1231-1237.

[11] CHENG G, ZHOU P, HAN J. Learning rotation-invariant convolutional neural networks for object detection in VHR optical remote sensing images[J]. IEEE transactions on geoscience and remote sensing, 2016, 54(12):7405-7415.

[12] XIA G S, BAI X, DING J, et al. DOTA: a large-scale dataset for object detection in aerial images[C]//IEEE Conference on Computer Vision and Pattern Recognition, 2018: 3974-3983.

[13] ZHU H, CHEN X, DAI W, et al. Orientation robust object detection in aerial images using deep convolutional neural network[C]//IEEE International Conference on Image Processing, 2015: 3735-3739.

[14] VIOLA P, JONES M J. Robust real-time face detection[J]. International journal of computer vision, 2004, 57(2): 137-154.

[15] FELZENSZWALB P F, MCALLESTER D A, RAMANAN D. A discriminatively trained, multiscale, deformable part model[C]//IEEE Conference on Computer Vision and Pattern Recognition, 2008: 1-8.

[16] FELZENSZWALB P F, GIRSHICK R B, MCALLESTER D, et al. Object detection with discriminatively trained part-based models[J]. IEEE transactions on pattern analysis and machine intelligence, 2010, 32(9): 1627-1645.

[17] FREUND Y, SCHAPIRE R E. A decision-theoretic generalization of on-line learning and an application to boosting[J]. Journal of computer and system sciences, 1997, 55(1): 119-139.

[18] LIENHART R, MAYDT J. An extended set of haar-like features for rapid object detection [C]//IEEE International Conference on Image Processing, 2002: 900-903.

[19] DALAL N, TRIGGS B. Histograms of oriented gradients for human detection[C]//IEEE Computer Society Conference on Computer Vision and Pattern Recognition, 2005: 886-893.

[20] ITTI L. Visual salience[J]. Scholarpedia, 2007, 2(9): 3327.

[21] ITTI L, KOCH C, NIEBUR E. A model of saliency-based visual attention for rapid scene analysis[J]. IEEE transactions on pattern analysis and machine intelligence, 1998, 20(11): 1254-

1259.

[22] TREISMAN A M, GELADE G. A feature-integration theory of attention[J]. Cognitive psychology, 1980, 12(1): 97-136.

[23] KOCH C, ULLMAN S. Shifts in selective visual attention: towards the underlying neural circuitry[J]. Human neurobiology, 1985, 4(4): 219-227.

[24] ZHAI Y, SHAH M. Visual attention detection in video sequences using spatiotemporal cues[C]//ACM International Conference on Multimedia, 2006: 815-824.

[25] CHENG M M, ZHANG G X, MITRA N J, et al. Global contrast based salient region detection[C]//IEEE Conference on Computer Vision and Pattern Recognition, 2011: 409-416.

[26] BRUCE N D B, TSOTSOS J K. Saliency based on information maximization [C]// Advances in Neural Information Processing Systems, 2006: 155-162.

[27] HOU X, ZHANG L. Saliency detection: a spectral residual approach[C]//IEEE Conference on Computer Vision and Pattern Recognition, 2007: 1-8.

[28] HOU X, HAREL J, KOCH C. Image signature: highlighting sparse salient regions[J]. IEEE transactions on pattern analysis and machine intelligence, 2012, 34(1): 194-201.

[29] LI H, NGAN K N. A co-saliency model of image pairs[J]. IEEE transactions on image processing, 2011, 20(12): 3365-3375.

[30] ACHANTA R, HEMAMI S S, ESTRADA F J, et al. Frequency-tuned salient region detection[C]//IEEE Conference on Computer Vision and Pattern Recognition, 2009: 1597-1604.

[31] LI H, MENG F, NGAN K N. Co-salient object detection from multiple images[J]. IEEE transactions on multimedia, 2013, 15(8): 1896-1909.

[32] ROTHER C, KOLMOGOROV V, BLAKE A. "GrabCut": interactive foreground extraction using iterated graph cuts[J]. ACM transactions on graphics, 2004, 23(3): 309-314.

[33] GIRSHICK R B, DONAHUE J, DARRELL T, et al. Rich feature hierarchies for accurate object detection and semantic segmentation[C]//IEEE Conference on Computer Vision and Pattern Recognition, 2014: 580-587.

[34] GIRSHICK R B. Fast r-cnn[C]//IEEE International Conference on Computer Vision, 2015: 1440-1448.

[35] REN S, HE K, GIRSHICK R, et al. Faster r-cnn: towards real-time object detection with region proposal networks[J]. IEEE transactions on pattern analysis and machine intelligence, 2016, 39(6): 1137-1149.

[36] LIU W, ANGUELOV D, ERHAN D, et al. SSD: single shot multibox detector[C]//European Conference on Computer Vision, 2016: 21-37.

[37] LIN T Y, GOYAL P, GIRSHICK R B, et al. Focal loss for dense object detection[C]// IEEE International Conference on Computer Vision, 2017: 2999-3007.

[38] ZHANG S, WEN L, BIAN X, et al. Single-shot refinement neural network for object detection[C]//IEEE Conference on Computer Vision and Pattern Recognition, 2018: 4203-4212.

[39] SIMONYAN K, ZISSERMAN A. Very deep convolutional networks for large-scale image recognition[C]//International Conference on Learning Representations, 2015.

[40] UIJLINGS J R R, VAN DE SANDE K E A, GEVERS T, et al. Selective search for object recognition[J]. International journal of computer vision, 2013, 104(2): 154-171.

[41] ALEXE B, DESELAERS T, FERRARI V. Measuring the objectness of image windows[J]. IEEE transactions on pattern analysis and machine intelligence, 2012, 34(11): 2189-2202.

[42] CARREIRA J, SMINCHISESCU C. CPMC: automatic object segmentation using constrained parametric min-cuts[J]. IEEE transactions on pattern analysis and machine intelligence, 2011, 34(7): 1312-1328.

[43] CAI Z, VASCONCELOS N. Cascade r-cnn: delving into high quality object detection[C]//IEEE Conference on Computer Vision and Pattern Recognition, 2018: 6154-6162.

[44] LIN T Y, DOLLÁR P, GIRSHICK R B, et al. Feature pyramid networks for object detection[C]//IEEE Conference on Computer Vision and Pattern Recognition, 2017: 936-944.

[45] SZEGEDY C, LIU W, JIA Y, et al. Going deeper with convolutions[C]//IEEE Conference on Computer Vision and Pattern Recognition, 2015: 1-9.

[46] REDMON J, DIVVALA S K, GIRSHICK R B, et al. You only look once: unified, real-time object detection[C]//IEEE Conference on Computer Vision and Pattern Recognition, 2016: 779-788.

[47] REDMON J, FARHADI A. YOLO9000: better, faster, stronger[C]//IEEE Conference on Computer Vision and Pattern Recognition, 2017: 6517-6525.

[48] FARHADI A, REDMON J. Yolov3: an incremental improvement[C]//IEEE Conference on Computer Vision and Pattern Recognition, 2018: 1804-2767.

[49] LAW H, DENG J. Cornernet: detecting objects as paired keypoints[C]//European Conference on Computer Vision, 2018: 765-781.

[50] NEWELL A, YANG K, DENG J. Stacked hourglass networks for human pose estimation[C]//European Conference on Computer Vision, 2016: 483-499.

[51] ZHOU X, WANG D, KRÄHENBÜHL P. Objects as points[EB/OL]. [2022-06-27]. arXiv preprint arXiv:1904.07850.

[52] TIAN Z, SHEN C, CHEN H, et al. FCOS: fully convolutional one-stage object detection[C]//IEEE International Conference on Computer Vision, 2019: 9627-9636.

[53] YANG Z, LIU S, HU H, et al. Reppoints: point set representation for object detection[C]//IEEE International Conference on Computer Vision, 2019: 9657-9666.

[54] QIU H, LI H, WU Q, et al. CrossDet: crossline representation for object detection[C]//

IEEE International Conference on Computer Vision, 2021: 3195-3204.

[55] ZHANG S, CHI C, YAO Y, et al. Bridging the gap between anchor-based and anchor-free detection via adaptive training sample selection[C]//IEEE Conference on Computer Vision and Pattern Recognition, 2020: 9759-9768.

[56] YU L, LIN Z, SHEN X, et al. Mattnet: modular attention network for referring expression comprehension[C]//IEEE Conference on Computer Vision and Pattern Recognition, 2018: 1307-1315.

[57] SOCHER R, BAUER J, MANNING C D, et al. Parsing with compositional vector grammars[C]//Proceedings of the 51st Annual Meeting of the Association for Computational Linguistics, 2013: 455-465.

[58] YANG Z, GONG B, WANG L, et al. A fast and accurate one-stage approach to visual grounding[C]//IEEE International Conference on Computer Vision, 2019: 4683-4693.

[59] QIU H, LI H, WU Q, et al. Language-aware fine-grained object representation for referring expression comprehension[C]//ACM International Conference on Multimedia, 2020: 4171-4180.

[60] HE K, ZHANG X, REN S, et al. Spatial pyramid pooling in deep convolutional networks for visual recognition[J]. IEEE transactions on pattern analysis and machine intelligence, 2015, 37(9): 1904-1916.

[61] DAI J, QI H, XIONG Y, et al. Deformable convolutional networks[C]//IEEE International Conference on Computer Vision, 2017: 764-773.

第 9 章

图像分割

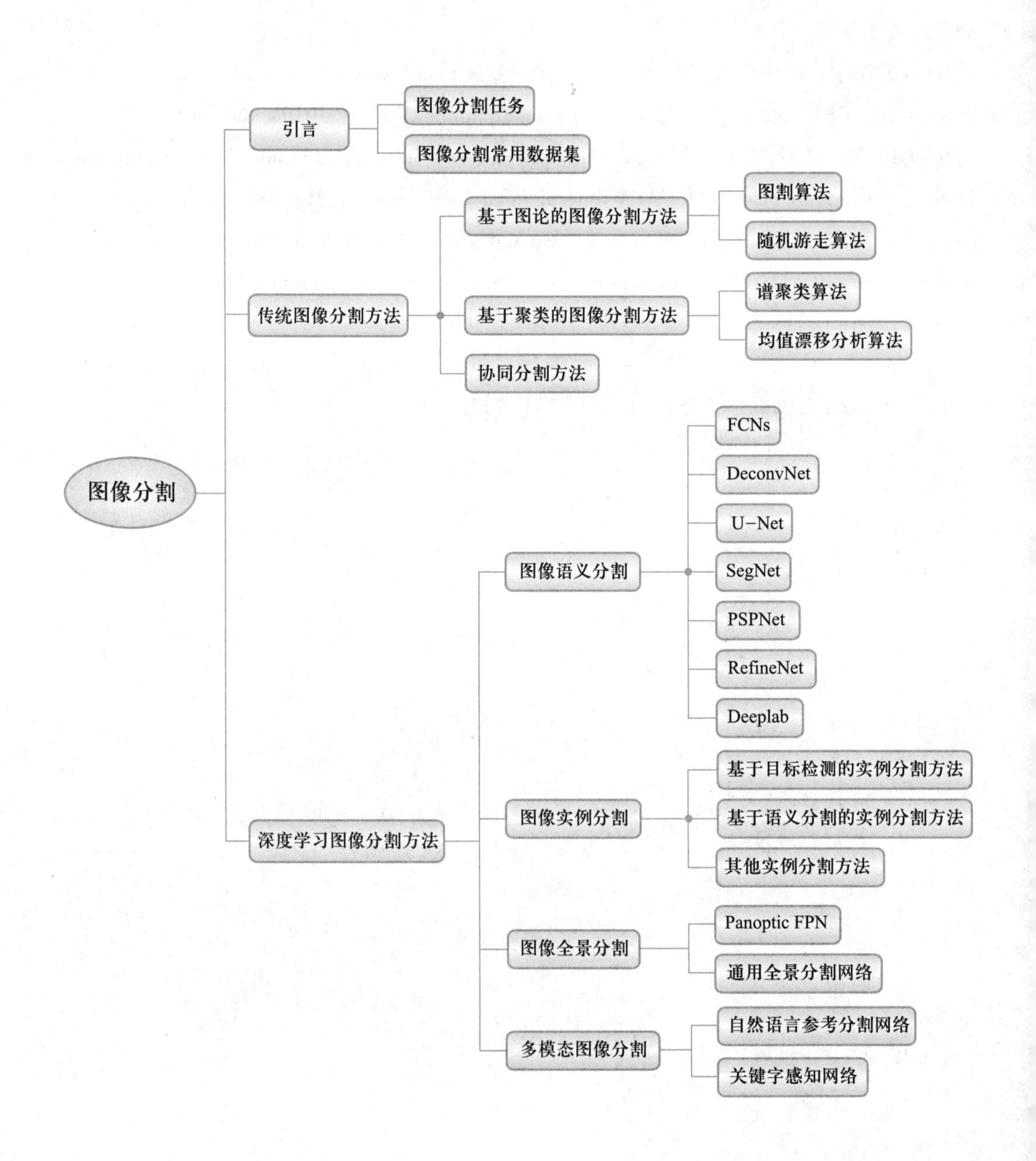

图像分割
引言
图像分割任务
图像分割常用数据集
传统图像分割方法
基于图论的图像分割方法
图割算法
随机游走算法
基于聚类的图像分割方法
谱聚类算法
均值漂移分析算法
协同分割方法
深度学习图像分割方法
图像语义分割
FCNs
DeconvNet
U-Net
SegNet
PSPNet
RefineNet
Deeplab
图像实例分割
基于目标检测的实例分割方法
基于语义分割的实例分割方法
其他实例分割方法
图像全景分割
Panoptic FPN
通用全景分割网络
多模态图像分割
自然语言参考分割网络
关键字感知网络

9.1 引　　言

9.1.1 图像分割任务

图像分割(image segmentation)任务是根据图像颜色、纹理、轮廓和对象语义等信息将图像划分为不重叠的子区域,每个区域包含了相似的语义特征,如图 9.1 所示。图像分割是计算机视觉和图像处理领域的一个基础任务,精确的分割结果可显著提升诸如行为分析[1]、场景解析[2]等多媒体分析的能力,可广泛应用于多媒体检索、遥感影像分析、安防、自动驾驶辅助系统和医学图像处理等领域。近年来图像分割作为富有挑战性和极其活跃的研究领域在数字多媒体处理和计算机视觉中起着十分重要的作用。

第 9 章课件

图 9.1　图像分割示例

传统的非语义图像分割是利用颜色或纹理的相似特性,把原始图像分割成若干"均匀"区域,也被称作由底向上(bottom-up)的无监督分割模式。该方法通常可以分为基于区域和基于边界两种方式。前者是根据区域的颜色、纹理和像素的统计特征,利用区域增长、融合以及划分得到不同均质区域,而后者则是根据差分滤波器的输出估计梯度信息,检测离散边界,然后通过边界聚合等方法提取区域轮廓。该方法的主要缺陷表现为轮廓估计的鲁棒性较差,并且对噪声比较敏感。这种非语义的分割方法通常很难满足人们对图像内容理解的需求。因此越来越多的学者把目光投向了语义对象分割。

与传统的分割方法不同,语义分割是把图像划分成具有不同语义特征的对象单元,是一种有监督的分割模式。该方法通常包括两个阶段:对象检测和对象提取。前一个阶段主要依靠先验知识来判定对象是否存在及其大概位置,即回答"对象在哪里?"的问题。而后一阶段则是通过聚类过程提取对象的内容,分离属于对象的区域或者像素,为每个像素赋予对象标签,即回答"是否属于对象?"。然而,由于对象在颜色、亮度、形状和轮廓等方面的多样性,目前很难找到统一的对象描述方法识别所有对象,语义分割仍然是一个十分具有挑战性的任务。

除了上述无监督和有监督的分割模式划分外,按照分割目标的不同,现有图像分割方法还可以分为语义分割、实例分割和全景分割,具体如图 9.2 所示。对于一幅图像,语义分割将图像分割成一系列的不同语义的区域,如人和车,但不区分不同的"人"和"车"的个体。而实例分割不仅将图像分割为不同的语义区域,还要区分不同的独立个体,如不同的"人"、不同的"车"等。全景分割则是联合了语义分割和实例分割任务,分别对前景目标进行实例分割,对背景进行语义分割,从而得到一个完整的场景分割结果。

图 9.2 语义分割、实例分割和全景分割实例

根据处理的数据类型,图像分割任务可以划分为单模态和多模态两种分割模式,其中模态指的是信息载体的表现形式,如常见的 RGB 图像是一种视觉信息的载体,即一种信息的模态。在生活中,还存在文字、语音、动作传感器甚至是脑电信号等模态。多模态图像分割研究的是存在多种模态的情况下,图像与其他模态之间的映射关系,并利用这种映射关系指导图像分割,如一段文本和语音共同指导下的图像分割,具体如图 9.3 所示。

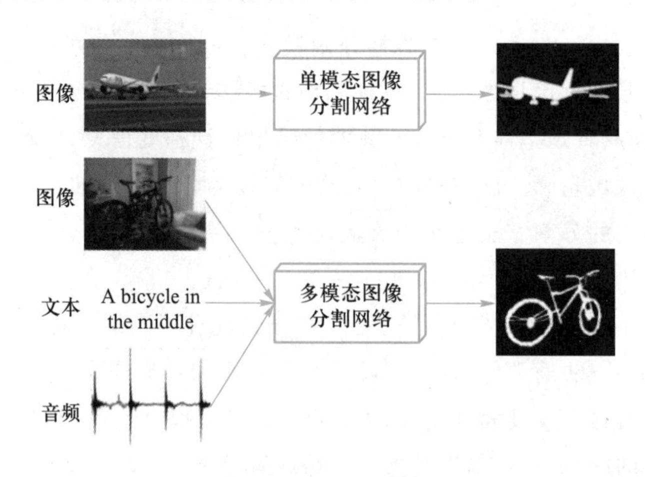

图 9.3 单模态图像分割与多模态图像分割

9.1.2 图像分割常用数据集

大规模数据集一方面为各种分割任务提供了充足的像素级标注,另一方面涵盖了多种类别的目标和场景,保证了算法在实际场景中的泛化能力。下面是图像分割常用数据集的介绍,表 9.1 为数据集对比表。

PASCAL VOC 数据集[3]:PASCAL VOC 数据集是一个计算机视觉挑战赛的国际比赛数据集,为多种任务包括图像分类、图像检测和图像分割等提供了标准的图像和标注数据。该数据集是计算机视觉领域中知名度较高的基准数据集。在 2005 年至 2012 年间,每年都会举办相关挑战赛,其中 PASCAL VOC 2012 是最常用的数据集。PASCAL VOC 2012 中包含 21 种类别,即 20 种目标类别和 1 种背景类别,目标类别包括人类、动物、交通工具和室内物品等。该数据集同时包含语义分割和实例分割标注。数据集分为三个部分:1 464 张训练图像,1 449 张验证图像和1 456 张测试图像。

PASCAL Person-Part 数据集[4]:PASCAL Person-Part 数据集是一个应用于人体解析任务的语义分割数据集。该数据集从 PASCAL VOC 2010 中选出包含“人类”目标的图像,对人类的头部、躯干、胳膊、小臂、大腿和小腿进行额外标注,应用于对人类身体进行语义分割的任务。该数据集包括 1 717 张训练图像和 1 818 张测试图像。

表 9.1 数据集对比表

数据集	主要任务	面向场景	数据类型	主要类	数据总量
PASCAL VOC	语义分割,实例分割	自然场景	二维图像	20	4 369
PASCAL Person-Part	语义分割	人体部位	二维图像	6	3 535
PASCAL Context	语义分割	自然场景	二维图像	59	10 103
Cityscapes	语义分割,实例分割,全景分割	街道场景	二维图像	19	约 25 000
KITTI	语义分割,实例分割	街道场景	二维图像	8	约 400
MS COCO	实例分割,全景分割	自然场景	二维图像	80	约 300 000
ADE20k	语义分割,全景分割	自然场景	二维图像	150	约 20 000
Youtube-Objects	视频目标分割	运动目标	视频序列	10	1 692
Youtube-VOS	视频目标分割	运动目标	视频序列	94	197 272
NYU Indoor Scene Dataset	语义分割	室内场景	RGBD 图像	13	2 347
NYU Depth Dataset V2	语义分割	室内场景	RGBD 图像	40	1 449

PASCAL Context 数据集[5]:该数据集对 PASCAL VOC 2010 语义分割数据集的背景类别进行额外的像素级标注,这些新的类别包括建筑、草地、天空和书架等。它包含了 4 998 张训练图像和 5 105 张测试图像,总共有 59 个目标类别和 1 个空白类别。

Cityscapes 数据集[6]:该数据集主要面向城市场景的语义场景理解任务。Cityscapes 数据集包含真实世界中复杂的城市场景。该数据集对 50 个不同的城市场景进行拍摄,并提供了像素级语义类别标注。它包括了 5 000 张高质量的像素级标注图像和 20 000 张粗略标注的图像,并且包括 30 种目标类别。此外 Cityscapes 还提供了 8 种类别的实例分割标注。

KITTI 数据集[7-10]:该数据集面向车辆驾驶场景,为自动驾驶技术提供数据支撑,它是目前世界上自动驾驶场景最大的数据集。数据集中的数据由移动平台搭载的摄像机、激光扫描仪和高精 GPS 测量仪得到。KITTI 数据集能够为车道检测与分割、车辆检测与分割、深度估计和三维场景重建等任务提供基准测试数据。

MS COCO 数据集[11]:该数据集由微软公司创建,主要用于实例目标的检测与分割。MS COCO 数据集中包含 80 个常见目标类别,每个类别有超 5 000 个实例目标标注。该数据集有超过 30 万张图像,包含了约 250 万个带标注的实例目标,每个图像中平均包含 7.7 个实例目标。

ADE20k 数据集[12]:该数据集是由 MIT 发布的大规模场景感知的语义分割数据集。该数据集包含 2 万余个逐像素标注的室外与室内图像,包括 20 210 张训练图像和 2 000 张验证图像。ADE20k 拥有 150 个语义类别,是当前语义分割算法最常使用的数据集之一。

Youtube 数据集:该数据集有两个重要的版本,分别为 Youtube-Objects[13-15] 和 Youtube-VOS[16]。前者包括了来自 10 个目标类别的 126 个网络视频,共有两万多帧,每 10 帧中包含一个像素级的标注,应用于弱监督下视频目标分割。后者共包含了 4 453 个视频,其中训练集包含 3 471 个视频,每个视频长度为 20 帧到 80 帧,并且每 5 帧包含一个像素级的标注,每帧的目标有一个或多个。

NYU 数据集:该数据集有两个常用版本,分别是 NYU Indoor Scene Dataset[17] 和 NYU Depth Dataset V2[18],这两个数据集都是使用微软 Kinect 设备在室内场景中采集的。前者采集了 64 个室内场景下的深度图,并对其中 2 347 张图像进行了标注。而后者涵盖了 464 个不同的室内场景,采集了 1 449 张 RGBD 图像,并且为相同类别的不同实例提供唯一的实例标签。该数据集是 RGBD 深度图像语义分割的常用基准数据集。

9.2 传统图像分割方法

早在 20 世纪 70 年代,图像分割任务已经引起了学术界和工业界的广泛关注,大量的分割算法相继涌现。本节将重点介绍代表性的传统图像分割算法。基于对象先验的获取方式,传统的分割方法可以粗略地分为三类:第一类为有监督的图像分割,根据人为提供的目标先验,从图像中提取出目标;第二类是无监督的图像分割,按照图像局部的相似性和对象性将图像分割成一些局部区域或目标区域;最后一类为弱监督的图像分割,采用一些粗糙的目标先验,如图像级的标签实现图像的目标分割。

有监督的图像分割通过像素级目标的先验，如人工标注的窗口、前景和背景点及先验传播等，获取目标的先验模型，并依据先验模型实现目标的分割，如图割算法[19]和随机游走算法[21]。由于提供的前景先验模型较精确，有监督的图像分割方法能够更加准确地提取出目标区域。然而，很多实际的应用场景无法提供前景先验，特别是在图像数据规模较大的情况下，很难获取包含的前景先验。

无监督的分割方法的目标是在无任何目标信息的条件下提取出目标区域。该类方法主要基于聚类算法，即不考虑对象性分割，而将图像分割为一系列的颜色或纹理相似的局部区域，如谱聚类算法[25]和均值漂移分析[27]算法。这些方法的不足之处在于获取的目标区域的语义信息未知。

另一些方法则采用更易获取但更粗糙的目标先验信息实现目标的分割，如图像级的标注，这些方法称为弱监督的目标分割方法[32-41]。弱监督分割的核心是从粗糙的目标信息中学习目标先验的模型，进而指导对象性区域的获取。相对于有监督的分割方法，该方法所需要的目标信息更粗糙，但适用面更广。相对于无监督的目标分割方法，该方法能够输出有语义的分割结果，从而为高层应用提供更准确的语义目标信息。基于上述优点，弱监督的分割方法近期受到了越来越多的关注。同时，由于所获取的目标先验较粗糙，当所提供的信息不足时，目标先验的学习就变得困难，从而导致提取的目标不准确。因此，弱监督分割亦是一个具有挑战性的工作。

9.2.1 基于图论的图像分割方法

一、图割算法

1989 年，Greig 提出了图割算法[19]，该方法可以精确地求解二值图像的最大后验概率估计。然而，这个方法直到 21 世纪初才得到学者的关注。Boykov 和 Jolly 在图像复原和交互式图像分割任务中运用了图割算法，并发表了第一篇将图割算法用于图像处理的文章[20]。该方法基于最小割算法，给定标注的目标和背景的像素点的子集，利用图割求解分割的全局最优解[73]。

已知一幅图像，该算法首先构建一张图 $\mathcal{G}(V,E)$，其中 V 表示顶点集，顶点可为像素或图像区域，E 表示边集。特别地，图的两个端点，即源点 s 和汇点 t，对应图像的前景和背景，连接了其他的普通顶点。图中顶点的连接方式可以分为两类：相邻顶点间的双向 n-连接，顶点和端点间的 t-连接。图的割（cut）的定义为：设 C 为图的一个割，则 C 为图像顶点集的一个二分，结果分别对应图的源点和汇点，即图像的前景和背景。图割算法要求找到一个最佳的割，该割具有全局最小代价，即边的权重之和恰好等于图的最大流[20]。一般地，对图像 $\boldsymbol{x}=\{x_i\}$，割的代价函数可以表示为一个能量函数

$$E(\boldsymbol{x})=\sum_{i\in V}E_1(x_i)+\boldsymbol{\lambda}\sum_{\{i,j\}\in E}E_2(x_i,x_j) \tag{9.1}$$

其中，E_1 和 E_2 分别表示数据和平滑代价函数。式中第一项 $E_1(x_i)$ 是将像素分类为前景或背景的惩罚项，反映了一个像素点与前景或背景的接近度。在本章参考文献[20]中所提出的图割算法中，这一项被设置为目标或背景的亮度直方图的负对数似然函数。一般地，在交互式方

法中,这两个分布可以根据用户的标记区域估算。通过弱监督的方法,可以利用有标注的像素点估计先验分布。

第二项$E_2(x_i,x_j)$通过设置节点z_i和z_j之间的不连续性的惩罚项来衡量节点之间的相似度。当z_i和z_j之间不存在边时,这一项将趋近于0,于是在这两个相邻的像素之间更有可能产生割。E_2可以用局部亮度的梯度或其他正则化的标准来估计。在本章参考文献[20]中,使用了*ad-hoc*函数作为惩罚项。

最大流问题的精确解可以通过最大流最小割算法得到。该算法每步都寻找新的增广路径,使路径里的至少一条边饱和,增加路径的流量使其达到最大值。当没有这样的路径时,说明流量达到了最大值,该解也同时对应最小割。图9.4展示了一个具体例子。用户输入的原始图像为图(a),其中虚线和实线的线分别表示背景和目标。对应的图如图(b)所示,除了普通的节点之外,图中还包含了两个端点,即目标(花朵)和背景(叶子)。图(c)展示了图割算法的分割结果,花朵被成功地从原图中分割出来。

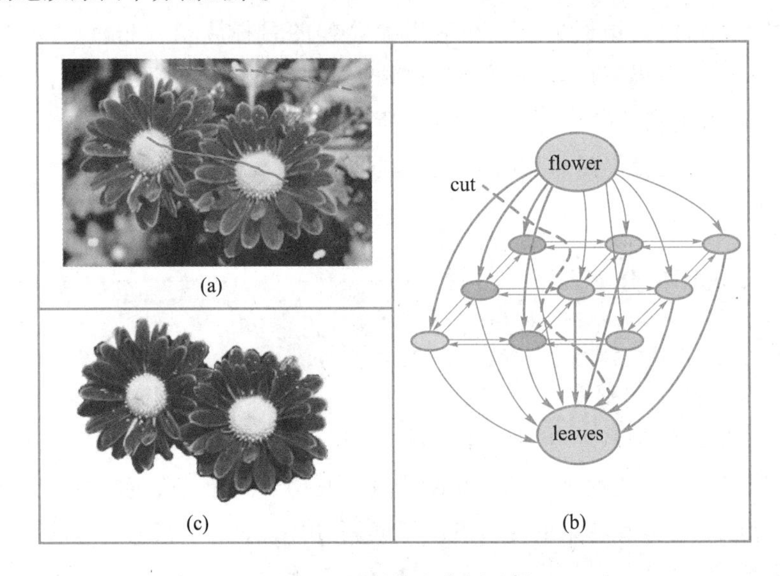

图9.4 图割算法分割示例

二、随机游走算法

在Wechsler和Kidode早期的工作[21]中,随机游走算法首次出现在计算机视觉领域,用于解决纹理辨别和边缘检测问题。在早期的工作中,随机游走算法在像素点上放置随机游走者(质点),并检查这些游走者首先碰到哪些随机种子。然而,这种计算方法实际上非常不实用。Grady将图论思想应用于随机游走问题,在图像分割任务中首次成功地应用了随机游走算法[21-23]。为了计算游走者首先到达已知标签的种子的期望概率,Grady通过图论思想构建了随机游走和电路理论(或称位势理论)之间的联系。

对于给定图像,可以构建具有固定顶点数和边数的图,该图可用于表示随机游走分割。每条边都被赋予一个权重,该权重对应于游走者穿过该边的可能性。算法可以详细分解为以下四个步骤。

(1) 初始化:根据已知标签标记像素。

(2) 映射:将图像映射为图,对边进行高斯加权。

(3) 优化:求解狄利克雷问题,计算无标签节点到达每个已知标签节点的概率。

(4) 分割:根据最大势函数,给每个像素点分配标签,得到最终分割结果。

图 9.5 展示了一个具体例子。图(a)为原始图像,包含了前景和背景的标注。图(b)是映射的图,实心点表示已知标签,空心点表示未知标签。分割结果如图(c)所示,花朵被从原始图像中分割出来。

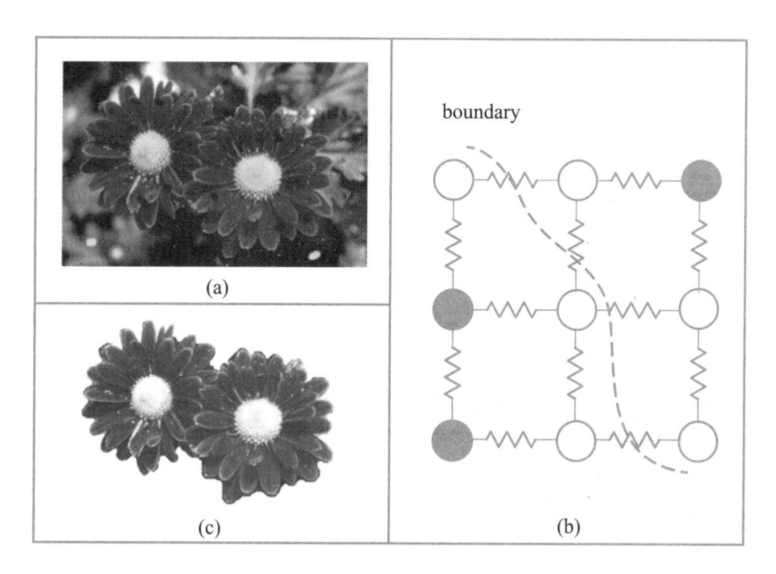

图 9.5 随机游走算法分割示例

9.2.2 基于聚类的图像分割方法

一、谱聚类算法

谱聚类算法现已成为流行的聚类算法之一[73]。谱聚类问题可以通过线性代数方法求解。与传统聚类算法(如 K-均值聚类算法)相比,谱聚类算法易于实现,并有很多优势[24]。与图割算法相似,谱聚类算法同样也是对加权图的划分,可表示为相似图 $\mathcal{G}(V,E)$,V 为顶点集,E 为边集。图的顶点表示像素点,与相邻顶点通过边连接。图的拉普拉斯矩阵是谱聚类的重要工具。最常见的谱聚类算法包括非正则谱聚类[25]和正则谱聚类[26]。

Shi 和 Malik 利用正则化分割准则,最先提出了经典的谱聚类分割算法[25]。假定图 $\mathcal{G}(V,E)$ 存在一个最小割,使图被分为两个互斥子集 A 和 B,可表示为

$$cut(A,B)=\sum_{i\in A,j\in B}w(i,j) \tag{9.2}$$

通常来说,通过拆分数据来最小化式(9.2)要相对简单。然而,实际应用中往往得不到令人满意的划分。为了避免一些异常的划分,Shi 改写了割函数,对其增加了一些限制,例如子集的

大小。通过这些限制对割的代价函数进行正则化,得出正则化割,即 Ncut,表达式为

$$Ncut(A,B)=\frac{cut(A,B)}{vol(A)}+\frac{cut(A,B)}{vol(B)} \tag{9.3}$$

其中,$vol(A)=\sum_{i\in A,j\in V}w(i,j)$ 表示子集 A 的大小,蕴含了 A 中的顶点和整个图中顶点的关系。可以用特征值系统求式(9.3)的最小化的近似解[25]。利用 Ncut 算法可以将图像分割为若干区域,具体步骤如下:

(1)将图像映射成带权重的图 $\mathcal{G}(V,E)$,像素为图的顶点,像素相似度为图的边;

(2)构建仿射矩阵 $\boldsymbol{W}$ 和度矩阵 $\boldsymbol{D}$;

(3)用第二小的特征向量求解广义特征值系统;

(4)用特征向量对图进行划分;

(5)检测稳定性,若有必要,重复划分各部分。

图 9.6 为 Ncut 算法分割图像示例。原始图像如图(a)所示。由于 Ncut 分割是无监督的,所以没有用户输入的标注。图像映射成的图如图(b)所示,虚线代表对图的划分。图(c)展示了 $n=2$ 和 $n=10$ 的结果,可见原图像被分割为若干区域。

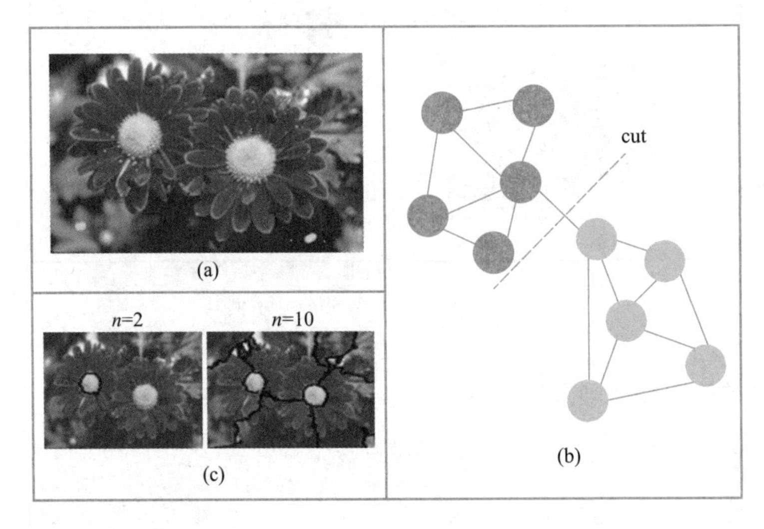

图 9.6 Ncut 算法分割图像示例

二、均值漂移分析算法

均值漂移(mean shift)分析算法由 Fukunaga 提出[27],是一个非参数的迭代过程,用于寻找局部样本表示的密度函数模式,随后被 Cheng 引入图像分析中[28]。具体而言,均值漂移通过查找局部密度峰值来估计相似像素点的局部密度梯度。现已证明,对静止样本和演化样本,均值漂移过程都是二次有界的最大化问题[29]。Comaniciu 和 Meer 将该算法引入彩色图像处理的应用中[30]。

给定 d 维空间中的 n 个数据点 $\{\boldsymbol{x}_i\}$,核函数为 $\mathcal{K}(\boldsymbol{x})$ 的多变量核估计定义为

$$\hat{f}=\frac{1}{n}\sum_{i=1}^{n}\mathcal{K}_{H}(\boldsymbol{x}-\boldsymbol{x}_{i}) \tag{9.4}$$

对于 $H=h^2I$ 的情况,径向对称核函数可被改写为

$$\hat{f}=\frac{1}{n\,h^{d}}\sum_{i=1}^{n}\mathcal{K}\left(\frac{\boldsymbol{x}-\boldsymbol{x}_{i}}{h}\right) \tag{9.5}$$

计算式(9.5)的梯度,根据代数知识,均值漂移向量可写为

$$\boldsymbol{m}(\boldsymbol{x})=C\frac{\nabla\hat{f}(\boldsymbol{x})}{\hat{f}(\boldsymbol{x})} \tag{9.6}$$

其中,C 为一个正的常数,且

$$\boldsymbol{m}(\boldsymbol{x})=\frac{\sum_{i=1}^{n}\boldsymbol{x}_{i}g\left(\left\|\frac{\boldsymbol{x}-\boldsymbol{x}_{i}}{h}\right\|^{2}\right)}{\sum_{i=1}^{n}g\left(\left\|\frac{\boldsymbol{x}-\boldsymbol{x}_{i}}{h}\right\|^{2}\right)}-\boldsymbol{x} \tag{9.7}$$

其中,$g(\boldsymbol{x})$ 是核函数 $\mathcal{K}(\boldsymbol{x})$ 的导数。

一般地,核函数 $\mathcal{K}(\boldsymbol{x})$ 通常可以分解为两个径向对称核函数之积,这两个核函数分别对应空间域和色彩域。对一张静态图像,均值漂移分割算法[31]步骤如下:

(1) 对输入图像进行均值漂移滤波,直至其收敛;

(2) 计算空间和色彩的核函数带宽,将在带宽范围内的点分为一组;

(3) 给每组分配标签;

(4) 删去包含较少像素的组。

图 9.7 为均值漂移算法分割示例。原始图像如图(a)所示。图(b)展示了不同带宽的分割结果。随着该带宽的增加,每组将包含更多的像素,对应的分割区域也更大。与上述的谱聚类算法一样,均值漂移方法也是一种无监督的算法。

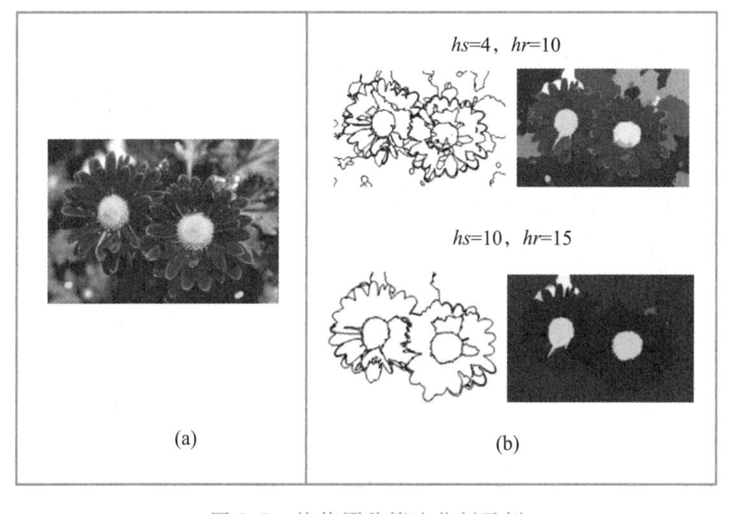

图 9.7 均值漂移算法分割示例

9.2.3 协同分割方法

协同分割方法是一种特殊的弱监督分割方法，基于图像组包含类别相同的目标这一先验信息来提取出目标区域，而无须额外的像素级或图像级标注信息。如图9.8所示的例子，给定两幅包含相同类别目标的图片，协同分割基于类别的共现性同时分割出两幅图像中的同一类别目标。目前，协同分割面临的问题有模型构建及优化、局部区域前景一致性衡量、特殊应用下的协同分割以及中高层语义下的共同目标信息的挖掘等。

图9.8 协同分割示例

2006年，Rother首次提出协同分割任务[32]。在以后的数年中，研究者提出了一系列协同分割方法从一组图像中提取单个或多个类别的共同目标，如基于马尔可夫随机场(MRF)的协同分割方法[32-36]、基于判别聚类的协同分割方法[37-38]、基于热扩散的协同分割方法[39-40]以及基于随机游走的协同分割方法[41]等。在上述方法中，基于马尔可夫随机场的协同分割方法被广泛用于协同分割问题中。为了实现共同目标的提取，该方法在传统的马尔可夫分割模型基础上引入前景的一致性约束，使得分割结果不仅具有单幅图像分割的前景和背景的可判别性，还保持了不同图像间的前景区域的一致性。相应的能量函数可以归纳为

$$E_M = E_U + E_P + E_G \tag{9.8}$$

其中，E_U和E_P为传统马尔可夫随机场模型中能量函数的一元项和二元项，用于衡量预测像素标签分别与前景和背景先验及邻近像素标签的一致性。E_G为描述图像组前景一致的全局项，用于约束前景标签对应特征的一致性。最终的分割问题则是能量函数的最小化问题。

现有的协同分割方法可以分为以下几类。

(1) 基于底层特征的协同分割：利用底层特征，如颜色和区域一致性衡量方法构建协同分

割模型,从图像中提取出拥有相同底层特征的共同目标区域。

(2) 基于中层语义特征的协同分割:利用显著性和对象轮廓形状等中层语义信息构建协同分割模型,从图像中提取拥有相同中层特征的共同目标区域。

(3) 基于自适应共同特征学习的协同分割:针对实际图像组中目标的共同特征未知的问题,自适应学习共有特征属性,构建图像组的前景模型。

目前协同分割已经成为多媒体应用和计算机视觉应用的重要基础。由于协同分割中信息量的相对匮乏,如何挖掘图像组间的更详细和更局部的目标信息是协同分割未来研究的一个重要方向,同时基于中高层语义的协同分割依旧是一个具有重要意义和挑战的研究课题。

9.3 深度学习图像分割方法

基于深度学习的图像分割方法分为两个阶段:特征提取阶段和类别预测阶段。特征提取阶段通过卷积神经网络提取输入图像的像素特征,类别预测阶段依据特征对像素进行分类,进而获取分割结果。下面介绍强监督深度学习图像分割方法,即图像语义分割、图像实例分割、图像全景分割和多模态图像分割。

9.3.1 图像语义分割

一、FCNs

全卷积语义分割神经网络(fully convolutional networks for semantic segmentation,FCNs)[42]是早期提出的一种深度学习语义分割网络。语义分割中的局部信息能解决定位问题而全局信息能解决语义问题,这使得语义与定位问题的解决需要得到协调。Long 等人考虑了如何从定位到语义以及使得局部决策配合全局结构的问题,从而设计了 FCNs。CNN 分类网络能够有效理解图像的全局信息,故 FCNs 的网络设计思路是通过更新预训练分类器的权值,实现像素级的分类预测。同时网络中的浅层特征包含丰富的图像边缘纹理信息,故 FCNs 通过融合深层与浅层特征增加模型对图像局部与全局信息的协调与理解能力。

FCNs 对图像处理的过程分为以下三步,其流程图如图 9.9 所示:

(1) 将图像输入一个去除全连接分类头的 CNN 分类网络,得到一个尺寸为原始图片 1/32 大小的特征谱;

(2) 将特征谱输入到若干卷积层,尺寸保持不变;

(3) 将特征谱进行上采样,并与分类网络中相同尺寸的中间特征谱进行融合,得到对输入图像的像素级语义预测。

图像通过分类网络得到的高层特征能够很好地理解图片抽象的、全局的信息,有利于分类。而浅层信息包含边缘纹理等细节,有利于定位。将浅层特征通过相加的方式与深层特征融合能较好地协调局部与全局信息,如图 9.10 所示。

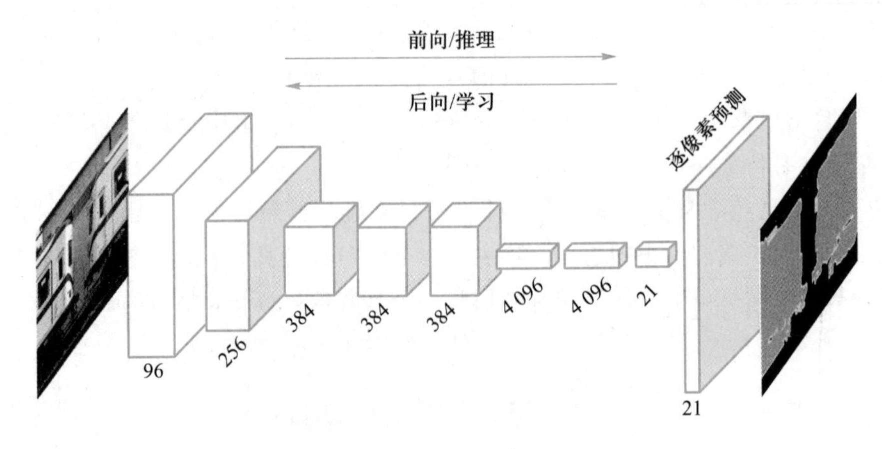

图 9.9 FCNs 流程图

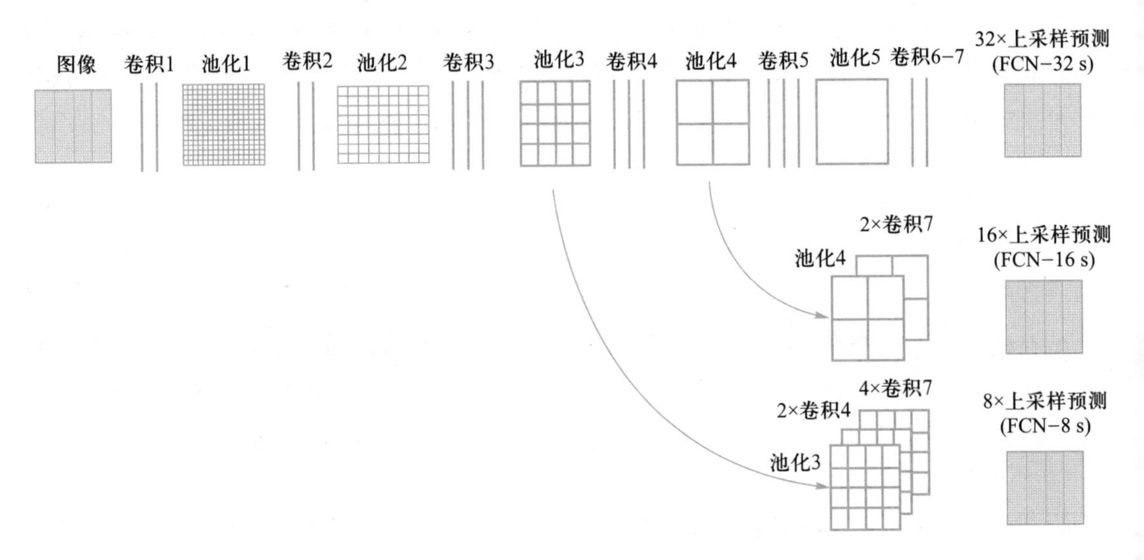

图 9.10 不同缩放倍数的特征谱

作为语义分割里程碑式的经典设计，FCNs 首次实现了端到端的语义分割。由于不使用全连接层，故输入图像的尺寸不受限制。FCNs 的推理速度也较快，FCN-8s 只需 0.175 s 就可以输出一张图像的语义分割结果。然而，FCNs 的上采样操作使得恢复出来的特征谱不够精细，再者，逐像素的分类缺少对像素间关系的考虑。

二、DeconvNet

顾名思义，该网络设计的关注重点在反卷积，反卷积也是深度学习语义分割任务早期的工作之一。FCNs 没有充分利用全局与局部信息，对于尺寸过大或过小的目标的分割效果欠佳，需要借助条件随机场进行后处理。为了更好地对应于卷积、池化的反操作设计解码器，Noh 等人提出了反池化操作与反卷积语义分割网络（DeconvNet）[43]。该网络包含卷积网络和反卷积网络。反卷积语义分割网络涉及的操作包括反卷积和反池化,详细操作如图 9.11 所示。

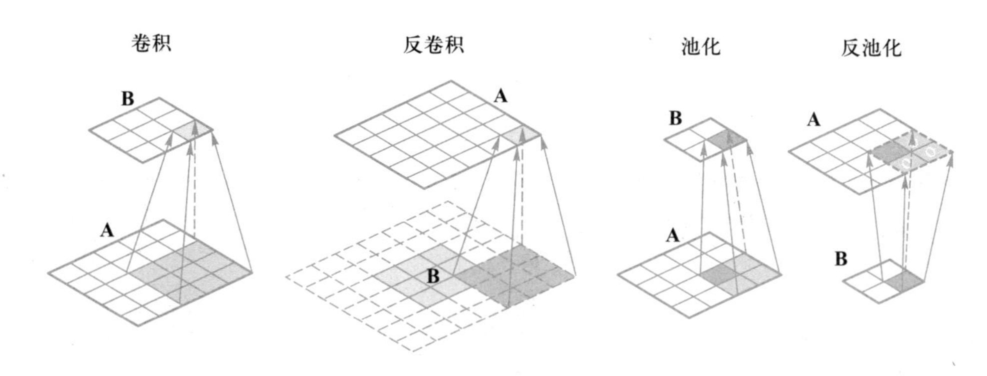

图 9.11 反卷积和反池化详细操作

相对于卷积的一个区域转化为一个值,反卷积是将一个值转换为一个区域。反卷积操作的具体过程如图 9.12 所示,对于一个 2×2 的区域,我们期望通过反卷积生成一个 4×4 的输出,具体的操作方式是对 2×2 的区域进行 2×2 的 padding 操作,从而得到 6×6 的数据。然后在 6×6 的数据的基础上,以 1 为步长,进行 3×3 的卷积,最终能够生成 4×4 的输出,即实现了一个 2×2 的输入到 4×4 输出的反卷积。而反池化操作是在池化操作的过程中,不仅输出池化值,同时记录下最大值的位置,从而在反池化的时候将该值扩展为一个 2×2 的输出,其中该值放在池化前对应的位置上。

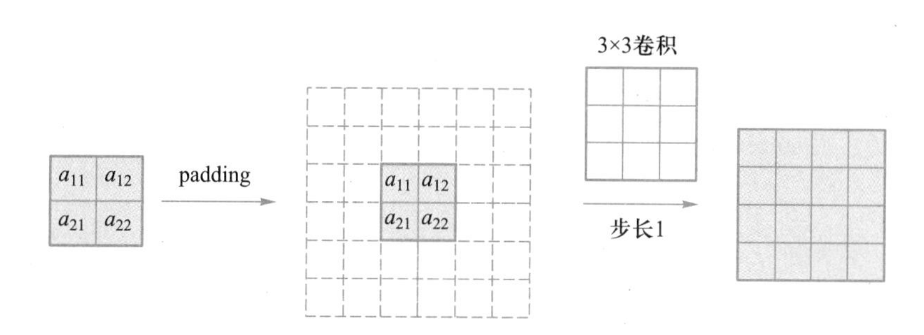

图 9.12 反卷积操作的具体过程

由于卷积与池化是不可逆的运算,故反卷积与反池化只能保证在尺寸上对特征谱进行恢复。该网络的设计重点在于解码器,其编码器仅采用了经典的 VGG[44] 的主干网络,使得 DeconvNet 中含有全连接层,其对图像的处理过程如下:

(1) 将图像送入 VGG 主干网络进行编码,输入的图像最终转化为一个 1×1 的特征,在池化层记录选出像素在原特征谱上的位置;

(2) 将主干网络输出展平后通过全连接层调整特征谱尺寸,再调整其形状,作为解码器输入;

(3) 解码器对输入交替进行若干次反池化与反卷积,实现像素级的分类。

图9.13表示了对于图9.13(a)的反卷积结果,即随着多次反卷积,输出由粗糙到精细的过程。可以看出,最终的输出谱的激活区域越来越集中于自行车这一类。反卷积语义分割网络在PASCAL VOC 2012的测试集中平均的 *IoU* 为71%,与CRF后处理结合,可以进一步提升分割精度到72.5%。反卷积语义分割网络的优点是结合CRF之后分割精度较FCNs有大幅提升,缺点是反卷积网络较难融入多尺度信息,同时速度较FCNs有所下降。

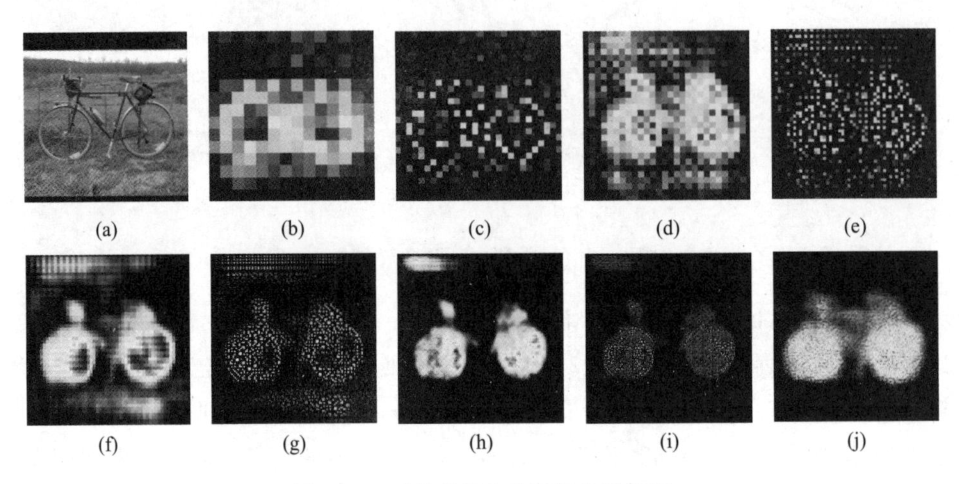

图9.13 反卷积网络的可视化激活图

三、U-Net

U-Net[45]最早应用于医学影像分割。在U-Net之前,分割网络为了能够定位目标位置,通过划分Patch区域训练网络。但Patch区域交叠产生了冗余的计算,在选择Patch大小时,很难兼顾定位精度与上下文信息的获取。Patch过大会影响定位准确性,Patch过小会导致上下文信息的丢失。Ronneberger等人参照FCNs的设计风格,设计了更加高效准确的分割方法U-Net。

U-Net的得名来源于其类似字母"U"形状的网络结构,如图9.14所示。网络结构的左侧是编码过程,主要由一系列3×3卷积构成;右侧是解码过程,主要由一系列2×2反卷积构成;中间是"级联-卷积"的融合过程,即将两个尺寸相同的特征谱在通道维度上拼接,再通过卷积将通道数减半。U-Net对图像的处理过程类似于FCNs,主要有编码、解码和特征融合等关键步骤:图像先通过"U"的左侧的一系列卷积层结构,得到尺寸较小、通道数较多的高层的语义特征;"U"右侧的特征谱与左侧尺寸相同的特征谱按"级联-卷积"的方式融合后再进行反卷积,"U"右侧的反卷积按与左侧相反的设定对右侧特征谱进行尺寸扩大。

在结构上,U-Net相较FCNs重新设计了高层与低层特征融合的方式,这种融合方式能够使得网络自适应地权衡高、低层特征的重要程度。FCNs中的"相加"融合可以看作是"级联-卷积"方式中卷积核参数固定的情况。另外,针对医学影像数据难以获得的问题,U-Net提出了一种针对医学应用场景的数据增广方式,减少了网络所需的数据量。U-Net适合于数据量较少且分割种类较少的任务,也能够应用在多模态任务上。该方法继承了FCNs的结构特

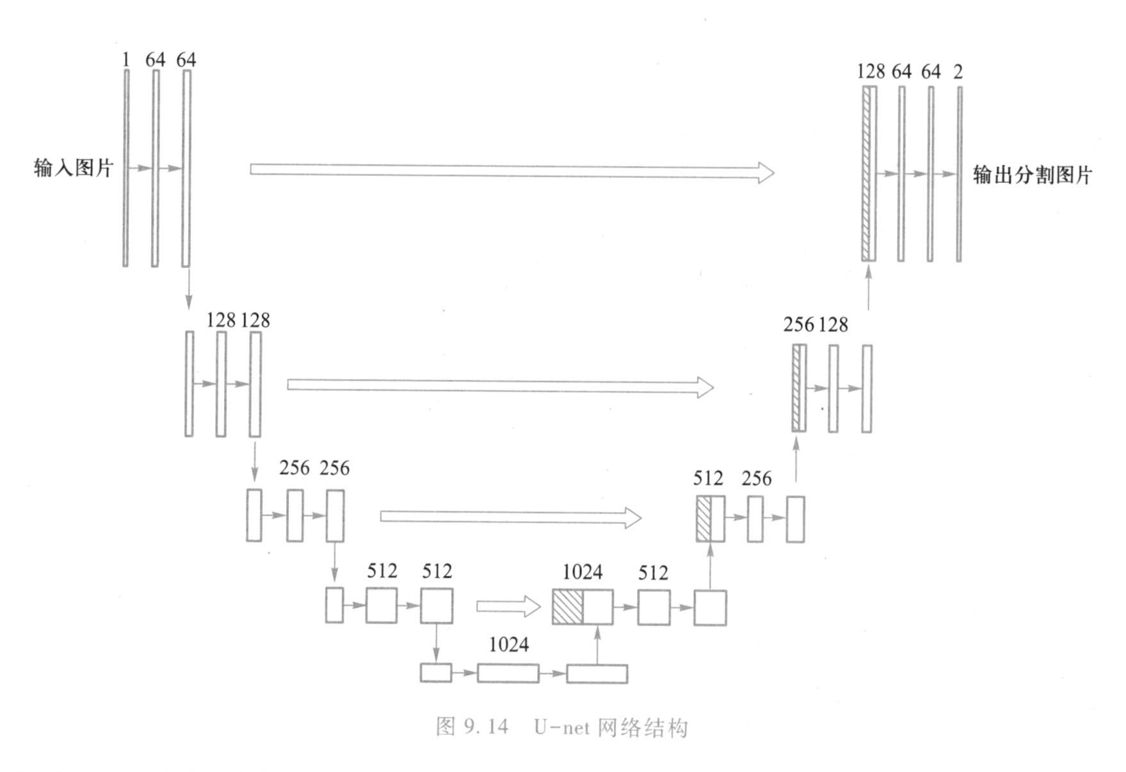

图 9.14 U-net 网络结构

点，与 FCNs 类似，能够兼顾网络高、低层特征信息，且对特征谱尺寸恢复较 FCNs 相比更加先进。

四、SegNet

上述的 FCN 与 U-Net 需要保存编码器计算过程中的中间特征用于后续的融合操作。而且网络中池化操作的直接使用会使得特征谱的分辨率变低，不利于纹理与边缘的理解。故 Badrinarayanan 等人基于 VGG16 网络，参考 DeconvNet 的反池化操作，设计了 SegNet[46]。SegNet 对图像的分割过程如图 9.15 所示。

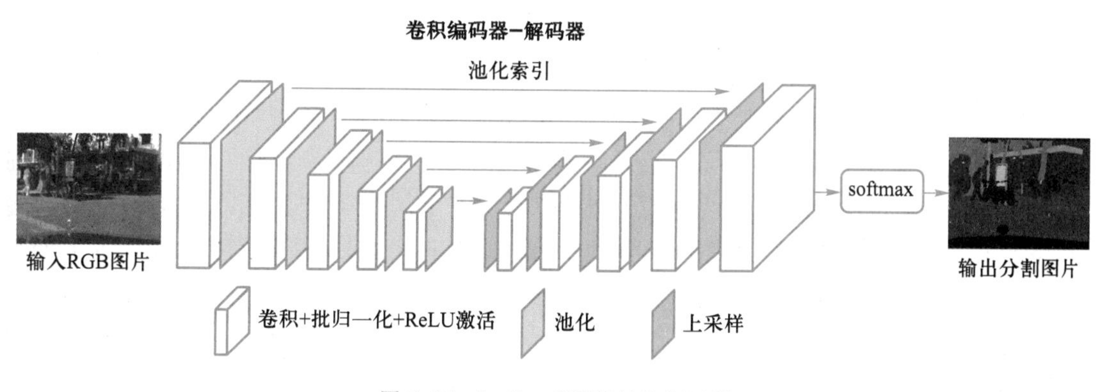

图 9.15 SegNet 对图像的分割过程

由此流程可知,SegNet 首先将图片送入 VGG16 前 13 层的结构进行编码,在池化层记录选出像素在原特征谱上的位置;然后,经过若干次反池化与卷积的交替操作后,对最终恢复到原始图像尺寸的特征谱进行逐像素分类。可以看出,SegNet 不需要保存编码过程中的特征谱,使得网络的内存消耗更少,其解码方式不像 FCNs 和 U-Net 利用低层特征与高层特征进行线性运算,而是采用反池化,利用池化索引的坐标图恢复稀疏的特征谱。

SegNet 相对 FCNs 和 U-Net 方法而言,其存储的中间过程的数据量有了明显的减少,减轻了运行设备的内存负担,模型尺寸较 FCNs 也更小。利用池化索引的坐标图恢复尺寸,一方面使得解码后的图片能一定程度上保留原始图片的空间信息,另一方面能够引入非线性运算使得模型的表征能力进一步增强。相较于 DeconvNet,SegNet 将反卷积操作替换为一般的卷积层,同时去掉了其中的全连接层,使得网络实现全卷积设计。

五、PSPNet

复杂场景下的场景解析任务一直是一个较为困难的任务,大多数的方法往往会存在一些问题,例如上下文关系的不匹配、相似类别的混淆和小目标的遗漏等。针对上述问题,研究人员提出了 PSPNet[47],其创新点在于提出的空间金字塔池化模块。该模块包含四种不同的池化尺度,使得网络能够在像素层面聚合不同大小区域的上下文信息获取全局的上下文信息,进而提高网络对于复杂场景的解析能力。PSPNet 的网络结构如图 9.16 所示。

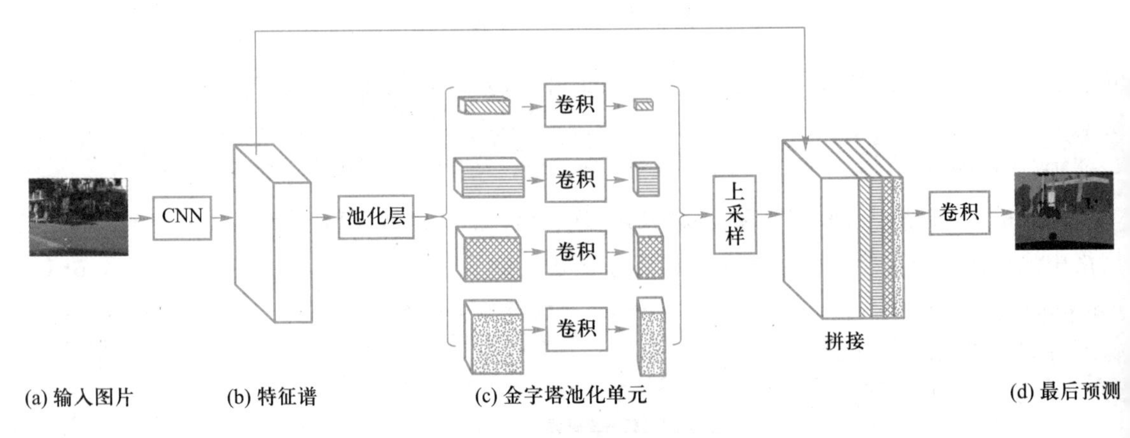

图 9.16 PSPNet 的网络结构

具体来说,PSPNet 网络采用经过预训练的 ResNet101[48] 作为主干网络提取输入图片特征,输出相应的特征谱。该特征谱一方面直接与上采样后的特征谱在通道维度上拼接,另一方面则会经过一个尺度自适应的池化层,该池化层按照设置的尺度参数对特征谱进行池化操作,并输出相应尺度大小的特征谱。PSPNet 网络对尺度自适应的池化层设定了 1×1、2×2、3×3、6×6 四个输出尺度。其中,1×1 的输出尺度对应全局池化操作,能够提供全局的上下文先验,其他三种输出尺度则能够提供多层次的上下文先验。四个尺度的特征谱分别经过四个不同卷积层调整通道数,之后经过上采样统一特征谱的尺寸并与原特征谱沿通道维度拼接起来,进而得到既包含高层语义信息,又包含全局和多尺度上下文关系的特征谱。最后,经过一个卷积层进行像素标签预测,实现语义分割。

PSPNet 除了在尾端采用交叉熵作为主损失函数外,还额外在 ResNet101 主干网络的中间层上添加了一个辅助损失用于解决深层神经网络在训练时梯度传播困难的问题。两个损失共同监督网络训练、优化参数,有利于网络的快速收敛。得益于金字塔池化模块对多尺度特征和上下文关系的处理,PSPNet 在复杂场景解析任务上取得了优异性能,并在 2016 年 ImageNet 场景分析挑战赛、PASCAL VOC 2012 数据集和 Cityscapes 数据集中性能排名第一。

六、RefineNet

深度卷积神经网络往往会使用连续的卷积和池化层提取特征,这种设计会导致特征谱分辨率的降低,从而丢失图像的浅层次细节信息。针对这一问题,Lin 等人设计了一个能够实现高精度预测的网络结构 RefineNet[49],并将其应用于语义分割任务中。该方法认为所有层次的特征都有助于提升语义分割结果:深层语义特征有助于目标识别,浅层视觉特征有助于生成精细的边缘预测结果。RefineNet 是一个通用的多路径优化网络,不仅保留了下采样过程中所有层次的特征信息,而且利用长短距离残差连接优化训练过程,进而得到高精度预测结果。

如图 9.17 所示,该方法以 ResNet101 作为特征提取网络,将 ResNet101 中间层产生的尺寸为原图像 1/4、1/8、1/16、1/32 四种层次的特征谱提取出来,输入到之后的 RefineNet 中。四种层次的特征谱首先分别通过四个残差卷积单元(residual convolution unit,RCU)进行特征处理后,再经过一个多尺度融合模块聚合特征信息,最后经过一个链式残差池化(chained residual pooling,CRP)模块,得到尺寸为原图 1/4 大小的特征谱。

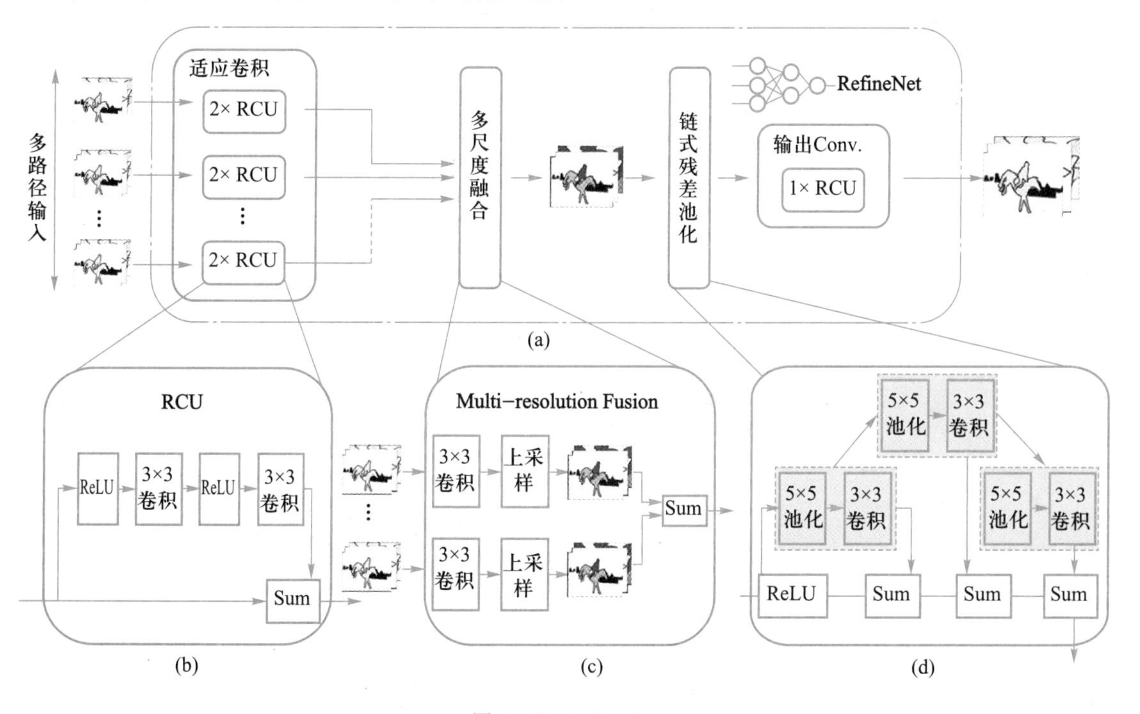

图 9.17 RefineNet

RefineNet 的特点是采用了大量的残差连接，例如图 9.17 中的图(b)所示残差卷积单元和图(d)所示链式残差池化模块。将这两个结构称为短距离(short-range)残差连接，并将特征提取网络 ResNet101 中的残差连接称为长距离(long-range)残差连接。该方法强调这一设计可以使梯度直接传播到低层的卷积层，并能够端到端地训练网络中的各个组成部分，从而促进网络训练收敛。

RefineNet 的优点在于充分利用了特征提取网络在下采样过程中的所有信息。网络提取的高层语义特征可以直接与浅层细节特征融合，即将语义信息特征与边界细节特征融合。这样在保留高层语义信息的同时还维持了较大尺寸的特征谱，实现了高分辨率的预测。此外，输入的特征谱可以仅有一个尺度，也可以是多尺度，具有灵活性和通用性。

七、DeepLab

在实际场景下拍摄的图像会存在多尺度目标，其中小目标往往难以被网络感知。卷积神经网络能够有效地提取高层语义信息，但是对于底层信息例如边缘等细节信息却难以保留。针对上述问题，Chen 等人提出了 DeepLab 系列网络[50-53]，设计思路主要是围绕着提升特征谱分辨率和融合更多的尺度特征信息。

DeepLab v1[50] 的创新点是空洞卷积核(atrous convolution kernel)与全连接条件随机场(conditional random fields, CRF)，其网络结构如图 9.18 所示。空洞卷积核的使用可以在不增加参数量的前提下显著增大感受野，缓解池化所造成的空间信息损失以及使得模型能够获取大范围上下文关系。全连接条件随机场利用了像素标签之间的概率关系来进一步优化预测结果。具体来说，该方法将像素作为节点，利用二元势函数刻画像素间的相似度关系并作为边，构成一个条件随机场。相似度高的像素更趋向于分配相同的分类标签，而相似度低的像素则更趋向于分配不同的分类标签，从而优化预测结果。

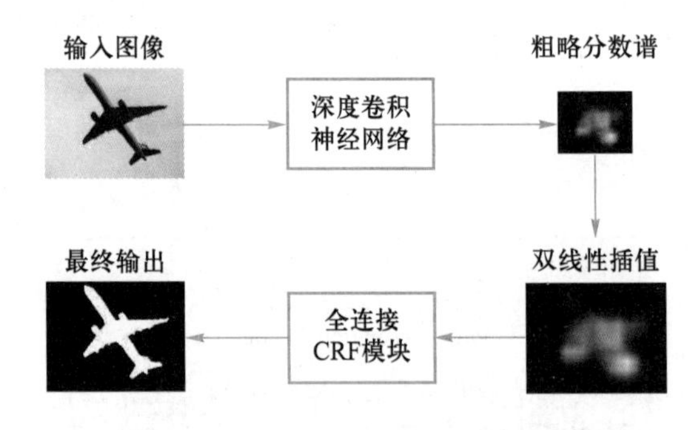

图 9.18 DeepLab v1 的网络结构

如图 9.19 所示，在 DeepLab v1 的基础上，DeepLab v2 网络[51]设计了空洞空间金字塔池化模块(atrous spatial pyramid pooling, ASPP)。该模块通过使用不同扩张率的空洞卷积对同一张图像进行采样从而得到多尺度特征表达。空洞卷积本身可以增大感受野，而多个不同扩张率的并行空洞卷积则可以进一步增大感受野，获得多个层次的特征和上下文关系，从而对过大和过小目标有更好的分割结果。此外，DeepLab v2 采用 ResNet 作为主干网络，保留了全连接条件随机场。

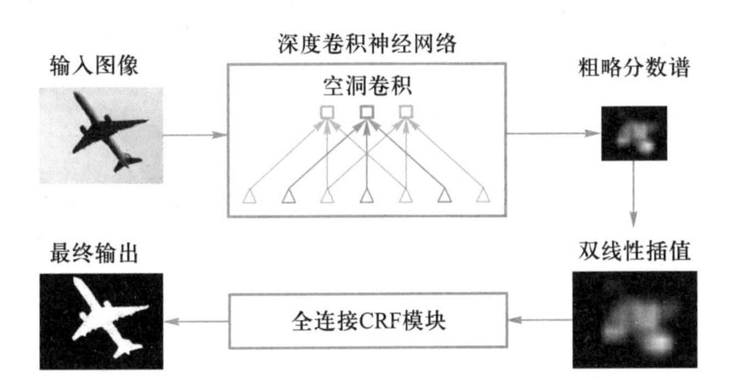

图 9.19 DeepLab v2 的网络结构

DeepLab v3[52]在 ResNet 主干网络中添加了级联的空洞卷积模块用以提取长距离的特征信息。此外,该模型在原有的 ASPP 模块中加入了批量归一化层(batch normalization,BN),并将 ASPP 得到的多尺度特征与全局池化得到的特征进行融合,在有效避免空洞卷积退化问题的同时增加了全局上下文信息。最后,网络去除了全连接条件随机场,提高了推理速度。DeepLab v3 的网络结构如图 9.20 所示。

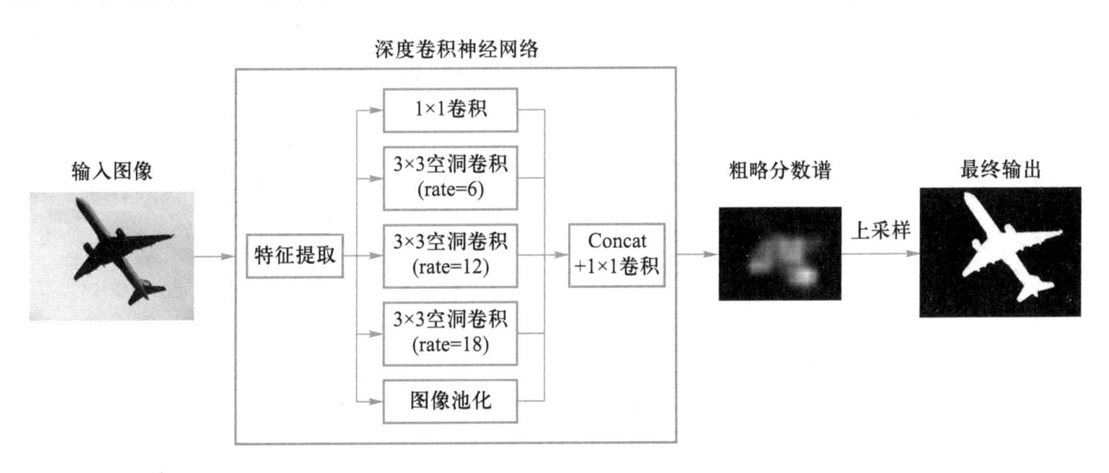

图 9.20 DeepLab v3 的网络结构

DeepLab v3+网络[53]使用了编码器-解码器的网络框架。具体来说,将原本 DeepLab v3 的整体结构作为编码器,同时设计了一个简单轻量的解码器,用于浅层特征与深层特征的融合,提升分割轮廓的准确性。此外,DeepLab v3+还借鉴了 Xception 模型[54]中的深度可分离卷积(depthwise separable convolution,DSC)应用于解码器结构中;同时还与空洞卷积相结合,设计出了空洞可分离卷积(atrous separable convolution)应用于 ASPP 模块中。DeepLab v3+的网络结构如图 9.21 所示。该方法通过控制空洞卷积的扩张率来改变编码器提取特征的分辨率,实现了对精度和速度的可控性。

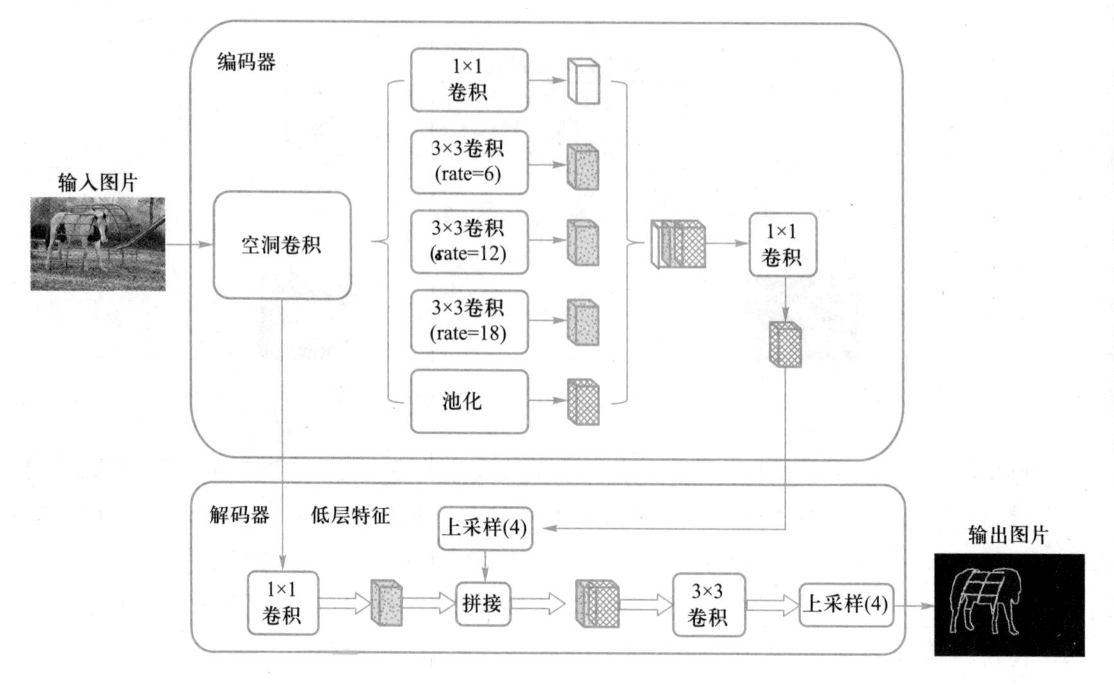

图 9.21 DeepLab v3+的网络结构

9.3.2 图像实例分割

相比于图像语义分割,图像实例分割(instance segmentation)是一项更具有挑战性的任务,它在语义分割的基础上进一步将同类的不同个体进行了区分,并将各个目标进行像素级分割。现有的实例分割主流方法分为两种:一种为基于目标检测的实例分割方法;另一种为基于语义分割的实例分割方法。基于目标检测的实例分割方法建立在目标检测框架的基础上,该类方法首先提取每个实例目标的候选区域,然后对候选区域中的实例目标进行分割;基于语义分割的实例分割方法首先对图像中的不同区域进行特征提取,并度量特征之间的相似度,然后捕捉图像中的聚类中心并基于聚类中心进行像素聚类,得到不同实例的分割区域。

一、基于目标检测的实例分割方法

基于目标检测的实例分割方法一般建立在目标检测框架的基础上,主要流程为首先经过目标检测网络区分图像中的不同目标并提取各目标的候选区域,然后再对候选区域进行实例目标分割。而目前目标检测领域中,广泛使用的方法为基于候选区域的卷积神经网络算法 R-CNN[55] 及其变种 Fast R-CNN[56]、Faster R-CNN[57] 和 Cascade R-CNN[58] 等。目标检测实例分割性能很大程度上受到候选框预测质量的限制。

早期的基于目标检测的实例分割方法如 InstanceFCN[59]、FCIS[60] 等,是通过滑窗的方式判断每个滑窗中存在目标的概率,并对置信度高的滑窗进行进一步的分割。然而基于滑窗的检测

框架运行缓慢且对目标的定位准确度低,因此上述方法的性能并不理想。由 He 等人[61]提出的掩码区域卷积神经网络(Mask R-CNN)是典型的基于目标检测的实例分割算法,如图 9.22 所示。Mask R-CNN 通过灵活且简洁的网络结构设计获得了显著的性能提升。该算法在 Faster R-CNN 网络的基础上加入一个与检测并行的分割分支,通过原有的检测分支生成目标的分类和定位信息,并通过分割分支进一步在检测框中进行像素级分割。

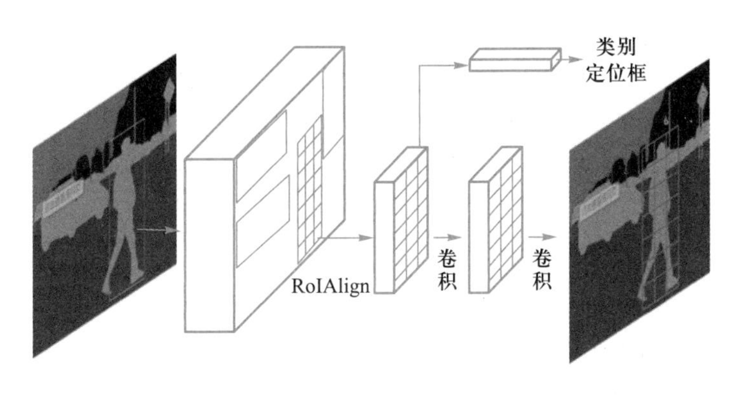

图 9.22 Mask R-CNN

Mask R-CNN 的设计思路是设计独立并行的分割分支与检测分支,并为每类目标都进行一次分割预测,这样可以避免不同类别的实例对象之间的竞争。具体来说,分割预测分支使用 FCN 网络对候选区域中的内容进行像素级分类预测。不同于语义分割中像素级的多类别预测,Mask R-CNN 的分割分支不进行具体类别的预测,而是更加专注于对目标区域的提取。因此将分割和分类任务进行解耦,有利于网络在单一任务中获得更好的性能。同时,Mask R-CNN 是一个多任务网络,实现了对图像中各个目标同时进行分类、定位和分割。多任务的并行学习相互促进,实现了对检测任务性能的进一步提升。

在 Faster R-CNN 网络中,对于每一个候选区域采用 RoI Pooling 方法提取特征,将不同大小的候选区域池化为固定大小的特征谱,以便后续进行并行的针对分割任务的候选区域特征提取和针对检测任务进一步的分类和定位预测操作。而在 RoI Pooling 过程中包含两次量化操作:① 在截取候选框对应特征谱的过程中将候选框的浮点坐标量化为对应原特征谱的整数坐标;② 在池化的过程中将不同大小的特征谱缩放到固定大小时对特征谱的每个位置的特征映射再次做了量化。经过两次量化操作后的特征谱的坐标发生了一定的偏移,对于分割任务来说,此位置偏移造成的分割性能下降是不可忽略的。

针对在 Faster R-CNN 网络中 RoI Pooling 方法造成的量化误差,Mask R-CNN 进一步提出了候选区域像素级对齐模块 RoI Align。该模块采用了双线性插值的思想,在 RoI Pooling 的两次量化过程中都保留了原来的浮点数,而在池化操作提取对应区域特征谱的过程中,通过插值计算,获得了更加对齐的区域特征谱,因此进一步提升了分割的准确性。从另一个角度看,Mask R-CNN 方法将实例分割任务解耦为目标的定位、分类、分割三个子任务,将三个子任务通过三个并行的分支来完成,避免了不同任务在网络训练过程中的冲突,同时能够使不同任务之间相互促进,从而获得了更好的分割性能。

二、基于语义分割的实例分割方法

基于语义分割的实例分割方法通常在语义分割结果上进行处理。首先得到不同目标的类别标签和增强的特征表示,然后根据一定的方法获取像素级特征之间的关系,并将关联性高的像素聚类为对应的实例目标。基于分割的方法依赖于语义分割的性能以及不同目标的聚类中心的准确度,其主要关注如何将语义分割后的像素聚合到对应的实例目标中。此类方法缺少对不同目标的定位过程,因此分割性能与基于目标检测的实例分割方法有所差距。同时,基于聚类的方法对目标的边缘信息也不敏感,因此更多的方法偏向于通过区分目标边缘来获得更准确的分割结果。

1. DWT

在传统的图像分割方法中,分水岭方法是一种经典的图像区域分割方法。在分水岭方法中,首先生成图像的能量谱。图像中显著目标的边缘区域的像素之间的差异较大,因此能量较高,而显著目标的中心区域以及非显著部分的像素差异较小,能量较低。因此,可以将不同区域的能量差异视为不同的海拔高度。基于以上思想,当水从海拔最低的位置逐渐上涨,对于不同区域在局部最高值处联通时,根据阈值设置“水坝”阻止区域联通。通过这样的方式不断地设置阻断“水坝”,直到水淹没最高点,从而得到了图像的区域分割边界。

如图9.23所示,基于上述的分水岭方法,Bai等人[65]提出了基于深度学习的分水岭变换方法(deep watershed transform,DWT)。该方法首先通过多尺度的特征谱融合实现对输入图像的语义分割,获得各类别目标的语义分割结果。然后对语义分割结果进行处理得到每个像素能量下降的单位方向向量,使用分水岭变换生成能量谱,其中实例目标被明确地表示为能量“盆地”区域。通过分水岭方法获得了更加准确的目标区域的边缘信息。

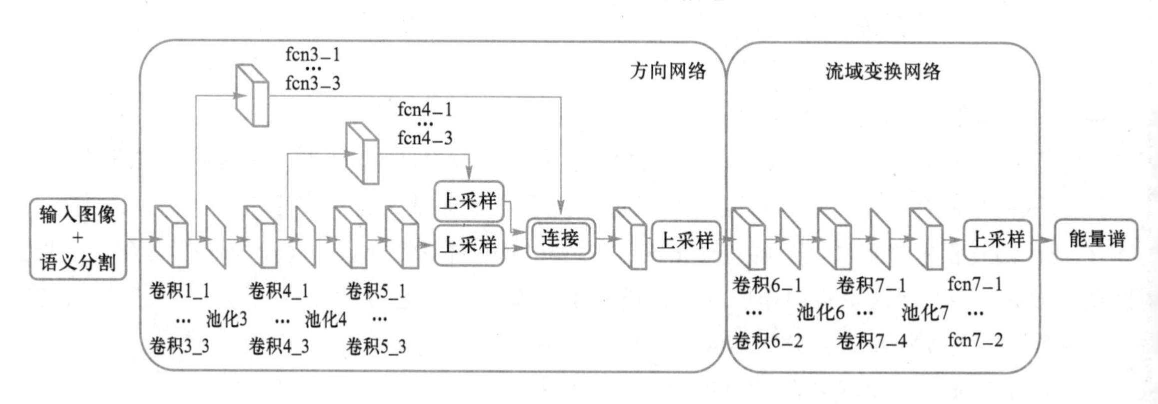

图9.23 DWT

Neven等人认为像素可以通过指向一个目标的中心点与该目标关联,可以通过获取像素指向实例目标的方向向量进行实例分割,所以提出了一个新的聚类损失函数用于无候选框的实例分割[66]。该损失函数将约束同一实例对象的像素指向围绕目标中心的最佳区域而不仅仅是中心点,这样能够减少边缘像素的损失函数值,最大限度地提高实例预测的 *IoU*。

2. SGN

在基于语义分割的实例分割方法中，由于在聚类的过程中更多地关注不同区域像素的特征相似度，忽略了对边缘信息的捕捉，因此对不同目标之间以及目标与背景之间的遮挡问题没有很好地解决。为了更准确地区分不同目标并解决遮挡目标的分割问题，Liu 等人提出了序列聚类网络(sequential grouping networks，SGN)[67]。该网络将实例分割分解为三个子任务，分别为基于不同方向的边缘断点预测网络、基于断点连接的部件生成网络以及部件融合网络。

SGN 具体的分割过程如图 9.24 所示。SGN 方法首先在水平和垂直方向上通过正向和反向的解码预测水平和垂直断点，对不同目标在两个方向上进行像素分组。将两个方向预测得到的断点进行连接，得到基于水平和垂直方向的分割图。然后将不同方向的分割图利用部件生成网络生成基于断点的分割部件。这些部件并不能作为最终的实例分割结果，由于目标可能被遮挡，不同部件可能属于同一个实例。因此 SGN 提出了部件融合网络，将属于同一个目标实例的不同部件进行聚合，赋予相同的实例标签，最终生成完整分割结果。

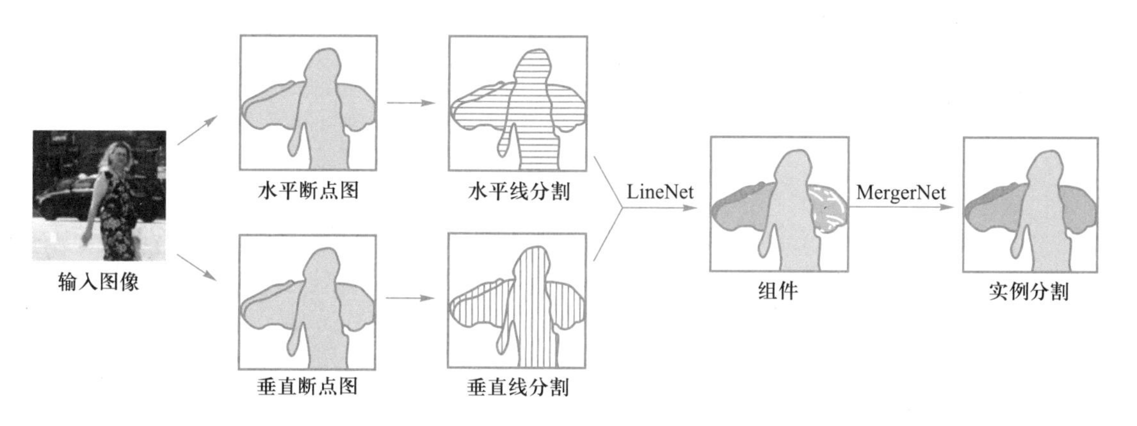

图 9.24 SGN 具体的分割过程

通过上述方法，网络基于不同目标之间边缘的断点实现了对目标各个部件的独立分割，并利用断点连线作为实例感知特征进行实例聚合，从而有效避免了由于遮挡导致的实例目标分割不准确的问题。

三、其他实例分割方法

一些实例分割方法既不属于基于目标检测的实例分割方法，也不属于基于语义分割的实例分割方法。下面对其中的一些代表性的工作进行介绍。

1. PolarMask

为了减少逐像素预测的冗余性和复杂性，Xie 等人提出了 PolarMask 方法[62]，将分割任务从一个全新的角度进行了建模。分割的过程不再是逐像素的分类预测，而是寻找目标的几何中心点，并基于中心点建立极坐标系，同时预测中心点到目标边缘的不同角度的射线的距离，其网络结构如图 9.25 所示。通过上述操作，PolarMask 方法将分割任务由像素分类问题转化为坐标点的回归问题。对每个目标，只需要预测少量轮廓像素的坐标点，就可实现对目标分割区域的预测，极大地简化了分割预测的过程，实现了快速的实例分割。

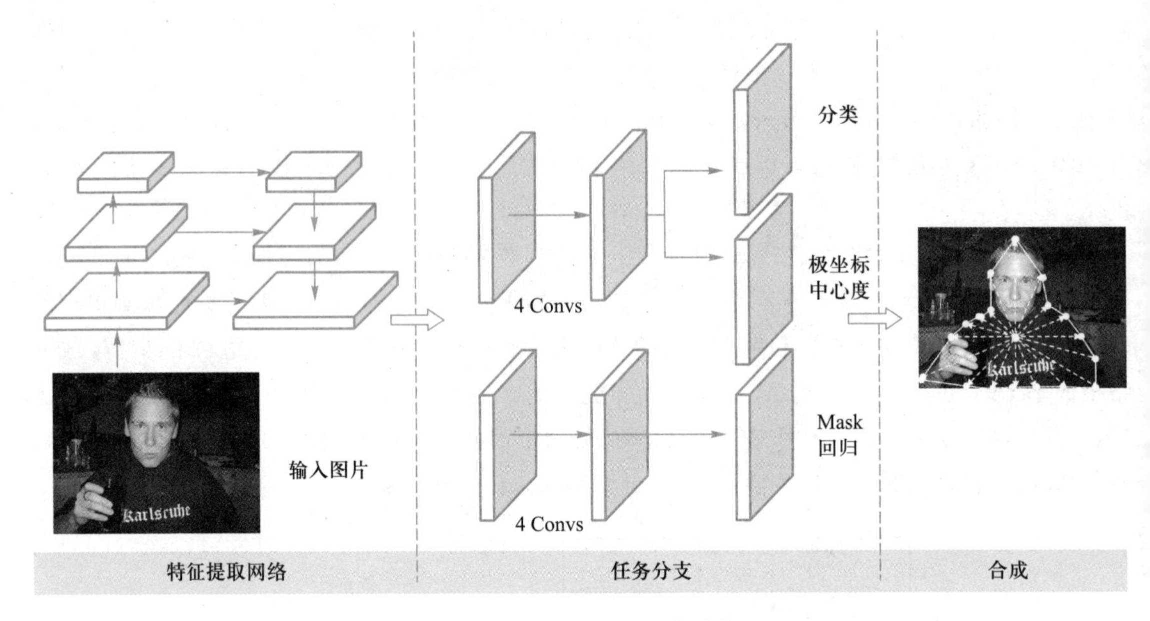

图 9.25 PolarMask 的网络结构

具体而言，如图 9.25 所示，PolarMask 首先预测图像特征图上的每一个像素的目标类别以及作为目标几何中心的置信度，同时预测每个像素到对应目标边缘的不同方向的距离偏移值。在训练过程中，为了能够获得更加准确的坐标位置预测，该方法进一步提出了 Polar IoU 损失

$$\mathcal{L}_{\text{Polar IoU}} = \log \frac{\sum_{i}^{n} \min(d_i, d_i^*)}{\sum_{i}^{n} \max(d_i, d_i^*)} \tag{9.9}$$

其中，d_i和d_i^*分别代表了目标几何中心到第 i 个边缘像素点的预测距离和真实距离。通过近似计算的方式得到预测的分割区域与 Ground Truth 之间的 IoU，用于约束不同方向的坐标点位置回归，从而获得更准确的分割预测。

PolarMask 将实例分割任务进行了简化，为高效的实例分割提供了新的思考方向，但依然存在一些不足，如对分割目标的形状比较敏感。由于 PolarMask 只预测目标的中心点和边缘的若干个坐标点，因此要求目标最好是凸形状。如果目标形状比较复杂，甚至中心点不在目标内，则导致预测结果相比 Ground Truth 会出现较大偏差。另一方面，由于 PolarMask 预测极坐标系固定方向的点，因此对图像的缩放和变形也很敏感。如果图像发生形变，不同方向的点之间的夹角会发生改变，也会对分割结果产生影响。

2. CondInst

在上述基于多阶段和单阶段目标检测网络的实例分割方法中，网络对于不同类别和不同属性的目标使用相同的卷积层参数进行分割预测，这不利于网络对不同属性目标的特征表达。为了在单阶段网络结构中实现提取不同目标的更有判别性的特征，Tian 等人提出了 CondInst 方法[63]，利用动态卷积对不同目标的特征动态地生成卷积网络的参数，并基于自适应的参数生成对应目标的分割图，其网络结构如图 9.26 所示。

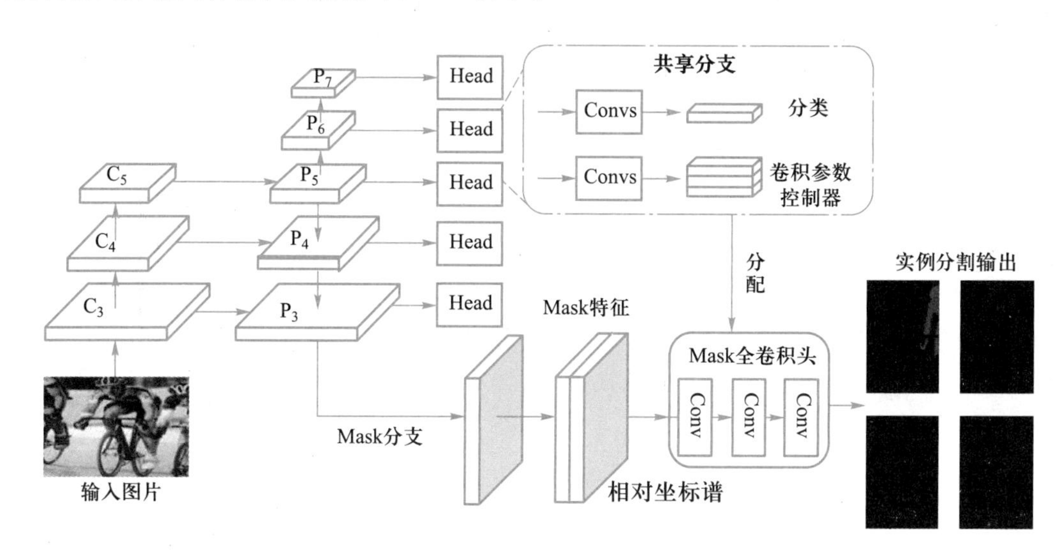

图 9.26 CondInst 的网络结构

具体地，CondInst 基于 Anchor-Free 目标检测网络 FCOS[64]，首先在图像特征谱上预测不同位置对于不同目标的分类分数，并同时预测该位置对应的卷积网络参数。然后对于分类置信度较高的位置，进行目标分割图的预测。网络基于相应位置生成的参数对图像特征图进行动态卷积，生成该位置对应的分割 mask。经过上述方法，网络不需要对每一个位置对应的分割图进行逐像素预测，而仅仅需要预测该位置的卷积参数，极大地减少了计算量。得益于动态卷积网络更强大的特征表示能力，CondInst 方法即使将特征谱通道数压缩到很低的数值，依然获得了较好的分割性能。

对于上述实例分割网络，我们对其方法思路、关键技术进行了汇总，如表 9.2 所示。表中把前面介绍的每一类实例分割的代表性算法进行了汇总对比，给出了每种算法的方法思路以及其中的关键技术。

表 9.2 实例分割汇总表

方法分类	代表算法	方法思路	关键技术
基于目标检测的实例分割方法	InstanceFCN	拓展 FCN 用于生成实例级候选区域（滑窗）	1. 基于不同位置的实例敏感分数谱 2. 实例聚合模块
	FCIS	拓展 InstanceFCN 的方法，将检测与分割联合运行，并利用检测网络提取候选区域	1. 位置感知的分数谱 2. 基于两阶段目标检测框架 Faster R-CNN

续表

方法分类	代表算法	方法思路	关键技术
基于目标检测的实例分割方法	Mask R-CNN	在两阶段目标检测网络的基础上加入独立并行的分割分支,独立进行每个目标的分割预测	1. RoI Align 2. 基于两阶段目标检测框架 Faster R-CNN
基于语义分割的实例分割方法	DWT	利用分水岭方法生成具有实例感知的能量谱,并得到不同目标之间的边缘信息	1. 基于语义分割的像素能量方向预测网络 2. DWT 变换
	SGN	从水平和垂直两个方向预测目标边界断点,根据断点生成目标部件	1. 基于不同方向的边缘断点预测 2. 基于断点的部件生成与融合
其他实例分割方法	PolarMask	将实例分割任务重新建模为目标中心点的预测,并通过中心点构建极坐标系,基于极坐标系预测不同方向的边缘点的位置信息	1. 将分割任务建模为目标中心点以及基于中心点的边缘位置的预测 2. 提出 PolarMask IoU Loss 用于约束极坐标中各边缘点的位置预测
	CondInst	利用动态卷积网络在单阶段目标检测网络框架上实现了高效且准确的实例分割	基于图像特征谱的不同位置的特征生成该位置对应的卷积网络的参数,更灵活地生成不同目标的分割结果

9.3.3 图像全景分割

全景分割(panoptic segmentation)是图像分割领域中的一个比较新的任务,可以看作是语义分割任务和实例分割任务的结合。全景分割是对前景目标进行实例分割而对背景进行语义分割,并将两种分割结果融合到同一分割结果中,使每个背景像素都有唯一的类别标签,每个前景像素都有唯一的类别标签和唯一的实例标签。在全景分割任务中,目标可以分为前景和背景两类。前景目标是可数的显著性目标,例如人、动物和交通工具等;而背景通常是无确定形状的,例如草地、天空、路面和建筑物等。相比于实例分割任务和语义分割任务,全景分割是一个更加困难的任务,主要难点在于在同一全景分割输出中如何处理像素标签预测冲突问题和多个分支预测冲突的问题。

一、Panoptic FPN

Kirillov 等人首先提出了全景分割任务[68]和全景特征金字塔网络 PFPN[69]。该工作[68]的主要创新点为:一是提出了统一语义分割任务和实例分割任务的全景分割任务;二是提出了度量

全景分割任务的指标,即全景质量(panoptic quality,PQ),定义为

$$PQ=\frac{\sum_{(p,g)\in TP}IoU(p,g)}{|TP|+\frac{1}{2}|FP|+\frac{1}{2}|FN|} \tag{9.10}$$

其中,p 是预测结果,g 是真实标签,TP、FP、FN 分别代表正确地预测为正样本、错误地预测为正样本以及错误地预测为负样本的结果。在计算时,首先计算每一类的全景质量 PQ,然后再计算所有类别的平均全景质量,因此全景质量指标对类别不敏感。PFPN 并未提出新的算法,只是使用两个独立的分支,采用 PSPNet 语义分割预测结果和 Mask R-CNN 实例分割预测结果,组合形成全景预测结果。

在全景分割任务提出后不久,针对当前的全景分割算法没有很好地进行参数和特征共享的问题,Kirillov 等人提出了全景特征金字塔网络(panoptic feature pyramid networks,Panoptic FPN)[69]。该方法提出的模型结构如图 9.27 所示,主要创新点如下。一是使用特征金字塔网络 FPN 作为主干网络,在此基础上添加语义分割分支和实例分割分支(Mask R-CNN),最后将预测结果进行组合。该方法通过采用特征金字塔作为两个分支的共同主干网络,能够避免语义分割任务和实例分割任务预测结果之间的冲突,从而实现在降低参数量的情况下同时输出稠密的语义分割输出和实例分割输出。二是与分开训练方式不同,该工作采用联合训练的方法,同时训练语义分割网络和实例分割网络,总体损失为实例分割损失(分类损失、定位损失以及掩码损失)和语义分割损失的加权和。该工作验证了参数共享的特征金字塔对全景分割方法性能的促进作用,并在 MS COCO 数据集及 CityScapes 数据集上取得了优异的全景分割结果。

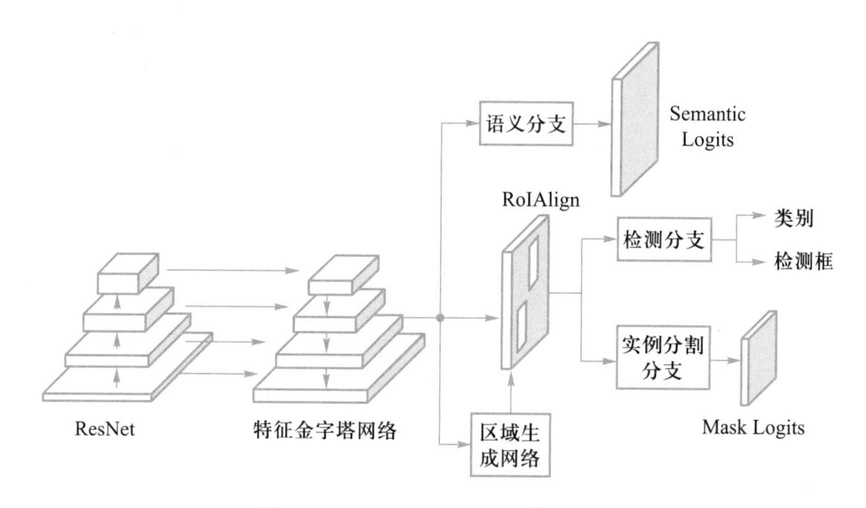

图 9.27 Panoptic FPN 的模型结构

二、通用全景分割网络

针对全景分割中的语义分割分支和实例分割分支之间存在的预测冲突问题,Xiong 等人提

出了一个通用的全景分割网络(unified panoptic segmentation network,UPSNet)[70]。如图9.28所示,该网络在特征金字塔上添加了语义分割模块(semantic segmentation head)、实例分割模块(instance segmentation head)和全景分割模块(panoptic segmentation head)。

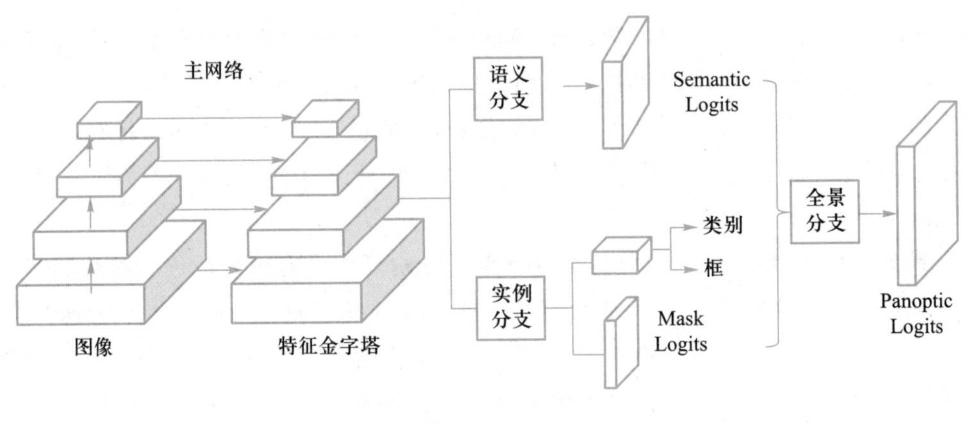

图9.28 UPSNet

由于语义分割和实例分割都是对同一幅图像的不同表达,故设计一个统一的主干网络对全景分割是有益的。因此与之前使用独立的语义分割网络和实例分割网络的方法不同,该工作使用了统一的主干网络FPN,并在该主干网络上增加语义分割分支和实例分割分支。语义分割分支在FPN基础上采用了可变形卷积,能够获得具有语义信息的特征。实例分支在FPN基础上采用了Mask R-CNN网络,以多层级特征作为输入,从而提取到具有多尺度信息的特征以进行实例分割。

UPSNet的主要创新点在于启发式的全景模块,能够在预测全景分割结果时解决语义分割和实例分割的冲突问题,其具体结构如图9.29所示。该模块以实例分割分支和语义分割分支的输出作为输入,首先将实例分割分支中实例$\boldsymbol{Y}_i$的logits进行缩放以填充到原图大小,在语义分割分支中提取对应前景类别的通道,对该实例的区域$\boldsymbol{X}_{\text{thing}}$的未归一化的预测概率值(logits)进行裁剪和填充,上述两个分支提取的logits相加,作为当前实例目标在全景模块中的对应logits;对于背景物体,其logits来自语义分割网络中的对应通道。通过拼接形成一个全景logits,网络能够通过选取所有通道中最大的logits作为该像素的语义类别或者实例类别。由于该模块是无参数的,因此在训练和验证的时候能够适应于不同的实例数量。此外,该方法还增加了一个未知类别的通道,用来处理在同一全景分割输出中前景和背景的不一致,原理在于将不确定的像素预测为未知类别,只增加该类别的FN结果,不会增加其他类别的FP结果,从而提升了PQ指标。UPSNet在MS COCO数据集和Cityscapes数据集上进行了实验,该全景分割方法的性能优于同一时期的其他全景分割方法,并且预测速度也优于其他方法,实验验证了该方法在处理语义分割分支和实例分割分支冲突问题的有效性。

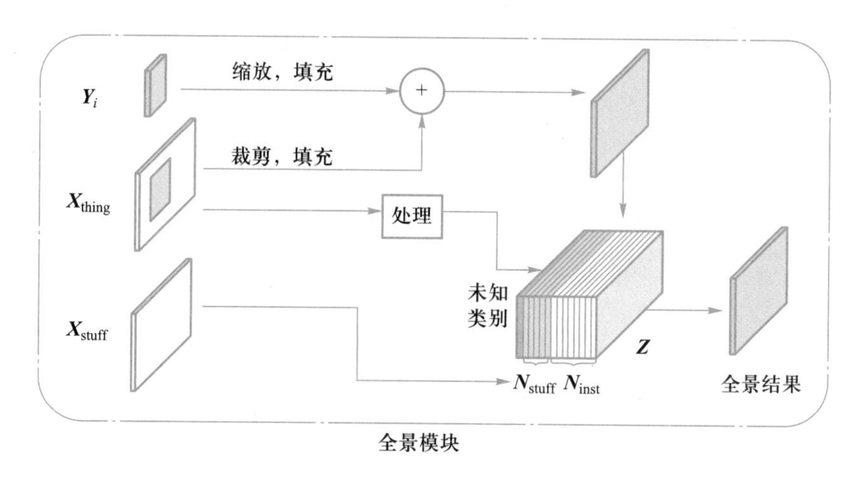

图 9.29 全景模块具体结构

9.3.4 多模态图像分割

多模态机器学习在近年来受到了学术界广泛的关注，计算机视觉与自然语言处理的联合已被证明是未来的重要研究方向。而在多模态研究中，参考表达式图像分割(referring expression image segmentation)则是近年来研究的热点。这个任务要求对输入的语句和图像进行分析和理解，并参考语句所蕴含的指代信息，将指代对象从图像中分割出来，其示意图如图 9.30 所示。

输入语句："A person sitting on the right side of a bench"

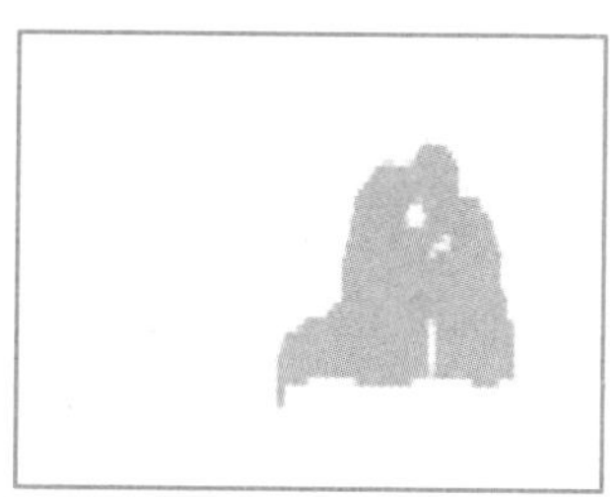

图 9.30 参考表达式图像分割示意图

现有方法主要将参考表达式图像分割问题建模为像素级或区域级标注问题。部分方法将图像中每个像素或区域的特征与整个语句特征或每个单词特征相结合，然后基于结合的特征分别判断每个像素或区域是否属于被语句描述的对象。然而，现实中时常出现结构复杂或繁复冗长的语句，这些语句往往很难被网络直接理解，从而降低了图像分割的精度。因此，如何理解长难句成为参考表达式图像分割任务的一个难点。同时，语句中时常要求根据多个对象间的关系确定描述的对象。如图 9.30 所示，语句要求分割出坐在长椅右边的人。此时需要根据语句信息，对比长椅以及长椅上两人的视觉特征，从而确定坐在长椅右边的人。这也是参考表达式图像分割任务中的一大难点。

一、自然语言参考分割网络

参考表达式图像分割任务在2016年由Hu等人首先提出[71]，包含了循环神经网络和卷积神经网络，训练过程中网络模型需要对视觉和语言信息进行处理和学习。该方法使用LSTM网络将语句编码为特征向量，用卷积网络提取图像的空间特征谱，最终输出目标在图像中的空间响应，即生成与目标对应的掩膜，其详细结构如图9.31所示。该网络主要由三个模块组成：自然语言表达式编码模块、图像特征提取模块和分类与上采样模块。

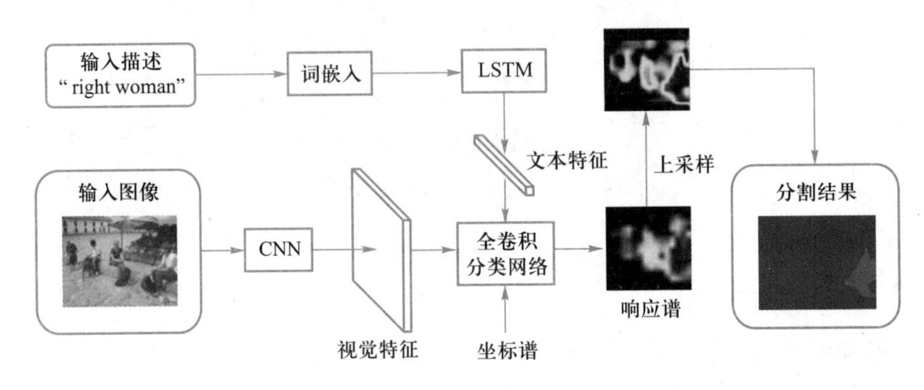

图9.31 自然语言参考分割网络的详细结构

自然语言表达式编码模块对输入的语句描述进行处理，将自然语言嵌入一组高维向量。该模块首先通过一个词嵌入矩阵将句子中的每个单词映射为一个嵌入向量，再将向量依次输入LSTM网络。当句子中所有单词都输入LSTM后，LSTM已经获取到了完整的文本信息。在图像处理方面，与传统分割任务相似，该模块使用了类似FCN-32s[42]的全卷积网络提取特征。该模块采用连续的卷积层和池化层对图像进行处理，得到一个$H \times W \times C$的空间特征谱，其中C表示通道数，W和H分别表示宽和高。为了保证特征的鲁棒性，每个位置的特征需要进行L_2归一化。在语句的描述中，有时会出现对位置的描述，如“右边的人”。为了使网络能够理解这类信息，在图像特征中添加了两个维度，分别表示图像的x坐标和y坐标。考虑到图像尺寸通常并不统一，此处使用了相对坐标：令左上角点的坐标为$(-1,-1)$，右下角点的坐标为$(1,1)$，整幅图的坐标以此作线性变换，使坐标值限定在$[-1,1]$区间内。故所得到的图像特征维度为$H \times W \times (C+2)$。

获得文本特征和图像特征之后，需要通过网络对两个模态的特征进行融合，最终以此预测分割结果。通过前两个模块获得了文本信息和图像特征，考虑到文本信息只是一个向量，而图像特征可沿通道维度分为$H \times W$个空间向量，因此该方法将文本特征进行复制，在图像特征的每个位置上都拼接了文本特征，以此进行跨模态信息的融合。针对每个位置的特征，使用了一个包含两层卷积层的分类网络进行分类（卷积层之间的非线性激活层为ReLU）。该全卷积分类网络输出一个包含类别分数的尺寸为$H \times W$的低分辨率响应谱，这个响应谱可以理解为低分辨率的语言表达式分割结果。

为了获取高分辨率的分割结果，该方法利用反卷积进行上采样。与FCN-32s类似，使用了2×2反卷积（使用VGG16网络结构，相应的步长设置为$s=32$）处理低分辨率响应谱，得到了与原始图像尺寸相同的高分辨率响应谱。每个位置的响应值表示像素点对应某目标类别的置信度采用该像素级的分类结果作为最终的分割结果。

该方法首次提出了参考表达式分割任务，并提出了一个端到端的网络模型作为该任务的基线，为后续跨模态分割的研究提供了启发性的思路。但是该方法仍然存在一些缺陷，例如设计的网络文本特征提取模块将所有单词都输入 LSTM 网络，并没有提取文本的关键信息，因此语句中的复杂结构和冗余对分割结果有较大的影响。

二、关键字感知网络

目前多模态图像分割的代表性工作之一为关键字感知网络[72]。针对自然语言语句中时常出现复杂结构或冗余内容的问题，关键字感知网络提出了一种关键词提取模型，以提取语句中的关键词和排除语句中的噪声信息，实现网络对语句理解难度的降低。针对语句中对象关系问题，关键字感知网络提出了一种基于关键词的视觉上下文模型，基于语句中的关键词，学习图像中不同对象间的上下文关系，从而进一步提升参考表达式图像分割精度。

关键字感知网络的流程图如图 9.32 所示，共包含四个部分。第一部分为特征提取模型，用于提取图像以及语句的特征。第二部分为关键词提取模型，分别提取每个图像区域对应的关键词，并根据提取到的关键词重组语句特征。第三部分为基于关键词的视觉上下文模型，根据提取的关键词，学习图像特征的上下文关系，从而将语句中的对象关系映射至图像中。第四部分为预测模型，根据提取到的图像特征、基于关键词重组的语句特征、基于关键词的视觉上下文关系特征解析图像场景，分割出语句中的目标对象。

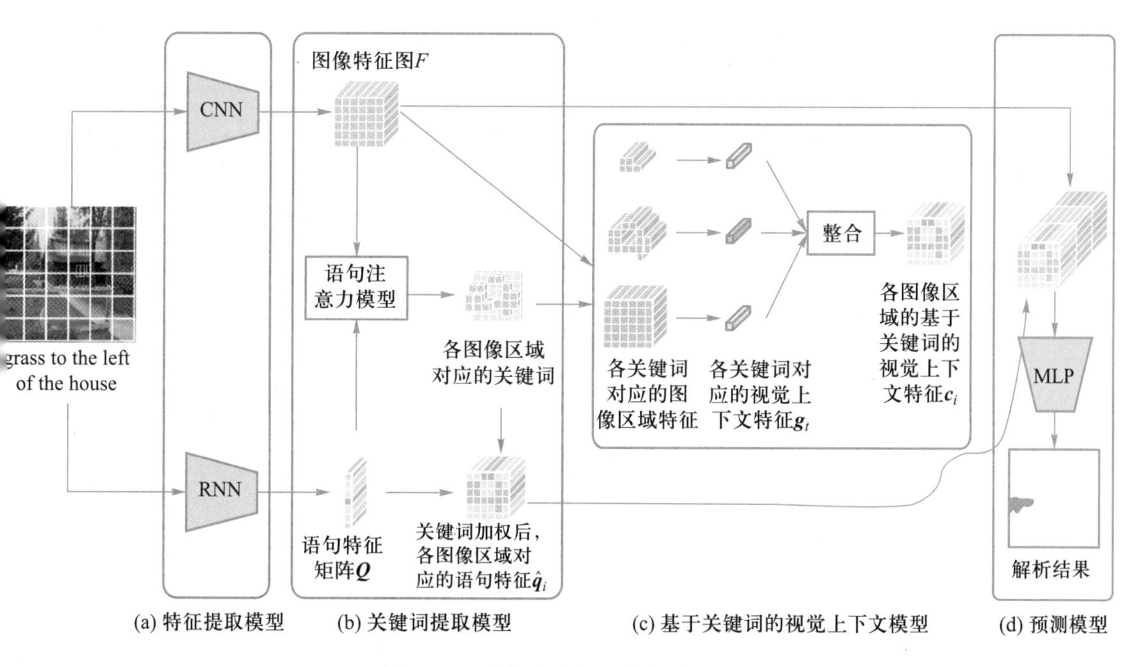

图 9.32 关键字感知网络的流程图

为直观理解关键字感知网络提取的关键词，将对不同图像区域提取的关键词展示于图 9.33 中。从图 9.33 中可以观察到，关键字感知网络为不同图像区域有效提取了关键词。例如，在

图 9.33 所示的第二幅图中，关键字感知网络对于○区域提取“帽子(cap)”作为关键词。因为○区域并不存在帽子这一目标，所以仅需语句中的这一个单词便可将右侧区域排除。

输入语句：“laughing person in black shirt”

○ laughing person in black shirt

○ laughing person in black shirt

输入语句：“bottom left cap”

○ bottom left cap

● bottom left cap

○ bottom left cap

输入图像　　不同图像区域对应的关键词　　分割结果

图 9.33　关键词主观结果

习题

1. 简述目标分类、检测与分割之间的区别与联系。

2. 请阐述语义分割、实例分割、全景分割和多模态分割各自的任务，以及这些任务之间的区别与联系。

3. 图像分割的常见评价指标有哪些？请举例分析。

4. 请说明传统图像分割方法的基本思路。有哪些典型的分割方法？

5. 请说明条件随机场的能量函数中一元项和二元项的物理意义。如何优化该能量函数？

6. 总结并对比语义分割网络 FCNs、U-Net、SegNet 中上采样模块的特征融合方法。

7. 图 9.34 为 Mask R-CNN 的简化结构图，试根据图中输入数据和滤波器参数推理网络输出的 mask 数值。

8. 给定如下输入数据，请计算空洞卷积结果，其中步长为 1。

$$\boldsymbol{X}=\begin{bmatrix}1&1&0&1&1&1\\1&0&0&1&1&0\\1&1&0&1&0&1\\0&0&0&1&1&0\\0&1&0&1&0&1\\1&0&0&1&1&0\end{bmatrix}_{6\times 6}\qquad \boldsymbol{W}=\begin{bmatrix}1&\times&0\\\times&\times&\times\\0&\times&1\end{bmatrix}$$

9. 给定如下输入数据，请计算反卷积结果，其中 padding 操作为 2，步长为 1。

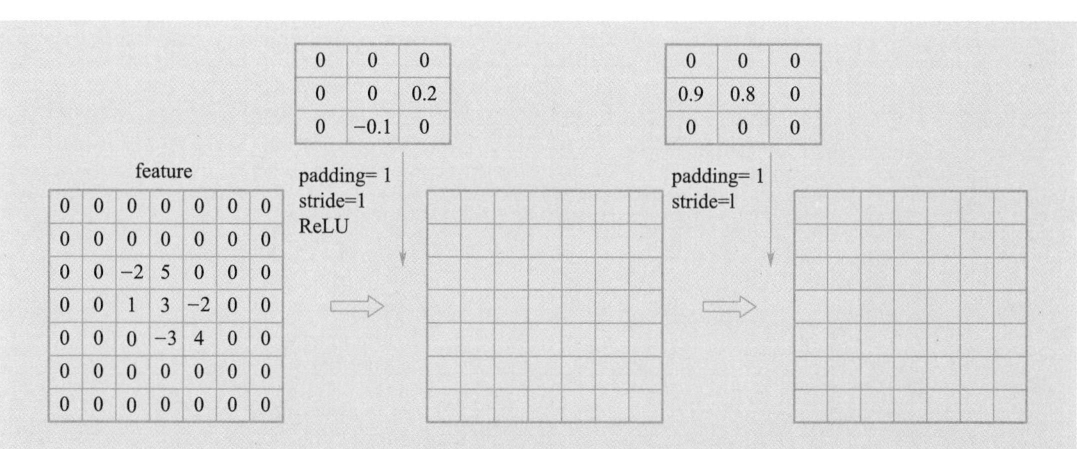

图 9.34 Mask R-CNN 的简化结构图

$$\boldsymbol{X}=\begin{bmatrix}1 & 3 & 3\\ 2 & 1 & 4\\ 0 & 3 & 1\end{bmatrix}\quad \boldsymbol{W}=\begin{bmatrix}1 & 2 & 0\\ 2 & 4 & 6\\ 1 & 3 & 1\end{bmatrix}$$

10. 现有 4×4 输入数据的最大池化结果如下所示，设反平均池化和反最大池化的 kernel size 为 2，stride 为 2，padding 为 0，以左上角元素为坐标原点(0,0)，反最大池化的索引为[(0,1)，(0,3)，(2,1)，(2,3)]，请计算反平均池化和反最大池化结果。

$$\boldsymbol{X}=\begin{bmatrix}1 & 2\\ 3 & 1\end{bmatrix}$$

11. 假设有如图 9.35 所示 4×4 特征谱，其中虚线框代表候选框，其中心坐标(x,y)为(2,2)，宽高为(2.5,2.5)，求经过 RoI Align 输出的 2×2 特征谱。(RoI Align 采样点数为 4。)

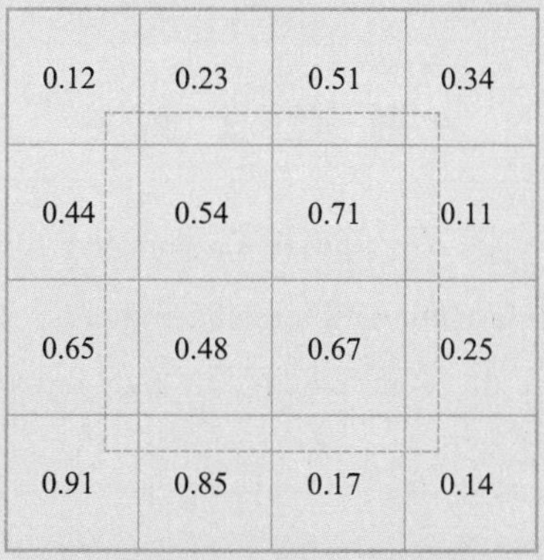

0.12	0.23	0.51	0.34
0.44	0.54	0.71	0.11
0.65	0.48	0.67	0.25
0.91	0.85	0.17	0.14

图 9.35 4×4 特征谱

12. 现有如图 9.36 所示的 FPN 结构图，其中卷积层 1 和卷积层 2 分别采用卷积核 1 和卷积核 2 进行卷积操作，上采样采用反平均池化操作，kernel size 为 2，stride 为 2，padding 为 0。求预测 1 和预测 2 的输出。

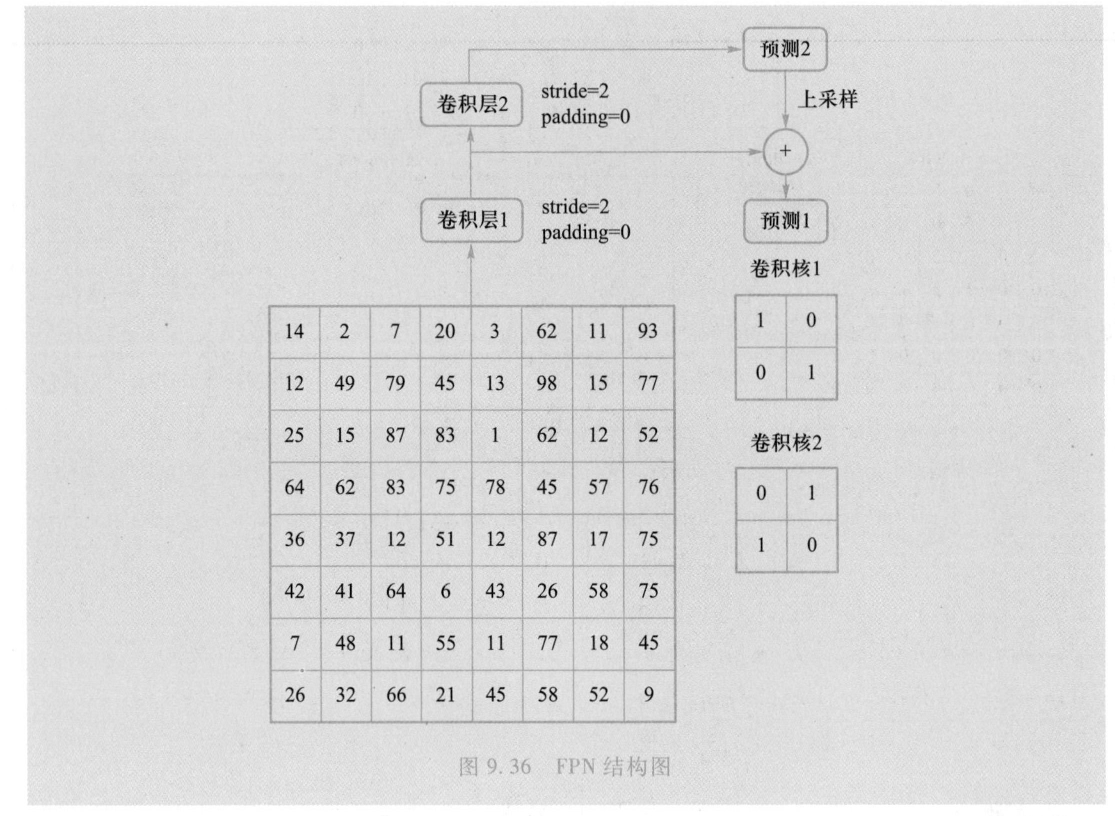

图 9.36 FPN 结构图

第 9 章习题解答

参考文献

[1] SIMONYAN K, ZISSERMAN A. Two-stream convolutional networks for action recognition in videos[C]//Advances in Neural Information Processing Systems, 2014, 27: 568-576.

[2] SHI H, LI H, WU Q, et al. Scene parsing via integrated classification model and variance-based regularization[C]//IEEE Conference on Computer Vision and Pattern Recognition, 2019: 5302-5311.

[3] EVERINGHAM M, VAN GOOL L, Williams C K I, et al. The pascal visual object classes (voc) challenge[J]. International journal of computer vision, 2010, 88(2): 303-338.

[4] CHEN X, MOTTAGHI R, LIU X, et al. Detect what you can: detecting and representing objects using holistic models and body parts[C]//IEEE Conference on Computer Vision and Pattern Recognition, 2014: 1979-1986.

[5] MOTTAGHI R, CHEN X, LIU X, et al. The role of context for object detection and semantic segmentation in the wild[C]//IEEE Conference on Computer Vision and Pattern Recognition, 2014: 891-898.

[6] CORDTS M, OMRAN M, RAMOS S, et al. The cityscapes dataset for semantic urban scene understanding[C]//IEEE Conference on Computer Vision and Pattern Recognition, 2016: 3213-3223.

[7] GEIGER A, LENZ P, URTASUN R. Are we ready for autonomous driving? the kitti vision benchmark suite[C]//IEEE Conference on Computer Vision and Pattern Recognition, 2012: 3354-3361.

[8] GEIGER A, LENZ P, STILLER C, et al. Vision meets robotics: the kitti dataset[J]. International journal of robotics research, 2013, 32(11): 1231-1237.

[9] FRITSCH J, KUEHNL T, GEIGER A. A new performance measure and evaluation benchmark for road detection algorithms[C]//International IEEE Conference on Intelligent Transportation Systems, 2013: 1693-1700.

[10] MENZE M, GEIGER A. Object scene flow for autonomous vehicles[C]//IEEE Conference on Computer Vision and Pattern Recognition, 2015: 3061-3070.

[11] LIN T Y, MAIRE M, BELONGIE S, et al. Microsoft coco: common objects in context [C]//European Conference on Computer Vision, 2014: 740-755.

[12] ZHOU B, ZHAO H, PUIG X, et al. Scene parsing through ade20k dataset[C]//IEEE Conference on Computer Vision and Pattern Recognition, 2017: 633-641.

[13] PREST A, LEISTNER C, CIVERA J, et al. Learning object class detectors from weakly annotated video[C]//IEEE Conference on Computer Vision and Pattern Recognition, 2012: 3282-3289.

[14] TANG K, SUKTHANKAR R, YAGNIK J, et al. Discriminative segment annotation in weakly labeled video[C]//IEEE Conference on Computer Vision and Pattern Recognition, 2013: 2483-2490.

[15] JAIN S D, GRAUMAN K. Supervoxel-consistent foreground propagation in video[C]//European Conference on Computer Vision, 2014: 656-671.

[16] XU N, YANG L, FAN Y, et al. Youtube-vos: a large-scale video object segmentation benchmark[EB/OL]. [2022-06-27]. arXiv preprint arXiv:1809.03327.

[17] SILBERMAN N, FERGUS R. Indoor scene segmentation using a structured light sensor [C]//IEEE International Conference on Computer Vision Workshops, 2011: 601-608.

[18] SILBERMAN N, HOIEM D, KOHLI P, et al. Indoor segmentation and support inference from rgbd images[C]//European Conference on Computer Vision, 2012: 746-760.

[19] GREIG D M, PORTEOUS B T, SEHEULT A H. Exact maximum a posteriori estimation for binary images[J]. Journal of the royal statistical society: series B (methodological), 1989, 51(2): 271-279.

[20] BOYKOV Y Y, JOLLY M P. Interactive graph cuts for optimal boundary & region segmentation of objects in ND images[C]//IEEE International Conference on Computer Vision, 2001, 1: 105-112.

[21] WECHSLER H, KIDODE M. A random walk procedure for texture discrimination[J]. IEEE transactions on pattern analysis and machine intelligence, 1979, 1(3): 272-280.

[22] GRADY L, FUNKA-LEA G. Multi-label image segmentation for medical applications based on graph-theoretic electrical potentials[M]//Computer vision and mathematical methods in medical and biomedical image analysis. Berlin: Springer, 2004: 230-245.

[23] GRADY L. Random walks for image segmentation[J]. IEEE transactions on pattern analysis and machine intelligence, 2006, 28(11): 1768-1783.

[24] LUXBURG U V. A tutorial on spectral clustering[J]. Statistics and computing, 2007, 17(4): 395-416.

[25] SHI J, MALIK J. Normalized cuts and image segmentation[J]. IEEE transactions on pattern analysis and machine intelligence, 2000, 22(8): 888-905.

[26] NG A Y, JORDAN M I, WEISS Y. On spectral clustering: analysis and an algorithm[C]//Advances in Neural Information Processing Systems, 2002: 849-856.

[27] FUKUNAGA K, HOSTETLER L. The estimation of the gradient of a density function, with applications in pattern recognition[J]. IEEE transactions on information theory, 1975, 21(1): 32-40.

[28] CHENG Y. Mean shift, mode seeking, and clustering[J]. IEEE transactions on pattern analysis and machine intelligence, 1995, 17(8): 790-799.

[29] FASHING M, TOMASI C. Mean shift is a bound optimization[J]. IEEE transactions on pattern analysis and machine intelligence, 2005, 27(3): 471-474.

[30] COMANICIU D, MEER P. Robust analysis of feature spaces: color image segmentation[C]//IEEE Computer Society Conference on Computer Vision and Pattern Recognition, 1997: 750-755.

[31] COMANICIU D, MEER P. Mean shift: a robust approach toward feature space analysis[J]. IEEE transactions on pattern analysis and machine intelligence, 2002, 24(5): 603-619.

[32] ROTHER C, KOLMOGOROV V, MINKA T, et al. Cosegmentation of image pairs by histogram matching-incorporating a global constraint into MRFs[C]//IEEE Conference on Computer Vision and Pattern Recognition, 2006: 993-1000.

[33] MUKHERJEE L, SINGH V, DYER C R. Half-integrality based algorithms for cosegmentation of images[C]//IEEE Conference on Computer Vision and Pattern Recognition, 2009: 2028-2035.

[34] HOCHBAUM D S, SINGH V. An efficient algorithm for co-segmentation[C]//IEEE International Conference on Computer Vision, 2009: 269-276.

[35] VICENTE S, KOLMOGOROV V, ROTHER C. Cosegmentation revisited: models and optimization[C]//European Conference on Computer Vision, 2010: 465-479.

[36] RUBIO J, SERRAT J, LÓPEZ A, et al. Unsupervised co-segmentation through region matching[C]//IEEE Conference on Computer Vision and Pattern Recognition, 2012: 749-756.

[37] JOULIN A, BACH F, PONCE J. Discriminative clustering for image co-segmentation [C]//IEEE Conference on Computer Vision and Pattern Recognition, 2010: 1943-1950.

[38] JOULIN A, BACH F, PONCE J. Multi-class cosegmentation[C]//IEEE Conference on Computer Vision and Pattern Recognition, 2012: 542-549.

[39] KIM G, XING E P, LI F F, et al. Distributed cosegmentation via submodular optimization on anisotropic diffusion[C]//IEEE International Conference on Computer Vision, 2011: 169-176.

[40] KIM G, XING E P. On multiple foreground cosegmentation[C]//IEEE Conference on Computer Vision and Pattern Recognition, 2012: 837-844.

[41] COLLINS M, XU J, GRADY L, et al. Random walks based multi-image cosegmentation: quasiconvexity results and GPU-based solutions[C]//IEEE Conference on Computer Vision and Pattern Recognition, 2012: 1656-1663.

[42] LONG J, SHELHAMER E, DARRELL T. Fully convolutional networks for semantic segmentation[C]//IEEE Conference on Computer Vision and Pattern Recognition, 2015: 3431-3440.

[43] NOH H, HONG S, HAN B. Learning deconvolution network for semantic segmentation [C]//IEEE International Conference on Computer Vision, 2015: 1520-1528.

[44] SIMONYAN K, ZISSERMAN A. Very deep convolutional networks for large-scale image recognition[C]//International Conference on Learning Representations, 2015.

[45] RONNEBERGER O, FISCHER P, BROX T. U-net: convolutional networks for biomedical image segmentation[M]//Medical image computing and computer-assisted intervention. Berlin: Springer, 2015: 234-241.

[46] BADRINARAYANAN V, KENDALL A, CIPOLLA R. Segnet: a deep convolutional encoder-decoder architecture for image segmentation[J]. IEEE transactions on pattern analysis and machine intelligence, 2017, 39(12): 2481-2495.

[47] ZHAO H, SHI J, QI X, et al. Pyramid scene parsing network[C]//IEEE Conference on Computer Vision and Pattern Recognition, 2017: 6230-6239.

[48] HE K, ZHANG X, REN S, et al. Deep residual learning for image recognition[C]//IEEE Conference on Computer Vision and Pattern Recognition, 2016: 770-778.

[49] LIN G, MILAN A, SHEN C, et al. Refinenet: multi-path refinement networks for high-resolution semantic segmentation[C]//IEEE Conference on Computer Vision and Pattern Recognition, 2017: 5168-5177.

[50] CHEN L C, PAPANDREOU G, KOKKINOS I, et al. Semantic image segmentation with deep convolutional nets and fully connected crfs[C]//International Conference on Learning Representations, 2015.

[51] CHEN L C, PAPANDREOU G, KOKKINOS I, et al. Deeplab: semantic image segmentation with deep convolutional nets, atrous convolution, and fully connected crfs[J]. IEEE transactions on pattern analysis and machine intelligence, 2018, 40(4): 834-848.

[52] CHEN L C, PAPANDREOU G, SCHROFF F, et al. Rethinking atrous convolution for semantic image segmentation[EB/OL]. [2022-06-27]. arXiv preprint arXiv:1706.05587.

[53] CHEN L C, ZHU Y, PAPANDREOU G, et al. Encoder-decoder with atrous separable convolution for semantic image segmentation[C]//European Conference on Computer Vision, 2018: 833-851.

[54] CHOLLET F. Xception: deep learning with depthwise separable convolutions[C]//IEEE Conference on Computer Vision and Pattern Recognition, 2017: 1800-1807.

[55] GIRSHICK R, DONAHUE J, DARRELL T, et al. Rich feature hierarchies for accurate object detection and semantic segmentation[C]//IEEE Conference on Computer Vision and Pattern Recognition, 2014: 580-587.

[56] GIRSHICK R. Fast r-cnn[C]//IEEE International Conference on Computer Vision, 2015: 1440-1448.

[57] REN S, HE K, GIRSHICK R, et al. Faster r-cnn: towards real-time object detection with region proposal networks[C]//Advances in Neural Information Processing Systems, 2015, 28: 91-99.

[58] CAI Z, VASCONCELOS N. Cascade r-cnn: delving into high quality object detection [C]//IEEE Conference on Computer Vision and Pattern Recognition, 2018: 6154-6162.

[59] DAI J, HE K, LI Y, et al. Instance-sensitive fully convolutional networks[C]//European Conference on Computer Vision, 2016: 534-549.

[60] LI Y, QI H, DAI J, et al. Fully convolutional instance-aware semantic segmentation [C]//IEEE Conference on Computer Vision and Pattern Recognition, 2017: 4438-4446.

[61] HE K, GKIOXARI G, DOLLÁR P, et al. Mask r-cnn[C]//IEEE International Conference on Computer Vision, 2017: 2980-2988.

[62] XIE E, SUN P, SONG X, et al. Polarmask: single shot instance segmentation with polar representation[C]//IEEE Conference on Computer Vision and Pattern Recognition, 2020: 12193-12202.

[63] TIAN Z, SHEN C, CHEN H. Conditional convolutions for instance segmentation[C]//European Conference on Computer Vision, 2020: 282-298.

[64] TIAN Z, SHEN C, CHEN H, et al. FCOS: fully convolutional one-stage object detection [C]//IEEE International Conference on Computer Vision, 2019: 9627-9636.

[65] BAI M, URTASUN R. Deep watershed transform for instance segmentation[C]//IEEE Conference on Computer Vision and Pattern Recognition, 2017: 2858-2866.

[66] NEVEN D, BRABANDERE B D, PROESMANS M, et al. Instance segmentation by jointly

optimizing spatial embeddings and clustering bandwidth[C]//IEEE Conference on Computer Vision and Pattern Recognition, 2019: 8829-8837.

[67] LIU S, JIA J, FIDLER S, et al. Sgn: sequential grouping networks for instance segmentation[C]//IEEE International Conference on Computer Vision, 2017: 3516-3524.

[68] KIRILLOV A, HE K, GIRSHICK R, et al. Panoptic segmentation[C]//IEEE Conference on Computer Vision and Pattern Recognition, 2019: 9396-9405.

[69] KIRILLOV A, GIRSHICK R, HE K, et al. Panoptic feature pyramid networks[C]//IEEE Conference on Computer Vision and Pattern Recognition, 2019: 6392-6401.

[70] XIONG Y, LIAO R, ZHAO H, et al. Upsnet: a unified panoptic segmentation network [C]//IEEE Conference on Computer Vision and Pattern Recognition, 2019: 8810-8818.

[71] HU R, ROHRBACH M, DARRELL T. Segmentation from natural language expressions [C]//European Conference on Computer Vision, 2016: 108-124.

[72] SHI H, LI H, MENG F, et al. Key-word-aware network for referring expression image segmentation[C]//European Conference on Computer Vision, 2018: 38-54.

[73] Video segmentation and its applications[M]. Springer Science & Business Media, 2011.

中英文对照表

中文	英文
样本	sample
样本空间	sample space
训练样本	training sample
训练集	training set
验证样本	validation sample
验证集	validation set
测试样本	test sample
测试集	test set
特征	feature
特征空间	feature space
标签	label
真值	ground truth
标签空间	label space
参数	parameter
模型	model
网络	network
学习器	learner
假设集	hypothesis set
泛化	generalization
分类	classification
回归	regression
过拟合	overfitting

续表

中文	英文
欠拟合	underfitting
损失函数	loss function
归纳	induction
具体化	specialization
演绎	deduction
归纳偏置	inductive bias
偏置	bias
先验	prior
精度	accuracy
维度诅咒、维度惩罚	curse of dimensionality
独立同分布	independent and identically distributed
监督学习	supervised learning
支持向量机	support vector machine
K-最近邻	K-nearest neighbor
长短期记忆网络	long short-term memory networks
生成对抗网络	generative adversarial networks
无监督学习	unsupervised learning
主成分分析	principal component analysis
局部线性嵌入	locally linear embedding
均值漂移	mean shift
自监督学习	self-supervised learning
半监督学习	semi-supervised learning
伪标签	pseudo-label
迁移学习	transfer learning
强化学习	reinforcement learning
无模型方法	model free methods
基于模型的方法	model based methods
价值学习	value based methods
策略学习	policy based methods

续表

中文	英文
时序差分算法	temporal difference
Q 值表	Q-table
奖赏表	R-table
确定策略梯度算法	deterministic policy gradient algorithms
深度确定策略梯度算法	deep deterministic policy gradient algorithms
置信域策略优化算法	trust region policy optimization algorithms
近端策略优化算法	proximal policy optimization algorithms
分布式近端策略优化算法	distributed proximal policy optimization algorithms
灾难性遗忘	catastrophic forgetting
连续学习	continual learning
终身学习	lifelong learning
序列学习	sequential learning
增量学习	incremental learning
任务连续学习	task continual learning
域连续学习	domain continual learning
类连续学习	class continual learning
重放方法	replay based methods
正则化方法	regularization based methods
参数隔离方法	parameter isolation methods
曼哈顿距离	manhattan distance
欧氏距离	euclidean distance
闵可夫斯基距离	minkowski distance
汉明距离	hamming distance
余弦相似度	cosine similarity
测地距离	geodesic distance
聚类特征	clustering feature
聚类特征树	clustering feature tree, CF tree
互联性	relative interconnectivity
近似性	relative closeness

续表

中文	英文
核心点	core point
边界点	border point
噪声点	noise point
直接密度可达	directly density reachable
密度可达	density reachable
密度相连	density connected
最大化	maximality
连通性	connectivity
核心距离	core distance
可达距离	reachability distance
谱聚类算法	spectral clustering algorithms
AP 聚类算法	affinity propagation clustering algorithms
相似度	similarity
参考度	preference
吸引度	responsibility
归属度	availability
团	clique
势函数	potential function
划分函数	partition function
能量函数	energy function
玻耳兹曼分布	Boltzmann distribution
线性判别分析	linear discriminant analysis
支持向量机	support vector machine
支持向量	support vector
间隔	margin
凸二次规划	convex quadratic programming
对偶问题	dual problem
序列最小优化	sequential minimal optimization
核函数	kernel function

续表

中文	英文
支持向量展示	support vector expansion
赋范向量空间	normed vector space
线性核	linear kernel
多项式核	polynomial kernel
高斯核	Gaussian kernel
拉普拉斯核	Laplacian kernel
决策树	decision tree
信息熵	information entropy
条件熵	conditional entropy
信息增益	information gain
信息增益比	information gain ratio
分类与回归树	classification and regression tree
基尼值	Gini
基尼指数	Gini index
装袋算法	bagging algorithm
玻耳兹曼机	Boltzmann machines
神经语言模型	neural language model
前向传播	forward propagation
反向传播	back propagation
交叉熵损失函数	cross entropy loss
铰链损失函数	hinge loss function
指数损失函数	exponential loss function
KL 散度损失函数	Kullback-Leibler divergence loss
相对熵	relative entropy
平滑 L_1 损失	smooth $\mathcal{L}_1$ loss
卷积神经网络	convolutional neural networks
填充	padding
反卷积	deconvolution
空洞卷积	dilated convolution

续表

中文	英文
感受野	receptive field
扩张率	dilation rate
可分离卷积	separable convolution
空间可分离卷积	spatial separable convolution
深度可分离卷积	depthwise separable convolution
组卷积	group convolution
最大池化操作	max pooling
平均池化操作	average pooling
组合池化	combination pooling
级联	concatenate
空间金字塔池化	spatial pyramid pooling
硬对准模型	hard alignment models
策略梯度优化	policy gradient optimization
多层感知机	multi-layer perception
循环神经网络	recurrent neural networks
图神经网络	graph neural networks
图	graph
顶点/节点	vertices
边	edges
浮点运算次数	floating-point operations
空间存储	space memory
网络剪枝	networks pruning
模型量化	model quantization
知识蒸馏	knowledge distillation
朴素梯度下降	vanilla gradient descent
批量梯度下降	batch gradient descent
小批量梯度下降	mini-batch gradient descent
随机梯度下降	stochastic gradient descent
动量法	momentum methods

续表

中文	英文
自适应矩估计法	adaptive moment estimation methods
骨干网络	backbone networks
微调	finetune
最小最大值归一化	min-max normalization
Z 值归一化	zero-mean normalization
内部协变量漂移	internal covariate shift
层归一化	layer normalization
实例归一化	instance normalization
分组归一化	group normalization
权重衰减	weight decay
提前停止法	early stopping method
退化	degradation
残差块	residual block
恒等映射	identity mapping
短路连接	shortcut connection
自注意力	self-attention
多头注意力模块	multi-head attention
判别器	discriminator
生成器	generator
循环生成对抗网络	cycle generative adversarial networks
条件生成对抗网络	conditional generative adversarial networks
图像拼图	jigsaw
图像碎片	image patch
实例判别	instance discrimination
单位批次读取量	batch size
集群	cluster
最大平均差异	max mean discrepancy
再生核希尔伯特空间	reproducing kernel Hilbert spaces
加权最大均值差异方法	weighted maximum mean discrepancy

续表

中文	英文
加权域自适应网络	weighted domain adaptation networks
结构对应学习方法	structural correspondence learning
重演	rehearsal
伪重演	pseudo rehearsal
稳定性	stability
可塑性	plasticity
知识迁移	knowledge transfer
高效扩充	efficiently expansion
突触的可塑性理论	synaptic plasticity system
互补学习理论	complementary learning system
记忆	memory
突触的重建与消失理论	synapse regeneration and disappearance
任务增量场景	task incremental learning
域增量场景	domain incremental learning
类别增量场景	class incremental learning
稳定性与可塑性间的平衡	stability vs plasticity
过参数化	over parameterized
Fisher 信息矩阵	Fisher information matrix
基于重演	rehearsal based
双层优化	bilevel optimization
遗忘损失	forgetting loss
侧向连接	lateral connections
对称噪声	symmetric noise
非对称噪声	asymmetric noise
依赖实例的噪声	instance dependent noise
干净样本	clean samples
带噪样本	noisy samples
记忆效应	memorization effect
锚点理论	anchor point theory

续表

中文	英文
锚点	anchor point
反转交叉熵损失	reverse cross-entropy loss
标签平滑	label smoothing
元训练阶段	meta training
元测试阶段	meta testing
支持集	support set
查询集	query set
特征谱重建网络	feature map reconstruction networks
主动学习	activate learning
元微调阶段	meta fine tuning stage
区域建议网络	region proposal networks, RPN
分支/头	head
支持图像	support image
查询图像	query image
每秒检测帧数	frames per second
平均准确率	average precision
召回率	recall
查准率	precision
正样本	positive samples
负样本	negative samples
混淆矩阵	confusion matrix
交并比	intersection over union
预测框	bounding box
步长	step
晶胞	cell
可变形部件模型	deformable part model
方向梯度直方图	histogram of oriented gradient
根滤波器	root filter
部件滤波器	part filter

续表

中文	英文
显著性	saliency
显著谱	saliency map
低层次	low level
特征整合理论	feature integration theory
稀有性	rarity
独立成分分析	independent component analysis
傅里叶变换	fourier transform
离散余弦变换、DCT 变换	discrete cosine transform
四元数域	quaternion
共显著性	co-saliency
单一图像显著性图	single image saliency map
多图像显著性图	multi image saliency map
相似度度量	simRank
图像内显著图	intra-image saliency map
图像间显著图	inter-image saliency map
最小生成树	minimum spanning tree
锚点框	anchor
预训练	pre-training
区域候选框	region proposals
选择性搜索	selective search
后处理	post process
非最大值抑制算法	non-max suppression
多任务	multi task
全连接层	fully connected layers
批次	batch
层级采样	hierarchical sampling
端到端	end-to-end
分类分支	classification branch
检测头	detection head

续表

中文	英文
先验包围框	prior box
锚框细化模块	anchor refinement module
物体检测模块	object detection module
传输连接块	transfer connection block
自顶向下	top-down
侧向	lateral
预测模块	prediction module
热图	heatmap
嵌入向量	embedding vector
角池化层	corner pooling layer
特征金字塔网络	feature pyramid networks
可变形卷积	deformable convolution
十字线提取模块	crossline extraction module
指示表达理解	referring expression comprehension
语言感知的可变形卷积模块	language aware deformable convolution model
双向互作用模块	bidirectional interaction model
图像分割	image segmentation
(图的)割	cut
正则化割	normalized cut
语义分割	semantic segmentation
全卷积神经网络	fully convolutional networks
池化	pooling
残差卷积单元	residual convolutional unit
链式残差池化	chained residual pooling
短距离	short-range
长距离	long-range
空洞卷积核	atrous convolution kernel
全连接条件随机场	fully connected conditional random fields
空洞金字塔池化	atrous spatial pyramid pooling

续表

中文	英文
空洞可分离卷积	atrous separable convolution
实例分割	instance segmentation
基于候选区域的卷积神经网络	region proposal based convolutional neural networks
候选区域像素级对齐模块	RoIAlign
混合任务级联框架	hybrid task cascade
掩膜	mask
分水岭变换	deep watershed transform
序列聚类网络	sequential grouping networks
全景分割	panoptic segmentation
全景特征金字塔网络	panoptic feature pyramid networks
全景质量	panoptic quality
通用的全景分割网络	unified panoptic segmentation networks
语义分割模块	semantic segmentation head
实例分割模块	instance segmentation head
全景分割模块	panoptic segmentation head
遮挡感知网络	occlusion aware networks
参考表达式图像分割	referring expression image segmentation

英文缩略表

缩写	对应英文全称
AdaBoost	adaptive boosting
ADAM	adaptive moment estimation
AP	affinity propagation
AP	average precision
ARM	anchor refinement module
ASPP	atrous spatial pyramid pooling
BB	bounding box
BGD	batch gradient descent
BIM	bidirectional interaction model
BIRCH	balanced iterative reducing and clustering using hierarchies
CART	classification and regression tree
CF	clustering feature
Class-IL	class-incremental learning
CLS	complementary learning system
CNNs	convolutional neural networks
CondInst	conditional convolutions for instance segmentation
ConditionalGAN	conditional generative adversarial networks
CRF	conditional random fields
CRP	chained residual pooling
CURE	clustering using representative
CycleGAN	cycle generative adversarial networks
DBSCAN	density-based spatial clustering of applications with noise

续表

缩写	对应英文全称
DCT	discrete cosine transform
DDPG	deep deterministic policy gradient
DIM	deep infomax
Domain-IL	domain incremental learning
DPCA	density peaks clustering algorithms
DPG	deterministic policy gradient
DPM	deformable parts model
DPPO	distributed proximal policy optimization
DSC	depthwise separable convolution
DWT	deep watershed transform
ELU	exponential linear unit
EWC	elastic weight consolidation
FCIS	fully convolutional instance aware semantic segmentation
FCN	fully convolutional networks for semantic segmentation
FIM	fisher information matrix
FLOPs	floating point operations
FPS	frames per second
FRN	feature map reconstruction networks
GAN	generative adversarial networks
GEM	gradient episodic memory
GN	group normalization
GNN	graph neural networks
GPU	graphics processing unit
GT	ground truth
HAL	hindsight anchor learning
HOG	histograms of oriented gradients
HTC	hybrid task cascade
i. i. d. 或 IID	independent and identically distributed
IaIS	intra-image saliency map

续表

缩写	对应英文全称
ICA	independent component analysis
iCaRL	incremental classifier and representation learning
IN	instance normalization
IoU	intersection over union
IrIS	inter-image saliency map
JS	Jensen Shannon
KKT	Karush Kuhn Tucker
KL	Karhunen Loeve
KNN	K-Nearest neighbor
LA	local aggregation
LDA	linear discriminant analysis
LDC	language aware deformable convolution
LLE	locally linear embedding
LN	layer normalization
LSTM	long short-term memory
LwF	learning without forgetting
mAP	mean average precision
MBGD	mini-batch gradient descent
MCMC	Markow chain Monte Carlo
MISM	multi-image saliency map
MLP	multi-layer perception
MMD	max mean discrepancy
M-P	McCulloch-Pitts
MS COCO	microsoft common objects in context
MST	minimum spanning tree
N-Cut	normalized cut
NMS	non-maximum suppression
OANet	occlusion aware networks
ODM	object detection module

续表

缩写	对应英文全称
OPTICS	ordering points to identify the clustering structure
PASCAL-VOC	PASCAL visual object classes
PCA	principal component analysis
PFPN	panoptic feature pyramid networks
PNN	progressive neural networks
PPO	proximal policy optimization
PQ	panoptic quality
PReLU	parametric rectified linear unit
PSPNet	pyramid scene parsing networks
R-CNN	regions with CNN features
RCU	residual conv unit
REC	referring expression comprehension
ReLU	rectified linear unit
RKHS	reproducing kernel Hilbert space
RNN	recurrent neural networks
RoI	region of interest
RPN	region proposal networks
SARSA	state action reward state action
SCL	structural correspondence learning
SGD	stochastic gradient descent
SGN	sequential grouping networks
SI	synaptic intelligence
SISM	single image saliency map
SMO	sequential minimal optimization
SVM	support vector machines
Task-IL	task-incremental learning
TCB	transfer connection block
TD	temporal difference
TRPO	trust region policy optimization

续表

缩写	对应英文全称
UPSNet	unified panoptic segmentation networks
WDAN	weighted domain adaptation networks
WMMD	weighted maximum mean discrepancy
XdG	conteXt dependent gating